U0352978

RF Power Amplifiers (2nd Edition)

射频功率放大器 (第2版)

[美] Marian K. Kazimierczuk　著

孙玲　程加力　高建军　译

清华大学出版社
北京

RF Power Amplifier, 2nd Edition

Marian K. Kazimierczuk

ISBN：9781118844304

Copyright © 2015 by John Wiley & Sons, Limited. All rights reserved.

Copyright © 2016 by John Wiley & Sons Limited and Tsinghua University Press. All rights reserved.

All Rights Reserved. Authorized translation from the English language edition published by John Wiley & Sons Limited. Responsibility for the accuracy of the translation rests solely with Tsinghua University Press Limited and is not the responsibility of John Wiley & Sons Limited. No part of this book may be reproduced in any form without the written permission of the original copyright holder, John Wiley & Sons Limited.

北京市版权局著作权合同登记号　图字：01-2015-2182

图书在版编目（CIP）数据

射频功率放大器：第 2 版/（美）卡齐梅尔恰克（Kazimierczuk, M. K.）著；孙玲，程加力，高建军译. —北京：清华大学出版社，2016（2024.10重印）

信息技术和电气工程学科国际知名教材中译本系列

书名原文：RF Power Amplifier, 2nd Edition

ISBN 978-7-302-42594-6

Ⅰ.①射…　Ⅱ.①卡…　②孙…　③程…　④高…　Ⅲ.①高频放大器 – 功率放大器　Ⅳ.①TN722

中国版本图书馆 CIP 数据核字（2016）第 005506 号

责任编辑：曾　珊
封面设计：常雪影
责任校对：白　蕾
责任印制：杨　艳

出版发行：清华大学出版社
　　网　　　址：https://www.tup.com.cn，https://www.wqxuetang.con
　　地　　　址：北京清华大学学研大厦 A 座　　　　　　　　邮　　编：100084
　　社　总　机：010-83470000　　　　　　　　　　　　　　邮　　购：010-62786544
　　投稿与读者服务：010-62776969，c-service@ tup. tsinghua. edu. cn
　　质量反馈：010-62772015，zhiliang@ tup. tsinghua. edu. cn
　　课件下载：https://www. tup. com. cn，010-83470236

印　装　者：三河市人民印务有限公司
经　　销：全国新华书店
开　　本：185mm×260mm　　　印　张：34.5　　　字　　数：879 千字
版　　次：2016 年 6 月第 1 版　　　　　　　　　　　印　　次：2024 年 10 月第 10 次印刷
印　　数：4501～4800
定　　价：119.00 元

产品编号：061248-02

译者序

射频功率放大器是各种无线发射机的关键单元电路,在无线通信、导航、卫星通信、雷达、电子对抗设备等系统中有着广泛的应用。无线通信市场的快速发展一方面不断推动着射频功率放大器向高集成度、低功耗及价格低廉的方向发展;另一方面对射频功率放大器的线性度、效率及输出功率等性能指标不断提出越来越高的要求。因此,射频功率放大器已然成为无线发射机设计中最具挑战的单元电路之一。

本书作者 Marian K. Kazimierczuk 教授是 IEEE 会士,在功率电子领域有着世界级的贡献。自 2008 年该书第 1 版出版以来,一直深受国内外读者好评,被认为是射频功率放大器领域不可多得的优秀参考书籍。在第 1 版的基础上,作者修订和更新部分内容,完成了第 2 版的出版。为进一步促进射频功率放大器设计技术在我国的发展,同时也得益于清华大学出版社的大力支持和鼓励,我们决定翻译 Marian K. Kazimierczuk 先生的这部新作。

该书从工程实际应用的角度出发,针对不同类型功率放大器的特点,给出了大量工程应用实例,深入浅出,通俗易懂。每章都安排了小结、复习思考题和习题,为读者掌握核心知识点起到提纲挈领的作用。该书不仅可以作为广大工程技术人员的参考书,也可以作为高等院校相关专业的教材。

南通大学专用集成电路设计重点实验室的研究生王雪敏、韩笑、王智锋、杨凯,华东师范大学信息工程学院的研究生骆丹婷、程冉等参与该书的翻译工作,在此表示衷心的感谢!尽管我们都有着一定的集成电路设计经历,但翻译过程还是没有想象中那么顺利,我们都因此收获颇丰。

也许本书作者想在第一时间与大家分享他的最新成果,因此书中有些地方还有一定的改进空间,甚至还有一些疏漏。在翻译过程中,我们已经修改了多处比较明显的欠妥之处。但由于译者水平有限,可能会在翻译过程中引入新的欠妥,恳请大家在阅读过程中发现问题后不吝赐教,向我们反馈(E-mail:sun.l@ntu.edu.cn)。非常感谢!

最后还要感谢清华大学出版社对本书翻译工作的大力支持,感谢各位编辑在翻译和审校等环节的辛勤付出。

译 者

2015 年 12 月

前言

　　本书是第 1 版的修订、更新和扩展。这本书主要介绍了各种用于无线通信和其他射频应用领域的射频功率放大器，它可以作为电子工程专业的研究生和高年级本科生的入门教材，也可以作为射频功率电子领域应用工程师的参考书。与第 1 版相比，本书在内容方面进行了全面修订和扩充，旨在介绍射频功率放大器设计、效率提高和线性化技术的基础知识。本书给出了 A 类、B 类、C 类、D 类、E 类、DE 类以及 F 类射频功率放大器的分析和设计流程，包括阻抗转换；探讨了预失真、前馈和负反馈等多种线性化技术；讨论了动态供电、包络消除和恢复、包络跟踪、Doherty 放大器和移相等提高效率的方法。此外，还介绍了单片集成电感和射频 LC 振荡器。射频功率放大器作为无线发射机的功率放大级，广泛应用于广播系统、移动无线通信系统、雷达和卫星通信。

　　阅读本书之前，读者应当熟悉基本的电路分析技术、半导体器件、线性系统和电子电路的相关知识，通信方面的课程对理解本书也很有用。

　　非常感谢助理编辑 Laura Bell、高级项目编辑 Richard Davies 以及出版商 Peter Mitchell，和他们一起工作十分开心。最后我还要感谢我的家人对我的支持。

　　感谢 Nisha Kondrath 博士和 Rafal Wojda 博士提供的 MATLAB 图表。欢迎广大读者对本书的技术内容和写作风格提出宝贵的意见。

Marian K. Kazimierczuk 教授

作者简介

Marian K. Kazimierzuk 是美国俄亥俄州代顿市莱特州立大学电气工程领域的 Robert J. Kegerreis 杰出教授,在波兰华沙理工大学电子系获得硕士和博士学位。作者先后已著书 6 部,发表期刊论文 180 多篇,会议论文 210 多篇,获得专利 7 项。

他的研究兴趣是功率电子,包括射频高效率功率放大器和振荡器,脉宽调制的 DC-DC 功率转换器,谐振 DC-DC 功率转换器,功率转换器的建模和控制,高频磁性器件,电子镇流器,有源功率校正器,半导体功率器件,无线充电系统,可再生能源,能量收集,绿色能源和近场微波成像。

他是 IEEE 会士和杰出讲师,电力系统与电力电子电路和 IEEE 电路与系统技术委员会的主席,IEEE 电路与系统国际会议、IEEE 电路和系统中西部研讨会的技术委员会成员。他还是 *IEEE transactions on circuits and systems*:*Part I*:*Regular Papers*,*IEEE Transactions on Industrial Electronics*,*International Journal of Circuit Theory and Applications* 以及 *Journal of Circuits*,*systems*,*and computers* 期刊的副主编,*IEEE Transactions on Power Electronics* 的特邀编辑。

1995 年,他获得了莱特州立大学授予的优秀员工总统奖,1996 年到 2000 年,被评为莱特州立大学 Brage Golding 杰出教授。2004 年,凭借杰出表现获得了莱特州立大学的理事奖。2008 年,荣获美国工程教育学会(ASEE)授予的杰出教育奖。他还获得过莱特州立大学电子工程与计算机学院的杰出研究奖、杰出教育奖、杰出专业贡献奖。他还入选工程领域和电子电气领域顶级作者名录。

他已主编或参编了 6 部著作,分别是:Wiley 出版的 *Resonant Power Converters*,*2nd Ed.*;IEEE Press 与 Wiley 共同出版的 *Pulse-Width Modulated DC-DC Power Converters*;Wiley 出版的 *High-Frequency Magnetic Components*,*2nd Ed.*,并被翻译成中文;Wiley 出版的 *RF Power Amplifiers*,*2nd Ed.*;Pearson 与 Prentice Hall 共同出版的 *Electronic Devices*:*A Design Approach* 和 *Laboratory Manual to Accompany Electronic Devices*:*A Design Approach*,*2nd Ed.*。

符号列表

A_e	天线的有效面积	f_0	谐振频率
A_v	电压增益	f_p	传输函数的极点频率
a	线圈的平均半径	f_r	$L\text{-}C\text{-}R$ 电路的谐振频率
B	磁通密度	f_s	开关频率
B_n	等效噪声带宽	g_m	晶体管跨导
BW	带宽	H	磁通量强度
C	谐振电容	h	布线厚度
C_B	隔直电容	I_D	漏极直流电流
C_c	耦合电容	I_{DM}	漏极峰值电流
C_{ds}	MOSFET 器件的漏极-源极电容	I_{SM}	开关峰值电流
$C_{ds(25V)}$	MOSFET 器件的漏极-源极电容 ($V_{DS}=25\text{V}$)	I_m	电流 i 的幅值
C_{gd}	MOSFET 器件的栅极-漏极电容	I_n	均方根噪声电流
C_{gs}	MOSFET 器件的栅极-源极电容	I_{rms}	电流 i 的均方根值
C_{iss}	MOSFET 器件的输入电容($V_{DS}=0\text{V}$),$C_{iss}=C_{gs}+C_{gd}$	i	电流
		i_C	电容电流
C_{oss}	MOSFET 器件的输出电容($V_{GD}=0\text{V}$),$C_{oss}=C_{gs}+C_{ds}$	i_D	漏极大信号电流
		i_d	漏极小信号电流
C_{ox}	单位面积的氧化物电容	i_L	电感电流
C_{out}	晶体管输出电容	i_o	交流输出电流
C_{rss}	MOSFET 转移电容,$C_{rss}=C_{gd}$	i_S	开关电流
C_p	放大器的输出功率能力	K	MOSFET 器件参数
D	线圈的外直径	K_n	MOSFET 工艺参数
d	线圈的内直径	K_s	载流子漂移速率饱和时的 MOSFET 参数
E	电场强度		
f	工作频率,开关频率	k	玻尔兹曼常数
f_c	载波频率	K_p	功率增益
f_{IF}	中频	L	谐振电感,沟道长度
f_{LO}	本振频率	L_f	滤波电感
f_m	调制频率	L_{fmin}①	滤波电感 L_f 的最小值

---

① 编辑注:与英文版原书保持一致,分别表示最大值和最小值的下角 max、min 用斜体。

L_{RFC}	射频扼流电感
l	电感走线长度,绕线长度
m	调幅指数
m_f	调频指数
m_p	调相指数
N	电感匝数
n	变压器匝数比
P_{AM}	调幅信号功率
P_C	载波功率
P_D	功率消耗
PEP	功率包络峰值
P_G	栅极驱动功率
P_I	直流(输入)功率
P_{LOSS}	功率损耗
P_{LS}	下边带功率
P_n	噪声功率
P_o	交流输出功率
P_r	谐振电路的功率损耗
P_{rDS}	MOSFET 导通电阻的传导功率损耗
P_{rC}	谐振电容的功率损耗
P_{rL}	谐振电感的功率损耗
P_{sw}	开关功率
P_{US}	上边带功率
P_{tf}	电流下降时间 t_f 导致的平均功率损耗
p	闭合线圈周长
$p_{D(\omega t)}$	瞬时漏极功率损耗
Q_{C0}	电容品质因素
Q_L	f_0 处负载品质因素
Q_{L0}	电感品质因素
Q_0	f_0 处空载品质因素
q_A	电抗因素
q_B	电抗因素
R	不含阻抗匹配电路的放大器总电阻
R_{DC}	放大器的直流输入电阻
R_L	负载电阻
R_{Lmin}	R_L 的最小值
r	总的寄生电阻
r_C	谐振电容的等效串联电阻(ESR)
r_{DS}	MOSFET 的导通电阻
r_G	栅极电阻
r_L	谐振电感的等效串联电阻(ESR)
r_o	晶体管的输出电阻
S_i	电流波形的斜率
S_v	电压波形的斜率
s	平面电感的线间距
T	工作温度,波形周期
THD	总谐波失真
t_f	MOSFET 或 BJT 器件的下降时间
V_A	沟道调制电压
V_{Cm}	电容两端的电压幅度
V_C	载波电压幅度
V_{DS}	漏-源直流电压
V_{DSM}	漏-源电压峰值
V_{GS}	栅-源直流电压
V_I	直流供电电压(输入)
V_{Lm}	电感两端的电压幅度
V_{dsm}	漏-源小信号电压幅度
V_{gsm}	栅-源小信号电压幅度
V_m	调制电压幅度
V_n	输出电压的第 n 次谐波,噪声均方根电压
V_{rms}	电压 v 的均方根值
V_{SM}	开关的峰值电压
V_t	MOSFET 器件的阈值电压
v	电压
v_c	载波电压
v_{DS}	漏-源大信号电压
v_{DSsat}	饱和区边界处的漏-源电压
v_{ds}	漏-源小信号电压
v_{GS}	栅-源大信号电压
v_{gs}	栅-源小信号电压
v_m	调制电压
v_o	交流输出电压
v_{sat}	饱和载流子漂移速率
W	能量,沟道宽度
w	布线宽度
X	阻抗 Z 的虚部
Y	谐振电路的输入导纳
Z	谐振电路的输入阻抗

$\|Z\|$	阻抗 Z 的幅度	λ	波长,沟道长度调制系数
Z_i	输入阻抗	μ	载流子迁移率
Z_0	谐振电路的特征阻抗	mu_0	自由空间的磁导率
α_n	漏极电流的傅里叶系数	μ_n	电子迁移率
β	反馈网络的增益	μ_r	相对磁导率
γ_n	漏极电流的傅里叶系数比	ζ_n	漏-源电压的傅里叶系数比
Δf	频率偏移	ρ	电阻率
δ	狄拉克脉冲函数	σ	电导率
ε_{ox}	氧化物介电常数	ϕ	相位,角度,磁通量
η	放大器的效率	ψ	阻抗 Z 的相位
η_{AV}	放大器的平均效率	ω	工作角频率
η_D	放大器的漏极效率	ω_c	载波角频率
η_{PAE}	放大器的功率附加效率	ω_m	调制角频率
η_r	谐振电路的效率	ω_0	谐振角频率
θ	漏极电流半导通角,迁移率退化系数		

缩略语列表

AM	Amplitude Modulation	幅度调制
ACLR	Adjacent Channel Leakage Ratio	相邻信道泄漏比
ASK	Amplitude Shift Keying	幅移键控
BW	Bandwidth	带宽
CW	Continuous Wave	连续波
CDMA	Code Division Multiple Access	码分多址
EER	Envelope Elimination and Restoration	包络消除与恢复
ET	Envelope Tracking	包络跟踪
FDMA	Frequency Division Multiple Access	频分多址
FDD	Frequency Division Duplexing	频分双工
FM	Frequency Modulation	频率调制
FSK	Frequency Shift Keying	频移键控
GSM	Global System for Mobile Communications	全球移动通信系统
HEMT	High Electron Mobility Transistor	高电子迁移率晶体管
IMD	Intermodulation Distortion	互调失真
IP	Intercept Point	截断点
LINC	Linear Amplification with Nonlinear Components	利用非线性元件的线性放大
LNA	Low Noise Amplifier	低噪声放大器
LTE	Long-Term Evolution	长期演进
OFDM	Orthogonal Frequency Division Multiplexing	正交频分复用
PAR	Peak-to-Average Ratio	峰均比
PA	Power Amplifier	功率放大器
PAPR	Peak-to-Average Power Ratio	峰均功率比
PDF	Probability Density Function	概率密度函数
PEP	Peak Envelope Power	峰值包络功率
PM	Phase Modulation	相位调制
PWM	Pulse Width Modulation	脉宽调制
PSK	Phase Shift Keying	相移键控
QAM	Quadrature Amplitude Modulation	正交调幅
QPSK	Quadrature Phase Shift Keying	正交相移键控
RF	Radio Frequency	射频

RFID   Radio Frequency Identification 射频识别
SNR   Signal-to-Noise Ratio 信噪比
TDMA   Time-Division Multiple Access 时分多址
TDD   Time-Division Duplexing 时分双工
WCDMA Wideband Code Division Multiple Access 宽带码分多址
WLAN   Wireless Local Area Network 无线局域网

目录

第1章 绪 论

1.1 射频发射机

射频通信利用无线电波作为发射和接收信号的媒介。**射频发射机**由产生调制信号的信息源、调制器、射频功率放大器和天线组成。**功率放大器**是从直流电源获得能量来放大输入信号功率的电路(见本章参考文献[1～28]),其最重要的两个参数是效率和失真度。**射频接收机**包括天线、接收前端、解调器和音频放大器4个部分。将发射机和接收机两个模块集成在一起的电子器件称为**收发机**。射频发射机会产生一个很强的射频电流并传送到天线,接着发射机的天线向外辐射电磁波,这种电磁波称为无线电波。发射机常用来进行有一定距离的通信,如收音机和电视广播、移动电话、无线计算机网络、无线导航、无线定位、空中交通管制、雷达、船舶通讯、射频识别、防撞、测速以及天气预报等。带有信息的信号是一个调制信号,最常见的如:麦克风的语音信号、相机的视频信号或者数字信号等等。现代无线通信系统包括幅度调制信号和高峰均比的相位调制信号。通常,宽带码分多址和正交频分复用通信系统的峰均比约为6～9dB。发射机设计面临的主要困难就是如何实现好的线性度和高的效率。

理想的射频发射机应满足以下条件:

- 效率高
- 线性度高(即,信号失真度低)
- 功率增益高
- 动态范围大
- 转换速率快
- 噪声低
- 频谱效率高
- 调制带宽宽
- 具有再现复杂调制波形的能力
- 具有传输高速率数据通信的能力
- 具有发送多种波形的能力
- 可携带

设计出高效率和高线性度的发射机是具有挑战性的课题。当信号既有幅度调制又有相位调制时,线性放大是必须保证的,因为非线性会导致放大的信号存在缺陷。

1.2 便携式电子产品的电池

电池是便携式通信系统中的直流电源,最为常见的电池类型是锂(Li-ion)电池和镍镉(Ni-Cd)电池。锂电池的额定输出电压是3.6V,在5个小时的有效工作时间里,其放电电压从4V变化到2V。镍镉电池的额定输出电压是1.25V,该电池在5个小时的有效工作时间里,放电电压通常从 1.4 变化到 1V。这两种电池都是可充电电池,但锂电池的储能密度几乎是镍电池的两倍,也就是说储存相同的电能,锂电池的体积要小得多。但是锂电池的放电曲线比镍电池更为陡峭,锂电池放电曲线的斜率大概是 −0.25V/h,而镍镉电池放电曲线的斜率仅为 −0.04V/h。因此,锂电池需要一个稳压器。

1.3 射频功率放大器原理框图

功率放大器是成功构建无线通信系统的关键部件(见本章参考文献[1~27]),其主要目的是提高信号的功率水平。为了减少干扰和频谱再生,发射机必须具有较好线性度。射频功率放大器的原理框图如图 1.1 所示,主要包括晶体管(MOSFET,MESFET,HFET 或 BJT)、输出网络、输入网络和射频扼流圈。其中,用碳化硅(SiC)和氮化镓(GaN)器件等宽禁带(Band Gap,BG)材料半导体器件来替代硅基半导体器件是未来的发展趋势。由于具有高的热导率,碳化硅还用于制作氮化镓等器件的衬底。氮化镓材料常用来制作高电子迁移率晶体管(HEMTs),由于这种材料的禁带宽度是硅材料的 3 倍,高温环境下性能退化小。氮化镓材料的击穿电场强度是硅材料的 6 倍,载流子饱和速度是硅材料的 2.5 倍,因此氮化镓材料具有更高的功率密度。

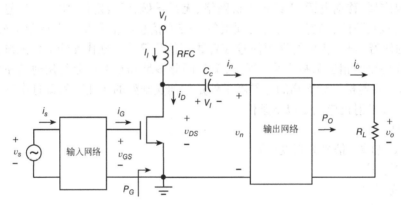

图1.1 射频功率放大器的原理框图

在射频功率放大器中,晶体管的工作状态可以是:

* 受控电流源
* 开关
* 过驱动模式(部分作为受控电流源,部分作为开关)

图 1.2(a)给出了晶体管作为电压控制或者电流控制的电流源时的射频功率放大器模型。当 MOSFET 工作在受控电流源状态下时,漏极电流的波形由栅极-源极电压波形和晶体管的工作点共同决定,而漏极电压波形由受控电流源和负载网络的阻抗决定。当 MOSFET 工作在开关状态下时,由于开关导通时两端的电压近乎为零,此时的漏极电流由外电路决定;当开关断开时流过开关的电流为零,此时开关两端的电压由外部电路的响应决定。

MOSFET 器件只有工作在有源区(也称做饱和区)而非欧姆区(也称做线性区),才可以看做一个受控电流源,此时漏极-源极电压 v_{DS} 必须大于其最小值 V_{DSmin},亦即 $v_{DS} > V_{DSmin} = V_{GS} - V_t$,其中,$V_t$ 是晶体管的阈值电压。当 MOSFET 器件作为受控电流源时,漏极电流 i_D 和漏极-源极电压 v_{DS} 的幅度与栅-源电压 v_{GS} 的幅度近似成正比。因此,这样的工作模式可用于制作线性功率放大器,幅值的线性度对于放大幅度调制信号十分重要。

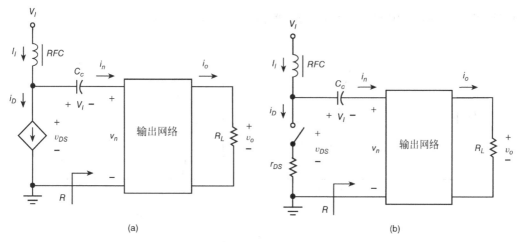

图 1.2 射频功率放大器中的晶体管工作模式

（a）晶体管作为受控电流源；（b）晶体管作为开关

图 1.2(b)给出了晶体管作为开关时的射频功率放大器模型。作为开关工作的 MOSFET 器件不能进入有源区(也称做饱和区)。当开关导通时,晶体管工作在欧姆区；开关断开时,晶体管工作在截止区。为了使 MOSFET 器件保持在欧姆区,需要满足 $v_{DS} < V_{GS} - V_t$。对于给定的负载阻抗,如果栅极-源极电压 v_{GS} 增加,漏极-源极电压 v_{DS} 的幅度也会随之上升,使得晶体管的初始工作状态在有源区而随后稳定在欧姆区。当晶体管作为开关使用时,漏极电流 i_D 的幅度和漏极-源极电压 v_{DS} 的幅度都与栅极-源极电压 v_{GS} 的幅值无关。在大多数晶体管作为开关的实际应用中,晶体管由方波形式的栅极-源极电压 v_{GS} 驱动,但是在频率很高的情况下,方波很难生成,因此常常用正弦波形式的栅极-源极电压 v_{GS} 驱动晶体管。晶体管用做开关目的是为了获得高的放大效率,其原因是晶体管的漏极电流 i_D 很高时,相应的漏极-源极电压 v_{DS} 却很小,因此晶体管的功率损失也变得很小。

如果晶体管由较大幅度的正弦波形式的栅极-源极电压 v_{GS} 驱动,晶体管就会处于过驱动模式。在这种情况下,当 v_{GS} 的瞬时值相对较小时晶体管工作在有源区,当 v_{GS} 的瞬时值较大时晶体管工作在开关状态。

输出网络的主要功能如下:
- 阻抗转换
- 谐波抑制
- 滤除有用信号带宽 BW 以外的频谱以防止相邻信道的干扰

调制信号可以分为两种类型:
- 包络变化的信号,比如 AM 和 SSB
- 包络恒定的信号,比如 FM、FSK 和 CW

现代移动通信系统通常包括幅度调制和相位调制两种形式,放大包络变化的信号需要线性放大器。线性放大器是一种输出电压正比于输入电压的电子电路,A 类射频功率放大器就是一个近似线性的放大器。

1.4 射频功率放大器的分类

根据漏极电流 i_D 的导通角 2θ 可以对晶体管作为受控电流源时的射频功率放大器进行分类。当晶体管作为受控电流源,栅极-源极电压 v_{GS} 为正弦信号时,不同类型放大器的漏极电流

i_D 波形如图 1.3 所示,相应的各种类型放大器的工作点如图 1.4 所示。

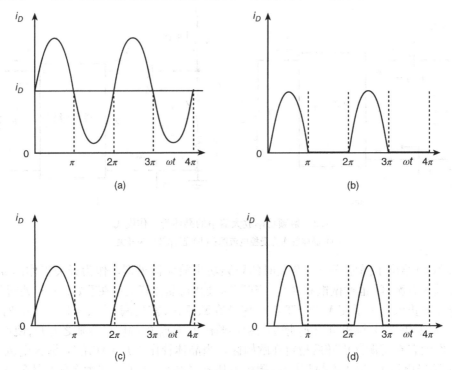

图 1.3 不同类型放大器的漏极电流 i_D 波形

(a) A 类; (b) B 类; (c) AB 类; (d) C 类

A 类射频功率放大器漏极电流 i_D 的导通角 2θ 是 360°。栅极-源极电压 v_{GS} 必须大于晶体管的阈值电压 V_t,也就是说 $v_{GS} > V_t$。因此,栅极-源极电压 v_{GS} 的直流分量 V_{GS} 必须选取远远大于晶体管截止电压 V_t 的值,如 $V_{GS} - V_{gsm} > V_t$,这里的 V_{gsm} 是栅极-源极电压 v_{GS} 交流分量的幅值。漏电流 i_D 的直流分量 I_D 必须大于其交流分量 I_m 的幅值。晶体管在整个周期都是导通的,A 类放大器是线性的,但是效率很低(低于 50%)。

B 类射频功率放大器漏极电流 i_D 的导通角 2θ 是 180°。栅极-源极电压 v_{GS} 的直流分量 V_{GS} 等于 V_t,漏极偏置电流 I_D 为零。因此,晶体管仅在半个周期内导通。

AB 类射频功率放大器漏极电流 i_D 的导通角 2θ 介于 180° 和 360° 之间。栅极-源极电压 v_{GS} 的直流分量 V_{GS} 略高于 V_t,晶体管的偏置漏电流 I_D 很小。就如其名字一样,AB 类射频功率放大器介于 A 类和 B 类之间。AB 类放大器是线性的,但是效率很低(小于 50%)。

C 类射频功率放大器漏极电流 i_D 的导通角 2θ 小于 180°。由于 $V_{GS} < V_t$,工作点落在截止区域,漏极偏置电流 I_D 等于零。晶体管在不到半个周期的范围内导通,C

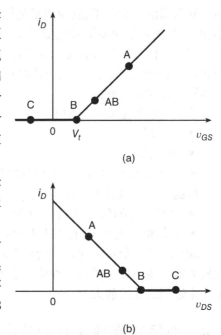

图 1.4 A 类、B 类、AB 类和 C 类的工作点

类放大器是非线性的且只适用于包络不变的信号,但是与 A 类和 B 类放大器相比,它具有更高的效率。

A 类、AB 类和 B 类常用做音频和射频功率放大器,而 C 类则仅仅用于射频功率放大器和工业应用中。

在 D 类、E 类和 DE 类射频功率放大器中,晶体管用做开关。而 F 类放大器中,晶体管既可作为受控电流源,也可以作为开关。射频功率放大器常用于通信、发电站和激发等离子体等系统中。

1.5　射频功率放大器的信号波形

在稳定状态下,功率放大器中未调制信号的波形是周期性的,频率为 $f = \omega/(2\pi)$。漏极电流的波形可以用傅里叶级数表示为

$$
\begin{aligned}
i_D &= I_I + \sum_{n=1}^{\infty} I_{mn} \cos(n\omega t + \phi_{in}) = I_{DM}\left[\alpha_0 + \sum_{n=1}^{\infty}\alpha_n \cos(n\omega t + \phi_{in})\right] \\
&= I_I\left[1 + \sum_{n=1}^{\infty}\frac{I_{mn}}{I_I}\cos(n\omega t + \phi_{in})\right] = I_I\left[1 + \sum_{n=1}^{\infty}\gamma_n \cos(n\omega t + \phi_{in})\right]
\end{aligned}
\tag{1.1}
$$

其中

$$
\alpha_0 = \frac{I_I}{I_{DM}}
\tag{1.2}
$$

$$
\alpha_n = \frac{I_{mn}}{I_{DM}}
\tag{1.3}
$$

$$
\gamma_n = \frac{I_{mn}}{I_I}
\tag{1.4}
$$

漏极-源极电压波形的傅里叶级数展开式为

$$
\begin{aligned}
v_{DS} &= V_I - \sum_{n=1}^{\infty} V_{mn} \cos(n\omega t + \phi_{vn}) = V_{DSM}\left[\beta_0 - \sum_{n=1}^{\infty}\beta_n \cos(n\omega t + \phi_{vn})\right] \\
&= V_I\left[1 - \sum_{n=1}^{\infty}\frac{V_{mn}}{V_I}\cos(n\omega t + \phi_{vn})\right] = V_I\left[1 - \sum_{n=1}^{\infty}\xi_n \cos(n\omega t + \phi_{vn})\right]
\end{aligned}
\tag{1.5}
$$

其中

$$
\beta_0 = \frac{V_I}{V_{DSM}}
\tag{1.6}
$$

$$
\beta_1 = \frac{V_{mn}}{V_{DSM}}
\tag{1.7}
$$

$$
\xi_n = \frac{V_{mn}}{V_I}
\tag{1.8}
$$

1.6　射频功率放大器的参数

1.6.1　射频功率放大器的漏极效率

当输出网络的谐振频率 f_o 等于工作频率 f 时,漏极功率(由晶体管漏极传输到输出网络的功率)可表示为

$$P_{DS} = \frac{1}{2} I_m V_m = \frac{1}{2} I_m^2 R = \frac{V_m^2}{2R} \quad (f = f_o) \tag{1.9}$$

其中，I_m 是漏极电流 i_D 基波分量的幅度，V_m 是漏极-源极电压 v_{DS} 基波分量的幅度，R 是基波下输出网络的输入电阻。

如果谐振频率 f_o 和工作频率 f 不相等，漏极功率的基波分量表示为

$$P_{DS} = \frac{1}{2} I_m V_m \cos\phi = \frac{1}{2} I_m^2 R \cos\phi = \frac{V_m^2 \cos\phi}{2R} \tag{1.10}$$

其中，ϕ 是漏极电流基波分量的相位和漏极-源极电压相位差再减去 π (亦称之为相移)。

瞬时漏极功率耗损为

$$p_D(\omega t) = i_D v_{DS} \tag{1.11}$$

周期性波形的时域**平均漏极功率损耗**为

$$P_D = \frac{1}{2\pi} \int_0^{2\pi} p_D \, d(\omega t) = \frac{1}{2\pi} \int_0^{2\pi} i_D v_{DS} \, d(\omega t) = P_I - P_{DS} \tag{1.12}$$

直流供电电流为

$$I_I = \frac{1}{2\pi} \int_0^{2\pi} i_D \, d(\omega t) \tag{1.13}$$

直流供电功率为

$$P_I = V_I I_I = \frac{V_I}{2\pi} \int_0^{2\pi} i_D \, d(\omega t) \tag{1.14}$$

给定漏极功率 P_{DS} 下的**漏极效率**为[①]

$$\eta_D = \frac{P_{DS}}{P_I} = \frac{P_I - P_D}{P_I} = 1 - \frac{P_D}{P_I} = 1 - \frac{\int_0^{2\pi} i_D v_{DS} \, d(\omega t)}{V_I \int_0^{2\pi} i_D \, d(\omega t)}$$

$$= \frac{1}{2} \left(\frac{I_m}{I_I} \right) \left(\frac{V_m}{V_I} \right) \cos\phi = \frac{1}{2} \gamma_1 \xi_1 \cos\phi \tag{1.15}$$

其中 $\phi = \phi_{i1} - \phi_{v1}$。当工作频率等于谐振频率时 $(f = f_o)$，漏极效率可表示为

$$\eta_D = \frac{P_{DS}}{P_I} = \frac{1}{2} \left(\frac{I_m}{I_I} \right) \left(\frac{V_m}{V_I} \right) = \frac{1}{2} \gamma_1 \xi_1 \quad (f = f_o) \tag{1.16}$$

在设定输出功率的情况下，尽量降低功率损耗可以使功率放大器的效率达到最大。

对于晶体管作为受控电流源使用的功率放大器，放大器漏极效率最大值发生在**峰值包络功率**(Peak Envelope Power，PEP)处。信号幅值随时间变化的功率放大器，其漏极效率 $\eta_D(t)$ 也会随时间变化，而且放大器的输出功率常常比最大输出功率要低，这种情况称为**功率回退**(power backoff)。峰均功率比(Peak-to-Average Power Ratio，PAPR)是指调幅波的峰值包络功率(即 PEP)与长时间的平均包络功率 $P_{O(AV)}$ 的比值，即

$$PAPR = \frac{峰值功率}{平均功率} = \frac{PEP}{P_{O(AV)}} = 10\log\left(\frac{PEP}{P_{O(AV)}}\right) \text{ (dB)} \tag{1.17}$$

功率动态范围(Power Dynamic Range，DNR)的定义是最大输出功率 P_{Omax} 和最小输出功率 P_{Omin} 的比值

$$DNR = \frac{最大输出功率}{最小输出功率} = \frac{P_{Omax}}{P_{Omin}} = 10\log\left(\frac{P_{Omax}}{P_{Omin}}\right) \text{ (dB)} \tag{1.18}$$

---

① 编辑注：遵照英文原书的习惯，本书中的 π、d、j、min、max 等字符为斜体，与英文原书相同。如式(1.15)所示。

传输到负载电阻的**输出功率**是

$$P_O = \frac{1}{2}I_{om}V_{om} = \frac{1}{2}I_{om}^2 R_L = \frac{V_{om}^2}{2R_L} \tag{1.19}$$

其中，I_{om} 是输出电流的幅值，V_{om} 是输出电压的幅值。

谐振输出网络的功率损耗是

$$P_r = P_{DS} - P_O \tag{1.20}$$

谐振输出网络的效率是

$$\eta_r = \frac{P_O}{P_{DS}} \tag{1.21}$$

放大器输出端(包括晶体管和输出网络)的**总功率损耗**是

$$P_{Loss} = P_I - P_O = P_D + P_r \tag{1.22}$$

在设定输出功率下，放大器的**效率**是

$$\eta = \frac{P_O}{P_I} = \frac{P_O}{P_{DS}}\frac{P_{DS}}{P_I} = \eta_D\eta_r \tag{1.23}$$

通常将 $1mW$ 作为放大器输出功率的参考值，其定义为

$$P = 10\log\frac{P(\text{W})}{0.001}\ (\text{dBm}) = 10\log P(\text{W}) - 10\log 0.001 = [10\log P(\text{W}) + 30]\ (\text{dBm}) \tag{1.24}$$

值得注意的是：dBm 或 dBW 表示功率的实际数值，而 dB 代表的是功率的比值，例如功率增益等。

1.6.2 发射机平均效率的统计特性

无线发射机的输出功率是一个随机变量，发射机的平均效率取决于发射机输出功率的统计特性，而统计特性是由输出功率的概率密度函数(Probability Density Function, PDF)(或称概率分布函数(Probability Distribution Function, PDF))和功率放大器的直流供电功率决定的。在长时间间隔 $\Delta t = t_2 - t_1$ 内的平均输出功率为

$$P_{O(AV)} = \frac{1}{\Delta t}\int_0^{\Delta t} PDF_{P_O}(t)P_O(t)dt \tag{1.25}$$

在相同时间间隔 $\Delta T = t_2 - t_1$ 内的平均供电功率为

$$P_{I(AV)} = \frac{1}{\Delta t}\int_0^{\Delta t} PDF_{P_I}(t)P_I(t)dt \tag{1.26}$$

因此，一段长时间间隔内的平均效率定义为这段时间 Δt 内传递到负载端(或者天线)的能量 E_O 和从电源获取的能量 E_I 之比

$$\eta_{AV} = \frac{E_O}{E_I} = \frac{E_O/\Delta t}{E_I/\Delta t} = \frac{P_{O(AV)}}{P_{I(AV)}} = \frac{\dfrac{1}{\Delta t}\displaystyle\int_0^{\Delta t} PDF_{P_O}(t)P_O(t)dt}{\dfrac{1}{\Delta t}\displaystyle\int_0^{\Delta t} PDF_{P_I}(t)P_I(t)dt} \tag{1.27}$$

该效率决定了电池的寿命。

当晶体管作为受控电流源时，功率放大器的效率随着输出电压 V_m 的幅值增加而增加，当输出电压最大时，输出功率达到最大，功率放大器的效率也达到最大。实际上，带有可变包络电压的功率放大器的功率要低于最大输出功率。例如，B 类功率放大器在 $V_m = V_I$ 时，漏极效率 $\eta_D = \pi/4 = 78.5\%$，但是在 $V_m = V_I/2$ 和 $V_m = V_I/4$ 时，漏极效率分别减少到了 $\eta_D = \pi/8 =$

39.27% 和 $\eta_D = \pi/16 = 19.63\%$。平均效率对于描述可变包络信号的无线发射机的效率非常有用,比如幅度调制(AM)信号。包络的概率密度函数(PDF)决定了包络在不同振幅的时间。对于多载波的发射机,概率密度函数可以采用瑞利密度分布函数。

输出功率的瑞利概率密度函数为

$$g(P_O) = \frac{P_O(t)}{\sigma^2} e^{-\frac{P_O(t)}{2\sigma^2}} \tag{1.28}$$

其中,σ 是分布参数因子。图 1.5 给出了 $\sigma = 0.5, 1, 2, 3$ 和 4 时的该概率密度函数曲线。

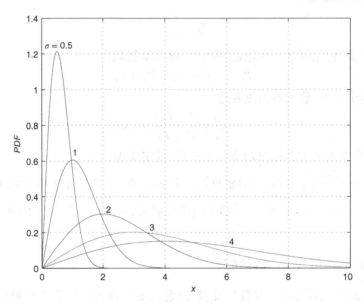

图 1.5   发射机输出功率的瑞利概率密度函数

1.6.3   栅极驱动功率

MOSFET 的输入阻抗由栅极电阻 r_G 和输入电容 C_i 串联组成,其中输入电容可表示为

$$C_i = C_{gs} + C_{gd}(1 - A_v) \tag{1.29}$$

其中,C_{gs} 是栅极-源极电容,C_{gd} 是栅极-漏极电容,A_v 是漏极-源极电压 v_{DS} 下降时间段的电压增益,对应的密勒电容 $C_m = C_{gd}(1 - A_v)$。

栅极驱动功率可以表示为

$$P_G = \frac{1}{2\pi} \int_0^{2\pi} i_G v_{GS} \, d(\omega t) \tag{1.30}$$

对于正弦波形的栅极电流和电压而言,栅极驱动功率为

$$P_G = \frac{1}{2} I_{gm} V_{gsm} \cos \phi_G = \frac{r_G I_{gm}^2}{2} \tag{1.31}$$

其中,I_{gm} 是栅极电流的幅度,V_{gsm} 是栅极-源极电压的幅度,r_G 是栅极电阻,ϕ_G 是栅极电流的基波分量和栅极-源极电压基波分量之间的相位差。包括栅极驱动功率的总功率损耗表示为

$$P_{LS} = P_D + P_r + P_G \tag{1.32}$$

1.6.4   功率附加效率

功率放大器的**功率增益**由下式给出

$$k_p = \frac{P_O}{P_G} = 10 \log \left(\frac{P_O}{P_G} \right) \text{ (dB)} \tag{1.33}$$

功率附加效率定义为输出功率与栅极驱动功率的差值和直流供电功率之比

$$\eta_{PAE} = \frac{P_O - P_G}{P_I} = \frac{P_O}{P_I} \left(1 - \frac{P_G}{P_O} \right)$$
$$= \frac{P_O}{P_I} \left(1 - \frac{1}{P_O/P_G} \right) = \frac{P_O}{P_I} \left(1 - \frac{1}{k_p} \right) = \eta \left(1 - \frac{1}{k_p} \right) \tag{1.34}$$

如果 $k_p = 1$，$\eta_{PAE} = 0$。如果 $k_p \gg 1$，$\eta_{PAE} \approx \eta$。

对于大部分通信系统而言，许多调制技术都采用可变包络电压，射频输出功率的峰均比很高。通常，单工作电压下的射频功率放大器输出功率达到峰值时，功率效率最大。单载波发射机的峰均比（PAR）通常在 $3 \sim 6\text{dB}$ 之间。多载波发射机的峰均比（PAR）的典型值在 $6 \sim 13\text{dB}$ 之间。当功率从最大值开始下降时，放大器效率下降很快。**平均混合功率附加效率**定义为

$$\eta_{AV(PAE)} = \frac{P_{ORF(AV)} - P_{IRF(AV)}}{P_{DC(AV)} + P_{DC(mod)}} = \frac{\int_{V_{min}}^{V_{max}} PDF(V)^* [P_{ORF}(V) - P_{IRF}(V)] dV}{\int_{V_{min}}^{V_{max}} PDF(V)^* [P_{DC(PA)}(V) + P_{DC(mod)}(V)] dV} \tag{1.35}$$

其中，$PDF(V)^*$ 是复杂调制信号的概率密度函数，V_{min} 和 V_{max} 是射频包络电压的最小值和最大值，$P_{ORF}(V)$，$P_{IRF}(V)$，$P_{DC(PA)}(V)$ 和 $P_{DC(mod)}(V)$ 是在给定包络电压 V 下的瞬时功率值。

功率放大器的总效率定义为

$$\eta_{tot} = \frac{P_O}{P_{I(DC)} + P_G + P_{mod}} = \frac{P_O}{P_O + P_O + P_G + P_{mod}} \tag{1.36}$$

其中，P_{mod} 是调制器的功率损耗。

1.6.5　输出功率能力

包含 N 个晶体管的射频功率放大器的**输出功率能力**定义为

$$c_p = \frac{P_{Omax}}{NI_{DM}V_{DSM}} = \frac{\eta_{Dmax}P_I}{NI_{DM}V_{DSM}} = \frac{\eta_{Dmax}}{N} \left(\frac{I_I}{I_{DM}} \right) \left(\frac{V_I}{V_{DSM}} \right) = \frac{1}{N} \eta_{Dmax} \alpha_0 \beta_0$$
$$= \frac{1}{2N} \left(\frac{I_m}{I_{DM}} \right) \left(\frac{V_m}{V_{DSM}} \right) = \frac{1}{2N} \alpha_{1max} \beta_{1max} \tag{1.37}$$

其中，I_{DM} 是瞬时漏电流 i_D 的最大值，V_{DSM} 是瞬时漏极-源极电压 v_{DS} 的最大值，η_{Dmax} 是输出功率最大（P_{Omax}）时的放大器漏极效率，N 是放大器中没有串联或并联的晶体管数量。例如，推挽式放大器有两个晶体管。具有最大电流 I_{DM} 和电压 V_{DSM} 的晶体管构成的放大器的最大输出功率是

$$P_{Omax} = c_p N I_{DM} V_{DSM} \tag{1.38}$$

随着输出功率能力 c_p 增加，最大输出功率 P_{Omax} 也增加。输出功率能力对于比较不同种类或者同种类放大器的性能十分有用。c_p 越大，放大器的最大输出功率就越大。

对于单晶体管放大器，输出功率能力定义为

$$c_p = \frac{P_{Omax}}{I_{DM}V_{DSM}} = \frac{\eta_{Dmax}P_I}{I_{DM}V_{DSM}} = \eta_{Dmax} \left(\frac{I_I}{I_{DM}} \right) \left(\frac{V_I}{V_{DSM}} \right) = \eta_{Dmax} \alpha_0 \beta_0$$
$$= \frac{1}{2} \left(\frac{I_{m(max)}}{I_{DM}} \right) \left(\frac{V_{m(max)}}{V_{DSM}} \right) = \frac{1}{2} \alpha_{1max} \beta_{1max} \tag{1.39}$$

1.7 发射机的噪声

发射机中包括一个产生载波信号的振荡器。振荡器是一个非线性电路,不能产生理想的单一频率和等幅度的信号,其输出功率不会集中在单一的频率上,而是分布在这个频率附近,载波两侧的噪声频谱称为噪声边带。因此,电压和电流波形中含有噪声,这些波形被噪声调制。噪声主要有 3 种:调幅(AM)噪声,调频(FM)噪声和相位(PM)噪声。AM 噪声会引起振荡器输出波形的幅度变化,FM 或 PM 噪声会引起载波附近频谱的扩展。偏离载波频率处在 1Hz 内的单边带噪声功率和载波功率的比值定义为噪载功率比

$$NCP = \frac{N}{C} = 10\log\left(\frac{N}{C}\right)\left(\frac{\text{dBc}}{\text{Hz}}\right) \tag{1.40}$$

单位 dBc/Hz 表示 1Hz 带宽内低于载波的分贝数。载波附近的大部分振荡器噪声是相位噪声,这个噪声表现为相位抖动。例如,偏离载波 2kHz 处和 50kHz 处的相位噪声分别为 80dBc/Hz 和 110dBc/Hz。

功率放大器输出热噪声的典型数值应该低于 −130dBm,这个要求的目的是使功率放大器引入到接收机低噪声放大器的输入端的噪声电平可以达到忽略不计的水平。

例 1.1 射频放大器的 $P_O = 10\text{W}$,$P_I = 20\text{W}$,$P_G = 1\text{W}$。求效率、功率附加效率和功率增益。

解:功率放大器的效率为

$$\eta = \frac{P_O}{P_I} = \frac{10}{20} = 50\% \tag{1.41}$$

附加功率增益为

$$\eta_{PAE} = \frac{P_O - P_G}{P_I} = \frac{10 - 1}{20} = 45\% \tag{1.42}$$

功率增益为

$$k_p = \frac{P_O}{P_G} = \frac{10}{1} = 10 = 10\log(10) = 10 \text{ (dB)} \tag{1.43}$$

1.8 功率放大器效率为 100% 的条件

功率放大器的漏极效率为

$$\eta_D = \frac{P_{DS}}{P_I} = 1 - \frac{P_D}{P_I} \tag{1.44}$$

要达到漏极效率 100% 的条件是

$$P_D = \frac{1}{T}\int_0^T i_D v_{DS}\, dt = 0 \tag{1.45}$$

对于 N 型 MOS 晶体管,$i_D \geq 0$,$v_{DS} \geq 0$;对于 P 型 MOS 晶体管,$i_D \leq 0$,$v_{DS} \leq 0$。在这种情况下,要达到漏极效率 100% 的充分条件是

$$i_D v_{DS} = 0 \tag{1.46}$$

因此,为了达到 100% 的效率,i_D 和 v_{DS} 的波形不能交叠。图 1.6 给出了波形不交叠的 i_D

和 v_{DS} 的波形。

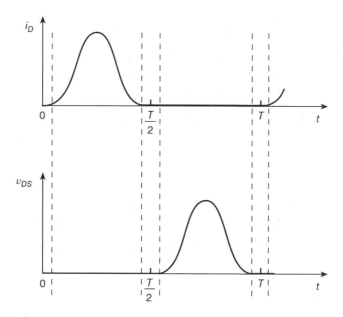

图 1.6 不交叠的漏电流 i_D 和漏极-源极电压 v_{DS} 的波形

以下情形下,功率放大器的漏极效率低于 100%:

- $i_D > 0$, $v_{DS} > 0$ 的波形有交叠(例如:C 类功率放大器)
- i_D 和 v_{DS} 的波形是相邻的,v_{DS} 的波形在 $t = t_o$ 处有一个跳变,而 i_D 的波形包含一个 δ 脉冲波,如图 1.7(a)所示。
- i_D 和 v_{DS} 的波形是相邻的,i_D 的波形在 $t = t_o$ 处有一个跳变,而 v_{DS} 的波形包含一个 δ 脉冲波,如图 1.7(b)所示。

对于图 1.7(a)的情况,理想开关和电容 C 并联。当开关两端的电压 v_{DS} 不为零时,开关在 $t = t_o$ 处导通。在 $t = t_o$ 时,该电压可以表示为

$$v_{DS}(t_o) = \frac{1}{2}\left[\lim_{t \to t_o^-} v_{DS}(t) + \lim_{t \to t_o^+} v_{DS}(t)\right] = \frac{1}{2}(\Delta V + 0) = \frac{\Delta V}{2} \tag{1.47}$$

在 $t = t_o$ 时,漏电流可以表示为

$$i_D(t_o) = C\Delta V \delta(t - t_o) \tag{1.48}$$

因此,瞬时功率损耗可以表示为

$$p_D(t) = i_D v_{DS} = \begin{cases} \dfrac{1}{2} C\Delta V^2 \delta(t - t_o) & (t = t_o) \\ 0 & (t \neq t_o) \end{cases} \tag{1.49}$$

因此,平均功耗可以表示为

$$P_D = \frac{1}{T}\int_0^T i_D v_{DS} dt = \frac{C\Delta V^2}{2T}\int_0^T \delta(t - t_o) dt = \frac{1}{2} f C\Delta V^2 \tag{1.50}$$

漏极效率为

$$\eta_D = 1 - \frac{P_D}{P_I} = 1 - \frac{f C\Delta V^2}{2P_I} \tag{1.51}$$

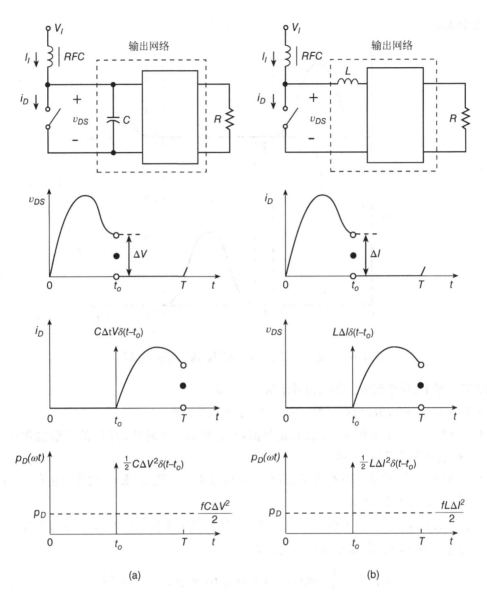

图 1.7 带有δ函数的漏极电流 i_D 和漏极-源极电压 v_{DS}的波形
（a）开关和电容并联电路；（b）开关和电感串联电路

在实际电路中，开关有一个很小的串联电阻，流过开关的电流是时间的指数函数而且具有一个有限的峰值。因此，要达到 100% 的效率，需要满足 $\Delta V = 0$ 或者 $C = 0$。在实际放大器设计中，晶体管必须在漏极-源极电压 $v_{DS} = 0$ 时开启，在此情况下 $\Delta V = 0$。零电压开关（Zero-Voltage Switching, ZVS）E 类放大器的概念就是由此而来。

例1.2 MOSFET 开启时，射频功率放大器的漏极-源极电压在 $V_{DS} = 5\text{V}$ 处有一个阶跃变化，晶体管电容 $C = 100\text{pF}$，工作频率 $f = 2.4\text{GHz}$，直流供电电压 $V_I = 5\text{V}$，直流供电电流 $I_I = 1\text{A}$。假设所有的寄生电阻都为零，计算功率放大器的效率。

解：开关功率损耗为

$$P_D = \frac{1}{2}fC\Delta V_{DS}^2 = \frac{1}{2}\times 2.4\times 10^9\times 100\times 10^{-12}\times 5^2 = 3\,(\text{W}) \tag{1.52}$$

直流功率损失为

$$P_I = I_I V_I = 1 \times 5 = 5 \, (\mathrm{W}) \tag{1.53}$$

因此,放大器的漏极效率为

$$\eta_D = \frac{P_O}{P_I} = \frac{P_I - P_D}{P_I} = 1 - \frac{P_D}{P_I} = 1 - \frac{3}{5} = 40\% \tag{1.54}$$

对于如图 1.7(b)所示的放大器,一个理想开关和电感 L 串联。当流过开关的电流 i_D 不为零时,开关在 $t = t_0$ 处导通。在 $t = t_0$ 时,这个开关电流可以表示为

$$i_D(t_o) = \frac{1}{2} \left[\lim_{t \to t_o^-} i_D(t) + \lim_{t \to t_o^+} i_D(t) \right] = \frac{1}{2} (\Delta I + 0) = \frac{\Delta I}{2} \tag{1.55}$$

在 $t = t_0$ 时,漏极电压为

$$v_{DS}(t_o) = L \Delta I \delta(t - t_o) \tag{1.56}$$

因此,瞬时功耗为

$$p_D(t) = i_D v_{DS} = \begin{cases} \dfrac{1}{2} L \Delta I^2 \delta(t - t_o) & (t = t_o) \\ 0 & (t \neq t_o) \end{cases} \tag{1.57}$$

因此,平均功耗可以表示为

$$P_D = \frac{1}{T} \int_0^T i_D v_{DS} \, dt = \frac{1}{2} f L \Delta I^2 \tag{1.58}$$

漏极效率则为

$$\eta_D = 1 - \frac{P_D}{P_I} = 1 - \frac{f L \Delta I^2}{2 P_I} \tag{1.59}$$

在实际电路中,断开状态的开关有一个很大的并联电阻,开关两端的电压具有有限峰值。因此,要达到 100% 的效率,需要 $\Delta I = 0$ 或者 $L = 0$。零电流开关(Zero Current Switching, ZCS)的 E 类放大器的概念就是由此而来[3]。

1.9 功率放大器 100% 效率时输出功率非零的条件

射频功率放大器要同时到达 100% 的效率和 $P_O > 0$,漏极电流和漏极-源极电压波形有一些最基本的限制[13,14]。漏极电流 i_D 和漏极-源极电压 v_{DS} 可以用傅里叶级数分别表示为

$$i_D = I_I + \sum_{n=1}^{\infty} i_{dsn} = I_I + \sum_{n=1}^{\infty} I_{dn} \sin(n\omega t + \psi_n) \tag{1.60}$$

$$v_{DS} = V_I + \sum_{n=1}^{\infty} v_{dsn} = V_I + \sum_{n=1}^{\infty} V_{dsn} \sin(n\omega t + \vartheta_n) \tag{1.61}$$

漏极电流和漏极-源极电压波形对时间的导数分别为

$$i_D' = \frac{di_D}{dt} = \omega \sum_{n=1}^{\infty} n I_{dn} \cos(n\omega t + \psi_n) \tag{1.62}$$

$$v_{DS}' = \frac{dv_{DS}}{dt} = \omega \sum_{n=1}^{\infty} n V_{dsn} \cos(n\omega t + \vartheta_n) \tag{1.63}$$

因此,上面两个导数乘积的平均时间值为

$$\frac{1}{T}\int_0^T i_D' \upsilon_{DS}' \, dt = \omega^2 \int_0^T \sum_{n=1}^{\infty} nI_{dn}\cos(n\omega t + \psi_n) \sum_{n=1}^{\infty} nV_{dsn}\cos(n\omega t + \vartheta_n dt)$$

$$(1.64)$$

$$= -\frac{\omega^2}{2}\sum_{n=1}^{\infty} n^2 I_{dn}V_{dsn}\cos\phi_n = -\omega^2\sum_{n=1}^{\infty} n^2 P_{dsn}$$

其中，$\phi_n = \theta_n - \psi_n - \pi$。进一步有

$$\sum_{n=1}^{\infty} n^2 P_{dsn} = -\frac{1}{4\pi^2 f}\int_0^T i_D'\upsilon_{DS}' \, dt \tag{1.65}$$

如果输出网络的效率 $\eta_n = 1$，谐波频率处的功率均为零，亦即 $P_{ds2} = 0$，$P_{ds3} = 0$，$\cdots$，则有

$$P_{ds1} = P_{O1} = -\frac{1}{4\pi^2 f}\int_0^T i_D'\upsilon_{DS}' \, dt \tag{1.66}$$

对于乘积项而言，如果 $\eta_n = 1$，除了第 n 次谐波的功率，基波频率和其他谐波频率时的功率均为零，那么，第 n 次谐波频率的功率可以表示为

$$P_{dsn} = P_{On} = -\frac{1}{4\pi^2 n^2}\int_0^T i_D'\upsilon_{DS}' \, dt \tag{1.67}$$

如果输出网络是无源且线性的，那么有

$$-\frac{\pi}{2} \leqslant \phi_n \leqslant \frac{\pi}{2} \tag{1.68}$$

此时，输出功率不为零，且有

$$P_O > 0 \tag{1.69}$$

若

$$\frac{1}{T}\int_0^T i_D'\upsilon_{DS}' \, dt < 0 \tag{1.70}$$

如果输出网络和负载都是无源且线性的，并且

$$\frac{1}{T}\int_0^T i_D'\upsilon_{DS}' \, dt = 0 \tag{1.71}$$

那么

$$P_O = 0 \tag{1.72}$$

输出功率为零，对应于以下情况：

- i_D 和 v_{DS} 的波形不交叠，如图 1.6 所示。
- i_D 和 v_{DS} 的波形相邻，在相邻时间点 t_j 处的导数为零，$i_D'(t_j) = 0$ 和 $v_{DS}'(t_j) = 0$，如图 1.8(a) 所示。
- i_D 和 v_{DS} 的波形相邻，在相邻时间点 t_j 处导数 $i_D'(t_j)$ 有一个跳变，$v_{DS}'(t_j) = 0$，反之亦然，如图 1.8(b) 所示。
- i_D 和 v_{DS} 的波形相邻，在相邻时间点 t_j 处导数 $i_D'(t_j)$ 和 $v_{DS}'(t_j)$ 都有跳变，如图 1.8(c) 所示。

总之，零电压开关(ZVS)、零电压导数开关(ZVDS)和零电流开关(ZCS)条件均不能同时满足无源负载网络和非零输出功率的要求。

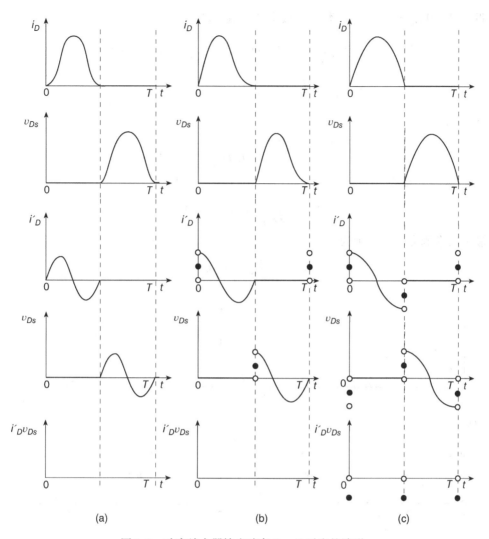

图 1.8 功率放大器输出功率 $P_o = 0$ 对应的波形

1.10 E 类 ZVS 放大器的输出功率

E 类 ZVS 射频功率放大器如图 1.9 所示,图 1.10 给出了在零电压开关(ZVS)和零导数开关(Zero Derivation Switching, ZDS)条件下 E 类功率放大器的波形图。理想情况下,该放大器的效率是 100%。如图 1.10 所示的 E 类放大器波形,在 $t = t_o$ 时,漏极电流 i_D 有一个跳变。因此,漏极电流在 $t = t_o$ 时的导数可以表示为

$$i'_D(t_o) = \Delta I \delta(t - t_o) \qquad (1.73)$$

漏极-源极电压在 $t = t_o$ 时的导数可以表示为

$$v'_{DS}(t_o) = \frac{1}{2}\left[\lim_{t \to t_o^-} v'_{DS}(t) + \lim_{t \to t_o^+} v'_{DS}(t)\right] = \frac{S_v}{2}$$

$$(1.74)$$

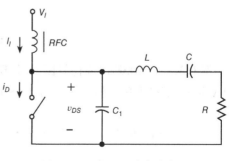

图 1.9 E 类 ZVS 功率放大器

假设 $P_r = 0, \eta_r = 1$,那么 E 类 ZVS 放大器的输出功率为

$$P_{ds} = P_O = -\frac{1}{4\pi^2 f} \int_0^T i'_D v'_{DS}\, dt = -\frac{1}{4\pi^2 f} \int_0^T v'_{DS}(t_o)\Delta I \delta(t-t_o)dt$$

$$= -\frac{\Delta I S_v}{8\pi^2 f} \int_0^T \delta(t-t_o)dt = -\frac{\Delta I S_v}{8\pi^2 f} \tag{1.75}$$

其中 $\Delta I < 0$,由于

$$\Delta I = -0.6988 I_{DM} \tag{1.76}$$

$$S_v = 11.08 f V_{DSM} \tag{1.77}$$

因此,输出功率为

$$P_O = -\frac{\Delta I S_v}{8\pi^2 f} = 0.0981 I_{DM} V_{DSM} \tag{1.78}$$

输出功率能力可以表示为

$$c_p = \frac{P_O}{I_{DM} V_{DSM}} = 0.0981 \tag{1.79}$$

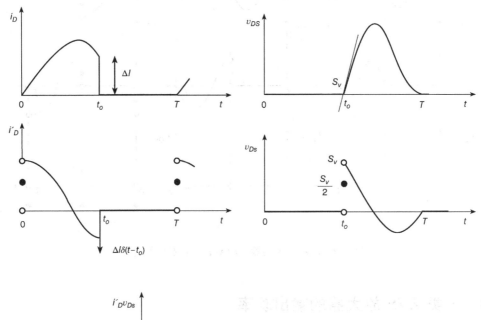

图 1.10 E 类 ZVS 功率放大器的波形

例 1.3 在 MOSFET 晶体管断开时,E 类 ZVS 射频功率放大器的漏电流有一个跳变 $\Delta I_D = -1\text{A}$,漏极-源极电压的斜率 $S_v = 11.08 \times 10^8 \text{V/s}$,工作频率 $f = 1\text{MHz}$。计算 E 类放大器的输出功率。

解: E 类功率放大器的输出功率为

$$P_O = -\frac{\Delta IS_v}{8\pi^2 f} = -\frac{-1 \times 11.08 \times 10^8}{8\pi^2 \times 10^6} = 14.03\,(\mathrm{W}) \tag{1.80}$$

1.11　E 类 ZCS 放大器

E 类零电流开关(ZCS)射频功率放大器如图 1.11 所示,图 1.12 给出了 ZCS 和 ZDS 条件下的电流和电压波形。在 ZCS 条件下,由理想元件构成的这种放大器的效率是 100%。在 $t = t_o$ 时刻,漏极-源极电压 v_{DS} 有一个跳变。漏极-源极电压在 $t = t_o$ 时刻的导数可以表示为

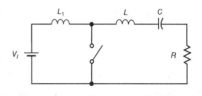

图 1.11　E 类 ZCS 功率放大器原理图

$$v'_{DS}(t_o) = \Delta V \delta(t - t_o) \tag{1.81}$$

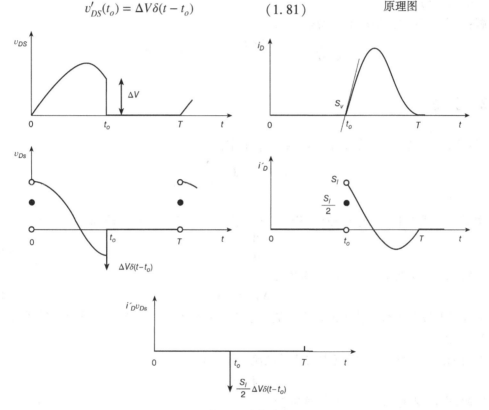

图 1.12　E 类 ZCS 功率放大器的波形

$t = t_o$ 时刻,漏极电流的导数为

$$i'_D(t_o) = \frac{1}{2}\left[\lim_{t \to t_o^-} i'_D(t) + \lim_{t \to t_o^+} i'_D(t)\right] = \frac{S_i}{2} \tag{1.82}$$

E 类 ZCS 放大器的输出功率是

$$P_{ds} = P_O = -\frac{1}{4\pi^2 f}\int_0^T i'_D v'_{DS}\,dt = -\frac{1}{4\pi^2 f}\int_0^T i'_D \Delta V \delta(t - t_o)dt$$

$$= -\frac{\Delta V S_i}{8\pi^2 f}\int_0^T \delta(t - t_o)dt = -\frac{\Delta V S_i}{8\pi^2 f} \tag{1.83}$$

由于

$$\Delta V = -0.6988V_{DSM} \tag{1.84}$$

$$S_i = 11.08fI_{DM} \tag{1.85}$$

因此,输出功率为

$$P_O = -\frac{\Delta V S_i}{8\pi^2 f} = 0.0981I_{DM}V_{DSM} \tag{1.86}$$

输出功率能力为

$$c_p = \frac{P_O}{I_{DM}V_{DSM}} = 0.0981 \tag{1.87}$$

例1.4 在 MOSFET 晶体管开关导通时,E 类 ZCS 射频功率放大器的漏极-源极电压有一个跳变 $\Delta V_{DS} = -100\text{V}$,漏极电流的斜率 $S_i = 11.08 \times 10^7 \text{V/s}$,工作频率 $f = 1\text{MHz}$。计算该 E 类放大器的输出功率。

解:E 类功率放大器的输出功率为

$$P_O = -\frac{\Delta V_{DS} S_i}{8\pi^2 f} = -\frac{-100 \times 11.08 \times 10^7}{8\pi^2 \times 10^6} = 140.320\,(\text{W}) \tag{1.88}$$

1.12 天线

无线通信的基本原理是基于安培-麦克斯韦定律

$$\Delta \times \mathbf{H} = \mathbf{J} + \frac{\partial \mathbf{D}}{\partial t} \tag{1.89}$$

1. 辐射

发射机天线用来辐射电磁波(EMWs),发射天线导体中的位移电流满足

$$\frac{\partial \mathbf{D}}{\partial t} = 0 \tag{1.90}$$

因此,安培-麦克斯韦方程可以变换为

$$\Delta \times \mathbf{H} = \mathbf{J} \tag{1.91}$$

这个方程说明发射天线导体中的时变电流密度 $\mathbf{J}(t)$ 可以在天线周围产生时变的磁场 $\mathbf{H}(t)$。

2. 传播

发射和接收天线之间,空气中的传导电流为零,即

$$\mathbf{J} = 0 \tag{1.92}$$

因此,安培-麦克斯韦方程可以变换为

$$\Delta \times \mathbf{H} = \epsilon \frac{\partial \mathbf{E}}{\partial t} \tag{1.93}$$

这个方程说明由电场和磁场形成的电磁波在空气(或者其他媒介)中的传播状态。

3. 电磁波(EM)的接收

接收天线能够接收电磁波并把它转换成电流,接收天线导体中的位移电流是

$$\frac{\partial \mathbf{D}}{\partial t} = 0 \tag{1.94}$$

因此,安培-麦克斯韦方程可以变换为

$$\mathbf{J} = \Delta \times \mathbf{H} \tag{1.95}$$

这个方程说明接收天线中的电流密度 $\mathbf{J}$ 是由接收天线周围的磁场 $\mathbf{H}$ 产生。

天线是用来辐射或接收无线电磁波的器件。发射天线将电信号转换为电磁波,它是波导

器件(如传输线)和自由空间之间的转换结构;接收天线则将电磁波转换成电信号。在自由空间中,电磁波传输的速度为光速 $c = 3 \times 10^8 \text{m/s}$,其波长为

$$\lambda = \frac{c}{f} \tag{1.96}$$

发射天线用来辐射电磁波,只有当天线的尺寸和载波频率 f_c 对应的波长具有相同数量级的时候,才可以达到较好的辐射效率。天线的长度通常取 $\lambda/2$(半偶极子天线)或 $\lambda/4$(四分之一波长天线),天线长度必须大于 $\lambda/10$。天线的长度取决于电磁波的波长。四分之一波长天线的长度是

$$h_a = \frac{\lambda}{4} = \frac{c}{4f} \tag{1.97}$$

举例来说,载波频率 $f_c = 100\text{kHz}$ 时,四分之一波长天线的长度 $h_a = 750\text{m}$;载波频率 $f_c = 1\text{MHz}$ 时,$h_a = 75\text{m}$;载波频率 $f_c = 1\text{GHz}$ 时,$h_a = 7.5\text{cm}$;$f_c = 10\text{GHz}$ 时,$h_a = 7.5\text{mm}$。因此,移动便携式的发射机和接收机(收发机)只可能工作在高频载波下。

一个理论上各向同性的天线向各个方向辐射相同的能量而且可以沿着球形表面均匀扩散功率,这样就形成了球形波阵面。输出功率为 P_T 的各向同性天线在距离天线 r 处的均匀辐射功率密度为

$$p(r) = \frac{P_T}{4\pi r^2} \tag{1.98}$$

功率密度和距离 r 的平方成反比。假设的各向同性天线实际是不存在的,但可以作为其他天线做对比时的参考。假如发射天线有特定的传播方向和效率,那么在这个方向上的功率密度会被一个称为天线增益 G_T 的因子放大,则接收方向天线接收到的功率密度为

$$p_r(r) = G_T \frac{P_T}{4\pi r^2} \tag{1.99}$$

天线效率是辐射功率和天线馈电总功率的比值,即 $\eta_A = P_{RAD}/P_{FED}$。

指向辐射功率方向的接收天线可以收集到和其截面积成正比的一部分功率。天线有效面积可定义为

$$A_e = G_R \frac{\lambda^2}{4\pi} \tag{1.100}$$

其中,G_R 是接收天线增益,λ 是自由空间的波长。因此,接收天线的接收功率可以用自由空间传输的 Herald Friis 公式来表示[12]

$$P_{REC} = A_e p(r) = \frac{1}{16\pi^2} G_T G_R P_T \left(\frac{\lambda^2}{r} \right)^2 = \frac{1}{16\pi^2} G_T G_R P_T \left(\frac{c}{rf_c} \right)^2 \tag{1.101}$$

接收功率与 $(\lambda^2/r)^2$ 成正比,也和发射与接收天线的增益成正比。给定发射天线距离 r 时,如果载波频率 f_c 加倍,天线的接收功率将减小为原来的四分之一。抛物面天线的增益由下式决定

$$G_T = G_R = 6 \left(\frac{D}{\lambda} \right)^2 = 6 \left(\frac{Df_c}{c} \right)^2 \tag{1.102}$$

其中,D 是主反射器的口径。当 $D = 3\text{m}$,$f = 10\text{GHz}$ 时,$G_T = G_R = 60\ 000 = 47.8\text{dB}$。

空间损耗是射频能量在自由空间传播时的损耗,定义为

$$S_L = \frac{P_T}{P_{REC}} = \left(\frac{4\pi r}{\lambda} \right)^2 = 10 \log \left(\frac{P_T}{P_{REC}} \right) = 20 \log \left(\frac{4\pi r}{\lambda} \right) \tag{1.103}$$

其他还有大气损耗、极化失配损耗、阻抗失配损耗以及指向误差 L_{syst}。因此,链路方程为

$$P_{REC} = \frac{L_{syst}G_TG_RP_T}{(4\pi)^2}\left(\frac{\lambda}{r}\right)^2 \qquad (1.104)$$

发射天线和接收天线间的最大距离为

$$r_{max} = \frac{\lambda}{4\pi}\sqrt{L_{syst}G_TG_R\left(\frac{P_T}{P_{REC(min)}}\right)} \qquad (1.105)$$

举例来说,载波频率为 900MHz 的全球移动通信系统(Global System for Mobil Communications,GSM)的蜂窝半径为 35 或 60km;当载波频率为 1.8GHz 时,蜂窝半径为 20km。

1.13 电磁波的传播

电磁波的传播如图 1.13 所示。根据电磁波的传播特性可以分为以下 3 类:

- 地面波(2MHz 以下)
- 天波(2～30MHz)
- 视距电波,也称为空间波或水平波(30MHz 以上)

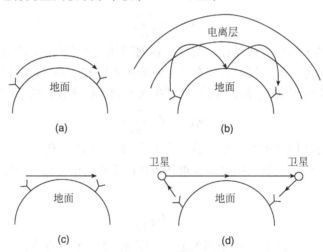

图 1.13 电磁波的传播

(a) 地面波传播;(b) 天波传播;(c) 水平波传播;(d) 卫星通信时的电磁波传播

地面波平行于地球表面传播,由于受大气底层的烟雾、水汽和其他微粒的影响会产生一定的衰减。低频(Low Frequency,LF)电波的发射需要很高的天线,地面波的传输距离大概是 1600km(1000 英里)。地面电波在水表面尤其是盐水表面传播要比在干旱的沙漠地表传播要好得多。地面波传播是与海洋中的潜水艇进行通信的唯一方式。甚低频(Extremely Low Frequency,ELF)电波(30～300Hz)在海水中传播的衰减可以达到最小,一个典型的频率就是 100Hz。

天波是远离地球的弯曲表面,由电离层反射回地球表面的电磁波。因此,天波具有沿着地球曲度传播的能力,天波的折射高度在 50～400km。两个发射机之间的传输距离是 4000km。电离层是地球大气层上面的一个区域,电离层中有足够多的自由离子和电子会影响电磁波的传输。电离是由太阳的辐射引起的,随着太阳对地球每天、每月、每年照射位置不断地变化,电离层也会随之变化。日落之后,由于离子的快速复合,电离层的最下层会消失。频率越高,折射的过程就越难以实现。在地面波完全衰减节点到第一个反射波返回节点之间,没有信号可以接收,从而导致了跳跃区域的产生。

视距电波沿直线传播,并有以下两种类型:直线波和地面反射波。直线波是迄今为止天线之间传播应用最为广泛的一种。频率高于高频(High Frequency,HF)的信号不能沿着地球表面传播很远的距离,但是这些信号在自由空间却可以很容易传播。传播的功率取决于距离、天线的径向、建筑物的衰减以及多径衰减。

1.14 频谱

表1.1给出了频谱的定义和波长范围。在美国,联邦通信委员会(Federal Communications Commission,FCC)对所有的非军事应用的载波频率、带宽和传输的电磁波功率进行了规定,通信必须使用确定的频谱范围,载波频率f_c决定了信道频率。

表 1.1　频谱表

频 率 范 围	频 带 名 称	波 长 范 围
$30 \sim 300$Hz	极低频(ELF)	$10\,000 \sim 1000$km
$300 \sim 3000$Hz	音频(VF)	$1000 \sim 100$km
$3 \sim 30$kHz	甚低频(VLF)	$100 \sim 10$km
$30 \sim 300$kHz	低频(LF)	$10 \sim 1$km
$0.3 \sim 3$MHz	中频(MF)	$1000 \sim 100$m
$3 \sim 30$MHz	高频(HF)	$100 \sim 10$m
$30 \sim 300$MHz	甚高频(VHF)	$10 \sim 1$m
$0.3 \sim 3$GHz	特高频(UHF)	$100 \sim 10$cm
$3 \sim 30$GHz	超高频(SHF)	$10 \sim 1$cm
$30 \sim 300$GHz	极高频(EHF)	$10 \sim 1$mm

低频电磁波(LF EMW)通过地面波传播,常常用于远程导航、电报和海底通信。中间频带(MF),包括$535 \sim 1705$kHz的商业无线电波,用于调幅信号和一般音频信号的无线传播,载波频率范围是$540 \sim 1700$kHz。举例来说,如果一个载波频率$f_c = 550$kHz,下一个载波频率$f_c = 560$kHz,那么相应的调制带宽就是5kHz。本地基站的平均功率是$0.1 \sim 1$kW,区域基站的平均功率是$0.5 \sim 5$kW,主要基站的平均功率是$0.25 \sim 50$kW。无线接收机可以通过一个300Ω的天线接收功率低至10pW,1μV/m或者50μV的信号。因此,发射机的输出功率和接收机的输入功率的比值P_T/P_{REC}在10^{15}的量级上。

频段范围$1705 \sim 2850$kHz常用于点对点的短距离通信,如消防、公安、救护车、高速公路、林业和应急服务等。在这个频段的天线有着合适的高度和辐射效率。航空的频段范围从中频(MF)到高频(HF)。$2850 \sim 4063$kHz的频段常用于点对点短距离通信和地-空-地的通信,飞机飞行专用航线分配有专用信道。在美国,高频(HF)频段包括无线爱好者的波段$3.5 \sim 4$MHz。其他国家将该频段用于手机和固定通信服务。高频频段也用于长距离点对点越洋地-空-地通信。高频信号利用天波传播。$1.6 \sim 30$MHz的频率范围又称作短波。

甚高频(VHF)频段包括商业调频FM收音机和大多数电视频道,商业FM广播传输频段是$88 \sim 108$MHz,调制带宽为15kHz,平均功率为$0.25 \sim 100$kW,甚高频电视信号的传播距离是160千米(100英里)。

　　电视频道的模拟传输频段为其高频(VHF)频段内的 54～88MHz、174～216MHz 和特高频(UHF)频段内的 470～890MHz。模拟电视的带宽是 6.7MHz,数字电视的带宽是 10MHz。在 54～88MHz 的频率范围内,信号的平均功率是 100kW;而在 174～216MHz 的频率范围内,信号的平均功率是 316kW。用于广播的频段分配如表 1.2 所示,特高频(UHF)和超高频(SHF)的频段如表 1.3 所示,蜂窝电话的频率分配如表 1.4 所示。

表 1.2　用于广播的频段分配

收音机或电视	频率范围	信道间距
AM 收音机	535～1605kHz	10kHz
TV(信道 2～6)	54～72MHz	6MHz
TV	76～88MHz	6MHz
FM 收音机	88～108MHz	200kHz
TV(信道 7～13)	174～216MHz	6MHz
TV(信道 14～83)	470～806MHz	6MHz

表 1.3　特高频(UHF)和超高频(SHF)的频段

频段名称	频率范围(GHz)
L	1～2
S	2～4
C	4～8
X	8～12.4
Ku	12.4～18
K	18～26.5
Ka	26.5～40
V	40～75
W	75～110

表 1.4　蜂窝电话的频率分配

系　　统		频　率　范　围	信道间距(MHz)	多　址　技　术
AMPS	M-B	824～849 MHz	30	FDMA
	B-M	869～894 MHz	30	
GSM-900	M-B	880～915 MHz	0.2	TDMA/FDMA
	B-M	915～990 MHz	0.2	
GSM-1800	M-B	1710～1785 MHz	0.2	TDMA/FDMA
	B-M	1805～1880 MHz	0.2	
PCS-1900	M-B	1850～1910 MHz	30	TDMA
	B-M	1930～1990 MHz	30	
IS-54	M-B	824～849 MHz	30	TDMA
	B-M	869～894 MHz	30	
IS-136	M-B	1850～1910 MHz	30	TDMA
	B-M	1930～1990 MHz	30	
IS-96	M-B	824～849 MHz	30	CDMA
	B-M	869～894 MHz	30	
IS-96	M-B	1850～1910 MHz	30	CDMA
	B-M	1930～1990 MHz	30	

超高频频段包括卫星通信频道。卫星放置在轨道上，通常情况下，这些轨道在赤道上方37 786 千米的高度上。每个卫星大约可以覆盖地球的三分之一。由于卫星相对于地球要保持相同的位置，所以卫星放置于对地静止的轨道上，因此这些对地静止轨道卫星称为地球同步（GEO）卫星。每个卫星都有一个通信系统，能够接收从地球或者其他卫星发送的信号，并将接收到的信号发送回地球或者另一个卫星。这个系统采用两个载频。从地球到卫星（上行链路）的传输频率是 6GHz，从卫星到地球（下行链路）的传输频率是 4GHz。每个信道的带宽是500MHz。定向天线用于自由空间的无线电传播，卫星通信可用来进行电视和电话信号的传输。卫星中的电子电路是用太阳能来供电，太阳能电池提供的电力约 1kW。发射机和接收机统称为应答器，一个典型的卫星有 12～24 个应答器，每个应答器的带宽是 36MHz。地球同步卫星（GEO）的总时间延迟大约是 400ms，接收到的信号功率非常低。因此，移动电话系统通常使用一个低地球轨道（LEO）卫星系统，低地球轨道卫星（LEO）的轨道在地球上端 500～1500km，这些卫星与地球不同步运动，总的时间延时约为 250ms。

1.15 双工器

在双向通信中，发射机和接收机是必需的，发射机和接收机合称为收发机，图 1.14 给出了收发机的原理框图。双工技术使得用户可以发送和接收信号，最常用的双工技术称为时分双工（Time Division Duplexing，TDD），发射和接收信号使用相同频率的信道，但是系统在一段时间内发送信号，而在另一段时间内接收信号。

图 1.14 收发机原理框图

1.16 多址技术

在多址通信系统中，多种信号在相同的信道中同时发送。蜂窝无线通信系统一般使用以下的多址技术进行多个收发机之间的同步通信：

- 时分多址（TDMA）
- 频分多址（FDMA）
- 码分多址（CDMA）

在时分多址（TDMA）中，所有的用户在不同的时间间隔中使用相同的频段。每个数字编码信号只能在预先选择的时间间隔内发送，这个时间间隔称为时隙 T_{SL}。在每一个时间帧 T_F 中，每个用户可以在一个时隙 T_{SL} 内访问信道。在时域中，从不同用户发送出来的信号不会彼此干扰。

在频分多址（FDMA）中，频带被分为许多信道。载波频率 f_c 决定信道频率，每一个基带信号由不同的载波频率发送。在一个连接期间，每个用户分配一个信道。连接完成后，这个信道就可以分配给其他用户使用。在 FDMA 中，必须进行适当的滤波以便选择信道。在频域中，从不同用户发送出来的信号互不干扰。全球通信移动系统(GSM)同时使用 TDMA 和 FDMA 技术,上行链路用于移动终端传输,而下行链路用于基站发送信号。每个频段分为 200kHz 的频率槽,每个频率槽由 8 个手机共享并轮流使用。方波脉冲的带宽是由它们的上升时间和下降时间来确定,因此,采用高斯脉冲波来取代矩形波,二进制信号经过高斯低通滤波器处理,减少了脉冲的上升和下降时间,故而减少了传输所需要的带宽。

在码分多址(CDMA)系统中,每个用户使用不同的码型(类似于不同的语言),CDMA 只有一个载波频率。每个机站使用不同的二进制序列来调制载波。在频域和时域上,来自不同用户发送出来的信号都有重叠,但这些信号是正交的。

蜂窝无线通信有以下几个标准:

- 先进的移动电话服务(AMPS)
- 全球移动通信系统(GSM)
- 高通提出的 CDMA 无线标准

1.17 发射机的非线性失真

当信号中包含调幅信号时,线性放大就变得十分必要。调幅信号包含多个载波,放大器的非线性会导致频谱纯度的退化和频谱再生。功率放大器中工作在大信号条件下的晶体管(MOSFET、MESFET 或 BJT)是一个非线性的器件,漏极电流 i_D 是栅极-源极电压 v_{GS} 的非线性函数。因此,功率放大器会产生输入信号中没有的频率分量。产生非线性的另一个原因是由于输出电压幅度较大时,放大器的饱和特性导致的。"弱非线性"或"近似线性"的功率放大器输出电压 v_O 和输入电压 v_s 之间的关系呈非线性 $v_o = f(v_s)$ 关系,如 A 类功率放大器。这个关系可以用静态工作点 Q 处的泰勒(Taylor)幂级数展开式表示为

$$v_o = f(v_s) = V_{O(DC)} + a_1 v_s + a_2 v_s^2 + a_3 v_s^3 + a_4 v_s^4 + a_5 v_s^5 + \cdots \qquad (1.106)$$

可见,输出电压包含了无限多个非线性项。值得说明的是:Taylor 幂级数只考虑了幅度关系,而伏尔特拉(Volterra)幂级数却可以包含幅度和相位的关系。

放大器的非线性会产生两种不希望的信号:

- 载波频率的谐波 $f_h = nf_c$
- 互调(IDM)分量 $f_{IDM} = nf_1 \pm mf_2$

非线性失真分量会影响有用信号,不仅会在信号检测(再生)时产生错误,而且会引起邻近频道的干扰。当功率放大器输入单频正弦信号时,会产生谐波失真(HD)。当功率放大器输入信号包含两个或多个频率时,会产生互调失真(IMD)。为了评估功率放大器的线性度,可以进行单音测试和双音测试。在单音测试中,功率放大器用一个正弦电压源驱动;在双音测试中,用两个不同频率的正弦信号源串联起来驱动功率放大器。单音测试会产生谐波分量而双音测试会产生谐波和互调分量(IMP_s)。非线性电容会引起幅度-相位转换,非线性的度量可以用载波-交调信号的比值(C/I)来表示,这个比例在通信应用中应该是 30dBc 或者更大,传统的非线性度量采用噪声-功率比(NPR)。

1.18 载波信号的谐波

为了研究谐波的产生,假设功率放大器由一个正弦形式的单音电压激励驱动,该激励的表达式为

$$v_s(t) = V_m \cos \omega t \tag{1.107}$$

下面,通过一个例子来深入理解非线性发射机中如何产生谐波。对于无记忆时不变的功率放大器,可以用一个三阶泰勒级数来表征其输出与输入间的关系,即

$$v_o(t) = a_0 + a_1 v_s(t) + a_2 v_s^2(t) + a_3 v_s^3(t) \tag{1.108}$$

代入式(1.107)给出的输入信号,发射机的输出电压可以表示为

$$v_o(t) = a_0 + a_1 V_m \cos \omega t + a_2 V_m^2 \cos^2 \omega t + a_3 V_m^3 \cos^3 \omega t$$

$$= a_0 + a_1 V_m \cos \omega t + \frac{1}{2} a_2 V_m^2 (1 + \cos 2\omega t) + \frac{1}{4} a_3 V_m^3 (3 \cos \omega t + \cos 3\omega t) \tag{1.109}$$

$$= a_0 + \frac{1}{2} a_2 V_m^2 + \left(a_1 V_m + \frac{3}{4} a_3 V_m^3 \right) \cos \omega t + \frac{1}{2} a_2 V_m^2 \cos 2\omega t + \frac{1}{4} a_3 V_m^3 \cos 3\omega t$$

由式(1.109)可见,功率放大器的输出电压包括了载波频率的基波分量 $f_1 = f_c$ 和谐波分量 $2f_1 = 2f_c, 3f_1 = 3f_c, \cdots$,如图 1.15 所示。第 n 次谐波的幅度与 V_m^n 成正比。这些谐波分量可能会干扰其他信道,因此必须被过滤至可以接受的程度。

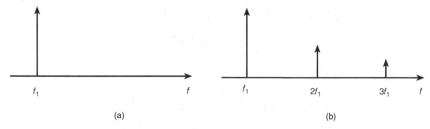

图 1.15　功率放大器的输入电压频谱和含有谐波分量的输出电压频谱
(a)输入电压的频谱;(b)包含谐波的输出电压频谱

非线性函数中的偶次项和奇次项会产生以下分量:

(1)偶次项会产生直流分量和偶次谐波分量 $f_h = 2nf$。例如,二次谐波就是由平方项所产生。此外,会产生额外的直流分量,总的直流偏置会随着交流信号幅度 V_m 增大。当交流信号的幅度 V_m 发生变化时,总的直流项也会随之变化。

(2)奇次项会产生基波分量 f 和奇次谐波分量 $f_h = (n+1)f$。例如,三次项会产生基波分量和三次谐波分量 $3f$。因此,三次项会引起基波分量的非线性失真。

下面来讨论平方律 MOSFET 器件的谐波失真,假设栅极-源极电压的总波形为

$$v_{GS} = V_{GS} + V_{gsm} \sin \omega t \tag{1.110}$$

那么,漏极电流波形为

$$i_D = K(v_{GS} - V_t)^2 = K[(V_{GS} - V_t)^2 + 2(V_{GS} - V_t)V_{gsm} \sin \omega t + V_{gsm}^2 \sin^2 \omega t]$$

$$= K[(V_{GS} - V_t)^2 + 2(V_{GS} - V_t)V_{gsm} \sin \omega t + \frac{1}{2} V_{gsm}^2 (1 - \cos 2\omega t)]$$

$$= K[(V_{GS} - V_t)^2 + \frac{1}{2} V_{gsm}^2 + 2(V_{GS} - V_t)V_{gsm} \sin \omega t - \frac{1}{2} V_{gsm}^2 \cos 2\omega t] \tag{1.111}$$

$$= I_D + i_{d1} + i_{d2} \quad = I_D + I_{dm1} \sin \omega t - I_{dm2} \cos 2\omega t$$

因此,由二次谐波引起的漏极电流波形的失真为

$$HD_2 = \frac{I_{dm2}}{I_{dm1}} = \frac{V_{gsm}}{4(V_{GS} - V_t)} = 20 \log \left[\frac{V_{gsm}}{4(V_{GS} - V_t)} \right] = THD \tag{1.112}$$

谐波总是基波的整数倍,因此,载波频率为 f_c 的发射机输出信号的谐波分量可以表示为

$$f_h = nf_c \tag{1.113}$$

其中,整数 $n=1,2,3,4\cdots$,如果有足够大振幅的谐波信号落入到附近接收机的带宽范围内,可能造成接收干扰而且不能被接收机滤除,因此谐波信号必须在发射机的带通(BP)输出网络中滤除。例如,发射机的输出网络应该提供 37dB 的二次谐波抑制和 55dB 的三次谐波抑制的能力。

在基波频率 f_1 处,放大器的电压增益为

$$A_{v1} = \frac{v_{o1}}{v_s} = \frac{\left(a_1 + \frac{3}{4}a_3 V_m^2\right)V_m}{V_m} = a_1 + \frac{3}{4}a_3 V_m^2 \tag{1.114}$$

由式(1.114)可见,电压增益不仅有线性项 a_1,而且有一个与输入电压幅度 V_m 的平方成正比的额外项。在大多数放大器中,$a_3 < 0$,即

$$A_{v1} = \frac{v_{o1}}{v_s} = a_1 - \frac{3}{4}|a_3|V_m^2 \tag{1.115}$$

这样会使电压增益 A_{v1} 偏离线性曲线,随着 V_m 的增加而减小。因此,当 V_m 的数值很大时,瞬时输出电压的上半部分会明显减小,这种现象称为**增益压缩**或者**放大器饱和**。电压增益的线性部分受到供电电压的限制,电压增益为线性时的输入或输出电压范围称为**动态范围**。

谐波失真定义为第 n 次谐波的幅度 V_n 与基波的幅度 V_1 之比

$$HD_n = \frac{V_n}{V_1} = 20\log\left(\frac{V_n}{V_1}\right)\text{(dB)} \tag{1.116}$$

二次谐波失真可以表示为

$$HD_2 = \frac{V_2}{V_1} = \frac{\frac{1}{2}a_2 V_m^2}{a_1 V_m + \frac{3}{4}a_3 V_m^3} = \frac{a_2 V_m}{2\left(a_1 + \frac{3}{4}V_m^2\right)} \tag{1.117}$$

当 $a_1 \gg 3\ a_3\ V_m^2/4$ 时,有

$$HD_2 \approx \frac{a_2 V_m}{2a_1} \tag{1.118}$$

可见,二次谐波失真 HD_2 与输入电压幅度 V_m 成正比。

三次谐波失真可以表示为

$$HD_3 = \frac{V_3}{V_1} = \frac{\frac{1}{4}a_3 V_m^3}{a_1 V_m + \frac{3}{4}a_3 V_m^3} = \frac{a_3 V_m^2}{4a_1 + 3a_3 V_m^2} \tag{1.119}$$

当 $a_1 \gg 3a_3 V_m^2/4$ 时,有

$$HD_3 \approx \frac{a_3 V_m^2}{4a_1} \tag{1.120}$$

可见,三次谐波失真 HD_3 与 V_m^2 成正比。一般情况下,谐波的幅值比载波的幅值低 $50\sim70$dB。

第 n 次谐波的功率 P_n 与载波功率 P_c 的比值为

$$HD_n = \frac{P_n}{P_c} = 10\log\left(\frac{P_n}{P_c}\right)\text{(dBc)} \tag{1.121}$$

单位 dBc 表示频谱失真分量的功率 P_n 和载波频率 P_c 的比值。

一个波形所包含的谐波分量可以用总谐波失真(THD)来描述,即

$$THD = \sqrt{\frac{P_2 + P_3 + P_4 + \cdots}{P_1}} = \sqrt{\frac{\frac{V_2^2}{2R} + \frac{V_3^2}{2R} + \frac{V_4^2}{2R} + \cdots}{\frac{V_1^2}{2R}}} = \sqrt{\frac{V_2^2 + V_3^2 + V_4^2 + \cdots}{V_1^2}} \tag{1.122}$$

$$= \sqrt{\left(\frac{V_2}{V_1}\right)^2 + \left(\frac{V_3}{V_1}\right)^2 + \left(\frac{V_4}{V_1}\right)^2 + \cdots} = \sqrt{HD_2^2 + HD_3^2 + HD_4^2 + \cdots}$$

其中，$HD_2 = V_2/V_1$，$HD_3 = V_3/V_1$，$\cdots$，高次谐波（$n \geq 2$）就是失真分量。

1.19 互调失真

当两个或多个不同频率的信号输入到非线性电路中时，如非线性射频发射机，就会产生互调（IM），导致不同频率的混叠，使得输出信号中包含了额外的频率分量，这种额外的频率分量叫做 $IMPs$。互调分量的频率是输入信号的载波与它们各自谐波的和频分量或者差频分量，对于频率为 f_1 和 f_2 的双频输入激励，输出信号的频率分量可以表示为

$$f_{IMD} = nf_1 \pm mf_2 \tag{1.123}$$

其中，整数 $n = 0, 1, 2, 3, \cdots$，整数 $m = 0, 1, 2, 3, \cdots$。双音信号互调分量的阶数是系数 n 和 m 绝对值的和，表示为

$$k_{IMD} = n + m \tag{1.124}$$

如果互调分量的幅度足够大，并且落在接收机的带宽范围内，就会降低接收信号的质量。例如，三阶互调分量 $2f_1 + f_2, 2f_1 - f_2, 2f_2 + f_1, 2f_2 - f_1$ 通常会有部分落在系统带宽内。而二次谐波 $2f_1$ 和 $2f_2$，二阶互调分量 $f_1 + f_2$ 和 $f_1 - f_2$ 通常在系统通带之外，因此不会引起严重的问题。

一个双音（两个频率）测试激励可以用来评估功率放大器的互调失真性能。假设功率放大器的输入电压是由两个幅度相同（均为 V_m）、频率 f_1 和 f_2 间隔很小的正弦信号组成

$$v_s(t) = V_m(\cos \omega_1 t + \cos \omega_2 t) = 2V_m \cos\left(\frac{\omega_2 - \omega_1}{2}\right)\cos\left(\frac{\omega_2 + \omega_1}{2}\right) \tag{1.125}$$

如果功率放大器是一个无记忆时不变的电路，在静态工作点 Q 处可以用三阶泰勒级数描述，其输出电压波形可以表示为

$$
\begin{aligned}
v_o(t) &= a_0 + a_1 v_s(t) + a_2 v_s^2(t) + a_3 v_s^3(t) \\
&= a_0 + a_1 V_m(\cos \omega_1 t + \cos \omega_2 t) + a_2 V_m^2(\cos \omega_1 t + \cos \omega_2 t)^2 + a_3 V_m^3(\cos \omega_1 t + \cos \omega_2 t)^3 + \cdots \\
&= a_0 + a_1 V_m \cos \omega_1 t + a_1 V_m \cos \omega_2 t + \frac{1}{2} a_2 V_m^2 (1 + \cos 2\omega_1 t) + \frac{1}{2} a_2 V_m^2 (1 + \cos 2\omega_2 t) \\
&\quad + a_2 V_m^2 \cos(\omega_2 - \omega_1)t + a_1 V_m^2 \cos(\omega_1 + \omega_2)t + a_3 V_m^3\left(\frac{3}{4}\cos \omega_1 t + \frac{1}{4}\cos 3\omega_1 t\right) \\
&\quad + a_3 V_m^3\left(\frac{3}{4}\cos \omega_2 t + \frac{1}{4}\cos 3\omega_2 t\right) \\
&\quad + a_3 V_m^3\left[\frac{3}{2}\cos \omega_1 t + \frac{3}{4}\cos(2\omega_2 - \omega_1)t + \frac{3}{4}\cos(2\omega_2 + \omega_1)t\right] \\
&\quad + a_3 V_m^3\left[\frac{3}{2}\cos \omega_2 t + \frac{3}{4}\cos(2\omega_1 - \omega_2)t + \frac{3}{4}\cos(2\omega_1 + \omega_2)t\right] \\
&\quad + \frac{1}{4} a_3 V_m^3(\cos 3\omega_1 t + \cos 3\omega_3 t) + \cdots \\
&= a_0 + a_2 V_m^2 + \left(a_1 V_m + \frac{9}{4} a_3 V_m^3\right)\cos \omega_1 t + \left(a_1 V_m + \frac{9}{4} a_3 V_m^3\right)\cos \omega_2 t \\
&\quad + \frac{1}{2} a_2 V_m^2(\cos 2\omega_1 t + \cos 2\omega_2 t) + a_2 V_m^2[\cos(\omega_2 - \omega_1) + \cos(\omega_1 + \omega_2)t] \\
&\quad + \frac{3}{4} V_m^3 \cos(2\omega_2 - \omega_1) + \frac{3}{4} V_m^3 \cos(2\omega_2 + \omega_1) + \frac{1}{4} a_3 V_m^3(\cos 3\omega_1 t + \cos 3\omega_2 t) + \cdots
\end{aligned}
$$

$$\tag{1.126}$$

若假设功率放大器的输入信号是由两个幅度（V_{m1} 和 V_{m2}）不同、频率 f_1 和 f_2 间隔很小的正

弦信号组成

$$v_s(t) = V_{m1}\cos\omega_1 t + V_{m2}\cos\omega_2 t \tag{1.127}$$

功率放大器同样是一个无记忆时不变的电路,在静态工作点 Q 处可以用三阶泰勒级数描述,其输出电压波形则表示为

$$
\begin{aligned}
v_o(t) &= a_0 + a_1 v_s(t) + a_2 v_s^2(t) + a_3 v_s^3(t) \\
&= a_0 + a_1(V_{m1}\cos\omega_1 t + V_{m2}\cos\omega_2 t) + a_2(V_{m2}\cos\omega_1 t + V_{m2}\cos\omega_2 t)^2 \\
&\quad + a_3(V_{m1}\cos\omega_1 t + V_{m2}\cos\omega_2 t)^3 \\
&= a_0 + a_1 V_{m1}\cos\omega_1 t + a_1 V_{m2}\cos\omega_2 t + a_2 V_{m1}^2\cos^2\omega_1 t + 2a_2 V_{m1}V_{m2}\cos\omega_1 t\cos\omega_2 t \\
&\quad + a_2 V_{m2}^2\cos\omega_2 t + a_3 V_{m1}^3\cos^3\omega_1 t + 3a_3 V_{m1}^2 V_{m2}\cos^2\omega_1 t\cos\omega_2 t \\
&\quad + 3a_3 V_{m1}V_{m2}^2\cos\omega_1 t\cos^2\omega_2 t + a_3 V_{m2}^3\cos^3\omega_2 t
\end{aligned}
\tag{1.128}
$$

进一步有

$$
\begin{aligned}
v_o &= a_0 + \frac{1}{2}a_2(V_{m1}^2 + V_{m2}^2) + \left(a_1 V_{m1} + \frac{3}{2}a_3 V_{m1}V_{m2}^2 + \frac{3}{4}a_3 V_{m1}^3\right)\cos\omega_1 t \\
&\quad + \left(a_1 V_{m2} + \frac{3}{2}a_3 V_{m2}V_{m1}^2 + \frac{3}{4}a_3 V_{m2}^3\right)\cos\omega_2 t + \frac{1}{2}V_m^2\cos 2\omega_1 t + \frac{1}{2}V_m^2\cos 2\omega_2 t \\
&\quad + a_2 V_{m1}V_{m2}\cos(\omega_2 - \omega_1)t + a_2 V_{m1}V_{m2}\cos(\omega_1 + \omega_2)t \\
&\quad + \frac{3}{4}a_3 V_{m1}^2 V_{m2}\cos(2\omega_1 - \omega_2)t + \frac{3}{4}a_3 V_{m1}^2 V_{m2}\cos(2\omega_1 + \omega_2)t \\
&\quad + \frac{3}{4}a_3 V_{m1}V_{m2}^2\cos(2\omega_2 - \omega_1)t + \frac{3}{4}a_3 V_{m1}V_{m2}^2\cos(2\omega_2 + \omega_1)t \\
&\quad + \frac{1}{4}a_3 V_{m1}^3\cos 3\omega_1 t + \frac{1}{4}a_3 V_{m2}^3\cos 3\omega_2 t + \cdots
\end{aligned}
\tag{1.129}
$$

图 1.16 给出了双音信号激励下功率放大器输出电压频谱($f_2 > f_1$),输出电压波形 v_0 包含以下分量:

- 直流分量,会引起晶体管直流工作电流(偏置电流)的变化。
- 基波分量 f_1 和 f_2。
- 基波的谐波分量 $2f_1, 2f_2, 3f_1, 3f_2, \cdots\cdots$
- 互调分量,由输入频率 f_1 和 f_2 的线性组合构成:$nf_1 \pm mf_2$(其中 $m, n = 0, 1, 2, 3, \cdots$);
  互调频率:$f_1 - f_2, f_1 + f_2, 2f_1 - f_2, 2f_2 - f_1, 2f_1 + f_2, 2f_2 - f_1, 3f_1 - 2f_2, 3f_2 - 2f_1 \cdots\cdots$

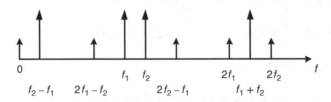

图 1.16 双音信号激励下功率放大器输出电压频谱($f_2 > f_1$)

如果频率 f_1 和 f_2 相差很小,互调分量将出现在 f_1 和 f_2 附近。如图 1.17 所示,由于三阶互调分量 $2f_1 - f_2$ 与 $2f_2 - f_1$ 和基波分量很接近,因此最受设计者关注。

互调分量 $2f_1 - f_2$ 和基波分量 f_1 的频率差为

$$\Delta f_1 = f_1 - (2f_1 - f_2) = f_2 - f_1 \tag{1.130}$$

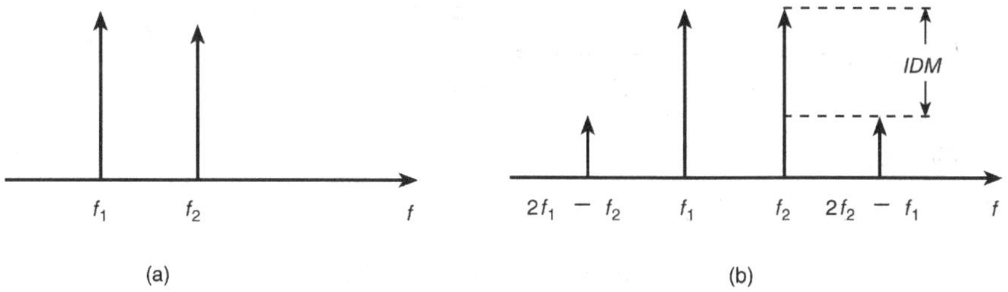

图 1.17 功率放大器的输入电压和互调引起的输出电压频谱

(a) 输入电压的频谱；(b) 互调引起的输出电压频谱的部分频谱

互调分量 $2f_2 - f_1$ 和基波分量 f_2 的频率差为

$$\Delta f_2 = (2f_2 - f_1) - f_2 = f_2 - f_1 \tag{1.131}$$

举例说明，若 $f_1 = 800\text{kHz}$，$f_2 = 900\text{kHz}$，那么感兴趣的互调分量 $2f_1 - f_2 = 2 \times 800 - 900 = 700\text{kHz}$，$2f_2 - f_1 = 2 \times 900 - 800 = 1000\text{kHz}$。因此，$\Delta f_1 = f_1 - (2f_1 - f_2) = 800 - 700 = 100\text{kHz}$，$\Delta f_2 = (2f_2 - f_1) - f_2 = 800 - 900 = 100\text{kHz}$。为了滤掉不想要的互调分量，就需要一个带宽非常窄的滤波器。

输入信号频率 f_1 和 f_2 下的输出电压是

$$\begin{aligned} v_{o(f_1,f_2)} &= \left(a_1 V_{m1} + \frac{3}{2}a_3 V_{m1}V_{m2}^2 + \frac{3}{4}a_3 V_{m1}^3 \right)\cos\omega_1 t \\ &\quad + \left(a_1 V_{m2} + \frac{3}{2}a_3 V_{m2}V_{m1}^2 + \frac{3}{4}a_3 V_{m2}^3 \right)\cos\omega_2 t \end{aligned} \tag{1.132}$$

如果 $V_{m1} = V_{m2} = V_m$，那么有

$$v_{o(f_1,f_2)} = \left(a_1 + \frac{9}{2}a_3 V_m^2 \right) V_m(\cos\omega_1 t + \cos\omega_2 t) \tag{1.133}$$

输出电压的二阶互调分量 $f_1 - f_2$ 和 $f_1 + f_2$ 为

$$v_{o(f_1-f_2,\,f_1+f_2)} = a_2 V_{m1}V_{m2}[\cos(\omega_2 - \omega_1)t + \cos(\omega_1 + \omega_2)t] \tag{1.134}$$

如果 $V_{m1} = V_{m2} = V_m$，那么，式(1.134)简化为

$$v_{o(f_1-f_2,\,f_1+f_2)} = a_2 V_m^2[\cos(\omega_2 - \omega_1)t + \cos(\omega_1 + \omega_2)t] \tag{1.135}$$

输出电压的三阶互调分量 $2f_1 - f_2$ 和 $2f_2 - f_1$ 可以表示为

$$v_{o(2f_1-f_2,2f_2-f_1)} = \frac{3}{4}a_3 V_{m1}^2 V_{m2}\cos(2\omega_1 - \omega_2)t + \frac{3}{4}a_3 V_{m1}V_{m2}^2\cos(2\omega_2 - \omega_1)t \tag{1.136}$$

如果 $V_{m1} = V_{m2} = V_m$，那么式(1.136)简化为

$$v_{o(2f_1-f_2,2f_2-f_1)} = \frac{3}{4}a_3 V_m^3[\cos(2\omega_1 - \omega_2)t + \cos(2\omega_2 - \omega_1)t] \tag{1.137}$$

输出电压基波分量的幅值是

$$V_{f_1} = V_{f_2} = \left(a_1 + \frac{9}{4}a_3 V_m^2 \right) V_m \tag{1.138}$$

二阶互调分量的幅值是

$$V_{f_2-f_1} = V_{f_1+f_2} = a_2 V_m^2 \tag{1.139}$$

三阶互调分量的幅值是

$$V_{2f_2-f_1} = V_{2f_1-f_2} = \frac{3}{4}a_3 V_m^3 \tag{1.140}$$

假设 $V_{m1} = V_{m2} = V_m$ 并且 $a_3 \ll a_1$，那么由互调分量 $2f_1 \pm f_2$ 或者 $2f_2 \pm f_1$ 引起的三阶互调失真可以定义为输出电压的三阶互调分量幅值与基波分量幅值之比

$$IM_3 = \frac{V_{2f_2-f_1}}{V_{f_2}} = \frac{\frac{3}{4}a_3 V_m^3}{\left(a_1 + \frac{9}{4}a_3 V_m^2\right)V_m} = \frac{\frac{3}{4}a_3 V_m^2}{a_1 + \frac{9}{4}a_3 V_m^2} \approx \frac{\frac{3}{4}a_3 V_m^2}{a_1} = \frac{3}{4}\left(\frac{a_3}{a_1}\right)V_m^2 \qquad (1.141)$$

式(1.141)中的近似条件为 $a_1 \gg 9a_3 V_m^2/4$。

同样地,二阶互调失真定义为

$$IM_2 = \frac{a_2 V_m^2}{\left(a_1 + \frac{9}{4}a_3 V_m^2\right)V_m} = \frac{a_2 V_m}{a_1 + \frac{9}{4}a_3 V_m^2} \approx \frac{a_2}{a_1}V_m \qquad (1.142)$$

式(1.142)中的近似条件为 $a_1 \gg 9a_3 V_m^2/4$。

随着输入电压幅度 V_m 的增大,基波分量的幅值 V_{f1} 和 V_{f2} 与 V_m 成正比,而三阶互调分量的幅度 V_{2f1-f2} 和 V_{2f2-f1} 与 V_m^3 成正比。因此,在对数坐标图上,互调分量幅度增长速率是基波分量幅度增长速率的 3 倍,而且两者有一个交点。如果将这些幅度绘制在对数坐标中,它们都是关于 V_m 的线性函数。系数 a_3 通常是负值,导致输入电压-输出电压的曲线压缩,使得放大器的电压增益减小了。电压增益的压缩引起功率增益的压缩和曲线 $P_O = f(P_G)$ 达到饱和,1dB 压缩点表示线性动态功率范围的最大功率。

一般情况下,当外推理想输出电压和第 n 阶互调分量的幅度相等时,输入电压的幅度就是第 n 阶截取点。因此,$IM_n = 1$。对于二阶互调分量,有

$$IM_2 = \frac{a_2}{a_1}V_m = 1 \qquad (1.143)$$

即

$$V_m = \frac{a_2}{a_1} \qquad (1.144)$$

同样地,三阶互调分量为

$$IM_3 = \frac{3}{4}\frac{a_2}{a_1}V_m^2 = 1 \qquad (1.145)$$

可以得到

$$V_m = \sqrt{\frac{4}{3}\frac{a_2}{a_1}} \qquad (1.146)$$

在信号带宽内非线性会产生功率,这种效应可以用陷波功率(Notch power)和总信号功率(Total signal power)的比值来表征

$$NPR = \frac{陷波功率}{总信号功率} \qquad (1.147)$$

为了确定 NPR,功率放大器需要由通过陷波滤波器的高斯噪声来驱动。

非线性对相邻信道的影响可以用邻近信道功率比($ACPR$)来表示

$$ACPR = \frac{信号带宽外邻近信道内的功率}{信号功率} = \frac{P_{邻近信道}}{P_O}$$

$$= \frac{\int_{LS} P_O(f)df + \int_{US} P_O(f)df}{\int P_O(f)df} \qquad (1.148)$$

$ACPR$ 可以利用下边带或者上边带来确定。

1.20 AM/AM 压缩和 AM/PM 转换

假设放大器的输入电压是一个单音(单频)调幅 AM 信号

$$v_s(t) = V_m(t)\cos\omega t \tag{1.149}$$

在实际放大器中,电压增益是输入电压振幅的一个函数 $k_p(t) = k_p[V_{sm}(t)]$,因此会产生瞬时电压增益。此外,放大器中的晶体管包含了与晶体管电压幅度有关的非线性电容。因此,输出电压为

$$v_o(t) = k_p(t)v_s(t) = k_p[V_m(t)]\cos\{\omega t + \phi[V_m(t)]\} \tag{1.150}$$

这就导致了 AM/AM 压缩和 AM/PM 转换。

1.21 功率放大器的动态范围

理想放大器的输出功率与输入功率呈理想的线性函数关系 $P_O = k_p P_i$,其中 k_p 是功率增益,并且是一个常数。图 1.18 给出了对数坐标下,理想输出功率 $P_O(f_2)$ 和不希望出现的三阶互调输出功率 $P_O(2f_2 - f_1)$ 与输入功率 P_i 的函数关系曲线,从图中可以观察到线性区和非线性区。随着输入功率 P_i 的增大,输出功率一开始与输入功率成正比例上升,随后到达饱和区,导致功率增益压缩。非线性放大器的功率增益偏离理想线性放大器的功率增益 1dB 的点称为 1dB 压缩点,该点常用来度量功率放大器的功率处理能力。在 1dB 压缩点处的输出功率可以表示为

$$P_{O(1dB)} = k_{p(1dB)} + P_{i(1dB)} \text{ (dBm)} = k_{po(1dB)} - 1\text{ dB} + P_{i(1dB)} \text{ (dBm)} \tag{1.151}$$

式(1.151)中,k_{po} 是理想线性放大器的功率增益,$k_{p(dB)}$ 是 1dB 压缩点处的功率增益。

功率放大器的动态范围是指放大器具有线性(或者说是固定)功率增益的区域。可以用输出功率 $P_{O(1dB)}$ 和最小检测功率 P_{Omin} 的差值来定义

$$d_R = P_{O(1dB)} - P_{Omin} \tag{1.152}$$

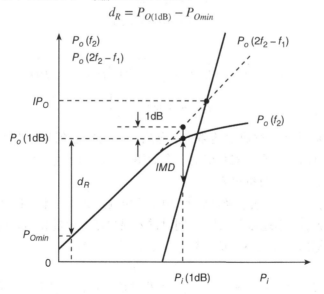

图 1.18 功率放大器的输出功率 $P_o(f_2)$ 和 $P_o(2f_2 - f_1)$ 与输入功率 P_i 的关系曲线

其中,最小检测功率 P_{Omin} 是指比输入噪声功率高 xdB 的输出功率 P_{On},通常 $x=3$dB。

在放大器的线性工作区域,理想输出功率 $P_O(f_2)$ 正比于输入功率 P_i,例如,$P_O(f_2) = aP_i$。假设输出功率的三阶互调分量 $P_O(2f_2-f_1)$ 和功率的三次方成正比,例如,$P_O(2f_2-f_1) = (a/8)^3 P_i$。$P_O(f_2)$ 和 $P_O(2f_2-f_1)$ 在线性区域的交叉点称为截取点 IP,如图 1.18 所示,截取点 IP 的输出功率标记为 IP_O。

互调分量是指功率放大器的理想输出功率 $P_O(f_2)$ 和不希望出现的互调输出功率分量 $P_O(2f_2-f_1)$ 的差值,表达式为

$$IMD = P_O(f_2)\,(\text{dBm}) - P_O(2f_2-f_1)\,(\text{dBm}) \tag{1.153}$$

具有恒定包络的信号,如 CW、FM、FSK 和 GSM 等等,不需要线性放大。

1.22　模拟调制

带有信息的信号 $v_m(t)$ 通常是低通(LP)信号。频谱在 $f=0$ 附近的信号称为**基带信号**,基带信号通常是语音、视频或数字信号。信号调制能将带有信息的信号 $v_m(t)$ 从低通特性的频谱转换成载波 f_c 附近的高通特性频谱(通常是带通频谱)。一般情况下,调制后的信号可以表示为

$$v(t) = A(t)\cos[2\pi f(t)t + \phi(t)] \tag{1.154}$$

其中,幅度 $A(t)$、频率 $f(t)$ 和相位 $\phi(t)$ 是经过调制的。

根据三角函数变换 $\cos(\alpha+\beta) = \cos\alpha\cos\beta - \sin\alpha\sin\beta$,任何窄带信号可以同时用调幅 AM 和调相 PM 波形表示为

$$v_{RF}(t) = A(t)\cos[2\pi ft + \phi(t)] = A(t)\cos\phi(t)\cos 2\pi ft - A(t)\sin\phi(t)\sin 2\pi ft$$
$$= I(t)\cos 2\pi ft - Q(t)\sin 2\pi ft \tag{1.155}$$

其中

$$I(t) = A(t)\cos\phi(t) \tag{1.156}$$

$$Q(t) = A(t)\sin\phi(t) \tag{1.157}$$

这里

$$A(t) = \sqrt{I^2(t) + Q^2(t)} = \sqrt{A^2(t)[\sin^2\phi(t) + \cos^2\phi(t)]} \tag{1.158}$$

$$\phi(t) = \arctan\left[\frac{Q(t)}{I(t)}\right] \tag{1.159}$$

通信系统的功能就是通过通信链路将消息从一个点传输到另一个点,一个典型的通信系统原理框图如图 1.19 所示。该系统由一个如图 1.19(a)所示的上变频发射机和一个如图 1.19(b)所示的下变频接收机组成。

在发射系统中,产生的射频信号被放大、调制并传输到天线。本地振荡器产生一个频率为 f_{LO} 的信号,中频信号 f_{IF} 和本地振荡信号 f_{LO} 同时进入混频器。通过和本地振荡频率 f_{LO} 相加,混频器和带通滤波器输出信号的频率从中频 f_{IF} 增加到载波频率 f_c

$$f_c = f_{LO} + f_{IF} \tag{1.160}$$

射频电流流过天线并且产生电磁波,天线产生或收集电磁波能量。发射信号被天线接收,经过低噪声放大器(LNA)放大后输入到混频器中。通过和本地振荡频率 f_{LO} 相减,混频器和带

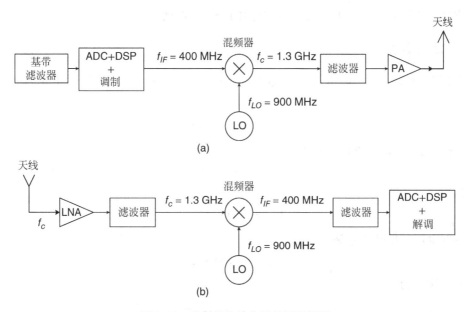

图 1.19　发射机和接收机的原理框图

(a) 上变频发射机原理框图；(b) 下变频接收机原理框图

通滤波器输出信号的频率从载波频率 f_c 减少至中频 f_{IF}

$$f_{IF} = f_c - f_{LO} \tag{1.161}$$

发射机最重要的参数如下：

- 频谱效率
- 功率效率
- 在噪声和干扰下的信号质量

基带信号(调制信号或带有信息的信号)具有在 $f=0$ 附近的非零频谱，而其他地方的频谱可以忽略不计。比如，麦克风产生的语音信号或由电视摄像机产生的视频信号都是基带信号。调制信号有许多种，例如 24 路复接后的电话信道。在模拟调制的射频系统中，模拟基带信号对载波进行调制，基带信号所占用的频率带宽称为基带。调制后的信号含有许多比最高基带频率高很多的频率分量，该调制信号是一个射频信号，由许多和载波频率非常接近的频率分量构成。

射频调制信号可以分为两类：

- 可变包络信号
- 恒定包络信号

可变包络信号的放大需要线性放大器，而恒定包络信号可以通过非线性放大器进行放大，当然它们都需要平坦的频率响应特性。

调制是将信息带放置到高频载波附近以便进行传输的一个过程，调制通过用调制信号改变载波信号的某些特性来进行信息传输。一般而言，调制后的输出电压可以表示为

$$v_o(t) = A(t)\cos[2\pi f(t)t + \theta(t)] \tag{1.162}$$

其中，$A(t)$ 是电压的幅度，$\theta(t)$ 是载波的相位。如果输出电压幅度 $A(t)$ 随着时间变化，这就叫做幅度调制(AM)。如果载波频率 $f(t)$ 随着时间变化，则称为频率调制(FM)。如果相位 $\theta(t)$ 是变化的，则称为相位调制(PM)。在模拟调制系统中，$A(t)$、$f_c(t)$ 和 $\theta(t)$ 是时间的连续函数。

而在数字调制系统中,$A(t)$、$f_c(t)$ 和 $\theta(t)$ 是时间的离散函数。

1.22.1 幅度调制

对于幅度调制 AM 而言,载波包络随着调制信号 $v_m(t)$ 成正比变化,载波电压通常为正弦波

$$v_c(t) = V_c \cos \omega_c t \tag{1.163}$$

通常而言,调幅信号可以表示为

$$v_{AM}(t) = V(t) \cos \omega_c t = V_c[1 + \alpha(t)] \cos \omega_c t = V_c \cos \omega_c t + \alpha(t) V_c \cos \omega_c t \tag{1.164}$$

其中包络为

$$V(t) = V_c[1 + \alpha(t)] \tag{1.165}$$

当调制电压是单频正弦波

$$v_m(t) = V_m \cos \omega_m t \tag{1.166}$$

则包络的表达式为

$$V(t) = V_c + v_m(t) = V_c + V_m \cos \omega_m t = V_c \left(1 + \frac{V_m}{V_c} \cos \omega_m t\right) = V_c(1 + m \cos \omega_m t) \tag{1.167}$$

此时,调幅电压为

$$\begin{aligned} v_{AM}(t) = v_o(t) &= V(t) \cos \omega_c t = V_c \cos \omega_c t + v_m(t) \cos \omega_c t = [V_c + v_m(t)] \cos \omega_c t \\ &= V_c \cos \omega_c t + V_m \cos \omega_m t \cos \omega_c t = (V_c + V_m \cos \omega_m t) \cos \omega_c t \\ &= V_c \left(1 + \frac{V_m}{V_c} \cos \omega_m t\right) \cos \omega_c t = V_c(1 + m \cos \omega_m t) \cos \omega_c t \end{aligned} \tag{1.168}$$

其中,**调制指数**(或称**调制深度**)为

$$m = \frac{V_m}{V_c} = \frac{[V_{om(max)} - V_{om(min)}]/2}{[V_{om(max)} + V_{om(min)}]/2} = \frac{V_{om(max)} - V_{om(min)}}{V_{om(max)} + V_{om(min)}} \leqslant 1 \tag{1.169}$$

$$\alpha(t) = \frac{V_m}{V_c} \cos \omega_m t = m \cos \omega_m t \tag{1.170}$$

瞬时振幅 $V(t)$ 与调制电压 $v_m(t)$ 成正比,当 $\cos \omega_m t = 1$,$m = m_{max} = 1$ 时,有

$$V_{o(MAX)} = V_c(1 + m_{max}) = V_c(1 + 1) = 2V_c \tag{1.171}$$

当 $m = 0.8$,$f_m = 1\text{kHz}$ 和 $f_c = 10\text{kHz}$ 时,调制信号 $v_m(t)$、载波信号 $v_c(t)$ 和调幅信号 $v_{AM}(t)$ 的波形如图 1.20 所示。当 $m > 1$ 时,信号被过调制;当 $V_m > V_c$ 时,产生的**过调制**导致调制信号的失真。图 1.21~图 1.23 分别给出了 $m = 0.5$、1 和 2 时的调幅信号波形。

根据三角恒等公式

$$\cos \omega_c t \cos \omega_m t = \frac{1}{2}[\cos(\omega_c - \omega_m)t + \cos(\omega_c + \omega_m)t] \tag{1.172}$$

调幅信号可以表示为

$$\begin{aligned} v_{AM}(t) = v_o(t) &= V_c \cos \omega_c t + m V_c \cos \omega_m t \cos \omega_c t \\ &= V_c \cos \omega_c t + \frac{V_m}{2} \cos(\omega_c - \omega_m)t + \frac{V_m}{2} \cos(\omega_c + \omega_m)t \\ &= V_c \cos \omega_c t + \frac{m V_c}{2} \cos(\omega_c - \omega_m)t + \frac{m V_c}{2} \cos(\omega_c + \omega_m)t \end{aligned} \tag{1.173}$$

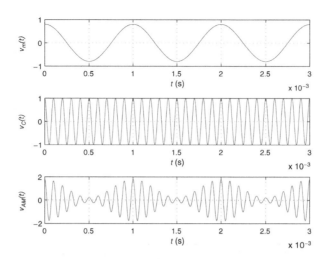

图 1.20 $m=0.8, f_m=1\text{kHz}, f_c=10\text{kHz}$ 时, $v_m(t)$、$v_c(t)$ 和 $v_{AM}(t)$ 的波形

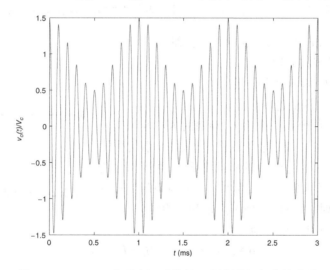

图 1.21 $m=0.5$ 时,单频正弦信号 f_m 调制的调幅信号波形

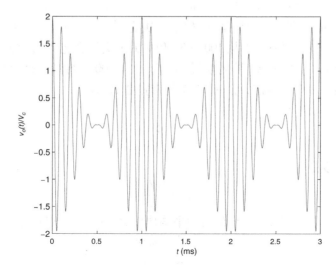

图 1.22 $m=1$ 时,单频正弦信号 f_m 调制的调幅信号波形

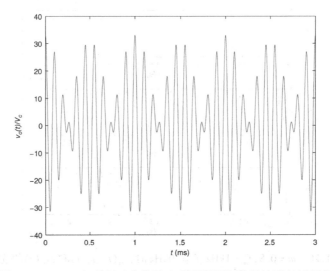

图 1.23 $m = 2$ 时,单频正弦信号 f_m 调制的调幅信号波形(过调制)

用单频信号调制的 AM 波形包含以下分量:
- 频率为 f_c 的载波分量
- 频率为 $f_c - f_m$ 的下边带分量
- 频率为 $f_c + f_m$ 的上边带分量

图 1.24 给出了单个调制频率 f_m 调制的 AM 电压信号相量图。由图可见,当边带分量和载波同相时,调幅信号的幅度最大,为 $V_c + V_m$;当边带分量和载波反相,并且相位差为 $180°$ 时,调幅信号的幅度最小,为 $V_c - V_m$;当调制信号包含不同的频率分量时,就可以得到下边带和上边带分量。

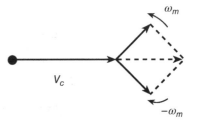

图 1.24 单个调制频率 f_m 调制的调幅电压信号相量图

调幅信号的带宽可以表示为

$$BW_{AM} = (f_c + f_m) - (f_c - f_m) = 2f_m \tag{1.174}$$

因此,调幅信号的最大带宽为

$$BW_{AM(max)} = (f_c + f_{m(max)}) - (f_c - f_{m(max)}) = 2f_{m(max)} \tag{1.175}$$

可见,调幅信号的带宽由最大调制频率 $f_{m(max)}$ 决定,与最小调制频率无关。典型的音频频率范围为 $20\text{Hz} \sim 20\text{kHz}$。频率范围从 $100 \sim 3000\text{Hz}$ 的人类语音包含的能量为总能量的 95%。载波频率 f_c 通常比 $f_{m(max)}$ 高很多,举例来说,$f_c/f_{m(max)} = 200$。调幅广播的频率范围从 $335 \sim 1605\text{kHz}$,其中包括了 107 个频道,每一个频道的带宽是 10kHz。

载波的时域平均功率为

$$P_C = \frac{V_c^2}{2R} \tag{1.176}$$

调制电压的幅度是

$$V_m = \frac{mV_c}{2} \tag{1.177}$$

在调制周期 $T_m = 1/f_m$ 中,下边带的时间平均功率 P_{LS} 等于上边带的平均功率 P_{US},即

$$P_{LS} = P_{US} = \frac{V_m^2}{2R} = \frac{m^2 V_c^2}{8R} = \frac{m^2}{4} P_C \tag{1.178}$$

调幅信号的总平均功率可以表示为

$$P_{AM} = P_C + P_{LS} + P_{US} = P_C + P_m = \left(1 + \frac{m^2}{4} + \frac{m^2}{4}\right)P_C = \left(1 + \frac{m^2}{2}\right)P_C \qquad (1.179)$$

其中

$$P_m = P_{LS} + P_{US} = \frac{m^2}{2}P_C \qquad (1.180)$$

当 $m = 1$ 时,调幅信号的总平均功率为

$$P_{AMmax} = P_C + P_{LS} + P_{US} = \left(1 + \frac{1}{4} + \frac{1}{4}\right)P_C = \frac{3}{2}P_C \qquad (1.181)$$

当调制指数为典型值 $m = 0.25$ 时,得到调幅信号的典型平均功率为

$$P_{AM(typ)} = \left(1 + \frac{m^2}{2}\right)P_C = \left(1 + \frac{0.25^2}{2}\right)P_C = 1.03125 P_C \qquad (1.182)$$

由单个正弦电压调制的调幅信号的电压瞬时输出功率为

$$p_{o(AM)}(t) = \frac{v_o^{2(t)}}{2R} = \frac{V_m^2(t)\cos^2 \omega_c t}{2R} = \frac{V_c^2(1 + m\cos \omega_m t)^2 \cos^2 \omega_c t}{2R}$$
$$= P_C(1 + m\cos \omega_m t)^2 \cos^2 \omega_c t \qquad (1.183)$$

峰值包络功率(PEP)为

$$P_{PEP} = P_C(1 + m)^2 \qquad (1.184)$$

最大峰值包络功率为

$$P_{PEP(max)} = P_c(1 + m_{max})^2 = P_c(1 + 1)^2 = 4P_C \qquad (1.185)$$

图 1.25 给出了 $m = 1$ 时用单个正弦信号 f_m 调制的调幅信号瞬时功率 $P_o(t)$ 的波形图。

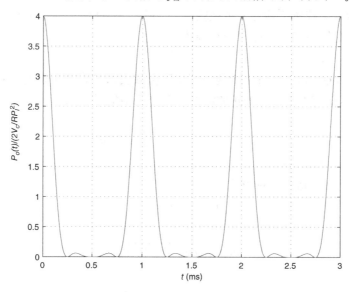

图 1.25 $m = 1$ 时,单个正弦信号 f_m 调制的调幅信号瞬时功率 $P_o(t)$ 的波形

AM 的调制效率为

$$\eta_{AM} = \frac{m^2}{2 + m^2} \qquad (1.186)$$

进一步得到 AM 最大调制效率为

$$\eta_{AM(max)} = \frac{m^2}{2 + m^2} = \frac{m_{max}^2}{2 + m_{max}^2} = \frac{1}{2 + 1} = \frac{1}{3} \qquad (1.187)$$

当 $m > 1$, $V_m > V_c$ 时,调幅信号就会**过调制**,引起包络的失真。这种情况下,接收机中检测到的信号波形与调制信号的波形是不同的。如果调幅信号有一些随机的电平变化,就会改变调制信号的原有包络,这是调幅系统最重要的一个缺点。

采用以下的方法可以产生高功率的调幅电压:

- 用线性射频功率放大器来放大调幅信号
- 漏极幅度调制
- 栅极-源极偏置工作点调制

像调幅信号这样的可变包络信号通常需要线性功率放大器,图 1.26 给出了用线性功率放大器来放大调幅信号的过程。在这个例子中,载波和边带都被线性放大器放大。将调制电压源和漏极直流电压源 V_I 串联连接,就可以产生一个漏极调幅信号。当 MOSFET 作为电流源使用时,例如在 C 类功率放大器中,晶体管可能进入欧姆区;如果将晶体管作为开关使用,输出电压的幅度正比于电源电压,可以获得一个高保真的调幅信号。然而,在用于调制电压源之前,调制信号 v_m 必须放大至一个高功率的电平。

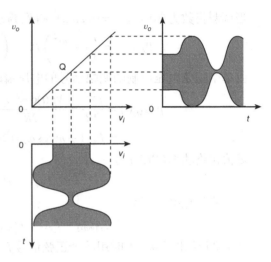

AM 被用于商业无线电广播和模拟视频电视信号的传输,可变包络信号也被用于在现代无线通信系统中。

图 1.26　经线性功率放大器放大的调幅信号

正交幅度调制(QAM)是一种采用两个正交正弦载波信号调制振幅的调制方法,两个调制信号波形的相位相差 90°,因此称为**正交载波**。正交调幅信号(I/Q 信号)可以用笛卡尔(或直角)坐标表示为

$$v_{QAM} = I(t) \cos \omega_c t + Q(t) \sin \omega_c t \qquad (1.188)$$

其中,$I(t)$ 和 $Q(t)$ 是调制信号。

QAM 信号还可以写成极坐标形式

$$v_{QAM} = A(t) e^{j\phi(t)} \qquad (1.189)$$

其中,时变幅度为

$$A(t) = \sqrt{[I(t)]^2 + [Q(t)]^2} \qquad (1.190)$$

时变相位为

$$\phi(t) = \arctan \left[\frac{Q(t)}{I(t)} \right] \qquad (1.191)$$

将调制信号 v_{QAM} 与载波频率为 f_c 的余弦信号相乘可以实现对接收信号的解调,即

$$v_{DEM} = v_{QAM} \cos \omega_c t = I(t) \cos \omega_c t \cos \omega_c t + Q(t) \sin \omega_c t \cos \omega_c t$$

$$= \frac{1}{2} I(t) + \frac{1}{2} [I(t) \cos(2\omega_c t) + Q(t) \sin(2\omega_c t)] \qquad (1.192)$$

用低通滤波器滤除掉 $2f_c$ 的频率分量,就只剩下不受 $Q(t)$ 影响的 $I(t)$ 分量。反之,如果调制信号 v_{QAM} 与载波频率为 f_c 的正弦信号相乘,并经过低通滤波器后,就只得到 $Q(t)$ 分量。

1.22.2　相位调制

角度调制的输出电压可以表示为

$$v_o = V_c \cos[\omega_c t + \theta(t)] = V_c \cos \phi(t) \tag{1.193}$$

其中,瞬时相位为

$$\phi(t) = \omega_c t + \theta(t) \tag{1.194}$$

瞬时角频率为

$$\omega(t) = \frac{d\phi(t)}{dt} = \omega_c + \frac{d\theta(t)}{dt} \tag{1.195}$$

根据 $\theta(t)$ 和 $v_m(t)$ 的关系,角度调制可以分为以下两类:
- 相位调制(Phase Modulation,PM)
- 频率调制(Frequency Modulation,FM)

在相位调制系统中,载波的相位随调制信号 $v_m(t)$ 变化;在频率调制系统中,载波的频率随调制信号 $v_m(t)$ 变化。角度调制系统对由噪声引起的振幅变化有着固有的免疫力。除了具有很强的抗噪声能力之外,角度调制系统只需要很小的射频功率。因为发射机的输出功率只含有载波的功率,因此,PM 和 FM 系统适用于高保真的音乐广播和移动无线通信。但是,角度调制信号的带宽比调幅信号宽得多。

调制电压,也称为带有信息的信号,可以表示为

$$v_m(t) = V_m \sin \omega_m t \tag{1.196}$$

PM 信号的相位由下式给出

$$\theta(t) = k_p v_m(t) = k_p V_m \sin \omega_m t = m_p \sin \omega_m t \tag{1.197}$$

其中,PM 的调制指数为

$$m_p = k_p V_m \tag{1.198}$$

因此,PM 的输出电压为

$$
\begin{aligned}
v_{PM}(t) = v_o(t) &= V_c \cos[\omega_c t + k_p v_m(t)] = V_c \cos(\omega_c t + k_p V_m \sin \omega_m t) \\
&= V_c \cos(\omega_c t + m_p \sin \omega_m t) = V_c \cos(\omega_c t + \Delta\phi \sin \omega_m t) = V_c \cos \phi(t)
\end{aligned} \tag{1.199}
$$

其中,相位调制指数是由调制电压 V_m 引起的最大相移。又由于

$$m_p = k_p V_m = \Delta\phi \tag{1.200}$$

因此,PM 的最大值为

$$\Delta\phi_{max} = k_p V_{m(max)} \tag{1.201}$$

由于

$$\phi(t) = \omega_c t + \theta(t) \tag{1.202}$$

因此,瞬时频率为

$$\omega(t) = \frac{d\phi(t)}{dt} = \omega_c + \frac{d\theta(t)}{dt} = \omega_c + k_p V_m \omega_m \cos \omega_m t = \omega_c + m_p \omega_m \cos \omega_m t \tag{1.203}$$

可见,相位变化会引起频率变化。频率偏差可以表示为

$$\Delta f = f_{max} - f_c = f_c + k_p V_m f_m - f_c = k_p V_m f_m = m_p f_m \tag{1.204}$$

频率偏差 Δf 正比于调制频率 f_m,如图 1.27 给出了频率调制 FM 的频率偏差 Δf 随调制频率 f_m 和调制电压幅度 V_m 的变化曲线。

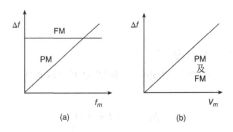

图 1.27　频率偏差 Δf 随调制频率 f_m 和调制电压幅度 V_m 的变化曲线

（a）频率偏差 Δf 与调制频率 f_m 的函数关系；（b）频率偏差 Δf 与调制电压 V_m 的函数关系

1.22.3　频率调制

调制电压可以表示为

$$v_m(t) = V_m \sin \omega_m t \tag{1.205}$$

瞬时频率正比于调制电压幅度 V_m

$$f(t) = f_c + \Delta f_{max} \frac{v_m(t)}{V_{m(max)}} = f_c + \Delta f_{max} \frac{V_m}{V_{m(max)}} \sin \omega_m t = f_c + \Delta f \sin \omega_m t \tag{1.206}$$

其中，Δf_{max} 是与载波频率 f_c（或静止频率）的最大频率偏差。

相位的导数为

$$\frac{d\theta(t)}{dt} = 2\pi k_f v_m(t) = 2\pi k_f V - m \cos \omega_m t \tag{1.207}$$

因此，瞬时相位为

$$\theta(t) = 2\pi \int k_f v_m(t) dt = k_f V_m \int \cos \omega_m t\, dt = \frac{k_f V_m}{f_m} \sin \omega_m t \tag{1.208}$$

通常，FM 信号的波形表示为

$$v_o(t) = V_c \cos \left(\omega t + \Delta \omega \int_0^t v_m(t) dt \right) \tag{1.209}$$

FM 的输出电压为

$$v_{FM}(t) = v_o(t) = V_c \cos[\omega_c t + \theta(t)] = V_c \cos \left(\omega_c t + \frac{k_f V_m}{f_m} \sin \omega_m t \right)$$

$$= V_c \cos \left(\omega_c t + \frac{\Delta f}{f_m} \sin \omega_m t \right) = V_c \cos(\omega_c t + m_f \sin \omega_m t) \tag{1.210}$$

频率调制指数定义为最大频率偏差 Δf 和调制频率 f_m 之比，即

$$m_f = \frac{\Delta f}{f_m} = \frac{k_f V_m}{f_m} \tag{1.211}$$

理论上，m_f 的范围是没有限制的，可以从 0 到无穷大。频率调制指数 m_f 是调制频率 f_m 和调制电压幅度 V_m 的函数。如果 $\Delta f = 75\text{kHz}$，则 $f_m = 20\text{Hz}$ 时，$m_f = 3750$；$f_m = 20\text{kHz}$ 时，$m_f = 3.75$。

调频波的幅度和功率在调制过程中保持不变，图 1.28 给出了 $m_f = 10$ 时由单个正弦信号 f_m 调制的 FM 信号 $v_o(t)/V_c$ 和调制信号 v_m 的波形。

调频信号的瞬时频率可以表示为

$$f(t) = f_c + k_f V_m \sin \omega_m t \tag{1.212}$$

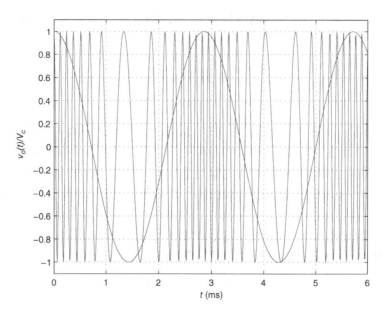

图 1.28 调制电压 v_m 和 $m_f = 10$ 时由单个正弦信号 f_m 调制的 FM 信号 $v_o(t)/V_c$ 的波形

其中,调频信号的频率偏差是由于调制电压 V_m 引起的最大频率变化,即

$$\Delta f = f_{max} - f_c = f_c + k_f V_m - f_c = k_f V_m \tag{1.213}$$

最大频率偏差为

$$\Delta f_{max} = k_f V_{m(max)} \tag{1.214}$$

FM 信号的频率偏差与调制频率 f_m 无关。

角度调制信号包括的频率分量有

$$f_n = f_c \pm n f_m \qquad n = 0, 1, 2, 3, \cdots \tag{1.215}$$

因此,角度调制信号的带宽是无穷大的。然而,数值较大的 n 分量的幅度一般很小,所以,卡森定律(Carson's rule)给出包含了 98% 的信号功率的带宽为调频信号的有效带宽,即

$$BW_{FM} = 2(\Delta f + f_m) = 2\left(\frac{\Delta f}{f_m} + 1\right)f_m = 2(m_f + 1)f_m \tag{1.216}$$

因此,调频信号的最大带宽是

$$BW_{FM(max)} = 2(\Delta f + f_{m(max)}) \tag{1.217}$$

如果调制信号的带宽是 BW_m,那么频率调制指数为

$$m_f = \frac{\Delta f_{max}}{BW_m} \tag{1.218}$$

调频信号的带宽为

$$BW_{FM} = 2(m_f + 1)BW_m \tag{1.219}$$

为了防止相邻频道的干扰,联邦通信委员会(FCC)规定将 FM 广播发射机的最大频率偏移限制为 75kHz。允许的商业 FM 收音机基站最大频率偏移 $\Delta f = 75$kHz,最大调制频率 $f_m = 20$kHz,其需要的带宽为

$$BW_{FM} = 2 \times (75 + 20) = 190 \, (\text{kHz}) \tag{1.220}$$

当 $f_c = 100$MHz 且 $\Delta f = 75$kHz 时

$$\frac{\Delta f}{f_c} = \frac{75 \times 10^3}{100 \times 10^6} = 0.075\% \tag{1.221}$$

标准的广播调频系统的每个基站均使用 200kHz 的带宽,每个频道之间都有保护带。

通常,有

$$\phi(t) = \int \omega(t) = 2\pi \int f(t) \tag{1.222}$$

$$\omega(t) = 2\pi f(t) = \frac{d\phi(t)}{dt} \tag{1.223}$$

PM 和 FM 的唯一区别在于:调相系统中,载波相位随着调制信号变化,而调频系统中,载波相位依赖于调制信号幅度 V_m 和调制频率 f_m 的比值。因此,调频信号对调制频率 f_m 不敏感,而调相则对其很敏感。如果对调制信号进行积分再去调制载波,可以得到调频信号。阿姆斯特朗(Armstrong)间接调频系统就是采用这个方法,偏移量正比于调制频率的幅度 V_m。

图 1.29 给出了 PM 和 FM 之间的关系,如果相位调制器中的调制信号幅度和调制频率 f_m 成反比,那么调制相位器会产生调频 FM 信号,调制电压可以表示为

$$v_m(t) = \frac{V_m}{\omega_m} \sin \omega_m t \tag{1.224}$$

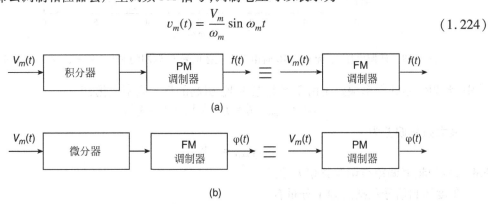

(a)

(b)

图 1.29 PM 和 FM 的关系

调制后的电压为

$$v_o(t) = V_v \cos\left(\omega_c t + \frac{k_p V_m}{\omega_m} \sin \omega_m t\right) = V_c \cos \phi(t) \tag{1.225}$$

因此,瞬时频率为

$$\omega(t) = \frac{d\phi(t)}{dt} = \omega_c + k_p V_m \cos \omega_m t \tag{1.226}$$

其中

$$\Delta f = \frac{k_p V_m}{2\pi} \tag{1.227}$$

这种方法用于阿姆斯特朗频率调制器中,也常用于商业调频传输。

由于 FM 和 PM 的信号包络不变而且和载波幅度 V_c 相等,所以其发射机的输出功率是一个与调制指数无关的常数,可以表示为

$$P_O = \frac{V_c^2}{2R} \tag{1.228}$$

频率调制应用于商业电台和模拟电视的音频。

用正弦波调制的 FM 和 PM 信号包含一个作为余弦函数角度的正弦分量,调制系数 $m = m_f = m_p$,可以表示为

$$v_o(t) = V_c\cos(\omega_c t + m\sin\omega_m t) = V_c\{J_0(m)\cos\omega_c t$$

$$+ J_1(m)[\cos(\omega_c+\omega_m)t - \cos(\omega_c-\omega_m)t] + J_2(m)[\cos(\omega_c+2\omega_m)t - \cos(\omega_c-2\omega_m)t]$$

$$+ J_3(m)[\cos(\omega_c+3\omega_m)t - \cos(\omega_c-3\omega_m)t] + \cdots\} = \sum_{n=0}^{\infty} A_c J_n(m)\cos[2\pi(f_c\pm nf_m)t] \tag{1.229}$$

其中, $n = 0,1,2,\cdots\cdots$; $J_n(m)$ 是第一类 n 阶的贝塞尔函数,可以表示为

$$J_n(m) = \left(\frac{m}{2}\right)n\left[\frac{1}{n!} - \frac{(m/2)^2}{1!(n+1)!} + \frac{(m/2)^4}{2!(n+2)!} - \frac{(m/2)^6}{3!(n+3)!} + \cdots\right] = \sum_{k=0}^{\infty}\frac{(-1)^k\left(\frac{m}{2}\right)^{n+2k}}{k!(n+k)!} \tag{1.230}$$

当 $m \ll 1$ 时,有

$$J_n(m) \approx \frac{1}{n!}\left(\frac{m}{2}\right)^n \tag{1.231}$$

角度调制电压包含载波和无穷多低于或高于载频 f_c 的调制频率 f_m 整数倍的分量(边带) $f_c\pm nf_m$。边带幅度随着 n 的增大而减小,这就允许在有限带宽内传输 FM 信号。图 1.30 给出了调制指数 m 与角度调制的频谱分量幅度的函数关系曲线。载频分量的幅度和边带对数依赖于调制指数 m,可以用贝塞尔函数系数 $J_n(m)$ 表示,其中 n 是边带对的阶数。J_0 表示载频的幅度,J_1 代表一阶边带的幅度,以此类推。调频信号的带宽可以表示为

$$BW_{FM} = 2(f_{m(max)})\times(主要边带对的数目) \tag{1.232}$$

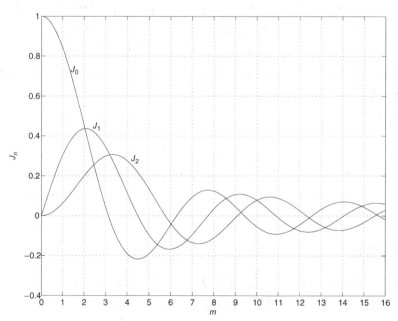

图 1.30　角度调制中频谱分量 J_n 的幅度随调制指数 m 的变化关系曲线

调频广播系统的频率范围为 $88\sim108\text{MHz}$,商用调频带宽为 $150\sim174\text{MHz}$。调频信号的平均发射输出功率为

$$P_o = (J_0^2 + J_1^2 + J_2)2^2 + J_3^1)P_T \tag{1.233}$$

其中,P_T 是未调制信号的功率,即 $m=0$ 时的功率。

角度调制后的信号为

$$v_o(t) = V_c\cos(\omega_c t + m\cos\omega_m t)) = V_c[\cos\omega_c t\cos(m\cos\omega_m t) - \sin\omega_c t\sin(m\cos\omega t)] \tag{1.234}$$

当 $m \ll 1$ 时,$\cos(m\cos\omega_m t) \approx 1$,$\sin(m\cos\omega_m t) \approx m\cos\omega_m t$,因此

$$v_o(t) \approx V_c \cos\omega_c t - m\sin\omega_c t\cos\omega_m t$$

$$= V_c \cos\omega_c t - \frac{mV_m}{2}\sin[(\omega_c - \omega_m)t] - \frac{mV_m}{2}\sin[(\omega_c + \omega_m)t] \tag{1.235}$$

图 1.31 给出了单个调制频率调制的 PM 信号相量图。

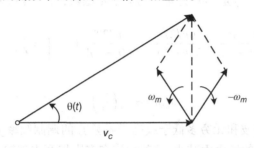

图 1.31　单个调制频率调制的 PM 信号相量图

1.23　数字调制

数字调制实际上是模拟调制的一种特殊情况。数字调制的射频系统中,载波被数值离散的数字基带信号调制。数字调制比模拟调制更具有优势,而且广泛应用于无线通信和数字电视中。数字调制的主要优点是信号的质量高,信号的质量通常用误码率(BER)来度量。误码率是指在噪声和其他干扰情况存在的情况下,单位时间内解调器输出端的平均错误比特数和接收到的总比特数之比。误码率是指错误的概率。通常情况下,$BER > 10^{-3}$。二进制数字基带信号的波形可以表示为

$$v_D = \sum_{n=1}^{n=m} b_n v(t - nT_c) \tag{1.236}$$

其中,b_n 是比特值,等于 0 或者 1。和模拟调制相对应的数字调制方法是:幅移键控(Amplitude Shift Keying,ASK),频移键控(Frequency Shift Keying,FSK)和相移键控(Phase Shift Keying,PSK)。

1.23.1　幅移键控

数字幅度调制叫做幅移键控(ASK)或开-关键控(ON-OFF Keying,OOK),是无线电电报发射机最早使用的调制方式。二进制调幅信号可以表示为

$$v_{BASK} = \begin{cases} V_c \cos\omega_c t & (v_m = 1) \\ 0 & (v_m = 0) \end{cases} \tag{1.237}$$

图 1.32 给出了幅移键控(ASK)的波形图,幅移键控对幅度噪声很敏感,因此很少用于射频系统。

1.23.2　相移键控

数字相位调制叫做相移键控(PSK)。PSK 的一个

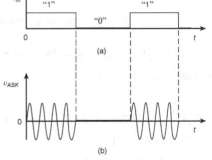

图 1.32　幅移键控(ASK)的波形图

最基本类型是二进制相移键控(BPSK),其中相位偏移 $\Delta\phi = 180°$。BPSK 有两种相位状态,图 1.33 给出了二进制相移键控(BPSK)的波形图。当波形的相位和参考波形的相位一致时,代表逻辑"1";当波形的相位和参考波形的相位相反时,代表逻辑"0"。若调制二进制信号表示为

$$v_m = \begin{cases} 1 \\ -1 \end{cases} \tag{1.238}$$

二进制相位调制信号表示为

$$v_{BPSK} = v_m \times v_c = (\pm 1) \times v_c = \begin{cases} v_c = V_c \cos \omega_c t & (v_m = 1) \\ -v_c = -V_c \cos \omega_c t & (v_m = -1) \end{cases} \tag{1.239}$$

PSK 的另一种类型是相位偏移为 90° 的正交相移键控(QPSK),QPSK 有四种相位状态。被广泛使用的还有 8PSK 和 16PSK 系统。PSK 常用于数字信号的传输,如数字电视等。

一般情况下,数字调相系统的输出电压可以表示为

$$v_o = V_c \sin \left[\omega_c t + \frac{2\pi(i-1)}{M} \right] \tag{1.240}$$

其中,$i = 1, 2, \cdots, M$;$M = 2^N$ 表示相位状态的数量;N 是确定相位状态需要的比特数。当 $M = 2$ 和 $N = 1$ 时,可以得到一个 BPSK 信号。当 $M = 4$ 和 $N = 2$ 时,可以得到 QPSK 信号,其逻辑组合状态为 (00),(01),(11),(10)。当 $M = 8$ 和 $N = 3$ 时,可以得到一个 8PSK 信号。

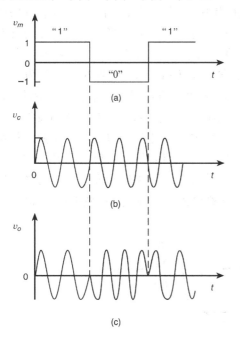

图 1.33 二进制相移键控(BPSK)的波形图

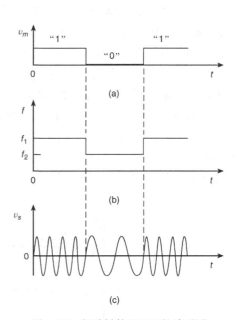

图 1.34 频移键控(FSK)的波形图

1.23.3 频移键控

数字频率调制叫做频移键控(FSK),FSK 的波形图如图 1.34 所示。FSK 有两个载波,f_1 和 f_2。较低频率 f_2 可能代表逻辑"0",较高频率 f_1 可能代表逻辑"1"。二进制调频信号可以表示为

$$v_{BFSK} = \begin{cases} V_c \cos \omega_{c1} t & (v_m = 1) \\ V_c \cos \omega_{c2} t & (v_m = -1) \end{cases} \tag{1.241}$$

例如,GSM 系统用 FSK 来传输二进制信号,其中 $f_1 = f_c + \Delta f = f_c + 77.708\text{kHz}$, $f_2 = f_c - \Delta f = f_c - 77.708\text{kHz}$, f_c 是载波中心频率,信道间距为 200kHz,每个信道有 8 个用户。

蓝牙系统采用高斯频移键控(GFSK),正的频率偏移代表二进制"1",而负的频率偏移代表二进制"0"。GFSK 采用恒定包络的射频电压,因此,其发射机可以选用高效率、开关模式的射频功率放大器。

1.24 雷达

雷达是第二次世界大战期间为军事应用而开发的,雷达(Radar)一词是无线探测和测距(Radio detection and ranging)的缩写。雷达由发射机、接收机以及发送和接收的天线组成。双工器是用来分离发射和接收的信号。一个开关或者环形器可用做双工器。雷达是用来检测和定位反射目标的系统,比如飞机、航天器、船舶、车辆、人和其他目标等。雷达可以在空中辐射电磁波,然后检测从目标反射回来的回波。回波信号包含了反射目标的位置、范围、方向和速度信息。雷达可以在黑暗、雾霾和雨雪中工作。发射能量只有很少一部分会被目标反射,并进一步辐射给雷达,雷达再进行接收、放大和处理。

如今,雷达不仅用于军事,而且还用于各种商业应用中,比如导航、空中交通管制、气象天气预报、地形回避、汽车防撞、天文、RFID 和汽车自动收费等。雷达的军事应用包括监视和跟踪各种来自陆地、空中、船舶和太空的物体。在单基地雷达系统中,发射机和接收机是在相同的位置。目标的定位过程需要 3 个坐标:**距离**、**水平方向**和**仰角**。目标的距离是根据发射波到达物体并返回的时间来确定的;目标的角度位置是根据返回信号到达的角度来测量的;目标的相对运动是由回波信号中载频的多普勒频移来确定的。雷达天线会向目标物体发射一个电磁(EM)能量脉冲波。该天线具有两个基本的作用:辐射射频能量和提供波束聚焦。检测时需要一个宽波束模式而跟踪时则需要一个窄波束模式。雷达信号的典型波形如图 1.35 所示。雷达发射机一般工作在带有 FM(啁啾)信号的脉冲模式下,脉冲的幅度通常为常数。因此,雷达发射机可以采用高效非线性的射频放大器。这些放大器的峰值功率效率通常非常高。

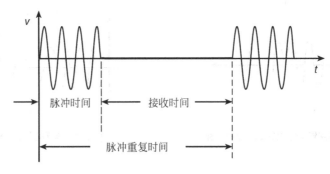

图 1.35　雷达信号的波形

雷达发射机的平均功率为

$$P_{AV} = DP_{pk} \tag{1.242}$$

其中,D 为占空比。波形的占空比很小,例如,通常为 0.1%。因此,峰值功率与平均功率之比非常大。例如,射频峰值功率 $P_{pk}=200\text{kW}$,平均功率 $P_{AV}=200\text{W}$。该能量中的一部分被目标物体反射(或散射)。部分反射的能量,即回波信号,被雷达天线接收。天线主波束的方向能确定目标物体的位置,目标物体的距离是由发射和接收电磁脉冲波的时间间隔决定。目标物体相对于雷达天线的速度由电磁脉冲信号的频移,即多普勒效应,决定。因此一个方向性好的天线是必须的。雷达方程可表示为

$$\frac{P_{rec}}{P_{rad}} = \frac{\sigma_s \lambda^2}{(4\pi)^3 R^4} D^2 \tag{1.243}$$

其中,P_{rad} 是雷达天线的发射功率,P_{rec} 是雷达天线的接收功率,σ_s 是雷达横截面,λ 是自由空间波长,D 是天线的方向增益。

1.25 射频识别

射频识别(RFID)系统包括需要进行识别的标签和识别标签的读卡器。RFID 系统最为常用的载波频率是 13.56MHz,但其频率范围可以为 135kHz~5.875GHz。标签可以是有源的,也可以是无源的。ISO1443A/B 是载波频率为 13.56MHz,近距离使用雷达天线的非接触式 IC卡国际标准。无源标签中包含一个射频整流器,对所收到的来自读卡器的射频信号进行整形,整形后的电压可以给标签电路供电。无源标签具有寿命长和耐用性好的特点。有源标签是由线路板上的电池供电,有源标签的读取范围比无源标签的读取范围大得多,但也更昂贵。带有无源标签的 RFID 系统原理框图如图 1.36 所示。读卡器将信号传输到标签,标签的存储器中包含特定标签的唯一识别信息。微控制器将信息传至天线开关,调制信号被发送到读卡器,读卡器对识别信息进行解码。

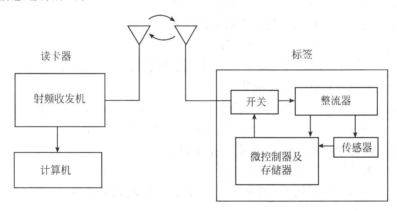

图 1.36 带有无源标签的 RFID 传感器系统框图

标签可以放置于一个塑料袋中,并附在商店的商品上以防止商品被盗窃或用来检查商店的库存。

标签可以安装在汽车内的挡风玻璃上,用于自动收费或检查停车许可而不需要停车。无源标签可在几秒内完成图书馆的所有书单检查或者对放错的图书进行定位。带压力传感器的标签可以放置在轮胎中,用来提醒驾驶员轮胎压力是否正常。小型标签可以埋入到动物的皮肤下来对其进行跟踪。RFID 系统能够在恶劣的环境下工作。

1.26 本章小结

- 在射频功率放大器中,晶体管可作为受控电流源或开关使用。
- 当晶体管用做受控电流源时,漏极电流由栅极-源极电压决定。因此,晶体管当作受控电流源的放大器能够放大可变包络信号。
- 当晶体管用做开关时,漏极电流与栅极-源极电压无关。
- 当晶体管用做开关时,导通状态下的漏极-源极电压很小,因此导通损耗小,效率高。
- 当晶体管用做开关,开关损耗会限制效率和射频功率放大器的最大工作频率。
- 在设定的输出功率下,通过功率损耗最小化可以实现功率放大器效率的最大化。
- ZVS 技术或 ZCS 技术能够减少开关功率损耗。
- 在 A 类、B 类、C 类和 F 类功率放大器中,晶体管用做受控电流源。
- 在 D 类、E 类和 DE 类功率放大器中,晶体管用做开关。
- 当漏极电流和漏极-源极电压完全不交叠时,放大器的输出功率为零。
- ZVS、ZVDS 和 ZCS 条件不能同时满足输出功率非零的无源负载网络。
- 接收功率 P_{REC} 与 $(\lambda^2/r)^2$ 成正比。当载波频率加倍,在自由空间中给定距离为 r 时的接收功率减小 4 倍。
- RF 调制信号可以分为可变包络信号和恒定包络信号两类。
- 无线通信系统最重要的参数是频谱效率、功率效率和信号质量。
- 功率放大器要比发射机中的其他电路消耗更多的直流功率。
- dBm 是一种以 1mW 功率为基准的计算功率比的方法。
- 载波是具有恒定幅度、频率和相位的无线电波。
- 功率和带宽是射频系统的两个稀缺资源。
- 模拟调制方式主要有 AM,FM 和 PM。
- AM 是一个将低频调制信号叠加到高频载波的过程,这样,调制信号幅度的瞬时变化就能引起高频载波幅度的相应变化。
- 在调幅传输中,当 $m=1$ 时,2/3 的传输功率在载波中,而载波本身不传送信息。
- 调幅传输的主要优点是带宽窄,发射机和接收机的电路简单。
- 调幅传输的主要缺点是信号失真大、效率低。
- 恒定幅度的信号不需要线性放大器。
- FM 是一个将调制信号叠加到高频载波的过程,载波频率偏离原有频率的值与调制信号的幅度成正比。
- 频率偏差是指载波频率在其中心参考值附近的增加或减少的量。
- 调频传输的主要优点是信噪比高、包络恒定、发射机的效率高以及辐射功率低。
- 通常而言,FM 传输的信噪比比 AM 传输的信噪比低 25dB。
- FM 传输的主要缺点是带宽宽,发射机和接收机的电路复杂。
- FM 的传输带宽是 AM 传输带宽的 10 倍左右。
- 数字调制的方法主要有 ASK,FSK 和 PSK。
- BPSK 是 PSK 的一种,其中与载波信号波形的相位相反表示二进制"0",没有相移表示二进制"1"。

- 将发射机和接收机集成在一起的电子设备称作收发机。
- 双工技术允许用户同时发送和接收信号。
- 多址技术主要有：TDMA 技术、FDMA 技术和 CDMA 技术。

1.27 复习思考题

1.1 在射频功率放大器中,晶体管的工作模式有哪些?

1.2 射频功率放大器有哪几种类型?

1.3 功率放大器的效率达到 100% 的必要条件是什么?

1.4 实现射频功率放大器非零输出功率的必要条件是什么?

1.5 解释 ZVS 功率放大器的工作原理。

1.6 解释 ZCS 功率放大器的工作原理。

1.7 什么是地面波?

1.8 什么是天波?

1.9 什么是视距电波?

1.10 什么是射频发射机?

1.11 什么是收发机?

1.12 什么是双工器?

1.13 请列出多址技术。

1.14 什么时候会产生谐波?

1.15 谐波对信道有什么影响?

1.16 THD 是如何定义的?

1.17 什么是交调项?

1.18 什么时候会产生交调项?

1.19 交调项对信道有什么影响?

1.20 什么是交调失真?

1.21 1dB 压缩点是如何定义的?

1.22 什么是截取点?

1.23 什么是功率放大器的动态范围?

1.24 什么决定了调幅传输的带宽?

1.25 定义调频信号的调制指数。

1.26 给出单个调频信号调制的调幅信号总的功率表达式。

1.27 什么是 QAM?

1.28 什么是相位调制?

1.29 什么是频率调制?

1.30 频率调制和相位调制有什么区别?

1.31 什么是 FSK?

1.32 什么是 PSK?

1.33 解释雷达的工作原理。

1.34 解释 RFID 系统的工作原理。

1.28 习题

1.1 载波频率下电压的均方根值为100V,载波的二次谐波频率下电压的均方根值为1V,负载电阻为50Ω,忽略其他所有的谐波,求 *THD*。

1.2 射频发射机的载波频率为4.8GHz,天线的四分之一波长是多少?

1.3 一个 AM 发射机在载波频率下的输出功率是10kW,$f_m = 1$kHz 时调制指数 $m = 0.5$,求发射机的总输出功率。

1.4 一个 AM 发射机的载波幅值是25V,天线输入阻抗是50Ω,调制指数 $m = 0.5$。
(a) 求调制电压的幅度。
(b) 求 AM 发射机的输出功率。

1.5 标准 AM 广播基站允许传输最高调制频率为 5kHz 的信号,若载波频率为 $f_c = 550$kHz,试计算以下参数:
(a) 最大上边带频率。
(b) 最小边带频率。
(c) 调幅基站的带宽。

1.6 互调分量的频率是(a)$3f_1 - 2f_2$ 和(b)$3f_1 + 2f_2$,该互调分量的阶数是多少?

1.7 若 RF 发射机的载波频率是 2.4GHz,四分之一天线的高度是多少?

1.8 雷达发射机的峰值功率是100kW,占空比是0.1%,其平均功率是多少?

1.9 当载波功率为10W,$m = 1$ 时,求 AM 电压总的输出功率。

1.10 当 $m = 0.5$ 时,画出调制信号、载波和 AM 电压的波形。

1.11 当载波功率为1kW,$m = 0.3$ 时,求正弦波调制电压下每个边带的功率。

1.12 求最大调制频率为10kHz 时 AM 发射机的信道带宽。

1.13 若发射机发送到50Ω 天线的 FM 信号电压幅度 $V_m = 1000$V,则其输出功率是多少?

1.14 FM 信号的调制频率 $f_m = 10$kHz,最大频率偏移 $\Delta f = 20$kHz。求调制指数。

1.15 FM 信号的载波频率 $f_c = 100.1$MHz,调制指数 $m_f = 2$,调制频率 $f_m = 15$kHz,求 FM 信号的带宽。

1.16 如果用 FM 广播系统高保真地发送肖邦的钢琴协奏曲,需要多少带宽?

参考文献

[1] K. K. Clarke and D. T. Hess, *Communications Circuits: Analysis and Design*. Reading, MA: Addison-Wesley Publishing Co., 1971; reprinted Malabar, FL: Krieger, 1994.

[2] H. L. Krauss, C. W. Bostian, and F. H. Raab, *Solid State Radio Engineering*, New York, NY, John Wiley & Sons, 1980.

[3] M. Kazimierczuk, "Class E tuned amplifier with shunt inductor," *IEEE Journal of Solid-State Circuits*, vol. 16, no. 1, pp. 2–7, 1981.

[4] E. D. Ostroff, M. Borakowski, H. Thomas, and J. Curtis, *Solid-State Radar Transmitters*, Boston, MA:Artech House, 1985.

[5] M. K. Kazimierczuk and D. Czarkowski, *Resonant Power Converters*, 2nd Ed. New York, NY: IEEE Press/John Wiley & Sons, 2011.

[6] S. C. Cripps, *RF Power Amplifiers for Wireless Communications*, 2nd Ed. Norwood, MA: Artech House, 2006.

[7] M. Albulet, *RF Power Amplifiers*. Atlanta, GA: Noble Publishing Co., 2001.

[8] T. H. Lee, *The Design of CMOS Radio-Frequency Integrated Circuits*, 2nd Ed. New York, NY: Cambridge University Press, 2004.

[9] P. Reynaret and M. Steyear, *RF Power Amplifiers for Mobile Communications*. Dordrecht, The Netherlands: Springer, 2006.

[10] H. I. Bartoni, *Radio Propagation for Modern Wireless Systems*. Englewood Clifs, NJ: Prenice-Hall, 2000.

[11] N. Levanon and E. Mozeson, *Radar Signals*, 3rd Ed. New York, NY: John Wiley & Sons, 2004.

[12] H. T. Friis, "A note on a simple transmission formula," *IEEE IRA*, vol. 41, pp. 254–256, 1966.

[13] B. Molnar, "Basic limitations of waveforms achievable in single-ended switching-mode tuned (Class E) power amplifiers," *IEEE Journal of Solid-State Circuits*, vol. SC-19, pp. 144–146, 1984.

[14] M. K. Kazimierczuk, "Generalization of conditions for 100-percent efficiency and nonzero output power in power amplifiers and frequency multipliers," *IEEE Transactions on Circuits and Systems*, vol. CAS-33, pp. 805–807, 1986.

[15] F. H. Raab, "Intermodulation disrortion in Khan technique transmitters," *IEEE Transactions on Microwave Theory and Techniques*, vol. 44, pp. 2273–2278, 1996.

[16] M. K. Kazimierczuk and N. O. Sokal, "Cause of instability of power amplifiers," *IEEE Journal of Solid-State Circuits*, vol. 19, pp. 541–542, 1984.

[17] B. Razavi, *RF Microelectronics*. Upper Saddle River, NJ: Prentice Hall, 1989.

[18] P. B. Kenington, *High-Linearity RF Power Amplifier Design*. Norwood, MA: Artech House, 2000.

[19] J. Groe and L. Larson, *CDMA Mobile Radio Design*. Norwood, MA: Artech House, 2000.

[20] A. Grebennikov, *RF and Microwave Power Amplifier Design*. New York, NY: McGraw-Hill, 2005.

[21] A. Grebennikov and N. O. Sokal, *Switchmode RF Power Amplifiers*. Amsterdam: Amsterdam, 2007.

[22] P. Colantonio, F. Giannini, and E. Limiti, *High Efficiency RF and Microwave Solid State Power Amplifiers*. Chichester, UK: John Wiley & Sons, 2009.

[23] J. L. B. Walker, Edited, *Handbook of RF and Microwave Power Amplifiers*. Cambridge, UK: Cambridge University Press, 2012.

[24] A. Raghavan, N. Srirattana, and J. Lasker, *Modeling and Design Techniques for RF Power Amplifiers*. New York, NY: IEEE Press, John Wiley & Sons, 2008.

[25] R. Baxley and G. T. Zhou, "Peak savings analysis of peak-to-average power ratio in OFDM," *IEEE Transactions on Consumer Electronics*, vol. 50, no. 3, pp. 792–798, 1998.

[26] B. S. Yarman, *Design of Ultra Wideband Power Transfer Networks*. Berlin, Springer-Verlag, 2008.

[27] M. K. Kazimierczuk, *Pulse-width Modulated DC-DC Power Converters*. 2nd Ed. Chichester, UK: John Wiley & Sons, 2014.

[28] M. K. Kazimierczuk, *High-Frequency Magnetic Components*, 2nd Ed. Chichester, UK: John Wiley & Sons, 2014.

第 2 章 A 类 RF 功率放大器

2.1 引言

理论上说,A 类 RF 功率放大器是一种线性放大器(见本章参考文献[1～15])。线性放大器会产生放大了的输入电压或电流波形,也就是说输出端可以准确复制输入信号的包络和相位。该输入信号可以包含音频、视频和数据信息。A 类 RF 功率放大器中的晶体管相当于一个受控电流源,漏极或集电极电流的导通角为 360°。它的效率非常低,即使电路元件都是理想的,最大效率也只有 50%。然而,A 类 RF 功率放大器的非线性度很低,几乎是一个线性电路,因此常用做前置放大器和无线发射机的输出功率级,尤其是用来放大幅度变化的信号,例如用于调幅(AM)系统。本章分析了 A 类 RF 功率放大器的基本特性,对放大电路、偏置、电流与电压波形、功率损耗、效率、带宽以及阻抗匹配等方面进行了介绍。

2.2 功率 MOSFET 器件的特性

2.2.1 MOSFET 器件漏极电流的平方律

MOSFET 器件在 A 类 RF 功率放大器中用做受控电流源。当漏极电流较小时,对于长的 n 沟道增强型 MOSFET 器件,如果沟道内电场较低,载流子迁移率恒定,且工作在沟道夹断区(也称为饱和区),其漏极电流可以用平方律公式表示为

$$i_D = \frac{1}{2}\mu_{n0}C_{ox}\left(\frac{W}{L}\right)(v_{GS} - V_t)^2 = K(v_{GS} - V_t)^2 \quad (v_{GS} \geqslant V_t, \ v_{DS} \geqslant v_{GS} - V_t) \qquad (2.1)$$

其中

$$K = \frac{1}{2}\mu_{n0}C_{ox}\left(\frac{W}{L}\right) = \frac{1}{2}K_n\left(\frac{W}{L}\right) \qquad (2.2)$$

式中,μ_{n0} 是指沟道内低场表面电子迁移率,$C_{ox} = \varepsilon_{ox}/t_{ox}$ 是栅极单位面积的氧化层电容,t_{ox} 是氧化层厚度,$\varepsilon_{ox} = 0.345\text{pF/cm}$ 是二氧化硅的介电常数,L 是沟道长度,W 是沟道宽度,V_t 是阈值电压。通常,$t_{ox} = 0.1\mu\text{m}$,$K_n = \mu_{n0}C_{ox} = 20\mu\text{A/V}^2$,$C_{ox} = 1/3\text{mF/m}^2$,室温时硅材料低场表面电子迁移率 $\mu_{n0} = 600\ \text{cm}^2/\text{V}\cdot\text{s}$。沟道的电子迁移率大大低于体硅里的电子迁移率,可低至 $200\text{cm}^2/\text{V}\cdot\text{s}$。忽略所有的电容效应,漏极电流较低时,长沟道 MOSFET 器件在饱和区的低频大信号模型如图 2.1 所示,该模型和式(2.1)描述的平方律特性相对应。

漏极最大饱和电流为

$$i_{Dsat(max)} = \frac{1}{2}\mu_{n0}C_{ox}\left(\frac{W}{L}\right)(v_{GSmax} - V_t)^2 \qquad (2.3)$$

因此,在最大的栅极-源极电压时要达到指定的漏极最大饱和电流 $i_{Dsat(max)}$,MOSFET 器件的长宽比为

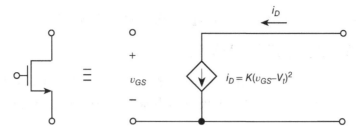

图 2.1 功率 MOSFE 的低频大信号模型

$$\frac{W}{L} = \frac{2i_{Dsat(max)}}{\mu_{n0}C_{ox}(v_{GSmax} - V_t)^2} \tag{2.4}$$

在放大器中,漏极最大饱和电流必须大于漏极最大瞬时电流,即

$$i_{Dsat(max)} > I_{DM} \tag{2.5}$$

2.2.2 沟道长度调制

漏极电流 i_D 与沟道长度 L 成反比。一旦沟道在漏极-源极饱和电压 $v_{DSsat} = v_{GS} - V_t$ 处夹断,沟道电荷在漏极一端几乎消失,因而横向电场变得非常高。当漏极-源极电压 v_{DS} 超过饱和电压 v_{DSsat} 时,会导致漏极一端的高电场区域长度增加 ΔL,如图 2.2 所示。电压差 $v_{DS} - v_{DSsat}$ 落在 ΔL 区域,而漏极-源极的电压降落在 $L - \Delta L$ 区域。在沟道夹断区随着漏极-源极电压 v_{DS} 增加时,沟道夹断点从漏极向源极逐渐移动。因此,沟道有效长度 L_e 缩短为

$$L_e = L - \Delta L = L\left(1 - \frac{\Delta L}{L}\right) \approx \frac{L}{1 + \frac{\Delta L}{L}} \tag{2.6}$$

其中,沟道长度变化的部分与漏极-源极之间的电压 v_{DS} 成正比,并且有

$$\frac{\Delta L}{L} = \lambda v_{DS} = \frac{v_{DS}}{V_A} \tag{2.7}$$

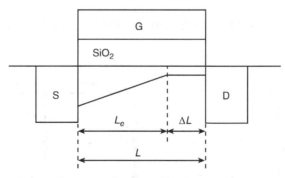

图 2.2 沟道夹断区的有效沟道长度

式(2.7)中,$\lambda = 1/V_A$ 是沟道长度调制参数,V_A 与双极结型晶体管中的厄利电压类似。上面描述的现象称做**沟道长度调制效应**,它对短沟道器件尤为重要。短沟道 MOSFET 器件的漏极电流可以表示为

$$i_D = \frac{1}{2}\mu_{n0}C_{ox}\left(\frac{W}{L - \Delta L}\right)(v_{GS} - V_t)^2 = \frac{1}{2}\mu_{n0}C_{ox}\left[\frac{W}{L\left(1 - \frac{\Delta L}{L}\right)}\right](v_{GS} - V_t)^2 \tag{2.8}$$

$$\approx \frac{1}{2}\mu_{n0}C_{ox}\left(\frac{W}{L}\right)(v_{GS} - V_t)^2\left(1 + \frac{\Delta L}{L}\right) = K(v_{GS} - V_t)^2(1 + \lambda v_{DS})$$

短沟道的另一个效应是指阈值电压 V_t 随着沟道长度的减小而下降。

2.2.3 MOSFET 的低中频小信号模型

在 RF 应用的前置放大器中,晶体管常常工作在小信号状态下。在给定工作点的情况下,由栅极-源极电压 V_{GS}、漏极电流 I_D 以及漏极-源极电压 V_{DS} 的直流分量决定的漏极电流较低时的跨导可以表示为

$$g_m = \frac{di_D}{dv_{GS}}\bigg|_{v_{GS}=V_{GS}} = 2K(v_{GS}-V_t)\big|_{v_{GS}=V_{GS}} = 2K(V_{GS}-V_t) = 2\sqrt{KI_D}$$

$$= \sqrt{2\mu_{n0}C_{ox}\left(\frac{W}{L}\right)I_D} \tag{2.9}$$

因此,对于漏极电流的直流分量 I_D 较小时,i_D-v_{DS} 具有平坦特性的理想 MOSFET 器件 ($\lambda=0$)而言,其漏极电流的交流小信号分量可以表示为

$$i'_d = g_m v_{gs} = 2K(V_{GS}-V_t)v_{gs} = \mu_{n0}C_{ox}\left(\frac{W}{L}\right)(V_{GS}-V_t)v_{gs} = 2\sqrt{KI_D}v_{gs} \tag{2.10}$$

实际 MOSFET 器件的 i_D-v_{DS} 特性曲线在饱和区存在一个斜率,随着漏极-源极电压 v_{DS} 的增加,漏极电流会缓慢增加。在给定的工作点下,MOSFET 器件的小信号输出电导为

$$g_o = \frac{1}{r_o} = \frac{di_D}{dv_{DS}}\bigg|_{v_{GS}=V_{GS}} = \frac{i''_d}{v_{ds}} = \frac{1}{2}\mu_{n0}C_{ox}\left(\frac{W}{L}\right)(V_{GS}-V_t)^2\lambda \approx \lambda I_D = \frac{I_D}{V_A} \tag{2.11}$$

MOSFET 小信号输出电阻为

$$r_o = \frac{\Delta v_{DS}}{\Delta i_D} = \frac{v_{ds}}{i''_d} = \frac{1}{\lambda I_D} = \frac{V_A}{I_D} = \frac{V_A}{\frac{1}{2}\mu_{n0}C_{ox}\left(\frac{W}{L}\right)(V_{GS}-V_t)^2} \tag{2.12}$$

因此,饱和区的漏极电流交流小信号分量为

$$i_d = i'_d + i''_d = g_m v_{gs} + g_o v_{ds} = g_m v_{gs} + \frac{v_{ds}}{r_o} \tag{2.13}$$

式(2.13)描述的功率 MOSFET 器件在饱和区的低频小信号模型(忽略晶体管电容)如图 2.3 所示。

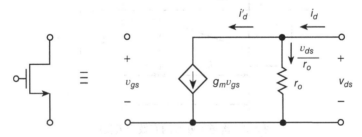

图 2.3　功率 MOSFET 器件在饱和区的低频小信号模型

2.2.4 MOSFET 高频小信号模型

功率 MOSFET 器件在饱和区的高频小信号模型如图 2.4 所示,其中,栅极-漏极电容 $C_{gd} = C_{rss}$,栅极-源极电容 $C_{gs} = C_{iss} - C_{rss}$,漏极-源极电容 $C_{ds} = C_{oss} - C_{rss}$。电容 C_{rss}、C_{iss} 和 C_{oss} 由功率 MOSFET 器件制造商的数据表给出。

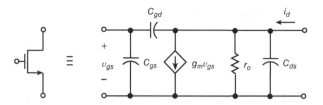

图 2.4　功率 MOSFET 器件在饱和区的高频小信号模型

2.2.5　单位增益频率

若 MOSFET 器件的高频小信号模型输出端短路,栅极由一个理想电流源 i_g 驱动,如图2.5(a)所示,它可进一步简化为图2.5(b)。

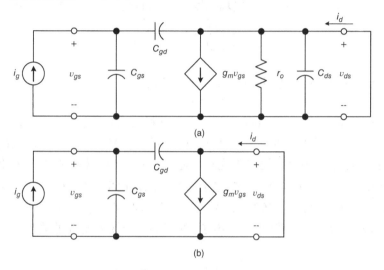

图 2.5　用以确定单位增益频率 f_T 的 MOSFET 器件高频小信号模型

（a）模型；（b）简化后的模型

由图 2.5 可知,漏极电流可以表示为

$$I_d(s) = g_m V_{gs}(s) - s C_{gd} V_{gs}(s) \approx g_m V_{gs}(s) \tag{2.14}$$

栅极电流可以表示为

$$I_g(s) = s(C_{gs} + C_{gd}) V_{gs}(s) \tag{2.15}$$

因此,MOSFET 电流增益为

$$A_i(s) = \frac{I_d(s)}{I_g(s)} = \frac{g_m}{s(C_{gs} + C_{gd})} \tag{2.16}$$

令 $s = j\omega$,可以得到

$$A_i(j\omega) = \frac{g_m}{j\omega(C_{gs} + C_{dg})} = |A_i| e^{j\phi_{Ai}} \tag{2.17}$$

MOSFET 电流增益的幅度为

$$|A_i(\omega)| = \frac{g_m}{\omega(C_{gs} + C_{gd})} \tag{2.18}$$

MOSFET 器件单位增益频率是指输出短路情况下增益幅度为 1 时的频率,即

$$|A_i(\omega_T)| = \frac{g_m}{\omega_T(C_{gs} + C_{gd})} = 1 \tag{2.19}$$

因此,得到 MOSFET 器件的单位增益频率表达式为

$$f_T = \frac{g_m}{2\pi(C_{gs}+C_{gd})} = \frac{K(V_{GS}-V_t)}{\pi(C_{gs}+C_{gd})} = \frac{\sqrt{KI_D}}{\pi(C_{gs}+C_{gd})} = \frac{\sqrt{\frac{1}{2}\mu_{n0}C_{ox}\left(\frac{W}{L}\right)I_D}}{\pi(C_{gs}+C_{gd})} \qquad (2.20)$$

频率 f_T 是 MOSFET 器件的性能指标之一。作为晶体管的一个性能指标,f_T 的缺点在于它忽略了漏极-源极电容 C_{ds} 和栅极电阻 r_G。

2.3 短沟道效应

2.3.1 电场对电荷载流子迁移率的影响

根据参考文献[14],半导体中,由电场强度 E 引起的载流子平均漂移速度为

$$v = \frac{\mu_{n0}E}{1+\dfrac{E}{E_{sat}}} = \frac{\mu_{n0}E}{1+\dfrac{\mu_{n0}E}{v_{sat}}} \qquad (2.21)$$

其中,μ_{n0} 是指低场载流子迁移率,饱和载流子漂移速度为

$$v_{sat} = \mu_{n0}E_{sat} \qquad (2.22)$$

对于 $v_{sat} = 0.8 \times 10^7 \text{cm/s}, \mu_{n0} = 600 \text{cm}^2/\text{V} \cdot \text{s}$ 的硅材料而言,其电子的平均漂移速度 v 与电场强度 E 的关系曲线如图 2.6 所示。在电场强度 E 的数值较低时,平均漂移速度 v 与之成正比;随着电场强度的增加,在 E_{sat} 处趋于饱和。通常,在硅(Si)材料中,电子的饱和漂移速率 $v_{sat} = 0.8 \times 10^7 \text{cm/s}$,而在碳化硅(SiC)中,电子的饱和漂移速率则变为 $v_{sat} = 2.7 \times 10^7 \text{cm/s}$。硅材料中,电子的表面迁移率 $\mu_{n0} = 600 \text{ cm}^2/\text{V} \cdot \text{s}$。当电场强度 E、掺杂浓度和温度 T 增加时,载流子的平均迁移率 μ 会下降。载流子(如电子)的迁移率与场强度 E 的关系为

$$\mu_n = \frac{v}{E} = \frac{\mu_{n0}}{1+\dfrac{E}{E_{sat}}} = \frac{\mu_{n0}}{1+\dfrac{\mu_{n0}E}{v_{sat}}} \qquad (2.23)$$

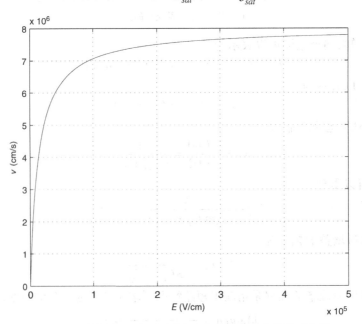

图 2.6 硅材料中电子平均漂移速度与电场强度的关系曲线

从平均迁移率 μ 的角度来看,电场强度 E 可以分成 3 个范围:低场、中场和高场[14]。

在低场范围,硅材料的载流子平均迁移率近乎为常数,即

$$\mu_n \approx \mu_{n0} \qquad (E < 3 \times 10^3 \text{ V/cm}) \qquad (2.24)$$

因此,硅材料的低场载流子平均漂移速率和电场强度成正比,即

$$v \approx \mu_{n0}E \qquad (E < 3 \times 10^3 \text{ V/cm}) \qquad (2.25)$$

中场时,当电场强度 E 增强时,如式(2.23)所示,载流子迁移率 μ_n 是下降的。因此,中场载流子平均漂移速度随电场 E 增强而增加的速率要比在低电场时慢。对硅材料而言,这个中场的范围为

$$3 \times 10^3 \text{ V/cm} \leqslant E \leqslant 6 \times 10^4 \text{ V/cm} \qquad (2.26)$$

随着电场强度进入中场范围,电子与半导体晶格的碰撞非常频繁,且每次碰撞的间隔时间很短,以至于载流子并不像在电场强度较低的时候那样被加速,因此,载流子的整体运动就变得缓慢了。

在高场范围内,载流子平均漂移速度可近似为一个与电场强度无关的常数,称为**饱和漂移速率**,即

$$v \approx v_{sat} \qquad (E > 6 \times 10^4 \text{ V/cm}) \qquad (2.27)$$

在这个区域内,载流子迁移率 μ_n 与电场强度 E 成反比。碰撞率显著增加,碰撞间隔时间急速减少,载流子运动速度与电场强度无关。

2.3.2　欧姆区

在欧姆区,$v_{DS} \leqslant v_{GS} - V_t$。沟道中的电场强度为

$$E = \frac{v_{DS}}{L} \qquad (2.28)$$

随着沟道长度 L 的减小,在给定的电压 v_{DS} 下,电场强度 E 会增大。在任意电场强度下,电子迁移率可以表示为

$$\mu_n = \frac{\mu_{n0}}{1 + \dfrac{\mu_{n0}E}{v_{sat}}} = \frac{\mu_{n0}}{1 + \dfrac{\mu_{n0}}{v_{sat}}\dfrac{v_{DS}}{L}} \qquad (2.29)$$

任意电场强度下的载流子平均漂移速率为

$$v_n = \mu_n E = \frac{\mu_{n0}E}{1 + \dfrac{\mu_{n0}E}{v_{sat}}} = \frac{\mu_{n0}E}{1 + \dfrac{\mu_{n0}}{v_{sat}}\dfrac{v_{DS}}{L}} \qquad (2.30)$$

在欧姆区,任意平均电子漂移速度 v_n 下的漏极电流为

$$\begin{aligned}
i_D &= \mu_n C_{ox}\left(\frac{W}{L}\right)\left[(v_{GS} - V_t)v_{DS} - \frac{v_{DS}^2}{2}\right] \\
&= \frac{\mu_{n0}C_{ox}}{1 + \dfrac{\mu_{n0}}{v_{sat}}\dfrac{v_{DS}}{L}}\left(\frac{W}{L}\right)\left[(v_{GS} - V_t)v_{DS} - \frac{v_{DS}^2}{2}\right] \qquad (v_{DS} < v_{GS} - V_t)
\end{aligned} \qquad (2.31)$$

可以发现,漏极电流随着电子迁移率的下降而下降。漏极电流亦可表示为

$$\begin{aligned}
i_D &= \mu_n C_{ox}\left(\frac{W}{L}\right)\left(v_{GS} - V_t - \frac{v_{DS}}{2}\right)v_{DS} = \mu_n C_{ox}W\left(v_{GS} - V_t - \frac{v_{DS}}{2}\right)\frac{v_{DS}}{L} \\
&= C_{ox}W\left(v_{GS} - V_t - \frac{v_{DS}}{2}\right)\mu_n E = C_{ox}W\left(v_{GS} - V_t - \frac{v_{DS}}{2}\right)\frac{\mu_{n0}E}{1 + \dfrac{\mu_{n0}}{v_{sat}}\dfrac{v_{DS}}{L}} \\
&= C_{ox}W\left(v_{GS} - V_t - \frac{v_{DS}}{2}\right)v_n \qquad (v_{DS} < v_{GS} - V_t)
\end{aligned} \qquad (2.32)$$

对于高电场沟道，$v_n = v_{sat}$，欧姆区的漏极电流为

$$i_D = C_{ox} W \left(v_{GS} - V_t - \frac{v_{DS}}{2} \right) v_n \qquad (v_{DS} < v_{GS} - V_t) \qquad (2.33)$$

因此，当 $v_n = v_{sat}$ 时，漏极电流变为

$$I_{Dsat} = C_{ox} W v_{sat} v_{DSsat} = C_{ox} W v_{sat} (v_{GS} - V_t) \qquad (2.34)$$

例如，对于长沟道硅 MOSFET 器件，工作在低电场 $v_{DS} = 0.3\text{V} \leqslant v_{Dsat}$ 时，沟道最短长度为

$$L > L_{min} = \frac{v_{DS}}{E_{LFmax}} = \frac{0.3}{3 \times 10^3} = 1\ \mu\text{m} \qquad (2.35)$$

对于短沟道硅 MOSFET 器件，工作在高电场 $v_{DS} = 0.3\text{V} < v_{Dsat}$ 时，沟道的最大长度为

$$L < L_{max} = \frac{v_{DSsat}}{E_{HFmin}} = \frac{0.3}{6 \times 10^6} = 50\ \text{nm} \qquad (2.36)$$

此例中，沟道长度的中间范围是：$50\text{nm} < L < 1\ \mu\text{m}$。

2.3.3 沟道夹断区

在欧姆区和饱和区之间的边界，有以下关系

$$v_{DS} = v_{DSsat} = v_{GS} - V_t \qquad (2.37)$$

沟道的电场强度为

$$E = \frac{v_{DSsat}}{L} = \frac{v_{GS} - V_t}{L} \qquad (2.38)$$

n 沟道 MOSFET 器件沟道内载流子迁移率可以表示为

$$\mu_n = \frac{\mu_{n0}}{1 + \frac{\mu_{n0} E}{v_{sat}}} = \frac{\mu_{n0}}{1 + \frac{\mu_{n0} v_{DSsat}}{v_{sat} L}} = \frac{\mu_{n0}}{1 + \frac{\mu_{n0}(v_{GS} - V_t)}{v_{sat} L}} = \frac{\mu_{n0}}{1 + \theta v_{DSsat}} = \frac{\mu_{n0}}{1 + \theta(v_{GS} - V_t)} \qquad (2.39)$$

其中，迁移率衰减系数为

$$\theta = \frac{\mu_{n0}}{v_{sat} L} \qquad (2.40)$$

n 沟道内载流子平均漂移速度为

$$v_n = \mu_n E = \mu_n \frac{v_{DSsat}}{L} = \mu_n \frac{v_{GS} - V_t}{L} \qquad (2.41)$$

饱和区内，在中间电场强度下的漏极电流为

$$i_D = \frac{1}{2} \mu_n C_{ox} \left(\frac{W}{L} \right) (v_{GS} - V_t)^2 = \frac{1}{2} C_{ox} W (v_{GS} - V_t) \mu_n \left(\frac{v_{DSsat}}{L} \right)$$

$$= \frac{1}{2} C_{ox} W (v_{GS} - V_t) \mu_n E$$

$$= \frac{1}{2} C_{ox} W (v_{GS} - V_t) v_n = \frac{1}{2} C_{ox} W (v_{GS} - V_t) \frac{\mu_{n0} E}{1 + \frac{\mu_{n0} E}{v_{sat}}}$$

$$= \frac{1}{2} \mu_{n0} C_{ox} \left(\frac{W}{L} \right) (v_{GS} - V_t)^2 \frac{1}{1 + \frac{\mu_{n0}}{v_{sat}} \frac{v_{DSsat}}{L}} \qquad (2.42)$$

$$= \frac{1}{2} \frac{\mu_{n0}}{1 + \frac{\mu_{n0}}{v_{sat}} \frac{(v_{GS} - V_t)}{L}} C_{ox} \left(\frac{W}{L} \right) (v_{GS} - V_t)^2$$

$$= \frac{1}{2} \frac{\mu_{n0}}{1 + \theta(v_{GS} - V_t)} C_{ox} \left(\frac{W}{L} \right) (v_{GS} - V_t)^2 \qquad (v_{GS} \geqslant V_t,\ v_{DS} \geqslant v_{GS} - V_t)$$

沟道越短,迁移率衰减系数就越高。漏极电流 i_D 和载流子平均漂移速度 v_n 保持一致。沟道内载流子迁移率 μ_n 的下降被称为"**短沟道效应**"。当 $v_n = v_{sat}$ 时,有

$$i_D = \frac{1}{2} C_{ox} W v_{sat}(v_{GS} - V_t) \quad (v_{DS} \geqslant v_{GS} - V_t) \tag{2.43}$$

例如,长沟道的硅基 MOSFET 器件工作在低电场 $v_{DSsat} = 0.6\text{V}$ 时,沟道最小长度为

$$L > L_{min} = \frac{v_{DS}}{E_{LFmax}} = \frac{0.6}{3 \times 10^3} = 2\ \mu\text{m} \tag{2.44}$$

短沟道的硅基 MOSFET 器件工作在高电场 $v_{DSsat} = 0.6\text{V}$ 时,沟道最大长度为

$$L < L_{max} = \frac{v_{DSsat}}{E_{HFmin}} = \frac{0.6}{6 \times 10^3} = 0.1\ \mu\text{m} = 100\ \text{nm} \tag{2.45}$$

中间电场的沟道长度范围是: $100\text{nm} < L < 2\ \mu\text{m}$。

考虑到沟道长度调制效应,中间电场时沟道夹断区内的漏极电流为

$$\begin{aligned}
i_D &= \frac{1}{2} \frac{\mu_{n0}}{1 + \theta(v_{GS} - V_t)} C_{ox} \left(\frac{W}{L_e}\right) (v_{GS} - V_t)^2 \\
&= \frac{1}{2} \frac{\mu_{n0}}{1 + \theta(v_{GS} - V_t)} C_{ox} \left[\frac{W}{L(1 - \Delta L/L)}\right] (v_{GS} - V_t)^2 \\
&= \frac{1}{2} \frac{\mu_{n0}}{1 + \theta(v_{GS} - V_t)} C_{ox} \left(\frac{W}{L}\right) (v_{GS} - V_t)^2 \left(1 + \frac{\Delta L}{L}\right) \\
&= \frac{1}{2} \frac{\mu_{n0}}{1 + \theta(v_{GS} - V_t)} C_{ox} \left(\frac{W}{L}\right) (v_{GS} - V_t)^2 (1 + \lambda v_{DS})
\end{aligned} \tag{2.46}$$

$$(v_{GS} \geqslant V_t, \quad v_{DS} \geqslant v_{GS} - V_t)$$

其中

$$\frac{\Delta L}{L} = \lambda v_{DS} \tag{2.47}$$

对于大的漏极电流,载流子平均漂移速度为 $v_n = v_{sat}$,因此,在夹断区(或者饱和区),n 沟道增强型功率 MOSFET 的 i_D-v_{GS} 特性曲线近乎为直线[14],可以描述为

$$i_D = Q v_{sat} = \frac{1}{2} C_{ox} W v_{sat}(v_{GS} - V_t) = K_s(v_{GS} - V_t)(1 + \lambda v_{DS}) \tag{2.48}$$

$$(v_{GS} \geqslant V_t, \quad v_{DS} \geqslant v_{GS} - V_t)$$

其中

$$K_s = \frac{1}{2} C_{ox} W v_{sat} \tag{2.49}$$

因此,对于大的漏极电流,在载流子漂移速度为常数的范围内,MOSFET 器件的大信号模型由电压控制的电流源及其系数 K_s 组成,当 $v_{GS} > V_t$ 时,该受控电流源的驱动电压为 $v_{GS} - V_t$。图 2.7 给出了使用平方公式、线性公式和精确公式来表征的三条 i_D-v_{GS} 曲线。图 2.8 为使用平方公式、线性公式和精确公式来表征的 i_D-v_{DS} 三条曲线。功率 MOSFET 在载流子漂移速度恒定时的低频大信号模型(忽略电容)如图 2.9 所示。

由线性方程描述的 MOSFET 器件漏极最大饱和电流可以表示为

$$i_{Dsat(max)} = \frac{1}{2} C_{ox} W v_{sat}(v_{GSmax} - V_t) \tag{2.50}$$

因此,为了达到要求的漏极最大饱和电流,MOSFET 的栅宽为

$$W = \frac{2 i_{Dsat(max)}}{C_{ox} v_{sat}(v_{GSmax} - V_t)} \tag{2.51}$$

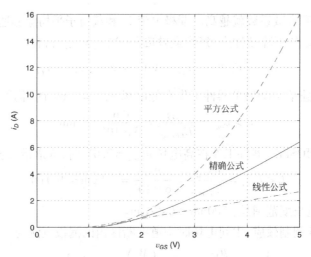

图 2.7　使用平方公式、线性公式和精确公式描述的 MOSFET 器件 $i_D - v_{GS}$ 特性曲线，其中 $V_t = 1\text{V}, \mu_{n0} = 600\ \text{cm}^2/\text{V} \cdot \text{s}, C_{ox} = 1/3\ \text{mF}/\text{m}^2, W/L = 10^5, v_{sat} = 8 \times 10^6\,\text{cm/s}, \lambda = 0$（精确公式曲线：$L = 2\mu\text{m}$（长沟道）$,\theta = 0.375$；线性公式曲线：$L = 0.5\mu\text{m}$（短沟道）$, W = 0.5 \times 10^5 \mu\text{m}$）

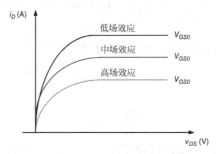

图 2.8　在特定的栅-源电压 V_{GS0} 下，使用平方公式、线性公式和精确公式描述的 MOSFET 器件 $i_D - v_{DS}$ 特性曲线，其中 $V_t = 1\text{V}, \mu_{n0} = 600\ \text{cm}^2/\text{V} \cdot \text{s}, C_{ox} = 1/3\ \text{mF}/\text{m}^2, W/L = 10^5, v_{sat} = 8 \times 10^6\,\text{cm/s}, \lambda = 0$（精确公式曲线：$L = 2\mu\text{m}$（长沟道）$,\theta = 0.375$；线性公式曲线：$L = 0.5\mu\text{m}$（短沟道）$, W = 0.5 \times 10^5 \mu\text{m}$）

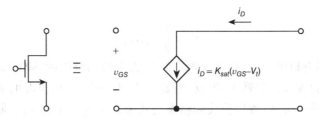

图 2.9　功率 MOSFET 器件在载流子漂移速度恒定时的低频大信号模型

当漏极电流较大时，MOSFET 器件跨导可以表示为

$$g_m = \frac{di_D}{dv_{GS}}\Big|_{v_{GS} = V_{GS}} = K_s = \frac{1}{2}C_{ox}Wv_{sat} \qquad (2.52)$$

对于大的漏极电流，如果 $v_{GS} > V_t$，则 g_m 是一个常数且与偏置工作点无关。MOSFET 器件的交流模型包括一个由栅极-源极电压 v_{gs} 控制的电流源 i_d。漏极电流的交流分量为

$$i'_d = g_m v_{gs} = K_s v_{gs} = \frac{1}{2}C_{ox}Wv_{sat}v_{gs} \qquad (2.53)$$

MOSFET 器件在给定工作点处的小信号输出电导为

$$g_o = \frac{1}{r_o} = \frac{di_D}{dv_{DS}}\bigg|_{v_{GS}=V_{GS}} = K_s(V_{GS}-V_t)\lambda = \frac{1}{2}C_{ox}Wv_{sat}(V_{GS}-V_t)\lambda \approx \lambda I_D = \frac{I_D}{V_A} \quad (2.54)$$

因此,MOSFET 器件小信号输出电阻为

$$r_o = \frac{\Delta v_{DS}}{\Delta i_D} = \frac{1}{\lambda I_D} = \frac{V_A}{I_D} = \frac{V_A}{\frac{1}{2}C_{ox}Wv_{sat}(V_{GS}-V_t)} \quad (2.55)$$

漏极电流由式(2.13)给出。当 $v \approx v_{sat}$ 时,低频小信号模型如图 2.3 所示,其中,g_m 和 r_o 分别由式(2.52)和式(2.55)给出。

功率 MOSFET 器件或者工作在恒定载流子迁移率和恒定载流子漂移速度之间的中间状态(如 A 类 RF 功率放大器),或者工作在所有 3 个区域中(如 B 类和 C 类功率放大器)。MOSFET 的 SPICE 模型可以用做高频大信号计算机仿真。

2.3.4 宽禁带半导体器件

半导体材料的特性对半导体器件的性能有着显著影响,硅功率半导体器件正在快速接近理论上的性能极限,半导体器件的速度和热特性在高频应用中尤为重要。

宽禁带(Wide Band Gap,WBG)半导体提供了比硅更优越的性能,这些半导体包括氮化镓(GaN)、碳化硅(SiC)以及半导体金刚石。WBG 半导体是指禁带(BG)宽度 E_G 较大的半导体,通常 $E_G > 2E_{G(Si)} = 2.24\text{eV}$。在第四族中宽禁带半导体仅仅包括金刚石和碳化硅(SiC),而大部分 WBG 半导体是化合物半导体,属于 III-V 族,例如氮化镓(GaN)。II-V 族中的化合物都是绝缘体,例如二氧化硅(SiO_2)。宽禁带材料可以促进更小型化半导体器件的研发。

宽禁带器件对于高频功率应用有很大吸引力,尤其用在射频发射机高压高温的工作环境下。表 2.1 列出了硅(Si)、碳化硅(SiC)和氮化镓(GaN)的主要性能。氮化镓半导体可以用硅(Si)或者氧(O)掺杂以产生 n 型半导体,或者用锰(Mn)掺杂来产生 p 型半导体,它可以在碳化硅或者蓝宝石上生长。氮化镓半导体器件有着很高的击穿电场 E_{BD}、高的电子迁移率 μ_n、高的电子迁移饱和速度 $v_{sat(n)}$ 以及高的热导率 k_{th}。更高的击穿电场 E_{BD} 可以制作更薄且掺杂更高的器件,若器件可以更薄且掺杂更多,那么它的开关速度就更快。氮化镓功率器件能满足能效高、功率大、功率密度高、线性度好、体积小、重量轻、电路板空间小、热导率高以及可靠性高等需求。氮化镓 HEMTs、MOSFETs 和 MESFETs 半导体器件可应用于高频、高温 RF 功率放大器中以构成高速数据传输的无线射频发射机,也可应用于其他含有高速宽带动态电源、幅度调制的射频发射机、雷达、应答器以及航天电路。事实证明在 $1 \sim 3\text{GHz}$ 的频率范围内,功率电路可以达到 700W 的脉冲峰值功率,21dB 的功率增益以及 70% 的效率。

表 2.1 半导体的性能

性质	符号	单位	硅	碳化硅	氮化镓
带隙能量	E_G	eV	1.12	3.26	3.42
电子迁移率	μ_n	$cm^2/V \cdot s$	1360	900	2000
空穴迁移率	μ_p	$cm^2/V \cdot s$	480	120	300
击穿电场	E_{BD}	V/cm	2×10^5	2.2×10^6	3.5×10^6
饱和电子漂移速度	v_{sat}	$cm/s10^7$	2.7×10^7	2.5×10^7	
介电常数	ε_r	–	11.7	9.7	9
本征浓度($T=300\text{K}$)	n_i	cm^{-3}	10^{10}	10^{-8}	1.9×10^{-7}
热导率	k_{th}	$W/K \cdot cm$	1.5	4.56	1.3

碳化硅(SiC)有着非常高的击穿电场 E_{BD}、高的热导率 k_{th} 和高的最大工作温度 T_{Jmax}，其导热性远大于硅。碳化硅器件用于高功率、高电压和高温度下的功率转换。

半导体材料的 Johnson 品质因数(JFOM)定义为[16]

$$JFOM = \frac{E_{BD}v_{sat}}{2\pi} \tag{2.56}$$

式中，E_{BD} 是指半导体的临界击穿电场，v_{sat} 是载流子(电子或空穴)的饱和漂移速度。图2.10给出了硅、碳化硅和氮化镓的 JFOM 值比较。

半导体材料的 Baliga 品质因数(BFOM)定义为[17]

$$bfom = \epsilon\mu_n E_G^3 = \epsilon_r\epsilon_0\mu_n E_G^3 \tag{2.57}$$

式中，E_G 是指半导体的带隙能量，μ_n 是低场电子迁移率，$\epsilon_0 = 1/(36\pi) = 8.85 \times 10^{-12}\,\text{F/m}$ 是自由空间的介电常数，ϵ_r 是半导体的相对介电常数。图2.11给出了硅、碳化硅和氮化镓的 BFOM 值比较。

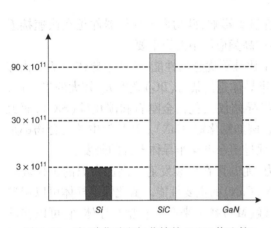

图2.10　硅、碳化硅和氮化镓的 JFOM 值比较　　图2.11　硅、碳化硅和氮化镓的 BFOM 值比较

我们定义了半导体材料的另一种品质因数为

$$MKFOM = \epsilon\mu_n E_{BD}^3 = \epsilon_r\epsilon_0\mu_n E_{BD}^3 \tag{2.58}$$

图2.12给出了硅、碳化硅和氮化镓的 MKFOM 值比较。

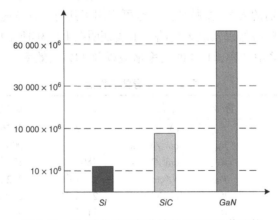

图2.12　硅、碳化硅和氮化镓的 MKFOM 值比较

2.4　A 类射频功率放大电路

A 类射频功率放大器如图 2.13(a)所示,它由一个晶体管、一个 LC 并联谐振电路、一个射频扼流圈(RFC)L_f 和一个耦合电容 C_c 构成。放大器的负载为电阻 R。晶体管工作在有源区(沟道夹断区或者饱和区)。栅极-源极电压 V_{GS} 的直流分量高于晶体管阈值电压 V_t,晶体管相当于一个由电压控制的电流源,栅极-源极电压的交流分量 v_{gs} 可以为任意形状。漏极电流 i_D 与栅极-源极电压 v_{GS} 的相位相同。只要晶体管工作在沟道夹断区,即 $v_{DS} > v_{GS} - V_t$,漏极电流的交流分量 i_d 的波形与栅极-源极电压交流分量 v_{gs} 的波形相同,否则漏极电流会在波峰处变平。在后续分析中,我们假设栅极-源极电压为正弦波电压。在谐振频率 f_0 处,漏极电流 i_D 和漏极-源极电压 v_{DS} 的相位差为 180°。A 类射频功率放大器在大信号下的工作状态与小信号时类似,主要差别是电压和电流的振幅大小。由于器件工作点是根据漏极电流导通角 2θ 为 360° 来确定的,因此 A 类射频功率放大器的 v_{GS}-v_o 特性曲线几乎为线性,谐波失真(HD)和互调失真(IMD)都很小,输出电压的谐波电平也很小。所以说,A 类射频功率放大器是线性放大器,它适用于放大调幅(AM)信号。窄带 A 类射频功率放大器中,并联谐振电路充当带通滤波器来抑制谐波,并且选择信号的窄带频谱,而宽带 A 类射频功率放大器则不需要滤波器。A 类射频功率放大器的等效电路模型如图 2.13(b)所示。

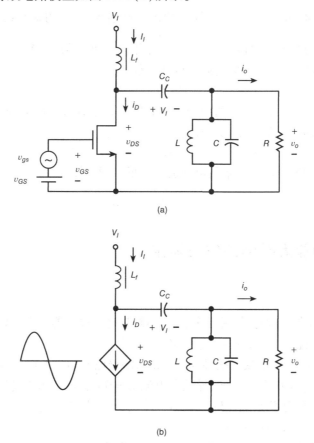

图 2.13　A 类射频功率放大器
(a) 电路图;(b) 等效电路

RFC 可以用如图 2.14 所示的四分之一波长的传输线代替,变压器的输入阻抗可以用下式计算

$$Z_i = \frac{Z_o^2}{Z_L} \qquad (2.59)$$

在确定的工作频率下,以电源滤波电容形成表现的传输线负载阻抗很小,几乎为短路。因此,对于漏电流基波分量而言,从晶体管漏极向电源方向看进去的传输线阻抗非常高,几乎为开路。

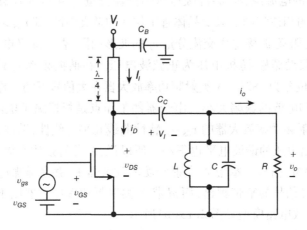

图 2.14 用四分之一波长变压器代替射频扼流圈的 A 类射频功率放大器

扼流圈电感 L_f 的电流纹波很小,至少比直流分量 I_I 低十倍,这个直流分量等于漏极电流的直流分量 I_D。因此,要求 $X_{Lf} >> R$,通常设计方程为

$$X_{Lf} = \omega L_f \geq 10R \qquad (2.60)$$

耦合电容要足够大以使得它的直流分量接近零。由于在稳定状态时,电感 L 两端电压的交流分量为零,因此耦合电容两端的电压为

$$V_{Cc} = V_I \qquad (2.61)$$

如果 $X_{Cc} << R$,则耦合电容两端的电压波纹很低。通常设计中的选择为

$$X_{Cc} = \frac{1}{\omega C_c} \leq \frac{R}{10} \qquad (2.62)$$

2.5 A 类射频放大器中的信号波形

2.5.1 假设

假设 MOSFET 器件是理想的,并且分析 A 类射频功率放大器时满足如下条件:

(1) $v_{DSsat} = 0$,因此 $V_{m(max)} > V_I - v_{DSsat} = V_I$。

(2) 漏极-源极电压 v_{DS} 的最大摆幅为 $0 \sim 2V_I$,漏极电流的最大摆幅为 $0 \sim 2I_{DQ}$。

(3) $\lambda = 0$,因此 $g_o = 0$,且 $r_o = \infty$,导致漏电流 $i_D = f(v_{DS})$ 具有水平特性。

(4) 漏极电流由线性关系 $i_D = K_s(v_{GS} - V_t)$ 给出,也就是说它与 $v_{GS} - V_t$ 成正比。因此,漏极电流波形并不包含谐波和互调项。

(5) MOSFET 的输出电容 C_o 是线性的,并且被谐振电容吸收。

(6) 无源元件是理想的,也就是说,电容和电感的电阻为零,电感的寄生电容为零,电容的

寄生电感为零。

2.5.2 电流和电压波形

图 2.15 给出了 A 类射频功率放大器中的电压和电流波形。其中,栅极-源极电压的表达式为

$$v_{GS} = V_{GS} + v_{gs} = V_{GS} + V_{gsm}\cos\omega t \qquad (2.63)$$

式中,V_{GS} 是栅极-源极直流偏置电压,V_{gsm} 是栅极-源极电压交流分量 v_{gs} 的幅度,$\omega = 2\pi f$ 是工作角频率。电压 V_{GS} 的直流分量大于 MOSFET 阈值电压 V_t,漏极电流导通角 $2\theta = 360°$。为了保证晶体管始终工作在饱和区,必须满足以下条件式

$$V_{GS} - V_{gsm} > V_t \qquad (2.64)$$

假设线性关系成立,A 类射频功率放大器中 MOSFET 的漏极电流可以表示为

$$\begin{aligned}i_D &= K_s(V_{GS} + V_{gsm}\cos\omega t - V_t)\\ &= K_s(V_{GS} - V_t) + K_s V_{gsm}\cos\omega t\end{aligned} \qquad (2.65)$$

式中,K_s 是式(2.49)定义的一个 MOSFET 参数,V_t 是 MOSFET 阈值电压。漏极电流还可以表示为

$$i_D = I_D + i_d = I_D + I_m\cos\omega t = I_I + I_m\cos\omega t > 0 \qquad (2.66)$$

式中,I_D 是漏极电流的直流分量,且等于电源电流 I_I,即

$$I_D = I_I = K_s(V_{GS} - V_t) \qquad (2.67)$$

漏极电流的交流分量 i_d 为

$$i_d = I_m\cos\omega t \qquad (2.68)$$

式中,漏极电流交流分量的幅度为

$$I_m = K_s V_{gsm} \qquad (2.69)$$

为了避免漏极电流正弦交流信号失真,漏极电流交流分量的最大幅值为

$$I_{m(max)} = I_I = I_D \qquad (2.70)$$

一个理想的(无耗)LC 并联谐振电路意味着在谐振频率 $f_0 = 1/(2\pi\sqrt{LC})$ 处,电抗为无限大,因此,并联谐振电路的输出电流为

$$i_o = i_{Cc} = I_I - i_D = I_I - I_I - i_d = -i_d = -I_m\cos\omega t \qquad (2.71)$$

漏极-源极电压的基波分量为

$$v_{ds} = v_o = -Ri_o = -RI_m\cos\omega t = -V_m\cos\omega t \qquad (2.72)$$

式中,$V_m = RI_m$。

在谐振频率处,LC 并联谐振电路的漏极-源极电压为

$$v_{DS} = V_{DS} + v_{ds} = V_{DS} - V_m\cos\omega t = V_I - V_m\cos\omega t \qquad (2.73)$$

式中,漏极-源极偏置电压 V_{DS} 的直流分量等于直流电源电压 V_I,即

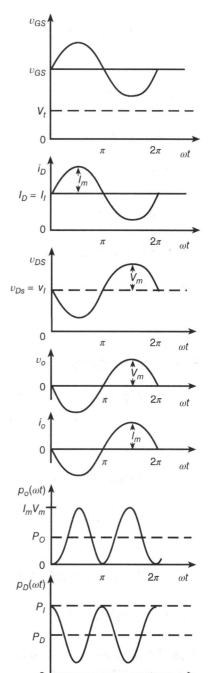

图 2.15　A 类射频功率放大器中的电压和电流波形

$$V_{DS} = V_I \tag{2.74}$$

由于只有当 v_{DS} 为正时,晶体管才能作为受控电流源工作,因此必须将 V_m 的幅度限制为小于 V_I 的值,即

$$V_{m(max)} = RI_{m(max)} = V_I = V_{DS} \tag{2.75}$$

谐振频率 f_0 处的输出电压为

$$v_o = v_{DS} - V_{Cc} = V_I + v_{ds} - V_I = v_{ds} = -V_m \cos \omega t \tag{2.76}$$

式中,漏极-源极电压和输出电压的交流分量幅度为

$$V_m = RI_m \tag{2.77}$$

最大漏极-源极电压的为

$$V_{DS(max)} = V_I + V_{m(max)} \approx 2V_I \tag{2.78}$$

最大漏极电流为

$$I_{DM(max)} = I_I + I_{m(max)} \approx 2I_I \tag{2.79}$$

MOSFET 的最大饱和电压为

$$v_{DSsat(max)} = v_{GSmax} - V_t = V_{GS} + V_{gsm} - V_t \tag{2.80}$$

根据漏极电流的平方律公式,MOSFET 的宽长比为

$$\frac{W}{L} = \frac{I_{DM(max)}}{K_n v_{DSsat(max)}^2} \tag{2.81}$$

2.5.3 输出功率波形

在工作频率 $f = f_0 = 1/(2\pi\sqrt{LC})$ 处,漏极传递到负载的漏极瞬时功率为

$$p_{ds}(\omega t) = p_o(\omega t) = i_o v_o = (-I_m \cos\omega t)(-V_m \cos\omega t) = I_m V_m \cos^2\omega t$$
$$= \frac{I_m V_m}{2}(1 + \cos 2\omega t) \tag{2.82}$$

根据三角函数关系式 $\cos^2\omega t = (1 + \cos 2\omega t)/2$,可以得到一个周期内的平均漏极功率为

$$P_{DS} = P_O = \frac{1}{2\pi}\int_0^{2\pi} p_o d(\omega t) = \frac{1}{2\pi}\int_0^{2\pi}\frac{I_m V_m}{2}(1 + \cos 2\omega t)d(\omega t) = \frac{1}{2}I_m V_m$$
$$= \frac{1}{2}RI_m^2 = \frac{V_m^2}{2R} \tag{2.83}$$

当工作频率 f 不等于谐振频率 f_0 时,流过耦合电容的电流为

$$i_{Cc}(\omega t) = -I_m \cos \omega t \tag{2.84}$$

漏极-源极电压的交流分量为

$$v_{ds}(\omega t) = -V_m \cos (\omega t + \phi) \tag{2.85}$$

式中,ϕ 是电流 i_{Cc} 和电压 v_{ds} 之间的相位差。利用三角关系式 $\cos\alpha\cos\beta = [\cos(\alpha-\beta) + \cos(\alpha+\beta)]/2$,可以得到漏极传到谐振电路的瞬时功率为

$$p_{ds}(\omega t) = i_{Cc}(\omega t)v_{ds}(\omega t) = (-I_m \cos \omega t)[-V_m \cos (\omega t + \phi)] = I_m V_m \cos \omega t \cos (\omega t + \phi)$$
$$= \frac{V_m I_m}{2}[\cos \phi + \cos(2\omega t + \phi)] \tag{2.86}$$

漏极功率的时间平均值为

$$P_{DS} = P_O = \frac{1}{2\pi}\int_0^{2\pi} p_o d(\omega t) = \frac{1}{2\pi}\int_0^{2\pi}\frac{I_m V_m}{2}[\cos \phi + \cos (2\omega t + \phi)]d(\omega t)$$
$$= \frac{1}{2}I_m V_m \cos \phi = \frac{1}{2}RI_m^2 \cos \phi = \frac{V_m^2}{2R} \cos \phi \tag{2.87}$$

当 $f < f_0$ 时,在不同的相位差 ϕ 下,A 类射频功率放大器的归一化瞬时漏极功率 $p_{DS}(\omega t)/V_m I_m$ 的波形如图 2.16 所示。

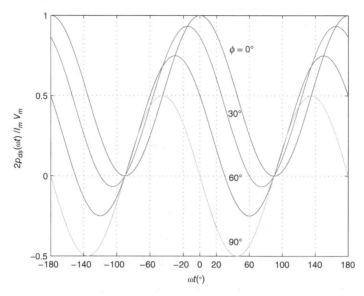

图 2.16　当 $f < f_0$ 时,不同相移下的 A 类射频功率放大器归一化瞬时漏极功率波形

2.5.4　晶体管功率损耗波形

当 $f = f_0$ 时,晶体管的瞬时功率损耗为

$$
\begin{aligned}
p_D(\omega t) &= i_D v_{DS} = (I_I + I_m \cos \omega t)(V_I - V_m \cos \omega t) \\
&= I_I V_I - I_m V_m \cos^2 \omega t + (V_I I_m - I_I V_m) \cos \omega t \\
&= I_I V_I - \frac{I_m V_m}{2}(1 + \cos 2\omega t) + (I_m V_I - V_m I_I) \cos \omega t \\
&= I_I \left(1 + \frac{I_m}{I_I} \cos \omega t\right) V_I \left(1 - \frac{V_m}{V_I} \cos \omega t\right) \\
&= P_I (1 + \gamma_1 \cos \omega t)(1 - \xi_1 \cos \omega t)
\end{aligned} \tag{2.88}
$$

式中,漏极电流基波分量的归一化幅度为

$$
\gamma_1 = \frac{I_m}{I_I} \tag{2.89}
$$

漏极-源极电压基波分量的归一化幅度为

$$
\xi_1 = \frac{V_m}{V_I} \tag{2.90}
$$

当栅极-源极电压幅度 V_{gsm} 从零增加到最大值时,γ_1 和 ξ_1 会从零增加到理想值 1。图 2.17 给出了当 $\gamma_1 = I_m/I_I = 1$,$f = f_0$,且 $\xi_1 = V_m/V_I$ 为给定数值时,A 类射频功率放大器的漏极归一化瞬时功率损耗波形。

当栅极-源极电压幅度 V_{gsm} 保持不变,负载电阻 R 变化时,比例因子 $\gamma_1 = I_m/I_I$ 保持不变,而 $\xi_1 = V_m/V_I = RI_m/V_I$ 会随之变化。此时

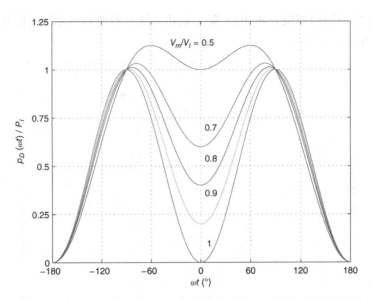

图 2.17 当 $\gamma_1 = 1$, $f = f_0$, 不同 ξ_1 下的 A 类射频功率放大器漏极归一化瞬时功率损耗波形

$$p_D(\omega t) = i_D v_{DS} = (I_I + I_m \cos \omega t)(V_I - V_m \cos \omega t) = (I_I + I_m \cos \omega t)(V_I - RI_m \cos \omega t)$$

$$= I_I \left(1 + \frac{I_m}{I_I} \cos \omega t \right) V_I \left(1 - \frac{V_m}{V_I} \cos \omega t \right)$$

$$= I_I \left(1 + \frac{I_m}{I_I} \cos \omega t \right) V_I \left(1 - \frac{RI_m}{V_I} \cos \omega t \right) \qquad (2.91)$$

$$= P_I \left(1 + \frac{K_s V_{gsm}}{I_I} \cos \omega t \right) \left(1 - \frac{RK_s V_{gsm}}{V_I} \cos \omega t \right)$$

晶体管在一个周期内的平均功率损耗为

$$P_D = \frac{1}{2\pi} \int_0^{2\pi} p_D \, d(\omega t) = \frac{1}{2\pi} \int_0^{2\pi} [I_I V_I - I_m V_m \cos^2 \omega t + (V_I I_m - I_I V_m) \cos \omega t] d(\omega t) \qquad (2.92)$$

$$= I_I V_I - \frac{I_m V_m}{2} = P_I - P_{DS}$$

当 $I_m = I_I$, $V_m = V_I$ 时, $f = f_0$ 处晶体管的瞬时功率损耗为

$$p_D(\omega t) = I_I (1 + \cos \omega t) V_I (1 - \cos \omega t) = P_I (1 - \cos^2 \omega t) = \frac{P_I}{2}(1 - \cos 2\omega t) \qquad (2.93)$$

当工作频率 f 不等于谐振频率 f_0 时, 漏极-源极电压为

$$v_{DS} = V_I - V_m \cos(\omega t + \phi) \qquad (2.94)$$

根据公式 $\cos \omega t \cos(\omega t + \phi) = [\cos \phi + \cos(2\omega t + \phi)]/2$, 晶体管的瞬时功耗为

$$p_D(\omega t) = i_D v_{DS} = (I_I + I_m \cos \omega t)[V_I - V_m \cos(\omega t + \phi)]$$

$$= I_I V_I - I_m V_m \cos \omega t \cos(\omega t + \phi) + V_I I_m \cos \omega t - I_I V_m \cos(\omega t + \phi)$$

$$= I_I V_I - \frac{I_m V_m}{2}[\cos \phi + \cos(2\omega t + \phi)] + V_I I_m \cos \omega t - I_I V_m \cos(\omega t + \phi) \qquad (2.95)$$

$$= I_I \left(1 + \frac{I_m}{I_I} \cos \omega t \right) V_I \left[1 - \frac{V_m}{V_I} \cos(\omega t + \phi) \right]$$

$$= P_I (1 + \gamma_1 \cos \omega t)[1 - \xi_1 \cos(\omega t + \phi)]$$

式中, ϕ 是漏极电流 i_D 和漏极-源极电压 v_{DS} 之间的相位差。图 2.18 和图 2.19 分别给出了 $\phi =$

$10°$和 $\phi = -10°$时,在 $\gamma_1 = I_m/I_I = 1$ 的情况下,A 类射频功率放大器的漏极归一化瞬时功率损耗波形。

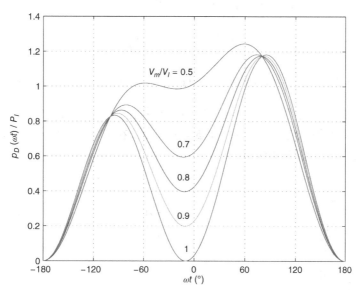

图 2.18　$\phi = 10°,\gamma_1 = 1,f < f_0$ 时,不同 ξ_1 下的 A 类射频功率放大器漏极归一化瞬时功耗

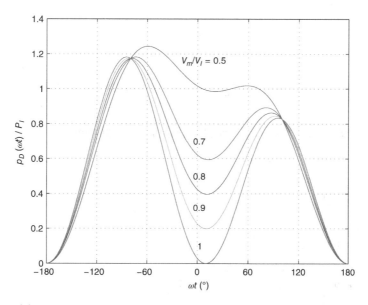

图 2.19　$\phi = -10°,\gamma_1 = 1,f > f_0$ 时,不同 ξ_1 下的 A 类射频功率放大器漏极归一化瞬时功耗

晶体管功率损耗的时间平均值为

$$P_D = \frac{1}{2\pi}\int_0^{2\pi}\phi_D(\omega t)d(\omega t) = P_I - \frac{I_m V_m}{2}\cos\phi \tag{2.96}$$

随着角度 ϕ 的增加,晶体管功率损耗的时间平均值 P_D 也会增大。

当负载电阻 R 保持不变,而栅极-源极电压幅度变化时,可以得到

$$p_D(\omega t) = i_D v_{DS} = (I_I + I_m \cos \omega t)(V_I - V_m \cos \omega t)$$

$$= I_I \left(1 + \frac{RI_m}{RI_I} \cos \omega t \right) V_I \left(1 - \frac{V_m}{V_I} \cos \omega t \right)$$

$$= I_I \left(1 + \frac{V_m}{V_I} \cos \omega t \right) V_I \left(1 - \frac{V_m}{V_I} \cos \omega t \right) \qquad (2.97)$$

$$= P_I \left[1 - \left(\frac{V_m}{V_I} \right)^2 \cos^2 \omega t \right] = P_I (1 - \xi_1^2 \cos^2 \omega t) = P_I \left[1 - \frac{\xi_1^2}{2}(1 + \cos 2\omega t) \right]$$

图 2.20 给出了当 $f = f_0$ 且 $\gamma_1 = \xi_1 = V_m/V_I$ 时，A 类射频功率放大器的漏极归一化瞬时功耗波形。图 2.21 和图 2.22 分别是 $\phi = 10°$ 和 $\phi = -10°$ 时，在 $\gamma_1 = \xi_1 = V_m/V_I$ 的情况下，A 类射频功率放大器的漏极归一化瞬时功耗波形。

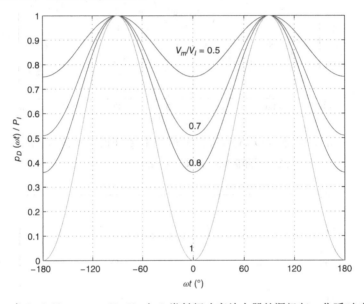

图 2.20　当 $f = f_0$ 且 $\gamma_1 = \xi_1 = V_m/V_I$ 时，A 类射频功率放大器的漏极归一化瞬时功耗波形

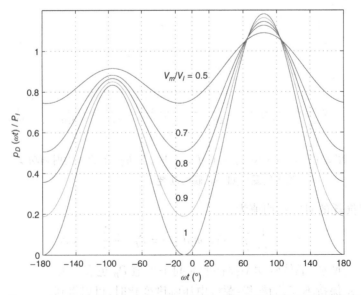

图 2.21　当 $\phi = 10°$，$f < f_0$ 且 $\gamma_1 = \xi_1$ 时，A 类射频功率放大器的漏极归一化瞬时功耗波形

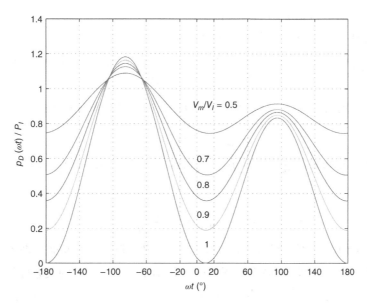

图 2.22　当 $\phi = -10°$，$f > f_0$ 且 $\gamma_1 = \xi_1$ 时，A 类射频功率放大器的漏极归一化瞬时功耗波形

2.6　A 类射频功率放大器的能量参数

2.6.1　A 类射频功率放大器的漏极效率

A 类射频功率放大器的工作点(偏置点) $Q(V_{DSQ}, I_{DQ})$ 应该选择在晶体管线性区的中点，即

$$V_{DSQ} = \frac{V_I}{2} \tag{2.98}$$

$$I_{DQ} = I_I = \frac{I_{DSmax}}{2} \tag{2.99}$$

A 类射频功率放大器直流电源的电流为

$$I_I = I_{m(max)} = \frac{V_{m(max)}}{R} = \frac{V_{DS}}{R} = \frac{V_I}{R} \tag{2.100}$$

由电压源 V_I 看到的直流电阻为

$$R_{DC} = \frac{V_I}{I_I} = R \tag{2.101}$$

A 类射频功率放大器中直流电源提供的功率(直流输入功率)为

$$P_I = I_D V_{DS} = I_{m(max)} V_I = I_I V_I = R I_I^2 = \frac{V_I^2}{R} \tag{2.102}$$

直流电源提供的功率是恒定的，与输出电压幅度 V_m 无关。在 $f = f_0$ 的情况下，由 MOSFET 器件传递到输出 RF 负载的功率为

$$P_{DS} = \frac{I_m V_m}{2} = \frac{R I_m^2}{2} = \frac{V_m^2}{2R} = \frac{1}{2}\left(\frac{V_I^2}{R}\right)\left(\frac{V_m}{V_I}\right)^2 = \frac{P_I}{2}\left(\frac{V_m}{V_I}\right)^2 \tag{2.103}$$

当 $V_{m(max)} = V_I$ 时，漏极功率达到最大值为

$$P_{DSmax} = \frac{V_I^2}{2R} = \frac{P_I}{2} \tag{2.104}$$

输出功率与输出电压幅度的平方成正比。

晶体管的功耗(不包括栅极驱动功率)为

$$P_D = P_I - P_{DS} = I_I V_I - \frac{V_m^2}{2R} = \frac{V_I^2}{R} - \frac{V_m^2}{2R} = \frac{V_I^2}{R} - \frac{V_m^2 V_I^2}{2RV_I^2} = \frac{V_I^2}{R}\left[1 - \frac{1}{2}\left(\frac{V_m}{V_I}\right)^2\right] \quad (2.105)$$

输出功率为零时,即 $P_{DS} = 0$(也就是 $V_m = 0$)时,晶体管功率损耗最大,为

$$P_{Dmax} = P_I = I_I V_I = \frac{V_I^2}{R} \quad (2.106)$$

晶体管的热沉应该按照最大功耗 P_{Dmax} 来设计。当输出功率最大,即 P_{DSmax} 时,晶体管功率耗散最小,即

$$P_{Dmin} = P_I - P_{DSmax} = \frac{V_I^2}{R} - \frac{V_I^2}{2R} = \frac{V_I^2}{2R} = \frac{P_I}{2} \quad (2.107)$$

图 2.23 给出了归一化的直流电源功率 $P_I/(V_I^2/R)$、归一化的漏极功率 $P_{DS}/(V_I^2/R)$ 和归一化的功率损耗 $P_D/(V_I^2/R)$ 与输出电压的归一化幅度 V_m/V_I 之间的关系曲线。

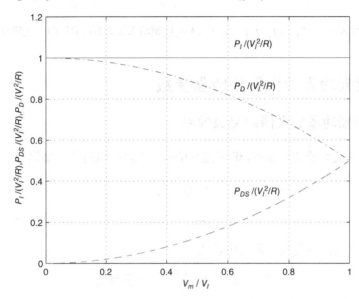

图 2.23 A 类射频功率放大器归一化的 P_I、P_{DS} 和 P_D 与归一化的输出电压幅度关系曲线

当 $f = f_0$ 时,A 类射频功率放大器的漏极效率为

$$\eta_D = \frac{P_{DS}}{P_I} = \frac{1}{2}\left(\frac{I_m}{I_I}\right)\left(\frac{V_m}{V_I}\right) = \frac{1}{2}\gamma_1\xi_1 = \frac{1}{2}\frac{\dfrac{V_m^2}{2R}}{\dfrac{V_I^2}{R}} = \frac{1}{2}\left(\frac{V_m}{V_I}\right)^2 = \frac{1}{2}\xi_1^2 \quad (2.108)$$

漏极效率 η_D 与 V_m/V_I 的函数关系曲线如图 2.24 所示,漏极效率与 $(V_m/V_I)^2$ 成正比。例如,当 $V_m/V_I = 1/2$ 时,$\eta_D = 12.5\%$。理论上,带有扼流电感 L_f 的 A 类射频功率放大器在 $v_{DSmin} = v_{DSsat} = 0$ 时,有最大效率为

$$\eta_{Dmax} = \frac{1}{2}\left(\frac{V_{m(max)}}{V_I}\right)^2 = 0.5 \quad (2.109)$$

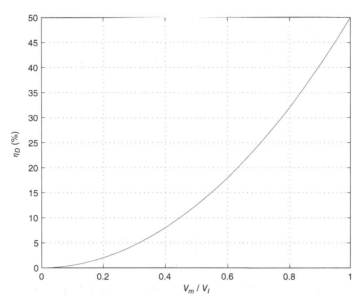

图 2.24　A 类射频功率放大器的漏极效率 η_D 与归一化的输出电压幅度 V_m/V_I 的关系曲线

2.6.2　A 类射频功率放大器的统计特性

假设输出电压幅度 V_m 的瑞利概率密度函数 PDF 为

$$h(V_m) = \frac{V_m}{\sigma^2} e^{-\frac{V_m^2}{2\sigma^2}} \tag{2.110}$$

可以得到乘积项

$$\eta_D h(V_m) = \frac{1}{2} \left(\frac{V_m}{V_I} \right)^2 \frac{V_m}{\sigma^2} e^{-\frac{V_m^2}{2\sigma^2}} \tag{2.111}$$

以及漏极效率的长期平均值

$$\eta_{D(AV)} = \int_0^{V_I} \eta_D h(V_m) dV_m = \frac{1}{2V_I^2 \sigma^2} \int_0^{V_I} V_m^3 e^{-\frac{V_m^2}{2\sigma^2}} dV_m = \frac{\sigma^2}{V_I^2} \left(1 - \frac{\frac{V_I^2}{2\sigma^2} + 1}{e^{\frac{V_I^2}{2\sigma^2}}} \right) \tag{2.112}$$

图 2.25 给出了 A 类射频功率放大器(含有扼流电感)在 $V_I = 10\text{V}$，$\sigma = 3$ 时，漏极效率 η_D、瑞利概率密度函数 $h(V_m)$ 以及它们的乘积 $\eta_D h(V_m)$ 分别随电压幅度 V_m 的变化关系曲线。图 2.26 给出了 $V_I = 10\text{V}$ 时，A 类射频功率放大器(含有扼流电感)的漏极长期平均效率随 σ 的变化关系曲线。

实际上，A 类射频功率放大器的最大效率约为 35%，但是长期平均效率仅约为 5%。

输出功率定义为

$$P_O = \frac{V_m^2}{2R} \tag{2.113}$$

当 $V_{m(max)} = V_I$ 时，输出功率最大，为

$$P_{Omax} = \frac{V_{m(max)}^2}{2R} = \frac{V_I^2}{2R} = \frac{P_I}{2} \tag{2.114}$$

因此

$$P_I = 2P_{Omax} \tag{2.115}$$

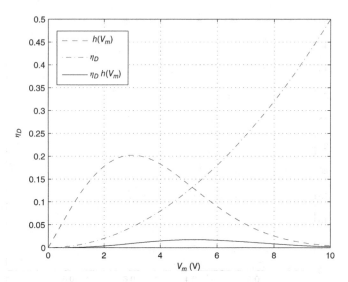

图 2.25　当 $V_I = 10\text{V}, \sigma = 3$ 时，A 类射频功率放大器的 η_D、$h(V_m)$
以及 $\eta_D h(V_m)$ 随 V_m 的变化曲线

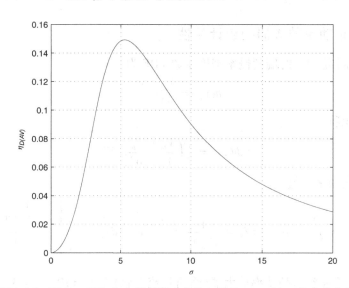

图 2.26　当 $V_I = 10\text{V}$ 时，A 类射频功率放大器的 $\eta_{D(AV)}$ 随 σ 的变化曲线

在给定电源电压的情况下，为了达到指定的最大输出功率，所需要的负载电阻为

$$R = \frac{V_{m(max)}^2}{2P_{Omax}} \tag{2.116}$$

漏极效率为

$$\eta_D = \frac{P_O}{P_I} = \frac{P_O}{2P_{Omax}} = \frac{1}{2}\left(\frac{P_O}{P_{Omax}}\right) \tag{2.117}$$

图 2.27 给出了 A 类射频功率放大器的效率与归一化输出功率 P_O / P_{Omax} 的函数关系曲线。在 A 类射频功率放大器中，效率与输出功率直接成正比，这是因为直流电源的功率恒定。
假设输出功率 P_O 的瑞利概率密度函数 PDF 为

$$g(P_O) = \frac{P_O}{\sigma^2} e^{-\frac{P_O^2}{2\sigma^2}} \tag{2.118}$$

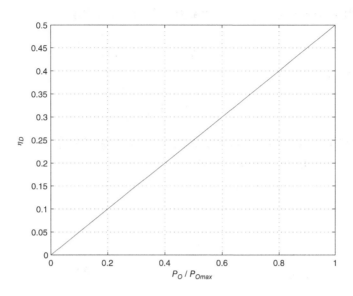

图2.27　A类射频功率放大器的漏极效率随归一化输出功率的变化曲线

进一步得到乘积项

$$\eta_D g(P_O) = \frac{1}{2}\left(\frac{P_O}{P_{Omax}}\right)\frac{P_O}{\sigma^2}e^{-\frac{P_O^2}{2\sigma^2}} \tag{2.119}$$

漏极效率的长期平均值为

$$\eta_{D(AV)} = \int_0^{P_{Omax}} \eta_D g(P_O)dP_O = \int_0^{P_{Omax}} \frac{1}{2}\left(\frac{P_O}{P_{Omax}}\right)\frac{P_O}{\sigma^2}e^{-\frac{P_O^2}{2\sigma^2}}dP_O$$

$$= \frac{1}{2P_{Omax}\sigma^2}\int_0^{P_{Omax}} P_O^2 e^{-\frac{P_O^2}{2\sigma^2}}dP_O = \frac{\sigma}{2P_{Omax}}\sqrt{\frac{\pi}{2}} \tag{2.120}$$

图2.28给出了$P_{Omax}=10\mathrm{W}$，$\sigma=3$时，A类射频功率放大器的漏极效率η_D、瑞利概率密度函数$g(P_o)$以及它们的乘积$\eta_D g(P_o)$分别随输出功率P_o的变化关系曲线。

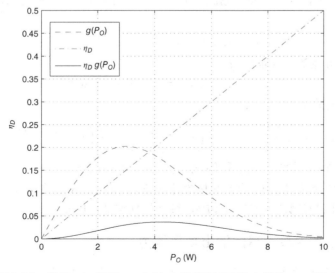

图2.28　当$P_{Omax}=10\mathrm{W}$，$\sigma=3$时，A类射频功率放大器的η_D、$g(P_o)$
以及$\eta_D g(P_o)$随输出功率P_o的变化曲线

当 $P_{Omax} = 10\text{W}, \sigma = 3$ 时，A类射频功率放大器的长期平均效率为

$$\eta_{D(AV)} = \frac{\sigma}{2P_{Omax}}\sqrt{\frac{\pi}{2}} = \frac{3}{2 \times 10}\sqrt{\frac{\pi}{2}} = 18.8\% \tag{2.121}$$

若 $f \neq f_0$，漏极效率为

$$\eta_D = \frac{P_{DS}}{P_I} = \frac{1}{2}\left(\frac{V_m}{V_I}\right)^2 \cos\phi \tag{2.122}$$

图 2.29 给出了 A 类射频功率放大器在给定 ϕ 值时，漏极效率 η_D 与 V_m/V_I 的函数关系曲线。可见，随着 ϕ 值的增大，漏极效率减小。

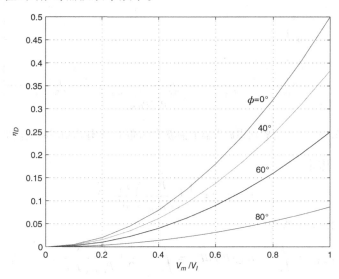

图 2.29　给定 ϕ 值时，A 类射频功率放大器的漏极效率 η_D 与 V_m/V_I 的关系曲线

2.6.3　最小漏极-源极电压非零时的漏极效率

实际上，MOSFET 作为一个受控电流源需要一个最小的漏极-源极电压，该最小漏极-源极电压可以表示为

$$v_{DSmin} = v_{DSsat} = v_{GS} - V_t = V_{GS} + V_{gsm} - V_t \tag{2.123}$$

因此，v_{DS} 交流分量的最大幅值为

$$V_{m(max)} = V_I - v_{DSmin} = V_I - V_{GS} - V_{gsm} + V_t \tag{2.124}$$

从而，最大漏极效率为

$$\eta_{Dmax} = \frac{1}{2}\left(\frac{V_{m(max)}}{V_I}\right)^2 = \frac{1}{2}\left(\frac{V_I - v_{DSmin}}{V_I}\right)^2 = \frac{1}{2}\left(1 - \frac{v_{DSmin}}{V_I}\right)^2 \leqslant \frac{1}{2} \tag{2.125}$$

A 类射频功率放大器的效率很低，因此，这种放大器常用于低功率场合或者级联放大器的中间级。A 类射频功率放大器的最大漏极效率为 50%，然而，A 类音频功率放大器的最大效率仅为 25%，这是因为低频时扼流电感 RFC 被消耗功率的电阻替代。

2.6.4　A 类射频功率放大器的输出功率能力

在 A 类射频功率放大器中，有 $I_{m(max)} = I_I, V_{m(max)} = V_I$，相应的漏极最大电流为

$$I_{DM} = I_I + I_{m(max)} = 2I_I \tag{2.126}$$

漏极-源极最大电压为

$$V_{DSM} = V_I + V_{m(max)} = 2V_I \tag{2.127}$$

A类射频功率放大器的输出功率能力为

$$c_p = \frac{P_{Omax}}{V_{DSM}I_{DM}} = \frac{1}{2}\left(\frac{I_{m(max)}}{I_{DM}}\right)\left(\frac{V_{m(max)}}{V_{DSM}}\right) = \frac{1}{2}\alpha_{1max}\beta_{1max} = \frac{1}{2} \times \frac{1}{2} \times \frac{1}{2} = \frac{1}{8} = 0.125 \tag{2.128}$$

对于 A 类射频功率放大器而言,式中的系数 α_1 和 β_1 的最大值分别为

$$\alpha_{1max} = \frac{I_{m(max)}}{I_{DM}} = \frac{1}{2} \tag{2.129}$$

$$\beta_{1max} = \frac{V_{m(max)}}{V_{DSM}} = \frac{1}{2} \tag{2.130}$$

A类射频功率放大器的输出功率能力也可以表示为

$$c_p = \frac{P_{Omax}}{I_{DM}V_{DSM}} = \frac{\eta_{Dmax}P_I}{I_{DM}V_{DSM}} = \eta_{Dmax}\left(\frac{I_I}{I_{DM}}\right)\left(\frac{V_I}{V_{DSM}}\right) = \eta_{Dmax}\alpha_0\beta_0$$
$$= \frac{1}{2} \times \frac{1}{2} \times \frac{1}{2} = \frac{1}{8} = 0.125 \tag{2.131}$$

式中,$\eta_{Dmax} = 0.5$,系数 α_0 和 β_0 分别为

$$\alpha_0 = \frac{I_I}{I_{DM}} = \frac{1}{2} \tag{2.132}$$

$$\beta_0 = \frac{V_I}{V_{DSM}} = \frac{1}{2} \tag{2.133}$$

2.6.5 栅极驱动功率

栅极驱动功率为

$$P_G = \frac{1}{2}I_{gm}V_{gsm}\cos\ \phi_G = \frac{1}{2}I_{gm}^2 R_G\cos\ \phi_G = \frac{V_{gsm}^2}{2R_G}\cos\ \phi_G \tag{2.134}$$

式中,R_G 是栅极电阻,ϕ_G 是栅极电压与栅极电流之间的相位差。栅极阻抗包括栅极电阻 R_G 和栅极输入电容 $C_g = C_{gs} + (1 - A_m)C_{gd}$,其中,$C_{gs}$ 是栅极-源极电容,C_{gd} 是栅极-漏极电容,A_m 是栅极-漏极电压增益。栅极输入电容会因为密勒效应而增大。

放大器的功率增益为

$$k_p = \frac{P_O}{P_G} = \frac{0.5V_m^2/R}{0.5V_{gsm}^2\cos\ \phi_G/R_G} = \left(\frac{V_m}{V_{gsm}}\right)^2\left(\frac{R_G}{R}\right)\frac{1}{\cos\ \phi_G} \tag{2.135}$$

2.7 并联谐振电路

2.7.1 并联谐振电路的品质因数

谐振电路的谐振角频率为

$$\omega_0 = \frac{1}{\sqrt{LC}} \tag{2.136}$$

并联谐振电路的特性阻抗为

$$Z_o = \sqrt{\frac{L}{C}} = \omega_0 L = \frac{1}{\omega_0 C} \tag{2.137}$$

负载品质因数为

$$Q_L = 2\pi \frac{f_0 \text{ 时存储的最大瞬时能量}}{\text{周期为 } T_0 = 1/f_0 \text{ 时的总能量损耗}} = 2\pi \frac{[w_L(\omega_0 t) + w_C(\omega_0 t)]_{max}}{P_O T_0}$$

$$= \omega_0 \frac{[w_L(\omega_0 t) + w_C(\omega_0 t)]_{max}}{P_O} = \omega_0 \frac{w_L(\omega_0 t)_{max}}{P_O} = \omega_0 \frac{w_C(\omega_0 t)_{max}}{P_O} \quad (2.138)$$

其中,存储在电容 C 中的瞬时能量为

$$w_C(\omega_0 t) = \frac{1}{2} C v_o^2 = \frac{1}{2} C V_m^2 \cos^2 \omega_0 t \quad (2.139)$$

存储在电感 L 中的瞬时能量为

$$w_L(\omega_0 t) = \frac{1}{2} L i_L^2 = \frac{1}{2} L I_m^2 \sin^2 \omega_0 t = \frac{1}{2} L \left(\frac{V_m}{\omega_0 L} \right)^2 \sin^2 \omega_0 t = \frac{1}{2} C V_m^2 \sin^2 \omega_0 t \quad (2.140)$$

因此

$$Q_L = 2\pi \frac{\frac{1}{2} C V_m^2 (\sin^2 \omega_0 t + \cos^2 \omega_0 t)}{\frac{V_m^2}{2 R f_0}} = \omega_0 C R = \frac{R}{Z_o} = \frac{R}{\omega_0 L} = R \sqrt{\frac{C}{L}}$$

$$= \omega_0 \frac{\frac{1}{2} C V_m^2}{P_O} = \omega_0 \frac{W_{Cm}}{P_O} = \omega_0 \frac{\frac{1}{2} L I_m^2}{P_O} = \omega_0 \frac{W_{Lm}}{P_O} \quad (2.141)$$

流经电感 L 和电容 C 的电流幅度为

$$I_{Lm} = I_{Cm} = \frac{V_m}{\omega_0 L} = \frac{R I_m}{\omega_0 L} = \frac{V_m}{1/\omega_0 C} = \frac{R I_m}{1/\omega_0 C} = \frac{R I_m}{Z_o} = Q_L I_m \quad (2.142)$$

2.7.2 并联谐振电路的阻抗

对于基本的并联谐振电路 LCR,输出电压 v_O 等于漏极-源极电压 v_{ds} 的基波分量

$$v_O = v_{ds} \quad (2.143)$$

对于理想的并联谐振电路而言,$i_{Cc} = i_o = -i_d$,其基波分量有关系式:$I_{C_{c1}} = I_O = -I_d$。因此,并联谐振电路 s 域的导纳为

$$Y(s) = \frac{I_{C_c}}{V_{ds}} = \frac{1}{R} + sC + \frac{1}{sL} = \frac{LCRs^2 + Ls + R}{LRs} = \frac{C \left(s^2 + s \frac{1}{RC} + \frac{1}{LC} \right)}{s} \quad (2.144)$$

并联谐振电路 s 域的阻抗为

$$Z(s) = \frac{1}{Y(s)} = \frac{s}{C \left(s^2 + s \frac{1}{RC} + \frac{1}{LC} \right)} = \frac{s}{C(s^2 + 2\zeta \omega_0 s + \omega_0^2)} \quad (2.145)$$

式中,$2\zeta \omega_0 = 1/RC$。令 $s = j\omega$,可以得到并联谐振电路的频域导纳为

$$Y(j\omega) = \frac{1}{R} + j \left(\omega C - \frac{1}{\omega L} \right) = \frac{1}{R} \left[1 + j Q_L \left(\frac{\omega}{\omega_0} - \frac{\omega_0}{\omega} \right) \right] = |Y| e^{j\phi_Y} \quad (2.146)$$

其中

$$|Y| = \frac{1}{R} \sqrt{1 + Q_L^2 \left(\frac{\omega}{\omega_0} - \frac{\omega_0}{\omega} \right)^2} \quad (2.147)$$

$$\phi_Y = \arctan \left[Q_L \left(\frac{\omega}{\omega_0} - \frac{\omega_0}{\omega} \right) \right] \quad (2.148)$$

并联谐振电路的频域阻抗为

$$Z(j\omega) = \frac{1}{Y(j\omega)} = \frac{1}{\frac{1}{R} + j\left(\omega C - \frac{1}{\omega L}\right)} = \frac{R}{1 + jQ_L\left(\frac{\omega}{\omega_0} - \frac{\omega_0}{\omega}\right)} = |Z|e^{j\phi_Z} \quad (2.149)$$

其中

$$|Z| = \frac{R}{\sqrt{1 + Q_L^2\left(\frac{\omega}{\omega_0} - \frac{\omega_0}{\omega}\right)^2}} \quad (2.150)$$

$$\phi_Z = -\arctan\left[Q_L\left(\frac{\omega}{\omega_0} - \frac{\omega_0}{\omega}\right)\right] \quad (2.151)$$

图 2.30 和图 2.31 给出了不同 Q_L 下并联谐振电路的归一化输入阻抗和相位曲线。

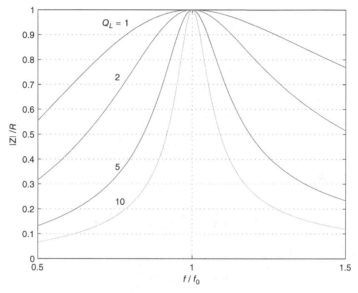

图 2.30　不同 Q_L 下,并联谐振电路的归一化输入阻抗幅度随频率的变化曲线

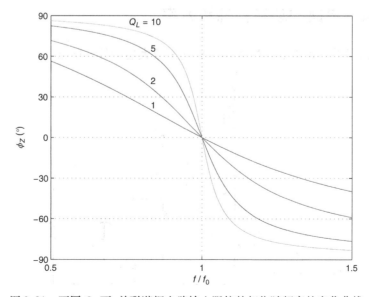

图 2.31　不同 Q_L 下,并联谐振电路输入阻抗的相位随频率的变化曲线

2.7.3 并联谐振电路的带宽

耦合电容电流到输出电压的传递函数(也就是互阻)为

$$Z = \frac{V_o}{I_{C_c}} = \frac{V_{ds}}{I_{C_c}} = \frac{R}{1 + jQ_L\left(\dfrac{\omega}{\omega_0} - \dfrac{\omega_0}{\omega}\right)} = |Z|e^{j\phi_Z} \tag{2.152}$$

并联谐振电路相当于一个带通滤波器,放大器阻抗幅度减小 3dB 时,有以下关系式

$$\frac{|Z|}{R} = \frac{1}{\sqrt{1 + Q_L^2\left(\dfrac{\omega}{\omega_0} - \dfrac{\omega_0}{\omega}\right)^2}} = \frac{1}{\sqrt{2}} \tag{2.153}$$

即

$$Q_L\left(\frac{\omega}{\omega_0} - \frac{\omega_0}{\omega}\right) = -1 \tag{2.154}$$

和

$$Q_L\left(\frac{\omega}{\omega_0} - \frac{\omega_0}{\omega}\right) = 1 \tag{2.155}$$

因此,较低的 3dB 频率为

$$f_L = f_0\left[\sqrt{1 + \left(\frac{1}{2Q_L}\right)^2} - \frac{1}{2Q_L}\right] \tag{2.156}$$

较高的 3dB 频率为

$$f_H = f_0\left[\sqrt{1 + \left(\frac{1}{2Q_L}\right)^2} + \frac{1}{2Q_L}\right] \tag{2.157}$$

谐振电路的 3dB 带宽为

$$BW = f_H - f_L = \frac{f_0}{Q_L} \tag{2.158}$$

2.8 并联谐振电路的功率损耗和效率

图 2.32 给出了带有寄生电阻的 A 类射频功率放大器的等效电路。

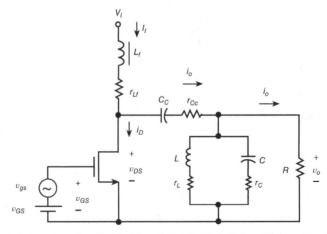

图 2.32 带有寄生电阻的 A 类射频功率放大器等效电路

由电感中的等效串联电阻（Equivalent Series Resistance，ESR）r_L 引起的功率损耗为

$$P_{rL} = \frac{r_L I_{Lm}^2}{2} = \frac{r_L Q_L^2 I_m^2}{2} = \frac{r_L Q_L^2}{R} P_O \qquad (2.159)$$

谐振电感的功率损耗包括磁心损耗和交流线圈损耗。

由电容中的 ESRr_C 引起的功率损耗为

$$P_{rC} = \frac{r_C I_{Cm}^2}{2} = \frac{r_C Q_L^2 I_m^2}{2} = \frac{r_C Q_L^2}{R} P_O \qquad (2.160)$$

由耦合电容 C_{c1} 的 ESR r_{Cc1} 引起的功率损耗为

$$P_{rCc} = \frac{r_{Cc} I_m^2}{2} = \frac{r_{Cc}}{R} P_O \qquad (2.161)$$

忽略流过扼流圈 L_f 电流的交流分量，并假设 $I_I \approx I_m$，扼流圈直流电阻引起的功率损耗为

$$P_{rLf} = r_{Lf} I_I^2 = \frac{r_{Lf}}{R} R I_I^2 = \frac{r_{Lf}}{R} P_I \approx \frac{r_{Lf}}{R} P_O \qquad (2.162)$$

扼流圈的功率损耗主要为直流线圈损耗。

谐振电路总的功率损耗为

$$P_r = P_{rL} + P_{rC} + P_{rCc} + P_{rLf} = \frac{(r_L + r_C) Q_L^2 I_m^2}{2} + \frac{r_{Cc} I_m^2}{2} + r_{Lf} I_I^2$$
$$= \left[\frac{Q_L^2 (r_L + r_C) + r_{Cc} + r_{Lf}}{R} \right] P_O \qquad (2.163)$$

因此，谐振电路的效率为

$$\eta_r = \frac{P_O}{P_O + P_r} = \frac{1}{1 + \dfrac{P_r}{P_O}} = \frac{1}{1 + \dfrac{Q_L^2 (r_L + r_C) + r_{Cc} + r_{Lf}}{R}} \qquad (2.164)$$

包括晶体管、谐振电路、耦合电容和 RFC 在内的总功率损耗为

$$P_{LS} = P_D + P_r = P_D + P_{rL} + P_{rC} + P_{rCc} + P_{rLf} \qquad (2.165)$$

因此，放大器的效率为

$$\eta = \frac{P_O}{P_I} = \frac{P_O}{P_{DS}} \frac{P_{DS}}{P_I} = \eta_D \eta_r = \frac{P_O}{P_O + P_{LS}} = \frac{1}{1 + \dfrac{P_{LS}}{P_O}} \qquad (2.166)$$

图 2.33 给出了并联谐振电路及其等效电路模型，其中，寄生电阻 r_L 和 r_C 用一个并联电阻 R_r 来表示。

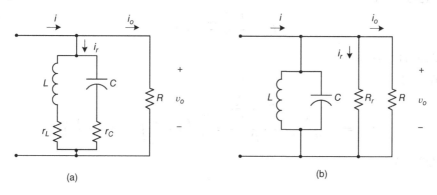

图 2.33　用并联电阻 R_r 来表示寄生电阻 r_L 和 r_C 的并联谐振电路等效模型

（a）原有的有损并联谐振电路；（b）等效的并联谐振电路

谐振电感的品质因数为

$$Q_{Lo} = \frac{\omega_o L}{r_L} \tag{2.167}$$

寄生电阻 r_L 的等效并联电阻为

$$R_{rL} = r_L(1 + Q_{Lo}^2) \tag{2.168}$$

谐振电容的品质因数为

$$Q_{Co} = \frac{1}{\omega_o L r_L} \tag{2.169}$$

寄生电阻 r_c 的等效并联电阻为

$$R_{rC} = r_L(1 + Q_{Co}^2) \tag{2.170}$$

r_L 与 r_c 的并联等效电阻为

$$R_r = \frac{R_{rL} R_{rC}}{R_{rL} + R_{Co}} = \frac{r_L(1 + Q_{Lo})^2 r_C(1 + Q_{Co})^2}{r_L(1 + Q_{Lo}^2) + r_C(1 + Q_{Co})^2} \tag{2.171}$$

谐振电路的输入功率为

$$P_{DS} = \frac{1}{2} I_{dm}^2 (R_r \| R) = \frac{1}{2} I_{dm}^2 \left(\frac{R_r R}{R_r + R} \right) = \frac{1}{2} I_{dm}^2 R_t \tag{2.172}$$

其中,总的并联电阻为

$$R_t = \frac{R_r R}{R_r + R} \tag{2.173}$$

输出功率为

$$P_O = \frac{1}{2} I_m^2 R \tag{2.174}$$

漏极电流幅度 I_{dm} 和输出电流幅度 I_m 的关系为

$$I_m = I_{dm} \frac{R_r}{R + R_r} \tag{2.175}$$

谐振电路的效率为

$$\eta_r = \frac{P_O}{P_O + P_r} = \frac{R_r}{R + R_r} = \frac{1}{1 + \dfrac{R}{R_r}} \tag{2.176}$$

栅极驱动功率为

$$P_G = \frac{I_{gm} V_{gsm}}{2} \cos \phi_G \tag{2.177}$$

式中,I_{gm} 是栅极电流的幅度。

功率附加效率为

$$\eta_{PAE} = \frac{P_O - P_G}{P_I} = \frac{P_O - \dfrac{P_O}{k_p}}{P_I} = \frac{P_O}{P_I} \left(1 - \frac{1}{k_p} \right) = \eta \left(1 - \frac{1}{k_p} \right) \tag{2.178}$$

其中,功率增益为

$$k_p = \frac{P_O}{P_G} \tag{2.179}$$

当 $k_p = 1$ 时,$\eta_{PAE} = 0$。

2.9 带有电流镜的 A 类射频功率放大器

一个带有电流镜偏置的 A 类射频功率放大器如图 2.34 所示,图 2.35 给出了该电路的直流等效电路。可见,功率 MOSFET 的偏置电路包括一个 MOSFET 器件 Q_1 和一个直流电流源 I_{ref}。该电路为功率晶体管 Q_2 提供了一个栅极-源极电压 V_{GS} 的直流分量,直流参考电流源 I_{ref} 可以用一个电阻替代

$$R = \frac{V_I - V_{GS}}{I_{ref}} \qquad (2.180)$$

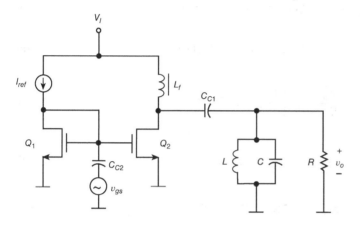

图 2.34 带有电流镜偏置的 A 类射频功率放大器

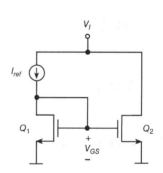

图 2.35 带有电流镜偏置的
A 类射频功率放大
器直流等效电路

例 2.1 设计一个满足以下条件的基本 A 类射频功率放大器: $P_O = 0.25\text{W}$, $V_I = 3.3\text{V}$, $f = 1\ \text{GHz}$, $BW = 100\ \text{MHz}$, $V_t = 0.356\text{V}$, $K_n = \mu_{n0}C_{ox} = 0.142\text{mA/V}^2$, $r_L = 0.05\Omega$, $r_C = 0.01\Omega$, $r_{Cc} = 0.07\Omega$, $r_{Lf} = 0.02\Omega$。

解: 设计的放大器最大功率为 $P_O = 0.25\text{W}$。假设 MOSFET 的栅极-源极直流电压 $V_{GS} = 0.8\text{V}$。因此,栅极-源极电压的最大幅度为

$$V_{gsm(max)} = V_{GS} - V_t = 0.8 - 0.356 = 0.444\,(\text{V}) \qquad (2.181)$$

取 $V_{gsm} = 0.4\text{V}$ 峰值。

当 $v_{GS\,max} = V_{GS} + V_{gsm} = 0.8 + 0.4 = 1.2\text{V}$ 时,漏极-源极最大饱和电压为

$$v_{DSsat} = v_{GS} - V_t = V_{GS} + V_{gsm} - V_t = 0.8 + 0.4 - 0.356 = 0.844\,(\text{V}) \qquad (2.182)$$

取最小漏极-源极电压 $v_{DSmin} = 1\text{V}$。

漏极效率为

$$\eta_D = \frac{1}{2}\left(1 - \frac{v_{DSmin}}{V_I}\right)^2 = \frac{1}{2}\left(1 - \frac{1}{3.3}\right)^2 = 0.2429 = 24.29\% \qquad (2.183)$$

假设谐振电路效率 $\eta_r = 0.8$,总效率为

$$\eta = \eta_D \eta_r = 0.2429 \times 0.8 = 0.1943 = 19.43\% \qquad (2.184)$$

因此,直流电源功率为

$$P_I = \frac{P_O}{\eta} = \frac{0.25}{0.1943} = 1.2869\,(\mathrm{W}) \tag{2.185}$$

漏极交流功率为

$$P_{DS} = \eta_D P_I = 0.2429 \times 1.2869 = 0.3126\,(\mathrm{W}) \tag{2.186}$$

晶体管在 P_{Omax} 处的功率损耗为

$$P_D = P_I - P_{DS} = 1.2869 - 0.3126 = 0.9743\,(\mathrm{W}) \tag{2.187}$$

电抗元件的功率损耗为

$$P_r = P_{DS} - P_O = 0.3126 - 0.25 = 0.0626\,(\mathrm{W}) \tag{2.188}$$

输出电压的幅度为

$$V_{m(max)} = V_I - v_{DSmin} = 3.3 - 1 = 2.3\,(\mathrm{V}) \tag{2.189}$$

漏极-源极电压的最大值为

$$V_{DSmax} = V_I + V_m = 3.3 + 2.3 = 5.6\,(\mathrm{V}) \tag{2.190}$$

负载电阻为

$$R = \frac{V_m^2}{2P_O} = \frac{2.3^2}{2 \times 0.25} = 10.58\,(\Omega) \tag{2.191}$$

负载电流幅度和漏极电流交流分量为

$$I_m = \frac{V_m}{R} = \frac{2.3}{10.58} = 0.2174\,(\mathrm{A}) \tag{2.192}$$

漏极电流直流分量为

$$I_D = I_I = 1.25 I_m = 1.25 \times 0.2174 = 0.271\,75\,(\mathrm{A}) \tag{2.193}$$

漏极最大电流为

$$I_{DM} = I_D + I_m = 0.271\,75 + 0.2174 = 0.489\,15\,(\mathrm{A}) \tag{2.194}$$

放大器对电源呈现的直流电阻为

$$R_{DC} = \frac{V_I}{I_I} = \frac{3.3}{0.271\,75} = 12.14\,(\Omega) \tag{2.195}$$

并联谐振电路在 $f = f_0$ 处的负载品质因数为

$$Q_L = \frac{f_0}{BW} = \frac{10^9}{10^8} = 10 \tag{2.196}$$

谐振电感和电容分别为

$$L = \frac{R}{\omega_0 Q_L} = \frac{10.58}{2\pi \times 10^9 \times 10} = 168.47\,(\mathrm{pH}) \tag{2.197}$$

$$C = \frac{Q_L}{\omega_0 R} = \frac{10}{2\pi \times 10^9 \times 10.58} = 150.43\,(\mathrm{pF}) \tag{2.198}$$

RFC 的电抗为

$$X_{Lf} = 100R = 100 \times 10.58 = 1058\,(\Omega) \tag{2.199}$$

因此,扼流电感为

$$L_f = \frac{X_{Lf}}{\omega_0} = \frac{1058}{2\pi \times 10^9} = 168.39\,(\mathrm{nH}) \tag{2.200}$$

耦合电容 C_{c1} 的电抗为

$$X_{Cc1} = \frac{R}{100} = \frac{10.58}{100} = 0.1058\,(\Omega) \tag{2.201}$$

因此

$$C_{c1} = \frac{1}{\omega_0 X_{Cc1}} = \frac{1}{2\pi \times 10^9 \times 0.1058} = 1.5 \, (\text{nF}) \tag{2.202}$$

电感 ESR 的功率损耗为

$$P_{rL} = \frac{r_L I_{Lm}^2}{2} = \frac{r_L Q_L^2 I_m^2}{2} = \frac{0.05 \times 10^2 \times 0.2174^2}{2} = 0.118(\text{W}) \tag{2.203}$$

电容 ESR 的功率损耗为

$$P_{rC} = \frac{r_C I_{Cm}^2}{2} = \frac{r_C Q_L^2 I_m^2}{2} = \frac{0.01 \times 10^2 \times 0.2174^2}{2} = 0.0236(\text{W}) \tag{2.204}$$

耦合电容 ESR 的功率损耗为

$$P_{rCc} = \frac{r_{Cc} I_m^2}{2} = \frac{0.07 \times 0.2174^2}{2} = 0.001\,65\,(\text{W}) \tag{2.205}$$

扼流电感 ESR 的功率损耗为

$$P_{rLf} = r_{Lf} I_I^2 = 0.02 \times 0.271\,75^2 = 0.001\,477(\text{W}) \tag{2.206}$$

包括谐振电路、RFC 和耦合电容在内的总的功率损耗为

$$P_r = P_{rL} + P_{rC} + P_{rCc} + P_{rLf} = 0.118 + 0.0236 + 0.001\,65 + 0.001\,477 = 0.144\,727(\text{W}) \tag{2.207}$$

谐振电路效率为

$$\eta_r = \frac{P_O}{P_O + P_r} = \frac{0.25}{0.25 + 0.144\,727} = 63.33\% \tag{2.208}$$

放大器效率为

$$\eta = \eta_D \eta_r = 0.2429 \times 0.6333 = 15.38\% \tag{2.209}$$

晶体管和谐振电路的功率损耗为

$$P_{LS} = P_D + P_r = 0.6063 + 0.144\,727 = 0.751(\text{W}) \tag{2.210}$$

当 $P_O = 0.25\text{W}$ 时,晶体管消耗的功率最大。因此,散热器应根据 $P_{LSmax} = P_I \approx 1.3\text{W}$ 来进行设计。假设栅极驱动功率 $P_G = 0.025\text{W}$,则功率增益为

$$k_p = \frac{P_O}{P_G} = \frac{0.25}{0.025} = 10 \tag{2.211}$$

功率附加效率为

$$\eta_{PAE} = \frac{P_O - P_G}{P_I} = \frac{0.25 - 0.025}{1.2869} = 0.1748 = 17.48\% \tag{2.212}$$

我们使用一个功率 MOSFET 器件 Q_2,其参数如下: $K_n = \mu_{n0} C_{ox} = 0.142\text{mA/V}^2$, $V_t = 0.356\text{V}$, $L = 0.35\mu\text{m}$,在工作点处的栅极-源极电压 $V_{GS} = 0.8\text{V}$。因此,功率 MOSFET Q_2 的宽长比为

$$\frac{W}{L} = \frac{2I_D}{K_n(V_{GS} - V_t)^2} = \frac{2 \times 0.271\,75}{0.142 \times 10^{-3} \times (0.8 - 0.356)^2} = 19,415 \tag{2.213}$$

假设 $W/L = 20\,000$。因此,MOSFET 的沟道宽度为

$$W = \left(\frac{W}{L}\right) L = 20\,000L = 15\,860 \times 0.35 \times 10^{-6} = 7(\text{mm}) \tag{2.214}$$

因此

$$K = \frac{1}{2}\mu_{n0} C_{ox} \left(\frac{W}{L}\right) = \frac{1}{2}K_n \left(\frac{W}{L}\right) = \frac{1}{2} \times 0.142 \times 10^{-3} \times 20\,000 = 1.42\,(\text{A/V}^2) \tag{2.215}$$

漏极直流电流为

$$I_D = K(V_{GS} - V_t)^2 = 1.42 \times (0.8 - 0.356)^2 = 0.28(\text{A}) \tag{2.216}$$

功率 MOSFET 器件 Q_2 在工作点处的跨导为

$$g_m = \sqrt{2K_n \left(\frac{W}{L}\right) I_D} = \sqrt{2 \times 0.142 \times 10^{-3} \times 20\,000 \times 0.28} = 1.26 \, (\text{A/V}) \tag{2.217}$$

栅极-源极电压的交流分量幅度为

$$V_{gsm} = \frac{I_m}{g_m} = \frac{0.2174}{1.26} = 0.1725 \, (\text{V}) \tag{2.218}$$

电流镜可用以偏置功率晶体管,如图 2.34 所示。参考电流为

$$I_{ref} = \frac{1}{2} \mu_n C_{ox} \left(\frac{W_1}{L_1}\right) (V_{GS} - V_t)^2 \tag{2.219}$$

假设两个晶体管的沟道长度都一样(即 $L = L_1$),直流电流增益为电流镜的直流电流增益

$$A_I = \frac{I_D}{I_{ref}} = \frac{W}{W_1} = 100 \tag{2.220}$$

参考电流为

$$I_{ref} = \frac{I_D}{100} = \frac{0.28}{100} = 2.8 \, (\text{mA}) \tag{2.221}$$

因此,构成电流镜的 MOSFET 器件 Q_1 的沟道宽度为

$$W_1 = \frac{W}{100} = \frac{7\,000 \times 10^{-6}}{100} = 70 \, (\mu\text{m}) \tag{2.222}$$

偏置晶体管的宽长比为

$$\frac{W_1}{L} = \frac{70}{0.35} = 200 \tag{2.223}$$

电流镜的功耗为

$$P_{Q1} = I_{ref} V_I = 2.8 \times 10^{-3} \times 3.3 = 9.24 \, (\text{mW}) \tag{2.224}$$

扼流电感 L_f 和耦合电容形成一个高通滤波器,该滤波器的转角频率为

$$f_L = \frac{1}{2\pi\sqrt{L_f C_c}} = \frac{1}{2\pi\sqrt{168.47 \times 10^{-9} \times 1.5 \times 10^{-9}}} = 10.016 \, (\text{MHz}) \tag{2.225}$$

为了减小这个高通滤波器传递函数的峰值幅度,应该增大耦合电容 C_c,且减小扼流圈电感 L_f。

2.10 阻抗匹配电路

图 2.36(a)、(b)分别是一个并联和串联的二端口网络,这两个网络在给定的频率 f 处可以等效。它们的电抗因数由 Kazimierczuk 和 Czarkowski 给出[5]

$$q = \frac{x}{r} = \frac{R}{X} \tag{2.226}$$

并联二端口网络的阻抗为

$$\begin{aligned} Z &= \frac{RjX}{R+jX} = \frac{RjX(R-jX)}{(R+jX)(R-jX)} \\ &= \frac{RX^2 + jR^2X}{R^2 + X^2} \\ &= \frac{R}{1+\left(\frac{R}{X}\right)^2} + j\frac{X}{1+\left(\frac{X}{R}\right)^2} \\ &= \frac{R}{1+q^2} + j\frac{X}{1+\frac{1}{q^2}} = r + jx \end{aligned} \tag{2.227}$$

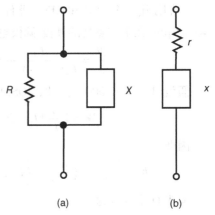

图 2.36 并联和串联二端口网络

(a)并联二端口网络;(b)串联二端口网络

因此,给定频率下的 ESR 为

$$r = \frac{R}{1 + q^2} \tag{2.228}$$

给定频率下的等效串联电抗为

$$x = \frac{X}{1 + \dfrac{1}{q^2}} \tag{2.229}$$

考虑到图 2.37 中所示的匹配电路 $\pi 1$,线 A 右边部分的电抗因数为

$$q_A = \frac{R_A}{X_A} = \frac{x_A}{r_A} \tag{2.230}$$

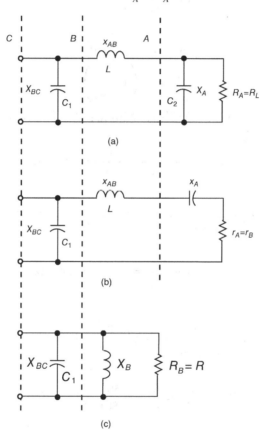

图 2.37 $\pi 1$ 型阻抗匹配电路

(a) 阻抗匹配电路;(b) 将并联电路 $R_A - X_A$ 转化为串联电路 $r_A - x_A$ 后的等效电路

(c) 将串联电路 $r_A - (x_A + x_{AB})$ 转化成并联电路 $R_B - X_B$ 后的等效电路

线 A 右边电路的 ERS 和电抗为

$$r_A = r_B = \frac{R_A}{1 + q_A^2} = \frac{R_L}{1 + q_A^2} \tag{2.231}$$

$$x_A = \frac{X_A}{1 + \dfrac{1}{q_A^2}} \tag{2.232}$$

其中

$$q_A = \sqrt{\frac{R_L}{r_A} - 1} \tag{2.233}$$

负载品质因数为

$$Q_L = \frac{x_{AB}}{r_A} \tag{2.234}$$

线 B 右边的串联电抗为

$$x_B = x_{AB} - x_A = (Q_L - q_A)r_A \tag{2.235}$$

由于在谐振频率点处 $X_B = X_{BC}$，B 线右边电路的电抗因数为

$$q_B = \frac{x_B}{r_B} = \frac{R_B}{X_B} = \frac{R}{X_{BC}} \tag{2.236}$$

因此有

$$R_B = R = r_B(1 + q_B^2) \tag{2.237}$$

$$X_B = x_B\left(1 + \frac{1}{q_B^2}\right) \tag{2.238}$$

例2.2 设计一个满足下列要求的阻抗匹配电路：$R_L = 50\,\Omega$，$R = 10.58\,\Omega$，$f = 1\,\mathrm{GHz}$。

解： 假设 $q_B = 3$，则电抗 X_{BC} 为

$$X_{BC} = \frac{1}{\omega_0 C_1} = \frac{R}{q_B} = \frac{10.58}{3} = 3.527\,(\Omega) \tag{2.239}$$

得到

$$C_1 = \frac{1}{\omega_0 X_{BC}} = \frac{1}{2\pi \times 10^9 \times 3.526} = 45.14\,(\mathrm{pF}) \tag{2.240}$$

又

$$r_B = r_A = \frac{R}{1 + q_B^2} = \frac{10.58}{3^2 + 1} = 1.058\,(\Omega) \tag{2.241}$$

可以得到

$$q_A = \sqrt{\frac{R_L}{r_A} - 1} = \sqrt{\frac{50}{1.058} - 1} = 6.801 \tag{2.242}$$

电容 C_2 的电抗为

$$X_A = \frac{1}{\omega_0 C_2} = \frac{R_L}{q_A} = \frac{50}{6.801} = 7.3519\,(\Omega) \tag{2.243}$$

因此得到

$$C_2 = \frac{1}{\omega_0 X_A} = \frac{1}{2\pi \times 10^9 \times 7.3519} = 21.65\,(\mathrm{pF}) \tag{2.244}$$

输出电压的幅度为

$$\begin{aligned}
V_{om} &= \sqrt{2R_L P_O} \\
&= \sqrt{2 \times 50 \times 0.2} \\
&= 5\,\mathrm{V}
\end{aligned}$$

负载品质因数为

$$Q_L = \frac{x_{AB}}{r_A} = \frac{x_B}{r_A} + \frac{x_A}{r_A} = q_B + q_A = 3 + 6.801 = 9.801 \tag{2.245}$$

因此

$$x_{AB} = \omega_0 L = Q_L r_A = 9.801 \times 1.058 = 10.3695\,(\Omega) \tag{2.246}$$

$$L = \frac{x_{AB}}{\omega_0} = \frac{10.3695}{2\pi \times 10^9} = 1.65\,(\text{nH}) \tag{2.247}$$

输出电路的带宽为

$$BW = \frac{f_0}{Q_L} = \frac{10^9}{9.801} = 102\,(\text{MHz}) \tag{2.248}$$

图 2.38 给出了一个带有阻抗匹配网络的 A 类射频功率放大器电路图。

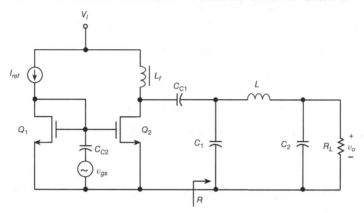

图 2.38　含有阻抗匹配网络的 A 类射频功率放大器

2.11　A 类射频线性放大器

2.11.1　用于变包络信号的放大器

现代无线通信系统使用功率放大器来放大变包络信号。放大变包络信号,如调幅信号,需要线性放大器,A 类放大器就是一个线性放大器。图 2.39 给出了一个含有可放大 AM 电压的线性射频功率放大器的 AM 发射机原理框图,图中,低频音频放大器放大调制信号,频率为 f_c 的幅度恒定的载波信号和频率为 f_m 的调制信号一起经过 AM 调制器,得到一个 AM 信号,线性射频功率放大器放大该 AM 信号,被放大后的 AM 信号经天线辐射出去,然后传输到接收机。图 2.40 给出了一个理想的线性放大器中,栅极-源极电压 v_{GS} 与漏极-源极电压 v_{DS} 的波形。

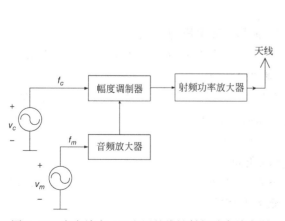

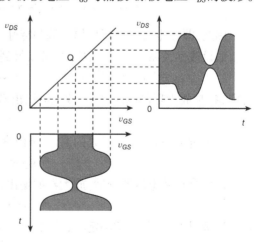

图 2.39　含有放大 AM 电压的线性射频功率放大器
　　　　 的 AM 发射机原理框图

图 2.40　A 类线性放大器中调幅信号的
　　　　 放大示意图

调制电压为

$$v_{im}(t) = V_{im} \cos \omega_m t \tag{2.249}$$

载波电压为

$$v_{ic} = V_{ic} \cos \omega_c t \tag{2.250}$$

式中,$\omega_c >> \omega_m$。

A 类射频放大器输入端的栅极-源极 AM 电压为

$$
\begin{aligned}
v_{GS} &= V_{GSQ} + V(t) \cos \omega_c t = V_{GSQ} + [V_{ic} + v_{im}(t)] \cos \omega_c t \\
&= V_{GSQ} + (V_{ic} + V_{im} \cos \omega_m t) \cos \omega_c t \\
&= V_{GSQ} + V_{ic}(1 + m \cos \omega_m t) \cos \omega_c t \\
&= V_{GSQ} + V_{ic} \cos \omega_c t + \frac{m V_{ic}}{2} \cos(\omega_c - \omega_m)t + \frac{m V_{ic}}{2} \cos(\omega_c + \omega_m)t
\end{aligned} \tag{2.251}
$$

式中,V_{GSQ} 是栅极-源极电压的直流分量,相应的调制指数为

$$m = \frac{V_{im}}{V_{ic}} \tag{2.252}$$

为了避免 AM 信号的失真,晶体管必须在所有时间内都导通。当 $m = 1$ 时,栅极-源极电压交流分量的最大幅度为

$$V_{gsm(max)} = V_{ic}(1 + m_{max}) = V_{ic}(1 + 1) = 2V_{ic} \tag{2.253}$$

在工作点 Q 处,栅极-源极直流电压必须满足以下条件

$$V_{GSQ} > 2V_{ic} \tag{2.254}$$

假设漏极电流呈线性关系,即

$$
\begin{aligned}
i_D &= K_s(v_{GSQ} - V_t) = K_s[V_{GSQ} + V(t) \cos \omega t - V_t] \\
&= K_s\{V_{GSQ} + [V_{ic} + v_m(t)] \cos \omega t - V_t\} = I_{DQ} + i_d
\end{aligned} \tag{2.255}
$$

式中,漏极电流的直流分量为

$$I_{DQ} = K_s(V_{GSQ} - V_t) \tag{2.256}$$

漏极电流的交流分量为

$$
\begin{aligned}
i_d &= K_s[(V_{ic} + V_{im} \cos \omega_m t) \cos \omega_c t] = K_s[(V_{ic}(1 + m \cos \omega_m t) \cos \omega_c t] \\
&= K_s[V_{ic} \cos \omega_c t + \frac{m V_{ic}}{2} \cos(\omega_c - \omega_m)t + \frac{m V_{ic}}{2} \cos(\omega_c + \omega_m)t]
\end{aligned} \tag{2.257}
$$

因此,漏极电流波呈现出幅度调制特性。

假设线性关系 $v_{DS} = A_v v_{GS}$ 成立,可以得到漏极-源极 AM 电压为

$$v_{DS} = V_{DSQ} + A_v V_{ic}(1 + m \cos \omega_m t) \cos \omega_c t = V_{DSQ} + V_c(1 + m \cos \omega_m t) \cos \omega_c t \tag{2.258}$$

式中,A_v 是放大器的电压增益,放大器输出端的载波幅度为

$$V_c = A_v V_{ic} \tag{2.259}$$

为了避免失真,工作点处的漏极-源极直流电压必须满足

$$V_{DSQ} > 2V_c + V_{GSQ} - V_t \tag{2.260}$$

由单个正弦电压调制后,放大器的输出调幅电压为

$$v_o = V_c(1 + m \cos \omega_m t) \cos \omega_c t \tag{2.261}$$

在上述情况下,负载阻抗确定时,放大器输出的瞬时调幅功率为

$$P_o(t) = \frac{v_o^2(t)}{2R} = \frac{V_c^2(1 + m \cos \omega_m t)^2 \cos^2 \omega_c t}{2R} \tag{2.262}$$

从电源获取的直流电源功率 P_I 是恒定的,因此,A 类功率放大器的瞬时效率为

$$\eta(t) = \frac{P_o(t)}{P_I} = \frac{V_c^2(1 + m\cos\omega_m t)^2\cos^2\omega_c t}{2RP_I} \tag{2.263}$$

输出调幅电压的 A 类功率放大器的平均效率为

$$\eta_{AV} = \frac{P_{oAV(AM)}}{P_I} = \frac{\int_{V_{min}}^{V_{max}} PDF(V)P_o(V)dV}{2RP_I} \tag{2.264}$$

式中,PDF 是功率密度函数。

2.11.2 用于恒包络信号的放大器

A 类放大器也可用于放大恒包络信号,如角度调制信号(包括 FM 和 PM 信号)。栅极-源极的 FM 电压为

$$v_{gs} = V_{DSQ} + V_{ic}\cos(\omega_c t + m_f\sin\omega_m t) \tag{2.265}$$

其中

$$V_{DSQ} > V_{ic} \tag{2.266}$$

因此,漏极-源极的 FM 电压为

$$v_{DS} = V_{DSQ} + A_v V_c\cos(\omega_c t + m_f\sin\omega_m t) = V_{DSQ} + V_c\cos(\omega_c t + m_f\sin\omega_m t) \tag{2.267}$$

其中

$$m_f = \frac{\Delta f}{f_m} \tag{2.268}$$

$$V_c = A_v V_{ic} \tag{2.269}$$

$$V_{DSQ} > V_{ic} + V_{GSQ} - V_t \tag{2.270}$$

2.12 本章小结

- A 类功率放大器漏极电流的导通角为 $2\theta = 360°$。
- A 类放大器的晶体管工作点电压大于晶体管阈值电压 V_t,对于整个电压摆幅范围($V_{gsm} < V_{GS} - V_t$ 或者 $V_{GS} - V_{gsm} > V_t$),栅极-源极电压波形都在 V_t 之上。因此,晶体管永远不会进入截止区。
- A 类射频放大器的 RFC 可以用四分之一波长的变压器来替代。
- 谐振电路的品质因数和存储的总能量与每周期消耗能量的比值成正比。
- 晶体管的直流偏置电流要大于漏极电流交流分量的峰值($I_m < I_D$)。
- A 类功率放大器和小信号放大器之间没有明显的界限。
- 在 A 类射频功率放大器中,直流供电电压和直流供电电流是恒定的。
- A 类射频功率放大器中,电源的直流功率 P_I 是恒定的,且与输出电压 V_m 的幅度无关。
- 在 A 类射频功率放大器中,漏极效率与输出功率成正比。
- A 类射频功率放大器中,晶体管的功率损耗很大。
- 当输出功率为零时,A 类射频功率放大器消耗的功率最大,此时,$P_D = P_I$。
- 当 $I_m = I_I$,$V_m = V_I$ 时,带有 RFC 的 A 类射频功率放大器最大漏极效率为 50%。
- 实际上,A 类射频功率放大器在输出功率最大时的效率约为 40%。
- 当放大含有幅度调制和相位调制的信号时,必须是线性放大。

- A 类功率放大器呈现出弱的非线性。但与其他放大器相比,它的 HD 和 IMD 很低,近乎是线性放大器,适合于放大 AM 信号。
- 与其他功率放大器相比,A 类功率放大器的效率低,但线性度高。
- 负反馈可用于抑制非线性。
- 并联谐振电路的电流幅度很大。
- 并联谐振电路的功率损耗很高,因为流经谐振电感和谐振电容的电流幅度是输出电流 I_m 的 Q_L 倍。
- 如果 A 类音频放大器中的 RFC 被电阻替代,在 $I_m = I_I$, $V_m = V_I$ 的情况下,它的最大漏极效率只有 25% 。
- 当输出电流幅度相同时,并联谐振电路中寄生电阻的功率损耗是串联谐振电路中寄生电阻功率损耗的 Q_L^2 倍。
- A 类放大器中,负载电流的谐波幅度很低。
- A 类功率放大器可以用做高功率放大器的低功率驱动级和线性功率放大器。
- 功率 MOSFET 的栅极-源极直流电压 V_{GS} 可以由一个电流镜来提供。

2.13　复习思考题

2.1　什么是 MOSFET 的沟道长度调制?

2.2　半导体器件中,载流子的平均速度与电场强度的关系是什么?

2.3　半导体材料中,什么是载流子的饱和平均速度?

2.4　什么是短沟道效应?

2.5　分别绘出长沟道、适中沟道和短沟道 MOSFET 器件的 $i_D - v_{GS}$ 特性曲线。

2.6　在电压 v_{GS} 相同的情况下,绘出长沟道、适中沟道和短沟道 MOSFET 器件的 $i_D - v_{DS}$ 特性。

2.7　什么是宽禁带半导体材料?

2.8　A 类功率放大器中,漏极电流导通角是多少?

2.9　解释用四分之一波长变压器代替射频扼流圈的工作原理。

2.10　A 类射频功率放大器中晶体管工作点位于何处?

2.11　A 类放大器电源直流功率与输出电压幅度 V_m 有关吗?

2.12　A 类放大器中,晶体管的功率损耗小吗?

2.13　并联谐振电路的功率损耗大吗?

2.14　A 类射频功率放大器的效率高吗?

2.15　A 类射频功率放大器的线性度好吗?

2.16　A 类射频功率放大器的负载电流谐波高吗?

2.17　A 类放大器在线性工作时输出电压的上限和下限是多少?

2.18　解释带有电流镜的 A 类功率放大器工作原理。

2.14　习题

2.1　当晶体管工作在高场(例如短沟道)且 $v_{DS} = 0.2\text{V}$ 时,计算硅 MOSFET 器件的最大沟道长度。

2.2 计算带有射频扼流圈的 A 类放大器在下列条件下的漏极效率：

  （a）$V_I = 20$ V，$V_m = 10$V

  （b）$V_I = 20$ V，$V_m = 18$V

2.3 计算带有射频扼流圈的 A 类放大器晶体管的最大功率损耗，其中 $V_I = 10$V，$I_I = 1$A。

2.4 设计一个 A 类射频功率放大器，满足以下条件：$P_O = 0.25$W，$V_I = 1.5$V，$f = 2.4$GHz。

2.5 设计一个 A 类射频功率放大器的阻抗匹配电路，其中：$R_L = 50\Omega$，$R = 25\Omega$，$f = 2.4$GHz。

2.6 已知 $I_I = 1$A，$V_m = 8$V，分别计算下列两种情况下 A 类射频功率放大器的漏极功率损耗以及漏极效率：

  （a）$V_I = 20$V

  （b）$V_I = 10$V

2.7 已知 A 类射频功率放大器的 $V_I = 20$ V，计算下列条件下的漏极效率：

  （a）$V_m = 0.9V_I$

  （b）$V_m = 0.5V_I$

  （c）$V_m = 0.1V_I$

参考文献

[1] L. Gray and R. Graham, *Radio Transmitters*, New York, NY: McGraw-Hill, 1961.

[2] E. W. Pappenfus, *Single Sideband Principles and Circuits*, New York, NY: McGraw-Hill, 1964.

[3] K. K. Clarke and D. T. Hess, *Communications Circuits: Analysis and Design*. Reading, MA: Addison-Wesley Publishing Co., 1971; reprinted Malabar, FL: Krieger, 1994.

[4] H. L. Krauss, C. W. Bostian, and F. H. Raab, *Solid State Radio Engineering*, New York, NY: John Wiley & Sons, 1980.

[5] M. K. Kazimierczuk and D. Czarkowski, *Resonant Power Converters*, 2nd Ed. New York, NY: John Wiley & Sons, 2012.

[6] P. B. Kingston, *High-Linearity RF Amplifier Design*, Norwood, MA: Artech House, 2000.

[7] S. C. Cripps, *RF Power Amplifiers for Wireless Communications*, 2nd Ed. Norwood, MA: Artech House, 2006.

[8] M. Albulet, *RF Power Amplifiers*. Atlanta, GA: Noble Publishing Co., 2001.

[9] T. H. Lee, *The Design of CMOS Radio-Frequency Integrated Circuits*, 2nd Ed. New York, NY: Cambridge University Press, 2004.

[10] B. Razavi, *RF Microelectronics*. Upper Saddle River, NJ: Prentice-Hall, 1998.

[11] A. Grebennikov, *RF and Microwave Power Amplifier Design*. New York, NY: McGraw-Hill, 2005.

[12] A. Grebennikov and N. O. Sokal, *Switchmode Power Amplifiers*. Amsterdam: Elsevier, 2007.

[13] J. Aguilera and R. Berenguer, *Design and Test of Integrated Inductors for RF Applications*. Boston, MA: Kluwer Academic Publishers, 2003.

[14] M. K. Kazimierczuk, *Pulse-Width Modulated PWM DC-DC Power Converters*, Chichester, UK: John Wiley & Sons, 2008.

[15] M. K. Kazimierczuk, *High-Frequency Magnetic Components*, 2nd Ed. Chichester, UK: John Wiley & Sons, 2014.

[16] E. O. Johnson, "Physical limitations on frequency and power parameters of transistors," *RCA Review*, vol. 26, pp. 163–177, 1965.

[17] B. J. Baliga, "Power semiconductor devices figure of merit for high-frequency applications," *IEEE Electron Device Letters*, vol. 10, no. 10, pp. 455–457, 1989.

第 3 章　AB 类、B 类和 C 类射频功率放大器

3.1　引言

B 类射频功率放大器包含一个晶体管和一个并联谐振电路[1~10]。在 B 类功率放大器中，晶体管相当于一个受控电流源，其漏极或集电极电流的导通角是 180°；并联谐振电路相当于一个带通滤波器，而且仅选择基波分量。B 类功率放大器的效率比 A 类功率放大器高。C 类功率放大器与 B 类放大器的电路相同，只是它的漏极电流导通角小于 180°。AB 类功率放大器的漏极电流导通角在 180° 和 360° 之间。B 类和 C 类功率放大器通常作为射频放大器用于无线电广播设备、电视信号发射机以及手机。本章将介绍 AB 类、B 类和 C 类射频功率放大器的工作原理、电路分析和设计案例。

3.2　B 类射频功率放大器

3.2.1　B 类射频功率放大器的电路

一个由晶体管（MOSFET、MESFET 或者 BJT）、并联谐振电路和射频扼流圈组成的 B 类射频功率放大电路如图 3.1 所示。晶体管的工作点恰好位于截止区和有源区（又称饱和区或夹断区）的边界处。栅极-源极电压的直流分量 V_{GS} 与晶体管的阈值电压 V_t 相等。因此，漏极电流的导通角 2θ 为 180°，晶体管相当于一个电压控制的电流源。B 类功率放大器的电压和电流波形如图 3.2 所示。栅极-源极电压的交流分量 v_{gs} 是正弦波。漏极电流是一个包含直流分量、基波分量和偶次谐波的半正弦波。并联谐振电路作为带通滤波器抑制了所有的谐波。输出正弦波的"纯度"是带通滤波器选择度的函数。负载的品质因数 Q_L 越高，正弦波输出电流和电压的谐波就越少。并联谐振电路可以更复杂一些，以实现阻抗匹配。

3.2.2　B 类射频功率放大器的波形

在 B 类放大器中 $V_{GS} = V_t$，栅极-源极电压波形的表达式为

$$v_{GS} = V_{GS} + v_{gs} = V_{GS} + V_{gsm}\cos\omega t = V_t + V_{gsm}\cos\omega t \tag{3.1}$$

饱和漏极-源极电压为

$$v_{DSsat} = v_{GS} - V_t = V_{GS} + V_{gsm} - V_t = V_t + V_{gsm} - V_t = V_{gsm} \tag{3.2}$$

最小的漏极-源极电压 $V_{DS\min}$ 应该等于或略大于 V_{DSsat}。漏极-源极电压波形的最大幅度为

$$V_m = V_I - v_{DS\min} \leqslant V_I - v_{DSsat} = V_I - V_{gsm} \tag{3.3}$$

根据大信号工作状态下的平方律特性，得到漏极电流为

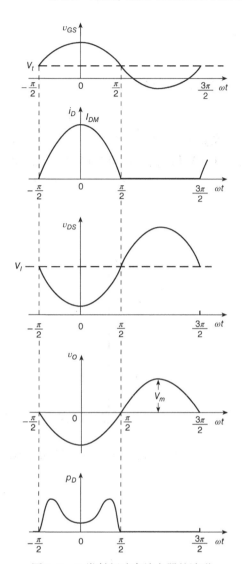

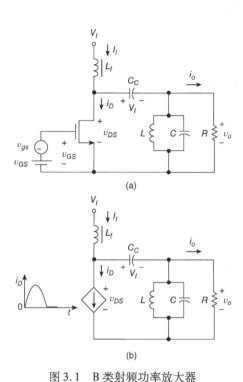

图 3.1　B 类射频功率放大器

（a）电路图；（b）等效电路

图 3.2　B 类射频功率放大器的波形

$$i_D = \begin{cases} K(v_{GS} - V_t)^2 = K V_{gsm}^2 \cos^2 \omega t = I_{DM} \cos^2 \omega t & \left(-\dfrac{\pi}{2} < \omega t \leqslant \dfrac{\pi}{2}\right) \\ 0 & \left(\dfrac{\pi}{2} < \omega t \leqslant \dfrac{3\pi}{2}\right) \end{cases} \tag{3.4}$$

其中

$$K = \frac{1}{2} \mu_{n0} C_{ox} \left(\frac{W}{L}\right) \tag{3.5}$$

$$I_{DM} = K V_{gsm}^2 = \frac{1}{2} \mu_{n0} C_{ox} \left(\frac{W}{L}\right) V_{gsm}^2 \tag{3.6}$$

根据大信号工作状态下的线性特性,当 v_{GS} 大于 V_t 时,漏极电流与栅极-源极电压 v_{GS} 成比例,即

$$i_D = \begin{cases} K_s(v_{GS} - V_t) = K_s V_{gsm} \cos \omega t & \left(-\dfrac{\pi}{2} < \omega t \leqslant \dfrac{\pi}{2}\right) \\ 0 & \left(\dfrac{\pi}{2} < \omega t \leqslant \dfrac{3\pi}{2}\right) \end{cases} \tag{3.7}$$

其中

$$K_s = \frac{1}{2}C_{ox}W\upsilon_{sat} \tag{3.8}$$

漏极电流的峰值为

$$I_{DM} = i_D(0) = K_s V_{gsm} = \frac{1}{2}C_{ox}W\upsilon_{sat}V_{gsm} \tag{3.9}$$

设 $\mu_{n0}C_{ox} = 20\mu\text{A}/\text{V}^2$，$C_{ox} = 1/3\ \text{mF}/\text{m}^2$，$V_{sat} = 8\times10^6\text{cm/s}$，$W/L = 10^5$，$W = 0.5\times10^5\mu\text{m}$，当 $V_{gsm} = 0.4\text{V}$ 和 $V_{gsm} = 1\text{V}$ 时的漏极电流波形分别如图 3.3 和图 3.4 所示。

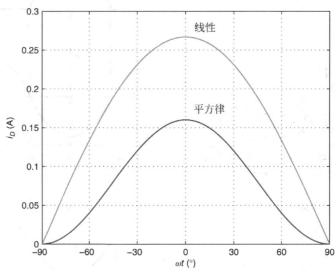

图 3.3　当 $V_{gsm} = 0.4\text{V}$ 时,用平方律和线性特性描述的 B 类射频功率放大器漏极电流波形

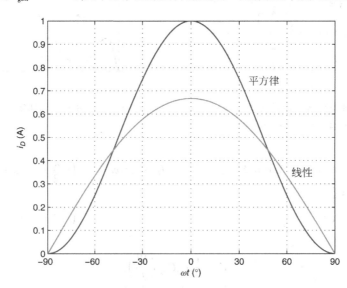

图 3.4　当 $V_{gsm} = 1\text{V}$ 时,用平方律和线性特性描述的 B 类射频功率放大器漏极电流波形

用平方律描述的 MOSFET 漏极电流的峰值与用线性特性描述的 MOSFET 漏极电流的峰值的比例为

$$\frac{I_{DM(Sq)}}{I_{DM(Lin)}} = \frac{\mu_{n0}V_{gsm}}{L\upsilon_{sat}} \tag{3.10}$$

可见,该比例随 V_{gsm} 增大而增大,它可能小于也可能大于1。

B 类射频功率放大器的漏极电流是半个正弦波,其表达式为

$$i_D = \begin{cases} I_{DM} \cos \omega t & \left(-\dfrac{\pi}{2} < \omega t \leqslant \dfrac{\pi}{2}\right) \\ 0 & \left(\dfrac{\pi}{2} < \omega t \leqslant \dfrac{3\pi}{2}\right) \end{cases} \tag{3.11}$$

漏极-源极电压表示为

$$v_{DS} = V_I - V_m \cos \omega t \tag{3.12}$$

晶体管的瞬时功率损耗为

$$p_D(\omega t) = i_D v_{DS} = \begin{cases} I_{DM} \cos \omega t (V_I - V_m \cos \omega t) & \left(-\dfrac{\pi}{2} < \omega t \leqslant \dfrac{\pi}{2}\right) \\ 0 & \left(\dfrac{\pi}{2} < \omega t \leqslant \dfrac{3\pi}{2}\right) \end{cases} \tag{3.13}$$

漏极电流基波分量的幅值为

$$I_m = \frac{1}{\pi} \int_{-\frac{\pi}{2}}^{\frac{\pi}{2}} i_D \cos \omega t d(\omega t) = \frac{1}{\pi} \int_{-\frac{\pi}{2}}^{\frac{\pi}{2}} I_{DM} \cos^2 \omega t d(\omega t) = \frac{I_{DM}}{2} \tag{3.14}$$

直流电源的电流为

$$I_I = \frac{1}{2\pi} \int_{-\frac{\pi}{2}}^{\frac{\pi}{2}} i_D d(\omega t) = \frac{1}{2\pi} \int_{-\frac{\pi}{2}}^{\frac{\pi}{2}} I_{DM} \cos \omega t d(\omega t) = \frac{1}{\pi} \int_0^{\frac{\pi}{2}} I_{DM} \cos \omega t d(\omega t)$$

$$= \frac{I_{DM}}{\pi} = \frac{2}{\pi} I_m = \frac{2}{\pi} \frac{V_m}{R} \tag{3.15}$$

因此,式(3.11)给出的漏极电流波形可以写为

$$i_D = \begin{cases} I_I \pi \cos \omega t & \left(-\dfrac{\pi}{2} < \omega t \leqslant \dfrac{\pi}{2}\right) \\ 0 & \left(\dfrac{\pi}{2} < \omega t \leqslant \dfrac{3\pi}{2}\right) \end{cases} \tag{3.16}$$

当 $f = f_0$ 时,漏极-源极的电压波形为

$$v_{DS} = V_I - V_m \cos \omega t = V_I \left(1 - \frac{V_m}{V_I}\right) \cos \omega t = V_I (1 - \xi_1) \cos \omega t \tag{3.17}$$

其中

$$\xi_1 = \frac{V_m}{V_I} \tag{3.18}$$

当 $f = f_0$ 时,晶体管的瞬时功率损耗为

$$p_D(\omega t) = i_D v_{DS} = \begin{cases} I_I V_I \pi \cos \omega t \left(1 - \dfrac{V_m}{V_I} \cos \omega t\right) & \left(-\dfrac{\pi}{2} < \omega t \leqslant \dfrac{\pi}{2}\right) \\ 0 & \left(\dfrac{\pi}{2} < \omega t \leqslant \dfrac{3\pi}{2}\right) \end{cases} \tag{3.19}$$

因此,晶体管的归一化瞬时功率损耗为

$$\frac{p_D(\omega t)}{P_I} = \begin{cases} \pi \cos \omega t \left(1 - \dfrac{V_m}{V_I} \cos \omega t\right) & \left(-\dfrac{\pi}{2} < \omega t \leqslant \dfrac{\pi}{2}\right) \\ 0 & \left(\dfrac{\pi}{2} < \omega t \leqslant \dfrac{3\pi}{2}\right) \end{cases} \tag{3.20}$$

图 3.5 给出了当 $f = f_0$ 时,B 类射频功率放大器在不同 V_m/V_I 值下的归一化瞬时功率损耗。由图可见,随着比值 V_m/V_I 的增加,$P_D(\omega t)/P_I$ 的峰值降低,因而可以获得较高的漏极效率。

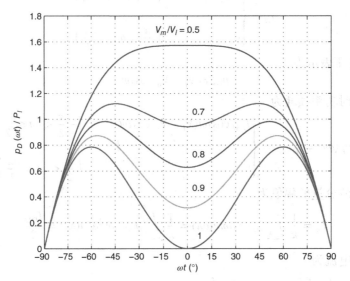

图 3.5 当 $f = f_0$ 时,不同 V_m/V_I 值下的 B 类射频功率放大器
归一化瞬时功率损耗 $P_D(\omega t)/P_I$

在 $f \neq f_0$ 时,晶体管的归一化瞬时功率损耗为

$$\frac{p_D(\omega t)}{P_I} = \begin{cases} \pi \cos \omega t \left[1 - \dfrac{V_m}{V_I} \cos(\omega t + \phi) \right] & \left(-\dfrac{\pi}{2} < \omega t \leqslant \dfrac{\pi}{2} \right) \\ 0 & \left(\dfrac{\pi}{2} < \omega t \leqslant \dfrac{3\pi}{2} \right) \end{cases} \qquad (3.21)$$

3.2.3 B 类射频功率放大器的功率关系

由直流电源 V_I 定义直流电阻为

$$R_{DC} = \frac{V_I}{I_I} = \frac{\pi}{2} \frac{V_I}{V_m} R \qquad (3.22)$$

当 $V_m = V_I$ 时,有

$$I_{Imax} = \frac{2}{\pi} \frac{V_I}{R} \qquad (3.23)$$

因此有

$$R_{DCmin} = \frac{V_I}{I_{Imax}} = \frac{\pi}{2} R \qquad (3.24)$$

当 $V_m = 0$ 时,R_{DC} 有最大值,且 $R_{DCmax} = \infty$。

输出电压的振幅为

$$V_m = R I_m = \frac{R I_{DM}}{2} = \frac{1}{4} \mu_{n0} C_{ox} \left(\frac{W}{L} \right) R V_{gsm} \qquad (3.25)$$

直流电源的功率为

$$P_I = I_I V_I = \frac{I_{DM}}{\pi} V_I = \frac{2}{\pi} V_I I_m = \frac{2}{\pi} \frac{V_I V_m}{R} = \frac{2}{\pi} \left(\frac{V_I^2}{R} \right) \left(\frac{V_m}{V_I} \right) \tag{3.26}$$

忽略无源元件的功率损耗,输出功率 P_O 等于漏极功率 P_{DS},即

$$P_O = P_{DS} = \frac{I_m V_m}{2} = \frac{V_m^2}{2R} = \frac{1}{2} \left(\frac{V_I^2}{R} \right) \left(\frac{V_m}{V_I} \right)^2 \tag{3.27}$$

MOSFET 的漏极功率损耗为

$$P_D = \frac{1}{2\pi} \int_{-\frac{\pi}{2}}^{\frac{\pi}{2}} p_D(\omega t) d(\omega t) = \frac{1}{2\pi} \int_{-\frac{\pi}{2}}^{\frac{\pi}{2}} i_D v_{DS} d(\omega t) = P_I - P_O = \frac{2}{\pi} \frac{V_I V_m}{R} - \frac{V_m^2}{2R}$$

$$= \frac{2}{\pi} \left(\frac{V_I^2}{R} \right) \left(\frac{V_m}{V_I} \right) - \frac{1}{2} \left(\frac{V_I^2}{R} \right) \left(\frac{V_m}{V_I} \right)^2 \tag{3.28}$$

令 P_D 关于 V_m 的导数为零,可以得到最大功率损耗的条件,即

$$\frac{dP_D}{dV_m} = \frac{2}{\pi} \frac{V_I}{R} - \frac{V_m}{R} = 0 \tag{3.29}$$

可见,产生最大功率损耗的 V_m 临界值为

$$V_{m(cr)} = \frac{2V_I}{\pi} \tag{3.30}$$

因此,晶体管漏极的最大功率损耗为

$$P_{Dmax} = \frac{4}{\pi^2} \frac{V_I^2}{R} - \frac{2}{\pi^2} \frac{V_I^2}{R} = \frac{2}{\pi^2} \frac{V_I^2}{R} \tag{3.31}$$

图 3.6 给出了 B 类射频功率放大器归一化的直流电源功率 $P_I/(V_I^2/R)$、归一化的漏极功率 $P_O/(V_I^2/R)$ 和归一化的漏极功率损耗 $P_D/(V_I^2/R)$ 与 V_m/V_I 的函数关系曲线。

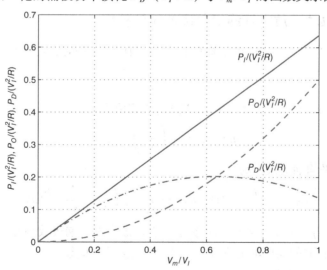

图 3.6　B 类射频功率放大器 (V_I^2/R)、$P_O/(V_I^2/R)$、$P_D/(V_I^2/R)$ 与 V_m/V_I 的关系曲线

3.2.4　B 类射频功率放大器的漏极效率

B 类射频功率放大器的漏极效率为

$$\eta_D = \frac{P_{DS}}{P_I} = \frac{V_m^2/(2R)}{2V_I V_m/(\pi R)} = \frac{\pi}{4} \left(\frac{V_m}{V_I} \right) \tag{3.32}$$

当 $V_{m(max)} = V_I$ 时,得到最大漏极效率为

$$\eta_{Dmax} = \frac{P_{DSmax}}{P_I} = \frac{\pi}{4} \approx 78.54\% \tag{3.33}$$

图 3.7 给出了 B 类射频功率放大器漏极效率 η_D 与 V_m/V_I 的函数关系曲线。对于一个实际的 MOSFET 而言,$V_{m(max)} = V_I - V_{DS(min)} \leqslant V_I - V_{DSsat}$,因此,获得的最大漏极效率为

$$\eta_{Dmax} = \frac{\pi}{4}\left(\frac{V_{m(max)}}{V_I}\right) = \frac{\pi}{4}\frac{(V_I - v_{DSmin})}{V_I} = \frac{\pi}{4}\left(1 - \frac{v_{DSmin}}{V_I}\right) \tag{3.34}$$

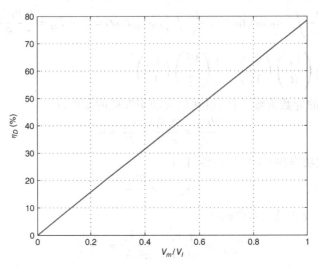

图 3.7　B 类射频功率放大器漏极效率 η_D 与 V_m/V_I 的关系曲线

3.2.5　B 类射频功率放大器漏极效率的统计特征

假设输出电压的瑞利概率密度函数(Probability Density Function,PDF)为

$$h(V_m) = \frac{V_m}{\sigma^2}e^{-\frac{V_m^2}{2\sigma^2}} \tag{3.35}$$

瞬时漏极效率 η_D 与概率密度函数 $h(V_m)$ 的乘积项为

$$\eta_D h(V_m) = \frac{\pi}{4}\left(\frac{V_m}{V_I}\right)\frac{V_m}{\sigma^2}e^{-\frac{V_m^2}{2\sigma^2}} \tag{3.36}$$

因此,长期的平均漏极效率为

$$\eta_{D(AV)} = \int_0^{V_I}\eta_D h(V_m)dV_m = \int_0^{V_I}\frac{\pi}{4}\left(\frac{V_m}{V_I}\right)\frac{V_m}{\sigma^2}e^{-\frac{V_m^2}{2\sigma^2}}dV_m \tag{3.37}$$

图 3.8 给出了 $V_I = 10$ V,$\sigma = 3$ 时,B 类功率放大器的漏极效率 η_D、瑞利概率密度函数(PDF)$h(V_m)$ 以及它们的乘积项 $\eta_D h(V_m)$ 与 V_m 的函数关系曲线。

漏极功率或输出功率为

$$P_{DS} = P_O = \frac{V_m^2}{2R} \tag{3.38}$$

最大漏极功率或输出功率为

$$P_{DSmax} = P_{Omax} = \frac{V_I^2}{2R} \tag{3.39}$$

因此

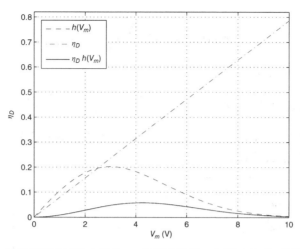

图 3.8 B 类射频功率放大器的 η_D、$h(V_m)$ 以及 $\eta_D h(V_m)$ 与 V_m 的关系曲线

$$\frac{P_O}{P_{Omax}} = \left(\frac{V_m}{V_I}\right)^2 \tag{3.40}$$

即

$$\frac{V_m}{V_I} = \sqrt{\frac{P_O}{P_{Omax}}} \tag{3.41}$$

将式(3.41)代入式(3.32)得到漏极效率为

$$\eta_D = \frac{\pi}{4}\sqrt{\frac{P_O}{P_{Omax}}} \tag{3.42}$$

可见,B 类射频功率放大器漏极效率 η_D 与归一化的输出功率 P_O/P_{Omax} 的平方根成正比。图 3.9 给出了 B 类射频功率放大器漏极效率 η_D 与 P_O/P_{Omax} 的函数关系曲线。

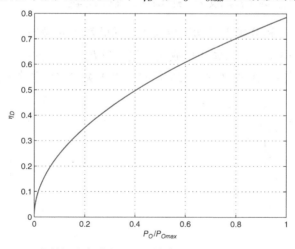

图 3.9 B 类射频功率放大器漏极效率 η_D 与 P_O/P_{Omax} 的关系曲线

若输出功率的瑞利 PDF 为

$$g(P_O) = \frac{P_O}{\sigma^2} e^{-\frac{P_O^2}{2\sigma^2}} \tag{3.43}$$

漏极效率 η_D 与 PDF 的乘积为

$$\eta_D g(P_O) = \frac{\pi}{4} \sqrt{\frac{P_O}{P_{Omax}}} \frac{P_O}{\sigma^2} e^{-\frac{P_O^2}{2\sigma^2}} \tag{3.44}$$

因此，长期的平均漏极效率为

$$\eta_{D(AV)} = \int_0^{P_{Omax}} \eta_D g(P_O) dP_O = \int_0^{P_{Omax}} \frac{\pi}{4} \sqrt{\frac{P_O}{P_{Omax}}} \frac{P_O}{\sigma^2} e^{-\frac{P_O^2}{2\sigma^2}} dP_O \tag{3.45}$$

图 3.10 给出了 $P_{Omax} = 10\text{W}$，$\sigma = 3$ 时，B 类射频功率放大器漏极效率 η_D、瑞利 PDF $g(P_O)$ 以及 $\eta_D g(P_O)$ 与 P_O 的函数关系曲线。

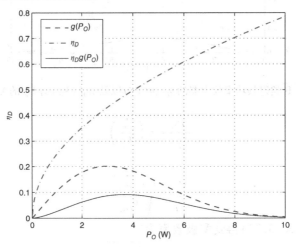

图 3.10　当 $P_{Omax} = 10\text{W}$，$\sigma = 3$ 时 B 类射频功率放大器的 η_D、$g(P_O)$
以及 $\eta_D g(P_O)$ 与 P_O 的关系曲线

3.2.6　A 类与 B 类射频功率放大器的漏极效率比较

图 3.11 给出了 A 类和 B 类射频功率放大器的漏极效率 η_A 和 η_B 与 V_m/V_I 的函数关系曲线。图 3.12 给出了 A 类和 B 类射频功率放大器效率与 P_O/P_{Omax} 的函数关系曲线。由图可见，在任意输出功率下，B 类射频功率放大器的漏极效率比 A 类射频功率放大器的漏极效率高。

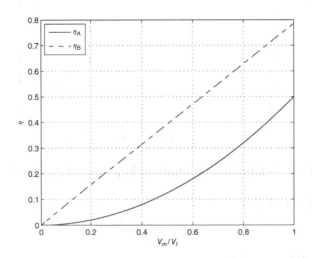

图 3.11　A 类和 B 类射频功率放大器的漏极效率与 V_m/V_I 的关系曲线

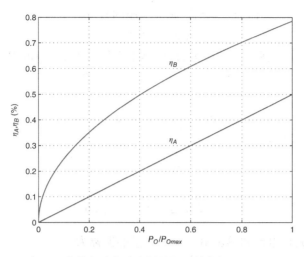

图 3.12　A 类和 B 类射频功率放大器的漏极效率与 P_O/P_{Omax} 的关系曲线

3.2.7　B 类射频功率放大器的输出功率能力

最大漏极电流为

$$I_{DM} = \pi I_I = 2I_m \tag{3.46}$$

最大漏极-源极电压为

$$V_{DSM} = 2V_I = 2V_{m(max)} \tag{3.47}$$

输出功率能力为

$$c_p = \frac{P_{Omax}}{I_{DM}V_{DSM}} = \frac{\eta_{Dmax}P_I}{I_{DM}V_{DSM}} = \eta_{Dmax}\left(\frac{I_I}{I_{DM}}\right)\left(\frac{V_I}{V_{DSM}}\right) = \eta_{Dmax}\alpha_0\beta_0$$

$$= \frac{\pi}{4} \times \frac{1}{\pi} \times \frac{1}{2} = \frac{1}{8} = 0.125 \tag{3.48}$$

对于 B 类射频功率放大器而言,其中的系数 α_0 和 β_0 分别为

$$\alpha_0 = \frac{I_I}{I_{DM}} = \frac{1}{\pi} \tag{3.49}$$

$$\beta_0 = \frac{V_I}{V_{DSM}} = \frac{1}{2} \tag{3.50}$$

另一个确定 c_p 的方法为

$$c_p = \frac{P_{Omax}}{I_{DM}V_{DSM}} = \frac{1}{2}\left(\frac{I_{m(max)}}{I_{DM}}\right)\left(\frac{V_{m(max)}}{V_{DSM}}\right) = \frac{1}{2}\alpha_{1max}\beta_{1max} = \frac{1}{2} \times \frac{1}{2} \times \frac{1}{2} = 0.125 \tag{3.51}$$

对于 B 类射频功率放大器而言,其中的系数 α_1 和 β_1 的最大值分别为

$$\alpha_{1max} = \frac{I_{m(max)}}{I_{DM}} = \frac{1}{2} \tag{3.52}$$

$$\beta_{1max} = \frac{V_{m(max)}}{V_{DSM}} = \frac{1}{2} \tag{3.53}$$

注意到:B 类放大器的 c_p 值与第 2.6.4 节给出的 A 类放大器的 c_p 值相同。

例 3.1　设计一个 B 类射频功率放大器,使得 $f = 2.4$GHz 时传送功率为 20W,带宽 $BW = 480$MHz,电源电压 $V_I = 24$V。

解:假设 MOSFET 的阈值电压 $V_t = 1$V。

对于 B 类射频功率放大器而言,栅极-源极电压的直流分量为

$$V_{GS} = V_t = 1 \, (\text{V}) \tag{3.54}$$

假设栅极-源极电压交流分量的振幅为 $V_{gsm} = 1.5 \text{V}$,因此,漏-源极饱和电压为

$$v_{DSsat} = v_{GS} - V_t = V_{GS} + V_{gsm} - V_t = V_{gsm} = 1.5 \, (\text{V}) \tag{3.55}$$

选择

$$v_{DSmin} = v_{DSsat} + 0.5 \, \text{V} = 1.5 + 0.5 = 2 \, (\text{V}) \tag{3.56}$$

输出电压的最大振幅为

$$V_m = V_I - v_{DSmin} = 24 - 2 = 22 \, (\text{V}) \tag{3.57}$$

负载电阻为

$$R = \frac{V_m^2}{2P_O} = \frac{22^2}{2 \times 20} = 12.1 \, (\Omega) \tag{3.58}$$

选择 $R = 12\Omega$。漏极电流和输出电流基波分量的振幅为

$$I_m = \frac{V_m}{R} = \frac{22}{12} = 1.833 \, (\text{A}) \tag{3.59}$$

直流电源的电流为

$$I_I = \frac{2}{\pi} I_m = \frac{2}{\pi} \times 1.833 = 1.167 \, (\text{A}) \tag{3.60}$$

直流电阻为

$$R_{DC} = \frac{V_I}{I_I} = \frac{24}{1.167} = 20.566 \, (\Omega) \tag{3.61}$$

最大漏极电流为

$$I_{DM} = \pi I_I = \pi \times 1.167 = 3.666 \, (\text{A}) \tag{3.62}$$

最大漏极-源极电压为

$$V_{DSM} = 2V_I = 2 \times 24 = 48 \, (\text{V}) \tag{3.63}$$

假设 $\mu_{n0} C_{\text{ox}} = 0.142 \times 10^{-3} \text{A/V}^2$,$V_t = 1\text{V}$,$L = 0.35 \mu\text{m}$,功率 MOSFET 的沟道宽长比为

$$\frac{W}{L} = \frac{2I_{DM}}{\mu_{n0} C_{ox} v_{DSsat}^2} = \frac{2 \times 3.666}{0.142 \times 10^{-3} \times 1.5^2} = 22\,948 \tag{3.64}$$

取 $W/L = 23\,000$,MOSFET 的沟道宽度为

$$W = \left(\frac{W}{L}\right) L = 23\,000 \times 0.35 \times 10^{-6} = 8.05 \, (\text{mm}) \tag{3.65}$$

因此

$$K = \frac{1}{2} \mu_{n0} \left(\frac{W}{L}\right) = \frac{1}{2} \times 0.142 \times 10^{-3} \times 23\,000 = 1.633 \, (\text{A/V}) \tag{3.66}$$

直流电源的功率为

$$P_I = I_I V_I = 1.167 \times 24 = 28 \, (\text{W}) \tag{3.67}$$

漏极功率损耗为

$$P_D = P_I - P_O = 28 - 20 = 8 \, (\text{W}) \tag{3.68}$$

漏极效率为

$$\eta_D = \frac{P_O}{P_I} = \frac{20}{28} = 71.43\% \tag{3.69}$$

负载品质因数为

$$Q_L = \frac{f}{BW} = \frac{2.4}{0.48} = 5 \tag{3.70}$$

谐振电路元件的电抗为

$$X_L = X_C = \frac{R}{Q_L} = \frac{12}{5} = 2.4\,(\Omega) \tag{3.71}$$

因此得到

$$L = \frac{X_L}{\omega_c} = \frac{2.4}{2\pi \times 2.4 \times 10^9} = 159\,(\text{pH}) \tag{3.72}$$

$$C = \frac{1}{\omega_c X_C} = \frac{1}{2\pi \times 2.4 \times 10^9 \times 2.4} = 27.6\,(\text{pF}) \tag{3.73}$$

射频扼流圈的电抗为

$$X_{Lf} = 10R = 10 \times 12 = 120\,(\Omega) \tag{3.74}$$

因此得到

$$L_f = \frac{X_{Lf}}{\omega_c} = \frac{120}{2\pi \times 2.4 \times 10^9} = 8\,(\text{nH}) \tag{3.75}$$

耦合电容的电抗为

$$X_{Cc} = \frac{R}{10} = \frac{12}{10} = 1.2\,(\Omega) \tag{3.76}$$

因此得到

$$C_c = \frac{1}{\omega_c X_{Cc}} = \frac{1}{2\pi \times 2.4 \times 10^9 \times 1.2} = 54.8\,(\text{pF}) \tag{3.77}$$

3.3 AB 类和 C 类射频功率放大器

3.3.1 AB 类和 C 类射频功率放大器的波形

C 类射频功率放大器的电路与 B 类射频功率放大器的电路相同,但 C 类晶体管的工作点位于截止区。栅极-源极电压的直流分量 V_{GS} 比晶体管的阈值电压 V_t 小,因此,漏极电流的导通角 2θ 小于 $180°$。C 类功率放大器的电压和电流波形如图 3.13 所示,与 B 类放大器的电压和电流波形唯一不同的是由工作点决定的漏极电流的导通角。

栅极-源极电压波形为

$$v_{GS} = V_{GS} + v_{gs} = V_{GS} + V_{gsm}\cos\omega t \tag{3.78}$$

由于

$$v_{GS}(\theta) = V_{GS} + V_{gsm}\cos\theta = V_t \tag{3.79}$$

导通角的余弦值为

$$\cos\theta = \frac{V_t - V_{GS}}{V_{gsm}} \tag{3.80}$$

漏极电流波形的导通角为

$$\theta = \begin{cases} \arccos\left(\dfrac{V_t - V_{GS}}{V_{gsm}}\right) & \left(\dfrac{V_t - V_{GS}}{V_{gsm}} > 0,\ \text{C类}\right) \\[3mm] 180° - \arccos\left(\dfrac{V_t - V_{GS}}{V_{gsm}}\right) & \left(\dfrac{V_t - V_{GS}}{V_{GS}} < 0,\ \text{AB类}\right) \end{cases} \tag{3.81}$$

根据平方律特性,漏极电流的波形为

$$i_D = K(v_{GS} - V_t)^2 = K(V_{GS} + V_{gsm}\cos\omega t - V_t)^2 \qquad (v_{GS} > V_t) \tag{3.82}$$

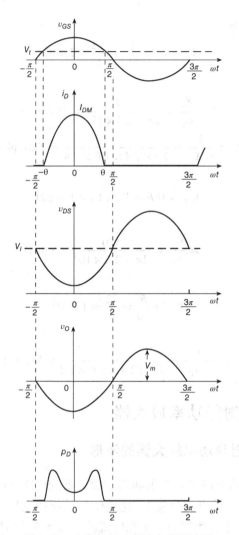

图 3.13　C 类射频功率放大器的波形

漏极电流的最大值为

$$I_{DM} = K(V_{GS} + V_{gsm} - V_t)^2 = K v_{DSsat}^2 \tag{3.83}$$

因此

$$K = \frac{1}{2}\mu_{n0}C_{ox}\left(\frac{W}{L}\right) = \frac{2I_{DM}}{v_{DSsat}^2} = \frac{2I_{DM}}{(V_{GS} + V_{gsm} - V_t)^2} \tag{3.84}$$

即

$$\frac{W}{L} = \frac{2K}{\mu_{n0}C_{ox}} \tag{3.85}$$

根据线性特性,则漏极电流波形为

$$i_D = K_s(v_{GS} - V_t) = K_s(V_{GS} + V_{gsm}\cos\omega t - V_t) \qquad \left(-\frac{\pi}{2} < \omega t \leqslant \frac{\pi}{2}\right) \tag{3.86}$$

其中

$$K_s = \frac{1}{2}C_{ox}W v_{sat} \tag{3.87}$$

对于任意导通角 θ,也就是说对于 AB 类、B 类和 C 类射频功率放大器而言,漏极电流波形为

$$i_D = \begin{cases} I_{DM} \dfrac{\cos \omega t - \cos \theta}{1 - \cos \theta} & (-\theta < \omega t \leqslant \theta) \\ 0 & (\theta < \omega t \leqslant 2\pi - \theta) \end{cases} \tag{3.88}$$

漏极电流波形是一个关于 ωt 的偶函数,满足条件 $i_D(\omega t) = i_D(-\omega t)$。漏极电流波形的傅里叶级数(见附录 D)展开式为

$$i_D(\omega t) = I_I + \sum_{n=1}^{\infty} I_{mn} \cos n\omega t = I_{DM} \left(\alpha_0 + \sum_{n=1}^{\infty} \alpha_n \cos n\omega t \right) \tag{3.89}$$

漏极电流波形的直流分量为

$$\begin{aligned} I_I &= \frac{1}{2\pi} \int_{-\theta}^{\theta} i_D d(\omega t) = \frac{1}{\pi} \int_{0}^{\theta} i_D d(\omega t) = \frac{I_{DM}}{\pi} \int_{0}^{\theta} \frac{\cos \omega t - \cos \theta}{1 - \cos \theta} d(\omega t) \\ &= I_{DM} \frac{\sin \theta - \theta \cos \theta}{\pi(1 - \cos \theta)} = \alpha_0 I_{DM} \end{aligned} \tag{3.90}$$

其中

$$\alpha_0 = \frac{I_I}{I_{DM}} = \frac{\sin \theta - \theta \cos \theta}{\pi(1 - \cos \theta)} \tag{3.91}$$

漏极电流波形基波分量的振幅为

$$\begin{aligned} I_m &= \frac{1}{\pi} \int_{-\theta}^{\theta} i_D \cos \omega t d(\omega t) = \frac{2}{\pi} \int_{0}^{\theta} i_D \cos \omega t d(\omega t) \\ &= \frac{2I_{DM}}{\pi} \int_{0}^{\theta} \frac{\cos \omega t - \cos \theta}{1 - \cos \theta} \cos \omega t d(\omega t) = I_{DM} \frac{\theta - \sin \theta \cos \theta}{\pi(1 - \cos \theta)} = \alpha_1 I_{DM} \end{aligned} \tag{3.92}$$

其中

$$\alpha_1 = \frac{I_m}{I_{DM}} = \frac{\theta - \sin \theta \cos \theta}{\pi(1 - \cos \theta)} \tag{3.93}$$

漏极电流波形第 n 次谐波的振幅为

$$\begin{aligned} I_{mn} &= \frac{1}{\pi} \int_{-\theta}^{\theta} i_D \cos n\omega t d(\omega t) = \frac{2}{\pi} \int_{0}^{\theta} i_D \cos n\omega t d(\omega t) \\ &= \frac{2I_{DM}}{\pi} \int_{0}^{\theta} \frac{\cos \omega t - \cos \theta}{1 - \cos \theta} \cos n\omega t d(\omega t) \\ &= I_{DM} \frac{2}{\pi} \frac{\sin n\theta \cos \theta - n \cos n\theta \sin \theta}{n(n^2 - 1)(1 - \cos \theta)} = \alpha_n I_{DM} \qquad (n \geqslant 2) \end{aligned} \tag{3.94}$$

其中

$$\alpha_n = \frac{I_{mn}}{I_{DM}} = \frac{2}{\pi} \frac{\sin n\theta \cos \theta - n \cos n\theta \sin \theta}{n(n^2 - 1)(1 - \cos \theta)} \qquad (n \geqslant 2) \tag{3.95}$$

图 3.14 给出了 AB 类、B 类和 C 类射频功率放大器漏极电流波形 i_D 的傅里叶系数 α_n 与导通角 θ 的函数关系曲线。

漏极电流波形的基波分量振幅与直流分量振幅的比值为

$$\gamma_1 = \frac{I_m}{I_I} = \frac{I_m/I_{DM}}{I_I/I_{DM}} = \frac{\alpha_1}{\alpha_0} = \frac{\theta - \sin \theta \cos \theta}{\sin \theta - \theta \cos \theta} \tag{3.96}$$

图 3.15 给出了 AB 类、B 类和 C 类射频功率放大器漏极电流波形的基波分量振幅与直流分量振幅的比值 γ_1 与导通角 θ 的函数关系曲线。

用直流电源电流 I_I 表示的漏极电流波形表达式为

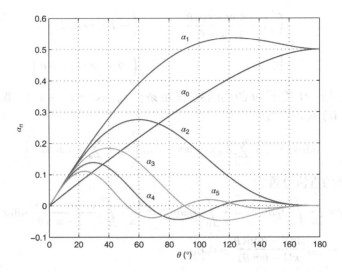

图 3.14　漏极电流 i_D 的傅里叶系数 α_n 与导通角 θ 的关系曲线

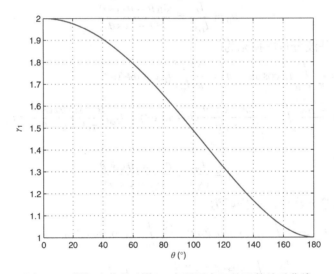

图 3.15　漏极电流的比值 γ_1 与导通角 θ 的函数关系曲线

$$
i_D = \begin{cases}
I_I \dfrac{\pi(\cos\omega t - \cos\theta)}{\sin\theta - \theta\cos\theta} & (-\theta < \omega t \leqslant \theta) \\[4mm]
0 & (\theta < \omega t \leqslant 2\pi - \theta)
\end{cases}
\tag{3.97}
$$

当 $f = f_0$ 时,漏极-源极电压波形为

$$
v_{DS} = V_I - V_m \cos\omega t = V_I\left(1 - \frac{V_m}{V_I}\right)\cos\omega t = V_I(1 - \xi_1)\cos\omega t
\tag{3.98}
$$

其中 $\xi_1 = V_m/V_I$。

当 $f = f_0$ 时,归一化的漏极功率损耗波形表达式为

$$
\frac{p_D(\omega t)}{P_I} = \frac{i_D v_{DS}}{P_I} = \begin{cases}
\dfrac{\pi(\cos\omega t - \cos\theta)}{\sin\theta - \theta\cos\theta}\left(1 - \dfrac{V_m}{V_I}\cos\omega t\right) & (-\theta < \omega t \leqslant \theta) \\[4mm]
0 & (\theta < \omega t \leqslant 2\pi - \theta)
\end{cases}
\tag{3.99}
$$

图 3.16、图 3.17 和图 3.18 分别给出了当 $f = f_0$ 时，$\theta = 120°$、$60°$ 和 $45°$ 情况下的归一化漏极功率损耗 $P_D(\omega t)/P_I$ 的波形。由图可见，随着导通角 θ 的减小，$P_D(\omega t)/P_I$ 的峰值增加。

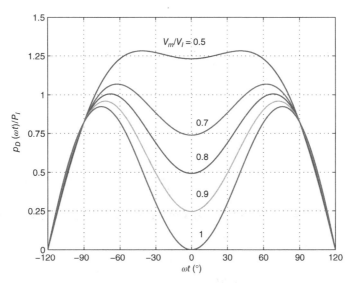

图 3.16　当 $f = f_0$，$\theta = 120°$ 时，AB 类射频功率放大器的归一化漏极功率损耗波形

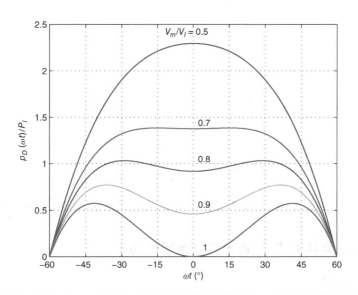

图 3.17　当 $f = f_0$，$\theta = 60°$ 时，C 类射频功率放大器的归一化漏极功率损耗波形

当 $f \neq f_0$ 时，归一化的漏极功率损耗波形表达式为

$$\frac{p_D(\omega t)}{P_I} = \begin{cases} \dfrac{\pi(\cos \omega t - \cos \theta)}{\sin \theta - \theta \cos \theta}\left[1 - \dfrac{V_m}{V_I}\cos(\omega t + \phi)\right] & (-\theta < \omega t \leqslant \theta) \\ 0 & (\theta < \omega t \leqslant 2\pi - \theta) \end{cases} \qquad (3.100)$$

其中 ϕ 是漏极电流峰值与漏极-源极电压最小值之间的相位差。当 $\phi = 15°$，$\theta = 60°$ 时的归一化漏极功率损耗波形如图 3.19 所示。

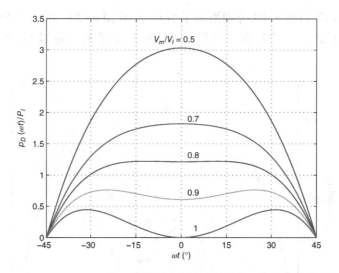

图 3.18 当 $f = f_0, \theta = 45°$ 时, C 类射频功率放大器的归一化漏极功率损耗波形

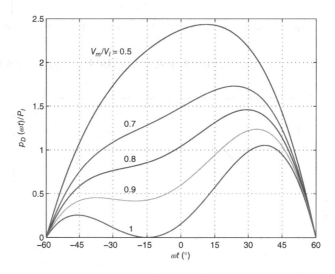

图 3.19 当 $f \neq f_0, \theta = 60°, \phi = 15°$ 时, C 类射频功率放大器的归一化漏极功率损耗波形

3.3.2 AB 类、B 类和 C 类射频功率放大器的功率

直流电源的功率为

$$P_I = I_I V_I = \alpha_0 I_{DM} V_I \tag{3.101}$$

漏极功率为

$$P_{DS} = \frac{1}{2} I_m V_m = \frac{1}{2} \alpha_1 I_{DM} V_m \tag{3.102}$$

晶体管的功率损耗为

$$P_D = P_I - P_{DS} = \alpha_0 I_{DM} V_I - \frac{1}{2} \alpha_1 I_{DM} V_m \tag{3.103}$$

3.3.3 AB 类、B 类和 C 类射频功率放大器的漏极效率

AB 类、B 类和 C 类射频功率放大器的漏极效率为

$$\eta_D = \frac{P_{DS}}{P_I} = \frac{1}{2}\left(\frac{I_m}{I_I}\right)\left(\frac{V_m}{V_I}\right) = \frac{1}{2}\gamma_1\xi_1 = \frac{1}{2}\left(\frac{\alpha_1}{\alpha_0}\right)\left(\frac{V_m}{V_I}\right) = \frac{1}{2}\left(\frac{V_m}{V_I}\right)\frac{\theta - \sin\theta\cos\theta}{\sin\theta - \theta\cos\theta} \tag{3.104}$$

$$= \frac{\theta - \sin\theta\cos\theta}{2(\sin\theta - \theta\cos\theta)}\left(1 - \frac{v_{DSmin}}{V_I}\right)$$

当 V_m/V_I 确定时，A类、AB类、B类和C类射频功率放大器的漏极效率 η_D 与导通角 θ 的函数关系曲线如图3.20所示。由图可见，当 $V_m = V_I$ 时，导通角 θ 从180°减小到0°，漏极效率 η_D 从50%增加到100%。

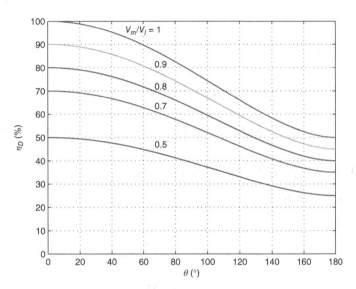

图3.20　不同的 V_m/V_I 下，A类、AB类、B类和C类射频功率放大器的 η_D 与 θ 的关系曲线

3.3.4　AB类、B类和C类射频功率放大器的输出功率能力

由于 $V_{m(max)} \approx V_I$，因此，最大的漏极-源极电压为

$$V_{DSM} = V_I + V_{m(max)} \approx 2V_I \approx 2V_{m(max)} \tag{3.105}$$

最大漏极电流为

$$I_{DM} = \frac{I_m}{\alpha_1} \tag{3.106}$$

输出功率能力为

$$c_p = \frac{P_{Omax}}{V_{DSM}I_{DM}} = \frac{\frac{1}{2}V_{m(max)}I_{m(max)}}{V_{DSM}I_{DM}} = \frac{1}{2}\left(\frac{V_{m(max)}}{2V_I}\right)\left(\frac{I_{m(max)}}{I_{DM}}\right) = \frac{I_m}{4I_{DM}} = \frac{\alpha_{1max}}{4} \tag{3.107}$$

$$= \frac{\theta - \sin\theta\cos\theta}{4\pi(1 - \cos\theta)}$$

式中，$V_{DSM} = 2V_I$。

图3.21给出了A类、AB类、B类和C类射频功率放大器的输出功率能力 c_p 与导通角 θ 的函数关系曲线。由图可见，当导通角 θ 接近零时，c_p 也接近于零。

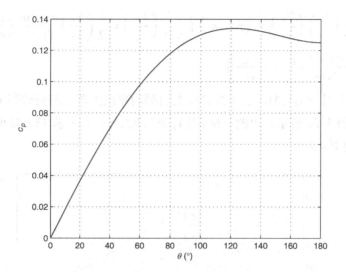

图3.21 A 类、AB 类、B 类和 C 类射频功率放大器的 c_p 与 θ 的关系曲线

3.3.5 $\theta = 120°$ 时 AB 类射频功率放大器的参数

AB 类功率放大器漏极电流的导通角范围为 $90° \leqslant \theta \leqslant 180°$。当导通角 $\theta = 120°$ 时,漏极电流波形的傅里叶系数为

$$\alpha_0 = \frac{I_I}{I_{DM}} = \frac{3\sqrt{3} + 2\pi}{9\pi} \approx 0.406 \tag{3.108}$$

$$\alpha_1 = \frac{I_m}{I_{DM}} = \frac{3\sqrt{3} + 8\pi}{18\pi} \approx 0.5363 \tag{3.109}$$

漏极电流波形基波分量的振幅与直流分量的比值为

$$\gamma_1 = \frac{I_m}{I_I} = \frac{\alpha_1}{\alpha_0} = \frac{3\sqrt{3} + 8\pi}{2(3\sqrt{3} + 2\pi)} = 1.321 \tag{3.110}$$

当 $\theta = 120°$ 时,漏极效率为

$$\eta_D = \frac{P_{DS}}{P_I} = \frac{\eta_{Dmax}P_O}{V_{DSM}I_{DM}} = \frac{3\sqrt{3} + 8\pi}{4(3\sqrt{3} + 2\pi)}\left(1 - \frac{v_{DSmin}}{V_I}\right) \approx 0.6605\left(1 - \frac{v_{DSmin}}{V_I}\right) \tag{3.111}$$

当 $\theta = 120°$ 时,输出功率能力为

$$c_p = \frac{P_O}{V_{DSM}I_{DM}} = \frac{\eta_{Dmax}P_I}{V_{DSM}I_{DM}} = \eta_{Dmax}\frac{V_I I_I}{V_{DSM}I_{DM}} = \frac{3\sqrt{3} + 8\pi}{72\pi} \approx 0.13408 \tag{3.112}$$

例3.2 设计一个满足以下条件的 AB 类功率放大器:$f = 5\text{GHz}$ 时的输出功率为 12W,带宽 $BW = 500\text{MHz}$,导通角 $\theta = 120°$,电源电压 $V_I = 24\text{V}$。

解:假设 MOSFET 的阈值电压为 $V_t = 1\text{V}$,栅极-源极电压的直流分量 $V_{GS} = 1.5\text{V}$。因此,栅极-源极电压交流分量的振幅为

$$V_{gsm} = \frac{V_t - V_{GS}}{\cos\theta} = \frac{1 - 1.5}{\cos 120°} = \frac{1 - 1.5}{-0.5} = 1\ (\text{V}) \tag{3.113}$$

漏极-源极饱和电压为

$$v_{DSsat} = v_{GS} - V_t = V_{GS} + V_{gsm} - V_t = 1.5 + 1 - 1 = 1.5\ (\text{V}) \tag{3.114}$$

设

$$v_{DSmin} = v_{DSsat} + 0.5 \text{ V} = 1.5 + 0.5 = 2 \text{ (V)} \tag{3.115}$$

输出电压的最大振幅为

$$V_m = V_I - v_{DSmin} = 24 - 2 = 22 \text{ (V)} \tag{3.116}$$

假设谐振电路的效率 $\eta_r = 0.8$,则漏极功率为

$$P_{DS} = \frac{P_O}{\eta_r} = \frac{12}{0.8} = 15 \text{ (W)} \tag{3.117}$$

负载电阻为

$$R = \frac{V_m^2}{2P_{DS}} = \frac{22^2}{2 \times 15} = 16.133 \text{ (}\Omega\text{)} \tag{3.118}$$

输出电流的振幅为

$$I_m = \frac{V_m}{R} = \frac{22}{16.133} = 1.3637 \text{ (A)} \tag{3.119}$$

直流电源的电流为

$$I_I = \frac{I_m}{\gamma_1} = \frac{1.3637}{1.321} = 1.0323 \text{ (A)} \tag{3.120}$$

当 $\theta = 120°$ 时,最大漏极电流为

$$I_{DM} = \frac{I_I}{\alpha_0} = \frac{1.0323}{0.406} = 2.5426 \text{ (A)} \tag{3.121}$$

最大漏极-源极电压为

$$V_{DSM} = 2V_I = 2 \times 24 = 48 \text{ (V)} \tag{3.122}$$

根据平方律特性,并假设 $\mu_{n0}C_{ox} = 0.142\text{mA/V}^2$, $V_t = 1\text{V}$, $L = 0.35\mu\text{m}$,可得 MOSFET 的宽长比为

$$\frac{W}{L} = \frac{2I_{DM}}{\mu_{n0}C_{ox}v_{DSsat}^2} = \frac{2 \times 2.5426}{0.142 \times 10^{-3} \times 1.5^2} = 15\ 916 \tag{3.123}$$

取 $W/L = 16\ 000$,则 MOSFET 的沟道宽度为

$$W = \left(\frac{L}{W}\right)L = 16\ 000 \times 0.35 \times 10^{-6} = 5.6 \text{ (mm)} \tag{3.124}$$

因此

$$K = \frac{1}{2}\mu_{n0}C_{ox}\left(\frac{W}{L}\right) = \frac{1}{2} \times 0.142 \times 10^{-3} \times 16\ 000 = 1.136 \text{ (A/V)} \tag{3.125}$$

直流电源的功率为

$$P_I = V_I I_I = 24 \times 1.0323 = 24.775 \text{ (W)} \tag{3.126}$$

漏极功率损耗为

$$P_D = P_I - P_{DS} = 24.775 - 12 = 12.775 \text{ (W)} \tag{3.127}$$

漏极效率为

$$\eta_D = \frac{P_{DS}}{P_I} = \frac{15}{24.775} = 60.055 \tag{3.128}$$

谐振电路的负载品质因数为

$$Q_L = \frac{f_0}{BW} = \frac{5}{0.5} = 10 \tag{3.129}$$

谐振电路元件的电抗为

$$X_L = X_C = \frac{R}{Q_L} = \frac{16.133}{10} = 1.6133 \text{ (}\Omega\text{)} \tag{3.130}$$

因此得到

$$L = \frac{X_L}{\omega_c} = \frac{1.6133}{2\pi \times 5 \times 10^9} = 51.35 \,(\text{pH}) \tag{3.131}$$

$$C = \frac{1}{\omega_c X_C} = \frac{1}{2\pi \times 5 \times 10^9 \times 1.6133} = 19.73 \,(\text{pF}) \tag{3.132}$$

射频扼流圈的电抗为

$$X_{Lf} = 10R = 10 \times 16.133 = 161.33 \,(\Omega) \tag{3.133}$$

$$L_f = \frac{X_{Lf}}{\omega_c} = \frac{161.133}{2\pi \times 5 \times 10^9} = 5.135 \,(\text{nH}) \tag{3.134}$$

耦合电容的电抗为

$$X_{Cc} = \frac{R}{10} = \frac{161.33}{10} = 16.133 \,(\Omega) \tag{3.135}$$

因此得到

$$C_c = \frac{1}{\omega_c X_{Cc}} = \frac{1}{2\pi \times 2.4 \times 10^9 \times 16.133} = 411 \,(\text{pF}) \tag{3.136}$$

3.3.6 $\theta = 60°$时 C 类射频功率放大器的参数

C 类射频功率放大器的导通角 $\theta < 90°$。在典型的导通角 $\theta = 60°$时,漏极电流波形的傅里叶系数为

$$\alpha_0 = \frac{I_I}{I_{DM}} = \frac{\sqrt{3}}{\pi} - \frac{1}{3} \approx 0.218 \tag{3.137}$$

$$\alpha_1 = \frac{I_m}{I_{DM}} = \frac{2}{3} - \frac{\sqrt{3}}{2\pi} \approx 0.391 \tag{3.138}$$

漏极电流波形基波分量的振幅与直流分量的比值为

$$\gamma_1 = \frac{I_m}{I_I} = \frac{\alpha_1}{\alpha_0} = \frac{4\pi - 3\sqrt{3}}{2(3\sqrt{3} - \pi)} = 1.7936 \tag{3.139}$$

当 $\theta = 60°$时,漏极效率为

$$\eta_D = \frac{P_{DS}}{P_I} = \frac{1}{2}\left(\frac{I_m}{I_I}\right)\left(\frac{V_m}{V_I}\right) = \frac{4\pi - 3\sqrt{3}}{4(3\sqrt{3} - \pi)}\left(1 - \frac{v_{DSmin}}{V_I}\right) \approx 0.8968\left(1 - \frac{v_{DSmin}}{V_I}\right) \tag{3.140}$$

当 $\theta = 60°$时,输出功率能力为

$$c_p = \frac{P_{DS}}{V_{DSM} I_{DM}} = \frac{\eta_{Dmax} P_I}{V_{DSM} I_{DM}} = \eta_{Dmax}\frac{V_I I_I}{V_{DSM} I_{DM}} = \frac{1}{6} - \frac{\sqrt{3}}{8\pi} \approx 0.097\,77 \tag{3.141}$$

例 3.3 设计一个满足以下条件的 C 类功率放大器:$f = 2.4\text{GHz}$ 时的输出功率为 6W,带宽 $BW = 240\text{MHz}$,漏极电流导通角 $\theta = 60°$,电源电压 $V_I = 12\text{V}$,栅极驱动功率为 $P_G = 0.6\text{W}$。

解:假设 MOSFET 的阈值电压 $V_t = 1\text{V}$,栅极-源极电压的直流分量 $V_{GS} = 0\text{V}$,则栅极-源极电压交流分量的振幅为

$$V_{gsm} = \frac{V_t - V_{GS}}{\cos\theta} = \frac{1 - 0}{\cos 60°} = \frac{1}{0.5} = 2 \,(\text{V}) \tag{3.142}$$

饱和漏极-源极电压为

$$v_{DSsat} = v_{GS} - V_t = V_{GS} + V_{gsm} - V_t = 0 + 2 - 1 = 1 \,(\text{V}) \tag{3.143}$$

假设最小的漏极-源极电压为 $v_{DSmin} = 1.2\text{V}$,则输出电压的最大振幅为

$$V_m = V_I - v_{DSmin} = 12 - 1.2 = 10.8 \, (\text{V}) \tag{3.144}$$

假设谐振电路的效率 $\eta_r = 70\%$,因此,漏极功率为

$$P_{DS} = \frac{P_O}{\eta_r} = \frac{6}{0.7} = 8.571 \, (\text{W}) \tag{3.145}$$

漏极电阻为

$$R = \frac{V_m^2}{2P_{DS}} = \frac{10.8^2}{2 \times 8.571} = 6.8 \, (\Omega) \tag{3.146}$$

漏极电流基波分量的振幅为

$$I_m = \frac{V_m}{R} = \frac{10.8}{6.8} = 1.588 \, (\text{A}) \tag{3.147}$$

直流电源的电流为

$$I_I = \frac{I_m}{\gamma_1} = \frac{1.588}{1.7936} = 0.8854 \, (\text{A}) \tag{3.148}$$

当 $\theta = 60°$ 时,最大漏极电流为

$$I_{DM} = \frac{I_I}{\alpha_0} = \frac{0.8854}{0.218} = 4.061 \, (\text{A}) \tag{3.149}$$

最大漏极-源极电压为

$$V_{DSM} = 2V_I = 2 \times 12 = 24 \, (\text{V}) \tag{3.150}$$

假设工艺参数为 $K_n = \mu_{n0} C_{ox} = 0.142 \text{mA/V}^2$ 、$V_t = 1\text{V}$,$L = 0.35\mu\text{m}$,得到 MOSFET 的宽长比为

$$\frac{W}{L} = \frac{2I_{DM}}{\mu_{n0} C_{ox} v_{DSsat}^2} = \frac{2 \times 4.061}{0.142 \times 10^{-3} \times 1^2} = 57\ 197 \tag{3.151}$$

取 $W/L = 57\ 200$,得到 MOSFET 的沟道宽度为

$$W = \left(\frac{W}{L}\right) L = 57\ 200 \times 0.35 = 20.02 \, (\text{mm}) \tag{3.152}$$

因此

$$K = \frac{1}{2} \mu_{n0} C_{ox} \left(\frac{W}{L}\right) = \frac{1}{2} \times 0.142 \times 10^{-3} \times 57\ 200 = 4.047 \, (\text{A/V}) \tag{3.153}$$

直流电源的功率为

$$P_I = I_I V_I = 0.8854 \times 12 = 10.6248 \, (\text{W}) \tag{3.154}$$

漏极功率损耗为

$$P_D = P_I - P_{DS} = 10.6248 - 8.571 = 2.0538 \, (\text{W}) \tag{3.155}$$

漏极效率为

$$\eta_D = \frac{P_{DS}}{P_I} = \frac{8.571}{10.6248} = 81.52\% \tag{3.156}$$

射频功率放大器的效率为

$$\eta = \frac{P_O}{P_I} = \frac{6}{10.6248} = 56.47\% \tag{3.157}$$

功率附加效率为

$$\eta_{PAE} = \frac{P_O - P_G}{P_I} = \frac{6 - 0.6}{10.6248} = 50.82\% \tag{3.158}$$

功率增益为

$$k_p = \frac{P_O}{P_G} = \frac{6}{0.6} = 10 \tag{3.159}$$

负载品质因数为

$$Q_L = \frac{f_0}{BW} = \frac{2.4}{0.24} = 10 \tag{3.160}$$

谐振电路元件的电抗为

$$X_L = X_C = \frac{R}{Q_L} = \frac{6.8}{10} = 0.68 \, (\Omega) \tag{3.161}$$

$$L = \frac{X_L}{\omega_0} = \frac{0.68}{2\pi \times 2.4 \times 10^9} = 45.09 \, (\text{pH}) \tag{3.162}$$

$$C = \frac{1}{\omega_0 X_C} = \frac{1}{2\pi \times 2.4 \times 10^9 \times 0.68} = 97.52 \, (\text{pF}) \tag{3.163}$$

射频扼流圈的电抗为

$$X_{Lf} = 10R = 10 \times 6.8 = 68 \, (\Omega) \tag{3.164}$$

因此得到

$$L_f = \frac{X_{Lf}}{\omega_0} = \frac{68}{2\pi \times 2.4 \times 10^9} = 4.509 \, (\text{nH}) \tag{3.165}$$

耦合电容的电抗为

$$X_{Cc} = \frac{R}{10} = \frac{6.8}{10} = 0.68 \, (\Omega) \tag{3.166}$$

因此得到

$$C_c = \frac{1}{\omega_0 X_{Cc}} = \frac{1}{2\pi \times 2.4 \times 10^9 \times 0.68} = 97.52 \, (\text{pF}) \tag{3.167}$$

3.3.7 $\theta = 45°$时 C 类射频功率放大器的参数

当导通角 $\theta = 45°$时,C 类射频功率放大器漏极电流的傅里叶系数为

$$\alpha_0 = \frac{I_I}{I_{DM}} = \frac{\sqrt{2}(4 - \pi)}{4\pi(2 - \sqrt{2})} \approx 0.164\,91 \tag{3.168}$$

$$\alpha_1 = \frac{I_m}{I_{DM}} = \frac{\pi - 2}{2\pi(2 - \sqrt{2})} \approx 0.310\,16 \tag{3.169}$$

漏极电流 I_m/I_I 的比值为

$$\gamma_1 = \frac{I_m}{I_I} = \frac{\alpha_1}{\alpha_0} = \frac{\sqrt{2}(\pi - 2)}{4 - \pi} = 1.8808 \tag{3.170}$$

当 $\theta = 45°$时,漏极效率为

$$\eta_D = \frac{P_{DS}}{P_I} = \frac{\pi - 2}{\sqrt{2}(4 - \pi)}\left(1 - \frac{v_{DSmin}}{V_I}\right) \approx 0.940\,378\left(1 - \frac{v_{DSmin}}{V_I}\right) \tag{3.171}$$

当 $\theta = 45°$时,输出功率能力为

$$c_p = \frac{P_O}{V_{DSM} I_{DM}} = \frac{\pi - 2}{8\pi(2 - \sqrt{2})} \approx 0.077\,54 \tag{3.172}$$

表 3.1 给出了 AB 类、B 类和 C 类功率放大器的系数,它们与 A 类射频功率放大器有相同的谐振电路和匹配电路(第 2 章)时,具有相同的功率损耗和效率。

表 3.1　AB 类、B 类和 C 类功率放大器的参数

$\theta(°)$	α_0	α_1	γ_1	η_D	c_p
10	0.0370	0.0738	1.9939	0.9967	0.01845
20	0.0739	0.1461	1.9756	0.9879	0.03651
30	0.1106	0.2152	1.9460	0.9730	0.05381
40	0.1469	0.2799	1.9051	0.9526	0.06998
45	0.1649	0.3102	1.8808	0.9404	0.07750
50	0.1828	0.3388	1.8540	0.9270	0.08471
60	0.2180	0.3910	1.7936	0.8968	0.09775
70	0.2525	0.4356	1.7253	0.8627	0.10889
80	0.2860	0.4720	1.6505	0.8226	0.11800
90	0.3183	0.5000	1.5708	0.7854	0.12500
100	0.3493	0.5197	1.4880	0.7440	0.12993
110	0.3786	0.5316	1.4040	0.7020	0.13290
120	0.4060	0.5363	1.3210	0.6605	0.13409
130	0.4310	0.5350	1.2414	0.6207	0.13376
140	0.4532	0.5292	1.1675	0.5838	0.13289
150	0.4720	0.5204	1.1025	0.5512	0.13010
160	0.4868	0.5110	1.0498	0.5249	0.12775
170	0.4965	0.5033	1.0137	0.5069	0.12582
180	0.5000	0.5000	1.0000	0.5000	0.12500

例 3.4　设计一个满足以下条件的 C 类功率放大器：$f = 2.4\text{GHz}$ 时的输出功率为 1W，带宽 $BW = 240\text{MHz}$，漏极电流导通角 $\theta = 45°$，电源电压 $V_I = 5\text{V}$。

解：假设 MOSFET 的阈值电压 $V_t = 1\text{V}$，栅极-源极电压的直流分量 $V_{GS} = 0\text{V}$，则栅极-源极电压交流分量的振幅为

$$V_{gsm} = \frac{V_t - V_{GS}}{\cos\theta} = \frac{1-0}{\cos 45°} = 1.414(\text{V}) \tag{3.173}$$

饱和漏极-源极电压为

$$v_{DSsat} = v_{GS} - V_t = V_{GS} + V_{gsm} - V_t = V_{gsm} - V_t = 1.414 - 1 = 0.414(\text{V}) \tag{3.174}$$

输出电压的最大振幅为

$$V_m = V_I - v_{DSmin} = 5 - 0.2 = 4.8(\text{V}) \tag{3.175}$$

负载电阻为

$$R = \frac{V_m^2}{2P_O} = \frac{4.8^2}{2 \times 1} = 11.52(\Omega) \tag{3.176}$$

漏极电流的振幅为

$$I_m = \frac{V_m}{R} = \frac{4.8}{11.52} = 0.4167(\text{A}) \tag{3.177}$$

直流电源的电流为

$$I_I = \frac{I_m}{\gamma_1} = \frac{0.4167}{1.8808} = 0.2216(\text{A}) \tag{3.178}$$

当 $\theta = 45°$ 时，最大漏极电流为

$$I_{DM} = \frac{I_I}{\alpha_0} = \frac{0.2216}{0.16491} = 1.3438\,(\text{A}) \tag{3.179}$$

最大漏极-源极电压为

$$V_{DSM} = 2V_I = 2 \times 5 = 10\,(\text{V}) \tag{3.180}$$

设 $K_n = \mu_{n0}C_{ox} = 0.142\,\text{mA/V}^2, V_t = 1\text{V}, L = 0.35\mu\text{m}$，得到 MOSFET 的宽长比为

$$\frac{W}{L} = \frac{2I_{DM}}{\mu_{n0}C_{ox}\upsilon_{DSsat}^2} = \frac{2 \times 1.3438}{0.142 \times 10^{-3} \times 0.414^2} = 110{,}427 \tag{3.181}$$

取 $W/L = 110\,500$，得到 MOSFET 的沟道宽度为

$$L = \left(\frac{W}{L}\right)L = 110\,500 \times 0.35 \times 10^{-6} = 28.675\,(\text{mm}) \tag{3.182}$$

因此

$$K = \frac{1}{2}\mu_{n0}\left(\frac{W}{L}\right) = \frac{1}{2} \times 0.142 \times 10^{-3} \times 110\,500 = 7.8455\,(\text{mm}) \tag{3.183}$$

直流电源功率为

$$P_I = I_I V_I = 0.2216 \times 5 = 1.108\,(\text{W}) \tag{3.184}$$

漏极功率损耗为

$$P_D = P_I - P_O = 1.108 - 1 = 0.108\,(\text{W}) \tag{3.185}$$

漏极效率为

$$\eta_D = \frac{P_O}{P_I} = \frac{1}{1.108} = 90.25\% \tag{3.186}$$

负载品质因数为

$$Q_L = \frac{f}{BW} = \frac{2.4}{0.24} = 10 \tag{3.187}$$

谐振电路元件的电抗为

$$X_L = X_C = \frac{R}{Q_L} = \frac{11.52}{10} = 1.152\,(\Omega) \tag{3.188}$$

因此得到

$$L = \frac{X_L}{\omega_c} = \frac{1.152}{2\pi \times 2.4 \times 10^9} = 0.07639\,(\text{nH}) \tag{3.189}$$

$$C = \frac{1}{\omega_c X_C} = \frac{1}{2\pi \times 2.4 \times 10^9 \times 1.152} = 57.565\,(\text{pF}) \tag{3.190}$$

射频扼流圈的电抗为

$$X_{Lf} = 10R = 10 \times 20.1667 = 11.52\,(\Omega) \tag{3.191}$$

因此得到

$$L_f = \frac{X_{Lf}}{\omega_c} = \frac{11.52}{2\pi \times 2.4 \times 10^9} = 763.9\,(\text{pH}) \tag{3.192}$$

耦合电容的电抗为

$$X_{Cc} = \frac{R}{10} = \frac{11.52}{10} = 1.152\,(\Omega) \tag{3.193}$$

因此得到

$$C_c = \frac{1}{\omega_c X_{Cc}} = \frac{1}{2\pi \times 2.4 \times 10^9 \times 1.152} = 57.565\,(\text{pF}) \tag{3.194}$$

3.4　推挽互补式 AB 类、B 类和 C 类射频功率放大器

3.4.1　推挽式射频功率放大电路

推挽式 AB 类、B 类或 C 类射频功率放大电路如图 3.22 所示,该电路由一对互补的晶体管(NMOS 和 PMOS)、并联谐振电路和耦合电容 C_c 组成。两个晶体管具有匹配特性并且为电压控制的电流源。由于电路使用了互补的晶体管,所以称为**互补式推挽放大器**或**互补对称推挽式放大器**。如果晶体管是 MOSFET,则电路称为**推挽式功率放大器**。电路也可以采用互补的双极型晶体管(CBJT):一个 *npn* 晶体管和一个 *pnp* 晶体管。B 类推挽式放大器中,一个晶体管用于放大输入电压大于零的部分,另一个晶体管用于放大输入电压小于零的部分。耦合电容 C_c 阻止来自负载的直流电压,当 NMOS 晶体管截止时,它也能维持 PMOS 晶体管的直流电压为 $V_I/2$。此外,两个晶体管的漏极能连接两个电源电压 V_I。图 3.23 给出了推挽式 B 类射频功率放大器的电流与电压波形。同理,可画出 AB 类和 C 类放大器的波形。

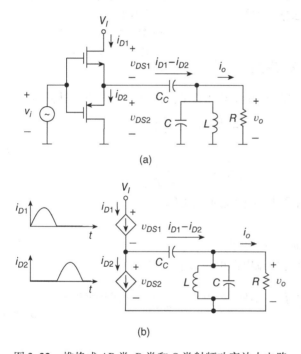
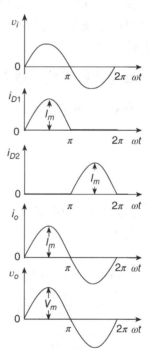

图 3.22　推挽式 AB 类、B 类和 C 类射频功率放大电路
(a) 电路图;(b) 等效电路图

图 3.23　推挽式 B 类射频功率放大器的电流与电压波形

3.4.2　推挽式放大器消除偶次谐波

假设两个晶体管是完全相同的。位于上方的 MOSFET 漏极电流傅里叶级数展开式为

$$\begin{aligned}
i_{D1} &= I_D + i_{d1} + i_{d2} + i_{d3} + \cdots \\
&= I_D + I_{dm1}\cos\omega t + I_{dm2}\cos 2\omega t \\
&\quad + I_{dm3}\cos 3\omega t + \cdots
\end{aligned}$$

(3.195)

与上方 MOSFET 的漏极电流相比,位于下方 MOSFET 的漏极电流相移为 $180°$,其傅里叶级数展开式为

$$
\begin{aligned}
i_{D2} &= i_{D1}(\omega t - 180°) \\
&= I_D + I_{dm1}\cos(\omega t - 180°) + I_{dm2}\cos 2(\omega t - 180°) \\
&\quad + I_{dm3}\cos 3(\omega t - 180°) + \cdots \\
&= I_D - I_{dm1}\cos \omega t + I_{dm2}\cos 2\omega t - I_{dm3}\cos 3\omega t + \cdots
\end{aligned}
\tag{3.196}
$$

因此,流过耦合电容 C_c 的负载电流为

$$
i_{D1} - i_{D2} = 2I_{dm1}\cos \omega t + 2I_{dm3}\cos 3\omega t + \cdots
\tag{3.197}
$$

图 3.24 给出了两个漏极电流和它们差值的频谱。由图可见,推挽式功率放大器中,负载电流的所有偶次谐波被消除,减小了输出电压的失真和总的谐波失真。仅剩的奇次谐波需要由具有带通滤波特性的并联谐振电路滤除。各种类型的推挽式放大器都具有这样的特性。

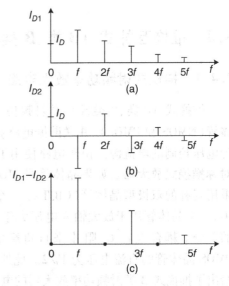

图 3.24 推挽式 B 类射频功率放大器的漏极电流与输出电流的频谱
(a) 漏极电流 i_{D1} 的频谱;
(b) 漏极电流 i_{D2} 的频谱;
(c) 漏极电流差 $i_{D1} - i_{D2}$ 的频谱

3.4.3 推挽式射频功率放大器的功率关系

在 B 类 CMOS 推挽式射频功率放大器中,n 沟道 MOSFET 的漏极电流波形表达式为

$$
i_{D1} = \begin{cases}
I_m \cos \omega t & \left(-\dfrac{\pi}{2} < \omega t \leqslant \dfrac{\pi}{2}\right) \\[2mm]
0 & \left(\dfrac{\pi}{2} < \omega t \leqslant \dfrac{3\pi}{2}\right)
\end{cases}
\tag{3.198}
$$

式中,I_m 是输出电流的振幅,等于每个晶体管漏极电流的峰值 I_{DM}。

输出电压为

$$
v_o = V_m \cos \omega t
\tag{3.199}
$$

n 沟道 MOSFET 漏极电流的直流分量与直流电源的电流相等,即

$$
\begin{aligned}
I_{D1} = I_I &= \frac{1}{2\pi}\int_{-\pi/2}^{\pi/2} i_{D1}\, d(\omega t) = \frac{1}{2\pi}\int_{-\pi/2}^{\pi/2} I_m \cos \omega t\, d(\omega t) = \frac{1}{\pi}\int_{0}^{\pi/2} I_m \cos \omega t\, d(\omega t) \\
&= \frac{I_m}{\pi} = \frac{V_m}{\pi R}
\end{aligned}
\tag{3.200}
$$

放大器的直流电源功率为

$$
P_I = 2V_I I_I = \frac{2V_I I_m}{\pi} = \frac{2V_I V_m}{\pi R}
\tag{3.201}
$$

直流电阻为

$$
R_{DC} = \frac{2V_I}{I_I} = \frac{2\pi V_I}{V_m}R = 2\pi R
\tag{3.202}
$$

当 $V_m = 0$ 时,$R_{DC} = \infty$;当 $V_m = V_I$ 时,直流电阻为

$$
R_{DCmin} = \frac{2V_I}{I_{Imax}} = \frac{2\pi V_I}{V_{m(max)}} = \frac{2\pi V_m}{I_m} = 2\pi R
\tag{3.203}
$$

n 沟道 MOSFET 漏极电流基波分量的振幅为

$$I_{dm1} = \frac{1}{\pi} \int_{-\pi/2}^{\pi/2} i_{D1} \cos \omega t d(\omega t) = \frac{1}{\pi} \int_{-\pi/2}^{\pi/2} I_m \cos^2 \omega t d(\omega t) = \frac{2}{\pi} \int_0^{\pi/2} I_m \cos^2 \omega t d(\omega t)$$

$$= \frac{2}{\pi} \int_0^{\pi/2} \frac{I_m}{2} (1 + \cos 2\omega t) d(\omega t) = \frac{I_m}{2} = \frac{V_m}{2R} \tag{3.204}$$

输出电流为

$$i_o = I_m \cos \omega t \tag{3.205}$$

其中

$$I_m = \frac{V_m}{R} = 2I_{dm1} \tag{3.206}$$

交流输出功率为

$$P_O = \frac{V_m I_m}{2} = \frac{V_m^2}{2R} = \frac{R I_m^2}{2} \tag{3.207}$$

两个晶体管的漏极功率损耗为

$$P_D = P_I - P_O = \frac{2V_I V_m}{\pi R} - \frac{V_m^2}{2R} \tag{3.208}$$

令 P_D 关于 V_m 的导数为零,即

$$\frac{dP_D}{dV_m} = \frac{2V_I}{\pi R} - \frac{V_m}{R} = 0 \tag{3.209}$$

得到漏极功率损耗为最大值 P_{Dmax} 时,V_m 的临界值为

$$V_{m(cr)} = \frac{2V_I}{\pi} \tag{3.210}$$

因此,两个晶体管总的最大功率损耗为

$$P_{Dmax} = \frac{2V_I^2}{\pi^2 R} \tag{3.211}$$

每一个晶体管的最大功率损耗为

$$P_{Dmax(Q_N)} = P_{Dmax(Q_P)} = \frac{P_{Dmax}}{2} = \frac{V_I^2}{\pi^2 R} \tag{3.212}$$

放大器的漏极效率为

$$\eta_D = \frac{P_{DS}}{P_I} = \frac{P_O}{P_I} = \frac{\pi}{4} \left(\frac{V_m}{V_I} \right) \tag{3.213}$$

当 $V_m = V_I$ 时

$$\eta_{Dmax} = \frac{\pi}{4} = 78.5\% \tag{3.214}$$

当 $V_{m(max)} = V_I - v_{DSsat}$ 时

$$\eta_{Dmax} = \frac{\pi}{4} \left(\frac{V_{m(max)}}{V_I} \right) = \frac{\pi}{4} \left(1 - \frac{v_{DSsat}}{V_I} \right) \tag{3.215}$$

3.4.4　器件应力

晶体管的电流和电压应力分别为

$$I_{DM} = I_m = \pi I_I \tag{3.216}$$

$$V_{DSM} = 2V_I \tag{3.217}$$

流过谐振电感和电容的电流振幅为

$$I_{Lm} = I_{Cm} = Q_L I_m \tag{3.218}$$

输出功率能力为

$$c_p = \frac{P_{Omax}}{2I_{DM}V_{DSM}} = \frac{1}{4}\left(\frac{I_{m(max)}}{I_{DM}}\right)\left(\frac{V_{m(max)}}{V_{DSM}}\right) = \frac{1}{4} \times 1 \times \frac{1}{2} = \frac{1}{8} \tag{3.219}$$

例 3.5 设计一个满足以下条件的 B 类 CMOS 推挽式射频功率放大器: $f = 1.8\,\text{GHz}$ 时的输出功率为 50W,带宽 $BW = 180\,\text{MHz}$,电源电压 $V_I = 48\,\text{V}$。

解: 假设 MOSFET 的阈值电压 $V_t = 1\,\text{V}$,因此,栅极-源极电压的直流分量为

$$V_{GS} = V_t = 1 \text{ V} \tag{3.220}$$

假设栅极-源极正弦波电压的振幅 $V_{gsm} = 1\,\text{V}$,因此,

$$v_{DSsat} = V_{GS} + V_{gsm} - V_t = V_t + V_{gsm} - V_t = V_{gsm} = 1\,(\text{V}) \tag{3.221}$$

假设谐振电路的效率 $\eta_r = 0.95$,则漏极功率为

$$P_{DS} = \frac{P_O}{\eta_r} = \frac{50}{0.95} = 52.632\,(\text{W}) \tag{3.222}$$

输出电压的振幅与漏极-源极的电压振幅相等,即

$$V_m = V_{dsm} = V_I - v_{DSsat} = 48 - 1 = 47\,(\text{V}) \tag{3.223}$$

负载电阻为

$$R = \frac{V_m^2}{2P_{DS}} = \frac{47^2}{2 \times 52.632} = 20.985\,(\Omega) \tag{3.224}$$

漏极效率为

$$\eta_D = \frac{\pi}{4}\left(1 - \frac{v_{DSsat}}{V_I}\right) = \frac{\pi}{4}\left(1 - \frac{1}{48}\right) = 76.86\% \tag{3.225}$$

直流输入功率为

$$P_I = \frac{P_{DS}}{\eta_D} = \frac{52.632}{0.7686} = 68.4778\,(\text{W}) \tag{3.226}$$

直流输入电流为

$$I_I = \frac{P_I}{V_I} = \frac{68.4778}{48} = 1.4267\,(\text{A}) \tag{3.227}$$

漏极电流基波分量的振幅为

$$I_m = I_{DM} = \frac{V_m}{R} = \frac{47}{20.985} = 2.2395\,(\text{A}) \tag{3.228}$$

总效率为

$$\eta = \frac{P_O}{P_I} = \frac{50}{68.4778} = 73.02\% \tag{3.229}$$

两个晶体管的最大功率损耗为

$$P_{Dmax} = \frac{2V_I^2}{\pi^2 R} = \frac{2 \times 48^2}{\pi^2 \times 20.985} = 22.24\,(\text{W}) \tag{3.230}$$

假设两个晶体管是完全一样的,即功率损耗相同

$$P_{Dmax(Q_N)} = P_{Dmax(Q_P)} = \frac{V_I^2}{\pi^2 R} = \frac{48^2}{\pi^2 \times 20.985} = 11.124\,(\text{W}) \tag{3.231}$$

因此,每一个晶体管的最大功率损耗为

$$P_{Dmax} = \frac{V_I^2}{\pi^2 R} = \frac{48^2}{\pi^2 \times 20.985} = 11.124\,(\text{W}) \tag{3.232}$$

最大漏极电流为

$$I_{DM} = I_{dm} = 2.2395\,(\text{A}) \tag{3.233}$$

最大漏极-源极电压为

$$V_{DSM} = 2V_I = 2 \times 48 = 96\,(\text{V}) \tag{3.234}$$

负载品质因数为

$$Q_L = \frac{f_c}{BW} = \frac{1800}{180} = 10 \tag{3.235}$$

谐振电感为

$$L = \frac{R_L}{\omega_c Q_L} = \frac{20.985}{2\pi \times 1.8 \times 10^9 \times 10} = 0.1855\,(\text{nH}) \tag{3.236}$$

谐振电容为

$$C = \frac{Q_L}{\omega_c R_L} = \frac{10}{2\pi \times 1.8 \times 10^9 \times 20.985} = 42.1\,(\text{pF}) \tag{3.237}$$

隔直电容的电抗为

$$X_{C_c} = \frac{R}{10} = \frac{20.985}{10} = 2.0985\,(\Omega) \tag{3.238}$$

因此

$$C_c = \frac{1}{\omega_c X_{Cc}} = \frac{1}{2\pi \times 1.8 \times 10^9 \times 2.0985} = 42.13\,(\text{pF}) \tag{3.239}$$

设工艺参数 $K_n = \mu_{n0}C_{ox} = 0.142\,\text{mA/V}^2, L = 0.35\,\mu\text{m}$，得到 n 沟道 MOSFET 的宽长比为

$$\left(\frac{W}{L}\right)_{Q_N} = \frac{2I_{DM}}{K_n v_{DSsat}^2} = \frac{2 \times 2.2396}{0.142 \times 10^{-3} \times 1^2} = 209\,517 \tag{3.240}$$

取 $W/L = 210\,000$，得到 n 沟道 MOSFET 的沟道宽度为

$$W_{Q_N} = \left(\frac{W}{L}\right)_{Q_N} L = 210\,000 \times 0.35 \times 10^{-3} = 73.5\,(\text{mm}) \tag{3.241}$$

p 沟道 MOSFET 的宽长比为

$$\left(\frac{W}{L}\right)_{Q_P} = \frac{\mu_{n0}}{\mu_{p0}}\left(\frac{W}{L}\right)_{Q_N} = 2.7\left(\frac{W}{L}\right)_{Q_N} = 2.7 \times 210\,000 = 567\,000 \tag{3.242}$$

p 沟道 MOSFET 的沟道宽度为

$$W_{Q_P} = \left(\frac{W}{L}\right)_{Q_P} L = 567\,000 \times 0.35 \times 10^{-3} = 198.45\,(\text{mm}) \tag{3.243}$$

3.5 变压器耦合的 B 类推挽式射频功率放大器

3.5.1 波形

变压器耦合的推挽式 AB 类、B 类和 C 类射频功率放大电路如图 3.25 所示。图 3.26 给出了这种放大器的电流和电压波形。

输出电流的波形表达式为

$$i_o = I_m \sin \omega t = nI_{dm} \sin \omega t \tag{3.244}$$

式中，I_m 是输出电流的振幅，I_{dm} 是漏极电流的峰值，n 是变压器的初级线圈与次副级线圈的匝数比，并且有

$$n = \frac{I_m}{I_{dm}} = \frac{V_{dm}}{V_m} \tag{3.245}$$

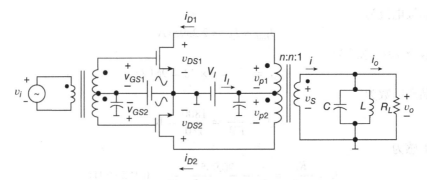

图 3.25　变压器耦合的推挽式 AB 类、B 类和 C 类射频功率放大电路

输出电压为

$$v_o = V_m \sin \omega t = \frac{V_{dm}}{n} \sin \omega t \qquad (3.246)$$

其中,输出电压的振幅为

$$V_m = I_m R_L \qquad (3.247)$$

当另一个初级线圈断开时,每个晶体管看到各自初级线圈的电阻为

$$R = n^2 R_L \qquad (3.248)$$

当驱动电压为正时,晶体管 Q_1 导通、Q_2 截止,电流和电压波形表达式分别为

$$i_{D1} = I_{dm} \sin \omega t = \frac{I_m}{n} \sin \omega t \qquad (0 < \omega t \leqslant \pi) \quad (3.249)$$

$$i_{D2} = 0 \qquad (3.250)$$

$$\begin{aligned} v_{p1} &= -i_{D1} R = -i_{D1} n^2 R_L = v_{p2} = -R I_{dm} \sin \omega t \\ &= -\frac{I_m}{n} R \sin \omega t = -n I_m R_L \sin \omega t \end{aligned} \qquad (3.251)$$

$$\begin{aligned} v_{DS1} &= V_I + v_{p1} = V_I - i_{D1} R = V_I - i_{D1} n^2 R_L \\ &= V_I - I_{dm} R \sin \omega t = V_I - \frac{I_m}{n} R \sin \omega t \\ &= V_I - n I_m R_L \sin \omega t \end{aligned} \qquad (3.252)$$

当驱动电压为负时,晶体管 Q_1 截止、Q_2 导通,电流和电压波形表达式分别为

$$i_{D1} = 0 \qquad (3.253)$$

$$i_{D2} = -I_{dm} \sin \omega t = -\frac{I_m}{n} \sin \omega t \qquad (\pi < \omega t \leqslant 2\pi) \quad (3.254)$$

$$\begin{aligned} v_{p2} &= i_{D2} R = i_{D2} n^2 R_L = v_{p2} \\ &= -I_{dm} R \sin \omega t = -\frac{I_m}{n} R \sin \omega t \\ &= -n I_m R_L \sin \omega t \end{aligned} \qquad (3.255)$$

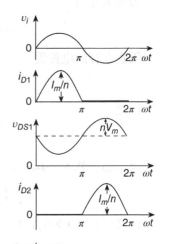

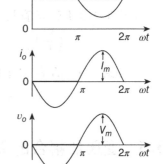

图 3.26　变压器耦合的推挽式 AB 类、B 类和 C 类射频功率放大器的波形

$$v_{DS2} = V_I - v_{p2} = V_I - i_{D2} R = V_I - i_{D2} n^2 R_L = V_I + I_{dm} R \sin \omega t = V_I - \frac{I_m}{n} R_L \sin \omega t \qquad (3.256)$$

$$= V_I + n I_m R_L \sin \omega t$$

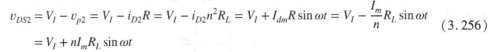

两个 MOSFET 管漏极之间的电压为

$$v_{D1D2} = v_{p1} + v_{p2} = -n^2 R_L(i_{D1} - i_{D2}) = -2nR_L I_m \sin \omega t \tag{3.257}$$

如 3.4.2 节所述,理想情况下所有的偶次谐波被消除。次级线圈两端的电压为

$$v_s = \frac{v_{D1D2}}{2n} = -\frac{nR_L}{2}(i_{D1} - i_{D2}) = -R_L I_m \sin \omega t \tag{3.258}$$

流过直流电压源 V_I 的电流为全波整流过的正弦波,表达式为

$$i_I = i_{D1} + i_{D2} = I_{dm}|\sin \omega t| = \frac{I_m}{n}|\sin \omega t| \tag{3.259}$$

直流电源的电流为

$$I_I = \frac{1}{2\pi}\int_0^{2\pi} I_{dm}|\sin \omega t|d(\omega t) = \frac{1}{2\pi}\int_0^{2\pi}\frac{I_m}{n}|\sin \omega t|d(\omega t) = \frac{2}{\pi}\frac{I_m}{n} = \frac{2}{\pi}\frac{V_m}{nR_L} \tag{3.260}$$

3.5.2　功率关系

直流电源的功率为

$$P_I = V_I I_I = \frac{2}{\pi}\frac{V_I V_m}{nR_L} \tag{3.261}$$

输出功率为

$$P_O = \frac{V_m^2}{2R_L} \tag{3.262}$$

漏极功率损耗为

$$P_D = P_I - P_O = \frac{2}{\pi}\frac{V_I V_m}{nR_L} - \frac{V_m^2}{2R_L} \tag{3.263}$$

功率 P_D 关于输出电压振幅 V_m 的导数为

$$\frac{dP_D}{dV_m} = \frac{2}{\pi}\frac{V_I}{nR_L} - \frac{V_m}{R_L} = 0 \tag{3.264}$$

因此,漏极功率损耗为最大值 P_{Dmax} 时, V_m 的临界值为

$$V_{m(cr)} = \frac{2}{\pi}\frac{V_I}{n} \tag{3.265}$$

两个晶体管的最大漏极功率损耗为

$$P_{Dmax} = \frac{2}{\pi^2}\frac{V_I^2}{n^2 R_L} = \frac{2}{\pi^2}\frac{V_I^2}{R} \tag{3.266}$$

漏极-源极电压的振幅为

$$V_{dm} = \frac{V_m}{n} = \frac{2}{\pi}V_I \tag{3.267}$$

漏极效率为

$$\eta_D = \frac{P_O}{P_I} = \frac{\pi}{4}\frac{V_{dm}}{V_I} = \frac{\pi}{4}\frac{nV_m}{V_I} \tag{3.268}$$

当 $V_{dm} = nV_m = V_I$ 时,直流电源的功率为

$$P_I = V_I I_I = \frac{2}{\pi}\frac{V_I^2}{n^2 R_L} = \frac{2}{\pi}\frac{V_I^2}{R} \tag{3.269}$$

输出功率为

$$P_O = \frac{V_m^2}{2R_L} = \frac{n^2 V_I^2}{2R_L} \tag{3.270}$$

漏极效率为

$$\eta_{Dmax} = \frac{\pi}{4} = 78.5\% \tag{3.271}$$

3.5.3 器件应力

晶体管 MOSFET 的电流和电压应力为

$$I_{DM} = I_{dm} = \frac{I_m}{n} \tag{3.272}$$

$$V_{DSM} = 2V_I \tag{3.273}$$

输出功率能力为

$$c_p = \frac{P_{Omax}}{2I_{DM}V_{DSM}} = \frac{P_{Omax}}{4I_{DM}V_I} = \frac{1}{8}\left(\frac{I_{dm(max)}}{I_{SM}}\right)\left(\frac{V_{m(max)}}{V_I}\right) = \frac{1}{8} \times 1 \times 1 = \frac{1}{8} \tag{3.274}$$

一种带有分接电容的推挽式 AB 类、B 类和 C 类射频功率放大电路如图 3.27 所示,图中给出了流过各电路元件的电流以及负载网络中消除了偶次谐波的电流。图 3.28 给出了带有分接电感的推挽式 AB 类、B 类和 C 类射频功率放大器的电路。令图 3.25 所示推挽式放大器方程中的 $n = 1$,可以得到这两种放大器的所有方程式。

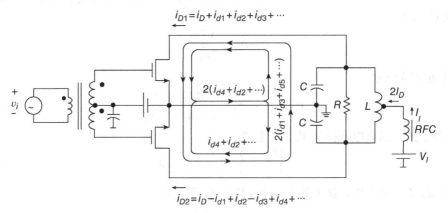

图 3.27 带有分接电容的推挽式 AB 类、B 类和 C 类射频功率放大电路

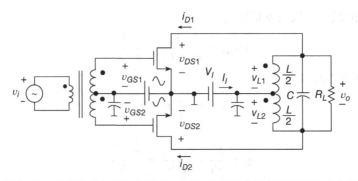

图 3.28 带有分接电感的推挽式 AB 类、B 类和 C 类射频功率放大电路

例 3.6 设计一个满足以下条件的变压器耦合的 B 类功率放大器:$f = 2.4\text{GHz}$ 时的输出功率为 25W,带宽 $BW = 240\text{MHz}$,电源电压 $V_I = 28\text{V}$,$v_{DSmin} = 1\text{V}$。

解: 假设谐振电路的效率 $\eta_r = 0.94$,漏极功率为

$$P_{DS} = \frac{P_O}{\eta_r} = \frac{25}{0.94} = 26.596\,(\text{W}) \tag{3.275}$$

每个晶体管看到的与其并联的初级线圈的电阻为

$$R = \frac{\pi^2}{2} \frac{V_I^2}{P_{DS}} = \frac{\pi^2}{2} \times \frac{28^2}{26.596} = 145.469 \, (\Omega) \tag{3.276}$$

变压器的匝数比为

$$n = \sqrt{\frac{R}{R_L}} = \sqrt{\frac{145.469}{50}} = 1.7 \approx \frac{7}{4} \tag{3.277}$$

漏极-源极电压的最大值为

$$V_{dm} = \pi V_I = \pi \times 28 = 87.965 \, (V) \tag{3.278}$$

漏极电流的振幅为

$$I_{dm} = \frac{V_{dm}}{R} = \frac{87.965}{145.469} = 0.605 \, (A) \tag{3.279}$$

输出电压的振幅为

$$V_m = \frac{V_{dm}}{n} = \frac{87.965}{1.7} = 51.74 \, (V) \tag{3.280}$$

输出电流的振幅为

$$I_m = \frac{V_m}{R_L} = \frac{51.74}{50} = 1.0348 \, (A) \tag{3.281}$$

直流电源的电流为

$$I_I = \frac{\pi}{2} I_{dm} = \frac{\pi}{2} \times 0.605 = 0.95 \, (A) \tag{3.282}$$

直流电源的功率为

$$P_I = V_I I_I = 28 \times 0.95 = 26.6 \, (W) \tag{3.283}$$

总效率为

$$\eta = \frac{P_O}{P_I} = \frac{25}{26.6} = 93.98\% \tag{3.284}$$

负载品质因数为

$$Q_L = \frac{f_c}{BW} = \frac{2.4}{0.24} = 10 \tag{3.285}$$

谐振电感为

$$L = \frac{R_L}{\omega_c Q_L} = \frac{50}{2\pi \times 2.4 \times 10^9 \times 10} = 0.3316 \, (nH) \tag{3.286}$$

谐振电容为

$$C = \frac{Q_L}{\omega_c R_L} = \frac{10}{2\pi \times 2.4 \times 10^9 \times 50} = 13.26 \, (pF) \tag{3.287}$$

3.6 变包络信号的 AB 类、B 类和 C 类射频功率放大器

图 3.29 给出了一种带有漏极或集电极调幅的发射机模块框图,图中,音频功率放大器放大低频调制信号,被放大低频调制信号用于改变射频功率放大器直流电源的电压。理想情况下,射频功率放大器的振幅直接与直流电源的电压成比例。图 3.30 给出了带调幅的 AB 类、B 类和 C 类功率放大电路。在这些放大器中,将调制电压源 v_m 与漏极直流电压源 V_I 串联得到 AM 调制信号,C 类射频功率放大器被偏置在欧姆(线性)区。栅极-源极电压 v_{GS} 的振幅 V_{gsm} 是

恒定的,其频率为载波频率f_c。直流栅极-源极电压V_{GS}是固定的,因此,漏极电流i_D的导通角θ也是固定的。这些电路需要一个音频变压器。

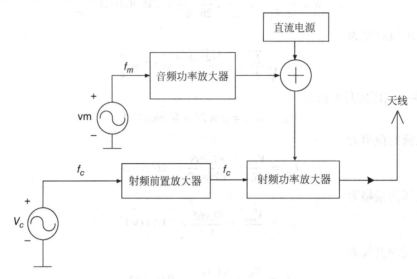

图 3.29　带有漏极或集电极调幅的调幅发射机原理框图

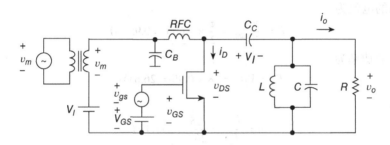

图 3.30　具有漏极调幅的射频发射机

AB 类、B 类和 C 类放大器可以放大变包络信号,例如调幅信号。调幅栅极-源极电压的交流分量为

$$v_{gs(AM)} = V_{gsm}(1 + m_{in}\cos\omega_m t)\cos\omega_c t \tag{3.288}$$

总的调幅栅极-源极电压为

$$v_{GS} = V_{GS} + v_{gs(AM)} = V_{GS} + V_{gsm}(1 + m_{in}\cos\omega_m t)\cos\omega_c t \tag{3.289}$$

功率 MOSFET 的调幅漏极电流波形表达式为

$$i_D = \frac{1}{2}C_{ox}Wv_{sat}(v_{GS} - V_t)$$

$$= \frac{1}{2}C_{ox}Wv_{sat}[V_{GS} - V_t + V_{gsm}(1 + m_{in}\cos\omega_m t)\cos\omega_c t] \quad (v_{GS} > V_t) \tag{3.290}$$

假设并联谐振电路的阻抗Z与R相等(例如,$Z \approx R$),得到调幅漏极-源极电压为

$$v_{DS} \approx Ri_D$$

$$= \frac{1}{2}C_{ox}Wv_{sat}R[V_{GS} - V_t + V_{gsm}(1 + m_{in}\cos\omega_m t)\cos\omega_c t] \quad (v_{GS} > V_t) \tag{3.291}$$

射频功率放大器中的晶体管相当于一个电压控制的电流源,其工作类别的选择,即工作点Q的选择,对变包络信号的非线性失真有很大影响。图 3.31 给出了 AB 类、B 类和 C 类放大器中调幅信号的放大过程示意图。图 3.31(a)是 AB 类放大器放大调幅信号的过程,产生的

调幅输出电压 $m_{out} > m_{in}$，输出电压比输入信号的调制浅。图 3.31(b)是 B 类放大器放大调幅信号的过程，此时 $m_{out} = m_{in}$。B 类放大器相当于一个线性射频功率放大器，它的特性 $v_{DS} = f(v_{GS} - V_t)$ 从起点开始几乎是线性的。图 3.31(c)是 C 类放大器放大调幅信号的过程，产生的调幅输出信号 $m_{out} < m_{in}$，输出电压比输入信号调制深。AB 类和 C 类放大器能用于放大调制指数 m 较小的调幅信号。

AB 类、B 类和 C 类功率放大器可以用来放大恒包络信号，例如调频信号和调相信号。

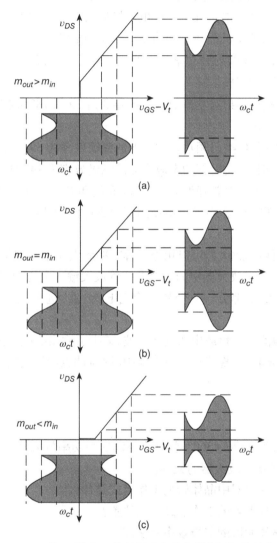

图 3.31　AB 类、B 类和 C 类射频功率放大器中调幅信号的放大
（a）AB 类放大器（$m_{out} > m_{in}$）；（b）B 类线性射频功率放大器（$m_{out} = m_{in}$）；（c）C 类放大器（$m_{out} < m_{in}$）

3.7　本章小结

- B 类射频功率放大器由晶体管、并联谐振电路、射频扼流圈和隔直电容组成。
- B 类功率放大器中的晶体管相当于一个受控电流源。
- B 类功率放大器的漏极或集电极电流导通角 2θ 为 $180°$。

- B 类功率放大器的漏极效率 η_D 高。
- B 类射频功率放大器的最大漏极效率 $\eta_D = 78.5\%$。
- B 类射频功率放大器的漏极效率与归一化输出功率 P_O/P_{Omax} 的平方根成正比。
- B 类射频功率放大器的漏极效率与归一化的漏源电压交流分量的振幅 V_m/V_I 成正比。
- AB 类射频功率放大器的漏极或集电极电流导通角 2θ 在 180°与 360°之间。
- C 类射频功率放大器的漏极或集电极电流导通角 2θ 小于 180°。
- C 类射频功率放大器中的晶体管相当于一个受控电流源。
- 当 $V_m = V_I$ 时,随着 AB 类射频功率放大器的导通角 2θ 从 360°减小到 180°,其漏极效率 η_D 从 50%增长到 78.5%。
- 当 $V_m = V_I$ 时,随着 C 类射频功率放大器的导通角 2θ 从 180°减小到 0°,漏极效率 η_D 从 78.5%增长到 100%。
- 当 $V_m = V_I, \theta = 60°$时,C 类射频功率放大器的漏极效率为 89.68%。
- 当 $V_m = V_I, \theta = 45°$时,C 类射频功率放大器的漏极效率为 94.04%。
- 由于谐振电路相当于一个带通滤波器,所以 B 类和 C 类射频功率放大器是窄带电路。
- 由于漏极电流的振幅与栅极-源极电压的振幅成正比,所以 B 类和 C 类射频功率放大器是线性的(或者半线性的)。
- B 类和 C 类射频功率放大器可以用做中等功率和大功率的窄带功率放大器。
- 推挽式 B 类射频功率放大器中的一个晶体管放大输入电压的正半部分,另一个晶体管放大输入电压的负半部分。一个晶体管把电流"推"进负载,另一个晶体管将电流从负载"拉"出来。
- 推挽式拓扑结构消除了负载中的偶次谐波,减少了输出的电压失真和总谐波失真。
- 变压器在变压器耦合推挽式功率放大器中具有阻抗匹配功能。

3.8 复习思考题

3.1 当漏极电流导通角 $2\theta < 360°$时,什么驱动射频功率放大器工作?

3.2 列出 B 类射频功率放大器的元件。

3.3 B 类射频功率放大器中晶体管的工作模式是什么?

3.4 B 类射频功率放大器的工作点在什么位置?

3.5 B 类射频功率放大器的漏极效率有多高?

3.6 C 类射频功率放大器中晶体管的工作模式是什么?

3.7 C 类射频功率放大器的工作点在什么位置?

3.8 当 $\theta = 60°$ 和 $\theta = 45°$ 时,C 类射频功率放大器的漏极效率是多少?

3.9 在 B 类和 C 类放大器中,漏极电流和输出电压是否依赖于栅极-源极电压?

3.10 试述推挽式 B 类射频功率放大器的工作原理。

3.11 试述变压器耦合的推挽式 B 类射频功率放大器的工作原理。

3.12 推挽式放大器中,提及了负载中哪种类型的谐波?

3.13 功率放大器中,变压器如何实现阻抗匹配?

3.9 习题

3.1 设计一个 B 类射频功率放大器,需要满足以下条件: $V_I = 3.3\text{V}, P_O = 1\text{W}, BW = 240\text{MHz}, f = 2.4\text{GHz}$。

3.2 设计一个 AB 类射频功率放大器,需要满足以下条件: $V_I = 48\text{V}, P_O = 22\text{W}, \theta = 120°, BW = 90\text{MHz}, f = 0.9\text{GHz}$。

3.3 设计一个 C 类射频功率放大器,需要满足以下条件: $V_I = 3.3\text{V}, P_O = 0.25\text{W}, \theta = 60°, BW = 240\text{MHz}, f = 2.4\text{GHz}$。

3.4 设计一个 C 类射频功率放大器,需要满足以下条件: $V_I = 12\text{V}, P_O = 6\text{W}, \theta = 45°, BW = 240\text{MHz}, f = 2.4\text{GHz}$。

3.5 设计一个 C 类射频功率放大器,需要满足以下条件: $V_I = 28\text{V}, P_O = 20\text{W}, R_L = 50\Omega, \theta = 60°, f_c = 800\text{MHz}$ 和 $BW = 80\text{MHz}$。

3.6 画出推挽式放大器中电流 $|I_{D1}|$、$|I_{D2}|$ 和 $|I_{D1} - I_{D2}|$ 的频谱。

3.7 设计一个 C 类射频功率放大器,需要满足以下条件: $V_I = 10\text{V}, P_O = 5\text{W}, R_L = 50\Omega, \theta = 45°, f_c = 10\text{GHz}$ 和 $BW = 1\text{GHz}$。

3.8 设计一个 C 类射频功率放大器,需要满足以下条件: $P_O = 5\text{W}, V_I = 10\text{V}, R_L = 50\Omega, P_G = 0.5\text{W}, f_c = 10\text{GHz}$。假设 $\eta_r = 0.65$ 且 $\theta = 45°$,试计算元件参数值、器件应力、漏极功率损耗、漏极效率、放大器效率以及功率附加效率。

参考文献

[1] K. L. Krauss, C. V. Bostian, and F. H. Raab, *Solid State Radio Engineering*. New York, NY: John Wiley & Sons, 1980.

[2] M. Albulet, *RF Power Amplifiers*. Atlanta, GA: Noble Publishing Co., 2001.

[3] S. C. Cripps, *RF Power Amplifiers for Wireless Communications*. Norwood, MA: Artech House, 1999.

[4] M. K. Kazimierczuk and D. Czarkowski, *Resonant Power Converters*. New York, NY: John Wiley & Sons, 2011.

[5] T. H. Lee, *The Design of CMOS Radio-Frequency Integrated Circuits*, 2nd Ed. New York, NY: Cambridge University Press, 2004.

[6] A. Grebennikov, *RF and Microwave Power Amplifier Design*. New York, NY: McGraw-Hill, 2005.

[7] L. B. Hallman, "A Fourier analysis of radio-frequency power amplifier waveforms," *Proceedings of the IRE*, vol. 20, no. 10, pp. 1640–1659, 1932.

[8] F. H. Raab, "Class-E, Class-C, and Class-F power amplifiers based upon a finite number of harmonics," *IEEE Transactions on Microwave Theory and Techniques*, vol. 49, no. 8, pp. 1462–1468, 2001.

[9] H. L. Krauss and J. F. Stanford, "Collector modulation of transistor amplifiers," *IEEE Transactions on Circuit Theory*, vol. 12, pp. 426–428, 1965.

[10] M. K. Kazimierczuk, *High-Frequency Magnetic Components*, 2nd Ed., Chichester, UK: John Wiley & Sons, 2014.

第4章 D类射频功率放大器

4.1 引言

1959 年 Baxandall[1] 发明的 D 类射频谐振功率放大器[1~20]，又称为直流-交流(dc-ac)逆变器，可以将直流能量转变为交流能量。该谐振放大器已经广泛应用于各个领域，例如无线发射机、直流－直流谐振变换器、荧光灯上的固态电子镇流器、LED 驱动器、感应加热设备、感应焊接中的高频电加热、表面淬火、焊接和退火、防干扰包装的感应密封、光纤产品以及塑料焊接中的介质加热。D 类放大器中的晶体三极管相当于一个开关，它可以分为以下两种类型：

- 电压开关型（或者电压源型）D 类放大器
- 电流开关型（或者电流源型）D 类放大器

电压开关型 D 类放大器由直流电压源提供馈电，并带有串联谐振电路或者从串联谐振电路衍生出的谐振电路。如果负载的品质因素足够高，则流过谐振电路的电流是正弦波，流过开关的电流为半正弦波。开关两端的电压则为方波。

相比较而言，电流开关型 D 类放大器由一个射频扼流圈和一个直流电压源构成的直流电流源提供馈电，并带有并联谐振电路或者从并联谐振电路衍生出的谐振电路。当负载的品质因素很高时，谐振电路两端的电压是正弦波，开关两端的电压为半正弦波，而流过开关的电流则为方波。

电压开关型 D 类放大器的一个主要优点是每一个晶体管两端的电压都很低，等于供电电压，适合于高压应用。例如，一个整流过的 220V 或 277V 线电压常用做 D 类放大器的反馈电压。另外，可以使用低压 MOSFET 管。这样的 MOSFET 管导通电阻很低，能减少传导损耗和工作结温，从而提高了效率。MOSFET 管的导通电阻 r_{DS} 随着结温的升高而显著增大，这将引起传导损耗 $r_{DS}I_{rms}^2$ 的增加，这里 I_{rms} 是漏极电流的均方根值。通常，温度每上升 100℃（例如从 25℃ 上升到 125℃），r_{DS} 将变为原来的两倍，传导损耗也变为原来的两倍。随温度 T 的增加，MOSFET 管的导通电阻 r_{DS} 也增加，这是因为在 100K ≤ T ≤ 400K 的温度范围内，电子迁移率 $\mu_{n0} \approx K_1/T^{2.5}$ 和空穴的迁移率 $\mu_p \approx K_1/T^{2.7}$ 随温度的增加而降低，这里 K_1 和 K_2 是常数。在许多应用中，能够通过改变工作频率（调频控制）或者相移（相位控制）来控制输出功率或输出电压。

本章将学习 D 类半桥和全桥串联谐振放大器，并通过详细的例子介绍 D 类放大器的设计过程。

4.2 MOSFET 开关

工作在欧姆区的 MOSFET 管的 i_D-v_{DS} 特性方程为

$$i_D = \mu_{n0} C_{ox} \left(\frac{W}{L} \right) \left[(v_{GS} - V_t) v_{DS} - \frac{v_{DS}^2}{2} \right] \qquad (v_{GS} > V_t, \ v_{DS} < v_{GS} - V_t) \qquad (4.1)$$

其中,μ_{n0}是沟道中的低场电子迁移率。

欧姆区的 MOSFET 大信号沟道电阻为

$$r_{DS} = \frac{v_{DS}}{i_D} = \frac{1}{\dfrac{i_D}{v_{DS}}} = \frac{1}{\mu_{n0} C_{ox} \left(\dfrac{W}{L} \right) (v_{GS} - V_t - v_{DS}/2)} \qquad (v_{DS} < v_{GS} - V_t) \qquad (4.2)$$

式(4.2)可简化为

$$r_{DS} \approx \frac{1}{\mu_{n0} C_{ox} \left(\dfrac{W}{L} \right) (v_{GS} - V_t)} \qquad (v_{DS} \ll 2(v_{GS} - V_t)) \qquad (4.3)$$

漏极饱和电流为

$$I_{Dsat} = \frac{1}{2} \mu_{n0} C_{ox} \left(\frac{W}{L} \right) (V_{GSH} - V_t)^2 = \frac{1}{2} K_n v_{DSsat}^2 \qquad (4.4)$$

其中,V_{GSH}是 MOSFET 导通时的高电平栅极-源极电压,$v_{DSsat} = V_{OH} - V_t$,$K_n = \mu_{n0} C_{ox}$。

因为 MOSFET 管工作在开关状态,其漏极最大电流必须远小于漏极饱和电流,即

$$I_{Dsat} = aI_{DM} \qquad (4.5)$$

其中,$a > 1$。

集成的 MOSFET 管或许常用于低功率水平,而分立的功率 MOSFET 管常用于高功率水平。在集成 MOSFET 管中,源极和漏极在芯片表面的同一侧,这导致器件导通时,电流从漏极水平地流向源极。当器件关断时,漏极与衬底之间反偏 pn 结二极管的耗尽区会延伸到轻掺杂短沟道中,导致漏极和源极之间的击穿电压很低。击穿电压与沟道长度 L 成正比,而最大漏极电流与沟道长度 L 成反比。如果需要设计一个击穿电压很高的集成 MOSFET,那么必须增加它的沟道长度 L,这就减少了器件的宽长比 W/L,从而减小了漏极电流的最大值。在集成 MOSFET 管中,两个矛盾的要求被强加于漏极和源极之间的部分:器件工作时,需要短沟道以获得大的漏极电流;器件关断时,需要长沟道以获得高的击穿电压。

分立功率 MOSFET 管的漏极-源极电阻包括沟道电阻 R_{ch},积累区电阻 R_a,颈区电阻 R_n 以及漂移区电阻 R_{DR}[19]。对于高压功率 MOSFET 而言,掺杂浓度要低而漂移区的宽度要大,因此,漂移区电阻是漏源电阻 r_{DS} 的主要组成部分。对于 n 沟道的硅 MOSFET 功率管,漂移区的掺杂水平为 $N_D = 1.293 \times 10^{17}/V_{BD} \, \text{cm}^{-3}$,而且漂移区的最小宽度为 $W_{Dmin}(\mu m) = V_{BD}/10$,其中 V_{BD} 是 MOSFET 管的击穿电压。

4.3 D 类射频功率放大器的电路描述

图 4.1 给出了用脉冲变压器驱动的电压开关型(电压源型)D 类射频功率放大电路,该电路由两个 n 沟道的 MOSFET 管、一个串联谐振电路和一个驱动器组成。这个电路很难驱动上方的 MOSFET 管,除非有一个高的栅极驱动器。脉冲变压器可以驱动这两个 MOSFET 管,变压器的同相输出驱动上面的 MOSFET 管,而变压器的反向输出驱动下面的 MOSFET 管。也可以使用电荷泵型的 IC 驱动电路,图 4.2 给出了一个由 V_I 和 $-V_I$ 两个电源供电的电压开关型 D 类射频功率放大电路[15]。

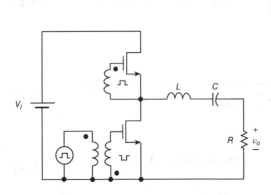

图 4.1 带有串联谐振电路与脉冲变压器驱动器的
电压开关型 D 类半桥射频功率放大器

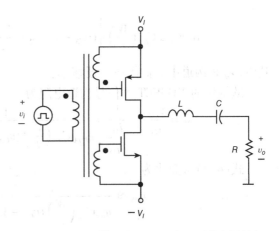

图 4.2 双电源供电的电压开关型 D 类半桥射频
功率放大器

图 4.3 给出的 D 类 CMOS 射频功率放大器电路中，p 沟道 MOSFET 管 Q_P 和 n 沟道 MOSFET 管 Q_N 像数字电路中那样被用做开关器件。这个电路便于集成，适合无线通信系统的射频发射机等高频应用。D 类 CMOS 射频功率放大器仅仅需要一个驱动器。然而，在 MOSFET 管转换期间，这两个晶体管的交叉导通可能会导致漏极电流的尖峰毛刺。不重叠的栅极-源极电压可以减少这个难题，但是驱动器将变得更复杂[17,18]。栅极-源极驱动电压 v_G 的峰-峰值与直流供电电压 V_I 相等或者相近，就像 CMOS 数字电路中那样。因此，这个电路仅仅适用于直流供电电压 V_I 较低的电路，通常在 20V 以下。在直流供电电压 V_I 较高的电路中，栅极-源极电压也高，这会导致栅极 SiO_2 氧化层的击穿。

图 4.4 给出了一个带有镜像电压驱动器或电平转换器的 D 类射频功率放大电路[5]。直流供电电压 V_I 可以比栅极-源极电压的峰-峰值高得多。因此，这个电路被用于高压应用。

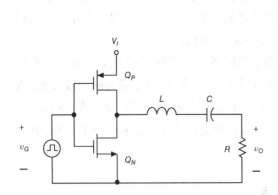

图 4.3 带有串联谐振电路的 CMOS 电压开关型
D 类半桥射频功率放大器

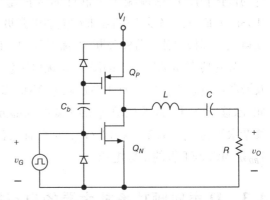

图 4.4 带有镜像电压驱动器的 D 类半桥射频
功率放大器[5]

图 4.5(a) 给出了一个带有串联谐振电路(和一个脉冲变压器驱动器)的 D 类半桥射频功率放大电路，该电路包含了两个双向的开关 S_1 和 S_2 以及一个 LCR 串联谐振电路。每个开关包含一个晶体管和一个反向并联的二极管。对于感性负载而言，MOSFET 管衬底与漏极之间固有的 pn 结可能被用做反向的二极管。简短讨论如下，开关的导通电流可以是正的，也可以是负的。然而，它只能接受的电压比二极管正偏电压的负值 $-V_{Don} \approx -1V$ 要高。如果晶体管是

导通的,那么正向或负向开关电流能流过晶体管。如果晶体管是截止的,那么只有负的开关电流流过反向并联的二极管。晶体管由两个不重叠的矩形波电压 v_{GS1} 和 v_{GS2} 驱动,且在工作频率 $f=1/T$ 处有个死区时间。开关 S_1 和 S_2 交替导通和截止,其占空比为 50% 或者稍微小一些。死区时间是两个开关器件都截止的时间间隔。电阻 R 是用来传递交流功率的交流负载。如果放大器是直流-直流谐振变换器的一部分,则 R 代表整流器的输入阻抗。

在片上系统(SoC)时代,用数字工艺设计射频功率放大器成为研究的热点之一。将一个带有数字基带子系统的完整收发器集成在单个芯片上成为一种趋势。用亚微米 CMOS 工艺设计功率放大器时有两个主要问题:**氧化层击穿**和**热载流子效应**。随着工艺特征尺寸的按比例缩小,这两个问题变得更加严重。氧化层击穿是灾难性的影响,限制了 MOSFET 管漏极信号的最大摆幅。热载流子效应降低了可靠性,并使得阈值电压增大,从而降低了晶体管的性能。开关型射频功率放大器提高了效率,可以用于包络恒定的调制信号,例如用于全球移动通信系统(GSM)的高斯最小频移键控(GMSK)。

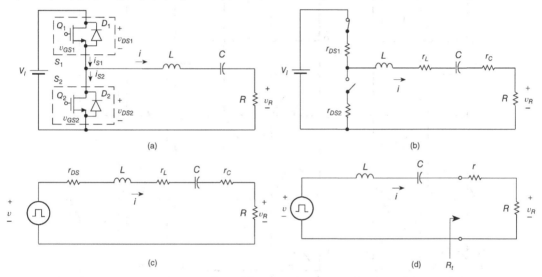

图 4.5　带有串联谐振电路的 D 类半桥射频功率放大器
(a) 电路图;(b) 等效电路;(c) 等效电路;(d) 等效电路

通过在直流电源 V_I 上增加一个与之串联的调制电压源可以实现振幅调制(AM)。

图 4.5(b)~(d)给出了 D 类射频功率放大器的等效电路。图 4.5(b)中,将 MOSFET 管用导通电阻分别为 r_{DS1} 和 r_{DS2} 的开关来等效。电阻 r_L 是实际电感 L 的等效串联电阻(ESR),电阻 r_C 是实际电容 C 的 ESR。图 4.5(c)中,$r_{DS} \approx (r_{DS1} + r_{DS2})/2$ 代表 MOSFET 管的平均等效导通电阻。图 4.5(d)中,总的寄生电阻为

$$r = r_{DS} + r_L + r_C \tag{4.6}$$

因此得到串联谐振电路中的总电阻为

$$R_t = R + r = R + r_{DS} + r_L + r_C \tag{4.7}$$

4.4　D 类射频功率放大器的工作原理

图 4.6 使用电压和电流的工作波形解释了 D 类放大器的工作原理。串联谐振电路的输入电压是一个幅度为 V_I 的方波。如果谐振电路的负载品质因素 $Q_L = \sqrt{LC}/R$ 足够高(例如,

$Q_L \geqslant 2.5$),则流过这个电路的电流 i 几乎为正弦波。只有在谐振频率 $f=f_0$ 处,MOSFET 管开关闭合和断开时的电流为零,因此开关损耗为零,提高了效率。在这种情况下,反向并联的二极管一定不会导通。在许多应用中,由于输出功率或者输出电压常常受控于不同的工作频率 f(调频控制),所以工作频率 f 与谐振频率 $f_0 = 1/(2\pi\sqrt{LC})$ 不相等。

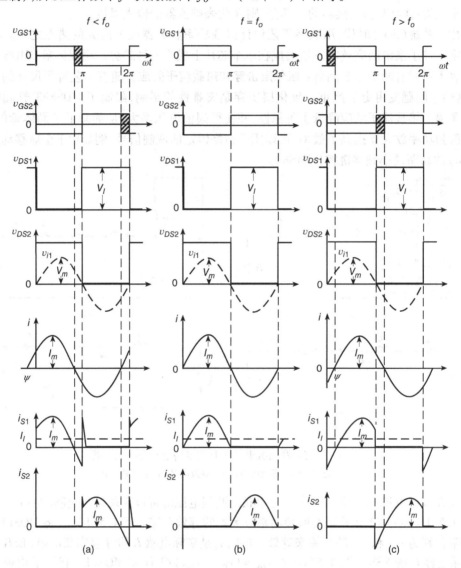

图 4.6 电压开关型 D 类半桥射频功率放大器的波形

(a) $f < f_0$; (b) $f = f_0$; (c) $f > f_0$

图 4.6(a)~(c)分别给出了 $f < f_0$、$f = f_0$ 和 $f > f_0$ 时的波形。阴影区域表示栅极-源极电压导通的时间间隙。在这个时间间隔内开关电流是负的,能流过反向并联的二极管,当 $f < f_0$ 时晶体管都应该截止,而当 $f > f_0$ 时晶体管都应该导通。为了防止交叉导通(也被称为过冲电流),驱动电压 v_{GS1} 和 v_{GS2} 的波形不能重叠,而且必须有足够的死区时间(在图 4.6 中没有显示)。当截止时,MOSFET 管有一个延迟时间而双极型晶体管(BJT)有一个储存时间。如果这两个晶体管栅极-源极电压的死区时间太短,当一个晶体管还滞留在导通状态时,另一个晶体

管已经导通了,因此,两个晶体管在同一时刻导通,供电电源 V_I 将被晶体管的导通电阻 r_{DS1} 和 r_{DS2} 短路。由于这个原因,流过晶体管的交叉导通电流脉冲的大小为 $I_{pk} = V_I/(r_{DS1}+r_{DS2})$。例如,如果 $V_I = 200V$ 且 $r_{DS1} = r_{DS2} = 0.5\Omega$,则 $I_{pk} = 200A$。过量的电流应力可能会直接导致器件失效。但死区时间也不能太长,这种情况将在4.4.1节和4.4.2节中讨论。当 $f > f_0$ 时,最大死区时间随 f/f_0 的增加而增加;当 $f < f_0$ 时,最大死区时间随 f/f_0 的减少而增加。这是由于开关电流为负值时,时间间隔变长了。当 $f = f_0$ 时,死区时间是最短的。有一些可用的商业集成电路驱动器具有死区时间可调节的功能。例如,TI 2525。

4.4.1　工作频率小于谐振频率

当 $f < f_0$ 时,串联谐振电路表现为容性负载,这意味着流过谐振电路的电流 i 超前于电压 v_{DS2} 的基波分量 v_{i1} 的相位角为 $|\Psi|$,其中 $\Psi < 0$。因此,当 $\omega t = 0$ 时,开关导通之后开关电流 i_{S1} 为正,而在 $\omega t = \pi$ 时,开关断开之前开关电流 i_{S1} 为负。半导体器件的导通顺序为 $Q_1 - D_1 - Q_2 - D_2$。注意到谐振电路的电流是从一个开关的二极管转移到另一个开关的晶体管(见图4.5)。这就引起了很多问题,相关解释见下文。如图4.6所示,考虑开关 S_2 导通的时间。在这个管子导通之前,电流 i 流过与开关 S_1 反向并联的二极管 D_1。当驱动电压 v_{GS2} 使得晶体管 Q_2 导通时,v_{DS2} 减少,导致 v_{DS1} 增加。因此,二极管 D_1 截止,电流 i 从 D_1 转移到 Q_2 中。当 MOSFET 管导通时,应避免以下影响:

(1) 对立开关的反向并联二极管的反向恢复。

(2) 晶体管输出电容的放电。

(3) 密勒效应。

工作频率在谐振频率以下最严重的缺陷就是二极管截止时的反向恢复应力。MOSFET 管固有的衬底与漏极之间的二极管是一个少数载流子器件。每个二极管需要很大的 dv/dt 才截止,导致 di/dt 也很大,从而产生一个大的反向恢复电流尖脉冲(完全倒置)。因为这个尖峰脉冲不能流过谐振电路,所以它从另一个晶体管流过。谐振电感 L 不允许电流突变。因此,开关电流波形的尖峰脉冲出现在两个开关晶体管的导通和截止的瞬间。这些尖峰脉冲幅度比稳定状态下的开关电流更高(例如,10倍)。高的电流脉冲可能毁坏晶体管,并产生相当大的开关损耗与噪声。在反向恢复的部分时间间隔内,二极管的电压从 $-1V$ 增长到 V_I,二极管同时具有很高的电流与电压,这导致反向恢复功率损耗很大。

寄生双极晶体管的二次击穿可能导致功率 MOSFET 管的截止失效,即开关断不开。这个寄生的双极晶体管是功率 MOSFET 管结构固有的一部分。衬底部分相当于寄生双极型晶体管的基极,源极相当于寄生双极型晶体管的发射极,而漏极作为双极型晶体管的集电极。如果衬底与漏极之间的二极管在漏极电压突然作用之前发生正向偏置,那么反向并联二极管的反向恢复电流可能引起寄生双极型晶体管的导通。寄生双极型晶体管的二次击穿可能会毁坏功率 MOSFET 管的结构。如果二极管正偏,那么二次击穿电压通常是器件故障电压的一半。这个电压被制造商表示为 V_{DSS}。根据上述原因,如果功率 MOSFET 管被用做开关,那么应该避免工作频率 $f < f_0$。例如,增加反向并联的肖特基二极管能减小电流尖峰脉冲。硅肖特基二极管的击穿电压很低,通常在100V以下。然而,碳化硅肖特基二极管的击穿电压则很高。由于肖特基二极管的正偏电压比 pn 结体二极管的正偏电压低,大部分负的开关电流都流过肖特基二极管,减小了 pn 结体二极管的反向恢复电流。另外一种电路是在 MOSFET 管上串联一个二极管,然后再用一个超快的二极管与 MOSFET 管和二极管的串联电路并联。这种电路阻止了本

征二极管导通,并储存多余的少子。然而,元器件的个数越多,成本就越高,而且串联二极管的压降也是不希望的(这降低了效率)。另外,晶体管和串联二极管的电压峰值可能比 V_I 高得多,这就需要使用具有允许电压高和导通电阻大的晶体管。高压 MOSFET 管的导通电阻也很高,高导通电阻增加了传导损耗。这个方法减小了尖峰脉冲,但不能消除它。缓冲电路用于减缓开关的转换过程,在每一个功率 MOSFET 管上串联一个小的电感能减小反向恢复尖峰脉冲。

当 $f < f_o$ 时,开关断开时的损耗为零,但导通时的开关损耗不是零。使晶体管导通的电压很高,其数值等于 V_I。当晶体管导通时,它的输出电容放电导致了开关损耗。假设电路上方的 MOSFET 管最先导通,而且其输出电容 C_o 最先放电。当上方的晶体管截止时,从直流输入电压源 V_I 中得到的能量给输出电容 C_o 从 0 充电到 V_I 的表达式为

$$W_I = \int_0^T V_I i_{Cout} dt = V_I \int_0^T i_{Cout} dt = V_I Q \tag{4.8}$$

式中,i_{Cout} 是输出电容的充电电流,Q 是从电压源 V_I 转移到电容上的电荷。该电荷等于电流 i_{Cout} 在整个充电时间内的积分,这个时间通常比工作频率 f 对应的周期时间 T 要短。对于线性和非线性的电容而言,式(4.8)都是成立的。假设晶体管的输出电容是线性的,则有

$$Q = C_o V_I \tag{4.9}$$

式(4.8)变为

$$W_I = C_o V_I^2 \tag{4.10}$$

在电压 V_I 的作用下,储存在线性输出电容中的能量为

$$W_C = \frac{1}{2} C_o V_I^2 \tag{4.11}$$

充电电流流过的电阻包括电路下方 MOSFET 管的导通电阻和引线电阻,在这个电阻上消耗的能量为

$$W_R = W_I - W_C = \frac{1}{2} C_o V_I^2 \tag{4.12}$$

由式(4.12)可见,这个消耗的能量与储存在电容中的能量相同。可见,用直流电压源通过一个电阻给一个线性电容充电时需要的能量是储存在电容中能量的两倍。当电路上方 MOSFET 管导通时,它的输出电容通过上方 MOSFET 管的导通电阻放电,能量耗散在晶体管内部。因此,晶体管输出电容充电和放电期间的能量损耗为

$$W_{sw} = C_o V_I^2 \tag{4.13}$$

于是,每个晶体管的导通开关损耗为

$$P_{ton} = \frac{W_C}{T} = f W_C = \frac{1}{2} f C_o V_I^2 \tag{4.14}$$

每个 MOSFET 管的晶体管输出电容充电和放电的总功率损耗为

$$P_{sw} = \frac{W_{sw}}{T} = f W_{sw} = f C_o V_I^2 \tag{4.15}$$

电路下方晶体管输出电容的充电和放电过程与上述类似。实际上,漏极-源极 pn 突变结电容是非线性的。第 4.11.2 节将给出非线性晶体管输出电容导通开关损耗的分析。

导通 MOSFET 管需要考虑的另一个影响是密勒效应。在晶体管导通过程中,由于栅极-源极电压的增加和漏极-源极电压的减少,密勒效应引起晶体管输入电容的增加,提高了栅极驱动电荷和驱动功率的要求,减小了导通开关速度。

工作频率小于谐振频率的优点是：晶体管几乎在零电压时截止，因此断开开关的损耗为零。例如，当 i_{S1} 为负时，反向并联的二极管 D_1 将漏极-源极电压 v_{DS1} 维持在 $-1V$ 左右。在这个时间间隔期间，驱动电压 v_{GS1} 使晶体管 Q_1 截止。在 MOSFET 管截止期间，漏极-源极电压 v_{DS1} 几乎为零而且漏极电流很低，使得 MOSFET 管断开开关的损耗为零。由于 v_{DS1} 是恒定的，关断期间无密勒效应，所以晶体管的输入电容不会因为密勒效应而增加，栅极驱动的要求也减少了，断开开关的速度也更快。总之，当 $f < f_0$ 时，晶体管有导通开关损耗而二极管有断开（反向恢复）开关损耗。晶体管的截止和二极管的导通是没有损耗的。

如前所述，驱动电压 v_{GS1} 和 v_{GS2} 是不重叠的，而且有死区时间。然而，这个死区时间不能太长。如果当开关电流 i_{S1} 为正时，晶体管 Q_1 关断得太早，那么二极管 D_1 截止，二极管 D_2 导通，v_{DS2} 减小到 $-0.7V$ 而 v_{DS1} 增加到 V_I。当二极管 D_2 截止时，二极管 D_1 导通，v_{DS1} 减小到 $-0.7V$ 而 v_{DS2} 增加到 V_I。每个 MOSFET 管的电压经过这两个额外的转换过程将导致开关损耗。值得注意的是：只有每个开关的导通过程是被迫的并直接受控于激励，而截止的过程则是由另一个晶体管的导通引起的（即，自动的）。

在功率特别大的应用中，D 类放大器可以采用由带有反向并联二极管的晶闸管作为开关和一个串联谐振电路组成的拓扑结构。这种结构的优点是：当工作频率在谐振频率以下时，若开关电流为零，晶闸管自然截止。然而，晶闸管需要更复杂和更强的驱动电路，而且它们的工作频率在 20kHz 以内。如此低的频率致使谐振器件的尺寸和重量变大，增加了传导损耗。

4.4.2　工作频率大于谐振频率

当 $f > f_0$ 时，串联谐振电路表现为感性负载而且电流 i 落后于电压 v_{i1} 一个相位 Ψ，其中 $\Psi > 0$。因此，导通后的开关电流为负（开关"导通"间隔部分），而在断开之前为正。半导体器件的导通顺序为 $D_1 - Q_1 - D_2 - Q_2$。考虑开关 S_1 断开的情况，当驱动电压 v_{GS1} 使得晶体管 Q_1 截止时，v_{DS1} 增加导致 v_{DS2} 减少。当 v_{DS2} 到达 $-0.7V$ 时，D_2 导通而电流 i 从晶体管 Q_1 转移到二极管 D_2 中。因此，断开开关的过程是受驱动控制的，而开关导通的过程是由另一个晶体管的截止，而不是驱动引起的，也就是说，仅有晶体管截止的过程是直接可控的。

晶体管在零电压时导通。事实上，反向并联的二极管上有一个很小的负电压，但这个电压与输入电压 V_I 相比是微不足道的。例如，当 i_{S2} 为负时，v_2 驱动晶体管 Q_2 导通，在晶体管导通过程中，反向并联的二极管 D_2 将电压 v_{DS2} 保持在 $-1V$ 左右，因此消除了导通开关损耗，也不存在密勒效应，晶体管的输入电容不会因密勒效应而增加，栅极驱动功率很低，而且开关导通速度很快。当 di/dt 很小时，二极管导通。二极管的反向恢复电流是正弦波的一部分，当开关电流为正时，它将变成开关电流的一部分。因此，反向并联的二极管能变得比较慢，而且只要反向恢复时间小于半个周期，那么 MOSFET 管的衬底与漏极之间的二极管就会足够快。在反向恢复期间，处于导通状态的晶体管将二极管的电压保持在低压 $1V$ 左右，减少了二极管的反向恢复功率损耗。不管开关电流为负还是为正，晶体管都能导通；由于反向恢复电流的存在，二极管也是导通的。因此，栅极-源极电压的工作周期范围可以更大一些，死区时间能更长一些。如果死区时间太长，晶体管 Q_2 导通之前，电流从恢复二极管 D_2 转移到另一个晶体管的二极管 D_1，导致了晶体管的两个额外的开关电压，电流尖峰脉冲和开关损耗。

当 $f > f_0$ 时，导通的开关损耗为零，但是晶体管有截止损耗。在截止期间，开关电压与电流波形的重叠导致了截止开关损耗。此外，密勒效应变得不容忽视，增加了晶体管的输入电容和栅极驱动需求,减小了断开速度。第4.11.3节将给出了截止开关损耗的近似分析。总之,当$f>f_0$时,晶体管有截止开关损耗,而晶体管的导通过程与二极管是无损耗的。通过在其中一个晶体管上增加一个旁路电容,使用有死区时间的驱动电压,能够消除截止开关损耗。

4.5 电压型 D 类射频功率放大器的拓扑结构

图4.7给出了带有各种不同谐振电路的电压开关型D类放大器。这些谐振电路是从串联谐振电路衍生出来的。在图4.7(b)中,C_C是一个大的耦合电容,可以与谐振电感串联。图4.7(b)~(g)所示电路的谐振频率(即容性负载和感性负载的边界)取决于负载。图4.7(b)、(d)和(e)分别采用了并联谐振变换器、串并联谐振变换器和CLL谐振变换器作为谐振电路。图4.7(a)、(f)和(g)的谐振电路能够产生正弦输出电流,因此它们与电流驱动整流器兼容。图4.7(b)~(e)的放大器产生正弦输出电压,因此它们与电压驱动整流器兼容。高频变压器能安放在如图4.7所示的位置。图4.8画出了电压开关型D类放大器的半桥拓扑结构。它们与图4.5所示的基本拓扑结构的交流通路是等价的。图4.8(a)是一个带有两个直流电压源的半桥放大器。因为电流流过谐振电路,图4.8(a)下方的电压源$V_I/2$相当于短路,因此得到图4.8(b)。该电路的缺点是负载电流流过直流电压源的内阻,降低了效率。在图4.8(c)中,对于交流分量而言,隔直电容$C_B/2$相当于短路,直流电压在每一个电容上的分压为$V_I/2$,但是交流功率耗散在电容的等效串联电阻(ESR)中。放大器图4.8(c)的等效电路如图4.8(d)所示。如果直流电源包含电压倍增器,这个电路将会很有用。滤波电容两端的电压应力比图4.5中的还低。图4.8(e)中,对于交流分量而言,谐振电容分为并联的两等分。因为对上面电容的交流分量而言,直流输入电压源V_I相当于短路,

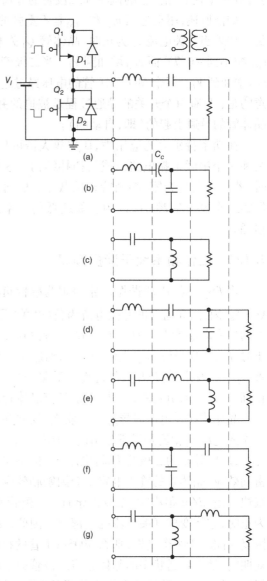

图4.7 带有各种不同谐振电路的电压开关型
　　　 D类放大器

图4.8中,所有无变压器半桥放大器的缺点就是负载电阻 R 没有接地。

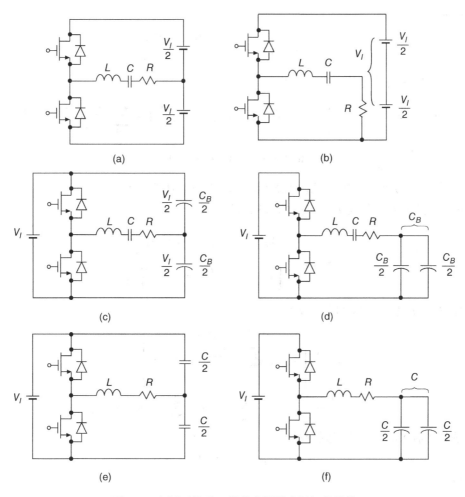

图 4.8 电压开关型 D 类放大器的半桥拓扑结构

（a）带有两个直流电压源；（b）图 4.8（a）所示放大器的等效电路；（c）带有两个滤波电容；
（d）图 4.8（c）所示放大器的等效电路；（e）带有被等分的谐振电容；（f）图 4.8（e）所示放大器的等效电路

4.6 分析

4.6.1 假设

如图 4.5 所示 D 类放大器的分析是基于图 4.5（d）和以下假设：

（1）晶体管和二极管构成一个电阻性的开关，该开关的导通电阻是线性的，寄生电容可忽略，开关时间为零。

（2）串联谐振电路的元件是无源的、线性的、时不变的，并且没有寄生效应。

（3）串联谐振电路的负载品质因素 Q_L 足够高以至于流过谐振电路的电流 i 是正弦波。

4.6.2 谐振电路的输入电压

一个直流电压源 V_I 和两个开关 S_1 与 S_2 形成一个直流偏置为 $V_I/2$ 的方波电压源。当 S_1 导通，S_2 断开，$v = V_I$；当 S_1 断开，S_2 导通，$v = 0$。图 4.5（d）中，串联谐振电路输入电压的是方波，

并可表示为

$$v \approx v_{DS2} = \begin{cases} V_I & (0 < \omega t \leqslant \pi) \\ 0 & (\pi < \omega t \leqslant 2\pi) \end{cases} \tag{4.16}$$

这个电压用三角傅里叶级数表示为

$$v \approx v_{DS2} = V_I \left[\frac{1}{2} + \frac{2}{\pi} \sum_{n=1}^{\infty} \frac{1 - (-1)^n}{2n} \sin(n\omega t) \right] = V_I \left\{ \frac{1}{2} + \frac{2}{\pi} \sum_{k=1}^{\infty} \frac{\sin[(2k-1)\omega t]}{2k-1} \right\} \tag{4.17}$$

$$= V_I \left(\frac{1}{2} + \frac{2}{\pi} \sin \omega t + \frac{2}{3\pi} \sin 3\omega t + \frac{2}{5\pi} \sin 5\omega t + \cdots \right)$$

理想情况下,方波信号中的偶次谐波($n = 2, 4, 6, \cdots$)分量为零。

电压 v 的波形能转化为关于时间的对称函数

$$v \approx v_{DS2} = \begin{cases} V_I & \left(-\frac{\pi}{2} < \omega t \leqslant \frac{\pi}{2} \right) \\ 0 & \left(\frac{\pi}{2} < \omega t \leqslant \frac{3\pi}{2} \right) \end{cases} \tag{4.18}$$

此时,电压 v 的三角傅里叶级数为

$$v \approx v_{DS2} = V_I \left[\frac{1}{2} + \frac{2}{\pi} \sum_{n=1}^{\infty} \frac{\sin\left(\frac{n\pi}{2}\right)}{n} \cos(n\omega t) \right] \tag{4.19}$$

$$= V_I \left(\frac{1}{2} + \frac{2}{\pi} \cos \omega t - \frac{2}{3\pi} \cos 3\omega t + \frac{2}{5\pi} \cos 5\omega t + \cdots \right)$$

谐振电路输入电压 v 的基频分量为

$$v_{i1} = V_m \sin \omega t \tag{4.20}$$

其振幅为

$$V_m = \frac{2V_I}{\pi} \approx 0.637 V_I \tag{4.21}$$

电压 v_{i1} 的均方根值为

$$V_{rms} = \frac{V_m}{\sqrt{2}} = \frac{\sqrt{2} V_I}{\pi} \approx 0.45 V_I \tag{4.22}$$

$$\xi_1 = \frac{V_m}{V_I} = \frac{2}{\pi} \approx 0.637 \tag{4.23}$$

理想晶体管(导通电阻为零而且开关时间为零)的瞬时功率损耗为

$$p_D(\omega t) = i_{S1} v_{DS1} = i_{S2} v_{DS2} = 0 \tag{4.24}$$

因此,理想 D 类放大器的漏极效率为 100%。

4.6.3　串联谐振电路

串联谐振电路的参数定义如下

- 谐振频率

$$\omega_o = \frac{1}{\sqrt{LC}} \tag{4.25}$$

- 特征阻抗

$$Z_o = \sqrt{\frac{L}{C}} = \omega_o L = \frac{1}{\omega_o C} \tag{4.26}$$

- 负载品质因素

$$Q_L = \frac{\omega_o L}{R+r} = \frac{1}{\omega_o C(R+r)} = \frac{\sqrt{\frac{L}{C}}}{R+r} = \frac{Z_o}{R+r} = \frac{Z_o}{R_t} \tag{4.27}$$

- 空载品质因素

$$Q_o = \frac{\omega_o L}{r} = \frac{1}{\omega_o C r} = \frac{Z_o}{r} \tag{4.28}$$

其中

$$r = r_{DS} + r_L + r_C \tag{4.29}$$

$$R_t = R + r \tag{4.30}$$

谐振电路相当于一个二阶的带通滤波器,其带宽为

$$BW = \frac{f_o}{Q_L} \tag{4.31}$$

负载品质因素定义为

$$
\begin{aligned}
Q_L &\equiv 2\pi \frac{\text{谐振频率为}f_o\text{时所储存的总平均磁能及电能}}{\text{谐振频率为}f_o\text{时负载耗散及接收的能量}} \\
&= 2\pi \frac{f_o\text{时磁能峰值}}{f_o\text{时一个周期内损耗的能量}} = 2\pi \frac{f_o\text{时电能峰值}}{f_o\text{时一个周期内损耗的能量}} \\
&= 2\pi \frac{W_s}{T_o P_{Rt}} = 2\pi \frac{f_o W_s}{P_{Rt}} = \frac{\omega_o W_s}{P_O + P_r} = \frac{Q}{P_O + P_r}
\end{aligned} \tag{4.32}
$$

其中 W_s 是谐振频率 $f_o = 1/T_o$ 处储存在谐振电路中的总能量, $Q = \omega_o W_s$ 是谐振频率 f_o 处电感 L 或电容 C 的无功功率。

流过电感 L 的电流波形表达式为

$$i_L(\omega t) = I_m \sin(\omega t - \psi) \tag{4.33}$$

因此,储存在电感中的瞬时能量为

$$w_L(\omega t) = \frac{1}{2} L I_m^2 \sin^2(\omega t - \psi) \tag{4.34}$$

电容 C 两端的电压波形表达式为

$$v_C(\omega t) = V_{Cm} \cos(\omega t - \psi) \tag{4.35}$$

因此,储存在电容中的瞬时能量为

$$w_C(\omega t) = \frac{1}{2} C V_{Cm}^2 \cos^2(\omega t - \psi) \tag{4.36}$$

任意频率下,储存在谐振电路中的总能量为

$$w_s(\omega t) = w_L(\omega t) + w_C(\omega t) = \frac{1}{2}[L I_m^2 \sin^2(\omega t - \psi) + C V_{Cm}^2 \cos^2(\omega t - \psi)] \tag{4.37}$$

由于 $V_{Cm} = X_C I_m = I_m/(\omega C)$,任意频率下储存在谐振电路中的总能量可以表示为

$$
\begin{aligned}
w_s(\omega t) &= \frac{1}{2} L I_m^2 \left[\sin^2(\omega t - \psi) + \frac{1}{\omega^2 LC} \cos^2(\omega t - \psi) \right] \\
&= \frac{1}{2} L I_m^2 \left[\sin^2(\omega t - \psi) + \frac{1}{\left(\dfrac{\omega}{\omega_o}\right)^2} \cos^2(\omega t - \psi) \right]
\end{aligned} \tag{4.38}
$$

当 $\omega = \omega_0$ 时,储存在谐振电路中的总能量 W_s 等于储存在电感 L 中的最大磁能,即

$$w_s(\omega t) = \frac{1}{2}LI_m^2[\sin^2(\omega t - \psi) + \cos^2(\omega t - \psi)] = \frac{1}{2}LI_m^2 = W_s = W_{Lmax} \qquad (4.39)$$

由于 $I_m = V_{Cm}/X_C = \omega C V_{Cm}$,任意频率下储存在谐振电路中的总能量可写成

$$w_s(\omega t) = \frac{1}{2}CV_{Cm}^2[\omega^2 LC\sin^2(\omega t - \psi) + \cos^2(\omega t - \psi)]$$

$$= \frac{1}{2}CV_{Cm}^2\left[\left(\frac{\omega}{\omega_o}\right)^2\sin^2(\omega t - \psi) + \cos^2(\omega t - \psi)\right] \qquad (4.40)$$

当 $\omega = \omega_0$ 时,储存在谐振电路中的总能量 W_s 等于储存在电容 C 中的最大电能,即

$$w_s(\omega t) = \frac{1}{2}CV_{Cm}^2[\sin^2(\omega t - \psi) + \cos^2(\omega t - \psi)] = W_s = W_{Cmax} \qquad (4.41)$$

图 4.9 给出了谐振频率 f_0 处磁能,电能和储存在谐振电路中的总能量的波形。

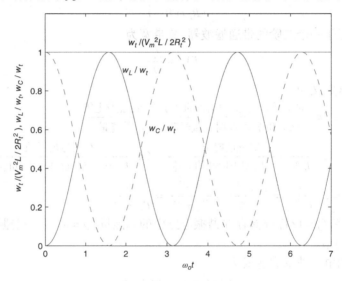

图 4.9　谐振频率 f_0 处的磁能,电能和储存在谐振电路中的总能量波形

因为谐振频率 f_0 处是稳态工作,所以储存在谐振电路中的总瞬时能量恒定,并且等于电感中储存的最大能量,即

$$W_s = W_{Lmax} = \frac{1}{2}LI_m^2 \qquad (4.42)$$

或者等于电容中储存的最大能量,并根据式(4.25),有

$$W_s = W_{Cmax} = \frac{1}{2}CV_{Cm}^2 = \frac{1}{2}C\frac{I_m^2}{(\omega_o C)^2} = \frac{1}{2}\frac{I_m^2}{(C\omega_o^2)} = \frac{1}{2}LI_m^2 = W_{Lmax} \qquad (4.43)$$

将式(4.42)和式(4.43)代入式(4.32),得到

$$Q_L = \frac{\omega_o LI_m^2}{2P_{Rt}} = \frac{\omega_o CV_{Cm}^2}{2P_{Rt}} \qquad (4.44)$$

在谐振频率 f_0 处,电感的无功功率为 $Q = (1/2)V_{Lm}I_m = (1/2)\omega_o LI_m^2$,电容的无功功率为 $Q = (1/2)I_mV_{Cm} = (1/2)\omega_0 CV_{Cm}^2$。因此,谐振频率 f_0 处,品质因素可以定义为电感或电容的无功功率与以热的形式耗散在所有电阻上的有功功率的比值。电路 $R_t = R + r$ 上的总功率损耗为

$$P_{Rt} = \frac{1}{2}R_t I_m^2 = \frac{1}{2}(R+r)I_m^2 \tag{4.45}$$

将式(4.42)、式(4.43)和式(4.45)代入式(4.32)中,得到

$$Q_L = \frac{\omega_o L}{R+r} = \frac{1}{\omega_o C(R+r)} \tag{4.46}$$

储存在谐振电路中的平均磁能为

$$W_{L(AV)} = \frac{1}{2\pi}\int_0^{2\pi} w_L d(\omega_o t) = \frac{1}{2}LI_m^2 \times \frac{1}{2\pi}\int_0^{2\pi} \sin^2(\omega_o t)d(\omega t) = \frac{1}{4}LI_m^2 \tag{4.47}$$

同样地,储存在谐振电路中的平均电能为

$$W_{C(AV)} = \frac{1}{2\pi}\int_0^{2\pi} w_C d(\omega_o t) = \frac{1}{2}CV_{Cm}^2 \times \frac{1}{2\pi}\int_0^{2\pi} \cos^2(\omega_o t)d(\omega t) = \frac{1}{4}CV_{Cm}^2 \tag{4.48}$$

因此,储存在谐振电路中总的平均能量为

$$W_s = W_{L(AV)} + W_{C(AV)} = \frac{1}{4}LI_m^2 + \frac{1}{4}CV_{Cm}^2 = \frac{1}{2}LI_m^2 = \frac{1}{2}CV_{Cm}^2 \tag{4.49}$$

当 $R = 0$ 时

$$P_r = \frac{1}{2}rI_m^2 \tag{4.50}$$

空载品质因素定义为

$$Q_o \equiv \frac{\omega_o W_s}{P_r} = \frac{\omega_o L}{r} = \frac{\omega_o L}{r_{DS}+r_L+r_C} = \frac{1}{\omega_o Cr} = \frac{1}{\omega_o C(r_{DS}+r_L+r_C)} \tag{4.51}$$

同样地,电感的空载品质因素为

$$Q_{Lo} \equiv \frac{\omega_o W_s}{P_{rL}} = \frac{\omega_o L}{r_L} \tag{4.52}$$

电容的空载品质因素为

$$Q_{Co} \equiv \frac{\omega_o W_s}{P_{rC}} = \frac{1}{\omega_o Cr_C} \tag{4.53}$$

4.6.4　串联谐振电路的输入阻抗

串联谐振电路的输入阻抗为

$$\begin{aligned}
\mathbf{Z} &= R + r + j\left(\omega L - \frac{1}{\omega C}\right) = (R+r)\left[1 + jQ_L\left(\frac{\omega}{\omega_o} - \frac{\omega_o}{\omega}\right)\right] \\
&= Z_o\left[\frac{R+r}{Z_o} + j\left(\frac{\omega}{\omega_o} - \frac{\omega_o}{\omega}\right)\right] = |Z|e^{j\psi} = R + r + jX
\end{aligned} \tag{4.54}$$

其中

$$\begin{aligned}
|Z| &= (R+r)\sqrt{1 + Q_L^2\left(\frac{\omega}{\omega_o} - \frac{\omega_o}{\omega}\right)^2} = Z_o\sqrt{\left(\frac{R+r}{Z_o}\right)^2 + \left(\frac{\omega}{\omega_o} - \frac{\omega_o}{\omega}\right)^2} \\
&= Z_o\sqrt{\frac{1}{Q_L^2} + \left(\frac{\omega}{\omega_o} - \frac{\omega_o}{\omega}\right)^2}
\end{aligned} \tag{4.55}$$

$$\psi = \arctan\left[Q_L\left(\frac{\omega}{\omega_o} - \frac{\omega_o}{\omega}\right)\right] \tag{4.56}$$

$$R_t = R + r = |Z|\cos\psi \tag{4.57}$$

$$X = |Z| \sin \psi \qquad (4.58)$$

谐振频率 f_0 处,谐振电路的电抗为零。图 4.10 给出了 $|Z|/R_t$ 关于 Q_L 与 f/f_0 的三维函数关系曲线;图 4.11 给出了 Q_L 一定时, $|Z|/R_t$ 关于 f/f_0 的函数关系曲线。

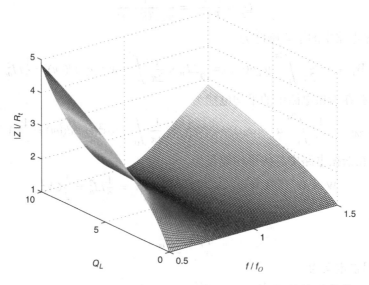

图 4.10　归一化的输入阻抗 $|Z|/R_t$ 关于 f/f_0 与 Q_L 的关系曲线

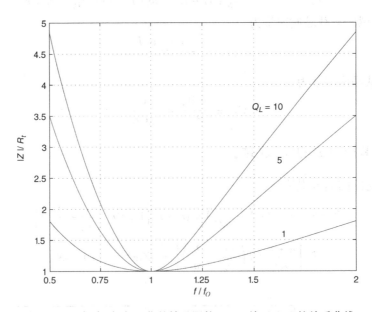

图 4.11　Q_L 恒定时,归一化的输入阻抗 $|Z|/R_t$ 关于 f/f_0 的关系曲线

由式(4.56),得

$$\cos \psi = \frac{1}{\sqrt{1 + Q_L^2 \left(\dfrac{\omega}{\omega_o} - \dfrac{\omega_o}{\omega} \right)^2}} \qquad (4.59)$$

图 4.12 给出了 $|Z|/Z_0$ 关于归一化的频率 f/f_0 与负载品质因素 Q_L 的三维函数关系曲线。图 4.13 和图 4.14 分别给出了 Q_L 为一个定值时, $|Z|/Z_0$ 与 Ψ 关于 f/f_0 的函数关系曲线。

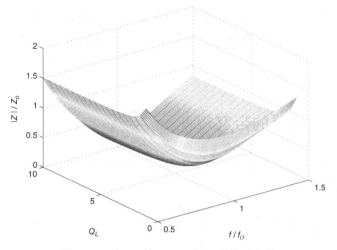

图 4.12 $|Z|/Z_O$ 关于 f/f_O 与 Q_L 的关系曲线

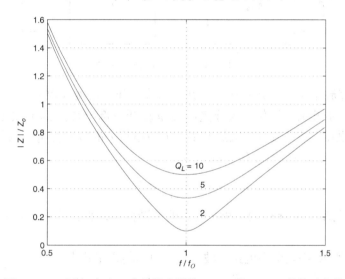

图 4.13 Q_L 恒定时,归一化的输入阻抗 $|Z|/Z_O$ 关于 f/f_O 的关系曲线

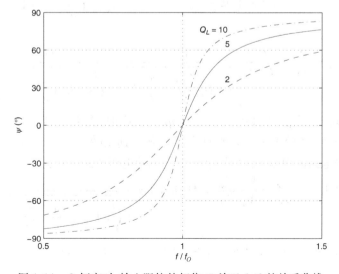

图 4.14 Q_L 恒定时,输入阻抗的相位 Ψ 关于 f/f_O 的关系曲线

当 $f < f_0$ 时,Ψ 小于零,这意味着对于放大器的开关部分而言,谐振电路表现为容性负载; 当 $f > f_0$ 时,Ψ 大于零,这表明谐振电路表现为感性负载。阻抗 $|Z|$ 的幅值通常用 R_t 归一化,但 如果 R 改变时,并不是一个好的归一化方法。因此,谐振元件 L 和 C 固定时,$R_t = R + r$ 是可 变的。

4.7 D 类功率放大器的带宽

从功能上讲,D 类放大器可以分为两个部分:开关网络和谐振网络。图 4.15 给出了 D 类 放大器的模块框图。

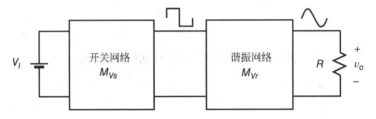

图 4.15 D 类放大器的模块框图

开关部分由直流输入电压源 V_I 和一组开关组成。开关被输入控制,产生方波电压 v。由 于谐振电路形成正弦电流,只有基频分量的能量从开关部分传送到谐振电路。因此,考虑 式(4.20)给出的电压 v 的基波分量就足够了。方波电压 v 的基波分量的振幅为 $V_m = 2V_I/\pi$。 因此,D 类放大器开关部分的电压传递函数为

$$M_{Vs} \equiv \frac{V_m}{V_I} = \frac{2}{\pi} \tag{4.60}$$

其中,V_m 是电压 v 的基波分量 v_{i1} 的振幅。放大器的谐振网络将方波电压 v 转换为正弦电流或 电压信号。

如图 4.5(d)所示,串联谐振电路基波分量的电压传递函数为

$$M_{Vr} = \frac{V_{om}}{V_m} = \frac{R}{Z} = \frac{R}{R+r+j\left(\omega L - \frac{1}{\omega C}\right)} = \frac{R}{R+r} \frac{1}{1+jQ_L\left(\frac{\omega}{\omega_o} - \frac{\omega_o}{\omega}\right)} = |M_{Vr}|e^{\phi_{Mvr}} \tag{4.61}$$

其中

$$|M_{Vr}| = \frac{R}{|Z|} = \frac{R}{R+r} \frac{1}{\sqrt{1+Q_L^2\left(\frac{\omega}{\omega_o} - \frac{\omega_o}{\omega}\right)^2}} = \frac{\eta_{Ir}}{\sqrt{1+Q_L^2\left(\frac{\omega}{\omega_o} - \frac{\omega_o}{\omega}\right)^2}} \tag{4.62}$$

式(4.62)中,效率为 $\eta_{Ir} = R/(R + r)$。当 $\eta_{Ir} = 0.95$ 时,图 4.16 给出了式(4.62)描述的三 维函数关系曲线,图 4.17 给出了不同的 Q_L 值下电压传递函数 $|M_{Vr}|$ 与 f/f_0 的函数关系曲线。

带有串联谐振电路的 D 类放大器,直流到交流的电压传递函数为

$$|M_{VI}| = \frac{V_{om}}{V_I} = \frac{V_{om}}{V_m} \frac{V_{om}}{V_I} = M_{Vs}|M_{Vr}| = \frac{2\eta_{Ir}}{\pi\sqrt{1+Q_L^2\left(\frac{\omega}{\omega_o} - \frac{\omega_o}{\omega}\right)^2}} \tag{4.63}$$

当 $f/f_0 = 1$ 时,M_{VI} 有最大值 $M_{VImax} = 2\eta_{Ir}/\pi \approx 0.637\eta_{Ir}$,因此 M_{VI} 的取值范围为 $0 \sim 2\eta_{Ir}/\pi$。

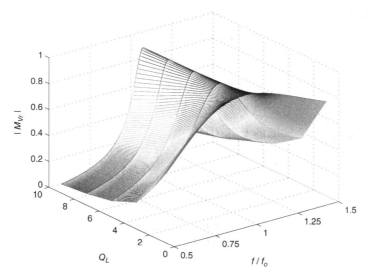

图 4.16　当 $\eta_{Ir}=0.95$ 时，$|M_{Vr}|$ 关于 f/f_o 与 Q_L 的三维关系曲线

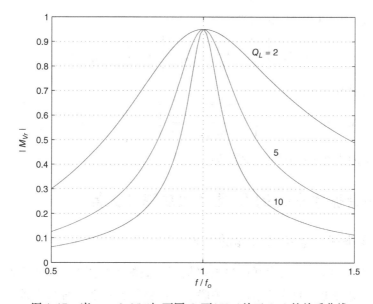

图 4.17　当 $\eta_{Ir}=0.95$ 时，不同 Q_L 下 $|M_{Vr}|$ 关于 f/f_o 的关系曲线

函数的 3dB 带宽满足以下条件

$$\frac{1}{\sqrt{1+Q_L^2\left(\dfrac{f}{f_o}-\dfrac{f_o}{f}\right)^2}}=\frac{1}{\sqrt{2}} \tag{4.64}$$

即

$$Q_L^2\left(\frac{f}{f_o}-\frac{f_o}{f}\right)^2=1=(\pm 1)^2 \tag{4.65}$$

因此，得到两个二阶方程

$$Q_L\left(\frac{f}{f_o}-\frac{f_o}{f}\right)=\pm 1 \tag{4.66}$$

第一个方程为

$$Q_L\left(\frac{f}{f_o}-\frac{f_o}{f}\right)=1 \tag{4.67}$$

即

$$\left(\frac{f}{f_o}\right)^2-\frac{1}{Q_L}\left(\frac{f}{f_o}\right)-1=0 \tag{4.68}$$

该方程大于零的解就是 3dB 频率的上限

$$f_H=f_o\left[\sqrt{1+\frac{1}{4Q_L^2}}+\frac{1}{2Q_L}\right]\approx f_o\left(1+\frac{1}{2Q_L}\right) \tag{4.69}$$

第二个方程为

$$Q_L\left(\frac{f}{f_o}-\frac{f_o}{f}\right)=-1 \tag{4.70}$$

即

$$\left(\frac{f}{f_o}\right)^2+\frac{1}{Q_L}\left(\frac{f}{f_o}\right)-1=0 \tag{4.71}$$

该方程大于零的解就是 3dB 频率的下限

$$f_L=f_o\left[\sqrt{1+\frac{1}{4Q_L^2}}-\frac{1}{2Q_L}\right]\approx f_o\left(1-\frac{1}{2Q_L}\right) \tag{4.72}$$

因此,3dB 宽带为

$$BW=\Delta f=f_H-f_L=f_o\left[\sqrt{1+\frac{1}{4Q_L^2}}+\frac{1}{2Q_L}\right]-f_o\left[\sqrt{1+\frac{1}{4Q_L^2}}-\frac{1}{2Q_L}\right]=\frac{f_o}{Q_L} \tag{4.73}$$

可见,随着品质因素 Q_L 的降低,带宽 BW 增加。

4.8 工作在谐振频率处的 D 类射频功率放大器

4.8.1 理想 D 类射频功率放大器的特性

当频率低于谐振频率 f_0 时,串联谐振电路呈现出高的容性阻抗;当频率高于谐振频率 f_0 时,串联谐振电路呈现出高的感性阻抗。串联谐振电路作为一个带通滤波器,如果负载品质因素 Q_L 足够高,当 $f=f_0$ 时,电阻 R_t 两端的电压是正弦波,即

$$v=V_m\sin\omega t \tag{4.74}$$

当 $f=f_0$ 时,流过谐振电路的电流近似为正弦波,并且等于基频分量

$$i=I_m\sin\omega t \tag{4.75}$$

其中

$$I_m=\frac{V_m}{R_t}=\frac{2V_I}{\pi R_t} \tag{4.76}$$

当 $f=f_0$ 时,从电源 V_I 获得的电流 i_I 等于流过上方的开关 S_1 的电流,其表达式为

$$i_I=i_{S1}=\begin{cases}I_m\sin\omega t & (0<\omega t\leqslant\pi)\\ 0 & (\pi<\omega t\leqslant 2\pi)\end{cases} \tag{4.77}$$

电源电流的直流分量为

$$I_I = \frac{1}{2\pi} \int_0^{2\pi} i_{S1} d(\omega t) = \frac{I_m}{2\pi} \int_0^{\pi} \sin \omega t d(\omega t) = \frac{I_m}{\pi} = \frac{V_m}{\pi R_t} \tag{4.78}$$

因此得到

$$\gamma_1 = \frac{I_m}{I_I} = \pi \tag{4.79}$$

直流电源的功率为

$$P_I = V_I I_I = \frac{2V_I^2}{\pi^2 R_t} \tag{4.80}$$

输出功率为

$$P_O = \frac{R I_m^2}{2} = \frac{2V_I^2 R}{\pi^2 R_t^2} \tag{4.81}$$

因此,理想晶体管($r_{DS} = 0$,开关时间为零)构成的 D 类射频功率放大器的漏极效率为

$$\eta_D = \frac{P_{DS}}{P_I} = \frac{1}{2}\left(\frac{I_m}{I_I}\right)\left(\frac{V_m}{V_I}\right) = \frac{1}{2}\gamma_1\xi_1 = \frac{1}{2} \times 1/2x\pi \times 2/\pi = 1 \tag{4.82}$$

4.8.2　D 类功率放大器电流和电压应力

每个 MOSFET 管的电压和电流应力为

$$V_{SM} = V_I = \frac{\pi}{2} V_m \tag{4.83}$$

$$I_{SM} = I_m = \pi I_I \tag{4.84}$$

谐振电感和电容两端的电压振幅为

$$V_{Lm} = Z_o I_m = \omega_o L I_m \tag{4.85}$$

$$V_{Cm} = Z_o I_m = \frac{I_m}{\omega_o C} \tag{4.86}$$

4.8.3　D 类射频功率放大器的输出功率能力

输出功率能力为

$$c_p = \frac{1}{N} \frac{P_{Omax}}{I_{SM} V_{SM}} = \frac{1}{2N} \frac{I_m V_m}{I_{SM} V_{SM}} = \frac{1}{2N}\left(\frac{I_m}{I_{SM}}\right)\left(\frac{V_m}{V_{SM}}\right)$$

$$= \frac{1}{2 \times 2} \times 1 \times \left(\frac{2}{\pi}\right) = \frac{1}{2\pi} \approx 0.159 \tag{4.87}$$

另一种推导出输出功率能力的方法是

$$c_p = \frac{1}{N} \frac{P_{Omax}}{I_{SM} V_{SM}} = \frac{1}{N} \frac{\eta_D P_I}{I_{SM} V_{SM}} = \frac{1}{N}\eta_D \left(\frac{I_I}{I_{SM}}\right)\left(\frac{V_I}{V_{SM}}\right) = \frac{1}{2} \times 1 \times \left(\frac{1}{\pi}\right) \times 1$$

$$= \frac{1}{2\pi} \approx 0.159 \tag{4.88}$$

4.8.4　D 类射频功率放大器的功率损耗和效率

每个 MOSFET 管电流的均方根值为

$$I_{Srms} = \sqrt{\frac{1}{2\pi} \int_0^{2\pi} i_{S1}^2 d(\omega t)} = \sqrt{\frac{1}{2\pi} \int_0^{\pi} (I_m \sin \omega t)^2 d(\omega t)} \tag{4.89}$$

$$= I_m \sqrt{\frac{1}{2\pi} \int_0^{\pi} \frac{1}{2}(1 - \cos 2\omega t) d(\omega t)} = \frac{I_m}{2}$$

因此,每个 MOSFET 管的导通功率损耗为

$$P_{rDS} = r_{DS} I_{Srms}^2 = \frac{r_{DS} I_m^2}{4} \tag{4.90}$$

在整个周期 $T = 1/f$ 内,振幅为 I_m 的正弦波电流流过导通电阻 r_{DS}。因此,两个 MOSFETs 管导通电阻的导通功率损耗为

$$2P_{rDS} = \frac{1}{2} r_{DS} I_m^2 \tag{4.91}$$

由于

$$V_I = \frac{\pi}{2} V_m = \frac{\pi}{2} R_t I_m \tag{4.92}$$

因此,每个 MOSFET 的开关损耗为

$$P_{swQ1} = P_{swQ2} = \frac{1}{2} f C_o V_I^2 = \frac{\pi^2}{8} f C_o V_m^2 = \frac{\pi^2}{8} f C_o R_t^2 I_m^2 \tag{4.93}$$

每个 MOSFET 管开关损耗和导通损耗的总和为

$$P_{MOS} = P_{rDS} + P_{swQ1} = \frac{I_m^2}{4} \left(r_{DS} + \frac{\pi^2}{2} f C_o R_t^2 \right) \tag{4.94}$$

两个 MOSFETs 管总的开关损耗为

$$P_{swQ1Q2} = 2P_{swQ1} = f C_o V_I^2 = \frac{\pi^2}{4} f C_o V_m^2 = \frac{\pi^2}{4} f C_o R_t^2 I_m^2 \tag{4.95}$$

一个线性电容器的充电效率为 50%,当充电过程结束的时候,存储在电容器中的能量有一半被充电路径中的电阻所消耗,因此,D 类放大器总的开关损耗为

$$P_{sw} = 2P_{swQ1Q2} = 2f C_o V_I^2 = \frac{\pi^2}{2} f C_o R_t^2 I_m^2 \tag{4.96}$$

漏极效率为

$$\eta_D = \frac{P_{DS}}{P_I} = \frac{P_O}{P_O + 2P_{rDS} + P_{sw}} = \frac{R}{R + r_{DS} + \frac{\pi^2}{2} f C_o R_t^2} \tag{4.97}$$

谐振电路的功率损耗为

$$P_{rLrC} = \frac{1}{2}(r_L + r_C) I_m^2 \tag{4.98}$$

因此,谐振电路的效率为

$$\eta_r = \frac{P_O}{P_{DS}} = \frac{P_O}{P_O + P_{rLrC}} = \frac{R}{R + r_L + r_C} \tag{4.99}$$

谐振电路的效率也可以表示为

$$\eta_r = 1 - \frac{r_L + r_C}{R + r_L + r_C} = 1 - \frac{Q_L}{Q_o} \tag{4.100}$$

总的效率为

$$\eta = \frac{P_O}{P_I} = \frac{P_O}{P_O + P_D + P_{rLrC} + P_{sw}} = \frac{R}{R + r_{DS} + r_L + r_C + \frac{\pi^2}{2} f C_o R_t^2} \tag{4.101}$$

4.8.5 栅极驱动功率

栅极-源极电容 C_{gs} 几乎是线性的,然而,栅极-漏极电容却是高度非线性的。因此,当 $v_{DS} = 0$ 时,一个功率 MOSFET 的短路电容 $C_{iss} = C_{gs} + C_{gd}$ 也是高度非线性的。由于这个原因,

与输入电容相关的栅极驱动功率的估计是很困难的。因为 $v_{DS} = v_{GS} + v_{DG}$，晶体管在导通和截止转换过程中的电压增益为

$$A_m = \frac{\Delta v_{DS}}{\Delta v_{GS}} = \frac{\Delta v_{GS} + \Delta v_{DG}}{\Delta v_{GS}} = 1 + \frac{\Delta v_{DG}}{\Delta v_{GS}} \tag{4.102}$$

因此，从漏极-栅极等效到栅极-源极的密勒电容为

$$C_m = (1 - A_m)C_{gd} = \left(1 - 1 - \frac{\Delta v_{DG}}{\Delta v_{GS}}\right)C_{gd} = \left(-\frac{\Delta v_{DG}}{\Delta v_{GS}}\right)C_{gd} \tag{4.103}$$

由于密勒效应，在导通和截止转换过程中晶体管的输入电容为

$$C_i = C_{gs} + C_m = C_{gs} + (1 - A_m)C_{gd} \tag{4.104}$$

一个更简单的方法是采用栅极电荷 Q_g 的概念。MOSFET 输入电容的充电和放电所需的能量为

$$W_G = Q_g V_{GSpp} \tag{4.105}$$

其中，Q_g 是 MOSFET 器件数据手册中给出的栅极电荷，V_{GSpp} 是栅极-源极电压的峰-峰值。因此，与每个 MOSFET 器件导通和截止相关的驱动功率为

$$P_G = \frac{W_G}{T} = fW_G = fQ_g V_{GSpp} \tag{4.106}$$

放大器的功率增益为

$$k_p = \frac{P_O}{2P_G} \tag{4.107}$$

附加功率效率为

$$\eta_{PAE} = \frac{P_O - 2P_G}{P_I} = \frac{P_O\left(1 - \dfrac{1}{k_p}\right)}{P_I} \tag{4.108}$$

例 4.1 设计一个满足以下要求的 D 类射频功率放大器：$V_I = 3.3\text{V}, P_O = 1\text{W}, f = f_0 = 1\text{GHz}, r_{DS} = 0.1\ \Omega, Q_L = 7, Q_{Lo} = 200, Q_{Co} = 1000$。

解：假设 $\eta_{Ir} = 0.9$ 并忽略开关损耗，因此，直流输入功率为

$$P_I = \frac{P_O}{\eta} = \frac{1}{0.9} = 1.11(\text{W}) \tag{4.109}$$

总电阻为

$$R_t = \frac{2V_I^2}{\pi^2 P_I} = \frac{2 \times 3.3^2}{\pi^2 \times 1.11} = 1.988(\Omega) \tag{4.110}$$

负载电阻为

$$R = \eta_{Ir} R_t = 0.9 \times 1.988 = 1.789(\Omega) \tag{4.111}$$

最大寄生电阻为

$$r_{\max} = R_t - R = 1.988 - 1.789 = 0.199(\Omega) \tag{4.112}$$

电感为

$$L = \frac{Q_L R_t}{\omega_o} = \frac{7 \times 1.988}{2\pi \times 10^9} = 2.215(\text{nH}) \tag{4.113}$$

电容为

$$C = \frac{1}{\omega_o Q_L R_t} = \frac{1}{2\pi \times 10^9 \times 7 \times 1.988} = 11.437(\text{pF}) \tag{4.114}$$

电压应力为

$$V_{DSM} = V_I = 3.3(V) \tag{4.115}$$

输出电流的幅值为

$$I_m = I_{SM} = \sqrt{\frac{2P_O}{R}} = \sqrt{\frac{2 \times 1}{1.789}} = 1.057(A) \tag{4.116}$$

假设 $K_n = \mu_{n0} C_{ox} = 0.142 \times 10^{-3} \, A/V^2, V_t = 0.3V, L = 0.18\mu m, V_{GSH} = 3.3V, a = 2, I_{sat} = aI_{DM}$，可以得到 n 沟道硅晶体管的宽长比为

$$\left(\frac{W}{L}\right)_N = \frac{2I_{Dsat}}{K_n(V_{GSH} - V_t)^2} = \frac{2I_{Dsat}}{K_n v_{DSsat}^2} = \frac{2aI_{DM}}{K_n v_{DSsat}^2}$$

$$= \frac{2 \times 2 \times 1.057}{0.142 \times 10^{-3} \times (3.3 - 0.3)^2} = 3308.29 \tag{4.117}$$

取

$$\left(\frac{W}{L}\right)_N = 3400 \tag{4.118}$$

n 沟道晶体管的宽度为

$$W_N = \left(\frac{W}{L}\right)_N L = 3400 \times 0.18 \times 10^{-6} = 612 \, (\mu m) \tag{4.119}$$

p 沟道晶体管的宽长比为

$$\left(\frac{W}{L}\right)_P = \frac{\mu_{n0}}{\mu_{p0}} \left(\frac{W}{L}\right)_N = 2.7 \times 3400 = 9180 \tag{4.120}$$

p 沟道晶体管的宽度为

$$W_P = \left(\frac{W}{L}\right)_P L = 9180 \times 0.18 = 1652.4 \, \mu m = 1.652 \, (mm) \tag{4.121}$$

谐振元件 C 和 L 两端的峰值电压分别为

$$V_{Cm} = \frac{I_m}{\omega_o C} = \frac{1.057}{2\pi \times 10^9 \times 11.437 \times 10^{-12}} = 14.709 \, (V) \tag{4.122}$$

$$V_{Lm} = \omega_o L I_m = 2\pi \times 10^9 \times 2.215 \times 10^{-9} \times 1.057 = 14.71 \, (V) \tag{4.123}$$

每个 MOSFET 的传导功率损耗为

$$P_{rDS} = \frac{r_{DS}I_m^2}{4} = \frac{0.1 \times 1.057^2}{4} = 27.93 \, (mW) \tag{4.124}$$

每个 MOSFET 的开关损耗为

$$P_{swQ1} = \frac{1}{2} f C_o V_I^2 = \frac{1}{2} \times 10^9 \times 10 \times 10^{-12} \times 3.3^2 = 54.45 \, (mW) \tag{4.125}$$

每个 MOSFET 的功率损耗为

$$P_{MOS} = P_{rDS} + P_{swQ1} = 27.93 + 54.45 = 82.38 \, (mW) \tag{4.126}$$

放大器的总开关损耗为

$$P_{sw} = 2f C_o V_I^2 = 2 \times 10^9 \times 10 \times 10^{-12} \times 3.3^2 = 217.8 \, (mW) \tag{4.127}$$

漏极效率为

$$\eta_D = \frac{P_{DS}}{P_I} = \frac{P_I - 2P_{MOS}}{P_I} = 1 - \frac{2P_{MOS}}{P_I} = 1 - \frac{0.08238}{1.11} = 85.04\% \tag{4.128}$$

电感元件的等效串联电阻(ESR)为

$$r_L = \frac{\omega_o L}{Q_{Lo}} = \frac{2\pi \times 10^9 \times 2.215 \times 10^{-9}}{200} = 69.59 \, (m\Omega) \tag{4.129}$$

电容元件的等效串联电阻(ESR)为

$$r_C = \frac{1}{\omega_o C Q_{Co}} = \frac{1}{2\pi \times 10^9 \times 11.437 \times 10^{-12} \times 1000} = 13.9 \, (m\Omega) \tag{4.130}$$

电感 ESR 的功率损耗为

$$P_{rL} = \frac{r_L I_m^2}{2} = \frac{0.06959 \times 1.057^2}{2} = 38.87\,(\text{mW}) \tag{4.131}$$

电容 ESR 的功率损耗为

$$P_{rC} = \frac{r_C I_m^2}{2} = \frac{0.0139 \times 1.057^2}{2} = 7.765\,(\text{mW}) \tag{4.132}$$

谐振电路的效率为

$$\eta_r = \frac{P_O}{P_O + P_{rL} + P_{rC}} = \frac{1}{1 + 0.03887 + 0.007765} = 95.53\% \tag{4.133}$$

D 类放大器总的功率损耗(不含栅极驱动功率)为

$$P_{LS} = 2P_{rDS} + P_{rL} + P_{rC} + P_{sw} = 2 \times 27.93 + 38.87 + 7.765 + 217.8 = 320.29\,(\text{mW}) \tag{4.134}$$

D 类放大器总的效率为

$$\eta = \frac{P_O}{P_O + P_{LS}} = \frac{1}{1 + 0.32029} = 75.74\% \tag{4.135}$$

4.9　带有幅度调制的 D 类射频功率放大器

带有幅度调制(AM)的 D 类功率放大电路如图 4.18 所示。图中,调制电压 v_m 与直流电压源 V_I 串联。D 类放大器可以实现 AM,是因为其输出电压的幅值与直流电压源 V_I 成正比,图 4.19 给出了调幅过程的电压波形。

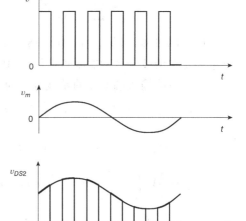

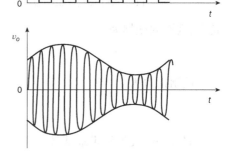

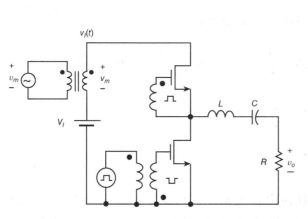

图 4.18　带有幅度调制的 D 类射频功率放大器

图 4.19　带有幅度调制的 D 类功率放大器波形

调制电压波形为

$$v_m(t) = V_m \sin \omega_m t \tag{4.136}$$

底部开关两端的 AM 电压波形为

$$v = v_{DS2} = [V_I + v_m(t)] \left[\frac{1}{2} + \frac{2}{\pi} \sum_{n=1}^{\infty} \frac{1-(-1)^n}{2n} \sin(n\omega_c t) \right]$$

$$= (V_I + V_m \sin \omega_m t) \left[\frac{1}{2} + \frac{2}{\pi} \sum_{n=1}^{\infty} \frac{1-(-1)^n}{2n} \sin(n\omega_c t) \right]$$

$$= V_I \left(1 + \frac{V_m}{V_I} \sin \omega_m t \right) \left[\frac{1}{2} + \frac{2}{\pi} \sum_{n=1}^{\infty} \frac{1-(-1)^n}{2n} \sin(n\omega_c t) \right]$$

$$= V_I(1 + m \sin \omega_m t) \left[\frac{1}{2} + \frac{2}{\pi} \sum_{n=1}^{\infty} \frac{1-(-1)^n}{2n} \sin(n\omega_c t) \right] = \frac{V_I}{2} + \frac{mV_I}{2} \sin \omega_m t$$

$$+ \frac{2V_I}{\pi} \sum_{n=1}^{\infty} \frac{1-(-1)^n}{2n} \sin(n\omega_c t) + \frac{2mV_I}{\pi} \sum_{n=1}^{\infty} \frac{1-(-1)^n}{2n} \sin(n\omega_c t) \sin \omega_m t \tag{4.137}$$

因为

$$\sin x \sin y = \frac{1}{2}[\cos(x-y) - \cos(x+y)] \tag{4.138}$$

公式(4.137)可以进一步写为

$$v = v_{DS2} = \frac{V_I}{2} + \frac{mV_I}{2} \sin \omega_m t + \frac{2V_I}{\pi} \sum_{n=1}^{\infty} \frac{1-(-1)^n}{2n} \sin(n\omega_c t)$$

$$+ \frac{mV_I}{\pi} \sum_{n=1}^{\infty} \frac{1-(-1)^n}{2n} \cos(n\omega_c - \omega_m) t - \frac{mV_I}{\pi} \sum_{n=1}^{\infty} \frac{1-(-1)^n}{2n} \cos(n\omega_c + \omega_m) t \tag{4.139}$$

由式(4.139)可见,电路图 4.18 下方 MOSFET 器件两端电压(即谐振电路的输入)的基波分量和奇次谐波分量的振幅被调制,因此,所有奇次谐波的振幅与电源电压 V_I 成正比。

谐振电路输入端电压的基波分量为

$$v_1 = v_{DS2(1)} = [V_I + v_m(t)] \left(\frac{2}{\pi} \sin \omega_c t \right)$$

$$= (V_I + V_m \sin \omega_m t) \left(\frac{2}{\pi} \sin \omega_c t \right) = \frac{2V_I}{\pi} \sin \omega_c t + \frac{2V_m}{\pi} \sin \omega_m t \sin \omega_c t$$

$$= \frac{2}{\pi} V_I \left(1 + \frac{V_m}{V_I} \sin \omega_m t \right) \sin \omega_c t = \frac{2V_I}{\pi} (1 + m \sin \omega_m t) \sin \omega_c t \tag{4.140}$$

$$= V_c(1 + m \sin \omega_m t) \sin \omega_c t = V_c \sin \omega_c t + \frac{mV_c}{2} \cos(\omega_c - \omega_m) t - \frac{mV_c}{2} \cos(\omega_c + \omega_m) t$$

其中,载波的振幅为

$$V_c = \frac{2}{\pi} V_I \tag{4.141}$$

调制指数为

$$m = \frac{V_m}{V_I} \tag{4.142}$$

假设一个理想的带通滤波器,通频带内的电压增益恒等于 1,相位为零;而带外的电压增益为零。在这种假设下,仅有载波的调幅基波分量被传送到放大器的输出端。因此,AM 输出电压为

$$v_o = (V_I + V_m \sin \omega_m t)\left(\frac{2}{\pi} \sin \omega_c t\right) = \frac{2}{\pi} V_I \left(1 + \frac{V_m}{V_I} \sin \omega_m t\right) \sin \omega_c t$$

$$\text{(4.143)}$$

$$= V_c(1 + m \sin \omega_m t) \sin \omega_c t = V_c \sin \omega_c t + \frac{mV_c}{2} \cos(\omega_c - \omega_m)t - \frac{mV_c}{2} \cos(\omega_c + \omega_m)t$$

事实上，边带是按照非理想的带通滤波器衰减的

$$v_o = V_c \sin \omega_c t + \frac{mV_c|M_v|}{2} \cos[(\omega_c - \omega_m)t - \phi]\frac{mV_c|M_v|}{2} \cos[(\omega_c + \omega_m)t + \phi] \quad \text{(4.144)}$$

其中，$|M_v|$ 和 ϕ 是带通滤波器在 $\omega = \omega_c - \omega_m$ 和 $\omega = \omega_c + \omega_m$ 之间电压增益的幅度和相位。

4.10　工作在谐振频率外的 D 类射频功率放大器

当工作频率低于谐振频率 f_0 时，串联谐振电路呈现为高的容性阻抗；当工作频率高于谐振频率 f_0 时，串联谐振电路呈现为高的感性阻抗。如果工作频率 f 接近谐振频率 f_0，对于高次谐波而言，谐振电路的阻抗很高，因此流过谐振电路的电流近似为正弦波，并且等于基频分量，即

$$i = I_m \sin(\omega t - \psi) \quad \text{(4.145)}$$

根据式（4.57）、式（4.59）和式（4.21）可得

$$I_m = \frac{V_m}{|Z|} = \frac{2V_I}{\pi|Z|} = \frac{2V_I \cos \psi}{\pi R_t} = \frac{2V_I}{\pi R_t \sqrt{1 + Q_L^2 \left(\dfrac{\omega}{\omega_o} - \dfrac{\omega_o}{\omega}\right)^2}}$$

$$\text{(4.146)}$$

$$= \frac{2V_I}{\pi Z_o \sqrt{\left(\dfrac{R_t}{Z_o}\right)^2 + \left(\dfrac{\omega}{\omega_o} - \dfrac{\omega_o}{\omega}\right)^2}}$$

图 4.20 给出了归一化电流幅值 $I_m/(V_I/Z_0)$ 与 f/f_0 和 Q_L 的三维函数关系图，图 4.21 为 Q_L 值固定时 $I_m/(V_I/Z_0)$ 与 f/f_0 的函数关系曲线。可见，$I_m/(V_I/Z_0)$ 的最大值出现在谐振频率 f_0 和总电阻 R_t 较小时。

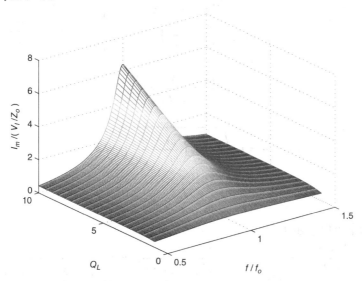

图 4.20　流过谐振电路的电流归一化幅值 $I_m/(V_I/Z_0)$ 与 f/f_0 和 Q_L 的关系曲线

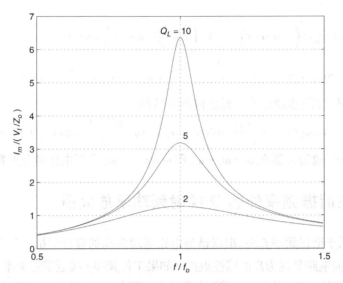

图 4.21　不同 Q_L 值下，流过谐振电路的电流归一化幅值 $I_m/(V_I/Z_o)$ 与 f/f_o 的关系曲线

当 $f = f_o$ 时，流过谐振电路和晶体管的电流的幅值为

$$I_{mr} = \frac{2V_I}{\pi R_t} \tag{4.147}$$

输出的正弦波电压为

$$v_o = iR = V_m \sin(\omega t - \psi) \tag{4.148}$$

放大器的输入电流 i_I 等于流过开关 S_1 的电流，即

$$i_I = i_{S1} = \begin{cases} I_m \sin(\omega t - \psi) & (0 < \omega t \leqslant \pi) \\ 0 & (\pi < \omega t \leqslant 2\pi) \end{cases} \tag{4.149}$$

因此，根据式(4.55)、式(4.57)和式(4.21)可进一步得到输入电流的直流分量

$$I_I = \frac{1}{2\pi}\int_0^{2\pi} i_{S1}d(\omega t) = \frac{I_m}{2\pi}\int_0^{\pi} \sin(\omega t - \psi)d(\omega t) = \frac{I_m \cos\psi}{\pi} = \frac{V_m \cos\psi}{\pi|Z|}$$

$$= \frac{2V_I \cos^2\psi}{\pi^2 R_t} = \frac{2V_I R_t}{\pi^2 |Z|^2} = \frac{I_m}{\pi\sqrt{1 + Q_L^2\left(\dfrac{\omega}{\omega_o} - \dfrac{\omega_o}{\omega}\right)^2}} = \frac{2V_I}{\pi^2 R_t\left[1 + Q_L^2\left(\dfrac{\omega}{\omega_o} - \dfrac{\omega_o}{\omega}\right)^2\right]} \tag{4.150}$$

当 $f = f_o$ 时

$$I_I = \frac{I_m}{\pi} = \frac{2V_I}{\pi^2 R_t} \approx \frac{V_I}{5R_t} \tag{4.151}$$

又

$$\gamma_1 = \frac{I_m}{I_I} = \pi\sqrt{1 + Q_L^2\left(\frac{\omega}{\omega_o} - \frac{\omega_o}{\omega}\right)^2} = \pi\cos\psi \tag{4.152}$$

当 $f = f_o$ 时

$$\gamma_1 = \frac{I_m}{I_I} = \pi \tag{4.153}$$

直流输入功率可以表示为

$$P_I = I_I V_I = \frac{2V_I^2 \cos^2\psi}{\pi^2 R_t} = \frac{2V_I^2}{\pi^2 R_t\left[1 + Q_L^2\left(\dfrac{\omega}{\omega_o} - \dfrac{\omega_o}{\omega}\right)^2\right]} = \frac{2V_I^2 R_t}{\pi^2 Z_o^2\left[\left(\dfrac{R_t}{Z_o}\right)^2 + \left(\dfrac{\omega}{\omega_o} - \dfrac{\omega_o}{\omega}\right)^2\right]} \tag{4.154}$$

当 $f = f_0$ 时

$$P_I = \frac{2V_I^2}{\pi^2 R_t} \approx \frac{V_I^2}{5R_t} \tag{4.155}$$

根据式(4.146),可以得到输出功率为

$$P_O = \frac{I_m^2 R}{2} = \frac{2V_I^2 R \cos^2 \psi}{\pi^2 R_t^2} = \frac{2V_I^2 R}{\pi^2 R_t^2 \left[1 + Q_L^2 \left(\dfrac{\omega}{\omega_o} - \dfrac{\omega_o}{\omega} \right)^2 \right]} \tag{4.156}$$

$$= \frac{2V_I^2 R}{\pi^2 Z_o^2 \left[\left(\dfrac{R_t}{Z_o} \right)^2 + \left(\dfrac{\omega}{\omega_o} - \dfrac{\omega_o}{\omega} \right)^2 \right]}$$

当 $f = f_0$ 时

$$P_O = \frac{2V_I^2 R}{\pi^2 R_t^2} \approx \frac{2V_I^2}{\pi^2 R} \tag{4.157}$$

图 4.22 描述了归一化输出功率 $P_O/(V_I^2 R_t/Z_o^2)$ 与 f/f_0 和 Q_L 的三维函数关系图,图 4.23 为 Q_L 值固定时 $P_O/(V_I^2 R_t/Z_o^2)$ 与 f/f_0 的函数关系曲线。可见,最大输出功率发生在谐振频率 f_0 和总电阻 R_t 较小时。

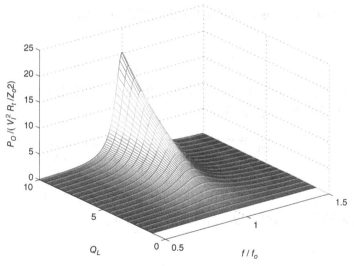

图 4.22 归一化输出功率 $P_O/(V_I^2 R_t/Z_o^2)$ 与 f/f_0 和 Q_L 的关系曲线

由理想元器件构成的 D 类射频功率放大器的漏极效率为

$$\eta_D = \frac{P_O}{P_I} = \left(\frac{1}{2} \right)\left(\frac{I_m}{I_I} \right)\left(\frac{V_m}{V_I} \right) \cos \psi = \frac{1}{2} \gamma_1 \xi_1 \cos \psi$$

$$= \left(\frac{1}{2} \right)\left(\frac{2}{\pi} \right)(\pi)\sqrt{1 + Q_L^2 \left(\frac{\omega}{\omega_o} - \frac{\omega_o}{\omega} \right)^2} \times \frac{1}{\sqrt{1 + Q_L^2 \left(\dfrac{\omega}{\omega_o} - \dfrac{\omega_o}{\omega} \right)^2}} = 1 \tag{4.158}$$

由理想元器件构成的 D 类射频功率放大器在谐振频率 f_0 处漏极效率为

$$\eta_D = \frac{P_O}{P_I} = \left(\frac{1}{2} \right)\left(\frac{I_m}{I_I} \right)\left(\frac{V_m}{V_I} \right) = \frac{1}{2} \gamma_1 \xi_1 = \left(\frac{1}{2} \right)\left(\frac{2}{\pi} \right)(\pi) = 1 \tag{4.159}$$

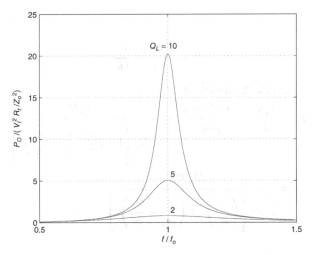

图 4.23　不同 Q_L 值下,归一化输出功率 $P_O/(V_I^2 R_t/Z_o^2)$ 与 f/f_o 的关系曲线

4.10.1　电流和电压应力

每个开关两端的峰值电压等于直流输入电压

$$V_{SM} = V_I \tag{4.160}$$

由于开关峰值电流的最大值和流过谐振电路电流的最大幅值发生在 $f=f_o$ 处,因此,根据式(4.146)可得

$$I_{SM} = I_{mr} = \frac{V_m}{R_t} = \frac{2V_I}{\pi R_t} \tag{4.161}$$

谐振电路的输入电压与电容 C 两端的电压比值就是二阶低通滤波器的电压传递函数。由式(4.146)可得电容 C 两端电压的振幅为

$$V_{Cm} = \frac{I_m}{\omega C} = \frac{2V_I}{\pi \left(\dfrac{\omega}{\omega_o}\right)\sqrt{\left(\dfrac{R_t}{Z_o}\right)^2 + \left(\dfrac{\omega}{\omega_o} - \dfrac{\omega_o}{\omega}\right)^2}} \tag{4.162}$$

图 4.24 给出了谐振电容 C 两端电压的归一化幅值 V_{Cm}/V_I 与 f/f_o 和 Q_L 的三维函数关系图,图 4.25 为 Q_L 值固定时 V_{Cm}/V_I 与 f/f_o 的函数关系曲线。

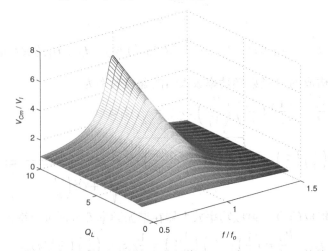

图 4.24　谐振电容 C 两端电压的归一化幅值 V_{Cm}/V_I 与 f/f_o 和 Q_L 的关系曲线

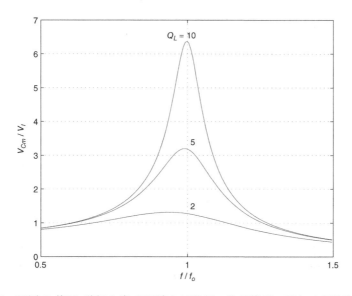

图 4.25　不同 Q_L 值下,谐振电容 C 两端电压的归一化幅值 V_{Cm}/V_I 与 f/f_o 的关系曲线

谐振电路的输入电压与电感 L 两端的电压比值为二阶高通滤波器的电压传递函数。电感 L 两端的电压幅值可以表示为

$$V_{Lm} = \omega L I_m = \frac{2V_I\left(\dfrac{\omega}{\omega_o}\right)}{\pi\sqrt{\left(\dfrac{R_t}{Z_o}\right)^2 + \left(\dfrac{\omega}{\omega_o} - \dfrac{\omega_o}{\omega}\right)^2}} \tag{4.163}$$

图 4.26 给出了谐振电感 L 两端电压的归一化幅值 V_{Lm}/V_I 与 f/f_o 和 Q_L 的三维函数关系图,图 4.27 为 Q_L 值固定时 V_{Lm}/V_I 与 f/f_o 的函数关系曲线。

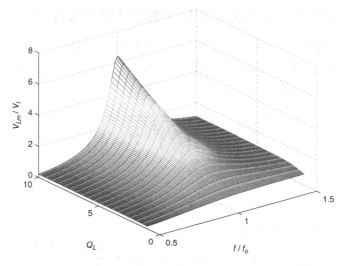

图 4.26　谐振电感 L 两端电压的归一化幅值 V_{Lm}/V_I 与 f/f_o 和 Q_L 的关系曲线

当 $f = f_o$ 时

$$V_{Cm(max)} = V_{Lm(max)} = Z_o I_{mr} = Q_L V_m = \frac{2V_I Q_L}{\pi} \tag{4.164}$$

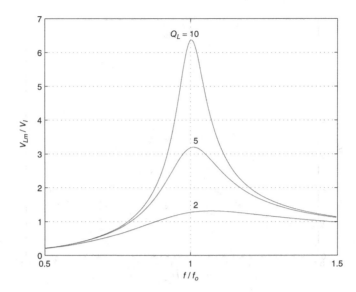

图 4.27 不同 Q_L 值下，谐振电感 L 两端电压的归一化幅值 V_{Lm}/V_I 与 f/f_0 的关系曲线

在谐振频率附近，即 $f \approx f_0$，并且直流输入电压最大 $V_I = V_{Imax}$，负载品质因素 Q_L 最大时，谐振电路元件的电压应力最大。实际上，谐振电感 L 两端电压 V_{Lm} 的最大值发生在工作频率略高于 f_0 处，谐振电容 C 两端电压 V_{Cm} 的最大值发生在略低于 f_0 处。然而，这种影响在实际应用中是可以忽略不计的。在谐振频率 $f = f_0$ 处，电感和电容两端电压的幅度是谐振电路输入端电压基频分量幅度 V_m 的 Q_L 倍，等于输出电压的幅值 V_{om}。

每个晶体管的输出功率能力为

$$c_p = \frac{P_O}{2I_{SM}V_{SM}} = \frac{1}{4}\left(\frac{I_m}{I_{SM}}\right)\left(\frac{V_m}{V_{SM}}\right) = \frac{1}{4} \times 1 \times \left(\frac{2}{\pi}\right) = \frac{1}{2\pi} = 0.159 \tag{4.165}$$

4.10.2 工作在短路和开路条件下的 D 类射频功率放大器

带有串联谐振电路的 D 类放大器能够在输出端开路的情况下正常工作。然而，如果当工作频率 f 接近谐振频率 f_0 时，输出端短路则很容易发生严重的损坏。如果负载电阻 $R = 0$，则流过谐振电路和开关的电流幅值为

$$I_m = \frac{2V_I}{\pi r \sqrt{1 + \left(\frac{Z_o}{r}\right)^2\left(\frac{\omega}{\omega_o} - \frac{\omega_o}{\omega}\right)^2}} \tag{4.166}$$

当 $f = f_0$ 时，I_m 有最大值

$$I_{SM} = I_{mr} = \frac{2V_I}{\pi r} \tag{4.167}$$

谐振元件 L 和 C 两端的电压振幅为

$$V_{Cm} = V_{Lm} = \frac{I_{mr}}{\omega_o C} = \omega_o L I_{mr} = Z_o I_{mr} = \frac{2V_I Z_o}{\pi r} = \frac{2V_I Q_o}{\pi} \tag{4.168}$$

例如，如果 $V_I = 320\text{V}$，$r = 2\ \Omega$，则 $I_{SM} = I_{mr} = 102$ A，$V_{Cm} = V_{Lm} = 80\text{kV}$。可见，流过开关和谐振电路的电流很大，谐振元件 L 和 C 两端的电压也非常高，可能导致放大器严重损坏。

4.11   半桥式 D 类功率放大器的效率

4.11.1   传导损耗

功率 MOSFET 管的传导损耗为

$$P_{rDS} = \frac{r_{DS}I_m^2}{4} \tag{4.169}$$

谐振电感的传导损耗为

$$P_{rL} = \frac{r_L I_m^2}{2} \tag{4.170}$$

谐振电容的传导损耗为

$$P_{rC} = \frac{r_C I_m^2}{2} \tag{4.171}$$

因此,晶体管和谐振电路总的传导功率损耗为

$$P_r = 2P_{rDS} + P_{rL} + P_{rC} = \frac{(r_{DS} + r_L + r_C)I_m^2}{2} = \frac{r I_m^2}{2} \tag{4.172}$$

输出功率为

$$P_O = \frac{I_m^2 R}{2} \tag{4.173}$$

忽略开关损耗和栅极驱动损耗,根据式(4.154)和式(4.156),可以得到只取决于传导损耗的放大器效率为

$$\eta_{Ir} = \frac{P_O}{P_I} = \frac{P_O}{P_O + P_r} = \frac{R}{R + r} = \frac{1}{1 + \dfrac{r}{R}} = 1 - \frac{r}{R + r} = 1 - \left(\frac{\omega_o L}{R + r} \right) \left(\frac{r}{\omega_o L} \right) = 1 - \frac{Q_L}{Q_o} \tag{4.174}$$

注意:为了获得较高的效率,负载电阻 R 和寄生电阻 r 的比值必须大。当 Q_L 低、Q_o 高时,效率较高。例如,当 $Q_L = 5$,$Q_o = 200$ 时,效率 $\eta_{Ir} = 1 - 5/200 = 0.975$。

下一节将给出工作频率低于谐振频率时的开关导通损耗,第4.11.3节将给出工作频率高于谐振频率时的开关断开损耗。同时将分别给出这两种情况下的效率计算公式。

4.11.2   接通开关损耗

当工作频率低于谐振频率时,断开开关的损耗为零。然而,接通开关是有损耗的。这些损耗与 MOSFET 管输出电容的充电和放电有关。二极管的结电容为

$$C_j(v_D) = \frac{C_{j0}}{\left(1 - \dfrac{v_D}{V_B} \right)^m} = \frac{C_{j0} V_B^m}{(V_B - v_D)^m} \qquad (v_D \leqslant V_B) \tag{4.175}$$

其中,C_{j0} 是 $v_D = 0$ 时的结电容;m 是梯度系数,突变结时 $m = 1/2$,渐变结时 $m = 1/3$。势垒电势 V_B 为

$$V_B = V_T \ln \left(\frac{N_A N_D}{n_i^2} \right) \tag{4.176}$$

其中,n_i 为本征载流子密度(25℃时,硅的本征载流子密度为 $1.5 \times 10^{10} \text{cm}^{-3}$),$N_A$ 是受主浓度,N_D 是施主浓度。热电压为

$$V_T = \frac{kT}{q} = \frac{T}{11\ 609} \text{ (V)} \tag{4.177}$$

其中,玻耳兹曼常数 $k = 1.38 \times 10^{-23}$ J/K;电子电荷 $q = 1.602 \times 10^{-19}$ C; T 是绝对温度,单位为 K。

对于 p^+n 二极管,受主浓度的典型值为 $N_A = 10^{16}$ cm^{-3},施主浓度的典型值为 $N_D = 10^{14}$ cm^{-3},因此 $V_B = 0.57$ V,零电压结电容为

$$C_{j0} = A\sqrt{\frac{\varepsilon_r \varepsilon_o q}{2V_B\left(\frac{1}{N_D} + \frac{1}{N_A}\right)}} \approx A\sqrt{\frac{\varepsilon_r \varepsilon_o q N_D}{2V_B}} \qquad (N_D \ll N_A) \tag{4.178}$$

其中,A 为结面积,单位为 cm^2;硅的相对介电常数 $\varepsilon_r = 11.7$;真空中的介电常数 $\varepsilon_o = 8.85 \times 10^{-14}$ (F/cm)。因此,$C_{j0}/A = 3.1234 \times 10^{-16}\sqrt{N_D}$ (F/cm^2)。例如,若 $N_D = 10^{-14}$ cm^{-3},$C_{j0}/A \approx 3$ nF/cm2。每个功率二极管 C_{j0} 的典型值一般为 1nF 的量级。

MOSFET 的漏极-源极电容 C_{ds} 主要是衬底-漏极突变 pn 结二极管的电容。令 $v_D = -v_{DS}$,$m = 1/2$,根据式(4.175)可得

$$C_{ds}(v_{DS}) = \frac{C_{j0}}{\sqrt{1 + \frac{v_{DS}}{V_B}}} = C_{j0}\sqrt{\frac{V_B}{v_{DS} + V_B}} \qquad (v_{DS} \geqslant -V_B) \tag{4.179}$$

因此

$$\frac{C_{ds1}}{C_{ds2}} = \sqrt{\frac{v_{DS2} + V_B}{v_{DS1} + V_B}} \approx \sqrt{\frac{v_{DS2}}{v_{DS1}}} \tag{4.180}$$

其中,C_{ds1} 为 v_{ds1} 下的漏极-源极电容,C_{ds2} 为 v_{ds2} 下的漏极-源极电容。功率场效应管的制造商通常给出 $V_{DS} = 25$ V,$V_{GS} = 0$ V 和 $f = 1$ MHz 下的电容 $C_{oss} = C_{gd} + C_{ds}$ 和 $C_{rss} = C_{gd}$。因此,可以得到 $V_{DS} = 25$V 时,漏极-源极电容 $C_{ds(25V)} = C_{oss} - C_{rss}$。MOSFET 管的电容本质上是与频率无关的。根据式(4.180),可以得到直流电压 V_I 下的漏极-源极电容为

$$C_{ds(V_I)} = C_{ds(25V)}\sqrt{\frac{25 + V_B}{V_I + V_B}} \approx \frac{5C_{ds(25V)}}{\sqrt{V_I}} \text{ (F)} \tag{4.181}$$

当 $v_{DS} = 0$,$V_B = 0.57$ V 时,漏极-源极电容为

$$C_{j0} = C_{ds(25V)}\sqrt{\frac{25}{V_B} + 1} \approx 6.7C_{ds(25V)} \tag{4.182}$$

还有

$$C_{ds}(v_{DS}) = C_{ds(V_I)}\sqrt{\frac{V_I + V_B}{v_{DS} + V_B}} \approx C_{ds(V_I)}\sqrt{\frac{V_I}{v_{DS}}} \tag{4.183}$$

根据式(4.179)并考虑到 $dQ_j = C_{ds}\, dv_{DS}$,可以得到 v_{DS} 下存储在漏极-源极结电容中的电荷量为

$$Q_j(v_{DS}) = \int_{-V_B}^{v_{DS}} dQ_j = \int_{-V_B}^{v_{DS}} C_{ds}(v_{DS})dv_{DS}$$

$$= C_{j0}\sqrt{V_B}\int_{-V_B}^{v_{DS}} \frac{dv_{DS}}{\sqrt{v_{DS} + V_B}} = 2C_{j0}\sqrt{V_B(v_{DS} + V_B)} \tag{4.184}$$

$$= 2C_{j0}V_B\sqrt{1 + \frac{v_{DS}}{V_B}} = 2(v_{DS} + V_B)C_{ds}(v_{DS}) \approx 2v_{DS}C_{ds}(v_{DS})$$

当 $v_{DS} = V_I$ 时,将式(4.181)代入式(4.184),得到

$$Q_j(V_I) = 2V_I C_{ds(V_I)} = 10C_{ds(25V)}\sqrt{V_I} \text{ (C)} \tag{4.185}$$

因此,当上方的晶体管截止后,从直流输入源 V_I 传输到其输出电容的能量为

$$W_I = \int_{-V_B}^{V_I} v i \, dt = V_I \int_{-V_B}^{V_I} i \, dt = V_I Q_j(V_I) \tag{4.186}$$

$$= 2V_I^2 C_{ds(V_I)} = 10\sqrt{V_I^3} C_{ds(25V)} \text{ (W)}$$

根据 $dW_j = (1/2)Q_j \, dv_{DS}$ 和式（4.184），得到 v_{DS} 下存储在漏极-源极结电容中的能量为

$$W_j(v_{DS}) = \frac{1}{2} \int_{-V_0}^{v_{DS}} Q_j dv_{DS} = C_{j0}\sqrt{V_B} \int_{-V_0}^{v_{DS}} \sqrt{v_{DS} + V_B} \, dv_{DS} \tag{4.187}$$

$$= \frac{2}{3} C_{j0}\sqrt{V_B}(v_{DS} + V_B)^{\frac{3}{2}} = \frac{2}{3} C_{ds(v_{DS})}(v_{DS} + V_B)^2 \approx \frac{2}{3} C_{ds(v_{DS})} v_{DS}^2$$

因此，当 $v_{DS} = V_I$ 时，结合式（4.181）得到存储在漏极-源极结电容中的能量为

$$W_j(V_I) = \frac{2}{3} C_{ds(V_I)} V_I^2 = \frac{10}{3} C_{ds(25V)}\sqrt{V_I^3} \text{ (J)} \tag{4.188}$$

当晶体管导通后，电容通过 r_{DS} 放电，存储的能量以热的形式耗散掉。因此，每个晶体管的开关导通功率损耗为

$$P_{tron} = \frac{W_j(V_I)}{T} = fW_j(V_I) = \frac{2}{3} fC_{j0}\sqrt{V_B}(V_I + V_B)^{\frac{3}{2}} \tag{4.189}$$

$$= \frac{2}{3} fC_{ds(V_I)} V_I^2 = \frac{10}{3} fC_{ds(25V)}\sqrt{V_I^3} \text{ (W)}$$

根据式（4.181）、式（4.184）和式（4.187），得到 C_{ds}、Q_j 和 W_j 与 v_{ds} 的函数关系曲线如图 4.28 所示。

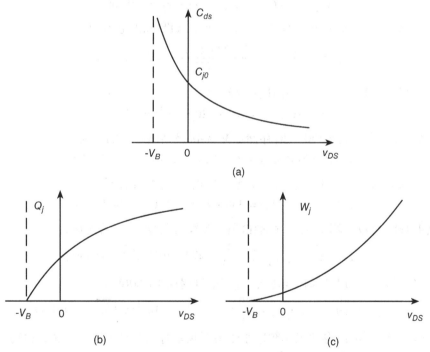

图 4.28　C_{ds}、Q_j 和 W_j 与 v_{ds} 的函数关系曲线

（a）C_{ds} 与 v_{ds} 的函数关系曲线；（b）Q_j 与 v_{ds} 的函数关系曲线；（c）W_j 与 v_{ds} 的函数关系曲线

根据式（4.186）和式（4.188），可以得到电容 C_{ds} 充电过程中，充电路径上电阻损耗的能量和相对应的功率分别为

$$W_{char}(V_I) = W_I(V_I) - W_j(V_I) = \frac{4}{3} C_{ds(V_I)} V_I^2 = \frac{20}{3} C_{ds(25V)}\sqrt{V_I^3} \text{ (W)} \tag{4.190}$$

$$P_{char} = \frac{W_{char}(V_I)}{T} = fW_{char}(V_I) = \frac{4}{3}fC_{ds(V_I)}V_I^2 = \frac{20}{3}fC_{ds(25V)}\sqrt{V_I^3} \text{ (J)} \tag{4.191}$$

根据式(4.186)可以得到每个晶体管总的开关损耗为

$$P_{sw} = \frac{W(V_I)}{T} = fW_I(V_I) = 2fC_{j0}V_I\sqrt{V_B(V_I + V_B)}$$

$$= 2fC_{ds(V_I)}V_I^2 = 10fC_{ds(25V)}\sqrt{V_I^3} \text{ (W)} \tag{4.192}$$

与充、放电过程的等效线性电容 C_{eq} 相关联的开关损耗为 $P_{sw} = fC_{eq}V_I^2$。因此,由式(4.192)可得

$$C_{eq} = 2C_{ds(V_I)} = \frac{10C_{ds(25V)}}{\sqrt{V_I}} \tag{4.193}$$

例4.2 型号为 MTP5N40 的 MOSFET 管数据手册中给出:$V_{DS} = 25$ V,$V_{GS} = 0$ V 时,$C_{oss} = 300$ pF 和 $C_{rss} = 80$ pF。使用这种类型晶体管的 D 类半桥串联谐振放大器,若工作频率 $f = 100$ kHz,直流电压源 $V_I = 350$ V,试计算直流电源电压 V_I 和 $v_{DS} = 0$ 时的漏极-源极电容,开关导通过程中,从直流输入源 V_I 传输到 MOSFET 管输出电容的能量,V_I 下存储在漏极-源极结电容 C_{ds} 中的能量,开关的导通功率损耗以及放大器的工作频率小于谐振频率时每个晶体管总的开关功率损耗。假设 $V_B = 0.57$ V。

解:通过数据表,有

$$C_{ds(25V)} = C_{oss} - C_{rss} = 300 - 80 = 220 \text{ (pF)} \tag{4.194}$$

由式(4.181)可得,直流电压源 $V_I = 350$ V 下的漏极-源极电容为

$$C_{ds(V_I)} = \frac{5C_{ds(25V)}}{\sqrt{V_I}} = \frac{5 \times 220 \times 10^{-12}}{\sqrt{350}} = 58.79 \approx 59 \text{ (pF)} \tag{4.195}$$

由式(4.182)可得 $v_{DS} = 0$ 时的漏极-源极电容为

$$C_{j0} = 6.7C_{ds(25V)} = 6.7 \times 220 \times 10^{-12} = 1474 \text{ (pF)} \tag{4.196}$$

由式(4.185)可得,$V_I = 350$ V 时存储在漏极-源极结电容中的电荷量为

$$Q_j(V_I) = 2V_IC_{ds(V_I)} = 2 \times 350 \times 59 \times 10^{-12} = 41.3 \text{ (nC)} \tag{4.197}$$

由式(4.186)可以计算出从输入电压源 V_I 传输到放大器的能量为

$$W_I(V_I) = V_IQ_j(V_I) = 350 \times 41.153 \times 10^{-9} = 14.4 \text{ (μJ)} \tag{4.198}$$

由式(4.188)可以计算出 V_I 下存储在漏极-源极结电容 C_{ds} 中的能量为

$$W_j(V_I) = \frac{10}{3}C_{ds(25V)}\sqrt{V_I^3} = \frac{10}{3} \times 220 \times 10^{-12}\sqrt{350^3} = 4.8 \text{ (μJ)} \tag{4.199}$$

根据式(4.191),可以计算出与电容 C_{ds} 充电过程相关的功率为

$$P_{char} = \frac{20}{3}fC_{ds(25V)}\sqrt{V_I^3} = \frac{20}{3} \times 10^5 \times 220 \times 10^{-12}\sqrt{350^3} = 0.96 \text{ (W)} \tag{4.200}$$

根据式(4.189),可以得到工作频率小于谐振频率时每个晶体管的开关导通功率损耗为

$$P_{tron} = \frac{10}{3}fC_{ds(25V)}\sqrt{V_I^3} = \frac{10}{3} \times 10^5 \times 220 \times 10^{-12}\sqrt{350^3} = 0.48 \text{ (W)} \tag{4.201}$$

根据式(4.192),可以得到工作频率小于谐振频率时每个晶体管总的开关功率损耗为

$$P_{sw} = 10fC_{ds(25V)}\sqrt{V_I^3} \text{ (W)} = 10 \times 10^5 \times 220 \times 10^{-12}\sqrt{350^3} = 1.44 \text{ (W)} \tag{4.202}$$

可见,$P_{tron} = (1/3)P_{sw}$,$P_{char} = (2/3)P_{sw}$。等效线性电容为 $C_{eq} = 2C_{ds(VI)} = 2 \times 59 = 118$ pF。D 类放大器的所有功率损耗为

$$P_T = P_r + 2P_{sw} + 2P_G = \frac{rI_m^2}{2} + 20f C_{ds(25V)}\sqrt{V_I^3} + 2f Q_g V_{GSpp} \tag{4.203}$$

因此,工作频率小于谐振频率时半桥放大器的效率为

$$\eta_I = \frac{P_O}{P_O + P_T} = \frac{P_O}{P_O + P_r + 2P_{sw} + 2P_G} \tag{4.204}$$

4.11.3　断开开关损耗

当工作频率大于谐振频率时,接通开关的损耗为零。然而,断开开关却是有损耗的。当$f > f_0$时,开关断开过程中的电流和电压波形如图4.29所示。这些波形可以在各种D类放大器实验电路中观察到。

由图4.29可见,电压v_{DS2}呈现出数值较低时增加缓慢,较高时增加变快的特点。这是因为MOSFET管的输出电容是高度非线性的,并且v_{DS2}较小时的电容值远大于v_{DS2}较大时的值。该电容充电电流近似为常数。漏极-源极电压v_{DS2}在上升时间t_r内可以近似为抛物线函数,即

$$v_{DS2} = a(\omega t)^2 \tag{4.205}$$

因为$v_{DS2}(\omega t_r) = V_I$,得到

$$a = \frac{V_I}{(\omega t_r)^2} \tag{4.206}$$

因此,式(4.205)变为

$$v_{DS2} = \frac{V_I(\omega t)^2}{(\omega t_r)^2} \tag{4.207}$$

在上升时间t_r内,开关电流是正弦曲线的一小部分,可以近似为一个常数

$$i_{S2} = I_{OFF} \tag{4.208}$$

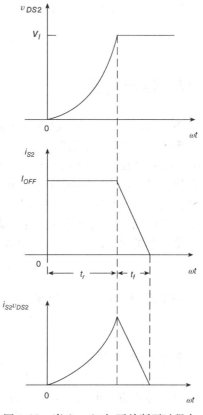

图4.29　当$f > f_0$时,开关断开过程中的v_{DS2}、i_{S2}以及$i_{S2}v_{DS2}$的波形

与电压上升时间t_r相关的平均功率损耗为

$$P_{tr} = \frac{1}{2\pi}\int_0^{2\pi} i_{S2} v_{DS2} d(\omega t) = \frac{V_I I_{OFF}}{2\pi(\omega t_r)^2}\int_0^{\omega t_r}(\omega t)^2 d(\omega t) \tag{4.209}$$

$$= \frac{\omega t_r V_I I_{OFF}}{6\pi} = \frac{f t_r V_I I_{OFF}}{3} = \frac{t_r V_I I_{OFF}}{3T}$$

在下降时间t_f内,开关电流可以近似为一个斜坡函数

$$i_{S2} = I_{OFF}\left(1 - \frac{\omega t}{\omega t_f}\right) \tag{4.210}$$

漏极-源极电压为

$$v_{DS2} = V_I \tag{4.211}$$

因此,与半导体器件电流的下降时间t_f相关的平均功率损耗为

$$P_{tf} = \frac{1}{2\pi}\int_0^{2\pi} i_{S2} v_{DS2} d(\omega t) = \frac{V_I I_{OFF}}{2\pi}\int_0^{\omega t_f}\left(1 - \frac{\omega t}{\omega t_f}\right)d(\omega t) \tag{4.212}$$

$$= \frac{\omega t_f V_I I_{OFF}}{4\pi} = \frac{f t_f V_I I_{OFF}}{2} = \frac{t_f V_I I_{OFF}}{2T}$$

断开开关的损耗为

$$P_{toff} = P_{tr} + P_{tf} = fV_I I_{OFF} \left(\frac{t_r}{3} + \frac{t_f}{2} \right) \tag{4.213}$$

通常, t_r 远远大于 t_f。D 类半桥放大器总的功率损耗为

$$P_T = P_r + 2P_{toff} + 2P_G = \frac{rI_m^2}{2} + fV_I I_{OFF} \left(\frac{2t_r}{3} + t_f \right) + 2fQ_g V_{GSpp} \tag{4.214}$$

因此,工作频率大于谐振频率时的半桥放大器效率为

$$\eta_I = \frac{P_O}{P_O + P_T} = \frac{P_O}{P_O + P_r + 2P_{toff} + 2P_G} \tag{4.215}$$

4.12 设计实例

下面通过一个例子来说明带有串联谐振电路的 D 类电压开关型功率放大器的设计过程。

例 4.3 设计一个如图 4.5 所示的 D 类半桥放大器,使其符合下列要求: $V_I = 100\text{V}$, $P_O = 50\text{W}$, $f = 110\text{kHz}$。假设 $Q_L = 5.5$, $\psi = 30°$(也就是说, $\cos 2\psi = 0.75$),效率 $\eta_{Ir} = 90\%$。选用美国国际整流器公司(International Rectifier, IR)型号为 IRF621 的 MOSFET 管,该器件的 $r_{DS} = 0.5\Omega$, $C_{DS(25\,V)} = 110\text{pF}$, $Q_g = 11\text{nC}$。通过 $Q_{Lo} = 300$ 和 $Q_{Co} = 1200$,验证初始的假设 η_{Ir}。假设 $V_{GSpp} = 15\text{V}$,估算开关损耗和栅极驱动功率损耗。

解:由式(4.174)可以计算出放大器的直流输入功率为

$$P_I = \frac{P_O}{\eta_{Ir}} = \frac{50}{0.9} = 55.56 \text{ (W)} \tag{4.216}$$

根据式(4.154),可以计算出放大器的总电阻为

$$R_t = \frac{2V_I^2}{\pi^2 P_I} \cos^2 \psi = \frac{2 \times 100^2}{\pi^2 \times 55.56} \times 0.75 = 27.35 \text{ (}\Omega\text{)} \tag{4.217}$$

根据式(4.174)和式(4.29)的关系,可以得到负载电阻

$$R = \eta_{Ir} R_t = 0.9 \times 27.35 = 24.62 \text{ (}\Omega\text{)} \tag{4.218}$$

放大器总寄生电阻的最大值为

$$r = R_t - R = 27.35 - 24.62 = 2.73 \text{ (}\Omega\text{)} \tag{4.219}$$

由式(4.154)得到直流电流为

$$I_I = \frac{P_I}{V_I} = \frac{55.56}{100} = 0.556 \text{ (A)} \tag{4.220}$$

开关电流的峰值为

$$I_m = \sqrt{\frac{2P_O}{R}} = \sqrt{\frac{2 \times 50}{24.62}} = 2.02 \text{ (A)} \tag{4.221}$$

由式(4.160)可知开关的峰值电压等于输入电压,即

$$V_{SM} = V_I = 100 \text{ (V)} \tag{4.222}$$

根据式(4.56),可以得到满载时的比 f/f_o 为

$$\frac{f}{f_o} = \frac{1}{2} \left(\frac{\tan \psi}{Q_L} + \sqrt{\frac{\tan^2 \psi}{Q_L^2} + 4} \right) = \frac{1}{2} \left[\frac{\tan(30°)}{5.5} + \sqrt{\frac{\tan^2(30°)}{5.5^2} + 4} \right] = 1.054 \tag{4.223}$$

因此,

$$f_o = \frac{f}{(f/f_o)} = \frac{110 \times 10^3}{1.054} = 104.4 \text{ (kHz)} \tag{4.224}$$

根据式(4.27)可以计算出谐振电路电感和电容元件的值为

$$L = \frac{Q_L R_t}{\omega_o} = \frac{5.5 \times 27.35}{2\pi \times 104.4 \times 10^3} = 229.3\,(\mu\text{H}) \tag{4.225}$$

$$C = \frac{1}{\omega_o Q_L R_t} = \frac{1}{2\pi \times 104.4 \times 10^3 \times 5.5 \times 27.35} = 10\,(\text{nF}) \tag{4.226}$$

由式(4.26)得到

$$Z_o = \sqrt{\frac{L}{C}} = \sqrt{\frac{229.3 \times 10^{-6}}{10 \times 10^{-9}}} = 151.427\,(\Omega) \tag{4.227}$$

根据式(4.164),可以估算出谐振元件的最大电压应力为

$$V_{Cm(max)} = V_{Lm(max)} = \frac{2 V_I Q_L}{\pi} = \frac{2 \times 100 \times 5.5}{\pi} = 350\,(\text{V}) \tag{4.228}$$

一旦谐振元件的参数值已知,就可以重新计算放大器的寄生电阻。根据式(4.52)和式(4.53)可以得到

$$r_L = \frac{\omega L}{Q_{Lo}} = \frac{2\pi \times 110 \times 10^3 \times 229.3 \times 10^{-6}}{300} = 0.53\,(\Omega) \tag{4.229}$$

$$r_C = \frac{1}{\omega C Q_{Co}} = \frac{1}{2\pi \times 110 \times 10^3 \times 10 \times 10^{-9} \times 1200} = 0.12\,(\Omega) \tag{4.230}$$

因此,寄生电阻为

$$r = r_{DS} + r_L + r_C = 0.5 + 0.53 + 0.12 = 1.15\,(\Omega) \tag{4.231}$$

根据式(4.169)得到每个 MOSFET 的传导损耗为

$$P_{rDS} = \frac{r_{DS} I_m^2}{4} = \frac{0.5 \times 2.02^2}{4} = 0.51\,(\text{W}) \tag{4.232}$$

根据式(4.170),谐振电感 L 的传导损耗为

$$P_{rL} = \frac{r_L I_m^2}{2} = \frac{0.53 \times 2.02^2}{2} = 1.08\,(\text{W}) \tag{4.233}$$

根据式(4.171),谐振电容 C 的传导损耗为

$$P_{rC} = \frac{r_C I_m^2}{2} = \frac{0.12 \times 2.02^2}{2} = 0.245\,(\text{W}) \tag{4.234}$$

因此,可以得到总的传导损耗为

$$P_r = 2P_{rDS} + P_{rL} + P_{rC} = 2 \times 0.51 + 1.08 + 0.245 = 2.345\,(\text{W}) \tag{4.235}$$

与传导损耗相关的效率 η_{Ir} 为

$$\eta_{Ir} = \frac{P_O}{P_O + P_r} = \frac{50}{50 + 2.345} = 95.52\% \tag{4.236}$$

假设栅极-源极峰峰值电压 $V_{GSpp} = 15\,\text{V}$,则 MOSFET 管的栅极驱动功率损耗为

$$2P_G = 2f Q_g V_{GSpp} = 2 \times 110 \times 10^3 \times 11 \times 10^{-9} \times 15 = 0.036\,(\text{W}) \tag{4.237}$$

传导损耗和栅极驱动功率损耗的总和为

$$P_{LS} = P_r + 2P_G = 2.345 + 0.036 = 2.28\,(\text{W}) \tag{4.238}$$

由于放大器工作在谐振频率之上,导通传导损耗为零。考虑传导损耗和栅极驱动功率损耗的放大器效率为

$$\eta_I = \frac{P_O}{P_O + P_T} = \frac{50}{50 + 2.28} = 95.64\% \tag{4.239}$$

4.13　变压器耦合的推拉式 D 类电压开关型功率放大器

4.13.1　波形

推拉式 D 类电压开关(电压源)型射频功率放大器如图 4.30 所示,图中,两个晶体管交替

导通和截止。电流和电压工作波形如图4.31所示,可见,漏极-源极电压 v_{DS1} 和 v_{DS2} 是方波,漏极电流 i_{D1}、i_{D2} 是半正弦波。

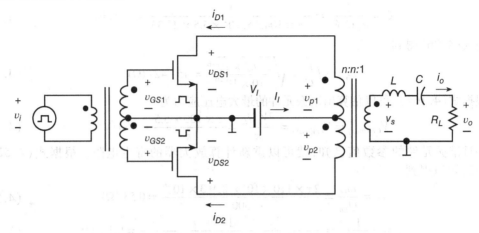

图4.30 推拉式D类电压开关(电压源)型射频功率放大器

当工作频率等于谐振频率时,串联谐振电路迫使输出电流为正弦波

$$i_o = I_m \sin\omega t \qquad (4.240)$$

因此,输出电压也为正弦波

$$v_o = V_m \sin\omega t \qquad (4.241)$$

其中

$$V_m = R_L I_m \qquad (4.242)$$

每个与各自初级线圈并联的晶体管在另一个初级线圈开路时看到的等效电阻为

$$R = n^2 R_L \qquad (4.243)$$

其中,n 为变压器的初级线圈与次级线圈的匝数比。

当 $0 < \omega t \le \pi$ 时,驱动电压为正,晶体管 Q_1 导通而 Q_2 截止,电流和电压波形为

$$v_{p2} = V_I = v_{p1} \qquad (4.244)$$

$$v_{DS2} = V_I + v_{p2} = V_I - (-V_I) = 2V_I \qquad (4.245)$$

$$v_s = \frac{v_{p1}}{n} = \frac{v_{p2}}{n} = \frac{V_I}{n} \qquad (4.246)$$

$$i_{D1} = I_{dm} \sin\omega t = \frac{I_m}{n} \sin\omega t \qquad (0 < \omega t \le \pi)$$
$$\qquad (4.247)$$

$$i_{D2} = 0 \qquad (4.248)$$

其中,I_{dm} 是漏极的峰值电流。

当 $\pi < \omega t \le 2\pi$,驱动电压为负,晶体管 Q_1 截止而 Q_2 导通。此时,电流和电压波形为

$$v_{p1} = -V_I = v_{p2} \qquad (4.249)$$

$$v_{DS1} = V_I + v_{p1} = V_I + V_I = 2V_I \qquad (4.250)$$

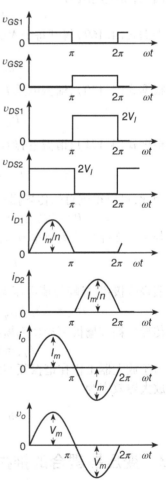

图4.31 推拉式D类电压开关(电压源)型射频功率放大器的波形

$$v_s = \frac{v_{p1}}{n} = \frac{v_{p2}}{n} = -\frac{V_I}{n} \tag{4.251}$$

$$i_{D1} = 0 \tag{4.252}$$

$$i_{D2} = -I_{dm}\sin\omega t = -\frac{I_m}{n}\sin\omega t \qquad (\pi < \omega t \leqslant 2\pi) \tag{4.253}$$

漏极-源极电压基波分量的幅值为

$$V_{dm} = \frac{4}{\pi}V_I \tag{4.254}$$

输出电压的幅值为

$$V_m = \frac{V_{dm}}{n} = \frac{4}{\pi}\frac{V_I}{n} \tag{4.255}$$

流过直流电压源 V_I 的电流是一个全波整流的正弦波

$$i_I = i_{D1} + i_{D2} = I_{dm}|\sin\omega t| = \frac{I_m}{n}|\sin\omega t| \tag{4.256}$$

直流电源的电流为

$$I_I = \frac{1}{2\pi}\int_0^{2\pi}\frac{I_m}{n}|\sin\omega t|d(\omega t) = \frac{2}{\pi}\frac{I_m}{n} = \frac{2}{\pi}I_{dm} = \frac{2}{\pi}\frac{V_m}{n^2R_L} = \frac{8}{\pi^2}\frac{V_I}{n^2R_L} \tag{4.257}$$

放大器看到的直流电源 V_I 呈现出的直流电阻为

$$R_{DC} = \frac{V_I}{I_I} = \frac{\pi^2}{8}n^2R_L = \frac{V_I}{I_I} = \frac{\pi^2}{8}R \tag{4.258}$$

4.13.2 功率

输出功率为

$$P_O = \frac{V_m^2}{2R_L} = \frac{8}{\pi^2}\frac{V_I^2}{n^2R_L} = \frac{8}{\pi^2}\frac{V_I^2}{R} \tag{4.259}$$

直流电源的功率为

$$P_I = V_I I_I = \frac{8}{\pi^2}\frac{V_I^2}{n^2R_L} \tag{4.260}$$

忽略 MOSFET 管导通电阻的传导损耗和开关损耗,漏极效率为

$$\eta_D = \frac{P_O}{P_I} = 1 \tag{4.261}$$

4.13.3 电流和电压应力

MOSFET 管的电流和电压应力为

$$I_{SM} = \frac{I_m}{n} \tag{4.262}$$

$$V_{SM} = 2V_I = \frac{\pi n}{2}V_m \tag{4.263}$$

输出功率能力为

$$c_p = \frac{P_{Omax}}{2I_{SM}V_{SM}} = \frac{1}{4}\left(\frac{I_m}{I_{SM}}\right)\left(\frac{V_m}{V_{DSM}}\right) = \frac{1}{4}\times n\times\frac{2}{n\pi} = \frac{1}{2\pi} = 0.159 \tag{4.264}$$

4.13.4 效率

漏极电流的均方根值为

$$I_{Srms} = \sqrt{\frac{1}{2\pi} \int_{\pi}^{2\pi} \frac{I_m^2}{n^2} d(\omega t)} = \frac{I_m}{n\sqrt{2}} = \frac{I_{dm}}{\sqrt{2}} \tag{4.265}$$

因此,MOSFET 管导通电阻 r_{DS} 引起的传导功率损耗为

$$P_{rDS} = r_{DS} I_{Srms}^2 = \frac{r_{DS} I_{dm}^2}{2} = \frac{r_{DS} I_m^2}{2n^2} = \frac{r_{DS}}{4n^2 R_L} P_O \tag{4.266}$$

漏极效率为

$$\eta_D = \frac{P_O}{P_O + 2P_{rDS}} = \frac{1}{1 + \frac{2P_{rDS}}{P_O}} = \frac{1}{1 + \frac{r_{DS}}{2n^2 R_L}} \tag{4.267}$$

谐振电感等效串联电阻 r_L 引起的功率损耗为

$$P_{rL} = \frac{r_L I_m^2 Q_L^2}{2} = \frac{r_L Q_L^2}{R_L} P_O \tag{4.268}$$

谐振电容等效串联电阻 r_C 引起的功率损耗为

$$P_{rC} = \frac{r_C I_m^2 Q_L^2}{2} = \frac{r_C Q_L^2}{R_L} P_O \tag{4.269}$$

总功率损耗为

$$P_{Loss} = 2P_{rDS} + P_{rL} + P_{rC} = P_O \left[\frac{r_{DS}}{n^2 R_L} + \frac{Q_L^2(r_L + r_C)}{R_L} \right] \tag{4.270}$$

因此,总效率为

$$\eta = \frac{P_O}{P_I} = \frac{P_O}{P_O + P_{Loss}} = \frac{1}{1 + \frac{r_{DS}}{n^2 R_L} + \frac{Q_L^2(r_L + r_C)}{R_L}} \tag{4.271}$$

例 4.4 设计一个推拉式 D 类电压开关型功率放大器,满足以下要求: $V_I = 28\text{V}, P_O = 50\text{W}, R_L = 50\Omega, BW = 240\text{MHz}, f = 2.4\text{GHz}$。忽略开关损耗。

解: 假设谐振电路的效率 $\eta_r = 0.96$,则漏极功率为

$$P_{DS} = \frac{P_O}{\eta_r} = \frac{50}{0.96} = 52.083(\text{W}) \tag{4.272}$$

假设电压的最小值 $V_{DSmin} = 1\text{V}$,则部分初级线圈看到的并联电阻为

$$R = \frac{8}{\pi^2} \frac{(V_I - V_{DSmin})^2}{P_{DS}} = \frac{8}{\pi^2} \frac{(28-1)^2}{52.083} = 11.345(\text{W}) \tag{4.273}$$

变压器的匝数比为

$$n = \sqrt{\frac{R}{R_L}} = \sqrt{\frac{11.345}{50}} = 0.476 \tag{4.274}$$

取 $n = 1/2$。

漏极-源极电压基波分量的振幅为

$$V_{dm} = \frac{4}{\pi} V_I = \frac{4}{\pi} \times 28 = 35.65(\text{V}) \tag{4.275}$$

漏极电流基波分量的振幅为

$$I_{dm} = \frac{V_{dm}}{R} = \frac{35.65}{11.345} = 3.142(\text{A}) \tag{4.276}$$

直流电源电流为

$$I_I = \frac{2}{\pi} I_{dm} = \frac{2}{\pi} \times 3.142 = 2 \text{ (A)} \tag{4.277}$$

直流电源功率为

$$P_I = V_I I_I = 28 \times 2 = 56 \text{ (W)} \tag{4.278}$$

每个 MOSFET 的均方根值为

$$I_{Srms} = \frac{I_{dm}}{\sqrt{2}} = \frac{3.142}{\sqrt{2}} = 2.222 \text{ (A)} \tag{4.279}$$

假设 $r_{DS} = 0.2\Omega$，可以得到每个 MOSFET 的传导损耗为

$$P_{rDS} = r_{DS} I_{Srms}^2 = 0.2 \times 2.222^2 = 0.9875 \text{ (W)} \tag{4.280}$$

漏极效率为

$$\eta_D = \frac{P_O}{P_O + 2P_{rDS}} = \frac{50}{50 + 2 \times 0.9875} = 96.2\% \tag{4.281}$$

最大漏极电流为

$$I_{SM} = I_{dm} = 3.142 \text{ (A)} \tag{4.282}$$

最大漏极-源极电压为

$$V_{SM} = 2V_I = 2 \times 28 = 56 \text{ (V)} \tag{4.283}$$

满载品质因素为

$$Q_L = \frac{f_c}{BW} = \frac{2400}{240} = 10 \tag{4.284}$$

谐振电感为

$$L = \frac{Q_L R_L}{\omega_c} = \frac{10 \times 11.345}{2\pi \times 2.4 \times 10^9} = 7.523 \text{ (nH)} \tag{4.285}$$

谐振电容为

$$C = \frac{1}{\omega_c Q_L R_L} = \frac{1}{2\pi \times 2.4 \times 10^9 \times 10 \times 11.345} = 0.585 \text{ (pF)} \tag{4.286}$$

4.14　全桥式 D 类射频功率放大器

4.14.1　电流、电压和功率

一个带有串联谐振电路的全桥式 D 类放大器如图 4.32 所示，由图可见，它包括四个可控开关和一个串联谐振电路。该放大器的电流和电压波形如图 4.33 所示。

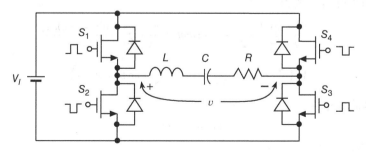

图 4.32　带有串联谐振电路的全桥式 D 类功率放大器

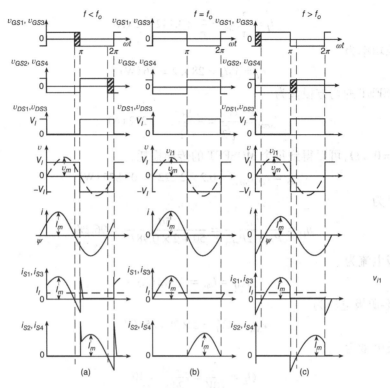

图 4.33 全桥式 D 类功率放大器的波形

(a) $f < f_0$; (b) $f = f_0$; (c) $f > f_0$

注意,谐振电路的输入电压是半桥式放大器中的两倍。功率 MOSFET 管导通电阻的平均阻值为 $r_S = (r_{DS1} + r_{DS2} + r_{DS3} + r_{DS4})/4 \approx 2 r_{DS}$,因此,总的寄生电阻为

$$r \approx 2 r_{DS} + r_L + r_C \tag{4.287}$$

进一步得到总电阻为

$$R_t = R + r \approx R + 2 r_{DS} + r_L + r_C \tag{4.288}$$

当开关 S_1 和 S_3 导通,开关 S_2 和 S_4 断开时,$v = V_I$。当开关 S_1 和 S_3 断开,开关 S_2 和 S_4 导通时,$v = -V_I$。如图 4.33 所示,串联谐振电路的输入电压是一个方波,并且可以表示为

$$v = \begin{cases} V_I & (0 < \omega t \leqslant \pi) \\ -V_I & (\pi < \omega t \leqslant 2\pi) \end{cases} \tag{4.289}$$

该电压的傅里叶展开式为

$$v = \frac{4V_I}{\pi} \sum_{n=1}^{\infty} \frac{1-(-1)^n}{2n} \sin n\omega t = \frac{4V_I}{\pi} \sum_{k=1}^{\infty} \frac{\sin[(2k-1)\omega t]}{2k-1}$$
$$= V_I \left(\frac{4}{\pi} \sin \omega t + \frac{4}{3\pi} \sin 3\omega t + \frac{4}{5\pi} \sin 5\omega t + \cdots \right) \tag{4.290}$$

电压 v 的基波分量为

$$v_{i1} = V_m \sin \omega t \tag{4.291}$$

该电压的振幅为

$$V_m = \frac{4V_I}{\pi} \approx 1.273 V_I \tag{4.292}$$

因此,可以得到 v_{i1} 的均方根值为

$$V_{rms} = \frac{V_m}{\sqrt{2}} = \frac{2\sqrt{2}V_I}{\pi} \approx 0.9V_I \tag{4.293}$$

流过开关 S_1 和 S_3 的电流为

$$i_{S1} = i_{S3} = \begin{cases} I_m \sin(\omega t - \psi) & (0 < \omega t \leqslant \pi) \\ 0 & (\pi < \omega t \leqslant 2\pi) \end{cases} \tag{4.294}$$

流过开关 S_2 和 S_4 的电流为

$$i_{S2} = i_{S4} = \begin{cases} 0 & (0 < \omega t \leqslant \pi) \\ -I_m \sin(\omega t - \psi) & (\pi < \omega t \leqslant 2\pi) \end{cases} \tag{4.295}$$

放大器的输入电流为

$$i_I = i_{S1} + i_{S4} \tag{4.296}$$

输入电流的频率是工作频率的两倍。因此,根据式(4.55)、式(4.57)和式(4.292)可以得到输入电流的直流分量为

$$I_I = \frac{1}{\pi}\int_0^\pi i_{S1} d(\omega t) = \frac{I_m}{\pi}\int_0^\pi \sin(\omega t - \psi) d(\omega t) = \frac{2I_m \cos\psi}{\pi} = \frac{2V_m \cos\psi}{\pi Z} = \frac{8V_I \cos\psi}{\pi^2 Z}$$

$$= \frac{8V_I \cos^2\psi}{\pi^2 R_t} = \frac{8V_I R_t}{\pi^2 Z^2} = \frac{2I_m}{\pi\sqrt{1 + Q_L^2\left(\dfrac{\omega}{\omega_o} - \dfrac{\omega_o}{\omega}\right)^2}} = \frac{8V_I}{\pi^2 R_t\left[1 + Q_L^2\left(\dfrac{\omega}{\omega_o} - \dfrac{\omega_o}{\omega}\right)^2\right]} \tag{4.297}$$

当 $f = f_0$ 时

$$I_I = \frac{2I_m}{\pi} = \frac{8V_I}{\pi^2 R_t} \tag{4.298}$$

直流输入功率为

$$P_I = I_I V_I = \frac{8V_I^2\cos^2\psi}{\pi^2 R_t} = \frac{8V_I^2}{\pi^2 R_t\left[1 + Q_L^2\left(\dfrac{\omega}{\omega_o} - \dfrac{\omega_o}{\omega}\right)^2\right]} = \frac{8V_I^2 R_t}{\pi^2 Z_o^2\left[\left(\dfrac{R_t}{Z_o}\right)^2 + \left(\dfrac{\omega}{\omega_o} - \dfrac{\omega_o}{\omega}\right)^2\right]} \tag{4.299}$$

当 $f = f_0$ 时

$$P_I = \frac{8V_I^2}{\pi^2 R_t} \tag{4.300}$$

流过串联谐振电路的电流可由式(4.145)得到。根据式(4.57)、式(4.59)式和(4.292),可以得到其振幅为

$$I_m = \frac{V_m}{Z} = \frac{4V_I}{\pi Z} = \frac{4V_I \cos\psi}{\pi R_t} = \frac{4V_I}{\pi R_t\sqrt{1 + Q_L^2\left(\dfrac{\omega}{\omega_o} - \dfrac{\omega_o}{\omega}\right)^2}}$$

$$= \frac{4V_I}{\pi Z_o\sqrt{\left(\dfrac{R_t}{Z_o}\right)^2 + \left(\dfrac{\omega}{\omega_o} - \dfrac{\omega_o}{\omega}\right)^2}} \tag{4.301}$$

当 $f = f_0$ 时

$$I_{SM} = I_m(f_o) = \frac{4V_I}{\pi R_t} \tag{4.302}$$

每个开关的电压应力为

$$V_{SM} = V_I \tag{4.303}$$

由式(4.301)得到输出功率为

$$P_O = \frac{I_m^2 R}{2} = \frac{8V_I^2 R \cos^2\psi}{\pi^2 R_t^2} = \frac{8V_I^2 R}{\pi^2 R_t^2 \left[1 + Q_L^2 \left(\dfrac{\omega}{\omega_o} - \dfrac{\omega_o}{\omega} \right)^2 \right]} \tag{4.304}$$

$$= \frac{8V_I^2 R}{\pi^2 Z_o^2 \left[\left(\dfrac{R_t}{Z_o} \right)^2 + \left(\dfrac{\omega}{\omega_o} - \dfrac{\omega_o}{\omega} \right)^2 \right]}$$

当 $f = f_o$ 时

$$P_O = \frac{8V_I^2 R}{\pi^2 R_t^2} \approx \frac{8V_I^2}{\pi^2 R} \tag{4.305}$$

由式(4.301),可以得到电容 C 两端的电压振幅为

$$V_{Cm} = \frac{I_m}{\omega C} = \frac{4V_I}{\pi \left(\dfrac{\omega}{\omega_o} \right) \sqrt{\left(\dfrac{R_t}{Z_o} \right)^2 + \left(\dfrac{\omega}{\omega_o} - \dfrac{\omega_o}{\omega} \right)^2}} \tag{4.306}$$

同样地,电感 L 两端的电压振幅为

$$V_{Lm} = \omega L I_m = \frac{4V_I \left(\dfrac{\omega}{\omega_o} \right)}{\pi \sqrt{\left(\dfrac{R_t}{Z_o} \right)^2 + \left(\dfrac{\omega}{\omega_o} - \dfrac{\omega_o}{\omega} \right)^2}} \tag{4.307}$$

当 $f = f_o$ 时

$$V_{Cm} = V_{Lm} = Z_o I_{mr} = Q_L V_m = \frac{4V_I Q_L}{\pi} \tag{4.308}$$

4.14.2 全桥式 D 类射频功率放大器的效率

式(4.169)、式(4.170)和式(4.171)分别给出了每个晶体管、谐振电感和谐振电容的传导损耗。因此,4 个晶体管和谐振电路的传导功率损耗为

$$P_r = \frac{r I_m^2}{2} = \frac{(2r_{DS} + r_L + r_C) I_m^2}{2} \tag{4.309}$$

式(4.192)给出了工作频率低于谐振频率时每个晶体管的导通开关损耗 P_{sw},因此,这种情况下,D 类放大器总的功率损耗为

$$P_T = P_r + 4P_{sw} + 4P_G = \frac{r I_m^2}{2} + 40 C_{ds(25V)} \sqrt{V_I^3} + 4f Q_g V_{GSpp} \tag{4.310}$$

工作频率低于谐振频率时全桥式放大器的效率为

$$\eta_I = \frac{P_O}{P_O + P_T} = \frac{P_O}{P_O + P_r + 4P_{sw} + 4P_G} \tag{4.311}$$

式(4.213)给出了工作频率高于谐振频率时每个晶体管的断开开关损耗 P_{toff},因此,这种情况下 D 类放大器总的功率损耗为

$$P_T = P_r + 4P_{toff} + 4P_G = \frac{rI_m^2}{2} + fV_I I_{OFF}\left(\frac{4t_r}{3} + 2t_f\right) + 4fQ_g V_{GSpp} \tag{4.312}$$

工作频率高于谐振频率时 D 类全桥式串联谐振放大器的效率为

$$\eta_I = \frac{P_O}{P_O + P_T} = \frac{P_O}{P_O + P_r + 4P_{toff} + 4P_G} \tag{4.313}$$

4.14.3 工作在短路和开路条件下

带有串联谐振电路的 D 类放大器能够在输出端开路的情况下安全工作。然而,如果输出端短路,当工作频率 f 接近于 f_0 时,放大器就很容易发生灾难性的失效。如果 $R = 0$,流过谐振电路和开关的电流幅度为

$$I_m = \frac{4V_I}{\pi r \sqrt{1 + \left(\dfrac{Z_o}{r}\right)^2 \left(\dfrac{\omega}{\omega_o} - \dfrac{\omega_o}{\omega}\right)^2}} \tag{4.314}$$

当 $f = f_0$ 时,I_m 有最大值,即

$$I_{mr} = \frac{4V_I}{\pi r} \tag{4.315}$$

谐振元件 L 和 C 两端的电压振幅为

$$V_{Cm} = V_{Lm} = \frac{I_{mr}}{\omega_o C} = \omega_o L I_{mr} = Z_o I_{mr} = \frac{4V_I Z_o}{\pi r} = \frac{4V_I Q_o}{\pi} \tag{4.316}$$

4.14.4 电压传递函数

放大器输入到谐振电路输入的电压传递比为

$$M_{Vs} = \frac{V_m}{V_I} = \frac{4}{\pi} \approx 1.273 \tag{4.317}$$

带有串联谐振电路的 D 类全桥式放大器的直流到交流电压传递函数的幅值为

$$M_{VI} = \frac{V_{om}}{V_I} = \frac{V_{om}}{V_m}\frac{V_m}{V_I} = M_{Vs}M_{Vr} = \frac{4\eta_{Ir}}{\pi\sqrt{1 + Q_L^2\left(\dfrac{\omega}{\omega_o} - \dfrac{\omega_o}{\omega}\right)^2}} \tag{4.318}$$

当 $f/f_0 = 1$ 时,M_{VI} 有最值 $M_{VImax} = 4\eta_{Ir}/\pi = 1.237\eta_{Ir}$。因此,$M_{VI}$ 值的变化范围为 0 到 $1.237\eta_{Ir}$。

例 4.5 设计一个如图 4.32 所示的 D 类全桥式放大器,使其满足以下要求:$V_I = 270$ V,$P_O = 500$ W,$f = 110$ kHz。假设 $Q_L = 5.3$,$\psi = 30°$(也就是说,$\cos^2\psi = 0.75$),效率 $\eta_{Ir} = 94\%$。忽略开关损耗。

解:放大器的输入功率为

$$P_I = \frac{P_O}{\eta_{Ir}} = \frac{500}{0.94} = 531.9\,(\text{W}) \tag{4.319}$$

由式(4.304)可以得到放大器的总阻值为

$$R_t = \frac{8V_I^2}{\pi^2 P_I}\cos^2\psi = \frac{8 \times 270^2}{\pi^2 \times 531.9} \times 0.75 = 83.3\,(\Omega) \tag{4.320}$$

根据例 4.2 的设计过程,可以得到

$$R = \eta_{Ir}R_t = 0.94 \times 83.3 = 78.3\,(\Omega) \tag{4.321}$$

$$r = R_t - R = 83.3 - 78.3 = 5\,(\Omega) \tag{4.322}$$

$$I_I = \frac{P_I}{V_I} = \frac{531.9}{270} = 1.97\,(\mathrm{A}) \tag{4.323}$$

$$I_m = \sqrt{\frac{2P_{R(rms)}}{R}} = \sqrt{\frac{2 \times 500}{78.3}} = 3.574\,(\mathrm{A}) \tag{4.324}$$

$$\frac{f}{f_o} = \frac{1}{2}\left(\frac{\tan\psi}{Q_L} + \sqrt{\frac{\tan^2\psi}{Q_L^2} + 4}\right) = \frac{1}{2}\left[\frac{\tan(30°)}{5.3} + \sqrt{\frac{\tan^2(30°)}{5.3^2} + 4}\right] = 1.056 \tag{4.325}$$

$$f_o = \frac{f}{(f/f_o)} = \frac{110 \times 10^3}{1.056} = 104.2\,(\mathrm{kHz}) \tag{4.326}$$

$$L = \frac{Q_L R_t}{\omega_o} = \frac{5.3 \times 83.3}{2\pi \times 104.2 \times 10^3} = 674\,(\mu\mathrm{H}) \tag{4.327}$$

$$C = \frac{1}{\omega_o Q_L R_t} = \frac{1}{2\pi \times 104.2 \times 10^3 \times 5.3 \times 83.3} = 3.46\,(\mathrm{nF}) \tag{4.328}$$

$$Z_o = \sqrt{\frac{L}{C}} = \sqrt{\frac{674 \times 10^{-6}}{3.46 \times 10^{-9}}} = 441.4\,(\Omega) \tag{4.329}$$

根据式(4.316),得到谐振元件的最大电压应力为

$$V_{Cm} = V_{Lm} = \frac{4V_I Q_L}{\pi} = \frac{4 \times 270 \times 5.3}{\pi} = 1822\,(\mathrm{V}) \tag{4.330}$$

对照式(4.303),可见开关的峰值电压等于输入电压,即

$$V_{SM} = V_I = 270\,(\mathrm{V}) \tag{4.331}$$

4.15　全桥式 D 类射频功率放大器的相位控制

图 4.34 给出了一个带有相位控制的全桥式 D 类功率放大器,通过改变图中左右两边栅极-源极电压的相移 $\Delta\phi$ 可以控制输出电压、输出电流和输出功率,同时保持工作频率 f 恒定不变,且工作频率 f 可以等于谐振频率 f_o。在大多数应用中,工作频率总是恒定的。图 4.35 给出了放大器的等效电路,图 4.36 给出了栅极-源极电压和谐振电路两端电压的波形。

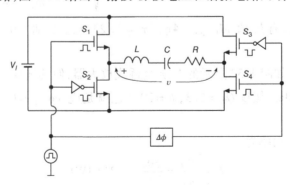

图 4.34　带有相位控制的全桥式 D 类功率放大器

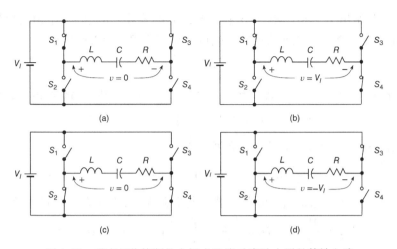

图 4.35　带有相位控制的全桥式 D 类功率放大器的等效电路

（a）S_1 和 S_3 导通，S_2 和 S_4 断开；（b）S_1 和 S_4 导通，S_2 和 S_3 断开；

（c）S_2 和 S_4 导通，S_1 和 S_3 断开；（d）S_2 和 S_3 导通，S_1 和 S_4 断开

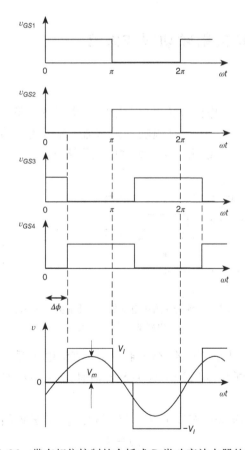

图 4.36　带有相位控制的全桥式 D 类功率放大器的波形

　　图 4.35（a）给出了开关 S_1 和 S_3 导通、S_2 和 S_4 断开时的等效电路，可见谐振电路两端的电压 $v = 0$。图 4.35（b）给出了 S_1 和 S_4 导通、S_2 和 S_3 断开时的等效电路，此时谐振电路两端的电压 $v = V_I$。图 4.35（c）给出了 S_1 和 S_3 断开、S_2 和 S_4 导通时的等效电路，此时谐振电路两端的电压

$v = 0$。图 4.35(d)给出了 S_1 和 S_4 断开、S_2 和 S_3 导通时的等效电路,此时谐振电路两端的电压是 $v = -V_I$。与谐振电路两端电压 v 的正脉冲或负脉冲宽度相关的占空比为

$$D = \frac{\pi - \Delta\phi}{2\pi} = \frac{1}{2} - \frac{\Delta\phi}{2\pi} \tag{4.332}$$

当相移 $\Delta\phi$ 从 0 增加到 π 时,占空比 D 从 50% 减少到 0。相移 $\Delta\phi$ 用占空比可以表示为

$$\Delta\phi = \pi - 2\pi D = 2\pi\left(\frac{1}{2} - D\right) \qquad (0 \leqslant D \leqslant 0.5) \tag{4.333}$$

电压 v 的偶次谐波都为零,奇次谐波的振幅为

$$V_{m(n)} = \frac{4V_I}{\pi n}\sin(n\pi D) \qquad (0 \leqslant D \leqslant 0.5, \ n = 1, 3, 5, \cdots) \tag{4.334}$$

更高的谐波分量被充当带通滤波器的谐振电路衰减。电压 v 基波分量的幅值 V_m 为

$$V_m = \frac{4V_I}{\pi}\sin(\pi D) = \frac{4V_I}{\pi}\cos\left(\frac{\Delta\phi}{2}\right) \qquad (0 \leqslant D \leqslant 0.5) \tag{4.335}$$

因此,当占空比 D 从 0.5 下降到 0,即 $\Delta\phi$ 从 0 增加到 π 时,电压 v 基波分量的幅值 V_m 从最大值 $V_{m(\max)} = 4V_I/\pi$ 减少到零。可见,改变相移 $\Delta\phi$ 就改变了输出电流、输出电压和输出功率。

4.16 电流开关型 D 类射频功率放大器

4.16.1 电路和波形

参考文献[12]给出了一种电流开关型(电流源)D 类射频功率放大电路,该电路相当于一个双重的电压开关型(电压源)D 类射频功率放大器,其等效电路如图 4.37(b)所示。如图 4.38 所示的电压和电流波形说明了该放大器的工作原理。

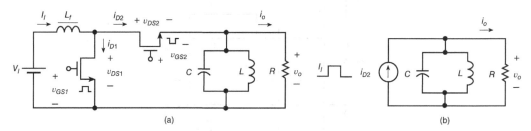

图 4.37　电流开关型(电流源)D 类射频功率放大器
(a)电路图;(b)等效电路

由图 4.38 可见,MOSFET 管工作在 ZVS 条件下。直流电压源为 V_I,其形成的直流电流源为 I_I。当 MOSFET 开关 S_1 断开,MOSFET 开关 S_2 导通时,流入负载网络的电流为

$$i_{D2} = I_I \tag{4.336}$$

当 MOSFET 开关 S_1 导通,MOSFET 开关 S_2 断开时,流入负载网络的电流为

$$i_{D2} = 0 \tag{4.337}$$

因此,直流电压源 V_I、RFC 和两个 MOSFET 开关形成一个方波电流源,该电流源的最小值为零,最大值为 I_I。并联谐振电路相当于一个带通滤波器,滤除所有的谐波分量,只有基波分量流到负载电阻 R。当工作频率等于谐振频率 $f_0 = 1/(2\pi\sqrt{LC})$ 时,并联谐振电路产生一个正弦电压

$$v_o = V_m \sin \omega t \tag{4.338}$$

从而产生一个正弦输出电流

$$i_o = I_m \sin \omega t \tag{4.339}$$

其中输出电流的振幅为

$$I_m = \frac{V_m}{R} \tag{4.340}$$

直流输入电压为

$$V_I = \frac{1}{2\pi} \int_0^{2\pi} v_{DS1} d(\omega t) = \frac{1}{2\pi} \int_0^{2\pi} V_m \sin \omega t d(\omega t) = \frac{V_m}{\pi} = \frac{I_m R}{\pi} \tag{4.341}$$

输出电流的幅值为

$$I_m = \frac{2}{\pi} I_I \tag{4.342}$$

因此

$$I_I = \frac{\pi}{2} I_m = \frac{\pi}{2} \frac{V_m}{R} = \frac{\pi^2}{2} \frac{V_I}{R} \tag{4.343}$$

直流电阻为

$$R_{DC} = \frac{V_I}{I_I} = \frac{2}{\pi^2} \frac{V_m}{I_m} = \frac{2}{\pi^2} R = 0.2026 R \tag{4.344}$$

4.16.2 功率

输出功率为

$$P_O = \frac{V_m^2}{2R} = \frac{\pi^2}{2} \frac{V_I^2}{R} \tag{4.345}$$

直流电源的功率为

$$P_I = V_I I_I = \frac{\pi^2}{2} \frac{V_I^2}{R} \tag{4.346}$$

因此,理想放大器的漏极效率为

$$\eta_D = \frac{P_O}{P_I} = 1 \tag{4.347}$$

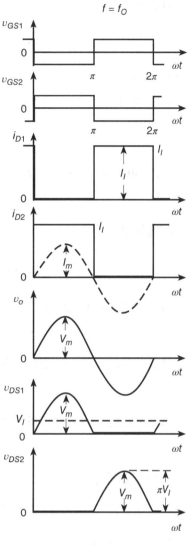

图 4.38 电流开关型(电流源)D 类 射频功率放大器的波形

4.16.3 电压和电流应力

晶体管的电压和电流应力分别为

$$V_{DSM} = \pi V_I \tag{4.348}$$

$$I_{DM} = I_I \tag{4.349}$$

谐振电感 L 和电容 C 的电流峰值为

$$I_{Lm} = I_{Cm} = Q_L I_m \tag{4.350}$$

其中负载品质因素为

$$Q_L = \frac{R}{\omega_0 L} = \omega_0 C R = \frac{R}{Z_o} \tag{4.351}$$

谐振电路的特征阻抗为

$$Z_o = \sqrt{\frac{L}{C}} = \omega_0 L = \frac{1}{\omega_0 C} \tag{4.352}$$

输出功率的能力为

$$c_p = \frac{P_O}{2I_{DM}V_{DSM}} = \frac{1}{2}\left(\frac{I_I}{I_{DM}}\right)\left(\frac{V_I}{V_{DSM}}\right) = \frac{1}{2\pi} = 0.159 \tag{4.353}$$

4.16.4 效率

MOSFET 电流的均方根值为

$$I_{Srms} = \sqrt{\frac{1}{2\pi}\int_\pi^{2\pi} I_I^2 d(\omega t)} = \frac{I_I}{\sqrt{2}} \tag{4.354}$$

因此,MOSFET 导通电阻 r_{DS} 的传导功率损耗为

$$P_{rDS} = r_{DS}I_{Srms}^2 = \frac{r_{DS}I_I^2}{2} = \frac{\pi^2}{4}\frac{r_{DS}}{R}P_O \tag{4.355}$$

漏极效率为

$$\eta_D = \frac{P_O}{P_O + 2P_{rDS}} = \frac{1}{1 + \frac{2P_{rDS}}{P_O}} = \frac{1}{1 + \frac{\pi^2}{2}\frac{r_{DS}}{R}} \tag{4.356}$$

RFC 的等效串联电阻 r_{RFC} 引起的功率损耗为

$$P_{RFC} = r_{RFC}I_I^2 = \frac{\pi^2 r_{RFC}}{4}I_m^2 = \frac{\pi^2}{2}\frac{r_{RFC}}{R}P_O \tag{4.357}$$

谐振电感的 ESR r_L 引起的功率损耗为

$$P_{rL} = \frac{r_L I_m^2 Q_L^2}{2} = \frac{r_L Q_L^2}{R}P_O \tag{4.358}$$

谐振电容的 ESR r_C 引起的功率损耗为

$$P_{rC} = \frac{r_C I_m^2 Q_L^2}{2} = \frac{r_C Q_L^2}{R}P_O \tag{4.359}$$

总功率损耗为

$$P_{Loss} = 2P_{rDS} + P_{RFC} + P_{rL} + P_{rC} = P_O\left[\frac{\pi^2 r_{DS}}{2R} + \frac{\pi^2 r_{RFC}}{2R} + \frac{Q_L^2(r_L + r_C)}{R}\right] \tag{4.360}$$

因此,总效率为

$$\eta = \frac{P_O}{P_I} = \frac{P_O}{P_O + P_{Loss}} = \frac{1}{1 + \frac{\pi^2}{2}\frac{r_{DS} + r_{RFC}}{R} + \frac{Q_L^2(r_L + r_C)}{R}} \tag{4.361}$$

例4.6 设计一个推拉式 D 类电流开关型射频功率放大器,满足以下要求: $V_I = 12$ V, $P_O = 10$ W, $BW = 240$ MHz, $f = 2.4$ GHz。忽略开关损耗。

解:假设谐振电路的效率 $\eta_r = 0.94$,则漏极功率为

$$P_{DS} = \frac{P_O}{\eta_r} = \frac{10}{0.94} = 10.638\,(\text{W}) \tag{4.362}$$

总电阻为

$$R = \frac{\pi^2}{2}\frac{V_I^2}{P_{DS}} = \frac{\pi^2}{2}\frac{12^2}{10.638} = 66.799\,(\text{W}) \tag{4.363}$$

漏极-源极电压的峰值为

$$V_m = \pi V_I = \pi \times 12 = 37.7\,(\text{V}) \tag{4.364}$$

漏极电流基波分量的振幅为

$$I_m = \frac{V_m}{R} = \frac{37.7}{66.799} = 0.564\,(\text{A}) \tag{4.365}$$

直流电源的电流为

$$I_I = \frac{\pi}{2}I_m = \frac{\pi}{2} \times 0.564 = 0.8859\,(\text{A}) \tag{4.366}$$

直流电源功率为

$$P_I = V_I I_I = 12 \times 0.8859 = 10.631\,(\text{W}) \tag{4.367}$$

开关电流的均方根值为

$$I_{Srms} = \frac{I_I}{\sqrt{2}} = \frac{0.8859}{\sqrt{2}} = 0.626\,(\text{A}) \tag{4.368}$$

若 $r_{DS} = 0.1\,\Omega$，则每个 MOSFET 的传导功率损耗为

$$P_{rDS} = r_{DS}I_{Srms}^2 = 0.1 \times 0.626^2 = 0.0392\,(\text{W}) \tag{4.369}$$

漏极效率为

$$\eta_D = \frac{P_O}{P_O + 2P_{rDS}} = \frac{10}{10 + 2 \times 0.0392} = 99.22\% \tag{4.370}$$

负载品质因素为

$$Q_L = \frac{f_c}{BW} = \frac{2400}{240} = 10 \tag{4.371}$$

谐振电感为

$$L = \frac{R}{\omega_c Q_L} = \frac{66.799}{2\pi \times 2.4 \times 10^9 \times 10} = 0.443\,(\text{nH}) \tag{4.372}$$

谐振电容为

$$C = \frac{Q_L}{\omega_c R} = \frac{10}{2\pi \times 2.4 \times 10^9 \times 66.799} = 9.93\,(\text{pF}) \tag{4.373}$$

4.17　变压器耦合的推拉式 D 类电流开关型射频功率放大器

4.17.1　波形

推拉式 D 类电流开关型射频功率放大器如图 4.39 所示，该电路相当于一个双重的推拉式电压开关型 D 类放大器，其负载与晶体管的阻抗匹配通过变压器来实现，变压器次级线圈的磁化电感被谐振电感 L 吸收。图 4.40 给出了电路工作的电流和电压波形。

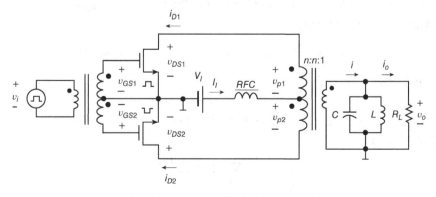

图 4.39　电流开关(电流源)型推拉式 D 类射频功率放大器

当开关频率等于并联谐振电路的谐振频率时,晶体管在零电压下导通。输出电流为

$$i_o = I_m \sin \omega t \tag{4.374}$$

输出电压为

$$v_o = V_m \sin \omega t \tag{4.375}$$

其中

$$V_m = R_L I_m \tag{4.376}$$

当驱动电压为负时,晶体管 Q_1 截止而 Q_2 导通。两个晶体管的漏极电流分别为

$$i_{D1} = 0 \qquad (0 < \omega t \leqslant \pi) \tag{4.377}$$

和

$$i_{D2} = I_I \qquad (0 < \omega t \leqslant \pi) \tag{4.378}$$

变压器的输出电流为

$$i = n i_{D1} = n I_I \quad (0 < \omega t \leqslant \pi) \tag{4.379}$$

初级线圈上半部分两端的电压为

$$v_{p1} = -n v_o = n V_m \sin \omega t = \frac{V_{dm}}{2} \sin \omega t \tag{4.380}$$

两个晶体管的漏极-源极电压分别为

$$v_{DS1} = v_{p1} + v_{p2} = 2v_{p1} = V_{dm} \sin \omega t = 2n V_m \sin \omega t \quad (0 < \omega t \leqslant \pi) \tag{4.381}$$

$$v_{DS2} = 0 \qquad (0 < \omega t \leqslant \pi) \tag{4.382}$$

其中漏极-源极的电压峰值为

$$V_{dm} = 2n V_m \tag{4.383}$$

当驱动电压为正时,晶体管 Q_1 导通而 Q_2 截止。两个晶体管的漏极电流分别为

$$i_{D1} = I_I \qquad (\pi < \omega t \leqslant 2\pi) \tag{4.384}$$

和

$$i_{D2} = 0 \qquad (\pi < \omega t \leqslant 2\pi) \tag{4.385}$$

变压器的输出电流为

$$i = -n i_{D2} = -n I_I \qquad (\pi < \omega t \leqslant 2\pi) \tag{4.386}$$

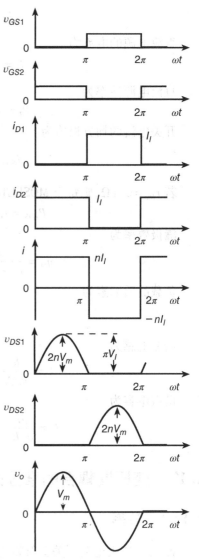

图 4.40 电流开关(电流源)型推拉式 D 类射频功率放大器的波形

初级线圈下半部分两端的电压为

$$v_{p2} = n v_o = -n V_m \sin \omega t = -\frac{V_{dm}}{2} \sin \omega t \qquad (\pi < \omega t \leqslant 2\pi) \tag{4.387}$$

两个晶体管的漏极-源极电压分别为

$$v_{DS1} = 0 \qquad (\pi < \omega t \leqslant 2\pi) \tag{4.388}$$

$$v_{DS2} = v_{p1} = -V_{dm} \sin \omega t = -2n V_m \sin \omega t \qquad (\pi < \omega t \leqslant 2\pi) \tag{4.389}$$

变压器的输出电流为

$$i = \frac{4n V_I}{\pi} \sum_{k=1}^{\infty} \frac{\sin[(2k-1)\omega t]}{2k-1} \tag{4.390}$$

并联谐振电路对电流的谐波分量呈现出一个很低的电抗,而对基频分量表现为一个无穷大的电抗。因此,只有基波分量流过负载电阻,使得输出电流和电压均为正弦波。

漏极电流基波分量的振幅为

$$I_{dm} = \frac{2}{\pi} I_I \tag{4.391}$$

输出电流的幅值为

$$I_m = \frac{4}{\pi} n I_I = 2n I_{dm} \tag{4.392}$$

直流电源电压为

$$V_I = \frac{V_{dm}}{\pi} = \frac{2n V_m}{\pi} \tag{4.393}$$

因此

$$V_m = \frac{\pi}{2n} V_I \tag{4.394}$$

每个 MOSFET 看到的电阻为

$$R = n^2 R_L \tag{4.395}$$

4.17.2　功率

直流电源电流为

$$I_I = \frac{\pi}{2} I_{dm} = \frac{\pi}{4} \frac{I_m}{n} = \frac{\pi}{4n} \frac{V_m}{R_L} = \frac{\pi^2}{8} \frac{V_I}{n^2 R_L} = \frac{\pi^2}{8} \frac{V_I}{R} \tag{4.396}$$

直流电源看到的直流电阻为

$$R_{DC} = \frac{V_I}{I_I} = \frac{8}{\pi^2} R \tag{4.397}$$

输出功率为

$$P_O = \frac{V_m^2}{2R_L} = \frac{\pi^2}{8} \frac{V_I^2}{n^2 R_L} = \frac{\pi^2}{8} \frac{V_I^2}{R} \tag{4.398}$$

直流电源功率为

$$P_I = V_I I_I = \frac{\pi^2}{8} \frac{V_I^2}{n^2 R_L} = \frac{\pi^2}{8} \frac{V_I^2}{R} \tag{4.399}$$

理想情况下,漏极效率为

$$\eta_D = \frac{P_O}{P_I} = 1 \tag{4.400}$$

4.17.3　器件应力

MOSFET 管的电流和电压应力分别为

$$I_{DM} = I_I \tag{4.401}$$
$$V_{DSM} = \pi V_I \tag{4.402}$$

输出功率的能力为

$$c_p = \frac{P_O}{2 I_{DM} V_{DSM}} = \frac{P_I}{2 I_{DM} V_{DSM}} = \frac{I_I V_I}{2 I_{DM} V_{DSM}} = \frac{1}{2\pi} = 0.159 \tag{4.403}$$

4.17.4　效率

漏极电流的均方根值为

$$I_{Srms} = \sqrt{\frac{1}{2\pi} \int_\pi^{2\pi} I_I^2 d(\omega t)} = \frac{I_I}{\sqrt{2}} \tag{4.404}$$

因此,MOSFET 管导通电阻 r_{DS} 的传导功率损耗为

$$P_{rDS} = r_{DS}I_{Srms}^2 = \frac{r_{DS}I_I^2}{2} = \frac{\pi^2}{4}\frac{r_{DS}}{n^2R_L}P_O \tag{4.405}$$

漏极效率为

$$\eta_D = \frac{P_O}{P_O + 2P_{rDS}} = \frac{1}{1 + \frac{2P_{rDS}}{P_O}} = \frac{1}{1 + \frac{\pi^2}{2}\frac{r_{DS}}{n^2R_L}} \tag{4.406}$$

RFC 的 ESR r_{RFC} 引起的功率损耗为

$$P_{RFC} = r_{RFC}I_I^2 = \frac{\pi^2 r_{RFC}}{4}I_m^2 = \frac{\pi^2}{2}\frac{r_{RFC}}{n^2R_L}P_O \tag{4.407}$$

谐振电感的 ESR r_L 引起的功率损耗为

$$P_{rL} = \frac{r_LI_m^2Q_L^2}{2} = \frac{r_LQ_L^2}{R_L}P_O \tag{4.408}$$

谐振电容的 ESR r_C 引起的功率损耗为

$$P_{rC} = \frac{r_CI_m^2Q_L^2}{2} = \frac{r_CQ_L^2}{R_L}P_O \tag{4.409}$$

总功率损耗为

$$P_{Loss} = 2P_{rDS} + P_{RFC} + P_{rL} + P_{rC} = P_O\left[\frac{\pi^2(r_{DS} + r_{RFC})}{2n^2R_L} + \frac{Q_L^2(r_L + r_C)}{R_L}\right] \tag{4.410}$$

因此,总效率为

$$\eta = \frac{P_O}{P_I} = \frac{P_O}{P_O + P_{Loss}} = \frac{1}{1 + \frac{\pi^2}{2}\frac{r_{DS} + r_{RFC}}{n^2R_L} + \frac{Q_L^2(r_L + r_C)}{R_L}} \tag{4.411}$$

例 4.7 设计一个变压器耦合的推拉式 D 类电流开关型射频功率放大器,满足以下要求:
$V_I = 12$ V, $P_O = 12$W, $BW = 180$MHz, $R_L = 50\Omega$, $f_c = 1.8$GHz。

解:假设谐振电路的效率 $\eta_r = 0.93$,则漏极功率为

$$P_{DS} = \frac{P_O}{\eta_r} = \frac{12}{0.93} = 12.903\,(\text{W}) \tag{4.412}$$

由一部分初级线圈看到的并联电阻为

$$R = \frac{\pi^2}{8}\frac{V_I^2}{P_{DS}} = \frac{\pi^2}{8}\frac{12^2}{12.903} = 13.768\,(\Omega) \tag{4.413}$$

变压器的匝数比为

$$n = \sqrt{\frac{R}{R_L}} = \sqrt{\frac{13.768}{50}} = 0.5247 \tag{4.414}$$

取 $n = 1/2$,则每个 MOSFET 管看到的电阻为

$$R = n^2R_L = \left(\frac{1}{2}\right)^2 \times 50 = 12.5(\Omega) \tag{4.415}$$

漏极-源极电压的峰值为

$$V_{dm} = \pi V_I = \pi \times 12 = 37.7\,(\text{V}) \tag{4.416}$$

输出电压的幅值为

$$V_m = \frac{\pi}{2n}V_I = \frac{\pi}{2 \times 0.5} \times 12 = 37.7\,(\text{V}) \tag{4.417}$$

由直流电源看到的直流电阻为

$$R_{DC} = \frac{V_I}{I_I} = \frac{8}{\pi^2}R = \frac{8}{\pi^2} \times 13.768 = 11.16\,(\Omega) \tag{4.418}$$

漏极电流基波分量的振幅为

$$I_{dm} = \frac{V_{dm}}{R} = \frac{37.7}{12.5} = 3.016\,(A) \tag{4.419}$$

直流电源的电流为

$$I_I = \frac{\pi^2}{8}\frac{V_I}{R} = \frac{\pi^2}{8}\frac{12}{12.5} = 1.184\,(A) \tag{4.420}$$

输出电流的幅值为

$$I_m = \frac{V_m}{R} = \frac{37.7}{12.5} = 3.016\,(A) \tag{4.421}$$

输出功率为

$$P_O = \frac{V_m^2}{2R_L} = \frac{37.7^2}{2 \times 50} = 14.21\,(W) \tag{4.422}$$

直流电源的功率为

$$P_I = V_I I_I = 12 \times 1.184 = 14.208\,(W) \tag{4.423}$$

开关电流的均方根值为

$$I_{Srms} = \frac{I_I}{\sqrt{2}} = \frac{1.184}{\sqrt{2}} = 0.8372\,(A) \tag{4.424}$$

假设 $r_{DS} = 0.1\,\Omega$，则每个 MOSFET 的传导功率损耗为

$$P_{rDS} = r_{DS}I_{Srms}^2 = 0.1 \times 0.8372^2 = 0.07\,(W) \tag{4.425}$$

漏极效率为

$$\eta_D = \frac{P_O}{P_O + 2P_{rDS}} = \frac{1}{1 + \frac{\pi^2}{4n^2}\frac{r_{DS}}{R}} = \frac{1}{1 + \frac{\pi^2}{4 \times 0.5^2}\frac{0.1}{12.5}} = 92.68\% \tag{4.426}$$

假设电阻 $r_{RFC} = 0.11\,\Omega$，可以得到

$$P_{RFC} = r_{RFC}I^2 = 0.11 \times 1.184^2 = 0.154\,(\Omega) \tag{4.427}$$

负载品质因素为

$$Q_L = \frac{f_c}{BW} = \frac{1800}{180} = 10 \tag{4.428}$$

谐振电感为

$$L = \frac{R_L}{\omega_c Q_L} = \frac{50}{2\pi \times 1.8 \times 10^9 \times 10} = 0.442\,(nH) \tag{4.429}$$

谐振电容为

$$C = \frac{Q_L}{\omega_c R_L} = \frac{10}{2\pi \times 1.8 \times 10^9 \times 50} = 17.68\,(pF) \tag{4.430}$$

假设 $r_L = 0.009\,\Omega$，$r_C = 0.01\,\Omega$，可以得到

$$P_{rL} = \frac{r_L I_m^2 Q_L^2}{2} = \frac{0.009 \times 3.016^2 \times 10^2}{2} = 4.09\,(W) \tag{4.431}$$

$$P_{rC} = \frac{r_C I_m^2 Q_L^2}{2} = \frac{0.01 \times 3.016^2 \times 10^2}{2} = 4.548\,(W) \tag{4.432}$$

因此，总功率损耗为

$$P_{Loss} = 2P_{rDS} + P_{RFC} + P_{rL} + P_{rC} = 2 \times 0.07 + 0.154 + 4.09 + 4.548 = 8.932\,(W) \tag{4.433}$$

总效率为

$$\eta = \frac{P_O}{P_O + P_{Loss}} = \frac{14.21}{14.21 + 8.932} = 61.4\% \tag{4.434}$$

4.18 桥式 D 类电流开关型射频功率放大器

桥式 D 类电流开关(电流源)型射频功率放大器的电路如图 4.41(a)所示,当一个晶体管导通时,另一个晶体管断开,图 4.42 给出了其工作电流和电压波形。当开关频率等于并联谐振电路的谐振频率时,晶体管在零电压下导通,降低了开关损耗。该电路的主要缺点是流过两个扼流圈的电流同时流过其中一个晶体管,造成了高的传导损耗。

由图 4.41(b)所示的晶体管 Q_1 截止,而晶体管 Q_2 导通时的等效电路可见,电流和电压的波形表达式分别为

$$i = I_I \qquad (0 < \omega t \leqslant \pi) \tag{4.435}$$

$$i_{D1} = 0 \qquad (0 < \omega t \leqslant \pi) \tag{4.436}$$

$$i_{D2} = 2I_I \qquad (0 < \omega t \leqslant \pi) \tag{4.437}$$

$$v_{DS1} = V_m \sin \omega t \qquad (0 < \omega t \leqslant \pi) \tag{4.438}$$

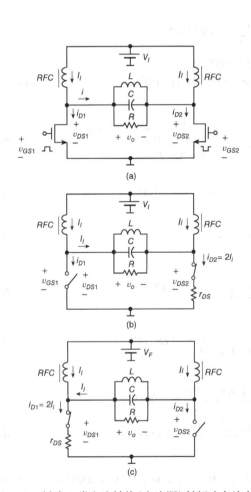

图 4.41　桥式 D 类电流转换(电流源)射频功率放大器
(a) 电路原理图;(b) 晶体管 Q_1 截止,Q_2 导通时的等效电路;
(c) 晶体管 Q_1 导通,Q_2 截止时的等效电路

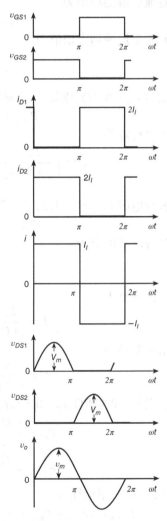

图 4.42　桥式 D 类电流开关型射频功率
放大器的波形

由图 4.41（c）所示的晶体管 Q_1 导通，而晶体管 Q_2 截止时的等效电路可见，电流和电压的波形表达式分别为

$$i = -I_I \qquad (\pi < \omega t \leqslant 2\pi) \tag{4.439}$$

$$i_{D1} = 2I_I \qquad (\pi < \omega t \leqslant 2\pi) \tag{4.440}$$

$$i_{D2} = 0 \qquad (\pi < \omega t \leqslant 2\pi) \tag{4.441}$$

$$v_{DS2} = -V_m \sin \omega t \qquad (\pi < \omega t \leqslant 2\pi) \tag{4.442}$$

输出电压为

$$v_o = V_m \sin \omega t \tag{4.443}$$

其中

$$V_m = RI_m = \pi V_I \tag{4.444}$$

输出电流为

$$i_o = I_m \sin \omega t \tag{4.445}$$

其中，输出电流的振幅为

$$I_m = \frac{4}{\pi} I_I \tag{4.446}$$

因此

$$I_I = \frac{\pi}{4} I_m = \frac{\pi}{4} \frac{V_m}{R} = \frac{\pi^2}{4} \frac{V_I}{R} \tag{4.447}$$

直流电阻为

$$R_{DC} = \frac{V_I}{2I_I} = \frac{2}{\pi^2} R \tag{4.448}$$

直流电源功率为

$$P_I = 2I_I V_I = \frac{\pi^2}{2} \frac{V_I^2}{R} \tag{4.449}$$

输出功率为

$$P_O = \frac{V_m^2}{2R} = \frac{RI_m^2}{2} = \frac{\pi^2}{2} \frac{V_I^2}{R} \tag{4.450}$$

开关电流的均方根值为

$$I_{Srms} = \sqrt{\frac{1}{2\pi} \int_0^{2\pi} i_{D2}^2 d(\omega t)} = \sqrt{\frac{1}{2\pi} \int_0^{\pi} (2I_I)^2 d(\omega t)} = \sqrt{2} I_I \tag{4.451}$$

因此，每个晶体管的传导损耗为

$$P_{rDS} = r_{DS} I_{Srms}^2 = 2r_{DS} I_I^2 = \frac{\pi^2}{8} r_{DS} I_m^2 = \frac{\pi^2}{4} \frac{r_{DS}}{R} P_O \tag{4.452}$$

漏极效率为

$$\eta_D = \frac{P_O}{P_O + 2P_{rDS}} = \frac{1}{1 + \frac{\pi^2}{2} \frac{r_{DS}}{R}} \tag{4.453}$$

RFC 的 ESR r_{RFC} 引起的功率损耗为

$$P_{RFC} = r_{RFC} I_I^2 = r_{RFC} \frac{\pi^2}{16} \frac{V_m^2}{R} = \frac{\pi^2}{8} \frac{r_{RFC}}{R} P_O \tag{4.454}$$

谐振电感的 ESR r_L 引起的功率损耗为

$$P_{rL} = \frac{r_L I_m^2 Q_L^2}{2} = \frac{r_L Q_L^2}{R_L} P_O \tag{4.455}$$

谐振电容的 ESR r_c 引起的功率损耗为

$$P_{rC} = \frac{r_C I_m^2 Q_L^2}{2} = \frac{r_C Q_L^2}{R_L} P_O \tag{4.456}$$

总功率损耗为

$$P_{Loss} = 2P_{rDS} + 2P_{RFC} + P_{rL} + P_{rC} = P_O \left[\frac{\pi^2 r_{DS}}{2R} + \frac{\pi^2 r_{RFC}}{4R} + \frac{Q_L^2(r_L + r_C)}{R} \right] \tag{4.457}$$

因此，总效率为

$$\eta = \frac{P_O}{P_I} = \frac{P_O}{P_O + P_{Loss}} = \frac{1}{1 + \frac{\pi^2}{2}\frac{r_{DS}}{R} + \frac{\pi^2}{4}\frac{r_{RFC}}{R} + \frac{Q_L^2(r_L + r_C)}{R}} \tag{4.458}$$

例 4.8 设计一个桥式 D 类电流转换射频功率放大器，满足以下要求：$V_I = 5\text{V}$，$P_O = 6\text{W}$，$BW = 240\text{MHz}$，$f_c = 2.4\text{GHz}$。

解：假设谐振电路的效率 $\eta_r = 0.92$，则漏极功率为

$$P_{DS} = \frac{P_O}{\eta_r} = \frac{6}{0.92} = 6.522 \,(\text{W}) \tag{4.459}$$

负载电阻为

$$R = \frac{\pi^2}{2}\frac{V_I^2}{P_{DS}} = \frac{\pi^2}{2}\frac{5^2}{6.522} = 18.916 \,(\Omega) \tag{4.460}$$

输出电压的幅值以及漏极-源极电压的峰值为

$$V_m = \pi V_I = \pi \times 5 = 15.708 \,(\text{V}) \tag{4.461}$$

由直流电源看到的直流电阻为

$$R_{DC} = \frac{V_I}{2I_I} = \frac{2}{\pi^2}R = \frac{2}{\pi^2} \times 18.916 = 3.833 (\Omega) \tag{4.462}$$

输出电流的幅值为

$$I_m = \frac{V_m}{R} = \frac{15.708}{18.916} = 0.83 \,(\text{A}) \tag{4.463}$$

直流电源电流为

$$I_I = \frac{\pi^2}{4}\frac{V_I}{R} = \frac{\pi^2}{4}\frac{5}{18.916} = 0.652 \,(\text{A}) \tag{4.464}$$

直流电源功率为

$$P_I = 2I_I V_I = 2 \times 0.652 \times 5 = 6.522 \,(\text{W}) \tag{4.465}$$

假设电阻 $r_{DS} = 0.1\Omega$，则每个 MOSFET 的传导功率损耗为

$$P_{rDS} = r_{DS} I_I^2 = 0.1 \times 0.652^2 = 0.0425 \,(\text{W}) \tag{4.466}$$

漏极效率为

$$\eta_D = \frac{P_O}{P_O + 2P_{rDS}} = \frac{1}{1 + \frac{\pi^2}{2}\frac{r_{DS}}{R}} = \frac{1}{1 + \frac{\pi^2}{2}\frac{0.1}{18.916}} = 97.46\% \tag{4.467}$$

假设电阻 $r_{RFC} = 0.12\ \Omega$，则

$$P_{rRFC} = r_{RFC} I_I^2 = 0.12 \times 0.652^2 = 0.051 (\Omega) \tag{4.468}$$

负载品质因素为

$$Q_L = \frac{f_c}{BW} = \frac{2400}{240} = 10 \tag{4.469}$$

谐振电感为

$$L = \frac{R_L}{\omega_c Q_L} = \frac{18.916}{2\pi \times 2.4 \times 10^9 \times 10} = 0.1254\,(\text{nH}) \qquad (4.470)$$

谐振电容为

$$C = \frac{Q_L}{\omega_c R_L} = \frac{10}{2\pi \times 2.4 \times 10^9 \times 18.916} = 35.06\,(\text{pF}) \qquad (4.471)$$

假设 $r_L = 0.08\ \Omega, r_C = 0.05\ \Omega$,可以得到

$$P_{rL} = \frac{r_L I_m^2 Q_L^2}{2} = \frac{0.08 \times 0.83^2 \times 10^2}{2} = 2.7556\,(\text{W}) \qquad (4.472)$$

$$P_{rC} = \frac{r_C I_m^2 Q_L^2}{2} = \frac{0.05 \times 0.83^2 \times 10^2}{2} = 1.722\,(\text{W}) \qquad (4.473)$$

因此,总功率损耗为

$$P_{Loss} = 2P_{rDS} + 2P_{RFC} + P_{rL} + P_{rC} = 2 \times 0.0425 + 2 \times 0.051 + 2.7556 + 1.722 = 4.6646\,(\text{W})$$

$$(4.474)$$

总效率为

$$\eta = \frac{P_O}{P_O + P_{Loss}} = \frac{5}{5 + 4.6646} = 51.74\% \qquad (4.475)$$

4.19 本章小结

- 半桥和全桥式 D 类放大器中,开关两端的最大电压值较低,等于直流输入电压 V_I。

- 不推荐电路工作在容性负载下(即工作频率低于谐振频率),反向并联二极管在较高的 $\mathrm{d}i/\mathrm{d}t$ 下断开。如果 MOSFET 的衬底-漏极 pn 结二极管(或其他 pn 结二极管)用做反并联的二极管,将会产生较高的反向恢复电流尖峰。这些尖峰出现在开关接通和断开时的开关电流波形中,并可能损坏晶体管。该反向恢复尖峰也可能触发 MOSFET 结构中存在的寄生 BJT 器件,并可能导致由于寄生 BJT 二次击穿引起的 MOSFET 失效。可以通过添加一个肖特基反向并联二极管(如果 V_I 低于 100V),或者一个串联二极管和一个反向并联的二极管来减少电流峰值。

- 当工作频率低于谐振频率时,晶体管在等于 V_I 的高电压下导通,其输出电容被一个阻值较小的晶体管导通电阻短路,从而耗散了储存在电容中的能量。因此,导通开关损耗较高,Miller 效应显著,晶体管的输入电容高,栅极驱动功率高,且导通过程变长。

- 推荐电路工作在感性负载(即工作频率高于谐振频率)下,此时,反向并联二极管断开时的 $\mathrm{d}i/\mathrm{d}t$ 比较小。因此,MOSFET 的衬底-漏极 pn 结二极管可以被用作反向并联二极管,因为这些二极管不会产生反向恢复电流尖峰而且速度快。

- 当工作频率高于谐振频率时,晶体管在零电压时打开。因为这个原因,开关的导通损耗降低,也不存在密勒(Miller)效应,晶体管的输入电容小,栅极驱动功率低,导通速度快。然而,断开开关是有损耗的。

- 由于 R/r 随 R 的增加而增加,轻载时效率高(见式(4.174))。

- 放大器可以安全工作在输出端开路的条件下。

- 当工作在频率 f 接近谐振频率 f_0 时,如果输出端短路,会存在巨大的失效风险。

- 全桥式 D 类放大器谐振电路的输入电压是一个最低值为 $-V_I$,最高值为 V_I 的方波。全桥式放大器谐振电路两端的电压峰-峰值是半桥式放大器的两倍。因此,在同样的负载电阻 R,相同的直流电源电压 V_I 以及相同的 f/f_o 比下,全桥式放大器的输出功率是半桥式放大器的 4 倍。
- 直流电压源 V_I 和开关形成一个理想的方波电压源,因此,许多负载可以连接在两个开关和地面之间而不会相互影响。
- 除了金属-氧化物-半导体场效应晶体管(MOSFET)外,还可以使用其他功率开关,例如金属-半导体场效应晶体管(MESFET),双极结型晶体管(BJT),晶体闸流管,金属-氧化物-半导体控制的晶体闸流管(MCTs),栅极可断开的晶体闸流管(GTOs)以及绝缘栅双极型晶体管(IGBTs)等。
- 串联谐振电路寄生电阻引起的功率损耗比并联谐振电路的低 Q_L^2 倍。

4.20　复习思考题

4.1　画出串联谐振电路中的感抗 X_L,容抗 X_c 以及总电抗 $X_L - X_C$ 与频率的关系曲线,并说明在谐振频率处有什么现象发生?

4.2　半桥式和全桥式 D 类放大器中,开关两端的电压分别是多少?

4.3　在带有串联谐振电路的 D 类放大器中,串联谐振电路对开关部分表现为容性负载的频率范围是多少?

4.4　工作在容性负载下的带有串联谐振电路的 D 类放大器有什么缺点?

4.5　当工作频率低于谐振频率时,功率 MOSFET 管的开关导通损耗为零吗?

4.6　当工作频率低于谐振频率时,功率 MOSFET 管的开关断开损耗为零吗?

4.7　当工作频率低于谐振频率时,开关导通或断开会有 Miller 效应吗?

4.8　零电压开关对 Miller 效应有什么影响?

4.9　在带有串联谐振电路的 D 类放大器中,串联谐振电路对开关部分表现为感性负载的频率范围是多少?

4.10　工作在感性负载下的 D 类放大器有什么优点?

4.11　当工作频率高于谐振频率时,功率 MOSFET 管的开关导通损耗为零吗?

4.12　当工作频率高于谐振频率时,功率 MOSFET 管的开关断开损耗为零吗?

4.13　在半桥和全桥式放大器中,谐振电容和电感元件的电压应力是多少?

4.14　谐振元件电压应力的最坏条件是什么?

4.15　当放大器的输出端短路时会发生什么?

4.16　带有串联谐振电路的 D 类放大器非满载时的效率高吗?

4.17　当工作频率等于谐振频率时,电流开关型 D 类功率放大器中的开关是如何工作的?

4.18　推拉式功率放大器中的变压器在阻抗匹配中起到什么作用?

4.21　习题

4.1　设计一个 D 类射频功率放大器,满足以下要求: $V_I = 5V$, $P_O = 1W$, $f = f_O = 1GHz$, $r_{DS} = 0.1\ \Omega$, $Q_L = 7$, $Q_{LO} = 200$, $Q_{CO} = 1000$。

4.2 若已知串联谐振电路的电感 $L = 84\mu H$，电容 $C = 300pF$。在谐振频率处，这些元件的 ESR 分别为 $r_L = 1.4\Omega$ 和 $r_C = 50m\Omega$。负载电阻 $R = 200\Omega$。谐振电路的输入电压为振幅 $V_m = 100V$ 的正弦信号。试求谐振频率 f_0，特征阻抗 Z_0，负载品质因素 Q_L，空载品质因素 Q_0，电感的品质因素 Q_{Lo} 以及电容的品质因素 Q_{Co}。

4.3 根据题 4.2 给出的谐振电路，求出电感的无功功率 Q 和总的有功功率 P_0。

4.4 根据题 4.2 给出的谐振电路，求出谐振电感和谐振电容的电压和电流应力，并计算谐振元件的无功功率。

4.5 试求题 4.2 给出的谐振电路的效率，该效率与工作频率有关吗？

4.6 写出谐振电感和谐振电容中存储的瞬时能量表达式 $w_L(t)$ 和 $w_C(t)$，以及谐振电路存储的总的瞬时能量表达式 $w_t(t)$。画出 $f = f_0$ 时这些能量的波形，并简要说明谐振元件中能量的转换过程。

4.7 若直流供电电压为 $350 \sim 400V$，分别求出半桥式和全桥式 D 类放大器中各开关的电压应力。

4.8 若串联谐振电路包含一个电阻 $R = 25 \Omega$，一个电感 $L = 100\mu H$ 和一个电容 $C = 4.7 nF$，电路的输入电压为一个正弦电压源 $v = 100\sin\omega t$ (V)，工作频率可以在一个较宽的范围内变化。试计算谐振元件的最大电压应力，并比较谐振频率处电感和电容两端的电压。

4.9 设计一个带有串联谐振电路的半桥式 D 类放大器，使得负载电阻功率 $P_0 = 30$ W。放大器的输入电压源 $V_I = 180$ V，并要求工作频率 $f = 210$ kHz。忽略开关和驱动功率损耗。

4.10 设计一个全桥式 D 类功率放大器，满足以下要求：$V_I = 100V$，$P_0 = 80W$，$f = f_0 = 500kHz$，$Q_L = 5$。

4.11 若负载品质因素 Q_L 和负载电流的振幅 I_m 相同，比较并联和串联谐振电路的功率损耗。

4.12 设计一个 D 类射频功率放大器，满足以下要求：$P_0 = 5W$，$V_I = 12V$，$V_{DS min} = 0.5V$，$f = f_0 = 5GHz$。

参考文献

[1] P. J. Baxandall, "Transistor sine-wave *LC* oscillators, some general considerations and new developments," *Proceedings of the IEE*, vol. 106, Pt. B, Suppl. 16, pp. 748–758, 1959.

[2] M. R. Osborne, "Design of tuned transistor power inverters," *Electron Engineering*, vol. 40, no. 486, pp. 436–443, 1968.

[3] W. J. Chudobiak and D. F. Page, "Frequency and power limitations of Class-D transistor inverter," *IEEE Journal of Solid-State Circuits*, vol. SC-4, pp. 25–37, 1969.

[4] H. L. Krauss, C. W. Bostian, and F. H. Raab, *Solid State Radio Engineering*, New York, NY: John Wiley & Sons, Ch. 14.1-2, pp. 432–448, 1980.

[5] M. K. Kazimerczuk and J. M. Modzelewski, "Drive-transformerless Class-D voltage switching tuned power amplifier," *Proceedings of IEEE*, vol. 68, pp. 740–741, 1980.

[6] F. H. Raab, "Class-D power inverter load impedance for maximum efficiency," *RF Technology Expo'85 Conference*, Anaheim, CA, January 23-25, 1985, pp. 287–295.

[7] N. Mohan, T. M. Undeland, and W. P. Robbins, *Power Electronics, Converters, Applications and Design*, New York, NY: John Wiley & Sons, 1989, Ch. 7.4.1, pp. 164–170.

[8] M. K. Kazimierczuk, "Class D voltage-switching MOSFET power inverter," *IEE Proceedings, Pt. B, Electric Power Applications*, vol. 138, pp. 286–296, 1991.

[9] J. G. Kassakian, M. F. Schlecht, and G. C. Verghese, *Principles of Power Electronics*, Reading, MA: Addison-Wesley, 1991, Ch. 9.2, pp. 202–212.

[10] M. K. Kazimierczuk and W. Szaraniec, "Class D voltage-switching inverter with only one shunt capacitor," *IEE Proceedings, Pt. B, Electric Power Applications*, vol. 139, pp. 449–456, 1992.

[11] S.-A. El-Hamamsy, "Design of high-efficiency RF Class D power amplifier," *IEEE Transactions on Power Electronics*, vol. 9, no. 3, pp. 297–308, 1994.

[12] M. K. Kazimierczuk and A. Abdulkarim, "Current-source parallel-resonant dc/dc converter," *IEEE Transactions on Industrial Electronics*, vol. 42, no. 2, pp. 199–208, 1995.

[13] M. K. Kazimierczuk and D. Czarkowski, *Resonant Power Converters*, New York, NY: John Wiley & Sons, 1995.

[14] L. R. Neorne, "Design of a 2.5-MHz, soft-switching, class-D converter for electrodless lighting," *IEEE Transactions on Power Electronics*, vol. 12, no. 3, pp. 507–516, 1997.

[15] A. J. Frazier and M. K. Kazimierczuk, "DC-AC power inversion using sigma-delta modulation," *IEEE Transactions on Circuits and Systems-I*, vol. 46, pp. 79–82, 2000.

[16] H. Kobaysashi, J. M. Hinriehs, and P. Asbeck, "Current mode Class-D power amplifiers for high efficiency RF applications," *IEEE Transactions on Microwave Theory and Technique*, vol. 49, no. 12, pp. 2480–2485, 2001.

[17] K. H. Abed, K. Y. Wong, and M. K. Kazimierczuk, "Implementations of novel low-power drivers for integrated buck converter," *IEEE Midwest Symposium on Circuits and Systems*, 2005.

[18] K. H. Abed, K. Y. Wong, and M. K. Kazimierczuk, "CMOS zero-cross-conduction low-power driver and power MOSFETs for integrated synchronous buck converter," *IEEE International Symposium on Circuits and Systems*, 2006, pp. 2745–2748.

[19] M. K. Kazimierczuk, *Pulse-Width Modulated DC-DC Power Converters*. New York, NY: John Wiley & Sons, 2008.

[20] C. Ekkaravarodome, K. Jirasereemornkul, and M. K. Kazimierczuk, "Class-D zero-current-switching rectifier as power-factor corrector for lighting applications," *IEEE Transactions on Power Electronics*, vol. 29, no. 9, pp. 4938–4948, September 2014.

第5章 零电压开关的 E 类
射频功率放大器

5.1 引言

E 类功率放大器又称做直流-交流逆变器,其主要有两种类型[1~97]:一种是零电压开关(Zero Voltage Switching,ZVS)型,另一种是零电流开关(Zero Current Switching,ZCS)型。E 类放大电路中,晶体管工作在开关状态。ZVS 型 E 类功率放大器被认为是目前工作效率最高的放大器[1~35]。由于晶体管开关的电流和电压波形在时间上是交错的,因此其产生的功耗非常低。如果选择的谐振电路元器件使晶体管开关在零电压下打开时,E 类功放的功耗会进一步降低。因为在开关时间间隙中,开关的电流波形和电压波形不重叠,开关损耗几乎为零,其产生的效率也就更高。

下面首先定性分析 ZVS 型 E 类放大器的工作原理。虽然是简单的描述,但有助于我们深入理解作为一个基础功率单元的放大器的性能。然后给出该放大器的定量分析。最后介绍匹配谐振电路和该类型放大器的设计步骤。通过本章的学习,读者应该能够进行电路的初步分析,并设计一个单级的 ZVS 型 E 类放大器。

5.2 电路描述

图 5.1(a)给出了一个 ZVS 型 E 类功率放大器的基本电路,该电路由一个 MOSFET 开关功率管、LCR 串联谐振电路、并联电容 C_1 和扼流电感 L_f 组成。驱动信号决定了开关在工作频率 $f = \omega/(2\pi)$ 处的通断。并联电容 C_1 中包含了晶体管的输出电容、扼流电感的寄生电容和杂散电容。当工作频率较高时,电容 C_1 可以由所有的并联寄生电容构成。电阻 R 是一个交流负载。这里假设扼流电感 L_f 足够大,直流电流 I_l 中掺杂的交流电流纹波可以忽略。因为一个小电感有可能带有大的电流纹波[41]。

当开关导通时,电容 C_1 短路,谐振电路由 L、C 和 R 构成。当开关断开时,谐振电路由 C_1、L、C 和 R 串联构成。因为 C_1 和 C 串联,等效电感为

$$C_{eq} = \frac{CC_1}{C + C_1} \tag{5.1}$$

该等效电容小于 C 和 C_1。负载网络的特性由两个谐振频率和两个负载品质因素决定。

当开关导通时

$$f_{o1} = \frac{1}{2\pi\sqrt{LC}} \tag{5.2}$$

$$Q_{L_1} = \frac{\omega_{o1}L}{R} = \frac{1}{\omega_{o1}CR} \tag{5.3}$$

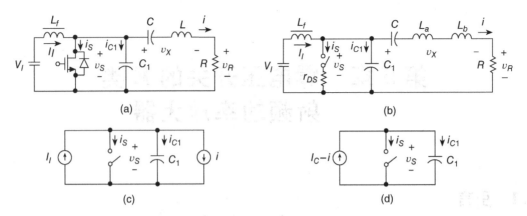

图 5.1　零电压开关的 E 类射频功率放大器

（a）电路原理图；（b）谐振工作时的等效电路；

（c）用直流电流源 I_I 替代直流电压源 V_I 和射频扼流电感 L_f，交流电流源 i 替代串联谐振回路的等效电路；

（d）两个电流源合并为一个电流源 $I_I - i$ 的等效电路

当开关断开时

$$f_{o2} = \frac{1}{2\pi\sqrt{\dfrac{LCC_1}{C+C_1}}} \tag{5.4}$$

$$Q_{L_2} = \frac{\omega_{o2}L}{R} = \frac{1}{\dfrac{\omega_{o2}RCC_1}{C+C_1}} \tag{5.5}$$

这两个谐振频率之比为

$$\frac{f_{o1}}{f_{o2}} = \frac{Q_{L_1}}{Q_{L_2}} = \sqrt{\frac{C_1}{C_1+C}} \tag{5.6}$$

放大器在上述两种谐振工作状态下的等效电路如图 5.1(b)所示。图 5.1(c)中，直流源 V_I 和射频扼流（RFC）电感 L_f 被一个直流电流源 I_I 代替，串联谐振电路被交流电流源 i 代替。图 5.1(d)给出了将图 5.1(c)中的两个电流源合并为一个电流源 $I_I - i$ 的 E 类放大器等效电路。

如果工作频率 f 大于谐振频率 f_{o1}，LCR 串联谐振电路在工作频率 f 处表现为感性负载。因此，电感 L 可以分为两个串联电感 L_a 和 L_b，并且有 $L = L_a + L_b$，L_a 与 C 在工作频率 f 处谐振，即

$$\omega = \frac{1}{\sqrt{L_aC}} \tag{5.7}$$

工作频率处的负载的品质因素定义如下

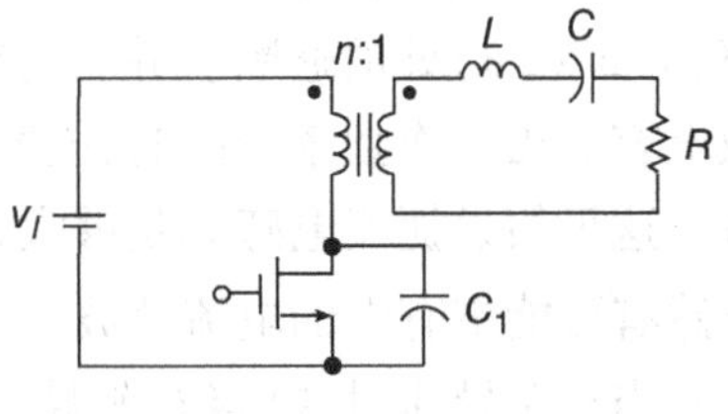

图 5.2　变压器结构的 ZVS 型 E 类
射频功率放大器

$$Q_L = \frac{\omega L}{R} = \frac{\omega(L_a + L_b)}{R} = \frac{1}{\omega CR} + \frac{\omega L_b}{R} \tag{5.8}$$

变压器结构的 E 类放大器如图 5.2 所示，其中变压器的漏电感可以合并到谐振电感 L 中。

5.3　电路工作原理

由半导体器件构成的硬开关（hard-switching）电路总存在着开关损耗，例如脉宽调制功率转换器和数字门电路。当开关器件导通时，这些电路中的电压波形从一个通常等于直流电压

V_I的很高的值突然减小到接近于零。晶体管导通前,储存在输出电容和负载电容C(假设这些电容是线性的)中的能量可以表示为

$$W = \frac{1}{2}CV_I^2 \qquad (5.9)$$

式中,V_I是直流供电电压。当晶体管导通时,电流流过它的导通电阻r_{DS},所有储存的能量以热的形式由导通电阻r_{DS}耗散。这个耗散的能量与晶体管导通电阻r_{DS}无关,因此,晶体管的开关功率损耗表示为

$$P_{sw} = \frac{1}{2}fCV_I^2 \qquad (5.10)$$

如果晶体管导通时,其两端的电压v_s为零,如式(5.11)所示,就可以避免开关损耗。

$$v_S(t_{turn-on}) = 0 \qquad (5.11)$$

这样,存储在晶体管输出电容上的电荷为零,存储在该电容上的能量也为零。E类射频功率放大器的主要思想就是晶体管在零电压时导通,从而实现开关零损耗和高的效率。也就是说,E类功率放大器的基本形式包含一个开关,这个开关在零电压时导通(ZVS),也可以在零偏导时导通(Zero Derivative Switching,ZDS)。通常,这种工作类型的开关称做**软开关**(soft-switching)。

图5.3给出了$\omega t = 2\pi$处开关导通时,ZVS型E类放大器三种情况下的电流和电压波形,这三种情况分别为:$dv_s(\omega t)/d(\omega t) = 0$,$dv_s(\omega t)/d(\omega t) < 0$,$dv_s(\omega t)/d(\omega t) > 0$。由图可见,

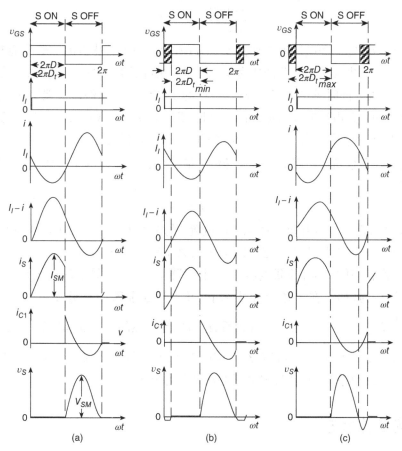

图5.3　不同工作条件下ZVS型E类放大器工作在$\omega t = 2\pi$处的波形

(a) $dv_S(\omega t)/d(\omega t) = 0$时;(b) $dv_S(\omega t)/d(\omega t) < 0$时;(c) $dv_S(\omega t)/d(\omega t) > 0$时

三种情况下,开关导通时开关和并联电容 C_1 两端的电压 v_S 为零,因此,存储在并联电容 C_1 中的能量为零,开关的导通损耗也为零。于是,ZVS 工作条件表示为

$$v_S(2\pi) = 0 \tag{5.12}$$

扼流电感 L_f 产生一个直流电流 I_I。为了实现 ZVS 下的开关导通,工作频率 $f = \omega/(2\pi)$ 应该大于谐振频率 $f_{01} = 1/(2\pi\sqrt{LC})$,即 $f > f_{01}$。然而,工作频率通常低于 $f_{02} = 1/(2\pi\sqrt{LCeq})$,即 $f < f_{02}$。电流 i 的波形形状取决于负载品质因素。如果 Q_L 高(例如 $Q_L \geq 2.5$),电流 i 的波形形状近似于正弦曲线。如果 Q_L 低,电流 i 的波形形状近似于指数函数[22]。扼流电感 L_f 和 LCR 串联谐振电路可以等效为电流大小为 $I_I - i$ 的电流源。当开关导通时,电流 $I_I - i$ 流过开关;当开关断开时,电流 $I_I - i$ 流过电容 C_1,并在电感 C_1 和开关两端产生电压。因此,并联电容 C_1 决定了开关两端的电压波形。

5.4 零电压开关和零微分工作状态下的 E 类放大器

当 E 类功率放大器的晶体管在 $\omega t = 2\pi$ 处导通时,满足 ZVS 和 ZDS 的条件分别是

$$v_S(2\pi) = 0 \tag{5.13}$$

$$\frac{dv_S(\omega t)}{d(\omega t)}\Big|_{\omega t = 2\pi} = 0 \tag{5.14}$$

此时,电路中各电流和电压波形如图 5.3(a)所示。ZVS 意味着晶体管导通时,并联电容 C_1 存储能量为零,产生的导通开关损耗为零。由于开关导通时 v_S 的微分为零,开关关闭后的电流 i_S 从零逐步增大。同时满足 ZVS 和 ZDS 条件的工作状态称为**额定最佳工作**。最佳工作状态时,开关电压和开关电流的波形都为正。因此,没有必要在开关中加任何二极管。

参数 C_1、L_b、R、f 和开关导通占空比 D 之间的关系必须满足达到最佳工作状态的条件[22],因此,只有负载为最佳负载电阻 $R = R_{opt}$。另外,最佳工作状态时的工作频率必须在两个谐振频率之间,即

$$f_{o1} < f < f_{o2} \tag{5.15}$$

如果 $R > R_{opt}$,流过 LCR 串联谐振电路的电流 i 的幅度 I_m 低于最佳工作状态的要求,因此,并联电容 C_1 的电压降减小,开关导通时的电压 v_S 大于零。反之,如果 $R < R_{opt}$,则电流的幅度 I_m 高于最佳工作状态的要求,并联电容 C_1 的电压降增大,开关导通时的电压 v_S 小于零。假设电容 C_1 是线性的,那么在上述两种情况下,开关导通前瞬间存储在电容 C_1 中的能量为 $W(2\pi-) = \frac{1}{2}C_1 v_S^2(2\pi-)$。当开关导通后,这些能量以热的形式在晶体管中耗散,导致开关导通损耗。为了使 ZVS 在一个宽的负载范围内工作,晶体管需要加一个反向并联或者串联的二极管。这样可以确保 $R \leq R_{opt}$ 时,零电压下开关自动导通。

5.5 次优工作状态

在很多应用中,负载阻抗在一定的范围内变化。当负载满足 $0 \leq R \leq R_{opt}$ 时,零电压下导通的开关到达次优工作状态。次优工作状态时,$v_s(2\pi) = 0$,$dv_s(\omega t)/d(\omega t) < 0$ 或者 $dv_s(\omega t)/$

$d(\omega t) > 0$。图5.3(b)给出了 $\omega t = 2\pi$ 时,$v_S(2\pi) = 0$,$dv_S(\omega t)/d(\omega t) < 0$ 的条件下电流和电压的波形。因为流过功率 MOSFET 的电流可以有两个方向,因此被认为是一个双向开关,但是它们的电压只能大于 $-0.7V$。当开关电压达到 $-0.7V$ 时,反向并联二极管导通,因此,开关自动导通。二极管使开关导通的时间加快,这个导通需要的时间不再由栅源电压决定。因为开关在零电压时导通,开关导通损耗为零,从而实现高的效率。这种工作状态可以在 $0 \leqslant R \leqslant R_{opt}$ 时达到。此外,如果 $R < R_{opt}$,电路的工作频率 f 和晶体管导通时的开关时间占空比 D_t 在有限范围内变化。当开关电流为负时,反向并联的二极管导通,而晶体管既可以是导通的也可以是关断的。因此,晶体管导通的开关占空比 D_t 可能小于或等于整个开关的导通占空比 D。当开关电流为正时,二极管处于截止状态,晶体管必须为导通状态。因此,D_t 的范围为 $D_{tmin} \leqslant D_t \leqslant D$,如图5.3(b)中的阴影部分所示。

图5.3(c)给出了 $\omega t = 2\pi$ 时,$v_S(2\pi) = 0$,$dv_S(\omega t)/d(\omega t) > 0$ 的条件下电流和电压的波形。此时,开关电流 i_S 总为正,但开关电压 v_S 有正有负。因此,需要一个单向电流开关和一个双向电压开关。可以通过在 MOSFET 上串联一个二极管得到这样的开关。无论 MOSFET 处于什么状态,当开关电压 v_S 为负时,二极管截止但允许开关有电压。此时,MOSFET 在时间间隙中导通。开关电压一旦达到 $0.7V$ 且其微分为正,二极管导通,整个开关导通。串联的二极管延长了开关导通需要的时间。D_t 的范围为 $D \leqslant D_t \leqslant D_{tmax}$,如图5.3(c)中的阴影部分所示。开关串联二极管的一个缺点就是需要更高的开启电压,传导损耗也高。另外一个缺点和晶体管输出电容有关。当开关电压增加时,晶体管的输出电容通过串联二极管被充电到开关电压的峰值,并将这个峰值电压一直保持到晶体管导通(因为二极管是截止的)。当晶体管导通时,晶体管的输出电容就会通过其导通电阻放电,释放存储的能量。

5.6 电路分析

5.6.1 假设

如图5.1(a)所示的 ZVS 型 E 类放大器的分析是在以下假设条件下进行的:

(1) 晶体管和反向并联二极管构成一个导通电阻为零、断开电阻无穷大、开关时间为零的理想开关。

(2) 扼流电感很大,输入电流的交流分量要比直流分量小得多。

(3) LCR 串联谐振电路的负载品质因素 Q_L 足够高,流过谐振电路的电流 i 为正弦波。

(4) 占空比 D 为 0.5。

5.6.2 电流和电压波形

流过串联谐振电路的电流为正弦波,因此,可以表示为

$$i = I_m \sin(\omega t + \phi) \tag{5.16}$$

其中,I_m 是电流 i 的幅度,ϕ 为电流 i 的初始相位。由图5.1(a)得到

$$i_S + i_{C1} = I_I - i = I_I - I_m \sin(\omega t + \phi) \tag{5.17}$$

当 $0 < \omega t \leqslant \pi$ 时,开关导通,$i_{C1} = 0$。因此,流过 MOSFET 的电流可以表示为

$$i_S = \begin{cases} I_I - I_m \sin(\omega t + \phi) & (0 < \omega t \leqslant \pi) \\ 0 & (\pi < \omega t \leqslant 2\pi) \end{cases} \tag{5.18}$$

当 $\pi < \omega t \leqslant 2\pi$ 时,开关断开,$i_s = 0$。因此,流过并联电容 C_1 的电流可以表示为

$$i_{C1} = \begin{cases} 0 & (0 < \omega t \leqslant \pi) \\ I_I - I_m \sin(\omega t + \phi) & (\pi < \omega t \leqslant 2\pi) \end{cases} \tag{5.19}$$

并联电容和开关两端的电压为

$$v_S = v_{C1} = \frac{1}{\omega C_1} \int_0^{\omega t} i_{C1} \, d(\omega t) = \frac{1}{\omega C_1} \int_0^{\omega t} [I_I - I_m \sin(\omega t + \phi)] d(\omega t)$$

$$= \begin{cases} 0 & (0 < \omega t \leqslant \pi) \\ \dfrac{1}{\omega C_1} \{I_I(\omega t - \pi) + I_m[\cos(\omega t + \phi) + \cos\phi]\} & (\pi < \omega t \leqslant 2\pi) \end{cases} \tag{5.20}$$

将 ZVS 的工作条件 $v_S(2\pi) = 0$ 代入式(5.20)中,得到 I_I、I_m 和 ϕ 之间的关系为

$$I_m = -I_I \frac{\pi}{2\cos\phi} \tag{5.21}$$

将式(5.21)代入式(5.18)中,得到开关电流波形

$$\frac{i_S}{I_I} = \begin{cases} 1 + \dfrac{\pi}{2\cos\phi} \sin(\omega t + \phi) & (0 < \omega t \leqslant \pi) \\ 0 & (\pi < \omega t \leqslant 2\pi) \end{cases} \tag{5.22}$$

同样地,将式(5.21)代入式(5.19)中,得到流过并联电容 C_1 的电流

$$\frac{i_{C1}}{I_I} = \begin{cases} 0 & (0 < \omega t \leqslant \pi) \\ 1 + \dfrac{\pi}{2\cos\phi} \sin(\omega t + \phi) & (\pi < \omega t \leqslant 2\pi) \end{cases} \tag{5.23}$$

进一步,将式(5.21)代入式(5.20),得到

$$v_S = \begin{cases} 0 & (0 < \omega t \leqslant \pi) \\ \dfrac{I_I}{\omega C_1} \left\{ \omega t - \dfrac{3\pi}{2} - \dfrac{\pi}{2\cos\phi} [\cos(\omega t + \phi)] \right\} & (\pi < \omega t \leqslant 2\pi) \end{cases} \tag{5.24}$$

根据 $\omega t = 2\pi$ 时,ZDS 的工作条件 $dv_S/d(\omega t) = 0$,得到输出电流 i 的相位

$$\tan\phi = -\frac{2}{\pi} \tag{5.25}$$

因此

$$\phi = \pi - \arctan\left(\frac{2}{\pi}\right) = 2.5747 \text{ rad} = 147.52° \tag{5.26}$$

根据三角函数关系有

$$\sin\phi = \frac{2}{\sqrt{\pi^2 + 4}} \tag{5.27}$$

$$\cos\phi = -\frac{\pi}{\sqrt{\pi^2 + 4}} \tag{5.28}$$

将式(5.28)代入式(5.21),得到输出电流的幅度为

$$I_m = \frac{\sqrt{\pi^2 + 4}}{2} I_I \approx 1.8621 I_I \tag{5.29}$$

即

$$\gamma_1 = \frac{I_m}{I_I} = \frac{\sqrt{\pi^2 + 4}}{2} \approx 1.8621 \tag{5.30}$$

因此得到

$$\frac{i_S}{I_I} = \begin{cases} 1 - \dfrac{\sqrt{\pi^2 + 4}}{2} \sin(\omega t + \phi) & (0 < \omega t \leqslant \pi) \\ 0 & (\pi < \omega t \leqslant 2\pi) \end{cases} \tag{5.31}$$

$$\frac{i_{C1}}{I_I} = \begin{cases} 0 & (0 < \omega t \leqslant \pi) \\ 1 - \dfrac{\sqrt{\pi^2 + 4}}{2} \sin(\omega t + \phi) & (\pi < \omega t \leqslant 2\pi) \end{cases} \tag{5.32}$$

和

$$v_S = \begin{cases} 0 & (0 < \omega t \leqslant \pi) \\ \dfrac{I_I}{\omega C_1} \left(\omega t - \dfrac{3\pi}{2} - \dfrac{\pi}{2} \cos \omega t - \sin \omega t \right) & (\pi < \omega t \leqslant 2\pi) \end{cases} \tag{5.33}$$

理想扼流电感两端电压的直流分量为零,从式(5.24)得到直流输入电压为

$$V_I = \frac{1}{2\pi} \int_0^{2\pi} v_S \, d(\omega t) = \frac{I_I}{2\pi\omega C_1} \int_\pi^{2\pi} \left(\omega t - \frac{3\pi}{2} - \frac{\pi}{2} \cos \omega t - \sin \omega t \right) d(\omega t) = \frac{I_I}{\pi\omega C_1} \tag{5.34}$$

重新整理式(5.34),得到 E 类放大器的直流输入电阻为

$$R_{DC} \equiv \frac{V_I}{I_I} = \frac{1}{\pi\omega C_1} \tag{5.35}$$

因此

$$I_m = \frac{\sqrt{\pi^2 + 4}}{2} \pi\omega C_1 V_I \tag{5.36}$$

根据式(5.33)和式(5.34),得到归一化的开关电压波形

$$\frac{v_S}{V_I} = \begin{cases} 0 & (0 < \omega t \leqslant 2\pi) \\ \pi \left(\omega t - \dfrac{3\pi}{2} - \dfrac{\pi}{2} \cos \omega t - \sin \omega t \right) & (\pi < \omega t \leqslant 2\pi) \end{cases} \tag{5.37}$$

5.6.3 电流和电压应力

对式(5.22)进行微分

$$\frac{di_S}{d(\omega t)} = -I_I \frac{\sqrt{\pi^2 + 4}}{2} \cos(\omega t + \phi) = 0 \tag{5.38}$$

得到开关电流达到峰值时的 ωt 为

$$\omega t_{im} = \frac{3\pi}{2} - \phi = 270° - 147.52° = 122.48° \tag{5.39}$$

将式(5.39)代入式(5.22),得到开关峰值电流

$$I_{SM} = I_I \left(\frac{\sqrt{\pi^2 + 4}}{2} + 1 \right) = 2.862 I_I \tag{5.40}$$

对式(5.24)给出的开关电压波形 v_s 进行微分

$$\frac{dv_S}{d(\omega t)} = \pi V_I \left[1 + \frac{\pi}{2\cos\phi} \sin(\omega t + \phi) \right] = 0 \tag{5.41}$$

得到三角函数方程

$$\sin(\omega t_{vm} + \phi) = -\frac{2\cos\phi}{\pi} = \frac{2}{\sqrt{\pi^2 + 4}} = \sin\phi = \sin(\pi - \phi) = \sin(2\pi + \pi - \phi) \tag{5.42}$$

该方程式的解给出了开关电压达到峰值时的 ωt 为

$$\omega t_{vm} = 3\pi - 2\phi = 3 \times 180° - 2 \times 147.52° = 244.96° \tag{5.43}$$

因此

$$V_{SM} = 2\pi(\pi - \phi)V_I = 2\pi(\pi - 2.5747)V_I = 3.562V_I \tag{5.44}$$

谐振电容 C 两端的电压幅度为

$$V_{Cm} = |X_C(f)|I_m = \frac{I_m}{\omega C} \tag{5.45}$$

谐振电感 L 两端的电压幅度为

$$V_{Lm} = X_L(f)I_m = \omega L I_m \tag{5.46}$$

忽略功率损耗,交流输出功率 P_O 等于直流输入功率 $P_I = V_I I_I$,又已知 I_{SM}/I_I 和 V_{SM}/V_I 的比值,因此得到功率输出能力

$$c_p \equiv \frac{P_O}{I_{SM} V_{SM}} = \frac{I_I V_I}{I_{SM} V_{SM}} = \frac{1}{\pi(\pi - \phi)(\sqrt{\pi^2 + 4} + 2)} = \frac{1}{2.862} \times \frac{1}{3.562} = 0.0981 \tag{5.47}$$

5.6.4 串联谐振电路两端的电压幅度

由于流过串联谐振电路的电流是正弦波,输入功率的高次谐波为零。因此,我们可以来讨论工作频率 f 下串联谐振电路的输入阻抗。图 5.4 给出了串联谐振电路工作频率 f 大于谐振频率时的等效电路。图 5.5 给出了电压基波分量的相量图。

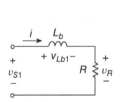

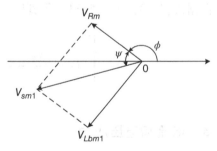

图 5.4 串联谐振电路在大于工作频率 f 的
谐振频率的等效电路

图 5.5 工作频率 f 时电压的基波
分量的矢量图解

负载电阻 R 两端的电压为

$$v_R = iR = V_{Rm} \sin(\omega t + \phi) \tag{5.48}$$

式(5.48)中,输出电压的幅度 $V_{Rm} = RI_m$,ϕ 为初始相位。LC 串联电路两端的电压 $v_X = v_S - v_R$,该电压为非正弦波。$C - L_a$ 电路两端的电压基波分量为零,因为该电路的电抗在工作频率 f 处为零。电感 L_b 两端的电压基波分量为

$$v_{Lb1} = V_{Lbm1} \cos(\omega t + \phi) \tag{5.49}$$

其中,$V_{Lbm1} = \omega L_b I_m$。

开关电压的基波分量,也就是串联谐振电路在工作频率下的输入电压,可以表示为

$$v_{s1} = v_R + v_{Lb1} = V_{Rm}\sin(\omega t + \phi) + V_{Lbm1}\cos(\omega t + \phi) \tag{5.50}$$

根据式(5.24)和傅里叶三角函数系列公式,得到

$$
\begin{aligned}
V_{Rm} &= \frac{1}{\pi}\int_{\pi}^{2\pi} v_S \sin(\omega t + \phi)d(\omega t) \\
&= \frac{1}{\pi}\int_{\pi}^{2\pi} V_I \pi\left[\omega t - \frac{3\pi}{2} - \frac{\pi}{2\cos\phi}\cos(\omega t + \phi)\right]\sin(\omega t + \phi)d(\omega t) \\
&= \frac{4}{\sqrt{\pi^2+4}}V_I \approx 1.074V_I
\end{aligned}
\tag{5.51}
$$

输出电压的波形为

$$v_o = V_{Rm}\sin(\omega t + \phi) = \frac{4V_I}{\sqrt{\pi^2+4}}\sin(\omega t + 147.52°) \tag{5.52}$$

将式(5.24)代入傅里叶公式,并根据式(5.34),串联谐振电路输入电抗(等于电感L_b的电抗)两端的电压基波分量的幅值为

$$
\begin{aligned}
V_{Lbm1} &= \omega L_b I_m = \frac{1}{\pi}\int_{\pi}^{2\pi} v_S \cos(\omega t + \phi)d(\omega t) \\
&= \frac{1}{\pi}\int_{\pi}^{2\pi} V_I \pi\left[\omega t - \frac{3\pi}{2} - \frac{\pi}{2\cos\phi}\cos(\omega t + \phi)\right]\cos(\omega t + \phi)d(\omega t) = \frac{\pi(\pi^2-4)}{4\sqrt{\pi^2+4}}V_I \\
&\approx 1.2378V_I
\end{aligned}
\tag{5.53}
$$

电感L_b两端的电压基波分量的波形为

$$v_{Lb1} = V_{Lbm1}\cos(\omega t + \phi) = \frac{\pi(\pi^2-4)}{\sqrt{4(\pi^2+4)}}V_I\cos(\omega t + 147.52°) \tag{5.54}$$

开关电压基波分量的幅值为

$$V_{sm1} = \sqrt{V_{Rm}^2 + V_{Lbm1}^2} = V_I\sqrt{\frac{16}{\pi^2+4} + \frac{\pi^2(\pi^2-4)^2}{4(\pi^2+4)}} = \sqrt{\frac{256+\pi^2(\pi^2-4)^2}{16(\pi^2+4)^2}} = 1.7279V_I \tag{5.55}$$

因此得到

$$\xi_1 = \frac{V_{sm1}}{V_I} = \sqrt{\frac{16}{\pi^2+4} + \frac{\pi^2(\pi^2-4)^2}{16(\pi^2+4)^2}} = \sqrt{\frac{256+\pi^2(\pi^2-4)^2}{16(\pi^2+4)^2}} = 1.7279 \tag{5.56}$$

开关电压基波分量的相位为

$$\theta = \phi + \psi = 147.52° + 49.0525° = 196.5725° \tag{5.57}$$

开关电压的基波分量为

$$v_{s1} = V_{sm1}\sin(\omega t + \theta) = 1.7279V_I\sin(\omega t + 196.57°) \tag{5.58}$$

5.6.5 负载网络的元件参数值

根据式(5.21)、式(5.34)和式(5.51),得到

$$R = \frac{V_{Rm}}{I_m} = \frac{\dfrac{4}{\sqrt{\pi^2+4}}V_I}{\dfrac{\sqrt{\pi^2+4}}{2}\pi\omega C_1 V_I} = \frac{8}{\pi(\pi^2+4)\omega C_1} \tag{5.59}$$

因此,有

$$\omega C_1 R = \frac{8}{\pi(\pi^2 + 4)} \approx 0.1836 \tag{5.60}$$

$$\omega C_1 = \frac{P_O}{\pi V_I^2} \tag{5.61}$$

同样地,根据式(5.21)、式(5.34)和式(5.53),得到

$$X_{Lb} = \omega L_b = \frac{V_{Lbm1}}{I_m} = \frac{\dfrac{\pi(\pi^2 - 4)}{4\sqrt{\pi^2 + 4}} V_I}{\dfrac{\sqrt{\pi^2 + 4}}{2} \pi \omega C_1 V_I} = \frac{\pi^2 - 4}{2(\pi^2 + 4)\omega C_1} \tag{5.62}$$

进一步得到

$$\omega^2 L_b C_1 = \frac{\pi^2 - 4}{2(\pi^2 + 4)} \approx 0.2116 \tag{5.63}$$

式(5.63)和式(5.60)的比值为

$$\tan \psi = \frac{\omega^2 L_b C_1}{\omega C_1 R} = \frac{\omega L_b}{R} = \frac{X_{Lb}}{R} = \frac{\pi(\pi^2 - 4)}{16} \approx 1.1525 \tag{5.64}$$

进一步有

$$\psi = \arctan\left(\frac{V_{Lbm1}}{V_{Rm}}\right) = \arctan\left(\frac{\omega L_b}{R}\right) = \arctan\left[\frac{\pi(\pi^2 - 4)}{16}\right] = 49.05° \tag{5.65}$$

从式(5.7)、式(5.8)以及式(5.64)得到,谐振电感的电抗为

$$\omega L = Q_L R \tag{5.66}$$

谐振电容的电抗为

$$X_C = \frac{1}{\omega C} = \omega L_a = \omega(L - L_b) = Q_L R - \omega L_b = R\left(Q_L - \frac{\omega L_b}{R}\right)$$

$$= R\left[Q_L - \frac{\pi(\pi^2 - 4)}{16}\right] = R(Q_L - 1.1525) \tag{5.67}$$

工作频率下,元件 R 和 L_b 串联后的阻抗用 Z 表示为

$$Z = R + jX_{Lb} = R + j\omega L_b = R\left(1 + j\frac{\omega L_b}{R}\right) = R\left[1 + j\frac{\pi(\pi^2 - 4)}{16}\right]$$

$$\approx (1 + j1.1525)R = 1.52586 e^{j49.05°} R \ (\Omega) \tag{5.68}$$

该阻抗用 ωC_1 表示为

$$Z = R + j\omega L_b = \frac{8}{\pi(\pi^2 + 4)\omega C_1} + j\frac{\pi^2 - 4}{2(\pi^2 + 4)\omega C_1} = \frac{1}{(\pi^2 + 4)\omega C_1}\left(\frac{8}{\pi} + j\frac{\pi^2 - 4}{2}\right)$$

$$= \frac{1}{\pi^2 + 4}\sqrt{\frac{64}{\pi^2} + \frac{(\pi^2 - 4)^2}{4}} \frac{1}{\omega C_1} e^{j49.05°} = \frac{0.28}{\omega C_1} e^{j49.05°} \ (\Omega) \tag{5.69}$$

工作频率下,并联电容的电抗为

$$\frac{1}{j\omega C_1} = -jX_{C1} = -j\frac{\pi(\pi^2 + 4)R}{8} \approx -j5.44658R \ (\Omega) \tag{5.70}$$

工作频率下,负载网络的输入阻抗为

$$Z_i = Z \| \left(\frac{1}{j\omega C1}\right) = R\left[1 + j\frac{\pi(\pi^2 - 4)}{16}\right] \left\| \left[-j\frac{\pi(\pi^2 + 4)R}{8}\right] \right.$$

$$= \left[\frac{4\pi^6 + 32\pi^4 + 64\pi^2}{\pi^6 + 24\pi^4 + 144\pi^2 + 256} + j\frac{\pi(\pi^8 + 12\pi^6 - 16\pi^4 - 448\pi^2 - 1024)}{8\pi^6 + 192\pi^4 + 1152\pi^2 + 2048}\right] R \tag{5.71}$$

$$\approx (1.5261 + j1.1064)R$$

5.6.6 输出功率

根据式(5.51),可以得到输出功率

$$P_O = \frac{V_{Rm}^2}{2R} = \frac{8}{\pi^2+4}\frac{V_I^2}{R} \approx 0.5768\frac{V_I^2}{R} \tag{5.72}$$

因为 $R = 8/[\pi(\pi^2+4)\omega C_1]$,输出功率为

$$P_O = \pi\omega C_1 V_I^2 = 2\pi^2 f C_1 V_I^2 \tag{5.73}$$

因为 $1/R = \pi(\pi^2-4)/(16\omega L_b)$,输出功率为

$$P_O = \frac{\pi(\pi^2-4)}{2(\pi^2+4)}\frac{V_I^2}{\omega L_b} \tag{5.74}$$

5.7 理想 E 类放大器的漏极效率

带有理想元件的最佳工作状态下的 E 类射频功率放大器的漏极效率为

$$\eta_D = \frac{P_O}{P_I} = \frac{1}{2}\left(\frac{I_m}{I_I}\right)\left(\frac{V_m}{V_I}\right)\cos\psi = \frac{1}{2}\gamma_1\xi_1\cos\psi$$

$$= \frac{1}{2} \times \frac{\sqrt{\pi^2+4}}{2} \times \sqrt{\frac{256+\pi^2(\pi^2-4)^2}{16(\pi^2+4)}} \times \frac{16}{\sqrt{256+\pi^2(\pi^2-4)^2}} = 1 \tag{5.75}$$

5.8 射频扼流电感

为了减少输入电流的纹波,RFC 必须要有足够大的电感 $L_f > L_{fmin}$。当开关导通时,扼流电感两端的电压为

$$v_{L_f} = V_I \tag{5.76}$$

流过扼流电感的电流为

$$i_{L_f} = \frac{1}{L_f}\int_0^t v_{L_f}\,dt + i_{L_f}(0) = \frac{1}{L_f}\int_0^t V_I\,dt + i_{L_f}(0) = \frac{V_I}{L_f}t + i_{L_f}(0) \tag{5.77}$$

进一步有

$$i_{L_f}\left(\frac{T}{2}\right) = \frac{V_I T}{2L_f} + i_{L_f}(0) = \frac{V_I}{2fL_f} + i_{L_f}(0) \tag{5.78}$$

通过扼流电感的电流纹波的峰-峰值为

$$\Delta i_{L_f} = i_{L_f}\left(\frac{T}{2}\right) - i_{L_f}(0) = \frac{V_I}{2fL_f} \tag{5.79}$$

因此,电流纹波的最大峰-峰值所需要的最小扼流电感为

$$L_{fmin} = \frac{V_I}{2f\Delta i_{L_f max}} = \frac{V_I}{2fI_I\left(\dfrac{\Delta i_{L_f max}}{I_I}\right)} = \frac{R_{DC}}{2f\left(\dfrac{\Delta i_{L_f max}}{I_I}\right)} = \frac{\pi^2+4}{16}\frac{R}{f\left(\dfrac{\Delta i_{L_f max}}{I_I}\right)}$$

$$\approx 0.86685\frac{R}{f\left(\dfrac{\Delta i_{L_f max}}{I_I}\right)} \tag{5.80}$$

取 $\Delta i_{Lfmax}/I_I = 0.1$,则

$$L_{fmin} = 8.6685 \frac{R}{f} \tag{5.81}$$

确定 L_{fmin} 的另一个方法是通过分离带有幅度调制(AM)的 E 类射频发射机的低频调制电压和高频载波电压。Kazimierczuk[17] 提出了所需扼流电感的最小值 L_{fmin} 是使电流纹波的峰-峰值小于直流电流 I_I 的 10%,于是有

$$L_{fmin} = 2\left(\frac{\pi^2}{4} + 1\right)\frac{R}{f} \approx \frac{7R}{f} \tag{5.82}$$

5.9 E 类放大器的最大工作频率

在高频时,为了达到 ZVS 和 ZDS 的工作条件,晶体管输出电容 C_o 比并联电容 C_1 大。当 $C_o = C_1$ 时,工作频率达到最高。假设晶体管输出电容是线性的,又因为 $D = 0.5$,在 ZVS 和 ZDS 状态下工作的 E 类放大器是可以达到最高工作频率 f_{max} 的,并且有

$$2\pi f_{max} C_o R = \frac{8}{\pi(\pi^2 + 4)} \tag{5.83}$$

因此,得到

$$f_{max} = \frac{4}{\pi^2(\pi^2 + 4)C_o R} \approx \frac{0.02922}{C_o R} \tag{5.84}$$

又因为

$$R = \frac{8}{\pi^2 + 4}\frac{V_I^2}{P_O} \tag{5.85}$$

于是得到 $D = 0.5$ 时,既满足 ZVS 又满足 ZDS 条件的 E 类放大器的最高工作频率为

$$f_{max} = \frac{P_O}{2\pi^2 C_o V_I^2} \approx 0.05066 \frac{P_O}{C_o V_I^2} \tag{5.86}$$

当 $D = 0.5$ 时,若只满足 ZVS 条件,不满足 ZDS 条件,电路获得的最高工作频率比式(5.86)所给的还要高。满足 ZVS 和 ZDS 条件下,E 类放大器的最高工作频率随着占空比 D 的减小而增高[79]。然而,D 的值偏小时(通常 $D < 0.2$),放大器的效率会减小[58]。当 $f > f_{max}$,电路可以工作在 CE 类,此时效率会相对高些[27]。

5.10 占空比为 0.5 时的放大器参数小结

占空比 $D = 0.5$ 的 ZVS 型 E 类放大器的参数如下

$$\frac{i_S}{I_I} = \begin{cases} \dfrac{\pi}{2}\sin\omega t - \cos\omega t + 1 & (0 < \omega t \leqslant \pi) \\ 0 & (\pi < \omega t \leqslant 2\pi) \end{cases} \tag{5.87}$$

$$\frac{v_S}{V_I} = \begin{cases} 0 & (0 < \omega t \leqslant \pi) \\ \pi\left(\omega t - \dfrac{3\pi}{2} - \dfrac{\pi}{2}\cos\omega t - \sin\omega t\right) & (\pi < \omega t \leqslant 2\pi) \end{cases} \tag{5.88}$$

$$\frac{i_{C1}}{I_I} = \begin{cases} 0 & (0 < \omega t \leqslant \pi) \\ \dfrac{\pi}{2}\sin\omega t - \cos\omega t + 1 & (\pi < \omega t \leqslant 2\pi) \end{cases} \tag{5.89}$$

$$\tan\phi = -\frac{2}{\pi} \tag{5.90}$$

$$\sin\phi = \frac{2}{\sqrt{\pi^2 + 4}} \tag{5.91}$$

$$\cos\phi = -\frac{\pi}{\sqrt{\pi^2 + 4}} \tag{5.92}$$

$$\phi = \pi - \arctan\left(\frac{2}{\pi}\right) = 2.5747 \quad \text{rad} = 147.52° \tag{5.93}$$

$$R_{DC} \equiv \frac{V_I}{I_I} = \frac{1}{\pi\omega C_1} = \frac{\pi^2 + 4}{8}R = 1.7337R \tag{5.94}$$

$$\frac{I_{SM}}{I_I} = \frac{\sqrt{\pi^2 + 4}}{2} + 1 = 2.862 \tag{5.95}$$

$$\frac{V_{SM}}{V_I} = 2\pi(\pi - \phi) = 3.562 \tag{5.96}$$

$$c_p = \frac{I_I V_I}{I_{SM} V_{SM}} = \frac{1}{\pi(\pi - \phi)(2 + \sqrt{\pi^2 + 4})} = 0.0981 \tag{5.97}$$

$$\gamma_1 = \frac{I_m}{I_I} = \frac{\sqrt{\pi^2 + 4}}{2} = 1.8621 \tag{5.98}$$

$$\xi_1 = \frac{V_{sm1}}{V_I} = \sqrt{\frac{256 + \pi^2(\pi^2 - 4)^2}{16(\pi^2 + 4)}} = 1.7279 \tag{5.99}$$

$$\frac{V_{Rm}}{V_I} = \frac{4}{\sqrt{\pi^2 + 4}} = 1.074 \tag{5.100}$$

$$\frac{V_{Lbm1}}{V_I} = \frac{\pi(\pi^2 - 4)}{4\sqrt{\pi^2 + 4}} = 1.2378 \tag{5.101}$$

$$P_O = \frac{V_{Rm}^2}{2R} = \frac{8}{\pi^2 + 4}\frac{V_I^2}{R} = 0.5768\frac{V_I^2}{R} = 2\pi^2 f C_1 V_I^2 \tag{5.102}$$

$$\omega C_1 R = \frac{8}{\pi(\pi^2 + 4)} = 0.1836 \tag{5.103}$$

$$\frac{\omega L_b}{R} = \frac{\pi(\pi^2 - 4)}{16} = 1.1525 \tag{5.104}$$

$$\omega^2 L_b C_1 = \frac{\pi^2 - 4}{2(\pi^2 + 4)} = 0.2116 \tag{5.105}$$

$$\frac{1}{\omega CR} = Q_L - \frac{\omega L_b}{R} = Q_L - \frac{\pi(\pi^2 - 4)}{16} \approx Q_L - 1.1525 \tag{5.106}$$

$$f_{max} = \frac{4}{\pi^2(\pi^2 + 4)C_o R} = \frac{P_O}{2\pi^2 C_o V_I^2} \tag{5.107}$$

$$Z = R + jX_{Lb} = \frac{0.28}{\omega C_1}e^{j49.05°} \tag{5.108}$$

$$Z_i = Z \| \left(\frac{1}{j\omega C_1}\right) = (1.5261 + j1.1064)R \tag{5.109}$$

5.11 效率

下面将讨论占空比 $D = 0.5$ 时，E 类放大器的功率损耗和效率。由于流过输入扼流电感 L_f 的电流几乎不变，因此，根据式(5.98)可以得到电感电流的均方根值为

$$I_{L_{frms}} \approx I_I = \frac{2I_m}{\sqrt{\pi^2 + 4}} \tag{5.110}$$

放大器的效率定义为 $\eta_I = P_O/P_I$，其中 $P_O = RI_m^2/2$。从式(5.102)和式(5.110)得到，扼流电感 L_f 的直流等效串联电阻(ESR) r_{Lf} 的功率损耗为

$$P_{rLf} = r_{L_f} I_{L_f rms}^2 = \frac{4I_m^2 r_{L_f}}{(\pi^2 + 4)} = \frac{8r_{L_f}}{(\pi^2 + 4)R} P_O \tag{5.111}$$

当占空比 $D = 0.5$ 时，开关电流的均方根值可以根据式(5.87)得到

$$I_{Srms} = \sqrt{\frac{1}{2\pi} \int_0^\pi i_S^2 \, d(\omega t)} = \frac{I_I \sqrt{\pi^2 + 28}}{4} = \frac{I_m}{2} \sqrt{\frac{\pi^2 + 28}{\pi^2 + 4}} \tag{5.112}$$

于是，开关传导损耗为

$$P_{rDS} = r_{DS} I_{Srms}^2 = \frac{r_{DS} I_m^2 (\pi^2 + 28)}{4(\pi^2 + 4)} = \frac{(\pi^2 + 28)r_{DS}}{2(\pi^2 + 4)R} P_O \tag{5.113}$$

由式(5.89)得到通过并联电容 C_1 的电流的均方根值为

$$I_{C1rms} = \sqrt{\frac{1}{2\pi} \int_\pi^{2\pi} i_{C1}^2 \, d(\omega t)} = \frac{I_I \sqrt{\pi^2 - 4}}{4} = \frac{I_m}{2} \sqrt{\frac{\pi^2 - 4}{\pi^2 + 4}} \tag{5.114}$$

于是，并联电容 C_1 的等效串联电阻 r_{C1} 引起的功率损耗为

$$P_{rC1} = r_{C1} I_{C1rms}^2 = \frac{r_{C1} I_m^2 (\pi^2 - 4)}{4(\pi^2 + 4)} = \frac{(\pi^2 - 4)r_{C1}}{2(\pi^2 + 4)R} P_O \tag{5.115}$$

谐振电感 L 的等效串联电阻 r_L 引起的功率损耗为

$$P_{r_L} = \frac{r_L I_m^2}{2} = \frac{r_L}{R} P_O \tag{5.116}$$

谐振电容 C 的等效串联电阻 r_c 引起的功率损耗为

$$P_{r_c} = \frac{r_C I_m^2}{2} = \frac{r_C}{R} P_O \tag{5.117}$$

如果满足 ZVS 条件，导通时的开关损耗为零；断开时的开关损耗估算如下。假设晶体管电流在断开时间 t_f 内是线性减小的

$$i_S = 2I_I \left(1 - \frac{\omega t - \pi}{\omega t_f}\right) \qquad (\pi < \omega t \leqslant \pi + \omega t_f) \tag{5.118}$$

在整个断开时间 t_f 内，流过谐振电路的正弦波电流不会显著变化，即 $i \approx 2I_I$。因此，流过并联电容 C_1 的电流可以近似为

$$i_{C1} \approx \frac{2I_I(\omega t - \pi)}{\omega t_f} \qquad (\pi < \omega t \leqslant \pi + \omega t_f) \tag{5.119}$$

这样，就得到并联电容 C_1 和开关两端的电压

$$v_S = \frac{1}{\omega C_1} \int_\pi^{\omega t} i_{C1} \, d(\omega t) = \frac{I_I}{\omega C_1} \frac{(\omega t)^2 - 2\pi \omega t + \pi^2}{\omega t_f} = \frac{V_I \pi [(\omega t)^2 - 2\pi \omega t + \pi^2]}{\omega t_f} \tag{5.120}$$

因此,与关断时间 t_f 相关的功率损耗平均值为

$$P_{t_f} = \frac{1}{2\pi} \int_{\pi}^{\pi+\omega t_f} i_S v_S \ d(\omega t) = \frac{(\omega t_f)^2}{12} P_I \approx \frac{(\omega t_f)^2}{12} P_O \tag{5.121}$$

从式(5.111)、式(5.113)、式(5.115)、式(5.121)、式(5.116)和式(5.117)可以得到总的功率损耗为

$$P_{LS} = P_{r_{L_f}} + P_{r_D S} + P_{r_{C1}} + P_{r_L} + P_{r_C} + P_{t_f}$$

$$= P_O \left[\frac{8 r_{L_f}}{(\pi^2 + 4)R} + \frac{(\pi^2 + 28) r_{DS}}{2(\pi^2 + 4)R} + \frac{r_{C1}(\pi^2 - 4)}{2(\pi^2 + 4)R} + \frac{r_L + r_C}{R} + \frac{(\omega t_f)^2}{12} \right] \tag{5.122}$$

E 类放大器的效率为

$$\eta \equiv \frac{P_O}{P_I} = \frac{P_O}{P_O + P_{LS}} = \frac{1}{1 + \dfrac{P_{LS}}{P_O}}$$

$$= \frac{1}{1 + \dfrac{8 r_{L_f}}{(\pi^2 + 4)R} + \dfrac{(\pi^2 + 28) r_{DS}}{2(\pi^2 + 4)R} + \dfrac{(\pi^2 - 4) r_{C1}}{2(\pi^2 + 4)R} + \dfrac{r_L + r_C}{R} + \dfrac{(\omega t_f)^2}{12}} \tag{5.123}$$

图 5.6 给出了效率 η 与 R 的关系曲线。(此时,$r_{Lf} = 0.15\Omega, r_{DS} = 0.85\Omega, r_L = 0.5\Omega, r_C = 0.05\Omega, r_{C1} = 0.076\Omega, t_f = 20\text{ns}$。)

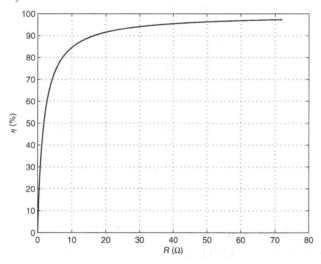

图 5.6 ZVS 型 E 类放大器的效率与负载电阻 R 的关系

每个 MOSFET 的栅极驱动功率需要给一个高度非线性的 MOSFET 输入电容充电和放电,该驱动功率可以表示为

$$P_G = f V_{GSm} Q_g \tag{5.124}$$

这里 V_{GSm} 是栅源电压 v_{GS} 的峰值,Q_g 是 $v_{GS} = V_{GSm}$ 时的栅极电荷。

电路的功率附加效率(Power Added Efficiency,PAE)为

$$\eta_{PAE} = \frac{P_O - P_G}{P_I} = \frac{P_O - P_G}{P_O + P_{LS}} \tag{5.125}$$

$D = 0.5$ 时,ZVS 型 E 类放大器的功率增益为

$$k_p \equiv \frac{P_O}{P_G} = \frac{8}{\pi^2 + 4} \times \frac{V_I^2}{RfV_{GSm}Q_g} \tag{5.126}$$

在 ZVS 和 ZDS 条件下,只有当所有元件都是寄生电阻为零的理想元件时,E 类放大器才能达到最大效率。但是,实际的 E 类放大器是由实际元件构成的。晶体管的导通电阻不为零,电感和电容的 ESR 也都不为零。真实元件构成的 E 类放大器达到最大效率时并不满足 ZVS 和 ZDS 条件。当晶体管导通电压 $V_{turn-on}$ 为正时,通常有

$$V_{turn-on} = (0.03 \sim 0.15)V_I \tag{5.127}$$

当开关导通时,开关电压的微分值通常是略微大于零的。在这样的条件下,晶体管导通期间内,开关功率损耗不为零,此时有

$$P_{sw} = \frac{1}{2} f_s C_1 V_{turn-on}^2 \tag{5.128}$$

然而,电流波形的形状和它们的均方根值的改变会使得不同元件中的传导损耗减小,从而获得最大的总效率。

5.12 基本的 E 类放大器设计

当 $D = 0.5$ 时,如图 5.1(a)所示基本 E 类放大器中,谐振电路在最佳工作状态下的元件参数值可以根据式(5.8)、式(5.102)、式(5.103)和式(5.106)计算得到

$$R = \frac{8}{\pi^2 + 4} \frac{V_I^2}{P_O} \approx 0.5768 \frac{V_I^2}{P_O} \tag{5.129}$$

$$X_{C1} = \frac{1}{\omega C_1} = \frac{\pi(\pi^2 + 4)R}{8} \approx 5.4466R \tag{5.130}$$

$$X_L = \omega L = Q_L R \tag{5.131}$$

$$X_C = \frac{1}{\omega C} = \left[Q_L - \frac{\pi(\pi^2 - 4)}{16} \right] R \approx (Q_L - 1.1525)R \tag{5.132}$$

当负载电阻 $R_{(sub)}$ 低于式(5.129)中的值时,电路工作在次优化状态(例如:只有 ZVS 的工作状态),即

$$0 \leqslant R_{(sub)} < R \tag{5.133}$$

如图 5.1(a)所示带有简单谐振电路的 ZVS 型 E 类放大器,在短路条件工作下也是安全的。

图 5.1(a)中的简单谐振电路没有匹配功能。为了在特定的直流电压 V_I 下传输一定量的功率 P_O,负载电阻 R 必须由式(5.129)确定。

例 5.1 设计一个如图 5.1(a)所示的 ZVS 型 E 类放大器,使其满足下列要求: $V_I = 100V$, $P_{Omax} = 80W$, $f = 1.2MHz$。假设 $D = 0.5$。

解: 根据式(5.102),满载电阻为

$$R = \frac{8}{\pi^2 + 4} \frac{V_I^2}{P_O} = 0.5768 \times \frac{100^2}{80} = 72.1 \ (\Omega) \tag{5.134}$$

由式(5.94)可以得到放大器的直流电阻为

$$R_{DC} = \frac{\pi^2 + 4}{8} R = 1.7337 \times 72.1 = 125 \ (\Omega) \tag{5.135}$$

由式(5.100)计算得到输出电压的幅值为

$$V_{Rm} = \frac{4}{\sqrt{\pi^2 + 4}} V_I = 1.074 \times 100 = 107.4 \ (V) \tag{5.136}$$

由式(5.96)计算得到开关和并联电容 C_1 两端的最大电压为

$$V_{SM} = V_{C1m} = 3.562V_I = 3.562 \times 100 = 356.2 \text{ (V)} \tag{5.137}$$

假设放大器的效率 $\eta = 0.9$，直流输入功率为

$$P_I = \frac{P_O}{\eta} = \frac{80}{0.9} = 84.21 \text{ (W)} \tag{5.138}$$

因此，直流输入电流为

$$I_I = \frac{P_I}{V_I} = \frac{84.21}{100} = 0.8421 \text{ (A)} \tag{5.139}$$

根据式(5.95)得到最大开关电流为

$$I_{SM} = \left(\frac{\sqrt{\pi^2 + 4}}{2} + 1 \right) I_I = 2.862 \times 0.8421 = 2.41 \text{ (A)} \tag{5.140}$$

由式(5.98)计算出流过谐振电路总的电流幅值为

$$I_m = \frac{\sqrt{\pi^2 + 4}}{2} I_I = 1.8621 \times 0.8421 = 1.568 \text{ (A)} \tag{5.141}$$

流过谐振电路负载电阻的电流幅值为

$$I_m = \sqrt{\frac{2P_O}{R}} = \sqrt{\frac{2 \times 80}{72.1}} = 1.49 \text{ (A)} \tag{5.142}$$

根据选择的 MOSFET 工艺，得到 $K_n = \mu_{n0} C_{ox} = 0.142 \times 10^{-3} \text{A/V}^2$，$V_t = 0.5\text{V}$，$L = 0.65\mu\text{m}$。栅源电压的峰值 $V_{GS} = 3.5\text{V}$，假设 $I_{Dsat}/I_{SM} = 2$，则

$$I_{Dsat} = 2I_{SM} = 2 \times 2.41 = 4.82 \text{ (A)} \tag{5.143}$$

n 沟道 MOSFET 的宽长比为

$$\frac{W}{L} = \frac{2I_{Dsat}}{K_n(V_{GS} - V_t)^2} = \frac{2 \times 4.82}{0.142 \times 10^{-3} \times (3.5 - 0.5)^2} = 7534 \tag{5.144}$$

取 $W/L = 7600$，沟道的宽度为

$$W = \left(\frac{W}{L} \right) L = 7600 \times 0.65 \times 10^{-6} = 4940 \text{ (}\mu\text{m)} \tag{5.145}$$

假设 $Q_L = 7$，由式(5.66)、式(5.103)和式(5.106)得到负载网络的元件参数

$$L = \frac{Q_L R}{\omega} = \frac{7 \times 72.1}{2\pi \times 1.2 \times 10^6} = 66.9 \text{ (}\mu\text{H)} \tag{5.146}$$

$$C = \frac{1}{\omega R \left[Q_L - \frac{\pi(\pi^2 - 4)}{16} \right]} = \frac{1}{2\pi \times 1.2 \times 10^6 \times 72.1 \times (7 - 1.1525)} = 314.6 \text{ (pF)} \tag{5.147}$$

根据式(5.59)，得到并联电容的参数值为

$$C_1 = \frac{8}{\pi(\pi^2 + 4)\omega R} = \frac{8}{2\pi^2(\pi^2 + 4) \times 1.2 \times 10^6 \times 72.1} = 337.4 \text{ (pF)} \tag{5.148}$$

假设 MOSFET 的输出电容 $C_o = 37.4\text{pF}$，因此，外部并联电容的容值为

$$C_{1ext} = C_1 - C_o = 337.4 - 37.4 = 300 \text{ (pF)} \tag{5.149}$$

选择额定电压为 400V、容值为 300pF 的电容用做 C_{1ext}。

谐振电容 C 和电感 L 两端的峰值电压分别为

$$V_{Cm} = \frac{I_m}{\omega C} = \frac{1.49}{2\pi \times 1.2 \times 10^6 \times 314.6 \times 10^{-12}} = 628.07 \text{ (V)} \tag{5.150}$$

$$V_{Lm} = \omega L I_m = 2\pi \times 1.2 \times 10^6 \times 66.9 \times 10^{-6} \times 1.49 = 751.58 \text{ (V)} \tag{5.151}$$

选择额定电压为 700V、容值为 330pF 的电容用做 C。

由式(5.82)可知,为了保证扼流电感上的电流纹波低于满载直流输入电流 I_I 的 10%,扼流电感的值必须大于

$$L_f = 2\left(\frac{\pi^2}{4} + 1\right)\frac{R}{f} = \frac{7 \times 72.1}{1.2 \times 10^6} = 420.58\,(\mu H) \tag{5.152}$$

RFC 两端的电压峰值为

$$V_{Lfm} = V_{SM} - V_I = 356.2 - 100 = 256.2\ (V) \tag{5.153}$$

假设扼流电感 L_f 的直流等效串联电阻 $r_{L_f} = 0.15\Omega$。因此,由式(5.111)得到 r_{L_f} 上的功率损耗为

$$P_{rLf} = r_{L_f}I_I^2 = 0.15 \times 0.8421^2 = 0.106\ (W) \tag{5.154}$$

由式(5.112)得到开关电流的均方根值为

$$I_{Srms} = \frac{I_I\sqrt{\pi^2 + 28}}{4} = 0.8421 \times 1.5385 = 1.296\,(A) \tag{5.155}$$

选择国际整流器公司(IR)型号为 IRF840 的功率 MOSFET,其 $V_{DSS} = 500V$,$I_{Dmax} = 8A$,$r_{DS} = 0.85\Omega$,$t_f = 20ns$,$Q_g = 63nC$。该晶体管的传导功率损耗为

$$P_{rDS} = r_{DS}I_{Srms}^2 = 0.85 \times 1.296^2 = 1.428\ (W) \tag{5.156}$$

根据式(5.114)可以得到流过并联电容 C_1 的电流均方根值为

$$I_{C1rms} = \frac{I_I\sqrt{\pi^2 - 4}}{4} = 0.8421 \times 0.6057 = 0.51\,(A) \tag{5.157}$$

假设电容 C_1 的等效串联电阻 $r_{C1} = 76m\Omega$,得到 r_{C1} 的传导功率损耗为

$$P_{rC1} = r_{C1}I_{C1rms}^2 = 0.076 \times 0.51^2 = 0.02\ (W) \tag{5.158}$$

假设 $f = 1.2MHz$ 时,谐振电感 L 和谐振电容 C 的 ESR 分别为 $r_L = 0.5\Omega$,$r_c = 50m\Omega$。因此,谐振元件的功率损耗为

$$P_{rL} = \frac{r_L I_m^2}{2} = \frac{0.5 \times 1.49^2}{2} = 0.555\,(W) \tag{5.159}$$

$$P_{rC} = \frac{r_C I_m^2}{2} = \frac{0.05 \times 1.49^2}{2} = 0.056\,(W) \tag{5.160}$$

若漏电流的降落时间 $t_f = 20ns$,则 $\omega t_f = 2\pi \times 1.2 \times 10^6 \times 20 \times 10^{-9} = 0.151\,rad$。由式(5.121)得到开关断开时的损耗为

$$P_{tf} = \frac{(\omega t_f)^2 P_O}{12} = \frac{0.151^2 \times 80}{12} = 0.152\,(W) \tag{5.161}$$

总的功率损耗为(不包括栅极驱动功率)

$$P_{LS} = P_{rLf} + P_{rDS} + P_{rC1} + P_{rL} + P_{rC} + P_{tf}$$
$$= 0.106 + 1.428 + 0.02 + 0.555 + 0.056 + 0.152 = 2.317\,(W) \tag{5.162}$$

放大器的效率为

$$\eta = \frac{P_O}{P_O + P_{LS}} = \frac{80}{80 + 2.317} = 97.82\% \tag{5.163}$$

假设 $V_{GSm} = 8V$,可以得到栅极驱动功率为

$$P_G = fV_{GSm}Q_g = 1.2 \times 10^6 \times 8 \times 63 \times 10^{-9} = 0.605\,(W) \tag{5.164}$$

因此,电路的功率附加效率 PAE 为

$$\eta_{PAE} = \frac{P_O - P_G}{P_I} = \frac{P_O - P_G}{P_O + P_{LS}} = \frac{80 - 0.605}{80 + 2.317} = 96.45\% \tag{5.165}$$

放大器的功率增益为

$$k_p = \frac{P_O}{P_G} = \frac{80}{0.605} = 132.23 = 21.21\,(\text{dB}) \tag{5.166}$$

开关断开时的等效电容为

$$C_{eq} = \frac{CC_1}{C + C_1} = \frac{330 \times 337.4}{330 + 337.4} = 167\,(\text{pF}) \tag{5.167}$$

谐振频率为

$$f_{o1} = \frac{1}{2\pi\sqrt{LC}} = \frac{1}{2\pi\sqrt{66.9 \times 10^{-6} \times 330 \times 10^{-12}}} = 1.071\,(\text{MHz}) \tag{5.168}$$

$$f_{o2} = \frac{1}{2\pi\sqrt{LC_{eq}}} = \frac{1}{2\pi\sqrt{66.9 \times 10^{-6} \times 167 \times 10^{-12}}} = 1.51\,(\text{MHz}) \tag{5.169}$$

注意,工作频率 $f = 1.2\text{MHz}$ 在谐振频率 f_{o1} 和 f_{o2} 之间。

5.13 谐振电路的阻抗匹配

阻抗匹配网络的目的是将负载电阻或阻抗转化为在特定电压 V_I 和工作频率 f 时产生需要的输出功率 P_O 所要求的阻抗。根据式(5.129), V_I、P_O 和 R 相互关联。在很多应用中,实际负载阻抗与式(5.129)中所给的不同。因此,需要一个匹配电路来实现阻抗的向上或向下变换。一个带有阻抗匹配电路的 E 类放大器原理框图如图 5.7 所示。图 5.8 给出了四种阻抗匹配谐振电路的示例。对比图 5.1(a)可见,图 5.8(a)、(c)是通过分接原电路中的谐振电容 C 来实现阻抗变换;图 5.8(b)、(d)则通过分接原电路中的谐振电感 L 来实现阻抗变换。所有这些电路实现的是向下的阻抗变换。将图 5.8(b)中的垂直电感 L_2 和图 5.8(d)中的垂直电感 L_1 用降压或者升压变压器代替可以得到其他阻抗变换结果。这些电路的拓扑结构与希腊字母 π 很相似,因此,图 5.8 将它们分别命名为 π1a、π2a、π1b 和 π2b。

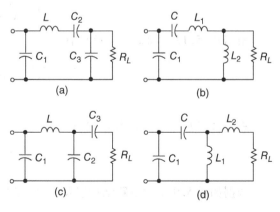

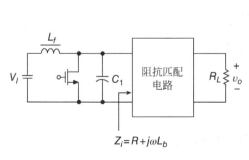

图 5.7 带有阻抗匹配谐振电路的 E 类放大器框图

图 5.8 匹配的谐振电路

(a) π1a 型谐振电路;(b) π2a 型谐振电路;
(c) π1b 型谐振电路;(d) π2b 型谐振电路

5.13.1 分接电容的π1a型阻抗匹配谐振电路

如图5.9(a)所示分接电容的匹配电路具有向下阻抗变化功能(即,图中的实际负载电阻$R_L > R$),它的等效电路如图5.9(b)所示。

假设负载阻抗R_L已知。$D=0.5$时,根据式(5.129)得到最佳工作状态时的串联等效电阻为

$$R = R_s = \frac{8}{\pi^2+4}\frac{V_I^2}{P_O} \approx 0.5768\frac{V_I^2}{P_O} \tag{5.170}$$

元件C_1和L由式(5.130)和式(5.131)给出,即

$$X_{C1} = \frac{1}{\omega C_1} = \frac{\pi(\pi^2+4)R}{8} \approx 5.4466R \tag{5.171}$$

$$X_L = \omega L = Q_L R \tag{5.172}$$

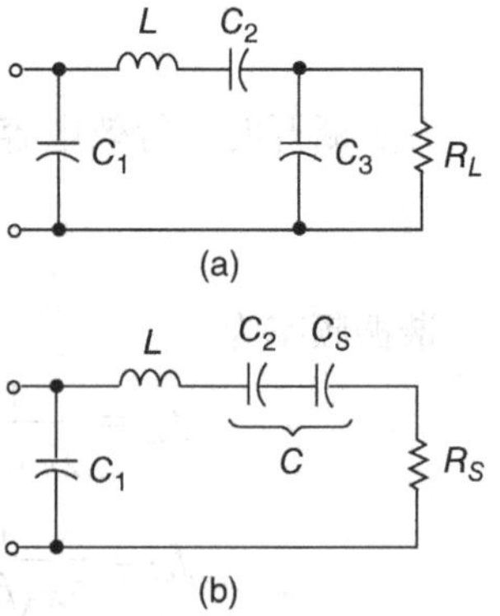

图5.9 实现向下阻抗变换的π1a型分接电容阻抗匹配谐振电路

(a) π1a型匹配电路;

(b) π1a匹配电路的等效电路

$R_L - C_3$和$R_s - C_s$等效二端网络的电抗因数为

$$q = \frac{R_L}{X_{C_3}} = \frac{X_{Cs}}{R_s} = \frac{X_{Cs}}{R} \tag{5.173}$$

电阻R_s和R_L与电抗X_{Cs}和X_{C3}之间的关系为

$$R_s = R = \frac{R_L}{1+q^2} = \frac{R_L}{1+\left(\frac{R_L}{X_{C3}}\right)^2} \tag{5.174}$$

$$X_{Cs} = \frac{X_{C3}}{1+\frac{1}{q^2}} = \frac{X_{C3}}{1+(\frac{X_{C3}}{R_L})^2} \tag{5.175}$$

进一步有

$$C_s = C_3\left(1+\frac{1}{q^2}\right) = C_3\left[1+\left(\frac{X_{C3}}{R_L}\right)^2\right] \tag{5.176}$$

将式(5.174)重新整理为

$$q = \sqrt{\frac{R_L}{R_s}-1} \tag{5.177}$$

根据式(5.173)和式(5.177),有

$$X_{C3} = \frac{1}{\omega C_3} = \frac{R_L}{q} = \frac{R_L}{\sqrt{\frac{R_L}{R_s}-1}} \tag{5.178}$$

将式(5.177)代入式(5.173),得到

$$X_{Cs} = qR_s = R_s\sqrt{\frac{R_L}{R_s}-1} \tag{5.179}$$

根据如图5.9所示电路结构以及式(5.132)和式(5.179),得到

$$\begin{aligned} X_{C2} = \frac{1}{\omega C_2} &= X_C - X_{Cs} = \left[Q_L - \frac{\pi(\pi^2-4)}{16}\right]R_s - qR_s \\ &= R_s\left[Q_L - \frac{\pi(\pi^2-4)}{16} - \sqrt{\frac{R_L}{R_s}-1}\right] \end{aligned} \tag{5.180}$$

根据式(5.178),如图5.8(a)所示电路可以匹配满足下列不等式的电阻

$$R_s < R_L \tag{5.181}$$

下列条件下可以达到次优工作状态

$$0 \leqslant R_{s(sub)} < R_s \tag{5.182}$$

它相当于

$$R_L < R_{(sub)} < \infty \tag{5.183}$$

图5.10画出了式(5.174)和式(5.175)所描述的关系曲线。图中,当 R_L 从0增加到 X_{C3} 时,R_s 增长到 $X_{C3}/2$ 并在 $R_L = X_{C3}$ 处达到最大值 $R_{smax} = X_{C3}/2$;当 R_L 从 X_{C3} 增加到 ∞ 时,R_s 从 $X_{C3}/2$ 降到0。因此,当 $R_L > X_{C3}$ 时,$R_L - C_3$ 相当于一个阻抗反向器[20]。如果 $R_L = C_3$ 时达到最佳工作状态,那么 $R_{smax} = X_{C3}/2$,并且对于任意负载电阻 R_L,放大器都工作在ZVS条件下[28]。这是因为对任意负载电阻 R_L,都有 $R_s \leqslant R_{smax} = X_{C3}/2$。当 R_L 从0增长到 ∞,X_{C_s} 从0增长到 X_{C3},C_s 从 ∞ 降到 C_3。

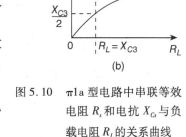

图5.10 π1a型电路中串联等效电阻 R_s 和电抗 X_{C_s} 与负载电阻 R_L 的关系曲线
(a) R_s 与 R_L 的关系曲线;
(b) X_{C_s} 与 R_L 的关系曲线

例5.2 设计一个如图5.1(a)所示的ZVS型E类放大器,使其满足下列性能:$V_I = 100\text{V}$,$P_{Omax} = 80\text{W}$,$R_L = 150\Omega$,$f = 1.2\text{MHz}$。假设 $D = 0.5$。

解:首先考虑设计一个满功率的放大器,所需的串联电阻为

$$R_s = R = \frac{8}{\pi^2 + 4} \frac{V_I^2}{P_O} = 0.5768 \times \frac{100^2}{80} = 72.1(\Omega) \tag{5.184}$$

实际负载电阻大于所需要的串联电阻,因此,放大器需要一个匹配电路,该匹配电路的电抗因数为

$$q = \sqrt{\frac{R_L}{R_s} - 1} = \sqrt{\frac{150}{72.1} - 1} = 1.039 \tag{5.185}$$

因此

$$X_{C3} = \frac{1}{\omega C_3} = \frac{R_L}{q} = \frac{150}{1.039} = 144.37(\Omega) \tag{5.186}$$

进一步得到电容为

$$C_3 = \frac{1}{\omega X_{C3}} = \frac{1}{2\pi \times 1.2 \times 10^6 \times 144.37} = 919(\text{pF}) \tag{5.187}$$

电容 C_3 两端的电压幅度与负载电阻 R_L 两端的电压幅度相同,因此

$$V_{C3m} = V_{Rm} = \sqrt{2R_L P_O} = \sqrt{2 \times 150 \times 80} = 155(\text{V}) \tag{5.188}$$

选取额定电压为200V、容值为910pF的电容用做 C_3。令 $Q_L = 7$,因此

$$X_{C2} = \frac{1}{\omega C_2} = X_C - X_{Cs} = R_s \left[Q_L - \frac{\pi(\pi^2 - 4)}{16} - q \right] \tag{5.189}$$

$$= 72.1(7 - 1.1525 - 1.039) = 346.7(\Omega)$$

进一步得到

$$C_2 = \frac{1}{\omega X_{C2}} = \frac{1}{2\pi \times 1.2 \times 10^6 \times 346.7} = 383(\text{pF}) \tag{5.190}$$

电容 C_2 两端的电压幅度为

$$V_{C2m} = X_{C2}I_m = 346.7 \times 1.49 = 517 \text{ (V)} \tag{5.191}$$

选取额定电压为 600V、容值为 390pF 的电容用做 C_2。电路中的其他所有元器件参数与例 5.1 相同。

5.13.2 分接电感的 π2a 型阻抗匹配谐振电路

图 5.11(a)为如图 5.8(b)所示带有分接电感的实现向下阻抗变换的匹配谐振电路($R_L > R$)。它的等效电路如图 5.11(b)所示。

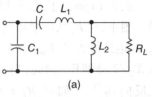

当 $D = 0.5$ 时,根据式(5.170)、式(5.130)和式(5.132),可以计算出最佳工作状态下谐振电路的 R_s、X_{C1} 和 X_C 分别为

$$R_s = R = \frac{8}{\pi^2 + 4}\frac{V_I^2}{P_O} \approx 0.5768\frac{V_I^2}{P_O} \tag{5.192}$$

$$X_{C1} = \frac{1}{\omega C_1} = \frac{\pi(\pi^2 + 4)R}{8} \approx 5.4466R \tag{5.193}$$

$$X_C = \frac{1}{\omega C} = \left[Q_L - \frac{\pi(\pi^2 - 4)}{16}\right]R \approx (Q_L - 1.1525)R \tag{5.194}$$

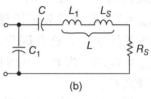

等效二端网络 $R_L - L_2$ 和 $R_s - L_s$ 的电抗因数为

$$q = \frac{R_L}{X_{L_2}} = \frac{X_{L_s}}{R_s} \tag{5.195}$$

图 5.11　实现向下阻抗变换的 π2a 型分接电感阻抗匹配谐振电路

(a) π2a 型匹配电路;

(b) 并联 $R_L - L_2$ 转换为串联 $R_s - L_s$

电阻 R_s 和 R_L 与电抗 X_{L_s} 和 X_{L2} 的关系为

$$R_s = R = \frac{R_L}{1 + q^2} = \frac{R_L}{1 + \left(\dfrac{R_L}{X_{L_2}}\right)^2} \tag{5.196}$$

$$X_{L_s} = \frac{X_{L_2}}{1 + \dfrac{1}{q^2}} = \frac{X_{L_2}}{1 + \left(\dfrac{X_{L_2}}{R_L}\right)^2} \tag{5.197}$$

因此

$$L_s = \frac{L_2}{1 + \dfrac{1}{q^2}} = \frac{L_2}{1 + \left(\dfrac{X_{L3}}{R_L}\right)^2} \tag{5.198}$$

电抗因数为

$$q = \sqrt{\frac{R_L}{R_s} - 1} \tag{5.199}$$

进一步有

$$X_{L_2} = \omega L_2 = \frac{R_L}{q} = \frac{R_L}{\sqrt{\dfrac{R_L}{R_s} - 1}} \tag{5.200}$$

因为

$$Q_L = \frac{\omega L}{R_s} = \frac{X_L}{R_s} \qquad (5.201)$$

$$X_{L_s} = qR_s \qquad (5.202)$$

因此得到

$$X_{L_1} = \omega L_1 = \omega(L - L_s) = X_L - X_{L_s} = (Q_L - q)R_s = \left(Q_L - \sqrt{\frac{R_L}{R_s} - 1}\right)R_s \qquad (5.203)$$

由如图5.8(b)所示电路得到可以匹配的负载电阻范围

$$R_s < R_L \qquad (5.204)$$

次优工作状态时为

$$0 \leqslant R_{s(sub)} < R_s \qquad (5.205)$$

其相当于

$$R_L < R_{(sub)} < \infty \qquad (5.206)$$

由式(5.196)可知,当 R_L 从 0 增加到 X_{L2} 时,R_s 从 0 增加到最大值 $R_{smax} = X_{L2}/2$;当 R_L 从 X_{L2} 增加到 ∞ 时,R_s 从 $X_{L2}/2$ 减小到 0。可见,$R_L > X_{L2}$ 时,$R_L - L_2$ 电路的功能就像一个阻抗反相器。如果 $R_L = X_{L2}$ 时达到最佳工作状态,那么 $R_L = X_{L2}/2$,并且对任意负载电阻电路都满足ZVS工作条件[25,30]。此时,$R_s \leqslant R_{smax} = X_{L2}/2$。当 R_L 从 0 增加到 ∞,X_{Ls} 从 0 增加到 X_{L2},L_s 从 0 增加到 L_2。

为了得到其他的阻抗变换,可以用升压或者降压变压器替代垂直电感 L_2。变压器的漏电感可以合并到横向电感 L_1 中来考虑。图5.2给出了一个带有变压器的E类射频功率放大器。阻抗变换随变压器匝数比的平方增加。变压器的漏电感 L_{lp} 与电感 L 一并考虑。磁化电感 L_m 被当做电感 L_2 与等效到变压器原边的负载并联。该电路的负载可以作为一个整流器。变压器用做无线功率传输。该电路可以用来对安装在人体内的电池充电。

例5.3 设计一个带有分接电感的如图5.11(a)所示的 $\pi2a$ 型谐振匹配电路的 ZVS 型 E 类放大器,使其满足下列性能:$V_I = 100\text{V}$,$P_{Omax} = 80\text{W}$,$R_L = 150\Omega$,$f = 1.2\text{MHz}$。假设 $D = 0.5$。

解:首先,串联电阻 R_s 为

$$R_s = R = \frac{8}{\pi^2 + 4} \frac{V_I^2}{P_O} = 0.5768 \times \frac{100^2}{80} = 72.1(\Omega) \qquad (5.207)$$

因此,需要设计一个匹配电路,并且其电抗因数为

$$q = \sqrt{\frac{R_L}{R_s} - 1} = \sqrt{\frac{150}{72.1} - 1} = 1.039 \qquad (5.208)$$

电抗 X_{l2} 为

$$X_{l2} = \omega L_2 = \frac{R_L}{q} = \frac{150}{1.039} = 144.37(\Omega) \qquad (5.209)$$

进一步得到电感为

$$L_2 = \frac{X_{L_2}}{\omega} = \frac{144.37}{2\pi \times 1.2 \times 10^6} = 19(\mu\text{H}) \qquad (5.210)$$

电感 L_2 两端的电压幅度和负载电阻 R_L 两端的相同,因此

$$V_{L2m} = V_{Rm} = \sqrt{2R_L P_O} = \sqrt{2 \times 150 \times 80} = 155(\text{V}) \qquad (5.211)$$

令 $Q_L = 7$,因此

$$X_{L_1} = \omega L_1 = X_L - X_{L_s} = R_s(Q_L - q) = 72.1(7 - 1.039) = 429.79(\Omega) \qquad (5.212)$$

进一步得到

$$L_1 = \frac{X_{L_1}}{\omega} = \frac{429.79}{2\pi \times 1.2 \times 10^6} = 57\,(\mu H) \tag{5.213}$$

电感 L_1 两端的电压幅度为

$$V_{L_1 m} = X_{L_1} I_m = 429.79 \times 1.49 = 640.387\,(V) \tag{5.214}$$

电路的其他所有参数都与例 5.1 相同。

5.13.3　π1b 型阻抗匹配谐振电路

图 5.12(a) 为分接电容的向下阻抗匹配电路。当 $D = 0.5$ 时，根据式(5.170)、式(5.130)和式(5.131)可以得到最佳工作状态下电路中的 R_s、X_{C1} 和 X_L 的计算公式分别为

$$R_s = \frac{8}{\pi^2 + 4}\frac{V_I^2}{P_O} \approx 0.5768\frac{V_I^2}{P_O} \tag{5.215}$$

$$X_{C1} = \frac{1}{\omega C_1} = \frac{\pi(\pi^2 + 4)R}{8} \approx 5.4466R \tag{5.216}$$

$$X_L = Q_L R \tag{5.217}$$

图 5.12(a) 中，A 点右侧的 $R_L C_3$ 串联电路的电抗因数为

$$q_A = \frac{X_{C3}}{R_L} = \frac{R_p}{X_{Cp}} \tag{5.218}$$

当式(5.219)、式(5.220)和式(5.221)成立时，$R_L C_3$ 串联电路可以转换成如图 5.12(b) 所示的 $R_p - C_p$ 并联电路

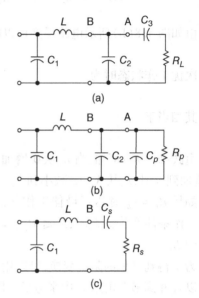

图 5.12　π1b 型分接电容的向下阻抗匹配电路
(a) π1b 型匹配电路；
(b) 串联阻抗 $R_L - C_3$ 转换成并联阻抗 $R_p - C_p$；
(c) 并联阻抗 $R_p - X_B$ 转换成串联阻抗 $R_s - C_s$

$$R_p = R_L(1 + q_A^2) = R_L\left[1 + \left(\frac{X_{C3}}{R_L}\right)^2\right] \tag{5.219}$$

$$X_{Cp} = X_{C3}\left(1 + \frac{1}{q_A^2}\right) = X_{C3}\left[1 + \left(\frac{R_L}{X_{C3}}\right)^2\right] \tag{5.220}$$

$$C_p = \frac{C_3}{1 + \dfrac{1}{q_A^2}} \tag{5.221}$$

B 点右侧电路的总电容为 $C_B = C_2 + C_p$，总电抗为

$$\frac{1}{X_B} = \frac{1}{X_{C2}} + \frac{1}{X_{Cp}} \tag{5.222}$$

并联阻抗 $R_p - X_B$ 可以转换为如图 5.12(c) 所示的串联阻抗 $R_s - C_s$，转化公式为

$$q_B = \frac{R_p}{X_B} = \frac{X_{Cs}}{R_s} \tag{5.223}$$

$$R_s = R = \frac{R_p}{1 + q_B^2} = \frac{R_p}{1 + \left(\dfrac{R_p}{X_B}\right)^2} \tag{5.224}$$

$$X_{Cs} = X_C = \frac{X_B}{1 + \dfrac{1}{q_B^2}} = \frac{X_B}{1 + \left(\dfrac{X_B}{R_p}\right)^2} \tag{5.225}$$

另一方面,电容 C 的电抗为

$$X_C = X_{Cs} = \left[Q_L - \frac{\pi(\pi^2 - 4)}{16}\right]R \approx (Q_L - 1.1525)R \tag{5.226}$$

因此,B 点右侧电路阻抗的电抗因数为

$$q_B = \frac{X_{Cs}}{R_s} = \frac{X_C}{R_s} = Q_L - \frac{\pi(\pi^2 - 4)}{16} \approx Q_L - 1.1525 \tag{5.227}$$

并联电阻为

$$R_p = R(1 + q_B^2) = R\left\{1 + \left[Q_L - \frac{\pi(\pi^2 - 4)}{16}\right]^2\right\} = R[(Q_L - 1.1525)^2 + 1] \tag{5.228}$$

A 点右侧电路阻抗的电抗因数为

$$q_A = \sqrt{\frac{R_p}{R_L} - 1} \tag{5.229}$$

因此,电容 C_3 的电抗计算方程为

$$X_{C3} = \frac{1}{\omega C_3} = q_A R_L = R_L \sqrt{\frac{R[(Q_L - 1.1525)^2 + 1]}{R_L} - 1} \tag{5.230}$$

变换后的并联电容 C_p 电抗为

$$X_{Cp} = X_{C3}\left(1 + \frac{1}{q_A^2}\right) = \frac{R[(Q_L - 1.1525)^2 + 1]}{\sqrt{\dfrac{R[(Q_L - 1.1525)^2 + 1]}{R_L} - 1}} \tag{5.231}$$

B 点右侧并联电路的电抗为

$$X_B = \frac{R_p}{q_B} = \frac{R[(Q_L - 1.1525)^2 + 1]}{Q_L - 1.1525} \tag{5.232}$$

电抗 X_{C2} 具有以下关系式

$$\frac{1}{X_{C2}} = \frac{1}{X_B} - \frac{1}{X_p} \tag{5.233}$$

因此,电抗 X_{C2} 的计算公式为

$$X_{C2} = \frac{1}{\omega C_2} = \frac{R[(Q_L - 1.1525)^2 + 1]}{Q_L - 1.1525 - \sqrt{\dfrac{R[(Q_L - 1.1525)^2 + 1]}{R_L} - 1}} \tag{5.234}$$

上述电路中可以实现匹配的电阻取值范围为

$$\frac{R_L}{(Q_L - 1.1525)^2 + 1} < R_s < R_L \tag{5.235}$$

次优工作状态下为

$$R_{s(sub)} < R_s \tag{5.236}$$

进一步有

$$R_{s(sub)} < R_L \tag{5.237}$$

例5.4 设计一个 ZVS 型 E 类放大器,该放大器带有如图 5.12(a)所示分接电容的 π1b 型向下阻抗匹配谐振电路,并满足下列要求: $V_I = 100V$, $P_{Omax} = 80W$, $R_L = 150\Omega$, $f = 1.2MHz$。假设 $D = 0.5$。

解: 假设 $Q_L = 7$,计算得到电容 C_3 的电抗

$$X_{C_3} = \frac{1}{\omega C_3} = R_L \sqrt{\frac{R[(Q_L - 1.1525)^2 + 1]}{R_L} - 1} = 150 \sqrt{\frac{72.1[(7 - 1.1525)^2 + 1]}{150} - 1} \tag{5.238}$$

$$= 598.43(\Omega)$$

进一步有

$$C_3 = \frac{1}{\omega X_{C_3}} = \frac{1}{2\pi \times 1.2 \times 10^6 \times 598.43} = 221.6285(pF) \tag{5.239}$$

流过负载电阻 R_L 和电容 C_3 的电流幅度为

$$I_{Rm} = \sqrt{\frac{2P_O}{R_L}} = \sqrt{\frac{2 \times 80}{150}} = 1.067(A) \tag{5.240}$$

因此,电容 C_3 两端的电压幅度为

$$V_{C3m} = X_{C3}I_{Rm} = 598.43 \times 1.067 = 638.32(V) \tag{5.241}$$

选择额定电压为 700V、容值为 220pF 的电容用做 C_3。
电容 C_2 的电抗为

$$X_{C_2} = \frac{1}{\omega C_2} = \frac{R[(Q_L - 1.1525)^2 + 1]}{Q_L - 1.1525 - \sqrt{\frac{R[(Q_L - 1.1525)^2 + 1]}{R_L} - 1}} \tag{5.242}$$

$$= \frac{72.1[(7 - 1.1525)^2 + 1]}{7 - 1.1525 - \sqrt{\frac{72.1[(7 - 1.1525)^2 + 1]}{150} - 1}} = 1365.69(\Omega)$$

进一步得到

$$C_2 = \frac{1}{\omega X_{C2}} = \frac{1}{2\pi \times 1.2 \times 10^6 \times 1365.69} = 97.115(pF) \tag{5.243}$$

电容 C_2 两端的电压幅度为

$$V_{C_2m} = \sqrt{V_{Rm}^2 + V_{C3m}^2} = \sqrt{160.05^2 + 638.32^2} = 658.08(V) \tag{5.244}$$

选择额定电压为 700V、容值为 100pF 的电容用做 C_2。电路其他所有参数与例 5.1 相同。

5.13.4　π2b 型阻抗匹配谐振电路

带有分接电感的 π2b 型阻抗匹配谐振电路如图 5.13(a)所示。当 $D = 0.5$ 时,根据式(5.170)、式(5.130)和式(5.132)可以得到最佳工作状态下 R_s、X_{C1} 和 X_C 的值。

串联电阻 R_s 和并联电容 C_1 的电抗计算公式如下

$$R_s = R = \frac{8}{\pi^2 + 4} \frac{V_I^2}{P_O} \approx 0.5768 \frac{V_I^2}{P_O} \tag{5.245}$$

$$X_{C1} = \frac{1}{\omega C_1} = \left[Q_L - \frac{\pi(\pi^2 - 4)}{16}\right]R \tag{5.246}$$

串联电路 $R_L - L_2$ 和等效的并联电路 $R_p - L_p$ 的电抗因数为

$$q_A = \frac{X_{L_2}}{R_L} = \frac{R_p}{X_{L_p}} \quad (5.247)$$

并联元件计算公式分别为

$$R_p = R_L(1 + q_A^2) = R_L\left[1 + \left(\frac{X_{L_2}}{R_L}\right)^2\right] \quad (5.248)$$

$$X_p = X_{L_2}\left(1 + \frac{1}{q_A^2}\right) = X_{L_2}\left[1 + \left(\frac{R_L}{X_{L_2}}\right)^2\right] \quad (5.249)$$

进一步有

$$L_p = L_2\left(1 + \frac{1}{q_A^2}\right) = L_2\left[1 + \left(\frac{R_L}{X_{L_2}}\right)^2\right] \quad (5.250)$$

$L_1 - R_p - L_p$ 并联电路的电抗为

$$\frac{1}{X_B} = \frac{1}{X_{L_1}} + \frac{1}{X_{L_p}} \quad (5.251)$$

$R_s - L_s$ 串联电路可以表示为

$$Q_L = q_B = \frac{R_p}{X_p} = \frac{X_{L_s}}{R_s} = \frac{X_L}{R} \quad (5.252)$$

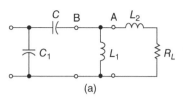

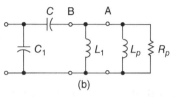

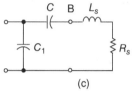

图 5.13   带有分接电感的 π2b 型向下阻抗
匹配谐振电路

(a) π2b 型阻抗匹配谐振电路；

(b) 串联阻抗 $R_L - L_2$ 转换成并联阻抗 $R_p - L_p$；

(c) 并联阻抗 $R_p - L_p - L_1$ 转换成串联阻抗 $R_s - L_s$

$$R_s = R = \frac{R_p}{1 + Q_L^2} = \frac{R_p}{1 + \left(\frac{R_p}{X_B}\right)^2} \quad (5.253)$$

$$X_L = X_s = \frac{X_B}{1 + \frac{1}{Q_L^2}} = \frac{X_B}{1 + \left(\frac{X_B}{R_p}\right)^2} \quad (5.254)$$

并联电阻为

$$R_p = R_s(1 + q_B^2) = R(1 + Q_L^2) \quad (5.255)$$

因为

$$q_A = \sqrt{\frac{R_p}{R_L} - 1} = \sqrt{\frac{R(Q_L^2 + 1)}{R_L} - 1} \quad (5.256)$$

因此

$$X_{L_2} = q_A R_L = R_L\sqrt{\frac{R(Q_L^2 + 1)}{R_L} - 1} \quad (5.257)$$

并联电感的电抗为

$$X_{Lp} = X_{L_2}\left(1 + \frac{1}{q_A^2}\right) = \frac{R(Q_L^2 + 1)}{\sqrt{\frac{R(Q_L^2 + 1)}{R_L} - 1}} \quad (5.258)$$

B 点右侧电路的并联总电抗为

$$X_B = \frac{R_p}{q_B} = \frac{R(Q_L^2 + 1)}{Q_L} \tag{5.259}$$

由于

$$\frac{1}{X_{L_1}} = \frac{1}{X_B} - \frac{1}{X_{LP}} \tag{5.260}$$

因此得到

$$X_{L_1} = \omega L_1 = \frac{R(Q_L^2 + 1)}{Q_L - \sqrt{\frac{R(Q_L^2 + 1)}{R_L} - 1}} \tag{5.261}$$

该电路可以实现匹配的电阻范围是

$$\frac{R_L}{Q_L^2 + 1} < R_s < R_L \tag{5.262}$$

次优工作状态下为

$$R_{s(sub)} < R_s \tag{5.263}$$

进一步有

$$R_{s(sub)} < R_L \tag{5.264}$$

例 5.5 设计一个 ZVS 型 E 类放大器,该放大器带有如图 5.13(a)所示分接电感的 π1b 型向下阻抗匹配电路,并满足下列要求: $V_I = 100\text{V}$, $P_{Omax} = 80\text{W}$, $R_L = 150\Omega$, $f = 1.2\text{MHz}$。假设 $D = 0.5$。

解: 假设 $Q_L = 7$,计算出电感 L_1 的电抗

$$X_{L_1} = \omega L_1 = \frac{R(Q_L^2 + 1)}{Q_L - \sqrt{\frac{R(Q_L^2 + 1)}{R_L} - 1}} = \frac{72.1(7^2 + 1)}{7 - \sqrt{\frac{72.1(7^2 + 1)}{150} - 1}} = 1638.1\,(\Omega) \tag{5.265}$$

因此,电感 L_1 为

$$L_1 = \frac{X_{L_1}}{\omega} = \frac{1638.1}{2\pi \times 1.2 \times 10^6} = 217.26\,(\mu\text{H}) \tag{5.266}$$

电感 L_2 的电抗为

$$X_{L_2} = R_L \sqrt{\frac{R(Q_L^2 + 1)}{R_L} - 1} = 150\sqrt{\frac{72.1(7^2 + 1)}{150} - 1} = 719.896\,(\Omega) \tag{5.267}$$

因此,电感 L_2 为

$$L_2 = \frac{X_{L_2}}{\omega} = \frac{719.896}{2\pi \times 1.2 \times 10^6} = 95.48\,(\mu\text{H}) \tag{5.268}$$

电路的其他所有参数与例 5.1 相同。

5.13.5 1/4 波长阻抗变换器

如图 5.14 所示,通过在串联谐振电路和负载阻抗 Z_L 之间插入一段 1/4 波长的传输线可以实现阻抗变换器。传输线的长度 $l = \lambda/4$ 或者是 1/4 波长的奇数倍,即 $l = \lambda/[4(2n-1)]$。负载阻抗为 Z_L 的 1/4 波长传输线的输入阻抗可以表示为

$$Z_i = Z_o \frac{Z_L + jZ_o \tan\left(\frac{2\pi}{\lambda}\frac{\lambda}{4}\right)}{Z_o + jZ_L \tan\left(\frac{2\pi}{\lambda}\frac{\lambda}{4}\right)} = \frac{Z_o^2}{Z_L} \tag{5.269}$$

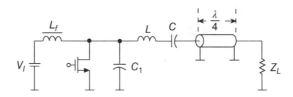

图 5.14 带有1/4 波长阻抗变换器的 E 类射频功率放大器

图 5.15 给出了两个用 π 型集总元件谐振电路表示的 1/4 波长阻抗变换器,这两个电路的特征阻抗为

$$Z_o = \omega L = \frac{1}{\omega C} \tag{5.270}$$

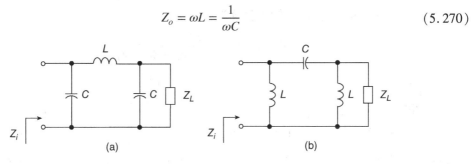

图 5.15 使用 π 型集总元件表示的 1/4 波长阻抗变换器

(a) 用两个电容和一个电感构成的 1/4 波长阻抗变换器;(b) 用两个电感和一个电容构成的 1/4 波长阻抗变换器

如图 5.15(a)所示阻抗变换器的输入阻抗为

$$Z_i = -jZ_o \| \left(jZ_o + \frac{-jZ_oZ_L}{Z_L - jZ_o} \right) = jZ_o \| \frac{Z_o^2}{Z_L - jZ_o} = \frac{Z_o^2}{Z_L} \tag{5.271}$$

如图 5.15(b)所示阻抗变换器的输入阻抗为

$$Z_i = jZ_o \| \left(-jZ_o + \frac{jZ_oZ_L}{Z_L - jZ_o} \right) = jZ_o \| \frac{Z_o^2}{Z_L + jZ_o} = \frac{Z_o^2}{Z_L} \tag{5.272}$$

可见,这些电路的输入阻抗 Z_i 的表达式和带有 1/4 波长传输线的阻抗变换器相同。当 $|Z_L|$ 增大时,$|Z_i|$ 减小。

如果 $Z_L = R_L, Z_i = R$,则 1/4 波长匹配电路所需要的电抗为

$$Z_o = X_L = \omega L = X_C = \frac{1}{\omega C} = \sqrt{RR_L} \tag{5.273}$$

例 5.6 设计一个 ZVS 型 E 类功率放大器,该放大器具有如图 5.15(a)所示的集总元件参数实现的 1/4 波长阻抗变换器,并满足下列要求:$V_I = 100\text{V}, P_{Omax} = 80\text{W}, R_L = 150\Omega, f = 1.2\text{MHz}$。假设 $D = 0.5$。

解:1/4 波长阻抗变换器的电抗为

$$Z_o = X_L = \omega L = X_C = \frac{1}{\omega C} = \sqrt{RR_L} = \sqrt{72.1 \times 150} = 103.995\,(\Omega) \tag{5.274}$$

因此,电感为

$$L = \frac{Z_o}{\omega} = \frac{103.995}{2\pi \times 1.2 \times 10^6} = 13.79\,(\mu\text{H}) \tag{5.275}$$

电容为

$$C = \frac{1}{\omega Z_o} = \frac{1}{2\pi \times 1.2 \times 10^6 \times 103.995} = 1.2753\,(\text{nF}) \tag{5.276}$$

电路的其他所有参数与例 5.1 相同。

图 5.16 给出了两种由集总元件构成的 T 型 1/4 波长变换器,它们简要分析如下。图 5.16(a)中,电容 C 和 C_t 可以合并为一个电容; 图 5.16(b)中,电感 L 和 L_t 可以合并成一个电感。这两个电路的特征阻抗为

$$Z_o = \omega L = \frac{1}{\omega C} \qquad (5.277)$$

如图 5.16(a)所示变换器的输入阻抗为

$$Z_i = -jZ_o + \frac{jZ_o(-jZ_o + Z_L)}{jZ_o - jZ_o + Z_L} = \frac{Z_o^2}{Z_L} \qquad (5.278)$$

如图 5.16(b)所示变换器的输入阻抗为

$$Z_i = jZ_o + \frac{(-jZ_o)(jZ_o + Z_L)}{-jZ_o + jZ_o + Z_L} = \frac{Z_o^2}{Z_L} \qquad (5.279)$$

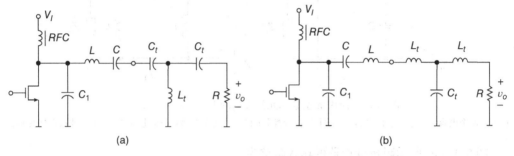

图 5.16　使用 π 型集总元件表示的 1/4 波长阻抗变换器

(a) 用两个电容和一个电感构成的 1/4 波长阻抗变换器; (b) 用两个电感和一个电容构成的 1/4 波长阻抗变换器

5.14　带有非线性并联电容的零电压开关 E 类射频功率放大器

这一节,我们将讨论仅用 MOSFET 漏源电容 C_{ds} 作为并联电容的 ZVS 型 E 类射频功率放大器[40,56]。这个并联电容是由 MOSFET 反向并联的二极管的 PN 结结电容产生的。因此有

$$C_j = \frac{C_{j0}}{\left(1 - \dfrac{v_D}{V_{bi}}\right)^m} \qquad (v_D < V_{bi}) \qquad (5.280)$$

式(5.280)中,v_D 为二极管电压,V_{bi} 是 PN 结的内建电势,C_{j0} 为 $v_D = 0$ 时的二极管结电容,m 是 PN 结的渐变系数。因为 $v_D = -v_{DS} = -v_s$,所以 MOSFET 漏源电容为

$$C_{ds} = C_j = \frac{C_{j0}}{\left(1 + \dfrac{v_{DS}}{V_{bi}}\right)^m} = \frac{C_{j0}}{\left(1 + \dfrac{v_s}{V_{bi}}\right)^m} \qquad (v_S > -V_{bi}) \qquad (5.281)$$

图 5.17 和图 5.18 给出了 C_j/C_{j0} 与 v_s 的关系曲线。

并联电容仅由 MOSFET 非线性电容构成,因此,$C_1 = C_{ds}$。假设 RFC 电感足够大,只能让直流电流通过,忽略电流纹波,即 $i_{L_f} = I_I$。又假设串联谐振电路的负载品质因数足够高,使该电路传输的是正弦电流 $i = I_m \sin(\omega t + \phi)$。在上述假设下,所有电流、它们的谐波以及输出电压仍然和带有线性并联电容的 E 类放大器相同。只有开关电压波形 v_s 受非线性并联电容影响。当开关断开时,流经非线性并联电容 C_{ds} 的电流为

$$i_{Cds} = I_I - i = I_I - I_m \sin(\omega t + \phi) \qquad (\pi \leqslant \omega t \leqslant 2\pi) \qquad (5.282)$$

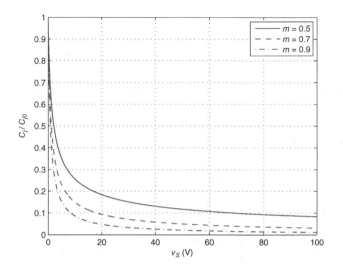

图 5.17 $V_{bi} = 0.7\text{V}$ 时,不同 m 值下 C_j / C_{j0} 与漏源电压 v_s 的关系曲线

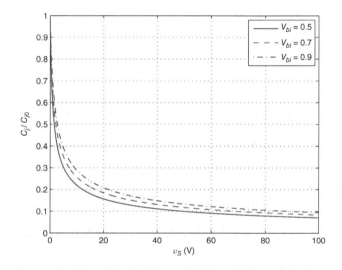

图 5.18 $m = 0.5$ 时,不同 V_{bi} 下 C_j / C_{j0} 与漏源电压 v_s 的关系曲线

该电流与并联电容 C_{ds} 和开关电压 v_s 的关系为

$$i_{Cds} = \omega C_{ds}(v_S) \frac{dv_S}{d(\omega t)} \qquad (5.283)$$

即

$$C_{ds}(v_S)dv_S = \frac{1}{\omega} i_{Cds} d(\omega t) \qquad (5.284)$$

将式(5.281)和式(5.282)代入式(5.284),得到

$$\frac{C_{j0}}{\left(1 + \dfrac{v_S}{V_{bi}}\right)^m} dv_S = \frac{1}{\omega}[I_I - I_m \sin(\omega t + \phi)]d(\omega t) \qquad (5.285)$$

对等式(5.285)两边积分

$$\int_0^{v_S} \frac{C_{j0}}{\left(1 + \dfrac{v_S}{V_{bi}}\right)^m} dv_s = \frac{1}{\omega} \int_\pi^{\omega t} [I_I - I_m \sin(\omega t + \phi)]d(\omega t) \qquad (5.286)$$

得到

$$\frac{V_{bi}}{1-m}\left[\left(1+\frac{v_S}{V_{bi}}\right)^{1-m}-1\right]=\frac{1}{\omega C_{j0}}\{I_I(\omega t-\pi)+I_m[\cos(\omega t+\phi)+\cos\phi]\} \tag{5.287}$$

根据 ZVS 的条件 $v_S(2\pi)=0$，得到等式左边等于 0，因此，等式右边也必须等于 0，从而

$$I_m=-\frac{\pi}{2\cos\phi}I_I \tag{5.288}$$

因此，式(5.287)变为

$$\frac{V_{bi}}{1-m}\left[\left(1+\frac{v_S}{V_{bi}}\right)^{1-m}-1\right]=\frac{I_I}{\omega C_{j0}}\left\{\omega t-\frac{3\pi}{2}-\frac{\pi}{2\cos\phi}[\cos(\omega t+\phi)]\right\} \tag{5.289}$$

对 $m\neq1$ 的任意值，得到 $D=0.5$ 时 ZVS 条件下开关电压的波形为

$$v_S=V_{bi}\left\{\left\langle\frac{I_I(1-m)}{\omega C_{j0}V_{bi}}\left\{\omega t-\frac{3\pi}{2}-\frac{\pi}{2\cos\phi}[\cos(\omega t+\phi)]\right\}+1\right\rangle^{\frac{1}{1-m}}-1\right\} \tag{5.290}$$

$$(\pi\leqslant\omega t\leqslant2\pi)$$

将 ZDS 的条件，$\omega t=2\pi$ 时 $dv_S/d(\omega t)=0$，代入式(5.290)描述的开关电压波形中，可以得到最佳相位角

$$\tan\phi_{opt}=-\frac{2}{\pi} \tag{5.291}$$

于是得到

$$\phi_{opt}=\pi-\arctan\left(\frac{2}{\pi}\right)=2.5747\text{ rad}=147.52° \tag{5.292}$$

在 ZVS 和 ZDS 条件下，最佳相位角 $\phi_{opt}=-2/\pi$ 与非线性并联电容无关，所以，式(5.289)可变为

$$\frac{V_{bi}}{1-m}\left[\left(1+\frac{v_S}{V_{bi}}\right)^{1-m}-1\right]=\frac{I_I}{\omega C_{j0}}\left(\omega t-\frac{3\pi}{2}-\frac{\pi}{2}\cos\omega t-\sin\omega t\right) \tag{5.293}$$

重新整理式(5.293)，得到对 $m\neq1$ 的任意值，$D=0.5$ 时的开关电压波形为

$$v_S=V_{bi}\left\{\left[\frac{I_I(1-m)}{\omega C_{j0}V_{bi}}\left(\omega t-\frac{3\pi}{2}-\frac{\pi}{2}\cos\omega t-\sin\omega t\right)+1\right]^{\frac{1}{1-m}}-1\right\}\quad(\pi\leqslant\omega t\leqslant2\pi)$$

$$\tag{5.294}$$

Suetsugu 和 Kazimierczuk[56] 给出了在 ZVS 和 ZDS 条件下，$D=0.5$，$m=0.5$，只有一个非线性并联电容 C_{ds} 的 E 类放大器的开关电压波形为

$$v_S=V_{bi}\left\{\left[\frac{I_I}{2\omega C_{j0}V_{bi}}\left(\omega t-\frac{3\pi}{2}-\frac{\pi}{2}\cos\omega t-\sin\omega t\right)+1\right]^2-1\right\}\quad(\pi\leqslant\omega t\leqslant2\pi)$$

$$\tag{5.295}$$

直流供电电压为

$$V_I=\frac{1}{2\pi}\int_0^{2\pi}v_S\,d(\omega t) \tag{5.296}$$

该积分只有在 $m=0.5$ 时有解析值，此时

$$R_{DC}=\frac{V_I}{I_I}=\frac{\pi^2+4}{8}R \tag{5.297}$$

因此，在 $m=0.5$，$D=0.5$，同时满足 ZVS 和 ZDS 条件时，开关电压波形为

$$v_S = V_{bi} \left\{ \left[\frac{4V_I}{(\pi^2 + 4)V_{bi}\omega C_{j0}R} \left(\omega t - \frac{3\pi}{2} - \frac{\pi}{2} \cos \omega t - \sin \omega t \right) + 1 \right]^2 - 1 \right\} \quad (\pi \leqslant \omega t \leqslant 2\pi)$$

(5.298)

其中,最佳工作状态下的 $\omega C_{j0}R$, V_{bi} 和 V_I 之间的关系为[56]

$$\omega C_{j0}R = \frac{1}{3\pi(\pi^2 + 4)V_{bi}} \left[12V_{bi} + \sqrt{3V_{bi}(48V_{bi} - 36\pi^2 V_I + 5\pi^4 V_I)} \right]$$

(5.299)

图 5.19 给出了一条并联线性电容的开关电压波形(线性并联电容 $C_1 = 298\text{pF}$)和一条并联非线性电容的开关电压波形($V_{bi} = 0.7\text{V}$, $m = 0.5$, $V_I = 20\text{V}$)。可以看出,带有非线性并联电容的 E 类放大器的开关电压峰值高于带有线性并联电容的 E 类放大器的开关电压峰值,前者大约是后者的1.25 倍。对于带有非线性并联电容的 E 类放大器而言,$m = 0.5$, $D = 0.5$ 时,$V_{SM}/V_I \approx 4.45$。V_{bi} 对开关波形的影响较小。当 V_{bi} 减小时,开关的电压峰值略有增加。根据 C_1 的计算公式,非线性并联电容的 E 类放大器设计过程与线性并联电容的 E 类放大器相同。

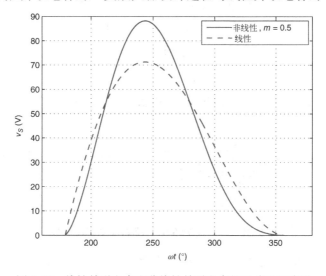

图 5.19 线性并联电容和非线性并联电容的开关电压波形

由式(5.60)可知,对于线性并联电容的 E 类放大器有 $\omega R = 8/[\pi(\pi^2 + 4)C_1]$。根据式(5.299)同样可以得到 ωR。令线性和非线性电容的 E 类放大器的 ωR 相等,$m = 0.5$, $D = 0.5$ 时,最佳工作状态下的等效线性并联电容为[56]

$$C_1 = \frac{24V_{bi}C_{j0}}{12V_{bi} + \sqrt{3V_{bi}(48V_{bi} - 36\pi^2 V_I + 5\pi^4 V_I)}}$$

(5.300)

负载电阻 $R = 8V_I^2/[\pi(\pi^2 + 40)P_O]$。在 $m = 0.5$, $D = 0.5$ 时,同时满足 ZVS 和 ZDS 条件的非线性并联电容 E 类放大器的最大工作频率为

$$f_{max} = \frac{1}{6\pi^2(\pi^2 + 4)V_{bi}C_{j0}R} \left[12V_{bi} + \sqrt{3V_{bi}(48V_{bi} - 36\pi^2 V_I + 5\pi^4 V_I)} \right]$$

$$= \frac{P_O}{48\pi^2 V_{bi}C_{j0}V_I^2} \left[12V_{bi} + \sqrt{3V_{bi}(48V_{bi} - 36\pi^2 V_I + 5\pi^4 V_I)} \right]$$

(5.301)

5.15 推挽式零电压开关 E 类射频功率放大器

图 5.20 给出了一个带有两个射频扼流圈的推挽式零电压开关 E 类射频功率放大电路原理图[5],其可以简化为如图 5.21 所示结构。该简化的放大器由两个晶体管、两个并联电容 C_1、一个 RFC、一个中心抽头变压器和一个由变压器次级线圈驱动的串联谐振电路组成。变压器的漏电感与谐振电感 L 一并考虑,晶体管的输出电容与并联电容 C_1 一并考虑。

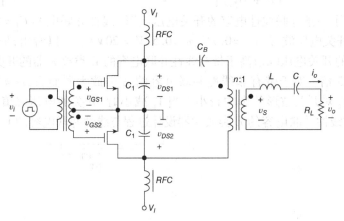

图 5.20 带有两个射频扼流圈的推挽式 ZVS 型 E 类射频功率放大器

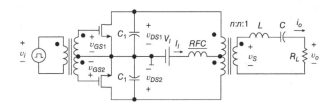

图 5.21 推挽式 ZVS 型 E 类射频功率放大器

图 5.22 给出了描述如图 5.21 所示电路工作原理的电流和电压波形。直流电压源 V_I 通过一个 RFC 连接到输出变压器初级线圈的中心抽头。开关晶体管(MOSFETs)在相反的相位驱动下导通或断开。次级线圈两端的电压由正负 E 类脉冲构成。串联谐振电路过滤掉所有谐波。只有基波分量的电压出现在负载电阻 R_L 上。在所有推挽式放大器中,奇次谐波分量为 0。输出电压的幅度是单个晶体管 E 类放大器的两倍。因此,输出功率增加 4 倍。

图 5.21 中,与每个初级线圈连接的各晶体管的负载电阻为

$$R = n^2 R_L \tag{5.302}$$

式(5.302)中,n 是变压器的初级线圈和次级线圈的匝数比。各元件参数间的关系为

$$\omega C_1 = \frac{8}{\pi(\pi^2 + 4)R} = \frac{8}{\pi(\pi^2 + 4)n^2 R_L} \tag{5.303}$$

$$\frac{\omega L_b}{R_L} = \frac{\pi(\pi^2 - 4)}{16} \tag{5.304}$$

$$\frac{1}{\omega C R_L} = \left(Q_L - \frac{\omega L_b}{R_L} \right) = \left[Q_L - \frac{\pi(\pi^2 - 4)}{16} \right] \tag{5.305}$$

输出功率为

$$P_O = \frac{32}{\pi^2 + 4} \frac{V_I^2}{n^2 R_L} \tag{5.306}$$

图 5.23 给出了结构对称的 ZVS 型 E 类射频功率放大器原理图[53,63]。与推挽式放大器类似,这些放大器中负载的谐波幅度也被减小。

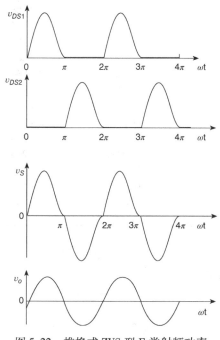

图 5.22 推挽式 ZVS 型 E 类射频功率
放大器的信号波形

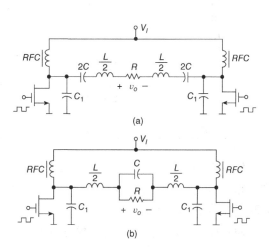

图 5.23 减小负载谐波的 ZVS 型 E 类对称
射频功率放大器
（a）带有串联谐振电路的 E 类对称放大器；
（b）带有串并联谐振电路的 E 类对称放大器

5.16 带有有限直流馈电电感的零电压开关 E 类射频功率放大器

如图 5.24 所示,用一个有限直流馈电电感 L_f 替代一个射频扼流圈,E 类功率放大器也可以工作。该电路的输出网络由一个并串联谐振电路构成。电感 L_f 和并联电容 C_1 构成一个并联谐振电路,电容 C 和电感 L 构成一个串联谐振电路。由于直流馈电电感比较小,因此该电路比较容易集成。直流馈电电感较小,其等效串联电阻也比较小,因此损耗也较小。此外,如果该放大器被用做一个 AM 或者其他包络调制的无线发射机,其失真也容易减小[17]。E 类放大器的这样一个典型应用就是包络消除或恢复系统。图 5.25 给出了带有有限直流馈电电感 E 类放大器的电流和电压波形。当 L_f 减小时,流过有限直流馈电电感的电流峰-峰值增大,而且比直流输入电流 I_I 还大。表 5.1 给出了带有有限直流馈电电感 E 类放大器的参数[41]。当 $\omega L_f / R_{DC}$ 减小时, ωCR 和 $P_O R / V_I^2$ 增大, $\omega L_a / R$ 减小。表 5.1 的最后一行, $L_b = 0, L_a = L$,元件 L 和 C 的谐振频率等于工作频率,因此, $\omega = 1/\sqrt{LC}$。假设负载品质因数为 Q_L,这些元件的计算关系式为[54]

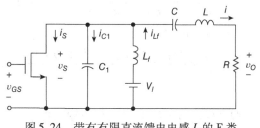

图 5.24 带有有限直流馈电电感 L_f 的 E 类
功率放大器

$$\frac{\omega L}{R} = \frac{1}{\omega CR} = Q_L \qquad (5.307)$$

表 5.1 带有有限直流馈电电感 E 类放大器的参数

$\omega L_f / R_{DC}$	$\omega L_f / R$	$\omega C_1 / R$	$\omega L_b / R$	$R P_O / V^2$
∞	∞	0.1836	1.152	0.5768
1000	574.40	0.1839	1.151	0.5774
500	289.05	0.1843	1.150	0.5781
200	116.02	0.1852	1.147	0.5801
100	58.340	0.1867	1.141	0.5834
50	29.505	0.1899	1.130	0.5901
20	12.212	0.1999	1.096	0.6106
15	9.3405	0.2056	1.077	0.6227
10	6.4700	0.2175	1.039	0.6470
5	3.6315	0.2573	0.9251	0.7263
3	2.5383	0.36201	0.7726	0.8461
2	2.0260	0.4142	0.5809	1.0130
1	1.3630	0.6839	0.0007	1.3630
0.9992	0.7320	0.6850	0.0000	1.3650

例 5.7 设计一个 ZVS 型 E 类功率放大器,使其满足下列要求: $V_I = 3.3\text{V}$, $P_{Omax} = 0.25\text{W}$, $f = 1\text{GHz}$, 带宽 $BW = 0.2\text{GHz}$。假设 $D = 0.5$。

解: 假设 $\omega L_f / R_{DC} = 1$,则负载电阻为

$$R = 1.363 \frac{V_I^2}{P_O} = 1.363 \times \frac{3.3^2}{0.25} = 59.372\,(\Omega) \quad (5.308)$$

并联电容为

$$C_1 = \frac{0.6839}{\omega R} = \frac{0.6839}{2\pi \times 10^9 \times 59.372} = 1.833\,(\text{pF}) \quad (5.309)$$

直流馈电电感为

$$L_f = \frac{1.363R}{\omega} = \frac{1.363 \times 59.372}{2\pi \times 10^9} = 12.879\,(\text{nF}) \quad (5.310)$$

负载品质因数为

$$Q_L = \frac{f_o}{BW} = \frac{10^9}{0.2 \times 10^9} = 5 \quad (5.311)$$

串联谐振电路的电感为

$$L = \frac{Q_L R}{\omega} = \frac{5 \times 59.372}{2\pi \times 10^9} = 47.246\,(\text{nH}) \quad (3.312)$$

串联谐振电路的电容为

$$C = \frac{1}{\omega R Q_L} = \frac{1}{2\pi \times 10^9 \times 59.372 \times 5} = 0.537\,(\text{pF}) \quad (5.313)$$

直流输入电阻为

$$R_{DC} = \frac{V_I}{I_I} = \frac{\omega L_f}{1} = \frac{2\pi \times 10^9 \times 12.879 \times 10^{-9}}{1} = 80.921\,(\Omega)$$
$$(5.314)$$

假设效率 $\eta_I = 0.8$,得到直流输入功率为

$$P_I = \frac{P_O}{\eta_I} = \frac{0.25}{0.8} = 0.3125\,(\text{W}) \quad (5.315)$$

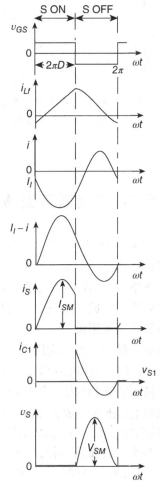

图 5.25 带有有限直流馈电电感 L_f 的 E 类功率放大器信号波形

直流输入电流为

$$I_I = \frac{P_I}{V_I} = \frac{0.3125}{3.3} = 94.7 \text{ (mA)} \tag{5.316}$$

5.17 带有并串联谐振电路的零电压开关 E 类射频功率放大器

当串联元件 L 和 C 在工作频率 $f = \omega/(2\pi)$ 处谐振时,就可以得到带有有限直流电感 L_f 的 ZVS 型 E 类放大器的一种特殊情况[75]

$$\omega = \omega_s = \frac{1}{\sqrt{LC}} \tag{5.317}$$

并联谐振电路的谐振频率为

$$\omega_p = \frac{1}{\sqrt{L_f C_1}} \tag{5.318}$$

两个谐振频率的比值为

$$q = \frac{\omega_p}{\omega_s} = \frac{\omega_p}{\omega} = \frac{1}{\omega \sqrt{L_f C_1}} = \frac{\sqrt{LC}}{\sqrt{L_f C_1}} \tag{5.319}$$

假设输出电流是正弦波

$$i = I_m \sin(\omega t + \phi) \tag{5.320}$$

由 KCL 得

$$i_{L_f} = i_S + i_{C_1} + i \tag{5.321}$$

当开关导通时,有

$$v_S = 0 \tag{5.322}$$

$$v_{L_f} = V_I \tag{5.323}$$

$$i_{C_1} = \omega C_1 \frac{dv_S}{d(\omega t)} = 0 \tag{5.324}$$

$$i_{L_f} = \frac{1}{\omega L_f} \int_0^{\omega t} v_{L_f} d(\omega t) + i_{L_f}(0) = \frac{1}{\omega L_f} \int_0^{\omega t} V_I d(\omega t) + i_{L_f}(0) = \frac{V_I}{\omega L_f} \omega t + i_{L_f}(0) \tag{5.325}$$

开关电流表达式为

$$i_S = i_{L_f} - i = \frac{V_I}{\omega L_f} \omega t + i_{L_f}(0) - I_m \sin(\omega t + \phi) \qquad (0 < \omega t \leqslant \pi) \tag{5.326}$$

因为

$$i_S(0) = i_{L_f}(0) - I_m \sin\phi = 0 \tag{5.327}$$

$$i_{L_f}(0) = I_m \sin\phi \tag{5.328}$$

所以得到

$$i_{L_f} = \frac{V_I}{\omega L_f} \omega t + I_m \sin\phi \tag{5.329}$$

$$i_S = \frac{V_I}{\omega L_f} \omega t + I_m[\sin\phi - \sin(\omega t + \phi)] \qquad (0 < \omega t \leqslant \pi) \tag{5.330}$$

当开关断开时,开关电流 i_S 为 0,$v_L = V_I - v_S$,流过并联电容 C_1 的电流为

$$i_{C_1} = i_{L_f} - i = \omega C_1 \frac{dv_S}{d(\omega t)} = \frac{1}{\omega L_f} \int_\pi^{\omega t} v_L \, d(\omega t) + i_{L_f}(\pi) - I_m \sin(\omega t + \phi)$$

$$= \frac{1}{\omega L_f} \int_\pi^{\omega t} (V_I - v_S) d(\omega t) + i_{L_f}(\pi) - I_m \sin(\omega t + \phi) \qquad (\pi < \omega t \leqslant 2\pi)$$

(5.331)

由于 $v_S(\pi) = 0$，并且

$$i_{L_f}(\pi) = \frac{\pi V_I}{\omega L_f} + I_m \sin \phi \tag{5.332}$$

对式(5.331)求微分，得到一个线性非齐次二次微分方程

$$\omega^2 L_f C_1 \frac{d^2 v_S}{d(\omega t)^2} + v_S - V_I - \omega L_f I_m \cos(\omega + \phi) = 0 \tag{5.333}$$

该微分方程的通解为

$$\frac{v_S}{V_I} = A_1 \cos(q\omega t) + A_2 \sin(q\omega t) + 1 + \frac{q^2 p}{q^2 - 1} \cos(\omega t + \phi) \tag{5.334}$$

其中

$$p = \frac{\omega L_f I_m}{V_I} \tag{5.335}$$

$$q = \frac{\omega_r}{\omega} = \frac{1}{\omega \sqrt{L_f C_1}} \tag{5.336}$$

$$A_1 = \frac{qp}{q^2 - 1} [q \cos \phi \cos \pi q + (2q^2 - 1) \sin \phi \sin \pi q - \cos \pi q - \pi q \sin \pi q] \tag{5.337}$$

$$A_2 = \frac{qp}{q^2 - 1} [q \cos \phi \sin \pi q - (2q^2 - 1) \sin \phi \cos \pi q + \pi q \cos \pi q - \sin \pi q] \tag{5.338}$$

式(5.334)中的 3 个未知数：p、q 和 ϕ，根据 ZVS 和 ZDS 条件下 $\omega t = 2\pi$ 时的 v_s，以及直流电压方程

$$V_I = \frac{1}{2\pi} \int_o^{2\pi} v_S \, d(\omega t) \tag{5.339}$$

可以得到式(5.334)的数值解

$$q = \frac{\omega_r}{\omega} = \frac{1}{\omega \sqrt{L_f C_1}} \tag{5.340}$$

$$p = \frac{\omega L_f I_m}{V_I} = 1.21 \tag{5.341}$$

$$\phi = 195.155° \tag{5.342}$$

直流电流表达式为

$$I_I = \frac{1}{2\pi} \int_0^{2\pi} i_S \, d(\omega t) = \frac{I_m}{2\pi} \left(\frac{\pi^2}{2p} + 2\cos \phi - \pi \sin \phi \right) \tag{5.343}$$

在基频处的开关电压分量落在负载 R 两端，因此，它的电抗部分为 0

$$V_{X1} = \frac{1}{\pi} \int_0^{2\pi} v_S \cos(\omega t + \phi) d(\omega t) = 0 \tag{5.344}$$

数值解的最终结果如下

$$\frac{\omega L_f}{R} = 0.732 \tag{5.345}$$

$$\omega C_1 R = 0.685 \tag{5.346}$$

$$\frac{\omega L}{R} = \frac{1}{\omega CR} = Q_L \tag{5.347}$$

$$\tan\psi = \frac{R}{\omega L_f} - \omega C_1 R \tag{5.348}$$

$$\psi = 145.856° \tag{5.349}$$

$$V_m = 0.945 V_I \tag{5.350}$$

$$I_I = 0.826 I_m \tag{5.351}$$

$$I_m = 1.21 I_I \tag{5.352}$$

$$P_O = 1.365 \frac{V_I^2}{R} \tag{5.353}$$

$$I_{SM} = 2.647 I_I \tag{5.354}$$

$$V_{DSM} = 3.647 V_I \tag{5.355}$$

$$c_p = 0.1036 \tag{5.356}$$

$$f_{max} = 0.0798 \frac{P_O}{C_o V_I^2} \tag{5.357}$$

5.18 输出电压非正弦的零电压开关 E 类射频功率放大器

图 5.26 为一个非正弦输出电压的 E 类放大器电路原理图[18]。该电路用隔直电容 C_b 替代了图 5.1 所示 E 类放大器的谐振电容 C。因此,负载品质因数 Q_L 变低,输出电压包含很多谐波分量。无论占空比 D 为何值,如图 5.26 所示的 E 类放大器都能够工作在 ZVS 和 ZDS 状态下,其工作时的信号波形如图 5.27 所示。

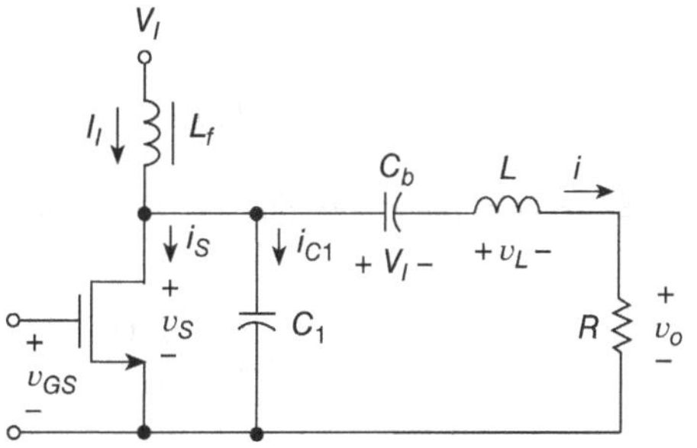

图 5.26 输出电压非正弦的 E 类功率放大器

由 KCL 得

$$i_S = I_I - i_{C1} - i \tag{5.358}$$

由 KVL 得

$$v_S = V_I + v_L + v_o \tag{5.359}$$

当 $0 < \omega t \leq 2\pi$ 或者 $0 < t \leq t_1$ 时,开关导通,因此

$$v_S = 0 \tag{5.360}$$

$$i_{C1} = C_1 \frac{dv_S}{d(\omega t)} = 0 \tag{5.361}$$

$$\frac{V_I}{s} = -sLi(s) + Li(0) - Ri(s) \tag{5.362}$$

式(5.362)中,$i(0)$ 表示 $t = 0$ 时刻流过电感 L 的电流。

根据 $t = 0$ 时刻,ZVS 和 ZDS 的工作条件 $v_s(0) = 0, dv_s(0)/dt = 0$,得到 $i_s(0) = 0, i_{C1}(0) = 0$,因此

$$i(0) = -I_I \tag{5.363}$$

由式(5.362),得到

$$i = \frac{V_I}{R} - \left(I_I + \frac{V_I}{R} \right) \exp\left(-\frac{R\omega t}{\omega L} \right) \tag{5.364}$$

进一步得到

$$i_S = I_I - i = \left(I_I + \frac{V_I}{R}\right)\exp\left(-\frac{R\omega t}{\omega L}\right) \quad (5.365)$$

直流供电电流表示为

$$I_I = \frac{1}{2\pi}\int_0^{2\pi} i_S\, d(\omega t) = \frac{a}{1-a}\frac{V_I}{R} \quad (5.366)$$

其中

$$a = D + \frac{Q}{2\pi A}\left[\exp\left(\frac{-2\pi AD}{Q}\right)\right] \quad (5.367)$$

$$A = \frac{f_0}{f} = \frac{1}{\omega\sqrt{LC_1}} \quad (5.368)$$

$$Q = \frac{\omega_0 L}{R} = \frac{1}{\omega_0 C_1 R} \quad (5.369)$$

$$\omega_0 = \frac{1}{\sqrt{LC_1}} \quad (5.370)$$

将式(5.366)代入式(5.365),得到归一化的开关电流

$$\frac{i_S}{I_I} = \frac{1}{a}\left[1 - \exp\left(-\frac{A\omega t}{Q}\right)\right] \quad (0 < \omega t \leqslant 2\pi D)$$

$$(5.371)$$

$$\frac{i_S}{I_I} = 0 \quad (2\pi D < \omega t \leqslant 2\pi) \quad (5.372)$$

当 $2\pi D < \omega t \leqslant 2\pi$,即 $t_1 < t \leqslant T$ 时刻,开关断开时

$$i_S = 0 \quad (5.373)$$

$$V_S(s) = \frac{I_{C1}(s)}{sC_1} \quad (5.374)$$

$$I_{C1}(s) = I(s) + \frac{I_I}{sC_1}e^{-st_1} \quad (5.375)$$

$$V_S(s) = \frac{V_I}{s}e^{-st_1} - sLI(s) + Li(t_1)e^{-st_1} - RI(s) \quad (5.376)$$

式(5.376)中,$i(t_1)$ 是 $t = t_1$ 时刻电感电流的初始条件。
因此

$$V_S(s) = \left[\frac{1}{sC_1}\frac{\dfrac{V_I}{L} - \dfrac{I_I}{sLC_1} + si(t_1)}{s^2 + \dfrac{R}{L}s + \dfrac{1}{LC}} + \frac{I_I}{s^2 C}\right]e^{-st_1} \quad (5.377)$$

振荡情况下($Q > 1/2$)

$$V_S(s) = \left[\frac{1}{sC_1}\frac{\dfrac{V_I}{L} - \dfrac{I_I}{sLC_1} + si(t_1)}{(s+\alpha)^2 + \omega_n^2} + \frac{I_I}{s^2 C}\right]e^{-st_1} \quad (5.378)$$

其中 $\alpha = R/2L$,$\omega_n = \omega_0\sqrt{1 - 1/4Q^2}$。

将式(5.366)代入式(5.378),并进行拉普拉斯反变换,得到归一化的开关电压

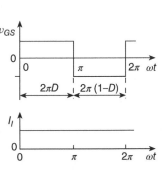

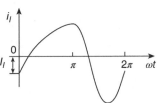

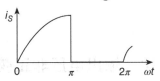

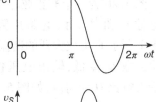

图 5.27 输出电压非正弦的 E 类
功率放大器信号波形

$$\frac{v_S}{V_I} = 0 \qquad (0 < \omega t \leqslant 2\pi D) \tag{5.379}$$

$$\frac{v_S}{V_I} = \frac{1}{1-a} \left\{ 1 - \exp\left[-\frac{A(\omega t - 2\pi D)}{2Q} \right] \left[\cos\left(\frac{A\sqrt{4Q^2 - 1}(\omega t - 2\pi D)}{2Q} \right) \right. \right.$$

$$\left. \left. - \frac{2Q^2\left(1 - \exp\left(-\frac{2\pi A D}{Q} \right) \right) - 1}{\sqrt{4Q^2 - 1}} \sin\left(\frac{A\sqrt{4Q^2 - 1}(\omega t - 2\pi D)}{2Q} \right) \right] \right\} \qquad (2\pi D < \omega t \leqslant 2\pi) \tag{5.380}$$

将 ZVS 和 ZDS 的条件代入开关电压方程,得到两个 D、Q 和 A 的关系式

$$\cos\left[\frac{\pi A(1-D)\sqrt{4Q^2 - 1}}{Q} \right] - \frac{2Q^2\left[1 - \exp\left(-\frac{2\pi A D}{Q} \right) \right] - 1}{\sqrt{4Q^2 - 1}} \sin\left[\frac{\pi A(1-D)\sqrt{4Q^2 - 1}}{Q} \right]$$

$$= \exp\left[\frac{\pi A(1-D)}{Q} \right] \tag{5.381}$$

和

$$\tan\left[\frac{\pi A(1-D)\sqrt{4Q^2 - 1}}{Q} \right] = \sqrt{4Q^2 - 1} \; \frac{\exp\left(-\frac{2\pi A D}{Q} \right) - 1}{\exp\left(-\frac{2\pi A D}{Q} + 1 \right)} \tag{5.382}$$

当 $D = 0.5$ 时,满足 ZVS 和 ZDS 条件以及开关电压非负的情况下,这两个方程的解为

$$A = 1.6029 \tag{5.383}$$

$$Q = 2.856 \tag{5.384}$$

输出电压的表达式为

$$\frac{v_o}{V_I} = \frac{a}{a-1} + \frac{1}{1-a} \left[1 - \exp\left(-\frac{A\omega t}{2Q} \right) \right] \qquad (0 < \omega t \leqslant 2\pi D) \tag{5.385}$$

$$\frac{v_o}{V_I} = \frac{a}{a-1} + \frac{1}{Q(1-a)} \sqrt{Q^2\left[1 - \exp\left(-\frac{2\pi A D}{Q} \right) \right]^2 + \exp\left(-\frac{2\pi A D}{Q} \right)}$$

$$\times \exp\left[-\frac{A(\omega t - 2\pi D)}{2Q} \right] \left\{ \cos\left[\frac{A\sqrt{4Q^2 - 1}(\omega t - 2\pi D)}{2Q} - \psi \right] \right. \tag{5.386}$$

$$\left. - \frac{1}{\sqrt{4Q^2 - 1}} \sin\left[\frac{A\sqrt{4Q^2 - 1}(\omega t - 2\pi D)}{1Q} - \psi \right] \right\} \qquad (2\pi D < \omega t \leqslant 2\pi)$$

其中

$$\psi = \arctan\left\{ \frac{\sqrt{4Q^2 - 1}}{2Q^2\left[1 - \exp\left(-\frac{2\pi A D}{Q} \right) \right] - 1} \right\} \tag{5.387}$$

因此,占空比 $D = 0.5$ 时放大器的主要参数如下[18]

$$P_O = 0.1788 \frac{V_I^2}{R} \tag{5.388}$$

$$R_{DC} = \frac{V_I}{I_I} = 2.7801R \tag{5.389}$$

$$V_{SM} = 3.1014V_I \tag{5.390}$$

$$I_{SM} = 4.2704I_I \tag{5.391}$$

$$Q = \frac{\omega_0 L}{R} = \frac{1}{\omega_0 C_1 R} = 2.856 \tag{5.392}$$

$$\omega C_1 R = 0.288 \tag{5.393}$$

$$\frac{\omega L}{R} = 2.4083 \tag{5.394}$$

$$c_p = \frac{P_O}{I_{SM} V_{SM}} = 0.0857 \tag{5.395}$$

$$f_{max} = 1.6108 \frac{P_O}{C_o V_I^2} \tag{5.396}$$

这里 C_o 是晶体管的输出电容,当 $f = f_{max}$ 时,$C_1 = C_o$。

例5.8 设计一个非正弦输出电压的 ZVS 型 E 类功率放大器,使其满足下列要求: $V_I = 100\text{V}, P_{Omax} = 80\text{W}, f = 1.2\text{MHz}$。

解:假设占空比 $D = 0.5$。首先计算负载电阻

$$R = 0.1788 \frac{V_I^2}{P_O} = 0.1788 \frac{100^2}{80} = 22.35 \, (\Omega) \tag{5.397}$$

由直流电压源 V_I 表现出的直流输入电阻为

$$R_{DC} = \frac{V_I}{I_I} = 2.7801R = 2.7801 \times 22.35 = 62.135 \, (\Omega) \tag{5.398}$$

假设放大器的效率 $\eta = 0.95$,则需要的直流功率为

$$P_I = \frac{P_O}{\eta} = \frac{80}{0.95} = 84.21 \, (\text{W}) \tag{5.399}$$

因此,直流电流为

$$I_I = \frac{P_I}{V_I} = \frac{84.21}{100} = 0.8421 \, (\text{A}) \tag{5.400}$$

开关的电压应力为

$$V_{SM} = 3.1014V_I = 3.1014 \times 100 = 310.14 \, (\text{V}) \tag{5.401}$$

开关的电流应力为

$$I_{SM} = 4.2704I_I = 4.2704 \times 0.8421 = 3.59 \, (\text{A}) \tag{5.402}$$

电路的谐振频率为

$$f_0 = Af = 1.6029 \times 1.2 \times 10^6 = 1.923 \, (\text{MHz}) \tag{5.403}$$

电感为

$$L = \frac{QR}{\omega_0} = \frac{2.856 \times 22.35}{2\pi \times 1.923 \times 10^6} = 5.283 \, (\mu\text{H}) \tag{5.404}$$

并联电容为

$$\frac{1}{Q\omega_0} = \frac{1}{2.856 \times 2\pi \times 1.923 \times 10^6} = 28.98 \, (\text{nF}) \tag{5.405}$$

5.19 带有并联谐振电路的零电压开关 E 类射频功率放大器

带有并联谐振电路的 E 功率放大器的电路原理图如图 5.28 所示,该电路也称为只含一个电容和一个电感的 E 类放大器[11~15]。它的另一种电路结构如图 5.29 所示,其中,直流电压源

V_I 与电感 L 串联,隔直电容与负载电阻 R 串联。该放大器将传统 ZVS 型 E 类功率放大器中的 RFC 电路替换为一个直流馈电电感,串联谐振电路替换为阻断电容 C_B。图 5.30 给出了其电流和电压波形,可见,漏电流 i_S 的波形是一个上升的斜坡,电压波形满足 ZVS 和 ZDS 的条件,并且,无论占空比为何值,ZVS 和 ZDS 条件都能满足。

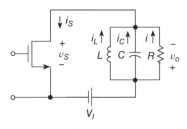

图 5.28 只带有一个电容和一个电感的 E 类放大器

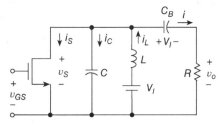

图 5.29 只带有一个电容和一个电感的 E 类放大器另一个版本

由 KCL 和 KVL 得

$$i_S = i_L + i_C + i \tag{5.406}$$

$$v_S = V_I - v_o \tag{5.407}$$

假设选用如图 5.28 所示结构的放大器。当 $0 < \omega t \le 2\pi D$ 或 $0 < t \le t_1$,开关导通时

$$v_S = 0 \tag{5.408}$$

$$v_o = V_I \tag{5.409}$$

$$i = \frac{V_I}{R} \tag{5.410}$$

$$i_C = \omega C \frac{dv_o}{d(\omega t)} = 0 \tag{5.411}$$

$$i_L = \frac{1}{L} \int_0^{\omega t} v_o \, d(\omega t) + i_L(0) = \frac{1}{L} \int_0^{\omega t} V_I \, d(\omega t) + i_L(0) = \frac{V_I \omega t}{\omega L} + i_L(0) \tag{5.412}$$

$$i_S = \frac{V_I}{R} + \frac{V_I \omega t}{\omega L} + i_L(0) \tag{5.413}$$

因为 $i_S(0) = 0, i_L(0) = -V_I/R$,因此

$$i_L = \frac{V_I \omega t}{\omega L} - \frac{V_I}{R} \tag{5.414}$$

$$i_S = i_L + i = \frac{V_I \omega t}{\omega L} \tag{5.415}$$

直流电流为

$$I_I = \frac{1}{2\pi} \int_0^{2\pi D} i_S \, d(\omega t) = \frac{1}{2\pi} \int_0^{2\pi D} \frac{V_I \omega t}{\omega L} d(\omega t) = \frac{\pi D^2 V_I}{\omega L} \tag{5.416}$$

这里 $2\pi D = \omega t_1$。因此,直流电压源表现出的直流电阻为

$$R_{DC} = \frac{V_I}{I_I} = \frac{\omega L}{\pi D^2} \tag{5.417}$$

归一化的开关电流波形表达式为

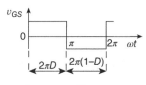

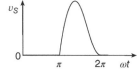

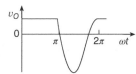

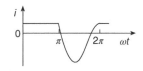

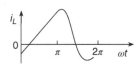

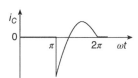

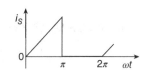

图 5.30 只带有一个电容和一个电感的 E 类放大器的波形

$$\frac{i_S}{I_I} = \frac{\omega t}{\pi D^2} \qquad (0 < \omega t \le 2\pi D) \tag{5.418}$$

$$\frac{i_S}{I_I} = 0 \qquad (2\pi D < \omega t \le 2\pi) \tag{5.419}$$

当 $2\pi D < \omega t \le 2\pi$ 或 $t_1 < t \le T$,开关断开时

$$i_S = 0 \tag{5.420}$$

$$I_L(s) + I_C(s) + I(s) = 0 \tag{5.421}$$

$$I(s) = \frac{V_o(s)}{R} \tag{5.422}$$

$$I_C(s) = sCV_o(s) - Cv_o(t_1)e^{-st_1} \tag{5.423}$$

$$I_L(s) = \frac{V_o(s)}{sL} + \frac{i_L(t_1)}{s}e^{-st_1} \tag{5.424}$$

这里 $v_o(t_1) = V_I, i_L(t_1) = V_I(t_1/L - 1/R)$。因此

$$V_o(s) = V_I \frac{s - \dfrac{t_1}{RC} + \dfrac{1}{RC}}{s^2 + \dfrac{s}{RC} + \dfrac{1}{LC}} \tag{5.425}$$

振荡情况下($Q > 1/2$)

$$V_o(s) = V_I \frac{(s^2 - \omega_0^2 t_1 + 2\alpha)e^{-st_1}}{(s + \alpha)^2 + \omega_n^2} \tag{5.426}$$

其中

$$\alpha = \frac{1}{2RC} = \frac{\omega_0}{2Q} \tag{5.427}$$

$$\omega_n = \sqrt{\omega_0^2 - \alpha^2} = \omega_0\sqrt{1 - 1/4Q^2} \tag{5.428}$$

因此,归一化的开关电压为

$$\frac{v_S}{V_I} = 0 \qquad (0 < \omega t \le 2\pi D) \tag{5.429}$$

$$\frac{v_S}{V_I} = 1 - \exp\left[-\frac{A}{2Q}(\omega t - 2\pi D)\right]\left\{\cos\left[\frac{A\sqrt{4Q^2-1}}{2Q}(\omega t - 2\pi D)\right]\right.$$
$$\left. - \frac{4\pi AQD - 1}{\sqrt{4Q^2-1}}\sin\left[\frac{A\sqrt{4Q^2-1}}{2Q}(\omega t - 2\pi D)\right]\right\} \quad (2\pi D < \omega t \le 2\pi) \tag{5.430}$$

其中

$$\omega_0 = \frac{1}{\sqrt{LC}} \tag{5.431}$$

$$A = \frac{f_0}{f} = \frac{1}{\omega\sqrt{LC}} \tag{5.432}$$

$$Q = \omega_0 RC = \frac{R}{\omega_0 L} \tag{5.433}$$

在 $\omega t = 2\pi$ 时,将 ZVS 和 ZDS 的条件代入开关电压公式,得到以下两个方程

$$\cos\left[\frac{\pi A(1-D)\sqrt{4Q^2-1}}{Q}\right] - \frac{4\pi AQD - 1}{\sqrt{4Q^2-1}}\sin\left[\frac{\pi A(1-D)\sqrt{4Q^2-1}}{Q}\right]$$
$$= \exp\left[\frac{\pi A(1-D)}{Q}\right] \tag{5.434}$$

和

$$\tan\left[\frac{\pi A(1-D)\sqrt{4Q^2-1}}{Q}\right] = \frac{\pi AD\sqrt{4Q^2-1}}{\pi AD-Q} \tag{5.435}$$

$D=0.5$ 时,这两个方程的解为

$$A = 1.5424 \tag{5.436}$$

$$Q = 1.5814 \tag{5.437}$$

输出电压波形为

$$\frac{v_o}{V_I} = 1 \qquad (0 < \omega t \leqslant 2\pi D) \tag{5.438}$$

$$\frac{v_o}{V_I} = \exp\left[-\frac{A}{2Q}(\omega t - 2\pi D)\right]\left\{\cos\left[\frac{A\sqrt{4Q^2-1}}{2Q}(\omega t - 2\pi D)\right]\right.$$

$$\left.-\frac{4\pi AQD-1}{\sqrt{4Q^2-1}}\sin\left[\frac{A\sqrt{4Q^2-1}}{2Q}(\omega t - 2\pi D)\right]\right\} \qquad (2\pi D < \omega t \leqslant 2\pi) \tag{5.439}$$

Kazimierczuk 给出了占空比 $D=0.5$ 时,放大器的重要参数如下[15]

$$R_{DC} = \frac{V_I}{I_I} = 0.522R \tag{5.440}$$

$$I_{SM} = 4I_I \tag{5.441}$$

$$V_{SM} = 3.849V_I \tag{5.442}$$

$$P_O = \pi ADQ\frac{V_I^2}{R} = 1.9158\frac{V_I^2}{R} \tag{5.443}$$

$$A = \frac{f_0}{f} = 1.5424 \tag{5.444}$$

$$Q = \omega_0 CR = \frac{R}{\omega_0 L} = 1.5814 \tag{5.445}$$

$$\omega CR = 1.0253 \tag{5.446}$$

$$\frac{\omega L}{R} = 0.41 \tag{5.447}$$

$$c_p = \frac{P_O}{I_{SM}V_{SM}} = 0.0649 \tag{5.448}$$

$$f_{max} = 0.5318\frac{P_O}{C_o V_I^2} \tag{5.449}$$

例 5.9　设计一个带有并联谐振电路的 ZVS 型 E 类功率放大器,使其满足下列要求:
$V_I = 3.3\text{V}, P_{Omax} = 1\text{W}, f = 2.4\text{GHz}$。

解:假设占空比 $D=0.5$。首先计算负载电阻

$$R = 1.9158\frac{V_I^2}{P_O} = 1.9158 \times \frac{3.3^2}{1} = 20.86\,(\Omega) \tag{5.450}$$

直流电压源 V_I 表现出的直流输入电阻为

$$R_{DC} = \frac{V_I}{I_I} = 0.522R = 0.522 \times 20.86 = 10.89\,(\Omega) \tag{5.451}$$

假设放大器的效率 $\eta = 0.8$,则需要的直流功率为

$$P_I = \frac{P_O}{\eta} = \frac{1}{0.8} = 1.25\,(\text{W}) \tag{5.452}$$

因此,直流供电电流为

$$I_I = \frac{P_I}{V_I} = \frac{1.25}{3.3} = 0.379 \, (\text{A}) \tag{5.453}$$

开关的电压应力为

$$V_{SM} = 3.849 V_I = 3.849 \times 3.3 = 12.7 \, (\text{V}) \tag{5.454}$$

开关的电流应力为

$$I_{SM} = 4I_I = 4 \times 0.379 = 1.516 \, (\text{A}) \tag{5.455}$$

谐振频率为

$$f_0 = Af = 1.5424 \times 2.4 \times 10^9 = 3.7 \, (\text{GHz}) \tag{5.456}$$

谐振电感为

$$L = \frac{0.41R}{\omega} = \frac{0.41 \times 20.86}{2\pi \times 2.4 \times 10^9} = 0.567 \, (\text{nH}) \tag{5.457}$$

谐振电容为

$$C = \frac{1.0253}{\omega R} = \frac{1.0253}{2\pi \times 2.4 \times 10^9 \times 22.86} = 2.974 \, (\text{pF}) \tag{5.458}$$

5.20 零电压开关 E 类射频功率放大器的幅度调制

没有经过调制的 ZVS 型 E 类放大器的输出电压波形为连续波,其表达式可以写为

$$v_o = V_c \cos \omega_c t \tag{5.459}$$

其中 ω_c 为载波角频率,V_c 为载波幅度。ZVS 型 E 类射频功率放大器的输出电压幅度 V_c 与直流电源电压成 V_I 正比。$D = 0.5$ 时,输出电压幅度为

$$V_c = \frac{4}{\sqrt{\pi^2 + 4}} V_I \tag{5.460}$$

正如参考文献[17]所述,这一特性可以用于幅度调制(Amplitude Modulation,AM)。

带有漏极 AM 调制的 ZVS 型 E 类射频功率放大器电路原理图如图 5.31 所示。调制电压源 v_m 与直流电压源 V_I 串联,例如,通过图中所示的变压器来实现。图 5.32 给出了 AM 调制的 E 类放大器的电压波形。

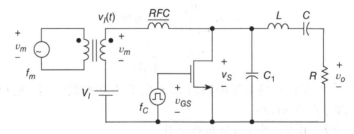

图 5.31 带有漏极 AM 调制的 ZVS 型 E 类射频功率放大器电路原理图

若调制电压的表达式为

$$v_m = V_m \cos \omega_m t \tag{5.461}$$

则带有 AM 信号的电源电压为

$$v_I(t) = V_I + v_m(t) = V_I + V_m \cos \omega_m t \tag{5.462}$$

输出电压的幅度为

$$V_c(t) = \frac{4}{\sqrt{\pi^2 + 4}} [V_I + v_m(t)] = \frac{4}{\sqrt{\pi^2 + 4}} (V_I + V_m \cos \omega_m t) \tag{5.463}$$

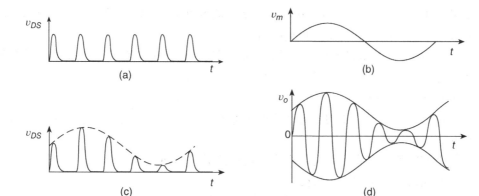

图 5.32　漏极 AM 调制的 E 类放大器电压波形

（a）漏源电压 v_{DS}；（b）调制电压 v_m；（c）AM 调制的漏源电压 v_{DS}；（d）AM 调制的输出电压 v_o

$0 < \omega_c t \leqslant \pi$ 时，开关电压 $v_S = 0$；$\pi < \omega_c t \leqslant 2\pi$ 时，开关电压表达式如下

$$v_S = (V_I + V_m \cos \omega_m t)\pi(\omega_c t - \frac{3\pi}{2} - \frac{\pi}{2}\cos \omega_c t - \sin \omega_c t) \qquad (\pi < \omega_c t \leqslant 2\pi) \qquad (5.464)$$

假设 E 类放大器是理想的带通滤波器，则输出电压波形为

$$v_o = V_c(t)\cos \omega_c t = \frac{4}{\sqrt{\pi^2 + 4}}(V_I + V_m \cos \omega_m t)\cos \omega_c t$$

$$= \frac{4}{\sqrt{\pi^2 + 4}}V_I(1 + m \cos \omega_m t)\cos \omega_c t = V_c(1 + m \cos \omega_m t)\cos \omega_c t \qquad (5.465)$$

其中调制系数 m 为

$$m = \frac{V_m}{V_I} \qquad (5.466)$$

根据三角函数积化和差公式，输出电压波形表达式可以重新整理为

$$v_o = V_c \cos \omega_c t + \frac{mV_c}{2}\cos(\omega_c - \omega_m)t + \frac{mV_c}{2}\cos(\omega_c + \omega_m)t \qquad (5.467)$$

实际上，相对载波频率而言，ZVS 和 ZDS 条件下的 E 类放大器串联谐振电路的电压转函数是不对称的。载波频率 f_c 高于串联谐振电路的谐振频率 f_r（即 $f_c > f_r$）。因此，两个边带分量以不同大小、不同相移（即不同的时延）从漏极传输到负载电阻 R。上边带的衰减比下边带大。另外，上边带的相移比下边带的相移负得多。下边带的相移可能为正。这些影响导致了 AM 输出电压包络的谐波失真[17]。

5.21　本章小结

- ZVS 型 E 类 RF 功率放大器仅有一个开关工作的晶体管，该晶体管可以在零电压时导通，也可以在零微分时导通。

- ZVS 型 E 类功率放大器电路中，晶体管输出电容、扼流圈寄生电容以及杂散电容都被合并为并联电容 C_1，或者说它们被并联电容 C_1 吸收。

- 开关导通损耗为零。

- 工作频率 f 大于串联谐振电路的谐振频率 $f_0 = 1/(2\pi\sqrt{LC})$ 时，开关导通负载呈感性。

- 开关的反向并联二极管在低 di/dt 和零电压时截止，引起反向恢复效应。因此，可以用 MOSFET 的体二极管，不必要用快速恢复的二极管。

- 负载电阻在 0 到 R_{opt} 之间时,基本拓扑结构就可以实现 ZVS 工作状态。匹配电路可以将任意阻抗匹配到所需要的负载电阻。
- 晶体管的峰值电压大约是输入直流电压的 4 倍,因此,该电路适用于低输入电压的应用。
- 由于晶体管的栅源电压参考是地,很容易设计驱动电路。
- 该电路适合于高频应用。
- 可以用一个大电流纹波的小电感代替小电流纹波的大扼流电感。这样,描述放大器工作状态的方程将改变[24]。
- 谐振电路的负载品质因数可以很小。极端情况下,谐振电容可以是一个很大的隔直电容。相应的数学描述也将改变[18]。
- ZVS 和 ZDS 型或者仅 ZVS 型 E 类放大器的最大工作频率受到开关输出电容的限制,式(5.84)给出了它们的关系。
- ZVS 和 ZDS 型 E 类放大器的最大工作频率与并联电容 C_1 和 V_I^2 成反比,与输出功率 P_O 成正比。
- 当占空比减小时,ZVS 型 E 类功率放大器的最大工作频率增大。

5.22　复习思考题

5.1　什么是 ZVS 工作状态?

5.2　什么是 ZDS 工作状态?

5.3　晶体管输出电容被 ZVS 型 E 类逆变器拓扑结构吸收?

5.4　使用基本拓扑结构的 ZVS 型 E 类逆变器可以在任何负载时得到 ZVS 工作状态吗?

5.5　ZVS 型 E 类逆变器中开关导通损耗为零?

5.6　ZVS 型 E 类逆变器中开关断开损耗为零?

5.7　在任意工作频率都可以达到 ZVS 条件?

5.8　基本 ZVS 型 E 类逆变器能预防短路?

5.9　基本 ZVS 型 E 类逆变器能预防开路?

5.10　可以用一个有限直流馈电电感与直流输入电压源 V_I 串联吗?

5.11　ZVS 型 E 类逆变器中需要一个高负载品质因数的谐振电路吗?

5.23　习题

5.1　设计一个用于无线通信的 E 类 RF 功率放大器,使其满足下列要求:$V_I = 3.3V$,$P_O = 1W$,$f = 1GHz$,$C_o = 1pF$,$Q_L = 5$,$r_{DS} = 0.01\Omega$,$r_{L_f} = 0.012\Omega$,$r_{C1} = 0.08\Omega$,$r_C = 0.05\Omega$,$r_L = 0.1\Omega$,$t_f = 0$。求出元件参数值,电抗性元件的电抗,元件的应力及效率。

5.2　如果习题 5.1 所述 E 类 RF 功率放大器的负载电阻 $R_L = 50\Omega$,设计阻抗匹配电路。

5.3　设计一个最优的 ZVS 型 E 类逆变器,使其满足下列条件:$P_O = 125W$,$V_I = 48V$,$f = 2MHz$。假设 $Q_L = 5$。

5.4　英国电网电压的均方根为 $92 \sim 132V$。该电压经桥式整流器整流后给 ZVS 型 E 类逆变器供电,若开关占空比为 0.5,所需的开关电压极限值为多少?

5.5　换用均方根电压为 $220 \pm 15V$(欧洲电网),重新求解题 5.4。

5.6　推导图 5.8(b)中的 π2a 型阻抗匹配谐振电路中各元件参数的计算公式。

5.7 当 $V_I = 200\text{V}, P_O = 75\text{W}, C_{out} = 100\text{pF}$ 时，求出 E 类工作状态的最大工作频率。

5.8 设计一个用于无线通讯的 E 类 RF 功率放大器，使其满足下列要求：$V_I = 12\text{V}, P_O = 10\text{W}, f = 2.4\text{GHz}, C_o = 1\text{pF}, Q_L = 10, r_{DS} = 0.02\Omega, r_{Lf} = 0.01\Omega, r_{C1} = 0.09\Omega, r_C = 0.06\Omega, r_L = 0.2\Omega, t_f = 0$。求出元件参数值，电抗性元件的电抗，元件的应力及效率。

5.9 若习题5.8所述 E 类 RF 功率放大器的负载电阻 $R_L = 50\Omega$，设计阻抗匹配电路。

5.10 设计一个用于无线通信的 E 类 RF 功率放大器，使其满足下列要求：$V_I = 3.3\text{V}, P_O = 1\text{W}, f = 1\text{GHz}, C_o = 1\text{pF}, Q_L = 5, r_{DS} = 0.01\Omega, r_{Lf} = 0.012\Omega, r_{C1} = 0.08\Omega, r_C = 0.05\Omega, r_L = 0.1\Omega, t_f = 0$。求出元件参数值，电抗性元件的电抗，元件的应力及效率。

5.11 若 $V_I = 5\text{V}, P_O = 0.25\text{W}, f_c = 2.4\text{GHz}$，求出 ZVS 型 E 类射频功率放大器的元件参数值和它们的应力值。

参考文献

[1] N. O. Sokal and A. D. Sokal, "Class E – a new class of high-efficiency tuned single-ended switching power amplifiers," *IEEE Journal of Solid-State Circuits*, vol. SC-10, pp. 168–176, 1975.

[2] N. O. Sokal and A. D. Sokal, "High efficiency tuned switching power amplifier," US Patent no. 3, 919, 656, November 11, 1975.

[3] J. Ebert and M. Kazimierczuk, "High efficiency RF power amplifier," *Bulletin of the Polish Academy of Sciences, Series Science Technical*, vol. 25, no. 2, pp. 13–16, 1977.

[4] N. O. Sokal, "Class E can boost the efficiency," *Electronic Design*, vol. 25, no. 20, pp. 96–102, 1977.

[5] F. H. Raab, "Idealized operation of the Class E tuned power amplifier," *IEEE Transactions on Circuits and Systems*, vol. CAS-24, pp. 725–735, 1977.

[6] N. O. Sokal and F. H. Raab, "Harmonic output of Class E RF power amplifiers and load coupling network design," *IEEE Journal of Solid-State Circuits*, vol. SC-12, pp. 86–88, 1977.

[7] F. H. Raab, "Effects of circuit variations on the Class E tuned power amplifier," *IEEE Journal of Solid-State Circuits*, vol. SC-13, pp. 239–247, 1978.

[8] F. H. Raab and N. O. Sokal, "Transistor power losses in the Class E tuned power amplifier," *IEEE Journal of Solid-State Circuits*, vol. SC-13, pp. 912–914, 1978.

[9] N. O. Sokal and A. D. Sokal, "Class E switching-mode RF power amplifiers – Low power dissipation, low sensitivity to component values (including transistors) and well-defined operation," *RF Design*, vol. 3, pp. 33–38, no. 41, 1980.

[10] J. Ebert and M. K. Kazimierczuk, "Class E high-efficiency tuned oscillator," *IEEE Journal of Solid-State Circuits*, vol. SC-16, pp. 62–66, 1981.

[11] N. O. Sokal, "Class E high-efficiency switching-mode tuned power amplifier with only one inductor and only one capacitor in load network – approximate analysis," *IEEE Journal of Solid–State Circuits*, vol. SC-16, pp. 380–384, 1981.

[12] M. K. Kazimierczuk, "Effects of the collector current fall time on the Class E tuned power amplifier," *IEEE Journal of Solid-State Circuits*, vol. SC-18, no. 2, pp. 181–193, 1983.

[13] M. K. Kazimierczuk, "Exact analysis of Class E tuned power amplifier with only one inductor and one capacitor in load network," *IEEE Journal of Solid-State Circuits*, vol. SC-18, no. 2, pp. 214–221, 1983.

[14] M. K. Kazimierczuk, "Parallel operation of power transistors in switching amplifiers," *Proceedings of the IEEE*, vol. 71, no. 12, pp. 1456–1457, 1983.

[15] M. K. Kazimierczuk, "Charge-control analysis of Class E tuned power amplifier," *IEEE Transactions on Electron Devices*, vol. ED-31, no. 3, pp. 366–373, 1984.

[16] B. Molnár, "Basic limitations of waveforms achievable in single-ended switching-mode (Class E) power amplifiers," *IEEE Journal of Solid-State Circuits*, vol. SC-19, no. 1, pp. 144–146, 1984.

[17] M. K. Kazimierczuk, "Collector amplitude modulation of the Class E tuned power amplifier," *IEEE Transactions on Circuits and Systems*, vol. CAS-31, no. 6, pp. 543–549, 1984.

[18] M. K. Kazimierczuk, "Class E tuned power amplifier with nonsinusoidal output voltage," *IEEE Journal of Solid-State Circuits*, vol. SC-21, no. 4, pp. 575–581, 1986.

[19] M. K. Kazimierczuk, "Generalization of conditions for 100-percent efficiency and nonzero output power in power amplifiers and frequency multipliers," *IEEE Transactions on Circuits and Systems*, vol. CAS-33, no. 8, pp. 805–806, 1986.

[20] M. K. Kazimierczuk and K. Puczko, "Impedance inverter for Class E dc/dc converters," *29th Midwest Symposium on Circuits and Systems*, Lincoln, Nebraska, August 10-12, 1986, pp. 707–710.

[21] G. Lüttke and H. C. Reats, "High voltage high frequency Class-E converter suitable for miniaturization," *IEEE Transactions on Power Electronics*, vol. PE-1, pp. 193–199, 1986.

[22] M. K. Kazimierczuk and K. Puczko, "Exact analysis of Class E tuned power amplifier at any Q and switch duty cycle," *IEEE Transactions on Circuits and Systems*, vol. CAS-34, no. 2, pp. 149–159, 1987.

[23] G. Lüttke and H. C. Reats, "220 V 500 kHz Class E converter using a BIMOS," *IEEE Transactions on Power Electronics*, vol. PE-2, pp. 186–193, 1987.

[24] R. E. Zulinski and J. W. Steadman, "Class E power amplifiers and frequency multipliers with finite dc-feed inductance," *IEEE Transactions on Circuits and Systems*, vol. CAS-34, no. 9, pp. 1074–1087, 1987.

[25] C. P. Avratoglou, N. C. Voulgaris, and F. I. Ioannidou, "Analysis and design of a generalized Class E tuned power amplifier," *IEEE Transactions on Circuits and Systems*, vol. CAS-36, no. 8, pp. 1068–1079, 1989.

[26] M. K. Kazimierczuk and X. T. Bui, "Class E dc-dc converters with a capacitive impedance inverter," *IEEE Transactions on Industrial Electronics*, vol. IE-36, pp. 425–433, 1989.

[27] M. K. Kazimierczuk and W. A. Tabisz, "Class C-E high-efficiency tuned power amplifier," *IEEE Transactions on Circuits and Systems*, vol. CAS-36, no. 3, pp. 421–428, 1989.

[28] M. K. Kazimierczuk and K. Puczko, "Power-output capability of Class E amplifier at any loaded Q and switch duty cycle," *IEEE Transactions on Circuits and Systems*, vol. CAS-36, no. 8, pp. 1142–1143, 1989.

[29] M. K. Kazimierczuk and X. T. Bui, "Class E dc/dc converters with an inductive impedance inverter," *IEEE Transactions on Power Electronics*, vol. PE-4, pp. 124–135, 1989.

[30] M. K. Kazimierczuk and K. Puczko, "Class E tuned power amplifier with antiparallel diode or series diode at switch, with any loaded Q and switch duty cycle," *IEEE Transactions on Circuits and Systems*, vol. CAS-36, no. 9, pp. 1201–1209, 1989.

[31] M. K. Kazimierczuk and X. T. Bui, "Class E amplifier with an inductive impedance inverter," *IEEE Transactions on Industrial Electronics*, vol. IE-37, pp. 160–166, 1990.

[32] G. H. Smith and R. E. Zulinski, "An exact analysis of Class E amplifiers with finite dc-feed inductance," *IEEE Transactions on Circuits and Systems*, vol. 37, no. 7, pp. 530–534, 1990.

[33] R. E. Zulinski and K. J. Grady, "Load-independent Class E power inverters: Part I – Theoretical development," *IEEE Transactions on Circuits and Systems*, vol. CAS-37, pp. 1010–1018, 1990.

[34] K. Thomas, S. Hinchliffe, and L. Hobson, "Class E switching-mode power amplifier for high-frequency electric process heating applications," *Electronics Letters*, vol. 23, no. 2, pp. 80–82, 1987.

[35] D. Collins, S. Hinchliffe, and L. Hobson, "Optimized Class-E amplifier with load variation," *Electronics Letters*, vol. 23, no. 18, pp. 973–974, 1987.

[36] D. Collins, S. Hinchliffe, and L. Hobson, "Computer control of a Class E amplifier," *International Journal of Electronics*, vol. 64, no. 3, pp. 493–506, 1988.

[37] S. Hinchliffe, L. Hobson, and R. W. Houston, "A high-power Class E amplifier for high frequency electric process heating," *International Journal of Electronics*, vol. 64, no. 4, pp. 667–675, 1988.

[38] M. K. Kazimierczuk, "Synthesis of phase-modulated dc/dc inverters an dc/dc converters," *IEE Proceedings, Part B, Electric Power Applications*, vol. 39, pp. 604–613, 1992.

[39] S. Ghandi, R. E. Zulinski, and J. C. Mandojana, "On the feasibility of load-independent output current in Class E amplifiers," *IEEE Transactions on Circuits and Systems*, vol. CAS-39, pp. 564–567, 1992.

[40] M. J. Chudobiak, "The use of parasitic nonlinear capacitors in Class-E amplifiers," *IEEE Transactions on Circuits and Systems I*, vol. CAS-41, no. 12, pp. 941–944, 1994.

[41] C.-H. Li and Y.-O. Yam, "Maximum frequency and optimum performance of class E power amplifier," *IEE Proceedings - Circuits Devices and Systems*, vol. 141, no. 3, pp. 174–184, 1994.

[42] M. K. Kazimierczuk and D. Czarkowski, *Resonant Power Converters*, 2nd Ed. New York, NY: John Wiley & Sons, 2011.

[43] T. Mader and Z. Popovic, "The transmission-line high-efficiency Class-E amplifier," *IEEE Transactions on Microwave Guided Wave Letters*, vol. 5, pp. 290–292, 1995.

[44] T. Sawlati, C. Andre, T. Salama, J. Stich, G. Robjohn, and D. Smith, "Low voltage high efficiency GaAs Class E power amplifiers," *IEEE Journal of Solid-State Circuits*, vol. 30, pp. 1074–1080, 1995.

[45] B. Grzesik, Z. Kaczmarczyk, and J. Janik, "A Class E inverter – the influence of inverter parameters on its characteristics," *27th IEEE Power Electronics Specialists Conference*, June 23-27, 1996, pp. 1832–1837.

[46] E. Bryetin, W. Shiroma, and Z. B. Popovic, "A 5-GHz high-efficiency Class-E oscillator," *IEEE Microwave and Guided Wave Letters*, vo. 6, no. 12, pp. 441–443, 1996.

[47] S. H.-L. Tu and C. Toumazou, "Low distortion CMOS complementary Class-E RF tuned power amplifiers," *IEEE Transactions on Circuits and Systems I*, vol. 47, pp. 774–779, 2000.

[48] W. H. Cantrell, "Tuning analysis for the high-Q Class-E power amplifier," *IEEE Transactions on Microwave Theory and Techniques*, vol. 48, no. 12, pp. 23-97-2402, 2000.

[49] A. J. Wilkinson and J. K. A. Everard, "Transmission-line load network topology for Class-E power amplifiers," *IEEE Transactions on Microwave Theory and Techniques*, vol. 49, no. 6, pp. 1202–1210, 2001.

[50] F. H. Raab, "Class-E, Class-C, and Class-F power amplifiers based upon a finite number of harmonics," *IEEE Transactions on Microwave Theory and Techniques*, vol. 49, no. 8, pp. 1462–1468, 2001.

[51] K. L. Martens and M. S. Steyaert, "A 700-MHz 1-W fully differential CMOS Class-E power amplifier," *IEEE Journal of Solid-State Circuits*, vol. 37, n. 2, pp. 137–141, 2002.

[52] F. H. Raab, P. Asbec, S. Cripps, P. B. Keningtopn, Z. B. Popovic, N. Potheary, J. Savic, and N. O. Sokal, "Power amplifiers and transistors for RF and microwaves," *IEEE Transactions on Microwave Theory and Techniques*, vol. 50, no. 3, pp. 814–826, 2002.

[53] S.-W. Ma, H. Wong, and Y.-O. Yam, "Optimal design of high output power Class E amplifier," *Proceedings of the 4th International Caracas Conference on Devices, Circuits and Systems*, pp. 012-1-012-3, 2002.

[54] A. V. Grebennikov and H. J. Jaeger, "Class E amplifier with parallel circuit – A new challenge for high-efficiency RF and microwave power amplifiers," *IEEE MTT-S International Microwave Symposium Digest*, vol. 3, pp. 1627–1630, 2002.

[55] S. D. Kee, I. Aoki, A. Hajimiri, and D. Rutledge, "The Class-E/F family of ZVS switching amplifiers," *IEEE Transactions on Microwave Theory and Techniques*, vol. 51, no. 6, pp. 1677–1690, 2003.

[56] T. Suetsugu and M. K. Kazimierczuk, "Comparison of Class E amplifier with nonlinear and linear shunt capacitances," *IEEE Transactions on Circuits and Systems I, Fundamental Theory and Applications*, vol. 50, no. 8, pp. 1089–1097, 2003.

[57] T. Suetsugu and M. K. Kazimierczuk, "Analysis and design of Class E amplifier with shunt capacitance composed of linear and nonlinear capacitances," *IEEE Transactions on Circuits and Systems I: Regular Papers*, vol. 51, no. 7, pp. 1261–1268, 2004.

[58] D. Kessler and M. K. Kazimierczuk, "Power losses of Class E power amplifier at any duty cycle," *IEEE Transactions on Circuits and Systems I: Regular Papers*, vol. 51, no. 9, pp. 1675–1689, 2004.

[59] D. P. Kimber and P. Gardner, "Class E power amplifier steady-state solution as series in $1/Q$," *IEE Proceedings - Circuits Devices and Systems*, vol. 151, no. 6, pp. 557–564, 2004.

[60] T. Suetsugu and M. K. Kazimierczuk, "Design procedure of lossless voltage-clamped Class E amplifier with transformer and diode," *IEEE Transactions on Power Electronics*, vol. 20, no. 1, pp. 56–64, 2005.

[61] A. Grebennikov and N. O. Sokal, *Switchmode Power Amplifiers*. Amsterdam: Elsevier, 2005.

[62] M. K. Kazimierczuk, V. G. Krizhanovski, J. V. Rossokhina, and D. V. Chernov, "Class-E MOSFET tuned power oscillator design procedure," *IEEE Transactions on Circuits and Systems I: Regular Papers*, vol. 52, no. 6, pp. 1138–1147, 2005.

[63] S.-C. Wong and C. K. Tse, "Design of symmetrical Class E power amplifiers for low harmonic content applications," *IEEE Transactions on Circuits and Systems I: Regular Papers*, vol. 52,

pp. 1684–1690, 2005.

[64] S. Jeon, A. Suarez, and D. B. Rutlege, "Global stability analysis and stabilization of a Class-E/F amplifiers with a distributed active transformer," *IEEE Transactions on Microwave Theory and Techniques*, vol. 53, no. 12, pp. 3712–3722, 2005.

[65] D. P. Kimber and P. Gardner, "Drain AM frequency response of the high-*Q* Class E power amplifier," *IEE Proceedings - Circuits Devices and Systems*, vol. 152, no. 6, pp. 752–756, 2005.

[66] D. P. Kimber and P. Gardner, "High *Q* Class E power amplifier analysis using energy conservation," *IEE Proceedings - Circuits Devices and Systems*, vol. 152, no. 6, pp. 592–597, 2005.

[67] A. Mazzanti, L. Larcher, R. Brama, and F. Svelto, "Analysis of reliability and power efficiency in cascade class-E PAs," *IEEE Journal of Solid-State Circuits*, vol. 41, no. 5, pp. 1222–1229, 2006.

[68] T. Suetsugu and M. K. Kazimierczuk, "Design procedure of Class E amplifier for off-nominal operation at 50% duty ratio," *IEEE Transactions on Circuits and Systems I: Regular Paper*, vol. 53, no. 7, pp. 1468–14, 2006.

[69] Z. Kaczmarczyk, "High-efficiency Class E, EF$_2$, and EF$_3$ inverters," *IEEE Transactions on Industrial Electronics*, vol. 53, no. 5, pp. 1584–1593, 2006.

[70] Z. Kaczmarczyk and W. Jurczyk, "Push-pull Class E inverter with improved efficiency," *IEEE Transactions on Industrial Electronics*, vol. 55, no. 4, pp. 1871–1874, 2008.

[71] Y. Y. Woo, Y. Yang, and B. Kim, "Analysis and experiments for high-frequency Class-F and inverse Class-F power amplifiers," *IEEE Transactions on Microwave Theory and Techniques*, vol. 54, no. 5, pp. 1969–1974, 2006.

[72] V. G. Krizhanovski, D. V. Chernov, and M. K. Kazimierczuk, "Low-voltage self-oscillating Class E electronic ballast for fluorescent lamps," IEEE International Symposium on Circuits and Systems, Island of Kos, Greece, May 21-24, 2006.

[73] K-C. Tsai and P. R. Gray, "A 1.9-GHz, 1-W CMOS Class-E power amplifier for wireless communications," *IEEE Journal of Solid-State Circuits*, vol. 34, no. 7, pp. 962–970, 1999.

[74] C. Yoo and Q. Huang, "A common-gate switched 0.9-W Class-E power amplifier with 41% PAE in 0.25-μm CMOS," *IEEE Journal of Solid-State Circuits*, vol. 36, no. 5, pp. 823–830, 2001.

[75] A. V. Grebennikov and H. Jaeger, "Class E with parallel circuit − A new challenges for high-efficiency RF and microwave power amplifiers," *IEEE MTT-S International Microwave Symposium Digest*, 2002, TJ2D-1, pp. 1627–1630.

[76] T. Suetsugu and M. K. Kazimierczuk, "Off-nominal operation of Class-E amplifier at any duty cycle," *IEEE Transactions on Circuits and Systems I: Regular Papers*, vol. 54, no. 6, pp. 1389–1397, 2007.

[77] A. V. Grebennikov and N. O. Sokal, *Switchmode RF Power Amplifiers*. Elsevier, Newnes, Oxford, UK, 2007.

[78] T. Suetsugu and M. K. Kazimierczuk, "ZVS operating frequency versus duty cycle of Class E amplifier with nonlinear capacitance," *IEEE International Symposium on Circuits and Systems*, Seattle, WA, May 23-26, 2008, pp. 3258–3226.

[79] T. Suetsugu and M. K. Kazimierczuk, "Maximum operating frequency of Class E power amplifier with any duty cycle," *IEEE Transactions on Circuits and Systems II: Express Briefs*, vol. 55, no. 8, pp. 768–770, 2008.

[80] F. You, S. He, X. Tang, and T. Cao, "Performance study of a Class-E power amplifier with tuned series-parallel resonance network," *IEEE Transactions on Microwave Theory and Techniques*, vol. 56, no. 10, pp. 2190–2200, 2008.

[81] Y. Abe, R. Ishikawa, and K. Hanjo, "Inverse Class-F AlGaN/GaN HEMT microwave amplifier based on lumped element circuit synthesis method," *IEEE Transactions on Microwave Theory and Techniques*, vol. 56, no. 12, pp. 2748–2753, 2008.

[82] A. Huhas and L. A. Novak, "Class-E, Class-C, and Class-F power amplifier based upon a finite number of harmonics," *IEEE Transactions on Microwave Theory and Techniques*, vol. 53, no. 6, pp. 1623–1625, 2009.

[83] N. Sagawa, H. Sekiya, and M. K. Kazimierczuk, "Computer-aided design of Class-E switching circuits taking into account optimized inductor design," *IEEE 25th Applied Power Electronics Conference, Palm Springs*, February 21-25, 2010, pp. 2212–2219.

[84] X. Wei, H. Sekiya, S. Kurokawa, T. Suetsugu, and M. K. Kazimierczuk, "Effect of MOSFET gate-to-drain parasitic capacitance on Class-E amplifier," *Proceedings IEEE International Sympo-*

sium on Circuits and Systems, Paris, France, May 31-June 2, 2010, pp. 2212–2219.

[85] T. Suetsugu and M. K. Kazimierczuk, "Power efficiency calculation of Class E amplifier with nonlinear shunt capacitance," *Proceedings IEEE International Symposium on Circuits and Systems*, Paris, France, May 31-June 2, 2010, pp. 2714–2717.

[86] H. Sekiya, N. Sagawa, and M. K. Kazimierczuk, "Analysis of Class-DE amplifier with linear and nonlinear shunt capacitances at 25% duty cycle", *IEEE Transactions on Circuits and Systems I: Regular Papers*, vol. 57, no. 9, pp. 2334–2342, 2010.

[87] R. Miyahara, H. Sekiya, and M. K. Kazimierczuk, "Novel design procedure of Class-E_Mi power amplifiers," *IEEE Transactions on Microwave Theory and Techniques*, vol. 58, no. 12, pp. 3607–3616, 2010.

[88] T. Nagashima, X. Wei, H. Sekiya, and M. K. Kazimierczuk, "Power conversion efficiency of Class-E amplifier ouside the nominal operations," *Proceedings IEEE International Symposium on Circuits and Systems*, Rio de Janeiro, Brazil, May 15-18, 2011, pp. 749–752.

[89] T. Suetsugu and M. K. Kazimierczuk, "Diode peak voltage clamping of class E amplifiers," *37th Annual Conference of the IEEE Industrial Electronics Society (IECON2011)*, Melbourne, Australia, November 7-10, 2011.

[90] X. Wei, H. Sekiya, S. Kurokawa, T. Suetsugu, and M. K. Kazimierczuk, "Effect of MOSFET parasitic capacitances on Class-E power amplifier," *IEEE Transactions on Circuits and Systems I: Regular Papers*, vol. 58, no. 10, pp. 2556–2564, 2011.

[91] X. Wei, S. Kurokawa, H. Sekiya, and M. K. Kazimierczuk, "Push-pull Class-E-M power amplifier for low harmonic-contents and high output-power applications," *IEEE Transactions on Circuits and Systems I: Regular Papers*, vol. 59, no. 9, pp. 21-37-2146, 2012.

[92] T. Suetsugu, X. Wei, and M. K. Kazimierczuk, "Design equations for off-nominal operation of Class E amplifier with shunt capacitance at D = 0.5," *IEICE Transactions on Communications*, vol. E96B, no. 9, pp. 2198–2205, 2013.

[93] M. Hayati, A. Lofti, M. K. Kazimierczuk, and H. Sekiya, "Analysis and design of Class-E power amplifier with MOSFET parasitic linear and nonlinear capacitances at any duty cycle," *IEEE Transactions on Power Electronics*, vol. 28, no. 11, pp. 5222–5232, 2013.

[94] T. Nagashima, X. Wei, T. Suetsugu, M. K. Kazimierczuk, and H. Sekiya, "Wavefrom equations, output power and power conversion efficiency for Class-E inverter outside nominal operation," *IEEE Transactions on Circuits and Systems I: Regular Paper*, vol. 61, no. 4, pp. 1799–1810, 2014.

[95] X. Wei, T. Nagashima, M. K. Kazimierczuk, H. Sekiya, and T. Suetsugu, "Analysis and design of Class-E_M power amplifier," *IEEE Transactions on Circuits and Systems I: Regular Paper*, vol. 61, no. 4, pp. 976–986, April 2014.

[96] M. Hayati, A. Lofti, M. K. Kazimierczuk, and H. Sekiya, "Analysis, design, and implementation of Class-E ZVS amplifier with MOSFET nonlinear drain-to-source parasitic capacitance at any duty cycle," *IEEE Transactions on Power Electronics*, vol. 29, no. 9, pp. 4989–4999, September 2014.

[97] A. Mediano and N. O. Sokal, "A Class-E RF power amplifier with a flat-top transistor-voltage waveform," *IEEE Transactions on Microwave Theory and Techniques*, vol. 28, no. 11, pp. 5215–5220, 2013.

第6章 零电流开关的E类
射频功率放大器

6.1 引言

本章将介绍零电流开关(Zero Current Switching, ZCS)的E类射频功率放大器,并进行分析。这类放大器在电流为零时断开,因此开关的断开损耗为零。该电路也称为**反相E类放大器**。ZCS型E类放大器的一个缺点就是开关的输出电容不包含在基本放大器拓扑中。开关在非零电压时导通,储存在开关输出电容中的能量被开关器件消耗,降低了效率。因此,ZCS型E类放大器的上限工作频率低于ZVS型E类放大器的上限工作频率。

6.2 电路描述

ZCS型E类射频放大器的电路原理图如图6.1(a)所示[1]。它由单个晶体管和一个负载网络构成。在所需工作频率$f = \omega/(2\pi)$上,晶体管相当于一个循环工作的开关。最简单的负载网络包含一个与直流电源V_I串联的谐振电感L_1和一个LCR串联谐振电路。电阻R为交流负载。

ZCS型E类放大器的等效电路如图6.1(b)所示。电容C被分为两个串联电容C_a和C_b,电容C_a与电感L串联谐振在工作频率$f = \omega/(2\pi)$处,即

$$\omega = \frac{1}{\sqrt{LC_a}} \tag{6.1}$$

另一个电容C_b意味着开关导通时工作频率f低于串联谐振电路的谐振频率$f_{o1} = 1/(2\pi\sqrt{LC})$的情形。负载品质因数$Q_L$定义为

$$Q_L = \frac{X_{Cr}}{R} = \frac{C_a + C_b}{\omega R C_a C_b} \tag{6.2}$$

Q_L的选择通常需要折中考虑下列因素:传送到R的功率具有较低的谐波分量(高Q_L),放大器性能随频率变化不大(低Q_L),负载网络的效率较高(低Q_L),大带宽(低Q_L)。

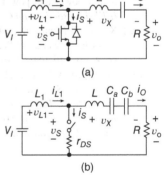

图6.1 零电流开关的E类
射频放大器

(a)电路原理图;(b)等效电路图

6.3 电路工作原理

如图6.1(b)所示放大器的等效电路建立在下列假设基础上:
(1)负载网络的元件是理想的。
(2)串联谐振电路的负载品质因数Q_L足够高,以致工作频率上的输出电流基本是正

弦波。

（3）晶体管的开关行为是瞬间和无耗的，晶体管的输出电容为零、饱和电阻为零、饱和电压为零，并且断开时的电阻无穷大。

为简便起见，假设开关占空比为50%，也就是说，在交流周期中一半时间开关是导通的，另一半时间开关是断开的。但是，如果对于指定的占空比，电路元件参数值选取得适合的话，占空比可以是任意的。本章第6.4节将解释50%的占空比是最佳工作状态的条件之一。

放大器的工作状态在开关断开期间取决于它本身，在开关导通期间取决于负载网络的瞬态响应。该放大器的工作原理可以通过图6.2给出的电流和电压波形来说明。图6.2(a)为最佳工作状态下的波形。当开关断开时，电流 i_S 为零。因此，电感电流 i_{L1} 等于近似正弦波的输出电流 i_o。电流 i_{L1} 使电感 L_1 产生电压降 v_{L1}。该电压一段近似正弦波。电源电压 V_I 和电压 v_{L1} 的电压差就是落在开关两端的电压 v_S。当开关导通时，电压 v_S 为零，电压 v_{L1} 等于供给电压 V_I。该电压使电流 i_{L1} 线性增长。电流 i_{L1} 和 i_S 的电流差就是流过开关的电流。

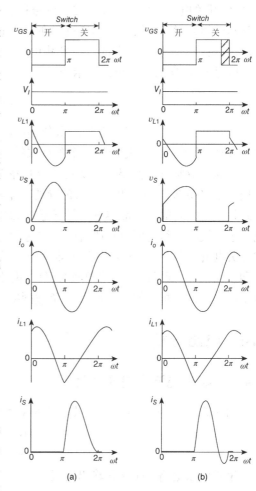

ZCS型E类放大器中，晶体管在导通和截止间转换的工作状态是有可能消除功率损耗，提高效率的。假设晶体管在 $\omega t_{off} = 2\pi$ 时断开，则断开时的ZCS工作条件是

$$i_S(2\pi) = 0 \tag{6.3}$$

最佳工作状态下，也满足零微分开关（ZDS）条件

$$\left.\frac{di_S}{d(\omega t)}\right|_{\omega t=2\pi} = 0 \tag{6.4}$$

如果式(6.3)不满足，晶体管就在非零电流时断开。因此，晶体管就相当于一个电流源，从而导致漏（或集）电流有一个下降时间。在下降过程中，漏电流和漏源电压一起增加。由于晶体管断开的间隙内，电流和电压有交叠，引起断开功率损耗。

图6.2 ZCS型E类放大器的电流和电压波形
（a）最佳工作状态；（b）次优工作状态

开功率损耗。但是，如果断开时晶体管电流已经是零，那么晶体管的断开时间也是零，其电流和电压就没有交叠，开关的断开损耗也为零。

式(6.3)给出的条件消除了晶体管输出端危险的电压毛刺。如果该条件不满足，在晶体管断开过程中电流 i_S 迅速变化，那么电感电流 i_{L1} 也迅速变化。这样，在晶体管输出端就会出现电感的电压毛刺，这个电压毛刺可能使器件失效。晶体管的断开过程中迅速变化的电流 i_{L1} 还会引起电感 L_1 中储存能量的变化。这些能量一部分以热的形式消散在晶体管中，剩余部分传输到串联谐振电路 LCR 中。如果满足式(6.4)的条件，开关电流总是正的，反相并行连接的二级管永远不会导通。而且，断开瞬间，开关电压为0，即 $v_S(2\pi) = 0$。然后在断开状态下，电

压 v_S 从零开始慢慢地增长。这种零初始的电压 v_S 正是实际晶体管所需要的,因为这种情况下,在晶体管断开瞬间,跨接在晶体管两端的寄生电容中储存的能量为 0。这个寄生电容包括了晶体管电容,电感 L_1 的绕线线电容和杂散绕线电容。通过合理选择负载网络的元件,可以达到最佳工作状态条件。满足 ZCS 条件的负载电阻是 $R = R_{opt}$。

图 6.2(b)为次优工作状态的波形,这个工作状态发生在只满足 ZCS 条件的情况下。如果开关电流达到零时,其斜率为正,那么开关电流在周期中将有一部分为负。如果晶体管是断开的,负的开关电流从反向并联的二极管通过。如果晶体管是导通的,开关电流从晶体管或者晶体管和反相并联的二级管一起通过。在开关电流为负的时间间隙内,晶体管必须断开。当开关电流达到零时,反相并联的二级管截止。

电感 L_1 两端的电压可以表示为

$$v_{L1} = \omega L_1 \frac{di_{L_1}}{d(\omega t)} \tag{6.5}$$

当开关导通时,电感电流 i_{L1} 的微分迅速由负变为正。这导致电感电压 v_{L1} 有一个阶跃式变化,从而使开关电压 v_S 也产生一个阶跃式的变化。

根据本节假设条件(3),开关的传导功率损耗和导通功率损耗忽略不计。低频时,传导功率损耗占主要部分;高频时,开关的导通功率损耗占主要部分。高频时,开关从断开到导通的时间是十分重要的。当晶体管开始导通时,跨接在晶体管两端的寄生电容从电压 $2V_I$ 到 0 放电。这个放电过程需要有一段时间。在这段时间里,开关电流 i_S 开始增大。因为开关电压 v_S 和开关电流 i_S 同时非零,功率在晶体管中耗散。在高频时,开关从断开到导通的损耗变得与饱和损耗相当。而且,当开关导通时,负载网络的瞬态响应取决于寄生电容。上述分析中都忽略了这些影响。根据假设条件(1),负载网络寄生电阻的功率损耗也忽略了。

6.4　电路分析

6.4.1　稳态电流和电压波形

如图 6.1(b)所示放大器等效电路的基本方程有

$$i_S = i_{L1} - i_O \tag{6.6}$$
$$v_S = V_I - v_{L1} \tag{6.7}$$

串联谐振电路产生正弦输出电流

$$i_O = I_m \sin(\omega t + \varphi) \tag{6.8}$$

$0 < \omega t \leqslant \pi$ 时,开关呈断开状态。因此,

$$i_S = 0 \qquad (0 < \omega \leqslant \pi) \tag{6.9}$$

根据式(6.6)、式(6.8)和式(6.9),有

$$i_{L1} = i_O = I_m \sin(\omega t + \varphi) \qquad (0 < \omega t \leqslant \pi) \tag{6.10}$$

电感 L_1 两端的电压为

$$v_{L1} = \omega L_1 \frac{di_{L1}}{d(\omega t)} = \omega L_1 I_m \cos(\omega t + \varphi) \qquad (0 < \omega t \leqslant \pi) \tag{6.11}$$

因此,式(6.7)变化为

$$v_S = V_I - v_{L1} = V_I - \omega L_1 I_m \cos(\omega t + \varphi) \qquad (0 < \omega t \leqslant \pi) \tag{6.12}$$

根据式(6.10),考虑到实际电感电流 i_{L1} 是连续的,有

$$i_{L1}(\pi+) = i_{L1}(\pi-) = I_m \sin(\pi + \varphi) = -I_m \sin \varphi \tag{6.13}$$

$\pi < \omega t \leqslant 2\pi$ 时,开关呈导通状态,此时

$$v_S = 0 \qquad (\pi < \omega t \leqslant 2\pi) \tag{6.14}$$

将式(6.14)代入式(6.7),得到

$$v_{L1} = V_I \qquad (\pi < \omega t \leqslant 2\pi) \tag{6.15}$$

因此,根据式(6.13)和式(6.15),进一步得到流过电感 L_1 的电流为

$$i_{L1} = \frac{1}{\omega L_1} \int_{\pi}^{\omega t} v_{L1}(u) du + i_{L1}(\pi+) = \frac{1}{\omega L_1} \int_{\pi}^{\omega t} V_I(u) du + i_{L1}(\pi+)$$

$$= \frac{V_I}{\omega L_1}(\omega t - \pi) - I_m \sin \varphi \qquad (\pi < \omega t \leqslant 2\pi) \tag{6.16}$$

根据式(6.6)和式(6.8),开关电流的表达式为

$$i_S = i_{L1} - i_O = \frac{V_I}{\omega L_1}(\omega t - \pi) - I_m[\sin(\omega t + \varphi) + \sin \varphi] \qquad (\pi < \omega t \leqslant 2\pi) \tag{6.17}$$

将 ZCS 条件 $i_S(2\pi) = 0$ 代入到式(6.17)中,得到

$$I_m = V_I \frac{\pi}{2\omega L_1 \sin \varphi} \tag{6.18}$$

因为 $I_m > 0$

$$0 < \varphi < \pi \tag{6.19}$$

根据式(6.9)、式(6.17)和式(6.18),有

$$i_S = \begin{cases} 0 & (0 < \omega t \leqslant \pi) \\ \frac{V_I}{\omega L_1}\left[\omega t - \frac{3\pi}{2} - \frac{\pi}{2\sin \varphi} \sin(\omega t + \varphi)\right] & (\pi < \omega t \leqslant 2\pi) \end{cases} \tag{6.20}$$

将式(6.4)所给的最佳工作状态条件代入式(6.20),得到

$$\tan \varphi = \frac{\pi}{2} \tag{6.21}$$

由式(6.19)和式(6.21),得

$$\varphi = \arctan\left(\frac{\pi}{2}\right) = 1.0039 \text{ rad} = 57.52° \tag{6.22}$$

考虑三角函数的关系,有

$$\sin \varphi = \frac{\pi}{\sqrt{\pi^2 + 4}} \tag{6.23}$$

$$\cos \varphi = \frac{2}{\sqrt{\pi^2 + 4}} \tag{6.24}$$

因此,由式(6.20)和式(6.21),得

$$i_S = \begin{cases} 0 & (0 < \omega t \leqslant \pi) \\ \frac{V_I}{\omega L_1}\left(\omega t - \frac{3\pi}{2} - \frac{\pi}{2}\cos \omega t - \sin \omega t\right) & (\pi < \omega t \leqslant 2\pi) \end{cases} \tag{6.25}$$

利用傅里叶变换,得到直流供给电流为

$$I_I = \frac{1}{2\pi} \int_{\pi}^{2\pi} i_S \, d(\omega t) = \frac{V_I}{2\pi \omega L_1} \int_{\pi}^{2\pi} \left(\omega t - \frac{3\pi}{2} - \frac{\pi}{2}\cos \omega t - \sin \omega t\right) d(\omega t) = \frac{V_I}{\pi \omega L_1} \tag{6.26}$$

由式(6.18)、式(6.23)和式(6.26)可以求出输出电流的幅度

$$I_m = \frac{\sqrt{\pi^2 + 4}}{2}\frac{V_I}{\omega L_1} = \frac{\pi\sqrt{\pi^2 + 4}}{2}I_I = 5.8499 I_I \tag{6.27}$$

将式(6.27)代入式(6.25),得到归一化的稳态开关电流波形表达式

$$\frac{i_S}{I_I} = \begin{cases} 0 & (0 < \omega t \leqslant \pi) \\ \pi\left(\omega t - \dfrac{3\pi}{2} - \dfrac{\pi}{2}\cos\omega t - \sin\omega t\right) & (\pi < \omega t \leqslant 2\pi) \end{cases} \quad (6.28)$$

由式(6.12)、式(6.18)和式(6.21)可以得到归一化的开关电压波形表达式

$$\frac{v_S}{V_I} = \begin{cases} \dfrac{\pi}{2}\sin\omega t - \cos\omega t + 1 & (0 < \omega t \leqslant \pi) \\ 0 & (\pi < \omega t \leqslant 2\pi) \end{cases} \quad (6.29)$$

6.4.2 峰值开关电流和电压

对式(6.28)和式(6.29)求导并令导数为0,可以得到峰值开关电流 I_{SM} 和电压 V_{SM} 为

$$I_{SM} = \pi(\pi - 2\varphi)I_I = 3.562I_I \quad (6.30)$$

$$V_{SM} = \left(\frac{\sqrt{\pi^2 + 4}}{2} + 1\right)V_I = 2.8621V_I \quad (6.31)$$

忽略功率损耗,输出功率等于直流输入功率 $P_I = I_I V_I$。因此,功率输出能力 c_p 计算如下

$$c_p = \frac{P_O}{I_{SM}V_{SM}} = \frac{I_I V_I}{I_{SM}V_{SM}} = 0.0981 \quad (6.32)$$

这个功率输出能力与带有并联电容的 ZVS 型 E 类放大器相同。可以证明,当占空比为 50% 时,功率输出能力最大。

6.4.3 电流和电压的基频分量

输出电压是正弦波,其表达式为

$$v_{R1} = V_m\sin(\omega t + \varphi) \quad (6.33)$$

其中

$$V_m = RI_m \quad (6.34)$$

元件 L、C_a 和 C_b 两端的电压 v_X 不是正弦的。电压 v_X 的基频分量 v_{X1} 仅仅出现在电容 C_b 上,因为在工作频率 f 处,电感 L 和电容 C_a 发生谐振,它们的电抗为 $\omega L - 1/(\omega C_a) = 0$。这个基频分量为

$$v_{X1} = V_{X1}\cos(\omega t + \varphi) \quad (6.35)$$

其中

$$V_{X1} = -\frac{I_m}{\omega C_b} \quad (6.36)$$

开关电压的基频分量为

$$v_{S1} = v_{R1} + v_{X1} = V_m\sin(\omega t + \varphi) + V_{X1}\cos(\omega t + \varphi) \quad (6.37)$$

电压 v_{R1} 和 v_{S1} 之间的相移由式(6.38)确定

$$\tan\psi = \frac{V_{X1}}{V_m} = -\frac{1}{\omega C_b R} \quad (6.38)$$

根据式(6.29)和傅里叶变换得到

$$V_m = \frac{1}{\pi}\int_0^{2\pi} v_S\sin(\omega t + \varphi)d(\omega t) = \frac{4}{\pi\sqrt{\pi^2 + 4}}V_I = 0.3419V_I \quad (6.39)$$

$$V_{X1} = \frac{1}{\pi}\int_0^{2\pi} v_S\cos(\omega t + \varphi)d(\omega t) = -\frac{\pi^2 + 12}{4\sqrt{\pi^2 + 4}}V_I = -1.4681V_I \quad (6.40)$$

将式(6.26)和式(6.27)代入式(6.39)和式(6.40),得到

$$V_m = \frac{8}{\pi(\pi^2 + 4)} \omega L_1 I_m \tag{6.41}$$

$$V_{X1} = -\frac{\pi^2 + 12}{2(\pi^2 + 4)} \omega L_1 I_m \tag{6.42}$$

开关电流的基频分量为

$$i_{s1} = I_{s1} \sin(\omega t + \gamma) \tag{6.43}$$

其中

$$I_{s1} = I_I \sqrt{\left(\frac{\pi^2}{4} - 2\right)^2 + \frac{\pi^2}{2}} = 1.6389 I_I \tag{6.44}$$

$$\gamma = 180° + \arctan\left(\frac{\pi^2 - 8}{2\pi}\right) = 196.571° \tag{6.45}$$

开关电压为

$$v_{s1} = V_{s1} \sin(\omega t + \vartheta) \tag{6.46}$$

其中

$$V_{s1} = \sqrt{V_m^2 + V_{X1}^2} = V_I \sqrt{\frac{16}{\pi^2(\pi^2 + 4)} + \frac{(\pi^2 + 12)^2}{16(\pi^2 + 4)}} = 1.5074 V_I \tag{6.47}$$

$$\vartheta = \varphi + \psi = -19.372° \tag{6.48}$$

工作频率处,负载网络输入阻抗的相位 ϕ 为

$$\phi = 180° + \vartheta - \gamma = -35.945° \tag{6.49}$$

这表明负载网络的输入阻抗是容性的。图6.3给出了最佳工作状态 ZCS 型 E 类放大器基频电流和电压的相位图。

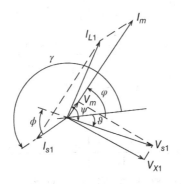

图 6.3 ZCS 型 E 类放大器最佳工作状态时基频电流和电压的相位图

6.5 放大器的功率

直流输入功率 P_I 为

$$P_I = I_I V_I \tag{6.50}$$

由式(6.39)得到输出功率 P_O 为

$$P_O = \frac{V_m^2}{2R} = \frac{8}{\pi^2(\pi^2 + 4)} \frac{V_I^2}{R} = 0.05844 \frac{V_I^2}{R} \tag{6.51}$$

6.6 负载网络的元件参数值

由式(6.34)、式(6.38)、式(6.41)以及式(6.42),得到

$$\frac{\omega L_1}{R} = \frac{\pi(\pi^2 + 4)}{8} = 5.4466 \tag{6.52}$$

$$\omega C_b R = \frac{16}{\pi(\pi^2 + 12)} = 0.2329 \tag{6.53}$$

$$\psi = \arctan\left(\frac{V_{X1}}{V_m}\right) = -\arctan\left[\frac{\pi(\pi^2 + 12)}{16}\right] = -76.89° \tag{6.54}$$

根据图6.1(b),电容 C_b 与 C_a,L 和 R 串联。元件 L 和 C_a 的参数值可由式(6.1)和式(6.2)求得。

根据式(6.27)和式(6.52)得到

$$I_m = \frac{4}{\pi\sqrt{\pi^2 + 4}} \frac{V_I}{R} \tag{6.55}$$

根据式(6.26)和式(6.52)得到

$$I_I = \frac{8}{\pi^2(\pi^2 + 4)} \frac{V_I}{R} \tag{6.56}$$

由式(6.26)和式(6.52)得到放大器的直流输入电阻为

$$R_{DC} \equiv \frac{V_I}{I_I} = \pi\omega L_1 = \frac{2\pi(\pi^2 + 4)}{(\pi^2 + 12)} \frac{1}{\omega C_b} = \frac{\pi^2(\pi^2 + 4)}{8} R = 17.11R \tag{6.57}$$

负载网络的元件参数可以由下列公式计算出

$$R = \frac{8}{\pi^2(\pi^2 + 4)} \frac{V_I^2}{P_O} = 0.05844 \frac{V_I^2}{P_O} \tag{6.58}$$

$$L_1 = \frac{\pi(\pi^2 + 4)}{8} \frac{R}{\omega} = 5.4466 \frac{R}{\omega} \tag{6.59}$$

$$C_b = \frac{16}{\pi(\pi^2 + 12)} \frac{1}{\omega R} = \frac{0.2329}{\omega R} \tag{6.60}$$

$$C = \frac{1}{\omega R Q_L} \tag{6.61}$$

$$L = \left[Q_L - \frac{\pi(\pi^2 + 12)}{16}\right] \frac{R}{\omega} = (Q_L - 4.2941) \frac{R}{\omega} \tag{6.62}$$

由式(6.62)可见,负载品质因数 Q_L 必须比 4.2941 大。

6.7 设计实例

例 6.1 设计一个如图6.1(a)所示的 ZCS 型 E 类射频功率放大器,使其满足下列要求:
$V_I = 5\text{V}$,$P_{Omax} = 1\text{W}$,$f = 1\text{GHz}$。

解:按最大功率设计,由式(6.58)计算得到负载电阻

$$R = \frac{8}{\pi^2(\pi^2 + 4)} \frac{V_I^2}{P_O} = 0.05844 \times \frac{5^2}{1} = 1.146 \ (\Omega) \tag{6.63}$$

由第6.6节的计算结果负载品质因素必须大于 4.2941。令 $Q_L = 8$,根据式(6.59)、

式(6.61)以及式(6.62),得到负载网络的元件参数为

$$L_1 = \frac{\pi^2+4}{16}\frac{R}{f} = 0.8669 \times \frac{1.461}{10^9} = 1.2665 \text{ (nH)} \tag{6.64}$$

$$C = \frac{1}{\omega R Q_L} = \frac{1}{2 \times \pi \times 10^9 \times 1.461 \times 8} = 13.62 \text{ (pF)} \tag{6.65}$$

$$L = \left[Q_L - \frac{\pi(\pi^2+12)}{16} \right] \frac{R}{\omega} = \left[8 - \frac{\pi(\pi^2+12)}{16} \right] \times \frac{1.461}{2 \times \pi \times 10^9} = 0.862 \text{ (nH)} \tag{6.66}$$

由式(6.31)得到开关两端的最大电压为

$$V_{SM} = \left(\frac{\sqrt{\pi^2+4}}{2} + 1 \right) V_I = 2.8621 \times 5 = 14.311 \text{ (V)} \tag{6.67}$$

由式(6.56)得到直流输入电流为

$$I_I = \frac{8}{\pi^2(\pi^2+4)}\frac{V_I}{R} = 0.0584 \times \frac{5}{1.461} = 0.2 \text{ (A)} \tag{6.68}$$

由式(6.30)得到最大开关电流为

$$I_{SM} = \pi(\pi - 2\varphi)I_I = 3.562 \times 0.2 = 0.7124 \text{ (A)} \tag{6.69}$$

由式(6.55)得到流过谐振电路的电流最大幅度为

$$I_m = \frac{4}{\pi\sqrt{\pi^2+4}}\frac{V_I}{R} = 0.3419 \times \frac{5}{1.461} = 1.17 \text{ (A)} \tag{6.70}$$

直流功率源呈现的直流电阻为

$$R_{DC} = \frac{\pi^2(\pi^2+4)}{8}R = 17.11 \times 1.461 = 25 \text{ (}\Omega\text{)} \tag{6.71}$$

当开关导通时,LC 串联谐振电路的谐振频率为

$$f_{o1} = \frac{1}{2\pi\sqrt{LC}} = \frac{1}{2\pi\sqrt{0.862 \times 10^{-9} \times 13.62 \times 10^{-12}}} = 1.469 \text{ (GHz)} \tag{6.72}$$

当开关截止时,L_1-L-C 串联谐振电路的谐振频率为

$$f_{o2} = \frac{1}{2\pi\sqrt{C(L+L_1)}} = \frac{1}{2\pi\sqrt{13.62 \times 10^{-12}(1.2665 + 0.862) \times 10^{-9}}} = 0.9347 \text{ (GHz)} \tag{6.73}$$

6.8 本章小结

- ZCS 型 E 类射频功率放大器中,晶体管在电流为零时断开,将断开时的开关损耗降为零,即使工作频率处晶体管开关时间是整个周期内不可忽视的一部分。
- 晶体管输出电容不能被 ZCS 型 E 类放大器拓扑结构吸收。
- 晶体管在非零电压时打开,产生导通功率损耗。
- 使用相同的晶体管,在相同的工作频率下,ZCS 型 E 类放大器的效率低于 ZVS 型 E 类放大器。
- ZCS 型 E 类放大器的电压应力小于 ZVS 型 E 类放大器。
- 负载电阻在 R 的最小值到无穷大之间,ZCS 条件都可以满足。
- 可以通过阻抗转换和谐波抑制调整放大器的负载网络。

6.9 复习思考题

6.1 什么是 ZCS 技术?

6.2 ZCS 型 E 类放大器中开关的断开损耗包括哪些?

6.3 ZCS 型 E 类放大器中开关的导通损耗包括哪些?

6.4 晶体管的输出电容能够被 ZCS 型 E 类放大器拓扑结构吸收吗?

6.5 ZCS 型 E 类放大器中,与直流输入电源 V_I 串联的电感是高频扼流电感吗?

6.6 $D = 0.5$ 时,ZCS 型 E 类放大器的开关电流和电压应力是多少?

6.7 $D = 0.5$ 时,比较 ZCS 型和 ZVS 型 E 类放大器的电压和电流应力。

6.10 习题

6.1 设计一个 ZCS 型 E 类射频功率放大器,使其满足下列要求: $V_I = 15\text{V}$, $P_{Omax} = 10\text{W}$, $f = 900\text{MHz}$。

6.2 一个由 340V 电源供电的 ZCS 型 E 类放大器,如果开关占空比为 0.5,开关所需的电压应力是什么?

6.3 设计一个 ZCS 型 E 类射频功率放大器,使其满足下列要求: $V_I = 180\text{V}$, $P_{Omax} = 250\text{W}$, $f = 200\text{kHz}$。

6.4 若一个 ZCS 型 E 类放大器的参数如下: $D = 0.5$, $f = 400\text{kHz}$, $L_1 = 20\mu\text{H}$, $P_O = 100\text{W}$。那么该放大器中开关电压的最大值是多少?

6.5 设计一个 ZCS 型 E 类射频功率放大器,使其满足下列要求: $V_I = 100\text{V}$, $P_{Omax} = 50\text{W}$, $f = 1\text{MHz}$。

参考文献

[1] M. K. Kazimierczuk, "Class E tuned power amplifier with shunt inductor," *IEEE Journal of Solid-State Circuits*, vol. SC-16, no. 1, pp. 2–7, 1981.

[2] N. C. Voulgaris and C. P. Avratoglou, "The use of a switching device in a Class E tuned power amplifier," *IEEE Transactions on Circuits and Systems*, vol. CAS-34, pp. 1248–1250, 1987.

[3] C. P. Avratoglou and N. C. Voulgaris, "A Class E tuned amplifier configuration with finite dc-feed inductance and no capacitance," *IEEE Transactions on Circuits and Systems*, vol. CAS-35, pp. 416–422, 1988.

[4] M. K. Kazimierczuk and D. Czarkowski, *Resonant Power Converters*, 2nd Ed., New York, NY: John Wiley & Sons, 2011.

[5] M. Hayati, A. Lofti, H. Sekiya, and M. K. Kazimierczuk, "Performance study of Class-E power amplifier with shunt inductor at sub-optimum condition," *IEEE Transactions on Power Electronics*, vol. 28, no. 8, pp. 3834–3844, 2013.

[6] M. Hayati, A. Lofti, M. K. Kazimierczuk, and H. Sekya, "Modeling and analysis of Class-E amplifier with a shunt inductor at sub-nominal condition for any duty ratio," *IEEE Transactions on Circuits and Systems I: Regular Papers*, vol. 61, no. 4, pp. 987–1000, April 2014.

第7章 DE 类射频功率放大器

7.1 引言

DE 类射频开关模式功率放大器[1~17]也称为 D 类零电压开关型射频功率放大器,它是由两个晶体管、一个串联谐振电路和与晶体管并联的并联电容组成。它具有 D 类功率放大器的低电压应力特性和 ZVS 型 E 类功率放大器的特性。DE 类功率放大器的开关损耗为零,工作效率较高。在 DE 类功率放大器中,当两个晶体管都断开时,晶体管的驱动会有时间间隙(死区)。本章将介绍 DE 类放大器的电路结构、工作原理、电路分析和设计过程。

7.2 DE 类射频功率放大器分析

DE 类射频功率放大器电路原理图如图 7.1 所示,它包含两个晶体管 Q_1 和 Q_2、串联谐振电路 LCR 以及并联在晶体管上的并联电容 C_1 和 C_2。晶体管输出电容 C_{O1}、C_{O2} 分别被并联电容 C_1、C_2 吸收。在高频工作状态下,晶体管的输出电容可以用做并联电容。假设每个晶体管的占空比固定为 $D=0.25$,这意味着归一化的死区占空比 t_D/T 也为 0.25。一般情况下,占空比 D 的范围在 0 到 0.5 之间。图 7.2 给出了工作频率 f_s 时,DE 类功率放大器在一个周期内 4 个时间段的等效电路图。DE 类射频功率放大器的电流和电压波形如图 7.3 所示。在死区时间内,负载电流通过并联电容中的一个电容放电,对另一个电容充电。这里也可以只用一个并联电容[1]。最佳工作状态下,当晶体管导通时,同时满足 E 类放大器的 ZVS 和 ZDS 条件,因此,DE 类功率放大器具有高的效率。

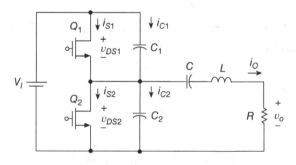

图 7.1 DE 类射频功率放大器电路原理图

串联谐振电路产生一个近似正弦波的电流

$$i_o = I_m \sin(\omega t + \phi) \tag{7.1}$$

其中,I_m 是振幅,$\omega = 2\pi f$ 是工作角频率,ϕ 是输出电流的相位。

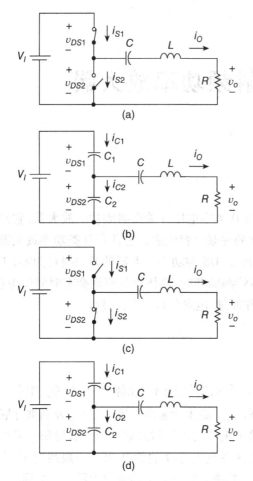

图 7.2 DE 类射频功率放大器的等效电路

(a) S_1 导通,S_2 断开; (b) S_1 和 S_2 都断开;

(c) S_1 断开,S_2 导通; (d) S_1 和 S_2 都断开

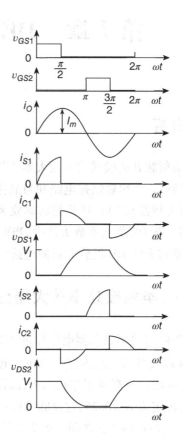

图 7.3 DE 类射频功率放大器的电压和
电流工作波形

根据 KVL,有

$$v_{DS1} + v_{DS2} = V_I \tag{7.2}$$

(1) 在 $0 \leqslant \omega t \leqslant \pi/2$ 区间内,开关 S_1 导通,S_2 断开,此时,DE 类放大器的等效电路如图 7.2(a) 所示。下方晶体管的漏电流

$$i_{S2} = 0 \tag{7.3}$$

下方晶体管的漏-源电压为

$$v_{DS2} = V_I \tag{7.4}$$

因此

$$i_{C2} = \omega C_2 \frac{dv_{DS2}}{d(\omega t)} = \omega C_2 \frac{dV_I}{d(\omega t)} = 0 \tag{7.5}$$

上方晶体管两端的电压为

$$v_{DS1} = 0 \tag{7.6}$$

因此

$$i_{C1} = \omega C_1 \frac{dv_{DS1}}{d(\omega t)} = 0 \tag{7.7}$$

输出电流 i_o 流过开关 S_1,因此

$$i_{S1} = i_o = I_m \sin(\omega t + \phi) \qquad \left(0 \leqslant \omega t \leqslant \frac{\pi}{2}\right) \tag{7.8}$$

(2) 在 $\pi/2 \leqslant \omega t \leqslant \pi$ 区间内,开关 S_1 和 S_2 都断开,此时,DE 类放大器的等效电路如图7.2(b)所示,其中电容 C_1 被充电,C_2 被放电,因此,电压 v_{DS1} 从 0 开始增加到 V_I,电压 v_{DS2} 从 V_I 降为 0。根据 KVL

$$v_{DS1} = V_I - v_{DS2} \tag{7.9}$$

可见

$$\frac{dv_{DS1}}{d(\omega t)} = -\frac{dv_{DS2}}{d(\omega t)} \tag{7.10}$$

根据 KCL

$$-i_{C1} + i_{C2} = -i_o \tag{7.11}$$

因此可推出

$$-\omega C_1 \frac{dv_{DS1}}{d(\omega t)} + \omega C_2 \frac{dv_{DS2}}{d(\omega t)} = -I_m \sin(\omega t + \phi) \tag{7.12}$$

进一步有

$$-\omega C_1 \frac{d(V_I - v_{DS2})}{d(\omega t)} + \omega C_2 \frac{dv_{DS2}}{d(\omega t)} = -I_m \sin(\omega t + \phi) \tag{7.13}$$

因此

$$\omega C_1 \frac{dv_{DS2}}{d(\omega t)} + \omega C_2 \frac{dv_{DS2}}{d(\omega t)} = -I_m \sin(\omega t + \phi) \tag{7.14}$$

将式(7.14)重新整理为

$$\frac{dv_{DS2}}{d(\omega t)} = -\frac{I_m}{\omega(C_1 + C_2)} \sin(\omega t + \phi) \tag{7.15}$$

当 $\omega t = \pi$ 时,电压 v_{DS2} 的 ZDS 条件为

$$\frac{dv_{DS2}(\omega t)}{d(\omega t)}\Big|_{\omega t=\pi} = 0 \tag{7.16}$$

将该条件代入式(7.15),得到

$$\sin(\pi + \phi) = 0 \tag{7.17}$$

式(7.17)的解为

$$\phi = 0 \tag{7.18}$$

和

$$\phi = \pi \tag{7.19}$$

但只有 $\phi = 0$ 是有意义的物理解,在这个条件下允许电容 C_1 充电,C_2 放电。

因此,式(7.15)变为

$$dv_{DS2} = -\frac{I_m}{\omega(C_1 + C_2)} \sin \omega t \, d(\omega t) \tag{7.20}$$

进一步有,电压 v_{DS2} 为

$$v_{DS2} = -\frac{I_m}{\omega(C_1 + C_2)} \int_{\frac{\pi}{2}}^{\omega t} \sin \omega t \, d(\omega t) + v_{DS2}\left(\frac{\pi}{2}\right) = \frac{I_m}{\omega(C_1 + C_2)} \cos \omega t + V_I \tag{7.21}$$

$\omega t = \pi$ 时,电压 v_{DS2} 的 ZVS 条件为

$$v_{DS2}(\pi) = 0 \tag{7.22}$$

将该条件代入式(7.21),得到

$$\frac{I_m}{\omega(C_1 + C_2)} = V_I \tag{7.23}$$

因此,下方开关两端的电压为

$$v_{DS2} = V_I(\cos\ \omega t + 1) \tag{7.24}$$

上方开关两端的电压为

$$v_{DS1} = V_I - v_{DS2} = -V_I \cos\ \omega t \tag{7.25}$$

输出电流为

$$i_o = I_m \sin\ \omega t \tag{7.26}$$

流过上方电容的电流为

$$i_{C1} = \frac{i_o}{2} = \frac{1}{2} I_m \sin\ \omega t \tag{7.27}$$

流过下方电容的电流为

$$i_{C2} = -\frac{i_o}{2} = -\frac{1}{2} I_m \sin\ \omega t \tag{7.28}$$

上方并联电容 C_1 两端的电压波形为

$$v_{DS1} = \frac{1}{\omega C_1} \int_{\frac{\pi}{2}}^{\omega t} i_{C1}\ d(\omega t) + v_{DS1}\left(\frac{\pi}{2}\right) = \frac{1}{\omega C_1} \int_{\frac{\pi}{2}}^{\omega t} \left(\frac{I_m}{2} \sin\ \omega t\right) d(\omega t)$$

$$= -\frac{I_m}{2\omega C_1} \cos\ \omega t \tag{7.29}$$

其中 $v_{DS1}(\pi/2) = 0$。

同样地,下方并联电容 C_2 两端的电压波形为

$$v_{DS2} = \frac{1}{\omega C_2} \int_{\frac{\pi}{2}}^{\omega t} i_{C2}\ d(\omega t) + v_{DS2}\left(\frac{\pi}{2}\right) = \frac{1}{\omega C_2} \int_{\frac{\pi}{2}}^{\omega t} \left(-\frac{I_m}{2} \sin\ \omega t\right) d(\omega t) + V_I$$

$$= \frac{I_m}{2\omega C_1} \cos\ \omega t + V_I \tag{7.30}$$

其中 $v_{DS2}(\pi/2) = V_I$。

根据 ZVS 条件 $v_{DS2}(\pi) = 0$,可以得到

$$\frac{I_m}{2\omega C_2} \cos\pi + V_I = 0 \tag{7.31}$$

进一步有

$$\frac{I_m}{2\omega C_2} = V_I \tag{7.32}$$

根据式(7.29)和 $v_{DS1}(\pi) = V_I - v_{DS1}(2\pi) = V_I$,有

$$-\frac{I_m}{2\omega C_1} \cos\pi = V_I \tag{7.33}$$

因此得到

$$\frac{I_m}{2\omega C_1} = V_I \tag{7.34}$$

于是

$$\frac{I_m}{2\omega C_1} = \frac{I_m}{2\omega C_2} \tag{7.35}$$

所以有
$$C_1 = C_2 \tag{7.36}$$

由以上分析可见,流过两个并联电容的电流大小是相等的,因此,这两个并联电容的大小必须相等。

(3) 在 $\pi \leqslant \omega t \leqslant 3\pi/2$ 区间内,开关 S_1 断开,S_2 导通,此时,DE 类放大器的等效电路如图 7.2(c)所示。下方晶体管的漏-源电压为
$$v_{DS2} = 0 \tag{7.37}$$

因此
$$i_{C2} = \omega C_2 \frac{dv_{DS2}}{d(\omega t)} = 0 \tag{7.38}$$

上方晶体管的漏-源电压为
$$v_{DS1} = V_I \tag{7.39}$$

因此
$$i_{C1} = \omega C_1 \frac{dv_{DS1}}{d(\omega t)} = \omega C_1 \frac{dV_I}{d(\omega t)} = 0 \tag{7.40}$$

负载电流为
$$i_o = I_m \sin \omega t \qquad \left(\pi \leqslant \omega t \leqslant \frac{3\pi}{2} \right) \tag{7.41}$$

因此,流过开关 S_2 的电流为
$$i_{S2} = -i_o = -I_m \sin \omega t \qquad \left(\pi \leqslant \omega t \leqslant \frac{3\pi}{2} \right) \tag{7.42}$$

(4) 在 $3\pi/2 \leqslant \omega t \leqslant 2\pi$ 区间内,开关 S_1 和 S_2 都断开,DE 类放大器的等效电路如图 7.2(d)所示。根据 KCL
$$i_{C1} - i_{C2} = i_o = I_m \sin \omega t \tag{7.43}$$

因此
$$\omega C_1 \frac{dv_{DS1}}{d(\omega t)} - \omega C_2 \frac{dv_{DS2}}{d(\omega t)} = I_m \sin \omega t \tag{7.44}$$

又因为
$$v_{DS2} = V_I - v_{DS1} \tag{7.45}$$

于是得到
$$\omega C_1 \frac{dv_{DS1}}{d(\omega t)} - \omega C_2 \frac{d(V_I - v_{DS1})}{d(\omega t)} = I_m \sin \omega t \tag{7.46}$$

进一步有
$$\omega C_1 \frac{dv_{DS1}}{d(\omega t)} + \omega C_2 \frac{dv_{DS1}}{d(\omega t)} = I_m \sin \omega t \tag{7.47}$$

即
$$\frac{dv_{DS1}}{d(\omega t)} = \frac{I_m}{\omega(C_1 + C_2)} \sin \omega t \tag{7.48}$$

因此得到
$$v_{DS1} = \frac{I_m}{\omega(C_1 + C_2)} \int_{3\pi/2}^{\omega t} \sin \omega t \, d(\omega t) + v_{DS1}\left(\frac{3\pi}{2}\right) = -\frac{I_m}{\omega(C_1 + C_2)} \cos \omega t + V_I \tag{7.49}$$

根据 $\omega t = 2\pi$ 时的 ZVS 条件

$$v_{DS1}(2\pi) = 0 \tag{7.50}$$

代入式(7.49),得到

$$\frac{I_m}{\omega(C_1 + C_2)} = V_I \tag{7.51}$$

因此,开关 S_1 两端的电压为

$$v_{DS1} = V_I(1 - \cos \omega t) \tag{7.52}$$

开关 S_2 两端的电压为

$$v_{DS2} = V_I - v_{DS1} = V_I \cos \omega t \tag{7.53}$$

输出电流和输出电压分别为

$$i_o = I_m \sin \omega t \tag{7.54}$$

$$v_o = V_m \sin \omega t \tag{7.55}$$

其中 $V_m = RI_m$。

稳定工作状态下,流过并联电容 C_1 的直流分量为零。因此,直流输入电流为

$$I_I = \frac{1}{2\pi} \int_0^{2\pi} i_{S1} \, d(\omega t) = \frac{1}{2\pi} \int_0^{\frac{\pi}{2}} I_m \sin \omega t \, d(\omega t) = \frac{I_m}{2\pi} = \frac{\omega(C_1 + C_2)}{2\pi} V_I \tag{7.56}$$

放大器的直流输入电阻为

$$R_{I(DC)} = \frac{V_I}{I_I} = \frac{2\pi}{\omega(C_1 + C_2)} = \frac{1}{f(C_1 + C_2)} \tag{7.57}$$

7.3 电路组成元件分析

如图 7.4 所示的 DE 类射频功率放大器电路中,电感 L 被分成 L_a 和 L_b 两部分。电感 L_a 与电容 C 谐振在工作频率 $f = \omega/(2\pi)$ 处,即

$$\omega = \frac{1}{\sqrt{L_a C}} \tag{7.58}$$

由于电容 C 和电感 L_a 组成的网络在工作频率 f 处阻抗为零,因此,此时的电压降落在电感 L_b 和负载电阻上。图 7.5 为 ZVS 和 ZDS 的条件下 DE 类射频功率放大器基本元件的电压波形图,图 7.6 为它们的相量图。

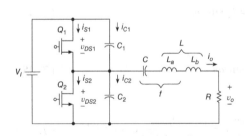

图 7.4　电感 L 被分成 L_a 和 L_b 两部分的 DE 类射频功率放大器

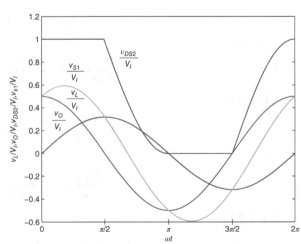

图 7.5　ZVS 和 ZDS 条件下 DE 类射频功率放大器基本元件的电压波形图

输出电压波形为

$$v_o = V_m \sin \omega t \qquad (7.59)$$

其中，$V_m = RI_m$。电感 L 两端的电压基频分量为

$$v_{L1} = V_{Lm} \cos \omega t \qquad (7.60)$$

其中，$V_{Lm} = \omega L_b I_m$。根据傅里叶分析，放大器输出电压幅度为

$$
\begin{aligned}
V_m &= \frac{1}{\pi} \int_0^{2\pi} v_{DS2} \sin \omega t \, d(\omega t) \\
&= \frac{1}{\pi} \left[\int_0^{\frac{\pi}{2}} V_I \sin \omega t \, d(\omega t) + \int_{\frac{\pi}{2}}^{\pi} V_I (\cos \omega t + 1) \sin \omega t d(\omega t) \right. \\
&\qquad \left. + \int_{\frac{3\pi}{2}}^{2\pi} V_I \cos \omega t \sin \omega t \, d(\omega t) \right] \\
&= \frac{V_I}{\pi}
\end{aligned}
\qquad (7.61)
$$

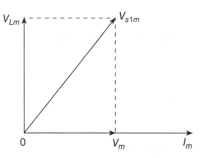

图 7.6　ZVS 和 ZDS 的条件下 DE 类射频功率放大器基本元件的相量图

$$
\begin{aligned}
V_{Lm} &= \frac{1}{\pi} \int_0^{2\pi} v_{DS2} \cos \omega t d(\omega t) \\
&= \frac{1}{\pi} \left[\int_0^{\frac{\pi}{2}} V_I \cos^2 \omega t \, d(\omega t) + \int_{\frac{\pi}{2}}^{\pi} V_I (\cos \omega t + 1) \cos \omega t \, d(\omega t) + \int_{\frac{3\pi}{2}}^{2\pi} V_I \cos^2 \omega t d(\omega t) \right] \\
&= \frac{V_I}{2}
\end{aligned}
\qquad (7.62)
$$

因此

$$\frac{V_{Lm}}{V_m} = \frac{\omega L_b}{R} = \frac{\pi}{2} \qquad (7.63)$$

电压 v_{DS2} 的基频分量为

$$v_{s1} = v_o + v_{L1} = V_m \sin \omega t + V_{Lm} \cos \omega t = V_I \left(\frac{1}{\pi} \sin \omega t + \frac{1}{2} \cos \omega t \right) = V_{s1m} \cos(\omega t + \psi)$$

$$(7.64)$$

其中，电压 v_{DS2} 基频分量的幅度为

$$V_{s1m} = \sqrt{V_m^2 + V_{Lm}^2} = V_I \sqrt{\frac{1}{\pi^2} + \frac{1}{4}} = \frac{V_I \sqrt{\pi^2 + 4}}{2\pi} = 0.5927 V_I \qquad (7.65)$$

$$\tan \psi = \frac{V_{Lm}}{V_m} = \frac{\omega L_b}{R} = \frac{2}{\pi} \qquad (7.66)$$

$$\sin \psi = \frac{V_{Lm}}{V_{s1m}} = \frac{2}{\sqrt{\pi^2 + 4}} \qquad (7.67)$$

$$\cos \psi = \frac{V_m}{V_{s1m}} = \frac{\pi}{\sqrt{\pi^2 + 4}} \qquad (7.68)$$

$$\psi = \arcsin \left[\frac{\pi}{\sqrt{\pi^2 + 4}} \right] = 0.5669 \text{ rad} = 32.4816^\circ \qquad (7.69)$$

输出功率为

$$P_O = \frac{V_m^2}{2R} = \frac{V_I^2}{2\pi^2 R} \tag{7.70}$$

假设效率为100%,输出功率还可以表示为

$$P_O = P_I = I_I V_I = \frac{\omega(C_1 + C_2)V_I^2}{2\pi} = f(C_1 + C_2)V_I^2 \tag{7.71}$$

因此

$$\omega(C_1 + C_2)R = \frac{1}{\pi} \tag{7.72}$$

假设 $C_1 = C_2$

$$\omega C_1 R = \omega C_2 R = \frac{1}{2\pi} \tag{7.73}$$

工作频率处,负载的品质因数定义为

$$Q_L = \frac{\omega L}{R} \tag{7.74}$$

因此

$$L_a = L - L_b = \frac{Q_L R}{\omega} - \frac{\pi}{2}\frac{R}{\omega} = \left(Q_L - \frac{\pi}{2}\right)\frac{R}{\omega} \tag{7.75}$$

由于 $\omega^2 = 1/(L_a C)$,则

$$C = \frac{1}{\omega^2 L_a} = \frac{1}{\omega R\left(Q_L - \frac{\pi}{2}\right)} \tag{7.76}$$

7.4 元器件应力

最大漏极电流为

$$I_{DMmax} = I_{m(max)} = \frac{V_m}{R} = \frac{V_I}{\pi R} \tag{7.77}$$

最大漏-源电压为

$$V_{DSmax} = V_I \tag{7.78}$$

串联电容 C 两端的最大电压为

$$V_{Cm(max)} = \frac{I_{m(max)}}{\omega C} \tag{7.79}$$

串联电感 L 两端的最大电压为

$$V_{Lm(max)} = \omega L I_{m(max)} \tag{7.80}$$

7.5 电路的设计方程

计算元器件参数值的设计方程有

$$R = \frac{V_I^2}{2\pi^2 P_O} \tag{7.81}$$

$$C_1 = C_2 = \frac{1}{2\pi\omega R} = \frac{\pi P_O}{\omega V_I^2} \tag{7.82}$$

$$L = \frac{Q_L R}{\omega} \tag{7.83}$$

$$C = \frac{1}{\omega R \left(Q_L - \frac{\pi}{2} \right)} \tag{7.84}$$

7.6　电路的最大工作频率

当 ZVS 和 ZDS 条件同时满足时,电路有最大工作频率 f_{max}。由于 $C_1 = C_2 = C_o$,$\omega C_o R = 1/(2\pi)$,因此,受晶体管输出电容 C_o 影响的最大工作频率由下式确定

$$C_o = C_1 = C_2 = \frac{1}{4\pi^2 R f_{max}} \tag{7.85}$$

即

$$f_{max} = \frac{1}{4\pi^2 R C_o} = \frac{P_O}{2 C_o V_I^2} \tag{7.86}$$

例 7.1　设计一个 DE 类射频功率放大器,使其满足以下要求:$P_O = 0.25\mathrm{W}$,$V_I = 3.3\mathrm{V}$,$BW = 100\mathrm{MHz}$,$f = 1\mathrm{GHz}$。假设晶体管的输出电容 C_o 是线性的并且等于 1.5pF。

解:负载品质因数为

$$Q_L = \frac{f_o}{BW} = \frac{10^9}{10^8} = 10 \tag{7.87}$$

根据设计要求,计算出以下元件参数值

$$R = \frac{V_I^2}{2\pi^2 P_O} = \frac{3.3^2}{2\pi^2 \times 0.25} = 2.2\,(\Omega) \tag{7.88}$$

$$C_1 = C_2 = \frac{1}{2\pi \omega R} = \frac{\pi P_O}{\omega V_I^2} = \frac{\pi \times 0.25}{2\pi \times 10^9 \times 3.3^2} = 11.5\,(\mathrm{pF}) \tag{7.89}$$

$$C_{1(ext)} = C_1 - C_o = 11.5 - 1.5 = 10\,(\mathrm{pF}) \tag{7.90}$$

$$L = \frac{Q_L R}{\omega} = \frac{10 \times 2.2}{2\pi \times 10^9} = 3.5\,(\mathrm{nH}) \tag{7.91}$$

$$C = \frac{1}{\omega R \left(Q_L - \frac{\pi}{2} \right)} = \frac{1}{2\pi \times 10^9 \times 2.2 \times \left(10 - \frac{\pi}{2} \right)} = 8.58\,(\mathrm{pF}) \tag{7.92}$$

这些元件的值比较小,可以取整。输出网络可能需要一个匹配电路。

串联谐振电路的谐振频率为

$$f_o = \frac{1}{2\pi\sqrt{LC}} = \frac{1}{2\pi\sqrt{3.5 \times 10^{-9} \times 8.58 \times 10^{-12}}} = 0.9184\,(\mathrm{GHz}) \tag{7.93}$$

工作频率与谐振频率的比值为

$$\frac{f}{f_o} = \frac{1}{0.9184} = 1.09 \tag{7.94}$$

工作频率大于谐振频率。

假设放大器的效率 $\eta = 0.94$,直流功率为

$$P_I = \frac{P_O}{\eta} = \frac{0.25}{0.94} = 0.266\,(\mathrm{W}) \tag{7.95}$$

直流电流为

$$I_I = \frac{P_I}{V_I} = \frac{0.266}{3.3} = 0.08\,(\mathrm{A}) \tag{7.96}$$

输出电压的幅度为

$$V_m = \sqrt{2P_O R} = \sqrt{2 \times 0.25 \times 2.2} = 1.0488 \text{ (V)} \qquad (7.97)$$

输出电流 I_m 的振幅和 MOSFET 的电流应力 I_{SMmax} 为

$$I_{SMmax} = I_{m(max)} = \frac{V_m}{R} = \frac{1.0488}{2.2} = 0.4767 \text{ (A)} \qquad (7.98)$$

MOSFET 的电压应力为

$$V_{SM} = V_I = 3.3 \text{ (V)} \qquad (7.99)$$

因此，MOSFET 必须满足 $V_{DSS} = 5\text{V}$，$I_{DSmax} = 1\text{A}$，串联电容 C 两端的最大电压为

$$V_{Cmax} = \frac{I_{m(max)}}{\omega C} = \frac{0.4767}{2\pi \times 10^9 \times 8.58 \times 10^{-12}} = 8.84 \text{ (V)} \qquad (7.100)$$

7.7 仅有一个并联电容的 DE 类放大器

图 7.7 给出了仅有一个并联电容的 DE 类功率放大器的两种电路结构原理图。单个并联电容 C_s 可以与下方的晶体管并联，如图 7.7(a) 所示；也可以与上方的晶体管并联，如图 7.7(b) 所示。图 7.8 给出了如图 7.7(a) 所示电路的等效电路图，其电压和电流波形如图 7.9 所示。

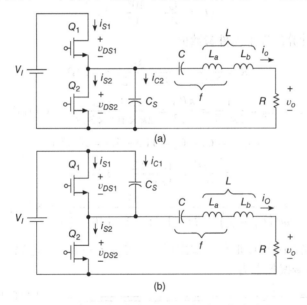

图 7.7　仅有一个并联电容的 DE 类射频功率放大器
（a）电容与下方晶体管并联；（b）电容与上方晶体管并联

（1）在 $0 < \omega t \leqslant \pi/2$ 区间内，开关 S_1 导通，S_2 断开，此时图 7.7(a) 的等效电路如图 7.8(a) 所示。这种情况下的分析与前面具有两个并联电容 C_1、C_2 时的情况一样。

（2）在 $\pi/2 < \omega t \leqslant \pi$ 区间内，开关 S_1 和 S_2 都断开，此时图 7.7(a) 的等效电路如图 7.8(b) 所示。流过并联电容的电流为

$$i_{Cs} = \omega C_s \frac{dv_{DS2}}{d(\omega t)} = -i_o = -I_m \sin(\omega t + \phi) \qquad (7.101)$$

根据 ZDS 条件，$\phi = 0$，得到输出电流波形为

$$i_o = I_m \sin \omega t \qquad (7.102)$$

流过并联电容的电流为

$$i_{Cs} = -i_o = -I_m \sin \omega t \tag{7.103}$$

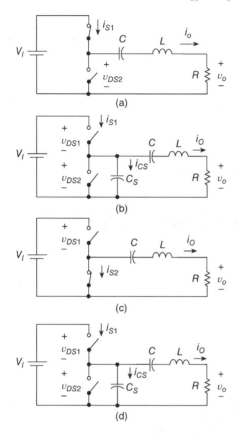

图 7.8　仅有一个并联电容与下方晶体管并联的
DE 类射频功率放大器等效电路

（a）开关 S_1 导通，S_2 断开；（b）两个晶体管都断开；

（c）开关 S_1 断开，S_2 导通；（d）两个晶体管都断开

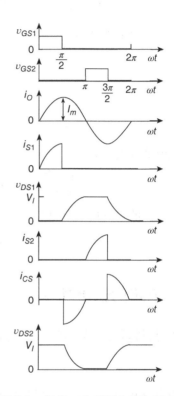

图 7.9　仅有一个并联电容与下方
晶体管并联的 DE 类射频
功率放大器电压和电流
波形

漏-源电压 v_{DS2} 可以表示为

$$v_{DS2} = \frac{1}{\omega C_s} \int_{\frac{\pi}{2}}^{\omega t} i_{Cs}\, d(\omega t) + V_I = -\frac{I_m}{\omega C_s} \int_{\frac{\pi}{2}}^{\omega t} \sin \omega t\, d(\omega t) + V_I = \frac{I_m}{\omega C_s} \cos \omega t + V_I \tag{7.104}$$

将 ZVS 条件代入式（7.104），得出

$$\frac{I_m}{\omega C_s} = V_I \tag{7.105}$$

因此得到

$$v_{DS2} = V_I(\cos \omega t + 1) \tag{7.106}$$

$$v_{DS1} = V_I - v_{DS2} = -V_I \cos \omega t \tag{7.107}$$

（3）在 $\pi < \omega t \leqslant 3\pi/2$ 间隔内，开关 S_1 断开，S_2 导通，此时图 7.7(a) 的等效电路如图 7.8(c)
所示。这种情况下的分析与前面两个并联电容 C_1、C_2 时的情况一样。

（4）在 $3\pi/2 < \omega t \leqslant 2\pi$ 间隔内，开关 S_1 和 S_2 都断开，此时图 7.7(a) 的等效电路如图 7.8(d)
所示。流过并联电容的电流为

$$i_{Cs} = \omega C_s \frac{dv_{DS2}}{d(\omega t)} = -i_o = -I_m \sin(\omega t + \phi) \tag{7.108}$$

漏-源电压 v_{DS2} 为

$$v_{DS2} = \frac{1}{\omega C_s} \int_{\frac{3\pi/2}{2}}^{\omega t} i_{Cs}\, d(\omega t) = -\frac{I_m}{\omega C_s} \int_{\frac{\pi}{2}}^{\omega t} \sin \omega t\, d(\omega t) = \frac{I_m}{\omega C_s} \cos \omega t \tag{7.109}$$

将 ZVS 条件代入式(7.109),得到

$$\frac{I_m}{\omega C_s} = V_I \tag{7.110}$$

进一步有

$$v_{DS2} = V_I \cos \omega t \tag{7.111}$$

$$v_{DS1} = V_I - v_{DS2} = V_I(1 - \cos \omega t) \tag{7.112}$$

直流输入电流为

$$I_I = \frac{1}{2\pi} \int_0^{2\pi} i_{S1}\, d(\omega t) = \frac{1}{2\pi} \int_0^{\frac{\pi}{2}} I_m \sin \omega t\, d(\omega t) = \frac{I_m}{2\pi} = \frac{\omega C_s}{2\pi} V_I \tag{7.113}$$

放大器的直流输入电阻为

$$R_{I(DC)} = \frac{V_I}{I_I} = \frac{2\pi}{\omega C_s} = \frac{1}{fC_s} \tag{7.114}$$

7.8 电路的输出功率

DE 类射频功率放大器的输出功率为

$$P_O = \frac{V_m^2}{2R} = \frac{V_I^2}{2\pi^2 R} \tag{7.115}$$

假设忽略功率损耗,效率为 100%,输出功率还可以表示为

$$P_O = P_I = I_I V_I = \frac{\omega C_s V_I^2}{2\pi} = fC_s V_I^2 \tag{7.116}$$

因此有

$$\omega C_s R = \frac{1}{\pi} \tag{7.117}$$

进一步得到

$$C_s = 2C_1 = \frac{1}{\pi \omega R} \tag{7.118}$$

晶体管外部单个并联的电容值为

$$C_{s(ext)} = C_s - 2C_o = 2C_{1(ext)} \tag{7.119}$$

其中,C_o 为晶体管输出电容,$C_{s(ext)}$ 为外部并联电容。在例 7.1 中,两个外部并联电容 $C_{1(ext)} = 10\mathrm{pF}$ 可以用单个并联电容 $C_{s(ext)} = 2C_{1(ext)} = 20\mathrm{pF}$ 替代。

7.9 晶体管输出电容的非线性消除方法

晶体管的输出电容 C_o 是非线性的,当漏-源电压 v_{DS} 较低时,输出电容 C_o 较大;反之,当漏-源电压 v_{DS} 较高时,输出电容 C_o 较小。两个晶体管输出电容两端的总电压是恒定的,即

$$v_{DS1} + v_{DS2} = V_I \tag{7.120}$$

DE 类放大器中,对于交流信号分量而言,晶体管电容是并联的[1]。当输出电容 C_{o2} 两端的电压 v_{DS2} 较低时,电容 C_{o2} 较大。此时,电压 v_{DS1} 较高,电容 C_{o1} 较低。这就在一定程度上消除了晶体管输出总电容 $C_{ot} = C_{o1} + C_{o2}$ 的非线性,即两个并联电容并联之后的总电容几乎是恒定的。因此,DE 类射频功率放大器负载网络元件和输出功率的表达式不受晶体管输出电容非线性的影响[12,16]。这个并联电容可以仅仅是晶体管输出的非线性电容,也可以是晶体管输出的非线性电容和外部线性电容的组合。

7.10　DE 类射频功率放大器的幅度调制

假设调制电压是下式表示的正弦信号

$$v_m(t) = V_m \sin \omega_m t \tag{7.121}$$

下方 MOSFET 开关两端电压波形的调制幅度基频分量为

$$
\begin{aligned}
v_{DS2(1)}(t) &= [V_I + v_m(t)]\left(\frac{1}{\pi}\sin\omega_c t\right) = [V_I + V_m \sin\omega_m t]\left(\frac{1}{\pi}\sin\omega_c t\right) \\
&= \frac{V_I}{\pi}\sin\omega_c t + \frac{V_m}{\pi}\sin\omega_m t \sin\omega_c t = \frac{V_I}{\pi}\left(1 + \frac{V_m}{V_I}\sin\omega_m t\right) = \frac{V_I}{\pi}(1 + m\sin\omega_m t)\sin\omega_c t \\
&= V_c(1 + m\sin\omega_m t)\sin\omega_c t = V_c \sin\omega_c t + \frac{mV_c}{2}\cos(\omega_c - \omega_m)t - \frac{mV_c}{2}\cos(\omega_c + \omega_m)t
\end{aligned}
\tag{7.122}
$$

其中

$$V_c = \frac{V_I}{\pi} \tag{7.123}$$

$$m = \frac{V_m}{V_I} \tag{7.124}$$

7.11　本章小结

- DE 类射频功率放大器由两个晶体管、一个串联谐振电路和并联电容组成。
- DE 类放大器中晶体管工作在开关状态。
- 每个周期内,当一个晶体管的漏-源电压由高到低变化,另一个晶体管的漏-源电压由低到高时,栅-源电压存在两个死区;反之亦然。
- 晶体管的输出电容被并联电容吸收。
- 由于 ZVS 工作状态,DE 类射频功率放大器的开关损耗为零,就像 E 类放大器一样。
- 功率 MOSFET 的电压应力比较低,等于电源电压 V_I,就像 D 类放大器中一样。
- 晶体管输出电容的非线性不会影响负载网络的元件参数值和输出功率。
- DE 类射频功率放大器可以仅有一个并联电容,晶体管输出电容可以包含在电路拓扑结构中。

7.12　复习思考题

7.1　比较 D 类、E 类和 DE 类功率放大器特点。

7.2　DE 类射频功率放大器的开关损耗有多大?

7.3 DE 类功率放大器的电流和电压应力有多大?

7.4 DE 类放大器中有几个晶体管?

7.5 DE 类放大器中晶体管是怎样被驱动?

7.6 DE 类功率放大器能在 ZVS 条件下工作吗?

7.7 DE 类功率放大器能在 ZDS 条件下工作吗?

7.8 DE 类功率放大器的工作频率有什么限制?

7.9 晶体管输出电容的非线性是怎样影响 DE 类功率放大器负载网络的元件参数值和输出功率的?

7.13 习题

7.1 设计一个 DE 类放大器,使其满足以下要求: $V_I = 5\text{V}, P_O = 1\text{W}, f = 4\text{GHz}$。假设晶体管的输出电容为线性并且等于 1pF。

7.2 设计一个带有单个电容的 DE 类放大器,使其满足以下要求: $V_I = 5\text{V}, P_O = 1\text{W}, f = 4\text{GHz}, BW = 400\text{MHz}$。假设晶体管的输出电容为线性并且等于 1pF。

7.3 设计一个 DE 类射频功率放大器,使其满足以下要求: $P_O = 5\text{W}, V_I = 12\text{V}, V_{\text{DSmin}} = 0.5\text{V}, f = 5\text{GHz}$。

7.4 设计一个 DE 类射频功率放大器,使其满足以下要求: $V_I = 5\text{V}, P_O = 0.25\text{W}, f_c = 2.4\text{GHz}, BW = 240\text{MHz}$。

参考文献

[1] M. K. Kazimierczuk and W. Szaraniec, "Class D zero-voltage switching inverter with only one shunt capacitor," *IEE Proceedings, Part B, Electric Power Applications*, vol. 139, pp. 449–456, 1992.

[2] M. K. Kazimierczuk and D. Czarkowski, *Resonant Power Converters*, 1st Ed, New York, NY: John Wiley & Sons, 1995, Ch. 10, pp. 295–308.

[3] H. Koizumi, T. Suetsugu, M. Fujii, K. Shinoda, S. Mori, and K. Iked, "Class DE high-efficiency tuned power amplifier," *IEEE Transactions on Circuits and Systems I: Theory and Applications*, vol. 43, no. 1, pp. 51–60, 1996.

[4] D. C. Hamil, "Class DE inverters and rectifiers," *IEEE Power Electronics Specialists Conference*, Baveno, Italy, June 23–27, 1996, pp. 854–860.

[5] K. Shinoda, T. Suetsugu, M. Matsuo, and S. Mori, "Idealized operation of the Class DE amplifies and frequency multipliers," *IEEE Transactions on Circuits and Systems I: Theory and Applications*, vol. 45, no. 1, pp. 34–40, 1998.

[6] I. D. de Vries, J. H. van Nierop, and J. R. Greence, "Solid state Class DE RF power source," *Proceedings of IEEE International Symposium on Industrial Electronics (ISIE'98)*, South Africa, July 1998, pp. 524–529.

[7] S. Hintea and I. P. Mihu, "Class DE amplifiers and their medical applications," *Proceedings of the 6th International Conference on Optimization of Electric and Electronic Equipment (OPTIM'98)*, Romania, May 1998, pp. 697–702.

[8] J. Modzelewski, "Optimum and suboptimum operation of high-frequency Class-D zero-voltage-switching tuned power amplifier," *Bulletin of the Polish Academy of Sciences, Technical Sciences*, vol. 46, no. 4., pp. 459–473, 1998.

[9] M. Albulet, "An exact analysis of Class DE amplifier at any Q", *IEEE Transactions on Circuits and Systems I: Theory and Applications*, vol. 46, no. 10, pp. 1228–1239, 1999.

[10] T. Suetsugu and M. K. Kazimierczuk, "Integration of Class DE inverter for on-chip power supplies," *IEEE International Symposium on Circuits and Systems*, May 2006, pp. 3133–3136.

[11] T. Suetsugu and M. K. Kazimierczuk, "Integration of Class DE dc-dc converter for on-chip power supplies," *37-th IEEE Power Electronics Specialists Conference (PESC'06)*, June 2006, pp. 1–5.

[12] H. Sekiya, T. Watanabe, T. Suetsugu, and M. K. Kazimierczuk, "Analysis and design of Class DE amplifier with nonlinear shunt capacitances," *The 7th IEEE International Conference on Power Electronics and Drive Systems (PEDS'07)*, Bangkok, Thailand, November 27–30, 2007, pp. 937–942.

[13] M. K. Kazimierczuk and D. Czarkowski, *Resonant Power Converters*, 2nd Ed. Hoboken, NJ: John Wiley & Sons, 2011.

[14] H. Sekiya, T. Watanabe, T. Suetsugu, and M. K. Kazimierczuk, "Analysis and design of Class DE amplifier with nonlinear shunt capacitances," *IEEE Transactions on Circuits and Systems I: Regular Papers*, vol. 56, no. 10, pp. 2363–2371, 2009.

[15] H. Sekiya, N. Sagawa, and M. K. Kazimierczuk, "Analysis of Class DE amplifier with nonlinear shunt capacitances at any grading coefficient for high Q and 25% duty ratio," *IEEE Transactions on Power Electronics*, vol. 25, no. 4, pp. 924–932, 2010.

[16] H. Sekiya, N. Sagawa, and M. K. Kazimierczuk, "Analysis of Class DE amplifier with nonlinear shunt capacitances at 25% duty ratio," *IEEE Transactions on Circuits and Systems I: Regular Papers*, vol. 57, no. 9, pp. 2334–2342, 2010.

[17] C. Ekkarayarodome, K. Jirsereeamornkul, and M. K. Kaszimierczuk, "Implementation of DC-side Class-DE low dv/dt rectifier as power-factor corrector for ballast applications," *IEEE Transactions on Industrial Electronics*, vol. 29, 2014.

第8章 F类射频功率放大器

8.1 引言

F类射频(RF)功率放大器[1~28]利用输出网络中的多个谐波谐振器对漏-源电压进行整形,以减小晶体管的损耗、提高效率,因此也叫做多谐波或者多谐振荡的功率放大器。当F类放大器的漏-源电压为低电平时,产生漏极电流;当漏极电流为零时,漏-源电压为高电平。因此,漏极电流与漏-源电压的乘积较小,减少了晶体管的功耗。这是传统的提高效率方法,该方法于1919年由Tyler提出[1]。用集总元件组成谐振电路谐振在三次谐波或三次和五次谐波的F类功率放大器被广泛用做低频(LF,30~300kHz)、中频(MF,0.3~3MHz)和高频(HF,3~30MHz)大功率调幅(AM)广播的无线发射机。带有四分之一波长传输线的F类功率放大器能够抑制所有的奇次谐波,被用做甚高频(VHF,30~300MHz)[1]和超高频(UHF,300MHz~3GHz)[3]调频(FM)广播的无线发射机。此外,集总元件组成的谐振电路可以用介电谐振器来取代。目前,11GHz频率下,工作效率为77%的F类放大器已经能够获得40W的输出功率。本章将介绍F类功率放大器电路结构、工作原理及其分析,并给出设计实例。

F类射频功率放大器主要分为两组类型:

- 奇次谐波的F类功率放大器;
- 偶次谐波的F类功率放大器。

在奇次谐波的F类放大器中,漏-源电压只包含奇次谐波,漏极电流只包含偶次谐波。因此,负载网络的输入阻抗对于奇次谐波而言表现为开路,对于偶次谐波而言则表现为短路。奇次谐波F类放大器中的漏-源电压 v_{DS} 在上半个周期和下半个周期中是对称的。通常,奇次谐波F类放大器的漏-源电压 v_{DS} 可以表示为

$$v_{DS} = V_I - V_m \cos \omega_o t + \sum_{n=3,5,7,\cdots}^{\infty} V_{mn} \cos n\omega_o t \tag{8.1}$$

其漏极电流表示为

$$i_D = I_I + I_m \cos \omega_o t + \sum_{n=2,4,6,\cdots}^{\infty} I_{mn} \cos n\omega_o t \tag{8.2}$$

在偶次谐波的F类放大器中,漏-源电压只包含偶次谐波,而漏极电流只包含奇次谐波。因此,负载网络对偶次谐波相当于开路,对奇次谐波则为短路。负载网络上的输入阻抗在各谐波频率上或为零或为无穷。偶次谐波F类放大器的漏-源电压 v_{DS} 在上半个周期和下半个周期中是不对称的。偶次谐波F类放大器的漏-源电压 v_{DS} 表达式为

$$v_{DS} = V_I - V_m \cos \omega_o t + \sum_{n=2,4,6,\cdots}^{\infty} V_{mn} \cos n\omega_o t \tag{8.3}$$

漏极电流表达式为

$$i_D = I_I + I_m \cos \omega_o t + \sum_{n=3,5,7,\cdots}^{\infty} I_{mn} \cos n\omega_o t \tag{8.4}$$

由于在各谐波频率处电流和电压不会同时出现,因此,谐波不会产生有功功率。F类功率放大器可以包含有限次或无限次的谐波分量。

高效率的 F 类功率放大器可分为两种典型的类别:

- 漏-源电压波形有最大平坦度的 F 类功率放大器。
- 漏极效率最大的 F 类功率放大器。

对于漏-源电压 v_{DS} 对称的 F 类放大器而言,波形下半部分和上半部分各有一个 $\omega_o t$ 处出现最大的平坦电压。对于漏-源电压 v_{DS} 不对称的 F 类放大器,仅在波形下半部分的 $\omega_o t$ 处出现最大的平坦电压。当 $\omega_o t$ 处电压 v_{DS} 有最大平坦度时,其各阶导数为零。

8.2　含有三次谐波的 F 类射频功率放大器

含有三次谐波谐振器的 F 类射频功率放大电路如图 8.1 所示[1],它也称为 F_3 功率放大器。该电路由晶体管、负载网络和射频扼流圈(RFC)组成。负载网络由一个谐振在工作频率 f_o 处的并联谐振(LCR)电路和一个谐振在三次谐波 $3f_o$ 处的并联谐振电路 $L_3C_3R_3$ 串联组成。交流功率被传输到负载电阻 R 上。

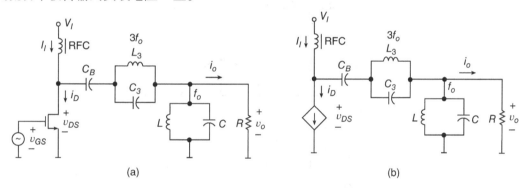

图 8.1　含有三次谐波谐振器的功率放大器 F_3

(a) 电路原理图;(b) 等效电路图

图 8.2 给出了 F_3 功率放大器的电压、电流和功率波形图。其漏极电流表达式为

$$i_D = \begin{cases} I_{DM} \dfrac{\cos \omega_o t - \cos \theta}{1 - \cos \theta} & (-\theta < \omega_o t \leqslant \theta) \\ 0 & (\theta \leqslant 2\pi - \theta) \end{cases} \tag{8.5}$$

其中 I_{DM} 为漏极电流的峰值,该值出现在 $\omega_o t = 0$ 处。漏极电流波形的傅里叶级数展开式为

$$
\begin{aligned}
i_D &= I_I + \sum_{n=1}^{\infty} I_{mn} \cos n\omega_o t = I_{DM} \left(\alpha_0 + \sum_{n=1}^{\infty} \alpha_n \cos n\omega_o t \right) \\
&= I_I \left(1 + \sum_{n=1}^{\infty} \frac{I_{mn}}{I_I} \cos n\omega_o t \right) = I_I \left(1 + \sum_{n=1}^{\infty} \gamma_n \cos n\omega_o t \right)
\end{aligned}
\tag{8.6}
$$

其中

$$\gamma_1 = \frac{I_m}{I_I} = \frac{\theta - \sin \theta \cos \theta}{\sin \theta - \theta \cos \theta} \tag{8.7}$$

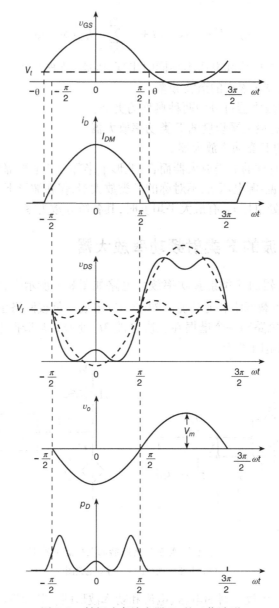

图 8.2　射频功率放大器 F_3 的工作波形

$$\gamma_n = \frac{I_{mn}}{I_l} = \frac{2[\sin n\theta \cos\theta - n\cos n\theta \sin\theta]}{n(n^2-1)\sin\theta - \theta\cos\theta} \qquad (n \geqslant 2) \qquad (8.8)$$

系数 γ_n 与导通角 θ 的函数关系曲线如图 8.3 所示。

输出谐振电路通常谐振在基频 f_o 处,其相当于一个带通滤波器,滤除了漏极电流中所有的谐波分量。因此,输出电压为正弦波

$$v_o = -V_m \cos\omega_o t \qquad (8.9)$$

漏-源电压的基频分量为

$$v_{ds1} = v_o = -V_m \cos\omega_o t \qquad (8.10)$$

谐振在三次谐波 $3f_o$ 处的并联谐振电路两端的电压为

$$v_{ds3} = V_{m3} \cos 3\omega_o t \qquad (8.11)$$

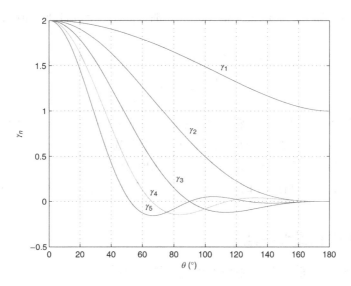

图 8.3 γ_n 与导通角 θ 的函数关系曲线

晶体管的漏-源电压波形为

$$v_{DS} = V_I + v_{ds1} + v_{ds3} = V_I - V_m \cos \omega_o t + V_{m3} \cos 3\omega_o t \tag{8.12}$$

由于电压波形的三次谐波与基频电压 v_{ds1} 有 180° 的相位差,因此,根据图 8.3,放大器 F_3 的漏极电流导通角范围为

$$90° < \theta < 180° \tag{8.13}$$

仅当 θ 在上述范围内时,γ_1 为正数,γ_3 是为负数,如图 8.3 所示。然而,此时三次谐波电流的振幅较小。因此,导通角的范围被限定在

$$100° < \theta < 170° \tag{8.14}$$

为了获得高的漏极效率,导通角应该较低。因此,放大器 F_3 的导通角的范围被限定为

$$100° < \theta < 120° \tag{8.15}$$

如图 8.2 所示,三次谐波使漏-源电压 v_{DS} 变平坦,并且当 v_{DS} 较低时,有漏极电流 i_D 流过。当电压 v_{DS} 较高时,漏极电流为零。因此,漏极电压和电流乘积的平均值减少,从而使放大器 F_3 具有高的漏极效率 η_D 和高的输出功率能力 c_p。

当三次谐波加到基波分量上时,降低了漏-源电压交流分量的峰-峰值摆幅 $2V_{pk}$,漏-源电压交流分量的峰值 V_{pk} 低于基波分量的振幅 V_m。随着 V_{m3}/V_m 比率的增加,v_{DS} 波形发生变化。

（1）当 $0 < V_{m3}/V_m < 1/9$ 时,电压 v_{DS} 的波形在 $\omega_o t = 0$ 时有一个低谷,$\omega_o t = \pi$ 时有一个波峰。换句话说,当 $\omega_o t = 0$ 时,v_{DS} 有最小值;$\omega_o t = \pi$ 时,v_{DS} 有最大值。v_{DS} 交流分量的峰值为

$$V_{pk} = V_I - v_{DSmin} = V_I - v_{DS}(0) = V_I - V_I + V_m - V_{m3} = V_m - V_{m3} \tag{8.16}$$

对于理想的晶体管,$v_{DSmin} = 0$,$V_{pk} = V_I$。因此

$$\frac{V_m}{V_{pk}} = \frac{V_m}{V_I} = \frac{V_m}{V_m - V_{m3}} = \frac{1}{1 - \frac{V_{m3}}{V_m}} \tag{8.17}$$

可见,V_m/V_I 随着 V_{m3}/V_m 的增加而增加。

（2）当 $V_{m3}/V_m = 1/9$ 时,v_{DS} 的波形最平坦。当 $\omega_o t = 0$ 时,v_{DS} 有最小值;$\omega_o t = \pi$ 时,v_{DS} 有最大值。

（3）当 $V_{m3}/V_m > 1/9$ 时,v_{DS} 的波形呈现出双峰波动,如图 8.2 所示。当 $\omega_o t = 0$ 时,v_{DS} 有一

个局部极大值和两个邻近的局部极小值;$\omega_o t = \pi$ 时,v_{DS} 有一个局部极小值和两个邻近的局部极大值。

(4) 当 V_{m3}/V_m 从 1/9 开始增加,V_m/V_I 的比在 $V_{m3}/V_m = 1/6$ 处达到最大值,此时

$$\frac{V_m}{V_{pk}} = \frac{V_m}{V_I} = \frac{2}{\sqrt{3}} \tag{8.18}$$

(5) 当 $V_{m3}/V_m > 1/6$ 时,v_{DS} 的波形在低电压处呈现两个谷和一个峰,在高电压处呈现两个峰和一个谷。当 V_{m3}/V_m 的比继续增大时,V_m/V_{pk} 的比率减小。

通过增加少量的三次谐波分量提高 V_m/V_I 的比值,同时保持 $v_{DS} > 0$ 是可能的。当 V_I 和 I_I 为常量时,P_I 也为常量。随着 V_m 的增加,$P_O = V_m I_m /2$ 也增加。因此,效率 $\eta_D = P_O/P_I$ 随 V_m 等比例增加。

8.2.1 放大器 F_3 的最大平坦度

为了获得电压 v_{DS} 的最大平坦度波形,令它的导数为零

$$\frac{dv_{DS}}{d(\omega_o t)} = V_m \sin \omega_o t - 3V_{m3} \sin 3\omega_o t = V_m \sin \omega_o t - 3V_{m3}(3\sin \omega_o t - 4\sin^3 \omega_o t) \tag{8.19}$$

$$= \sin \omega_o t (V_m - 9V_{m3} + 12V_{m3}\sin^2 \omega_o t) = 0$$

其中,$\sin 3x = 3\sin x - 4\sin^3 x$。式(8.19)有两个解。一个解是 V_m 和 V_{m3} 非零时,有

$$\sin \omega_o t_m = 0 \tag{8.20}$$

由式(8.20)可以得到电压 v_{DS} 的一个极值条件为

$$\omega_o t_m = 0 \tag{8.21}$$

电压 v_{DS} 的另一个极值条件为

$$\omega_o t_m = \pi \tag{8.22}$$

式(8.19)的另一个解是

$$\sin \omega_o t_m = \pm \sqrt{\frac{9V_{m3} - V_m}{12V_{m3}}} \qquad \left(V_{m3} \geq \frac{V_m}{9} \right) \tag{8.23}$$

当 $V_{m3} < V_m/9$ 时,方程没有实解。当 $V_{m3} > V_m/9$ 时,v_{DS} 有两个最小值的条件是

$$\omega_o t_m = \pm \arcsin \sqrt{\frac{9V_{m3} - V_m}{12V_{m3}}} \tag{8.24}$$

v_{DS} 有两个最大值的条件是

$$\omega_o t_m = \pi \pm \arcsin \sqrt{\frac{9V_{m3} - V_m}{12V_{m3}}} \tag{8.25}$$

当

$$\frac{V_{m3}}{V_m} = \frac{1}{9} \tag{8.26}$$

v_{DS} 的 3 个极值点汇聚于零,另三个极值汇聚于 π。此时,在 $\omega_o t = 0$ 和 $\omega_o t = \pi$ 处,v_{DS} 的波形最为平坦。

对于对称并有最大平坦度的漏-源电压 v_{DS} 而言,$\omega_o t = 0$ 时有最小值;$\omega_o t = \pi$ 时有最大值。设置 v_{DS} 的各阶导数为零,可以得到波形最为平坦时的 v_{DS} 傅里叶系数。电压 v_{DS} 的一阶导数和二阶导数分别为

$$\frac{dv_{DS}}{d(\omega_o t)} = V_m \sin \omega_o t - 3V_{m3} \sin 3\omega_o t \tag{8.27}$$

$$\frac{d^2 v_{DS}}{d(\omega_o t)^2} = V_m \cos \omega_o t - 9V_{m3} \cos 3\omega_o t \tag{8.28}$$

当 $\omega_o t = 0$ 或 π 时，一阶导数为零。但由于 $\sin 0 = \sin \pi = 0$，等式恒成立。根据二阶导数，当 $\omega_o t = 0$ 时，有

$$\left.\frac{d^2 v_{DS}}{d(\omega_o t)^2}\right|_{\omega_o t=0} = V_m - 9V_{m3} = 0 \tag{8.29}$$

因此，漏-源电压具有最大平坦度波形的条件为

$$\frac{V_{m3}}{V_m} = \frac{1}{9} \tag{8.30}$$

理想情况下，漏-源电压的最小值为

$$v_{DSmin} = v_{DS}(0) = V_I - V_m + V_{m3} = V_I - V_m + \frac{V_m}{9} = V_I - \frac{8}{9}V_m = 0 \tag{8.31}$$

得到输出电压的最大振幅为

$$V_m = \frac{9}{8}V_I \tag{8.32}$$

同样地

$$v_{DSmin} = v_{DS}(0) = V_I - V_m + V_{m3} = V_I - 9V_{m3} + V_{m3} = V_I - 8V_{m3} = 0 \tag{8.33}$$

得到三次谐波电压的幅度为

$$V_{m3} = \frac{V_I}{8} \tag{8.34}$$

最大漏-源电压为

$$V_{DSM} = v_{DS}(\pi) = V_I + V_m - V_{m3} = V_I + \frac{9}{8}V_I - \frac{1}{8}V_I = 2V_I \tag{8.35}$$

归一化的 v_{DS} 最大平坦度波形为

$$\frac{v_{DS}}{V_I} = 1 - \frac{V_m}{V_I}\cos \omega_o t + \frac{V_{m3}}{V_I}\cos 3\omega_o t = 1 - \frac{9}{8}\cos \omega_o t + \frac{1}{8}\cos 3\omega_o t \tag{8.36}$$

图 8.4 给出了放大器 F_3 的归一化漏-源电压 v_{DS}/V_I 的最大平坦度波形图。

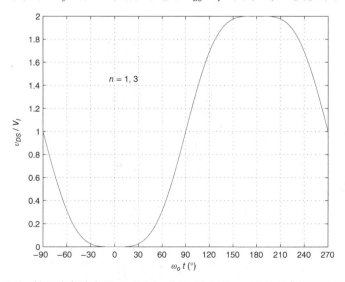

图 8.4　射频功率放大器 F_3 的归一化漏-源电压 v_{DS}/V_I 的最大平坦度波形

三次谐波的归一化幅度为

$$\frac{V_{m3}}{V_m} = \frac{I_{m3}R_3}{I_m R} = \frac{|\alpha_3|I_{DM}R_3}{\alpha_1 I_{DM}R} = \frac{|\alpha_3|R_3}{\alpha_1 R} = \frac{1}{12}\left|\frac{\sin 3\theta \cos \theta - 3\cos 3\theta \sin \theta}{\theta - \sin \theta \cos \theta}\right|\left(\frac{R_3}{R}\right) = \frac{1}{9} \quad (8.37)$$

因此

$$R_3 = \frac{\alpha_1}{9|\alpha_3|}R = \frac{4}{3}\left|\frac{\theta - \sin \theta \cos \theta}{\sin 3\theta \cos \theta - 3\cos 3\theta \sin \theta}\right|R \quad (8.38)$$

图 8.5 给出了具有最大平坦度电压的 F_3 放大器 R_3/R 的比与导通角 θ 的关系曲线。

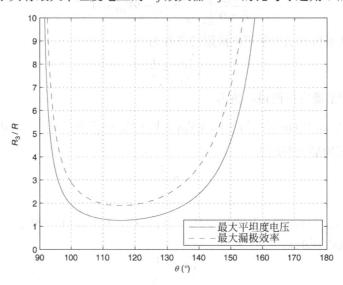

图 8.5　具有最大平坦度电压和最大漏极效率的 F_3 放大器 R_3/R 的比与导通角 θ 的关系曲线

电阻 R_3 的功耗为

$$P_{R3} = \frac{V_{m3}^2}{2R_3} = \frac{1}{2R_3}\left(\frac{V_m}{9}\right)^2 = \frac{V_m^2}{162R_3} \quad (8.39)$$

取决于漏极电流基波分量的负载电流为

$$i_o = \frac{v_o}{R} = -i_{d1} = -I_m \cos \omega_o t \quad (8.40)$$

其中

$$I_m = \frac{V_m}{R} = \frac{9(V_I - v_{DSmin})}{8R} \quad (8.41)$$

输出功率为

$$P_{DS} = \frac{V_m^2}{2R} = \frac{81(V_I - v_{DSmin})^2}{128R} \quad (8.42)$$

直流输入电流与漏极电流的直流分量相等

$$I_I = \frac{I_m}{\gamma_1} = \frac{V_m}{\gamma_1 R} = \frac{9(V_I - v_{DSmin})}{8\gamma_1 R} \quad (8.43)$$

直流输入功率为

$$P_I = V_I I_I = \frac{9V_I(V_I - v_{DSmin})}{8\gamma_1 R} \quad (8.44)$$

因此,放大器的漏极效率为

$$\eta_D = \frac{P_{DS}}{P_I} = \frac{1}{2}\left(\frac{V_m}{V_I}\right)\left(\frac{I_m}{I_I}\right) = \frac{1}{2}\xi_1\gamma_1 = \left(\frac{1}{2}\right)\left(\frac{9}{8}\right)\gamma_1 = \frac{9\gamma_1}{16} = \frac{9(\theta - \sin \theta \cos \theta)}{16(\sin \theta - \theta \cos \theta)} \quad (8.45)$$

图 8.6 给出了具有最大平坦度电压和三次谐波峰的 F_3 放大器漏极效率 η_D 与导通角 θ 的函数关系曲线。

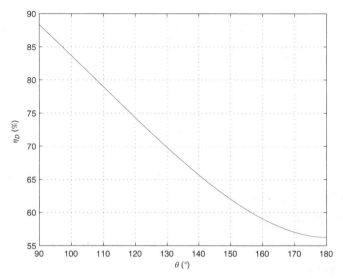

图 8.6　具有最大平坦电压的 F_3 放大器漏极效率 η_D 与导通角 θ 的关系曲线

输出功率能力为

$$
\begin{aligned}
c_p &= \frac{P_O}{I_{DM}V_{DSM}} = \frac{\eta_D P_I}{I_{DM}V_{DSM}} = \eta_D \left(\frac{I_I}{I_{DM}}\right)\left(\frac{V_I}{V_{DSM}}\right) = \left(\frac{9\gamma_1}{16}\right)(\alpha_0)\left(\frac{1}{2}\right) \\
&= \frac{9}{32}\alpha_1 = \frac{9(\theta - \sin\theta\cos\theta)}{32\pi(1 - \cos\theta)}
\end{aligned}
\tag{8.46}
$$

其中,漏-源最大电压 $V_{DSM} = 2V_I$。图 8.7 给出了具有最大平坦电压和三次谐波峰的 F_3 放大器输出功率能力 c_p 与导通角 θ 的函数关系曲线。

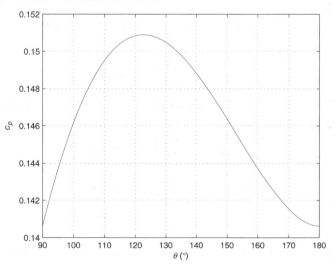

图 8.7　具有最大平坦电压的 F_3 放大器输出功率能力 c_p 与导通角 θ 的关系曲线

直流输入电阻为

$$
R_{DC} = \frac{V_I}{I_I} = \frac{8\gamma_1}{9}R = \frac{8(\theta - \sin\theta\cos\theta)}{9(\sin\theta - \theta\cos\theta)}R
\tag{8.47}
$$

例 8.1 设计一个 F_3 功率放大器,采用三次谐波峰使其漏-源电压具有最大平坦度,当频率 $f_c = 800 \text{MHz}$ 时,传输功率为 10W;工作带宽 $BW = 100 \text{MHz}$,直流电源电压为 12V,栅极的驱动功率 $P_G = 0.4 \text{W}$。

解:假设 MOSFET 的阈值电压 $V_t = 1 \text{V}$,栅-源电压的直流分量 $V_{GS} = 1.5 \text{V}$,导通角 $\theta = 110°$。栅-源电压的交流分量幅度为

$$V_{gsm} = \frac{V_t - V_{GS}}{\cos \theta} = \frac{1 - 1.5}{\cos 110°} = 1.462 \text{ (V)} \qquad (8.48)$$

最大栅-源电压为

$$v_{GSmax} = V_{GS} + v_{gsm} \qquad (8.49)$$

漏-源最大饱和电压为

$$v_{DSsat} = v_{GSmax} - V_t = V_{GS} + V_{gsm} - V_t = 1.5 + 1.462 - 1 = 1.962 \text{ (V)} \qquad (8.50)$$

选取最小漏-源电压 $v_{DSmin} = 2.4 \text{ (V)}$。

漏-源电压基波分量的最大振幅为

$$V_m = \frac{9}{8}(V_I - v_{DSmin}) = \frac{9}{8}(12 - 2.4) = 10.8 \text{ (V)} \qquad (8.51)$$

三次谐波的幅度为

$$V_{m3} = \frac{V_m}{9} = \frac{10.8}{9} = 1.2 \text{ (V)} \qquad (8.52)$$

假设谐振电路的效率 $\eta_r = 0.7$。因此,漏极功率为

$$P_{DS} = \frac{P_O}{\eta_r} = \frac{10}{0.7} = 14.289 \text{ (W)} \qquad (8.53)$$

从漏极看过去的电阻为

$$R = \frac{V_m^2}{2P_{DS}} = \frac{10.8^2}{2 \times 14.289} = 4.081 \text{ (}\Omega\text{)} \qquad (8.54)$$

漏-源电压最大值为

$$V_{DSM} = V_I + V_I - v_{DSmin} = 12 + 12 - 2.4 = 21.6 \text{ (V)} \qquad (8.55)$$

漏极电流基波分量的幅度为

$$I_m = \frac{V_m}{R} = \frac{10.8}{4.081} = 2.646 \text{ (A)} \qquad (8.56)$$

根据表 8.1,得到导通角 $\theta = 110°$时的系数为:$\alpha_1 = 0.5316, \alpha_3 = -0.0448754, \gamma_1 = 1.404$。因此,最大漏极电流为

$$I_{DM} = \frac{I_m}{\alpha_1} = \frac{2.646}{0.5316} = 4.977 \text{ (A)} \qquad (8.57)$$

表 8.1 漏极电流的傅里叶系数

$\theta(°)$	α_0	α_1	γ_1	α_3	α_5	α_7
10	0.0370	0.0738	1.9939	0.0720	0.0686	0.0636
20	0.0739	0.1461	1.9756	0.1323	0.1075	0.0766
30	0.1106	0.2152	1.9460	0.1715	0.1029	0.0367
40	0.1469	0.2799	1.9051	0.1845	0.0625	-0.0124
45	0.1649	0.3102	1.8808	0.1811	0.0362	-0.0259
50	0.1828	0.3388	1.8540	0.1717	0.0105	-0.0286
60	0.2180	0.3910	1.7936	0.1378	-0.0276	-0.0098

续表

$\theta(°)$	α_0	α_1	γ_1	α_3	α_5	α_7
70	0.2525	0.4356	1.7253	0.0915	-0.0378	0.0129
80	0.2860	0.4720	1.6505	0.0426	-0.0235	0.0147
90	0.3183	0.5000	1.5708	0.0000	0.0000	0.0000
100	0.3493	0.5197	1.4880	-0.0300	0.0165	-0.0104
110	0.3786	0.5316	1.4040	-0.0449	0.0185	-0.0063
120	0.4060	0.5363	1.3210	-0.0459	0.0092	0.0033
130	0.4310	0.5350	1.2414	-0.0373	-0.0023	0.0062
140	0.4532	0.5292	1.1675	-0.0244	-0.0083	0.0016
150	0.4720	0.5204	1.1025	-0.0123	-0.0074	-0.0026
160	0.4868	0.5110	1.0498	-0.0041	-0.0033	-0.0024
170	0.4965	0.5033	1.0137	-0.0006	-0.0005	-0.0005
180	0.5000	0.5000	1.0000	0.0000	0.0000	0.0000

直流电源的电流为

$$I_I = \frac{I_m}{\gamma_1} = \frac{2.646}{1.404} = 1.885 \,(\text{A}) \tag{8.58}$$

直流电源的功耗为

$$P_I = V_I I_I = 12 \times 1.885 = 22.62 \,(\text{W}) \tag{8.59}$$

晶体管的漏极功率损耗为

$$P_D = P_I - P_{DS} = 22.62 - 14.289 = 8.331 \,(\text{W}) \tag{8.60}$$

漏极效率为

$$\eta_D = \frac{P_{DS}}{P_I} = \frac{14.289}{22.62} = 63.17\% \tag{8.61}$$

放大器的效率为

$$\eta = \frac{P_O}{P_I} = \frac{10}{22.62} = 44.2\% \tag{8.62}$$

功率附加效率为

$$\eta_{PAE} = \frac{P_O - P_G}{P_I} = \frac{10 - 0.4}{22.62} = 42.44\% \tag{8.63}$$

放大器对直流源呈现出的直流电阻为

$$R_{DC} = \frac{V_I}{I_I} = \frac{12}{1.884} = 6.3685 \,(\Omega) \tag{8.64}$$

MOSFET 管的参数为

$$K = \frac{I_{DM}}{v_{DSsat}^2} = \frac{4.977}{1.962^2} = 1.2929 \,(\text{A/V}) \tag{8.65}$$

进一步有

$$\frac{W}{L} = \frac{2K}{\mu_{n0} C_{ox}} = \frac{2 \times 1.2929}{0.142 \times 10^{-3}} = 18\ 210 \tag{8.66}$$

负载品质因数为

$$Q_L = \frac{f_c}{BW} = \frac{800}{100} = 8 \tag{8.67}$$

并联谐振电路的负载品质因数定义为

$$Q_L = \frac{R}{\omega_c L} = \omega_c CR \tag{8.68}$$

谐振在基波处的谐振电路的电感为

$$L = \frac{R}{\omega_c Q_L} = \frac{4.081}{2\pi \times 0.8 \times 10^9 \times 8} = 101.49 \, (\text{pH}) \tag{8.69}$$

谐振在基波处的谐振电路的电容为

$$C = \frac{Q_L}{\omega_c R} = \frac{8}{2\pi \times 0.8 \times 10^9 \times 4.081} = 390 \, (\text{pF}) \tag{8.70}$$

与谐振在三次谐波处的谐振电路并联的电阻为

$$R_3 = \frac{\alpha_1}{9|\alpha_3|}R = \frac{0.5316}{9|-0.0448754|} \times 4.081 = 1.31623 \times 4.081 = 5.372 \, (\Omega) \tag{8.71}$$

电阻 R_3 的功率损耗为

$$P_{R3} = \frac{V_{m3}^2}{2R_3} = \frac{1.2^2}{2 \times 5.372} = 0.134 \, (\text{W}) \tag{8.72}$$

假设谐振在三次谐波处的谐振电路的负载品质因数 $Q_{l3} = 15$,可以得出

$$L_3 = \frac{R_3}{3\omega_c Q_{l3}} = \frac{5.372}{3 \times 2\pi \times 0.8 \times 10^9 \times 15} = 23.75 \, (\text{pH}) \tag{8.73}$$

$$C_3 = \frac{Q_{l3}}{3\omega_c R_3} = \frac{15}{3 \times 2\pi \times 0.8 \times 10^9 \times 5.372} = 185.17 \, (\text{pF}) \tag{8.74}$$

RFC 电感的电抗为

$$X_{Lf} = 10R = 10 \times 4.081 = 40.81 \, (\Omega) \tag{8.75}$$

进一步有

$$L_f = \frac{X_{Lf}}{\omega_0} = \frac{40.81}{2\pi \times 0.8 \times 10^9} = 8.12 \, (\text{nH}) \tag{8.76}$$

耦合电容的电抗为

$$X_{Cc} = \frac{R}{10} = \frac{4.081}{10} = 0.4081 \, (\Omega) \tag{8.77}$$

进一步有

$$C_c = \frac{1}{\omega_0 X_{Cc}} = \frac{1}{2\pi \times 0.8 \times 10^9 \times 0.4081} = 487.49 \, (\text{pF}) \tag{8.78}$$

8.2.2 放大器 F_3 的最大漏极效率

放大器 F_3 的最大漏极效率 η_D 和最大输出功率能力 c_p 不是出现在漏-源电压 v_{DS} 的最大平坦度时,而是在 v_{DS} 波形出现微小的波纹时。漏极效率表达式为

$$\eta_D = \frac{P_{DS}}{P_I} = \frac{\frac{1}{2}I_m V_m}{I_I V_I} = \frac{1}{2}\left(\frac{I_m}{I_I}\right)\left(\frac{V_m}{V_I}\right) = \frac{1}{2}\gamma_1(\theta)\xi_1 \tag{8.79}$$

当导通角 θ 确定时,γ_1 是一个常量。因此,当导通角 θ 给定时,最大漏极效率 η_{Dmax} 出现在 $\xi_{1max} = V_{m(max)}/V_I$ 处,即

$$\eta_{Dmax} = \frac{P_{DS(max)}}{P_I} = \frac{1}{2}\gamma_1(\theta)\xi_{1max} \tag{8.80}$$

由式(8.23)得

$$\cos\omega_o t_m = \sqrt{1 - \sin^2\omega_o t_m} = \sqrt{1 - \frac{9V_{m3} - V_m}{12V_{m3}}} = \sqrt{\frac{1}{4} + \frac{V_m}{12V_{m3}}} \qquad \left(\frac{V_{m3}}{V_m} \geqslant \frac{1}{9}\right) \tag{8.81}$$

电压 v_{DS} 的最小值出现在 $\omega_o t_m$ 时,并且等于零。

$$v_{DS}(\omega_o t_m) = V_I - V_m \cos \omega_o t_m + V_{m3} \cos 3\omega_o t_m = 0 \tag{8.82}$$

因此,得到

$$V_I = V_m \cos \omega_o t_m - V_{m3} \cos 3\omega_o t_m = V_m \cos \omega_o t_m - V_{m3}(4\cos^3 \omega_o t_m - 3\cos \omega_o t_m)$$

$$= \cos \omega_o t_m (V_m - 4V_{m3}\cos^2 \omega_o t_m + 3V_{m3}) = \sqrt{\frac{1}{4} + \frac{V_m}{12V_{m3}}} \left(\frac{2V_m}{3} + 2V_{m3} \right) \tag{8.83}$$

$$= V_m \left[\sqrt{\frac{1}{4} + \frac{V_m}{12V_{m3}}} \left(\frac{2}{3} + \frac{2V_{m3}}{V_m} \right) \right] = V_m \left[\left(\frac{1}{3} + \frac{V_{m3}}{V_m} \right) \sqrt{1 + \frac{V_m}{3V_{m3}}} \right]$$

进一步有

$$\frac{V_m}{V_I} = \frac{1}{\left(\frac{1}{3} + \frac{V_{m3}}{V_m} \right) \sqrt{1 + \frac{1}{\frac{3V_{m3}}{V_m}}}} \quad \left(\frac{V_{m3}}{V_m} \geqslant \frac{1}{9} \right) \tag{8.84}$$

式(8.17)和式(8.84)给出的 V_m/V_I 与 V_{m3}/V_m 的函数关系曲线如图8.8 所示。

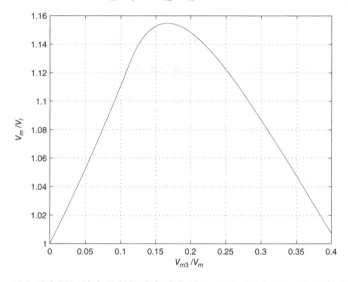

图8.8 具有最大漏极效率的射频功率放大器 F_3 的 V_m/V_I 与 V_{m3}/V_m 函数关系曲线

漏极效率表达式为

$$\eta_D = \frac{P_O}{P_I} = \frac{1}{2} \left(\frac{I_m}{I_I} \right) \left(\frac{V_m}{V_I} \right) \tag{8.85}$$

由于给定了漏极电流 i_D 的波形,也就确定了 I_m/I_I 的比值。为了获得最大漏极效率,必须使 V_m/V_I 的比值最大。因此,对式(8.84)求导并设导数为零,如下所示

$$\frac{d\left(\frac{V_m}{V_I} \right)}{d\left(\frac{V_{m3}}{V_m} \right)} = \frac{1}{\left(\frac{1}{3} + \frac{V_{m3}}{V_m} \right) \sqrt{1 + \frac{1}{\frac{3V_{m3}}{V_m}}}} \left[\frac{1}{6\left(\frac{V_{m3}}{V_m} \right)^2 + 2\frac{V_{m3}}{V_m}} - \frac{1}{\frac{1}{3} + \frac{V_{m3}}{V_m}} \right] = 0 \tag{8.86}$$

得到

$$18\left(\frac{V_{m3}}{V_m}\right)^2 + 3\left(\frac{V_{m3}}{V_m}\right) - 1 = 0 \tag{8.87}$$

解方程得到

$$\frac{V_{m3}}{V_m} = \frac{1}{6} \approx 0.1667 \tag{8.88}$$

将式(8.88)代入式(8.84)得

$$\frac{V_m}{V_I} = \frac{2}{\sqrt{3}} \approx 1.1547 \tag{8.89}$$

因此

$$V_{m3} = \frac{V_m}{6} = \frac{V_I}{3\sqrt{3}} \tag{8.90}$$

进一步得到

$$\frac{V_{m3}}{V_I} = \frac{1}{3\sqrt{3}} \approx 0.19245 \tag{8.91}$$

电压 v_{DS} 的最小值出现条件为

$$\omega_o t_m = \pm\arcsin\sqrt{\frac{9V_{m3} - V_m}{12V_{m3}}} = \pm\arcsin\left(\frac{1}{2}\right) = \pm30° \tag{8.92}$$

为了获得最大漏极效率,v_{DS}/V_I 的归一化波形表达式可写为

$$\frac{v_{DS}}{V_I} = 1 - \frac{V_m}{V_I}\cos\omega_o t + \frac{V_{m3}}{V_I}\cos 3\omega_o t = 1 - \frac{2}{\sqrt{3}}\cos\omega_o t + \frac{1}{3\sqrt{3}}\cos 3\omega_o t \tag{8.93}$$

具有最大漏极效率的放大器 F_3 归一化的漏-源电压波形 v_{DS}/V_I 如图 8.9 所示。

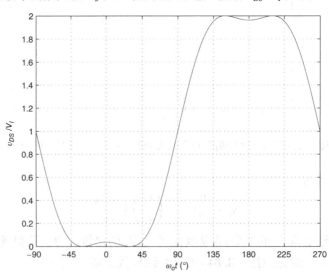

图 8.9 具有最大漏极效率 η_{Dmax} 和最大输出功率能力 c_{pmax} 的
放大器 F_3 归一化漏-源电压 v_{DS}/V_I 的波形

三次谐波电压的归一化幅度为

$$\frac{V_{m3}}{V_m} = \frac{I_{m3}R_3}{I_m R} = \frac{|\alpha_3|I_{DM}R_3}{\alpha_1 I_{DM}R} = \frac{|\alpha_3|R_3}{\alpha_1 R} = \frac{1}{12}\left|\frac{\sin 3\theta\cos\theta - 3\cos 3\theta\sin\theta}{\theta - \sin\theta\cos\theta}\right|\left(\frac{R_3}{R}\right) = \frac{1}{6} \tag{8.94}$$

因此

$$R_3 = \frac{\alpha_1}{6|\alpha_3|}R = 2\left|\frac{\theta - \sin\theta\cos\theta}{\sin 3\theta\cos\theta - 3\cos 3\theta\sin\theta}\right|R \tag{8.95}$$

具有最大漏极效率的 F_3 放大器 R_3/R 与导通角 θ 的关系曲线如图8.5所示。

电阻 R_3 的功率损耗为

$$P_{R3} = \frac{V_{m3}^2}{2R_3} = \frac{1}{2R_3}\left(\frac{V_m}{6}\right)^2 = \frac{V_m^2}{72R_3} \tag{8.96}$$

输出电流的幅度为

$$I_m = \frac{V_m}{R} \tag{8.97}$$

输出功率为

$$P_O = \frac{V_m^2}{2R} = \frac{2V_I^2}{3R} \tag{8.98}$$

直流电源的电流为

$$I_I = \frac{I_m}{\gamma_1} = \frac{2V_I}{\sqrt{3}\gamma_1 R} \tag{8.99}$$

直流电源功率为

$$P_I = V_I I_I = \frac{2V_I^2}{\sqrt{3}\gamma_1 R} \tag{8.100}$$

漏极效率为

$$\eta_D = \frac{P_{DS}}{P_I} = \frac{1}{2}\left(\frac{V_m}{V_I}\right)\left(\frac{I_m}{I_I}\right) = \frac{1}{2}\times\frac{2}{\sqrt{3}}\gamma_1 = \frac{\gamma_1}{\sqrt{3}} = \frac{\theta - \sin\theta\cos\theta}{\sqrt{3}(\sin\theta - \theta\cos\theta)} \tag{8.101}$$

具有最大漏极效率的 F_3 放大器在 $V_m/V_I = 2/\sqrt{3}$ 时，漏极效率 η_D 与导通角 θ 的函数关系曲线如图8.10所示。

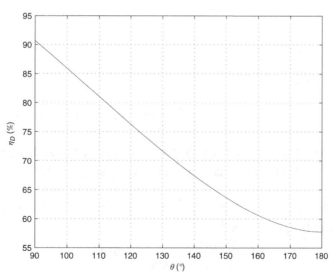

图8.10　具有最大漏极效率的 F_3 放大器在 $V_m/V_I = 2/\sqrt{3}$ 时漏极
效率 η_D 与导通角 θ 的函数关系曲线

当 $V_m = V_I$，即 $\xi_{1(AB)} = 1$ 时，AB 类放大器的效率为

$$\eta_{D(AB)} = \frac{1}{2}\gamma_1\xi_{1(AB)} = \frac{1}{2}\gamma_1 \tag{8.102}$$

F_3 放大器的效率为

$$\eta_{D(F_3)} = \frac{1}{2}\gamma_1\xi_{1(F_3)} \tag{8.103}$$

当导通角 θ 相同，也就是 γ_1 的值相同时，F_3 放大器的效率与 AB 类放大器的效率比值关系为

$$\frac{\eta_{D(F_3)}}{\eta_{D(AB)}} = \xi_{1(F_3)} = \frac{V_m}{V_I} \tag{8.104}$$

其中

$$\frac{\eta_{D(F_3)}}{\eta_{D(AB)}} = \frac{1}{1 - \dfrac{V_{m3}}{V_m}} \qquad \left(0 \leqslant \frac{V_{m3}}{V_m} \leqslant \frac{1}{9}\right) \tag{8.105}$$

$$\frac{\eta_{D(F_3)}}{\eta_{D(AB)}} = \frac{1}{\left(\dfrac{1}{3} + \dfrac{V_{m3}}{V_m}\right)\sqrt{1 + \dfrac{V_m}{3V_{m3}}}} \qquad \left(\frac{V_{m3}}{V_m} \geqslant \frac{1}{9}\right) \tag{8.106}$$

相同导通角 θ 下，F_3 放大器的漏极效率与 AB 类放大器漏极效率的比值 $\eta_{D(F3)}/\eta_{D(AB)}$ 与 V_{m3}/V_m 的函数关系曲线如图 8.11 所示。

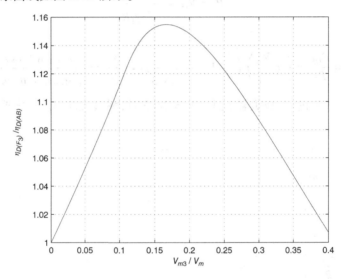

图 8.11 在有相同导通角 θ 的条件下 V_{m3}/V_m 关于 F_3 类放大器漏极效率
与 AB 类放大器漏极效率的比值 $\eta_{D(F3)}/\eta_{D(AB)}$ 的函数

具有最大漏极效率的 F_3 放大器漏极效率 $\eta_{DME(F3)}$ 与具有最大平坦度电压的 F_3 放大器漏极效率 $\eta_{DMF(F3)}$ 的比值在 $v_{DSmin} = 0$ 时为

$$\frac{\eta_{DME(F3)}}{\eta_{DMF(F3)}} = \frac{16}{9\sqrt{3}} \approx 1.0264 \tag{8.107}$$

可见，效率提高了 2.64%。最大漏-源电压为

$$V_{DSM} = 2V_I \tag{8.108}$$

最大输出功率能力为

$$c_p = \frac{P_{DS}}{I_{DM}V_{DSM}} = \frac{\eta_D P_I}{I_{DM}V_{DSM}} = \eta_D \left(\frac{V_I}{V_{DSM}}\right)\left(\frac{I_I}{I_{DM}}\right) = \frac{\gamma_1}{\sqrt{3}} \times \left(\frac{1}{2}\right)\alpha_0 = \frac{\alpha_1}{2\sqrt{3}}$$
$$= \frac{\theta - \sin\theta\cos\theta}{2\sqrt{3}\pi(1 - \cos\theta)} \tag{8.109}$$

具有最大漏极效率的 F_3 射频功率放大器的输出功率能力 c_p 与 θ 的函数关系曲线如图 8.12 所示。

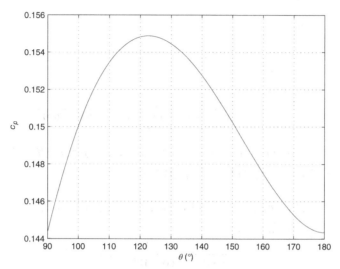

图 8.12　具有最大漏极效率的 F_3 射频功率放大器输出功率能力 c_p 与 θ 的函数关系曲线

AB 类放大器的输出功率能力为

$$c_p = \frac{1}{2}\left(\frac{I_m}{I_{DM}}\right)\left(\frac{V_m}{V_{DSM}}\right) = \frac{1}{2}\alpha_1\left(\frac{V_m}{2V_I}\right) = \frac{1}{4}\alpha_1\left(\frac{V_m}{V_I}\right) \tag{8.110}$$

当 V_{m3}/V_m 为任意值时，最大输出功率能力为

$$c_p = \frac{1}{2}\left(\frac{I_m}{I_{DM}}\right)\left(\frac{V_m}{V_{DSM}}\right) = \frac{1}{2}\alpha_1\left(\frac{V_m}{2V_I}\right) = \frac{1}{4}\alpha_1\left(\frac{V_m}{V_I}\right) \tag{8.111}$$

因此有

$$\frac{c_{p(F_3)}}{c_{p(AB)}} = \frac{1}{1 - \dfrac{V_{m3}}{V_m}} \qquad \left(0 \leqslant \frac{V_{m3}}{V_m} \leqslant \frac{1}{9}\right) \tag{8.112}$$

$$\frac{c_{p(F_3)}}{c_{p(AB)}} = \frac{1}{\left(\dfrac{1}{3} + \dfrac{V_{m3}}{V_m}\right)\sqrt{1 + \dfrac{V_m}{3V_{m3}}}} \qquad \left(\frac{V_{m3}}{V_m} \geqslant \frac{1}{9}\right) \tag{8.113}$$

相同导通角 θ 下，F_3 放大器输出功率能力与 AB 类放大器输出功率能力的比值 $c_{p(F3)}/c_{p(AB)}$ 与 V_{m3}/V_m 的函数关系曲线如图 8.13 所示。

具有最大漏极效率的 F_3 放大器对直流电源呈现的直流电阻为

$$R_{DC} = \frac{V_I}{I_I} = \frac{\sqrt{3}\gamma_1}{2}R = \frac{\sqrt{3}(\theta - \sin\theta\cos\theta)}{2(\sin\theta - \theta\cos\theta)}R \tag{8.114}$$

例8.2　设计一个带有三次谐波和最大漏极效率的 F_3 功率放大器，$f_c = 800\,\mathrm{MHz}$ 处输出功率为 $10\,\mathrm{W}$，$BW = 100\,\mathrm{MHz}$。直流源电压为 $12\,\mathrm{V}$，所有无源元件的效率 $\eta_r = 0.7$，栅极驱动功率 $P_G = 0.4\,\mathrm{W}$。

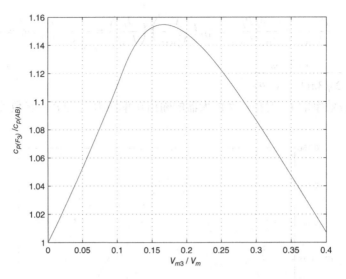

图 8.13 相同导通角 θ 下，F_3 放大器输出功率能力与 AB 类放大器输出功率能力的
比值 $c_{p(F3)}/c_{p(AB)}$ 与 V_{m3}/V_m 的函数关系曲线

解：假设 MOSFET 管的阈值电压 $V_t = 1\text{V}$，栅-源电压的直流分量 $V_{GS} = 1.5\text{V}$，导通角 $\theta = 110°$。栅-源电压交流分量的幅度为

$$V_{gsm} = \frac{V_t - V_{GS}}{\cos\theta} = \frac{1 - 1.5}{\cos 110°} = 1.462\,(\text{V}) \tag{8.115}$$

漏-源饱和电压为

$$v_{DSsat} = v_{GS} - V_t = V_{GS} + V_{gsm} - V_t = 1.5 + 1.462 - 1 = 1.962\,(\text{V}) \tag{8.116}$$

取最小漏-源电压 $v_{DSmin} = 2.4\text{V}$。漏-源电压基波分量的最大幅度为

$$V_m = \frac{2}{\sqrt{3}}(V_I - v_{DSmin}) = 1.1547(12 - 2.4) = 11.085\,(\text{V}) \tag{8.117}$$

三次谐波的幅度为

$$V_{m3} = \frac{V_m}{6} = \frac{11.085}{6} = 1.848\,(\text{V}) \tag{8.118}$$

漏极功率为

$$P_{DS} = \frac{P_O}{\eta_r} = \frac{10}{0.7} = 14.289\,(\text{W}) \tag{8.119}$$

负载电阻为

$$R = \frac{V_m^2}{2P_{DS}} = \frac{11.085^2}{2 \times 14.289} = 4.2998\,(\Omega) \tag{8.120}$$

最大漏-源电压为

$$v_{DSmax} = 2V_I - v_{DSmin} = 2 \times 12 - 2.4 = 21.6\,(\text{V}) \tag{8.121}$$

漏极电流基波分量的幅度为

$$I_m = \frac{V_m}{R} = \frac{11.085}{4.2998} = 2.578\,(\text{A}) \tag{8.122}$$

最大漏极电流为

$$I_{DM} = \frac{I_m}{\alpha_1} = \frac{2.578}{0.5316} = 4.8496\,(\text{A}) \tag{8.123}$$

直流电源的电流为

$$I_I = \frac{I_m}{\gamma_1} = \frac{2.578}{1.404} = 1.836 \, (\text{A}) \tag{8.124}$$

直流电源的功率为

$$P_I = I_I V_I = 1.836 \times 12 = 22.0344 \, (\text{W}) \tag{8.125}$$

晶体管的漏极功率损耗为

$$P_D = P_I - P_{DS} = 22.0344 - 14.289 = 7.745 \, (\text{W}) \tag{8.126}$$

漏极效率为

$$\eta_D = \frac{P_{DS}}{P_I} = \frac{14.289}{22.0344} = 64.85\% \tag{8.127}$$

放大器效率为

$$\eta = \frac{P_O}{P_I} = \frac{10}{22.0344} = 45.38\% \tag{8.128}$$

功率附加效率为

$$\eta_{PAE} = \frac{P_O - P_G}{P_I} = \frac{10 - 0.4}{22.0344} = 43.56\% \tag{8.129}$$

放大器对直流电源呈现的直流电阻为

$$R_{DC} = \frac{V_I}{I_I} = \frac{12}{1.836} = 6.5352 \, (\Omega) \tag{8.130}$$

谐振在载波基频处的谐振电路的负载品质因数为

$$Q_L = \frac{f_c}{BW} = \frac{800}{100} = 8 \tag{8.131}$$

输出电路的谐振电路元件

$$L = \frac{R}{\omega_c Q_L} = \frac{4.2998}{2\pi \times 0.8 \times 10^9 \times 8} = 106.92 \, (\text{pH}) \tag{8.132}$$

$$C = \frac{Q_L}{\omega_c R} = \frac{8}{2\pi \times 0.8 \times 10^9 \times 4.2998} = 370.14 \, (\text{pF}) \tag{8.133}$$

与谐振在三次谐波处的谐波电路并联的电阻为

$$R_3 = \frac{\alpha_1}{6|\alpha_3|} R = \frac{0.5316}{6|-0.0448754|} \times 4.2998 = 1.97436 \times 4.2998 = 8.4894 \, (\Omega) \tag{8.134}$$

假设谐振在三次谐波处的谐振电路的负载品质因数为 $Q_{L3} = 15$，可以得出

$$L_3 = \frac{R_3}{3\omega_c Q_{L3}} = \frac{8.4894}{3 \times 2\pi \times 0.8 \times 10^9 \times 15} = 37.53 \, (\text{pH}) \tag{8.135}$$

$$C_3 = \frac{Q_{L3}}{3\omega_c R_3} = \frac{15}{3 \times 2\pi \times 0.8 \times 10^9 \times 8.4894} = 117.17 \, (\text{pF}) \tag{8.136}$$

RFC 电感的电抗为

$$X_{Lf} = 10R = 10 \times 4.2998 = 42.998 \, (\Omega) \tag{8.137}$$

进一步得到

$$L_f = \frac{X_{Lf}}{\omega_0} = \frac{42.998}{2\pi \times 0.8 \times 10^9} = 8.55 \, (\text{nH}) \tag{8.138}$$

耦合电容的电抗为

$$X_{Cc} = \frac{R}{10} = \frac{4.2998}{10} = 0.42998 \, (\Omega) \tag{8.139}$$

因此

$$C_c = \frac{1}{\omega_0 X_{Cc}} = \frac{1}{2\pi \times 0.8 \times 10^9 \times 0.42998} = 462.68 \, (\text{pF}) \tag{8.140}$$

图 8.14 给出了设计的 F_3 射频功率放大器的负载网络阻抗的模。

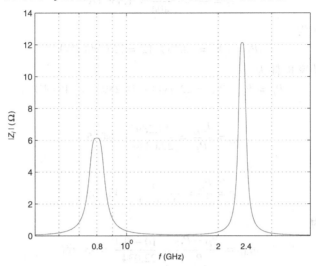

图 8.14　F_3 射频功率放大器负载网络阻抗的模

8.3　含有三次和五次谐波的射频功率放大器 F_{35}

8.3.1　放大器 F_{35} 的最大平坦度

含有三次和五次谐波的 F 类射频功率放大电路称为 F_{35} 放大器,其电路结构如图 8.15 所示。该放大器的电压和电流波形如图 8.16 所示。漏-源电压波形为

$$v_{DS} = V_I - V_m \cos\omega_o t + V_{m3}\cos 3\omega_o t - V_{m5}\cos 5\omega_o t \tag{8.141}$$

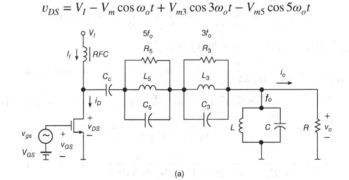

(a)

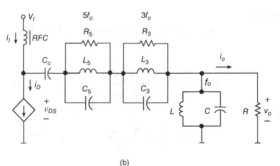

(b)

图 8.15　F_{35} 功率放大器电路图
（a）电路原理图；（b）等效电路图

三次谐波电压与基波电压有 $180°$ 的相位差,五次谐波电压与基波电压同相。因此,根据图8.3,F_{35} 放大器的漏极电流导通角应该在以下范围内

$$90° \leqslant \theta \leqslant 127.76° \tag{8.142}$$

此时,$\gamma_1 > 0, \gamma_3 < 0, \gamma_5 > 0$。

式(8.141)的部分导数为

$$\frac{dv_{DS}}{d(\omega_o t)} = V_m \sin \omega_o t - 3V_{m3} \sin 3\omega_o t + 5V_{m5} \sin 5\omega_o t \tag{8.143}$$

$$\frac{d^2 v_{DS}}{d(\omega_o t)^2} = V_m \cos \omega_o t - 9V_{m3} \cos 3\omega_o t + 25V_{m5} \cos 5\omega_o t \tag{8.144}$$

$$\frac{d^3 v_{DS}}{d(\omega_o t)^3} = -V_m \sin \omega_o t + 27V_{m3} \sin 3\omega_o t - 125V_{m5} \sin 5\omega_o t \tag{8.145}$$

$$\frac{d^4 v_{DS}}{d(\omega_o t)^4} = -V_m \cos \omega_o t + 81V_{m3} \cos 3\omega_o t - 625V_{m5} \cos 5\omega_o t \tag{8.146}$$

一阶和三阶导数在 $\omega_o t = 0$ 时都为零;二阶和四阶导数在 $\omega_o t = 0$ 时得到以下方程组

$$\left. \frac{d^2 v_{DS}}{d(\omega_o t)^2} \right|_{\omega_o t=0} = V_m - 9V_{m3} + 25V_{m5} = 0 \tag{8.147}$$

$$\left. \frac{d^4 v_{DS}}{d(\omega_o t)^4} \right|_{\omega_o t=0} = -V_m + 81V_{m3} - 625V_{m5} = 0 \tag{8.148}$$

该方程组的解为

$$V_{m3} = \frac{V_m}{6} \tag{8.149}$$

$$V_{m5} = \frac{V_m}{50} \tag{8.150}$$

进一步有

$$V_{m5} = \frac{3}{25} V_{m3} \tag{8.151}$$

因此

$$\frac{V_{m3}}{V_m} = \frac{I_{m3} R_3}{I_m R} = \frac{|\alpha_3| R_3}{\alpha_1 R} = \frac{1}{12} \left| \frac{\sin 3\theta \cos \theta - 3\cos 3\theta \sin \theta}{\theta - \sin \theta \cos \theta} \right| \left(\frac{R_3}{R} \right) = \frac{1}{6} \tag{8.152}$$

$$\frac{V_{m5}}{V_m} = \frac{I_{m5} R_5}{I_m R} = \frac{|\alpha_5| R_5}{\alpha_1 R} = \frac{1}{60} \left| \frac{\sin 5\theta \cos \theta - 5\cos 5\theta \sin \theta}{\theta - \sin \theta \cos \theta} \right| = \frac{1}{50} \tag{8.153}$$

电阻的关系表达式为

$$\frac{R_3}{R} = \frac{\alpha_1}{6|\alpha_3|} = 2 \left| \frac{\theta - \sin \theta \cos \theta}{\sin 3\theta \cos \theta - 3\cos 3\theta \sin \theta} \right| \tag{8.154}$$

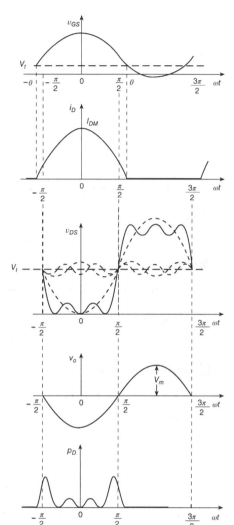

图 8.16 含有三次和五次谐波的 F_{35} 射频功率放大器工作波形

$$\frac{R_5}{R} = \frac{\alpha_1}{50\alpha_5} = \frac{5}{6}\left|\frac{\theta - \sin\theta\cos\theta}{\sin 5\theta\cos\theta - 5\cos 5\theta\sin\theta}\right| \tag{8.155}$$

由于

$$v_{DS}(0) = V_I - V_m + V_{m3} - V_{m5} = V_I - V_m + \frac{V_m}{6} - \frac{V_m}{50} = V_I - \frac{64}{75}V_m = 0 \tag{8.156}$$

得到

$$V_m = \frac{75}{64}V_I \approx 1.1719V_I \tag{8.157}$$

同样地

$$v_{DS}(0) = V_I - V_m + V_{m3} - V_{m5} = V_I - 6V_{m3} + V_{m3} - \frac{3V_{m3}}{25} = V_I - \frac{128}{25}V_{m3} = 0 \tag{8.158}$$

得出

$$V_{m3} = \frac{25}{128}V_I \approx 0.1953V_I \tag{8.159}$$

所以

$$v_{DS}(0) = V_I - V_m + V_{m3} - V_{m5} = V_I - 50V_{m5} + \frac{25}{3}V_{m5} - V_{m5} = V_I - \frac{128}{3}V_{m5} = 0 \tag{8.160}$$

进一步得到

$$V_{m5} = \frac{3}{128}V_I \approx 0.02344V_I \tag{8.161}$$

漏-源电压的最大值为

$$V_{DSM} = v_{DS}(\pi) = V_I + V_m - V_{m3} + V_{m5} = V_I + \frac{75}{64}V_I - \frac{25}{128}V_I + \frac{3}{128}V_I = 2V_I \tag{8.162}$$

归一化的最大平坦度电压为

$$\begin{aligned}\frac{v_{DS}}{V_I} &= 1 - \frac{V_m}{V_I}\cos\omega_o t + \frac{V_{m3}}{V_m}\cos 3\omega_o t - \frac{V_{m5}}{V_m}\cos 5\omega_o t\\ &= 1 - \frac{75}{64}\cos\omega_o t + \frac{25}{128}\cos 3\omega_o t - \frac{3}{128}\cos 5\omega_o t\end{aligned} \tag{8.163}$$

图 8.17 给出了归一化的漏-源电压 v_{DS}/V_I 的最大平坦度波形。从图中可以看出 F_{35} 放大器漏-源电压平坦部分比 F_3 放大器的更宽。表 8.2 列出了含奇数谐波的 F_3 和 F_{35} 放大器的最大平坦度处的归一化电压幅度。

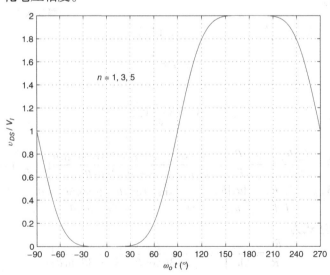

图 8.17　F_{35} 类射频功率放大器的标准漏-源电压 v_{DS}/V_I 的最大平坦度波形图

表8.2 在 F_3 类和 F_{35} 类功率放大器的奇数谐波最大平坦度中的电压振幅

类别		$\dfrac{V_{m3}}{V_I}$	$\dfrac{V_{m5}}{V_I}$	$\dfrac{V_{m3}}{V_m}$	$\dfrac{V_{m5}}{V_m}$
F_3	$\dfrac{9}{8}$	$\dfrac{1}{8} = 0.125$	0	$\dfrac{1}{9} = 0.1111$	0
F_{35}	$\dfrac{75}{64}$	$\dfrac{25}{128} = 0.1953$	$\dfrac{3}{128} = 0.02344$	$\dfrac{1}{6} = 1.667$	$\dfrac{1}{50} = 0.02$

电流基波分量的幅度为

$$I_m = \frac{V_m}{R} = \frac{75}{64}\frac{V_I}{R} \tag{8.164}$$

直流输入电流为

$$I_I = \frac{I_m}{\gamma_1} = \frac{75}{64}\frac{V_I}{\gamma_1 R} \tag{8.165}$$

直流输入功率为

$$P_I = I_I V_I = \frac{75}{64}\frac{V_I^2}{\gamma_1 R} \tag{8.166}$$

输出功率为

$$P_O = \frac{V_m^2}{2R} = \frac{5625}{8192}\frac{V_I^2}{R} \approx 0.6866\frac{V_I^2}{R} \tag{8.167}$$

漏极效率为

$$\eta_D = \frac{P_O}{P_I} = \frac{75\gamma_1}{128} = \frac{75(\theta - \sin\theta\cos\theta)}{128(\sin\theta - \theta\cos\theta)} \tag{8.168}$$

具有最大平坦度电压的 F_{35} 射频功率放大器漏极效率 η_D 与导通角 θ 的函数关系曲线如图 8.18 所示。

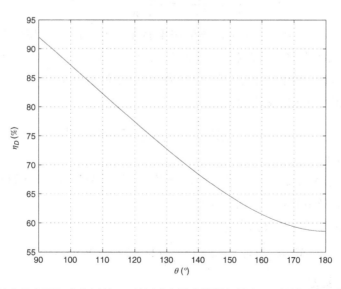

图 8.18 具有最大平坦度电压的 F_{35} 射频功率放大器漏极效率 η_D 与导通角 θ 的关系曲线

最大漏-源电压为

$$V_{DSM} = 2V_I \tag{8.169}$$

输出功率能力为

$$c_p = \frac{P_O}{V_{DSM}I_{DM}} = \frac{\eta_D P_I}{V_{DSM}I_{DM}} = \eta_D \left(\frac{V_I}{V_{DSM}}\right)\left(\frac{I_I}{I_{DM}}\right) = \left(\frac{75\gamma_1}{128}\right)\left(\frac{1}{2}\right)\alpha_0$$
$$= \frac{75}{256}\alpha_1 = \frac{75(\theta - \sin\theta\cos\theta)}{256\pi(1 - \cos\theta)} \tag{8.170}$$

具有最大平坦度电压的 F_{35} 射频功率放大器输出功率能力 c_p 漏极效率 η_D 与导通角 θ 的函数关系曲线如图 8.19 所示。

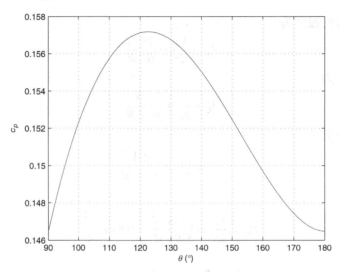

图 8.19　具有最大平坦度电压的 F_{35} 射频功率放大器输出功率能力 c_p 与导通角 θ 的关系曲线

直流输入电阻为

$$R_{DC} = \frac{V_I}{I_I} = \frac{64\gamma_1}{75}R = \frac{64(\theta - \sin\theta\cos\theta)}{75(\sin\theta - \theta\cos\theta)}R \tag{8.171}$$

例 8.3　设计一个利用三次和五次谐波产生最大平坦度漏-源电压的 F_{35} 功率放大器,当 $f_c = 1\mathrm{GHz}$ 时,输出功率为 16W,带宽 $BW = 100\mathrm{MHz}$,直流电源电压为 24V。假设 $\eta_r = 1$。

解:假设 MOSFET 管的阈值电压 $V_t = 1\mathrm{V}$,栅-源电压的直流分量 $V_{GS} = 1.5\mathrm{V}$,导通角 $\theta = 110°$。栅-源电压交流分量的幅度为

$$V_{gsm} = \frac{V_t - V_{GS}}{\cos\theta} = \frac{1 - 1.5}{\cos110°} = 1.462 \,(\mathrm{V}) \tag{8.172}$$

漏源饱和电压为

$$v_{DSsat} = v_{GSmax} - V_t = V_{GS} + V_{gsm} - V_t = 1.5 + 1.462 - 1 = 1.962 \,(\mathrm{V}) \tag{8.173}$$

取漏-源电压的最小值 $v_{DSmin} = 2.4\,(\mathrm{V})$。

漏-源电压基波分量的最大幅度为

$$V_m = \frac{75}{64}(V_I - v_{DSmin}) = \frac{75}{64}(24 - 2.4) = 26.953 \,(\mathrm{V}) \tag{8.174}$$

三次谐波的幅度为

$$V_{m3} = \frac{V_m}{6} = \frac{26.953}{6} = 4.492 \,(\mathrm{V}) \tag{8.175}$$

$$V_{m5} = \frac{V_m}{50} = \frac{26.953}{50} = 0.5391 \,(\mathrm{V}) \tag{8.176}$$

负载电阻为

$$R = \frac{V_m^2}{2P_O} = \frac{26.953^2}{2 \times 16} = 22.7\,(\Omega) \tag{8.177}$$

最大漏-源电压为

$$v_{DSmax} = 2V_I = 2 \times 24 = 48\,(\text{V}) \tag{8.178}$$

漏极电流基波分量的幅度为

$$I_m = \frac{V_m}{R} = \frac{26.953}{22.7} = 1.187\,(\text{A}) \tag{8.179}$$

最大漏极电流为

$$I_{DM} = \frac{I_m}{\alpha_1} = \frac{1.187}{0.5316} = 2.233\,(\text{A}) \tag{8.180}$$

直流电源的电流为

$$I_I = \frac{I_m}{\gamma_1} = \frac{1.187}{1.404} = 0.8454\,(\text{A}) \tag{8.181}$$

直流电源的功率为

$$P_I = I_I V_I = 0.8454 \times 24 = 20.2896\,(\text{W}) \tag{8.182}$$

晶体管的漏极功率损耗为

$$P_D = P_I - P_O = 20.2896 - 16 = 4.2896\,(\text{W}) \tag{8.183}$$

漏极效率为

$$\eta_D = \frac{P_O}{P_I} = \frac{16}{20.2896} = 78.85\% \tag{8.184}$$

放大器对直流源呈现出的直流电阻为

$$R_{DC} = \frac{32\pi}{75}R = 1.34 \times 22.7 = 30.418\,(\Omega) \tag{8.185}$$

负载品质因数为

$$Q_L = \frac{f_c}{BW} = \frac{1000}{100} = 10 \tag{8.186}$$

谐振在基频处的谐波电路的电感为

$$L = \frac{R}{\omega_c Q_L} = \frac{22.7}{2\pi \times 10^9 \times 10} = 0.36128\,(\text{nH}) \tag{8.187}$$

谐振在基频处的谐波电路的电容为

$$C = \frac{Q_L}{\omega_c R} = \frac{10}{2\pi \times 10^9 \times 22.7} = 70.11\,(\text{pF}) \tag{8.188}$$

与谐振在三次谐波处的谐波电路并联的电阻为

$$R_3 = \frac{\alpha_1}{9|\alpha_3|}R = \frac{0.5316}{6|-0.0448754|} \times 22.7 = 1.9744 \times 22.7 = 44.819\,(\Omega) \tag{8.189}$$

与谐振在五次谐波处的谐波电路并联的电阻为

$$R_5 = \frac{\alpha_1}{9|\alpha_5|}R = \frac{0.5316}{50|0.01855|} \times 22.7 = 0.5732 \times 22.7 = 13.012\,(\Omega) \tag{8.190}$$

假设谐振在三次谐波处的谐波电路的负载品质因数 $Q_{L3} = 12$，可以得到

$$L_3 = \frac{R_3}{3\omega_c Q_{L3}} = \frac{44.819}{3 \times 2\pi \times 0.8 \times 10^9 \times 12} = 247.68\,(\text{pH}) \tag{8.191}$$

$$C_3 = \frac{Q_{L3}}{3\omega_c R_3} = \frac{12}{3 \times 2\pi \times 0.8 \times 10^9 \times 44.819} = 66.31 \,(\text{pF}) \tag{8.192}$$

假设谐振在五次谐波处的谐波电路的负载品质因数 $Q_{L5} = 15$，可以得到

$$L_5 = \frac{R_5}{3\omega_c Q_{L5}} = \frac{13.012}{3 \times 2\pi \times 0.8 \times 10^9 \times 15} = 83.39 \,(\text{pH}) \tag{8.193}$$

$$C_5 = \frac{Q_{L5}}{3\omega_c R_5} = \frac{15}{3 \times 2\pi \times 0.8 \times 10^9 \times 13.02} = 76.446 \,(\text{pF}) \tag{8.194}$$

RFC 电感的电抗为

$$X_{Lf} = 10R = 10 \times 22.7 = 227 \,(\Omega) \tag{8.195}$$

进一步得到

$$L_f = \frac{X_{Lf}}{\omega_0} = \frac{227}{2\pi \times 0.8 \times 10^9} = 45.18 \,(\text{nH}) \tag{8.196}$$

耦合电容的电抗为

$$X_{Cc} = \frac{R}{10} = \frac{22.7}{10} = 2.27 \,(\Omega) \tag{8.197}$$

进一步得到

$$C_c = \frac{1}{\omega_0 X_{Cc}} = \frac{1}{2\pi \times 0.8 \times 10^9 \times 2.27} = 87.68 \,(\text{pF}) \tag{8.198}$$

8.3.2　放大器 F_{35} 的最大漏极效率

文献[23]给出了含有三次和五次谐波的 F 类放大器最大漏极效率和输出功率能力，具体如下

$$\frac{V_{m3}}{V_m} = 0.2323 \tag{8.199}$$

$$\frac{V_{m5}}{V_m} = 0.0607 \tag{8.200}$$

$$\frac{V_{m5}}{V_{m3}} = 0.2613 \tag{8.201}$$

$$\frac{V_m}{V_I} = 1.2071 \tag{8.202}$$

$$\frac{V_{m3}}{V_I} = 0.2804 \tag{8.203}$$

$$\frac{V_{m5}}{V_I} = 0.07326 \tag{8.204}$$

最大漏极效率的归一化电压 v_{DS}/V_I 的波形表达式为

$$\frac{v_{DS}}{V_I} = 1 - \frac{V_m}{V_I}\cos\omega_o t + \frac{V_{m3}}{V_m}\cos\omega_o t - \frac{V_{m5}}{V_I}\cos 5\omega_o t \tag{8.205}$$

$$= 1 - 1.2071\cos\omega_o t + 0.2804 V_m \cos\omega_o t - 0.07326\cos 5\omega_o t$$

图 8.20 给出了具有最大漏极效率和最大输出功率能力的 F_{35} 放大器的归一化漏源电压 v_{DS}/V_I 波形图。表 8.3 给出了仅含有奇数谐波并具有最大漏极效率的 F_3 和 F_{35} 放大器的归一化电压幅度 V_{mn}/V_I。

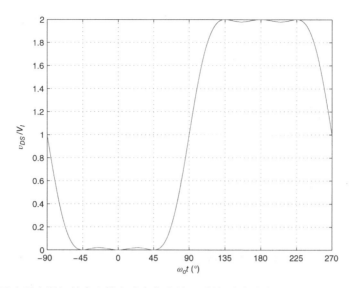

图 8.20 具有最大漏极效率和输出功率能力的 F_{35} 射频功率放大器的归一化漏源电压波形

表 8.3 含有奇数谐波并具有最大漏极效率的 F_3 和 F_{35} 放大器的电压幅度

类别	$\dfrac{V_m}{V_I}$	$\dfrac{V_{m3}}{V_I}$	$\dfrac{V_{m5}}{V_I}$	$\dfrac{V_{m3}}{V_m}$	$\dfrac{V_{m5}}{V_m}$
F_3	$\dfrac{3}{\sqrt{3}}$	$\dfrac{1}{3\sqrt{3}}=0.1925$	0	$\dfrac{1}{6}=0.1667$	0
F_{35}	1.2071	0.2804	0.073 26	0.2323	0.0607

漏极电流基波分量的幅度为

$$I_m = \frac{V_m}{R} = \frac{1.207V_I}{R} \tag{8.206}$$

直流电源的电流为

$$I_I = \frac{I_m}{\gamma_1} = \frac{1.207}{\gamma_1}\frac{V_I}{R} \tag{8.207}$$

直流电源的功率为

$$P_I = I_I V_I = \frac{1.207}{\gamma_1}\frac{V_I^2}{R} \tag{8.208}$$

输出功率为

$$P_O = \frac{V_m^2}{2R} = \frac{1}{2}\frac{(1.207V_I)^2}{R} \approx 0.7284\frac{V_I^2}{R} \tag{8.209}$$

最大漏极效率为

$$\eta_D = \frac{P_O}{P_I} = \frac{1}{2}\left(\frac{I_m}{I_I}\right)\left(\frac{V_m}{V_I}\right) = \frac{1}{2}\gamma_1(1.2071) = 0.6035\gamma_1 = \frac{0.60355(\theta - \sin\theta\cos\theta)}{\sin\theta - \theta\cos\theta} \tag{8.210}$$

含有三次和五次谐波的 F_{35} 射频功率放大器漏极效率 η_D 与导通角 θ 的函数关系曲线如图 8.21 所示。

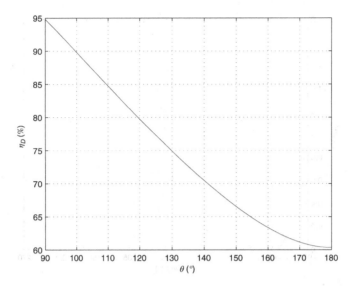

图 8.21 含有三次和五次谐波的 F_{35} 射频功率放大器漏极效率 η_D 与导通角 θ 的关系曲线

漏源电压 v_{DS} 的最大值为

$$V_{DSM} = 2V_I = \frac{2}{1.1719}V_m = 1.7066V_m \tag{8.211}$$

输出功率能力为

$$c_p = \frac{P_O}{I_{DM}V_{DSM}} = \frac{1}{2}\left(\frac{I_m}{I_{DM}}\right)\left(\frac{V_m}{V_{DSM}}\right) = \frac{1}{2}\alpha_1\left(\frac{1}{1.7066}\right) = 0.2929\alpha_1$$
$$= \frac{0.2929(\theta - \sin\theta\cos\theta)}{\pi(1 - \cos\theta)} \tag{8.212}$$

直流输入电阻为

$$R_{DC} = \frac{V_I}{I_I} = 0.8284\gamma_1 R = 0.8284\frac{\theta - \sin\theta\cos\theta}{\sin\theta - \theta\cos\theta}R \tag{8.213}$$

8.4　含有三次、五次和七次谐波的射频功率放大器 F_{357}

对于具有根据最大平坦度的 F_{357} 放大器有

$$V_{m3} = \frac{V_{m1}}{5} \tag{8.214}$$

$$V_{m5} = \frac{V_{m1}}{25} \tag{8.215}$$

$$V_{m7} = \frac{V_{m1}}{245} \tag{8.216}$$

$$V_{m1} = \frac{1225}{1024}V_I \tag{8.217}$$

$$V_{m3} = \frac{245}{2024}V_I \tag{8.218}$$

$$V_{m5} = \frac{49}{1024}V_I \tag{8.219}$$

$$V_{m7} = \frac{5}{1024} V_I \tag{8.220}$$

8.5　带有并联谐振电路和 1/4 波长传输线的射频功率放大器 $\mathbf{F_T}$

带有 1/4 波长传输线和一个并联谐振电路的 F 类功率放大电路如图 8.22(a)所示,该电路被称为 F_T 放大器,也称为 F_∞ 放大器。1/4 波长传输线的输入阻抗为 $Z_i = Z_o^2/Z_L$,其中 Z_o 为传输线的特征阻抗。1/4 波长传输线等效于一个无穷阶的并联谐波电路,该电路对奇次谐波表现为开路,对偶次谐波表现为短路,如图 8.22(b)所示。传输线的特征阻抗为 Z_o,基频时,若 $Z_o = R, R_i = Z_o^2/R_L$ 变为 $R = Z_o^2/R = R^2/R$。对于各次谐波,传输线的负载几乎为零,$Z_L = 1/(n\omega_o C) \approx 0$,其中 $n \geq 2$。对于奇次谐波,$Z_i = Z_o^2/0 = \infty$。对于偶次谐波,传输线相当于半波长的变压器,它的输入阻抗 $Z_i = Z_L = 0$。

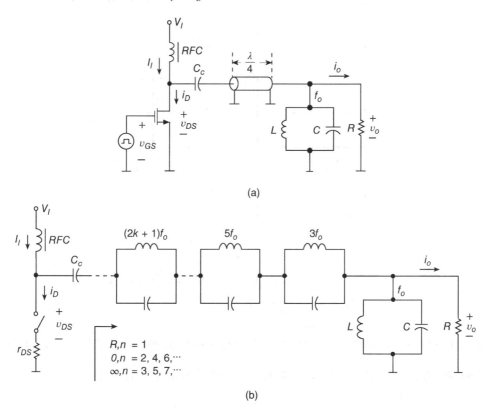

(a)

(b)

图 8.22　带有一个并联谐振电路和 1/4 波长传输线的 F_T 功率放大器,

其中 $n = (2k+1), k = 0,1,2,3,\cdots$

（a）电路原理图；（b）$Z_o = R$ 时的等效电路

F_T 类放大器广泛应用于 VHF 和 UHF FM 无线发射机中[3]。F_T 放大器的电流、电压波形如图 8.23 所示。漏极电流波形是半个正弦波,其导通角 $\theta = \pi$。漏-源电压为一个方波。这些电流、电压波形构成了一个理想的 F_T 放大器的波形。由于传输线很难被集成,从而阻碍了 F_T 放大器的单芯片集成。例如,当工作频率 $f = 2.4$GHz 时,$\lambda/4 \approx 2$cm。

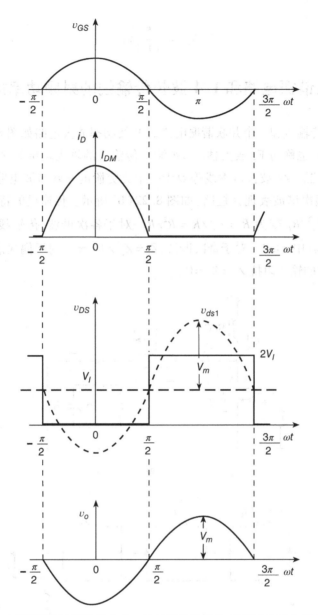

图 8.23 带有一个并联谐振电路和四分之一波长传输线的 F_T 射频功率放大器的电压、电流波形

当 $\theta = 90°$ 时,漏极电流 i_D 波形可以展开为如下所示傅里叶三角级数

$$i_D = I_{DM} \left[\frac{1}{\pi} + \frac{1}{2} \cos \omega_o t + \frac{2}{\pi} \sum_{n=2}^{\infty} \frac{\cos \left(\frac{n\pi}{2} \right)}{1 - n^2} \cos n\omega_o t \right]$$

(8.221)

$$= I_{DM} \left(\frac{1}{\pi} + \frac{1}{2} \cos \omega_o t + \frac{2}{3\pi} \cos 2\omega_o t - \frac{2}{15\pi} \cos 4\omega_o t + \frac{2}{35\pi} \cos 6\omega_o t + \cdots \right)$$

可见,漏极电流 i_D 仅仅包含直流分量、基波分量和偶次谐波分量。

当 $\theta = 90°$ 时,具有方波波形的漏-源电压 v_{DS} 展开的傅里叶级数为

$$v_{DS} = V_I \left[1 + \frac{4}{\pi} \left(\cos \omega_o t - \frac{1}{3} \cos 3\omega_o t + \frac{1}{5} \cos 5\omega_o t - \frac{1}{7} \cos 7\omega_o t + \cdots \right) \right]$$

(8.222)

可见,漏-源电压 v_{DS} 仅仅包含直流分量、基波分量和奇次谐波分量。

漏-源电压的峰值为

$$V_{DSM} = 2V_I \tag{8.223}$$

漏-源电压的幅度为

$$V_m = \frac{4}{\pi}(V_I - v_{DSmax}) \tag{8.224}$$

漏极电流的幅度为

$$I_m = \frac{I_{DM}}{2} \tag{8.225}$$

基频 f_o 下从漏源端看到的负载网络的输入阻抗为

$$Z(f_o) = \frac{V_m}{I_m} = \frac{\frac{4}{\pi}(V_I - v_{DSmin})}{\frac{1}{2}I_{DM}} = \frac{8}{\pi}\frac{(V_I - v_{DSmax})}{I_{DM}} = R_i = \frac{Z_o^2}{R} \tag{8.226}$$

偶次谐波的阻抗为

$$Z(nf_o) = Z(2kf_o) = \frac{V_{m(n)}}{I_{m(n)}} = \frac{0}{\text{有限值}} = 0 \qquad (n = 2,4,6,\cdots) \tag{8.227}$$

奇次谐波的阻抗为

$$Z(nf_o) = Z[(2k+1)f_o] = \frac{V_{m(n)}}{I_{m(n)}} = \frac{\text{有限值}}{0} = \infty \qquad (n = 3,5,7,\cdots) \tag{8.228}$$

其中 $k = 1,2,3,\cdots$。

传输线的输入阻抗为

$$Z_i(l) = Z_o \frac{Z_L + jZ_o \tan\left(\frac{2\pi}{\lambda}l\right)}{Z_o + jZ_L \tan\left(\frac{2\pi}{\lambda}l\right)} \tag{8.229}$$

其中 l 为传输线的长度,传输线的波长为

$$\lambda = \frac{v_p}{f} = \frac{c}{f\sqrt{\epsilon_r}} \tag{8.230}$$

其中,$v_p = c/\sqrt{\epsilon_r}$ 为相速度,c 为光速度,ϵ_r 是相对介电常数,λ_o 为自由空间的波长。

当 $l = \lambda/4$ 时,传输线的输入阻抗为

$$Z_i\left(\frac{\lambda}{4}\right) = Z_o \frac{Z_L + jZ_o \tan\left(\frac{2\pi}{\lambda}\frac{\lambda}{4}\right)}{Z_o + jZ_L \tan\left(\frac{2\pi}{\lambda}\frac{\lambda}{4}\right)} = \frac{Z_o^2}{Z_L} \frac{\frac{Z_L}{Z_o} + j\tan\left(\frac{\pi}{2}\right)}{\frac{Z_o}{Z_L} + j\tan\left(\frac{\pi}{2}\right)} = \frac{Z_o^2}{Z_L} \tag{8.231}$$

此时,传输线就相当于一个阻抗变换器。

当 $l = \lambda/2$ 时,传输线的输入阻抗为

$$Z_i\left(\frac{\lambda}{2}\right) = Z_o \frac{Z_L + jZ_o \tan\left(\frac{2\pi}{\lambda}\frac{\lambda}{2}\right)}{Z_o + jZ_L \tan\left(\frac{2\pi}{\lambda}\frac{\lambda}{2}\right)} = Z_L \tag{8.232}$$

此时的传输线则相当于一个阻抗中继器。并联谐振电路中的电容对各次谐波相当于短路。奇次谐波时,四分之一波长传输线将输出端处的短路转换为输入端处的开路;偶次谐波时,输出端处的短路在输入端还是短路。奇次谐波下的高阻抗使漏-源电压 v_{DS} 为如图 8.23 所示的方波,因为该电压仅仅包含奇次谐波。偶次谐波下的低阻抗使漏电流 i_D 为半个正弦波,因为漏极电流只包含偶次谐波。理想情况下,F_T 类和 D 类放大器的电压、电流波形是相同的。

漏-源电压的基波分量为

$$V_m = \frac{4}{\pi}(V_I - v_{DSmin}) \tag{8.233}$$

漏极电流的基波分量为

$$i_{d1} = I_m \cos \omega_o t \tag{8.234}$$

其中

$$I_m = \frac{1}{\pi} \int_{-\frac{\pi}{2}}^{\frac{\pi}{2}} i_D \cos \omega_o t \, d(\omega_o t) = \frac{1}{\pi} \int_{-\frac{\pi}{2}}^{\frac{\pi}{2}} I_{DM} \cos^2 \omega_o t \, d(\omega_o t) = \frac{I_{DM}}{2} \tag{8.235}$$

或者

$$I_m = \frac{V_m}{R_i} = \frac{4(V_I - v_{DSmin})}{\pi R_i} \tag{8.236}$$

直流输入电流等于漏极电流的直流分量

$$I_I = \frac{1}{2\pi} \int_{-\frac{\pi}{2}}^{\frac{\pi}{2}} i_D \, d(\omega_o t) = \frac{1}{2\pi} \int_{-\frac{\pi}{2}}^{\frac{\pi}{2}} I_{DM} \cos \omega_o t \, d(\omega_o t) = \frac{I_{DM}}{\pi} = \frac{2}{\pi} I_m = \frac{8(V_I - v_{DSmin})}{\pi^2 R_i} \tag{8.237}$$

直流输入功率为

$$P_I = I_I V_I = \frac{I_{DM} V_I}{\pi} \tag{8.238}$$

输出功率为

$$P_O = \frac{1}{2} I_m V_m = \frac{1}{2} \times \frac{I_{DM}}{2} \times \frac{4}{\pi}(V_I - v_{DSmin}) = \frac{1}{\pi} I_{DM}(V_I - v_{DSmin}) \tag{8.239}$$

或者

$$P_O = \frac{V_m^2}{2R_i} = \frac{8(V_I - v_{DSmin})^2}{\pi^2 R_i} \tag{8.240}$$

放大器的漏极效率为

$$\eta_D = \frac{P_O}{P_I} = 1 - \frac{v_{DSmin}}{V_I} \tag{8.241}$$

输出功率能力为

$$c_p = \frac{P_O}{I_{DM} V_{DSM}} = \frac{1}{2\pi}\left(1 - \frac{v_{DSmin}}{V_I}\right) = 0.159\left(1 - \frac{v_{DSmin}}{V_I}\right) \tag{8.242}$$

直流电阻为

$$R_{DC} = \frac{V_I}{I_I} = \frac{\pi^2}{8} R_i \tag{8.243}$$

漏极电流的均方根值为

$$I_{DSrms} = \sqrt{\frac{1}{2\pi} \int_{\pi/2}^{\pi/2} I_m^2 \cos^2 \omega_o t \, d(\omega_o t)} = \frac{I_m}{2} \tag{8.244}$$

如果晶体管工作于开关状态, MOSFET 管的导通电阻 r_{DS} 的损耗为

$$P_{rDS} = r_{DS} I_{DSrms}^2 = \frac{r_{DS} I_m^2}{4} \tag{8.245}$$

输出功率为

$$P_O = \frac{R_i I_m^2}{2} \tag{8.246}$$

因此, 漏极效率为

$$\eta_D = \frac{P_O}{P_I} = \frac{P_O}{P_O + P_{rDS}} = \frac{1}{1 + \frac{P_{rDS}}{P_O}} = \frac{1}{1 + \frac{r_{DS}}{2R_i}} = \frac{R_i}{R_i + \frac{r_{DS}}{2}} = 1 - \frac{R_i}{R_i + \frac{r_{DS}}{2}} \tag{8.247}$$

例 8.4　设计一个带有四分之一波长传输线的 F_T 类功率放大器, 当 $f_c = 5\text{GHz}$ 时, 负载电阻 $R = 50\Omega$ 获得的功率为 16W, 直流电源电压为 28V, $v_{DSmin} = 1\text{V}$。MOSFET 管的导通电阻 $r_{DS} = 0.2\Omega$。

解: 漏-源电压基波分量的最大幅度为

$$V_m = \frac{4}{\pi}(V_I - v_{DSmin}) = \frac{4}{\pi}(28 - 1) = 34.377 \text{ (V)} \tag{8.248}$$

传输线的输入电阻为

$$R_i = \frac{V_m^2}{2P_O} = \frac{34.377^2}{2 \times 16} = 36.93 \text{ (}\Omega\text{)} \tag{8.249}$$

最大漏-源电压为

$$v_{DSmax} = 2V_I = 2 \times 28 = 56 \text{ (V)} \tag{8.250}$$

漏极电流基波分量的幅度为

$$I_m = \frac{V_m}{R_i} = \frac{34.377}{36.93} = 0.9308 \text{ (A)} \tag{8.251}$$

最大漏极电流为

$$I_{DM} = 2I_m = 2 \times 0.9308 = 1.8616 \text{ (A)} \tag{8.252}$$

直流电源的电流为

$$I_I = \frac{I_{DM}}{\pi} = \frac{1.8616}{\pi} = 0.5926 \text{ (A)} \tag{8.253}$$

直流电源的功率为

$$P_I = I_I V_I = 0.5926 \times 28 = 16.5928 \text{ (W)} \tag{8.254}$$

晶体管的漏极功率损耗为

$$P_D = P_I - P_O = 16.5928 - 16 = 0.5928 \text{ (W)} \tag{8.255}$$

漏极效率为

$$\eta_D = \frac{P_O}{P_I} = \frac{16}{16.5928} = 96.42\% \tag{8.256}$$

放大器对直流电源呈现的直流电阻为

$$R_{DC} = \frac{\pi^2}{8}R_i = 1.2337 \times 36.93 = 45.56 \text{ (}\Omega\text{)} \tag{8.257}$$

传输线的特征阻抗为

$$Z_o = \sqrt{R_i R} = \sqrt{36.93 \times 50} = 42.97 \text{ (}\Omega\text{)} \tag{8.258}$$

假设用于构成传输线材料的介电常数 $\varepsilon_r = 2.1$。传输线波长为

$$\lambda = \frac{c}{\sqrt{\varepsilon_r}f_c} = \frac{3 \times 10^8}{\sqrt{2.1} \times 5 \times 10^9} = 4.14 \text{ (cm)} \tag{8.259}$$

因此, 传输线的长度为

$$l_{TL} = \frac{\lambda}{4} = \frac{4.14}{4} = 1.035 \text{ (cm)} \tag{8.260}$$

假设负载品质因数 $Q_L = 7$。并联谐波电路的负载品质因数定义为

$$Q_L = \frac{R}{\omega L} = \omega C R_L \tag{8.261}$$

因此, 谐振在基频处的谐振电路的电感为

$$L = \frac{R}{\omega_c Q_L} = \frac{50}{2\pi \times 5 \times 10^9 \times 7} = 0.227 \text{ (nH)} \tag{8.262}$$

谐振在基频处的谐振电路的电容为

$$C = \frac{Q_L}{\omega_c R} = \frac{7}{2\pi \times 5 \times 10^9 \times 50} = 4.456 \text{ (pF)} \tag{8.263}$$

忽略开关损耗,漏极效率为

$$\eta_D = \frac{R_i}{R_i + \dfrac{r_{DS}}{2}} = \frac{36.93}{36.93 + \dfrac{0.2}{2}} = 99.73\% \qquad (8.264)$$

8.6 含有二次谐波的射频功率放大器 F_2

含有二次谐波的 F 类射频功率放大器电路称为 **F_2 放大器**,其电路结构如图 8.24 所示。图 8.25 给出了该放大器的电压和电流波形。栅-源电压为矩形波。

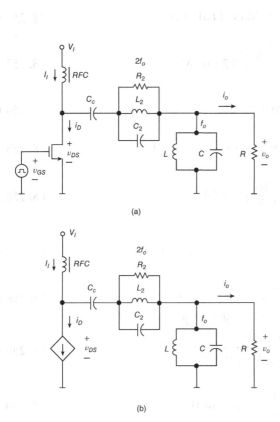

图 8.24 F_2 类功率放大器的电路图

(a) 电路原理图;(b) 等效电路

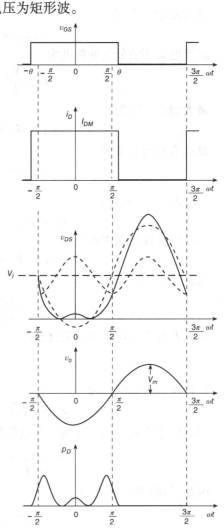

图 8.25 F_2 类射频功率放大器的波形

8.6.1 漏极矩形波电流的傅里叶级数

漏极电流的矩形波表达式为

$$i_D = \begin{cases} I_{DM} & (-\theta \leqslant \omega t \leqslant \theta) \\ 0 & (\theta \leqslant \omega t \leqslant 2\pi - \theta) \end{cases} \qquad (8.265)$$

矩形波漏极电流的傅里叶级数展开式为

$$i_D = I_I + \sum_{n=1}^{n=\infty} I_{mn} \cos n\omega t = I_{DM}\left(\alpha_0 + \sum_{n=1}^{n=\infty} \alpha_n \cos n\omega t\right) \tag{8.266}$$

其中

$$\alpha_0 = \frac{I_I}{I_{DM}} = \frac{\theta}{\pi} \tag{8.267}$$

$$\alpha_n = \frac{I_{mn}}{I_{DM}} = \frac{2\sin n\theta}{n\pi} \tag{8.268}$$

$$\gamma_n = \frac{I_{mn}}{I_I} = \frac{\alpha_n}{\alpha_0} = \frac{2\sin n\theta}{n\theta} \tag{8.269}$$

图 8.26 为矩形波漏极电流的傅里叶系数 α_n 与导通角 θ 的函数关系曲线；图 8.27 为傅里叶系数 γ_n 与导通角 θ 的函数关系曲线。表 8.4 给出了不同导通角 θ 时的傅里叶系数值。

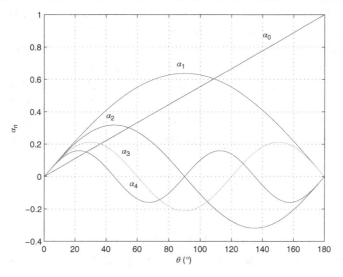

图 8.26　矩形波漏极电流的傅里叶系数 α_n 与导通角 θ 的关系曲线

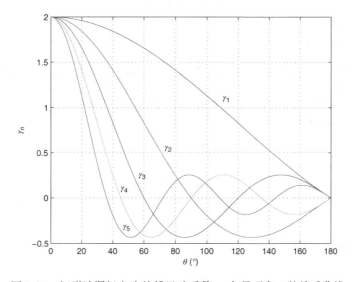

图 8.27　矩形波漏极电流的傅里叶系数 γ_n 与导通角 θ 的关系曲线

表 8.4　矩形漏极电流的傅里叶系数

$\theta(°)$	α_0	α_1	γ_1	α_2	α_4	α_6
10	0.0556	0.1105	1.9899	0.1089	0.1023	0.0919
20	0.1111	0.2177	1.9596	0.2046	0.1567	0.0919
30	0.1667	0.3183	1.9099	0.2757	0.1378	0.0000
40	0.2222	0.4092	1.8415	0.3135	0.0544	-0.0919
45	0.2500	0.4502	1.8006	0.3183	0.0000	-0.1061
50	0.2778	0.4877	1.7556	0.3135	-0.0544	-0.0919
60	0.3333	0.5513	1.6540	0.2757	-0.1378	0.0000
70	0.3889	0.5982	1.5383	0.2046	-0.1567	0.0919
80	0.4444	0.6269	1.4106	0.1089	-0.1023	0.0919
90	0.5000	0.6366	1.2732	0.0000	0.0000	0.0000
100	0.5556	0.6269	1.1285	-0.1089	0.1023	-0.0919
110	0.6111	0.5982	0.9789	-0.2046	0.1567	-0.0919
120	0.6667	0.5513	0.8270	-0.2757	0.1378	0.0000
130	0.7222	0.4877	0.6752	-0.3135	0.0544	0.0919
140	0.7778	0.4092	0.5261	-0.3135	-0.0544	0.0919
150	0.8333	0.3183	0.3820	-0.2757	-0.1378	0.0000
160	0.8889	0.2177	0.2450	-0.2046	-0.1567	-0.0919
170	0.9444	0.1105	0.1171	-0.1089	-0.1023	-0.0919
180	1.0000	0.0000	0.0000	0.0000	0.0000	0.0000

8.6.2　放大器 F_2 的最大平坦度

放大器 F_2 的漏-源电压 v_{DS} 表达式为

$$v_{DS} = V_I - V_m \cos \omega_o t + V_{m2} \cos 2\omega_o t \tag{8.270}$$

二次谐波电压波形一定与基频电压为存在 180° 的相位差,因此,由图 8.26 得到漏极电流的导通角必须在以下范围内

$$90° \leqslant \theta \leqslant 180° \tag{8.271}$$

该范围内,$\alpha_1 > 0$,$\alpha_2 < 0$。

电压 v_{DS} 对 $\omega_o t$ 的导数为

$$\frac{dv_{DS}}{d(\omega_o t)} = V_m \sin \omega_o t - 2V_{m2} \sin 2\omega_o t = V_m \sin \omega_o t - 4V_{m2} \sin \omega_o t \cos \omega_o t$$

$$= \sin \omega_o t (V_m - 4V_{m2} \cos \omega_o t) = 0 \tag{8.272}$$

式(8.272)的一个解为

$$\sin \omega_o t_m = 0 \tag{8.273}$$

得出极值条件为

$$\omega_o t_m = 0 \tag{8.274}$$

最大值条件为

$$\omega_o t_m = \pi \tag{8.275}$$

式(8.272)的另一个解为

$$\cos \omega_o t_m = \frac{V_m}{4V_{m2}} \leqslant 1 \tag{8.276}$$

当 $0 \leqslant V_{m2}/V_m \leqslant 1/4$，$v_{DS}$ 的波形只有一个在 $\omega_o t = 0$ 处的最小值和一个在 $\omega_o t = \pi$ 处的最大值。令 $v_{DSmin} = 0$，有

$$\frac{V_m}{V_{pk}} = \frac{V_m}{V_I} = \frac{V_m}{V_m - V_{m2}} = \frac{1}{1 - \frac{V_{m2}}{V_m}} \tag{8.277}$$

v_{DS} 波形的最大平坦度条件为

$$\frac{V_{m2}}{V_m} = \frac{1}{4} \tag{8.278}$$

得出

$$\omega t_m = \pm \arccos\left(\frac{V_m}{4V_{m2}}\right) \qquad \left(V_{m2} > \frac{V_m}{4}\right) \tag{8.279}$$

当 $V_{m2} < V_m/4$ 时，式(8.276)无解。

根据三角恒等式 $\sin^2\omega_o t + \cos^2\omega_o t = 1$，可以得到

$$\sin^2\omega_o t_m = 1 - \cos^2\omega_o t_m = 1 - \frac{V_m^2}{16V_{m2}^2} \tag{8.280}$$

因此

$$\sin\omega_o t_m = \pm\sqrt{1 - \frac{V_m^2}{16V_{m2}^2}} = \pm\sqrt{\frac{16V_{m2}^2 - V_m^2}{16V_{m2}^2}} \qquad \left(V_{m2} \geqslant \frac{V_m}{4}\right) \tag{8.281}$$

当 $V_{m2} < V_m/4$ 时，方程无实数解；当 $V_{m2} > V_m/4$ 时，v_{DS} 的波形在式(8.282)所述条件下有两个最大值

$$\omega_o t_m = \pm\arcsin\sqrt{1 - \frac{V_m^2}{16V_{m2}^2}} \tag{8.282}$$

电压 v_{DS} 的一阶和二阶导数为

$$\frac{dv_{DS}}{d(\omega_o t)} = V_m\sin\omega_o t - 2V_{m2}\sin 2\omega_o t \tag{8.283}$$

$$\frac{d^2v_{DS}}{d(\omega_o t)^2} = V_m\cos\omega_o t - 4V_{m2}\cos 2\omega_o t \tag{8.284}$$

当 $\omega_o t = 0$ 时，一阶导数为零；根据二阶导数，可以得到

$$\left.\frac{d^2v_{DS}}{d(\omega_o t)^2}\right|_{\omega_o t=0} = V_m - 4V_{m2} = 0 \tag{8.285}$$

即

$$V_{m2} = \frac{V_m}{4} \tag{8.286}$$

进一步有

$$\frac{V_{m2}}{V_m} = \frac{I_{m2}R_2}{I_m R} = \frac{|\alpha_2|I_{DM}R_2}{\alpha_1 I_{DM}R} = \frac{|\alpha_2|R_2}{\alpha_1 R} = \frac{R_2}{R}\cos\theta = \frac{1}{4} \tag{8.287}$$

因此得到电阻的比值为

$$\frac{R_2}{R} = \frac{\alpha_1}{|\alpha_2|} = \frac{\cos\theta}{4} \tag{8.288}$$

又因为

$$v_{DS}(0) = V_{m2} = V_I - V_m + V_{m2} = V_I - V_m + \frac{V_m}{4} = V_I - \frac{3}{4}V_m = 0 \tag{8.289}$$

得到

$$V_m = \frac{4}{3} V_I \qquad (8.290)$$

同样地

$$v_{DS}(0) = V_{m2} = V_I - V_m + V_{m2} = V_I - 4V_{m2} + V_{m2} = V_I - 3V_{m2} = 0 \qquad (8.291)$$

因此有

$$V_{m2} = \frac{V_I}{3} \qquad (8.292)$$

漏-源电压的最大值为

$$V_{DSM} = v_{DS}(\pi) = V_I + V_m + V_{m2} = V_I + \frac{4}{3} V_I + \frac{1}{3} V_I = \frac{8}{3} V_I \qquad (8.293)$$

v_{DS}/V_I 的归一化最大平坦度波形为

$$\frac{v_{DS}}{V_I} = 1 - \frac{V_m}{V_I} \cos\omega_o t + \frac{V_{m2}}{V_m} \cos 2\omega_o t = 1 - \frac{4}{3} \cos\omega_o t + \frac{1}{3} \cos 2\omega_o t \qquad (8.294)$$

图 8.28 给出了 F_2 类放大器的归一化漏源电压 v_{DS}/V_I 的最大平坦度波形。

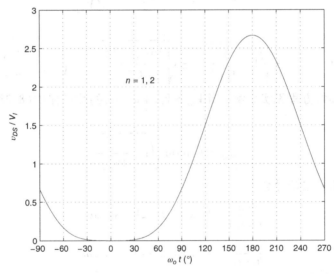

图 8.28 F_2 类射频功率放大器的漏源电压 v_{DS}/V_I 的最大平坦度波形

漏极电流的幅度为

$$I_m = \frac{V_m}{R} = \frac{4}{3} \frac{V_I}{R} \qquad (8.295)$$

或者

$$I_m = \alpha_1 I_{DM} \qquad (8.296)$$

因此,漏极电流的最大值为

$$I_{DM} = \frac{I_m}{\alpha_1} = \frac{V_m}{\alpha_1 R} = \frac{4}{3} \frac{V_I}{\alpha_1 R} \qquad (8.297)$$

直流输入电流为

$$I_I = \frac{I_m}{\gamma_1} = \frac{4}{3} \frac{V_I}{\gamma_1 R} \qquad (8.298)$$

直流输入功率为

$$P_I = I_I V_I = \frac{4}{3} \frac{V_I^2}{\gamma_1 R} \qquad (8.299)$$

输出功率为

$$P_O = \frac{V_m^2}{2R} = \frac{8}{9}\frac{V_I^2}{R} \tag{8.300}$$

漏极效率为

$$\eta_D = \frac{P_O}{P_I} = \frac{1}{2}\left(\frac{I_m}{I_I}\right)\left(\frac{V_m}{V_I}\right) = \frac{1}{2} \times \gamma_1 \times \frac{4}{3} = \frac{2}{3}\gamma_1 = \frac{4\sin\theta}{3\theta} \tag{8.301}$$

图 8.29 给出了具有最大平坦度电压的 F_2 类射频功率放大器漏极效率 η_D 与导通角 θ 的函数关系曲线。

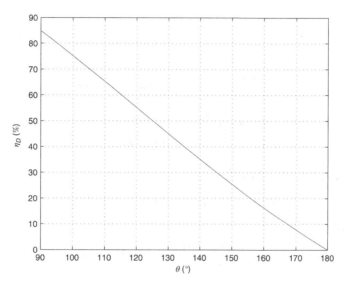

图 8.29　具有最大平坦度电压的 F_2 类射频功率放大器漏极效率
η_D 与导通角 θ 的关系曲线

输出功率能力为

$$\begin{aligned}
c_p &= \frac{P_O}{I_{DM}V_{DSM}} = \frac{\eta_D P_I}{I_{DM}V_{DSM}} = \eta_D\left(\frac{I_I}{I_{DM}}\right)\left(\frac{V_I}{V_{DSM}}\right) = \left(\frac{2\gamma_1}{3}\right)(\alpha_0)\left(\frac{3}{8}\right) = \frac{\alpha_1}{4} \\
&= \frac{\sin\theta}{2\pi}
\end{aligned} \tag{8.302}$$

图 8.30 给出了具有最大平坦度电压的 F_2 类射频功率放大器输出功率能力 c_p 与导通角 θ 的函数关系曲线。

直流输入电阻为

$$R_{DC} = \frac{V_I}{I_I} = \frac{3\gamma_1}{4}R = \frac{3\sin\theta}{2\theta}R \tag{8.303}$$

例 8.5　设计一个漏-源电压具有最大平坦度的 F_2 类功率放大器,使其满足以下条件:
$f_c = 900\text{MHz}$,输出功率为 25W,$BW = 100\text{MHz}$,直流电源电压为 32V。

解:　假设 MOSFET 管的阈值电压 $V_t = 1\text{V}$,栅-源电压的直流分量 $V_{GS} = 0$,栅-源电压的幅度 $V_{gsm} = 2\text{V}$。

漏-源饱和电压为

$$v_{DSsat} = v_{DSmin} = v_{GS} - V_t = V_{gsm} - V_t = 2 - 1 = 1\,(\text{V}) \tag{8.304}$$

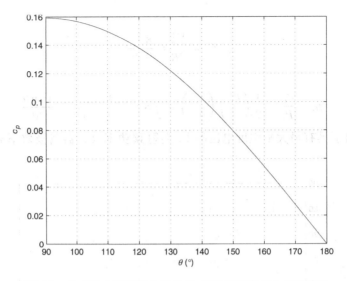

图 8.30 具有最大平坦度电压的 F_2 类射频功率放大器的输出
功率能力 c_p 与导通角 θ 的关系曲线

漏-源电压基波分量的最大幅度为

$$V_m = \frac{4}{3}(V_I - v_{DSmin}) = \frac{4}{3}(32 - 1) = 41.333 \,(\text{V}) \tag{8.305}$$

二次谐波的幅度为

$$V_{m2} = \frac{V_m}{4} = \frac{41.333}{4} = 10.332 \,(\text{V}) \tag{8.306}$$

负载电阻为

$$R = \frac{V_m^2}{2P_O} = \frac{41.333^2}{2 \times 25} = 34.168 \,(\Omega) \tag{8.307}$$

最大漏-源电压为

$$v_{DSmax} = \frac{8V_I}{3} = \frac{8 \times 32}{3} = 85.333 \,(\text{V}) \tag{8.308}$$

漏极电流基波分量的幅度为

$$I_m = \frac{V_m}{R} = \frac{41.333}{34.168} = 1.2097 \,(\text{A}) \tag{8.309}$$

假设漏极电流的导通角 $\theta = 120°$，最大漏极电流为

$$I_{DM} = \frac{I_m}{\alpha_1} = \frac{1.2097}{0.5513} = 0.6669 \,(\text{A}) \tag{8.310}$$

直流电源的电流为

$$I_I = \alpha_0 I_{DM} = 0.6667 \times 0.6669 = 0.4446 \,(\text{A}) \tag{8.311}$$

直流电源的功率为

$$P_I = I_I V_I = 0.4446 \times 32 = 30.4 \,(\text{W}) \tag{8.312}$$

晶体管的漏极功率损耗为

$$P_D = P_I - P_O = 30.4 - 25 = 5.4 \,(\text{W}) \tag{8.313}$$

漏极效率为

$$\eta_D = \frac{P_O}{P_I} = \frac{25}{30.4} = 82.23\% \tag{8.314}$$

放大器对直流电源呈现的直流电阻为

$$R_{DC} = \frac{V_I}{I_I} = \frac{32}{0.4446} = 71.974 \, (\Omega) \tag{8.315}$$

谐振在基波处的谐振电路的负载品质因数为

$$Q_L = \frac{f_c}{BW} = \frac{900}{100} = 9 \tag{8.316}$$

因此,该谐振电路的元件参数值为

$$L = \frac{R}{\omega_c Q_L} = \frac{34.168}{2\pi \times 0.9 \times 10^9 \times 9} = 0.671 \, (\text{nH}) \tag{8.317}$$

$$C = \frac{Q_L}{\omega_c R} = \frac{9}{2\pi \times 0.9 \times 10^9 \times 34.168} = 46.58 \, (\text{pF}) \tag{8.318}$$

电阻 R_2 为

$$R_2 = \frac{\alpha_1}{4|\alpha_2|}R = \frac{R}{4|\cos\theta|} = \frac{R}{4|\cos 120°|} = \frac{R}{2} = \frac{34.168}{2} = 17.084 \, (\Omega) \tag{8.319}$$

假设负载品质因数 $Q_{L2} = 30$,谐振在二次谐波处的谐振电路的元件参数值为

$$L_2 = \frac{R}{2\omega_c Q_{L2}} = \frac{17.084}{2 \times 2\pi \times 0.9 \times 10^9 \times 30} = 50.37 \, (\text{pH}) \tag{8.320}$$

$$C_2 = \frac{Q_L}{2\omega_c R} = \frac{30}{2 \times 2\pi \times 0.9 \times 10^9 \times 17.084} = 155.34 \, (\text{pF}) \tag{8.321}$$

RFC 电感的电抗为

$$X_{Lf} = 10R = 10 \times 34.168 = 341.68 \, (\Omega) \tag{8.322}$$

因此有

$$L_f = \frac{X_{Lf}}{\omega_0} = \frac{341.68}{2\pi \times 0.9 \times 10^9} = 60.45 \, (\text{nH}) \tag{8.323}$$

耦合电容的电抗为

$$X_{Cc} = \frac{R}{10} = \frac{34.168}{10} = 3.4168 \, (\Omega) \tag{8.324}$$

得到

$$C_c = \frac{1}{\omega_0 X_{Cc}} = \frac{1}{2\pi \times 0.9 \times 10^9 \times 3.4168} = 56.22 \, (\text{pF}) \tag{8.325}$$

8.6.3　放大器 F_2 的最大漏极效率

含有二次谐波的 F 类放大器获得最大漏极效率时,基波分量的和二次谐波的最优幅度推导如下。带有波纹的漏-源电压的最小值为

$$v_{DS}(\omega_o t_m) = V_I - V_m \cos\omega_o t_m + V_{m2}\cos 2\omega_o t_m = 0 \tag{8.326}$$

根据式(8.276)

$$V_I = V_m \cos\omega_o t_m - V_{m2}\cos 2\omega_o t_m = V_m \cos\omega_o t_m - V_{m2}(2\cos^2\omega_o t_m - 1)$$

$$= V_m \times \frac{V_m}{4V_{m2}} - V_{m2}\left(2 \times \frac{V_m^2}{16V_{m2}^2} - 1\right) = \frac{V_m^2}{8V_{m2}} + V_{m2} \tag{8.327}$$

因此得到

$$\frac{V_m}{V_I} = \frac{1}{\dfrac{V_{m2}}{V_m} + \dfrac{V_m}{8V_{m2}}} \tag{8.328}$$

V_m/V_I 与 V_{m2}/V_m 的函数关系曲线如图 8.31 所示。

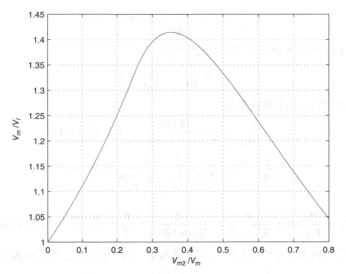

图 8.31 含有二次谐波的 F_2 类功率放大器的 V_m/V_I 与 V_{m2}/V_m 的函数关系曲线

为了获得 V_m/V_I 的最大值,对式(8.328)求导,并令导数为零

$$\frac{d\left(\dfrac{V_m}{V_I}\right)}{d\left(\dfrac{V_{m2}}{V_m}\right)} = \frac{-1 + \dfrac{1}{8}\left(\dfrac{V_m}{V_{m2}}\right)^2}{\left(\dfrac{V_{m2}}{V_m} + \dfrac{V_m}{8V_{m2}}\right)^2} = 0 \tag{8.329}$$

得到二次谐波与基波分量幅度的最优比率

$$\frac{V_{m2}}{V_m} = \frac{1}{2\sqrt{2}} \approx 0.3536 \tag{8.330}$$

因此有

$$\frac{V_{m2}}{V_m} = \frac{I_{m2}R_2}{I_m R} = \frac{|\alpha_2|R_2}{\alpha_1 R} = \frac{R_2}{R}\cos\theta = \frac{1}{2\sqrt{2}} \tag{8.331}$$

进一步得出归一化电阻为

$$\frac{R_2}{R} = 2\sqrt{2}/\cos\theta \tag{8.332}$$

用 V_m 表示的直流电源电压 V_I 为

$$V_I = V_m\cos\omega_o t_m - V_{m2}(2\cos^2\omega_o t_m - 1) = \frac{V_m}{\sqrt{2}} - 2\sqrt{2}\left(2\times\frac{1}{2} - 1\right) = \frac{V_m}{\sqrt{2}} \tag{8.333}$$

因此得到

$$\frac{V_m}{V_I} = \sqrt{2} \tag{8.334}$$

进一步有

$$V_{m2} = \frac{V_m}{2\sqrt{2}} = \frac{V_I}{2} \tag{8.335}$$

即

$$\frac{V_{m2}}{V_I} = \frac{1}{2} \tag{8.336}$$

当 V_I 为最小值时,V_m/V_I 的比达到最大值,因此漏极效率也达到最大值。最大的漏-源电压为

$$V_{DSM} = v_{DS}(\pi) = V_I + V_m + V_{m2} = V_I + \sqrt{2}V_I + 0.5V_I = (1.5 + \sqrt{2})V_I \approx 2.914V_I \quad (8.337)$$

最大效率时 v_{DS} 的两个最小值出现条件为

$$\omega_o t_m = \pm \arcsin \sqrt{1 - \frac{1}{16}\left(\frac{V_m}{V_{m3}}\right)^2} = \pm \arcsin \sqrt{1 - \frac{1}{16}\left(2\sqrt{2}\right)^2} = \pm \arcsin \frac{1}{\sqrt{2}} = \pm 45° \quad (8.338)$$

最大漏极效率时 v_{DS}/V_I 的归一化波形为

$$\frac{v_{DS}}{V_I} = 1 - \frac{V_m}{V_I}\cos\omega_o t + \frac{V_{m2}}{V_I}\cos 2\omega_o t = 1 - \sqrt{2}\cos\omega_o t + \frac{1}{2}\cos 2\omega_o t \quad (8.339)$$

其波形如图 8.32 所示。

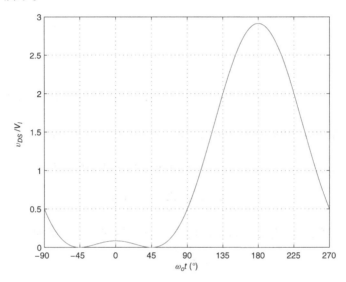

图8.32 最大漏极效率条件下含有二次谐波的 F_2 类射频功率
放大器漏-源电压 V_{ds}/V_I 的波形

漏极电流基波分量的幅度为

$$I_m = \frac{V_m}{R} = \frac{\sqrt{2}V_I}{R} \quad (8.340)$$

直流电源的电流为

$$I_I = \frac{I_m}{\gamma_1} = \frac{\sqrt{2}V_I}{\gamma_1 R} \quad (8.341)$$

直流电源的功率为

$$P_I = I_I V_I = \frac{\sqrt{2}V_I^2}{\gamma_1 R} \quad (8.342)$$

输出功率为

$$P_O = \frac{V_m^2}{2R} = \frac{(\sqrt{2}V_I)^2}{2R} = \frac{V_I^2}{R} \quad (8.343)$$

漏极效率为

$$\eta_D = \frac{P_O}{P_I} = \frac{1}{2}\left(\frac{I_m}{I_I}\right)\left(\frac{V_m}{V_I}\right) = \frac{1}{2} \times \gamma_1 \times \sqrt{2} = \frac{\gamma_1}{\sqrt{2}} = \frac{\sqrt{2}\sin\theta}{\theta} \quad (8.344)$$

图 8.33 为最大漏极效率时含有二次谐波的 F_2 类射频功率放大器的漏极效率 η_D 与导通角 θ 的函数关系曲线。

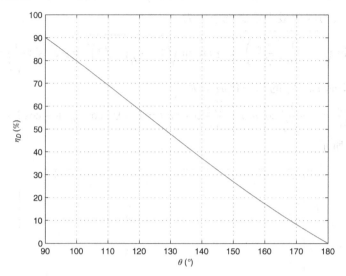

图 8.33 最大漏极效率时射频功率放大器 F_2 的漏极效率 η_D 与导通角 θ 的关系曲线

最大漏极效率 $\eta_{Dmax(F2)}$ 与具有最大平坦度电压时漏极效率的比值为

$$\frac{\eta_{Dmax(F2)}}{\eta_{D(F2)}} = \frac{3\sqrt{2}}{4} \approx 1.0607 \tag{8.345}$$

具有方波漏极电流和正弦波漏-源电压的 B 类放大器的漏极效率为

$$\eta_B = \frac{P_O}{P_I} = \frac{2}{\pi} \tag{8.346}$$

具有方波漏极电流和正弦波漏-源电压的 AB 类放大器的漏极效率为

$$\eta_{AB} = \frac{P_O}{P_I} = \frac{1}{2}\gamma_1\xi_{1(AB)} \tag{8.347}$$

含有二次谐波的 F_2 类放大器的漏极效率表达式为

$$\eta_D = \frac{P_O}{P_I} = \frac{1}{2}\gamma_1\xi_{1(F_2)} \tag{8.348}$$

这些效率的比率为

$$\frac{\eta_{D(F_2)}}{\eta_{D(AB)}} = \xi_{1(F_2)} = \frac{V_m}{V_I} = \frac{1}{1 - \dfrac{V_{m2}}{V_m}} \qquad \left(0 \leqslant \frac{V_{m2}}{V_m} \leqslant \frac{1}{4}\right) \tag{8.349}$$

$$\frac{\eta_{D(F_2)}}{\eta_{D(AB)}} = \frac{1}{\dfrac{V_{m2}}{V_m} + \dfrac{V_m}{8V_{m2}}} \qquad \left(\frac{V_{m2}}{V_m} \geqslant \frac{1}{4}\right) \tag{8.350}$$

图 8.34 给出了含有二次谐波的 F_2 类射频功率放大器与 AB 类射频功率放大器的最大漏极效率比 $\eta_{D(F_2)}/\eta_{D(AB)}$ 和二次谐波与基波幅度比 V_{m2}/V_m 的关系曲线。

对于任意的 V_{m2}/V_m，最大输出功率能力为

$$c_p = \frac{P_{O(max)}}{I_{DM}V_{DSM}} = \frac{1}{2}\left(\frac{I_m}{I_{DM}}\right)\left(\frac{V_m}{V_{DSM}}\right) = \frac{1}{2}(\alpha_1)\left(\frac{\sqrt{2}}{(\sqrt{2}+1.5)}\right) = \frac{\sqrt{2}}{\sqrt{2}+1.5}\frac{\sin\theta}{\pi} \tag{8.351}$$

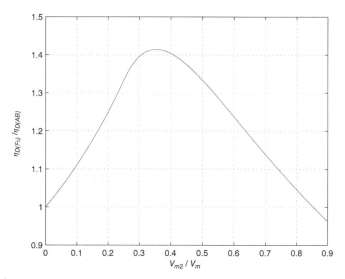

图 8.34　F_2 类和 AB 类射频功率放大器最大漏极效率比 $\eta_{D(F2)}/\eta_{D(AB)}$ 的与 V_{m2}/V_m 的关系曲线

图 8.35 为具有最大漏极效率的 F_2 类功率放大器输出功率能力 c_p 与导通角 θ 的函数关系曲线。

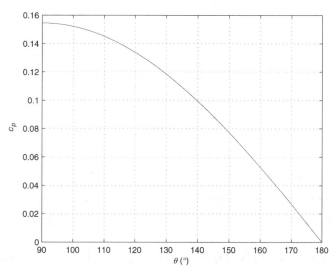

图 8.35　具有最大漏极效率的 F_2 类功率放大器输出功率能力 c_p 与导通角 θ 的关系曲线

直流输入电阻为

$$R_{DC} = \frac{V_I}{I_I} = \frac{\gamma_1}{\sqrt{2}} R = \frac{\theta - \sin\theta\cos\theta}{\sqrt{2}(\sin\theta - \theta\cos\theta)} R \qquad (8.352)$$

8.7　含有二次和四次谐波的射频功率放大器 F_{24}

8.7.1　放大器 F_{24} 的最大平坦度

含有二次和四次谐波的 F 类射频功率放大电路称为 **F_{24} 类放大器**，其电路结构如图 8.36 所示，图 8.37 给出了电路的电压和电流波形。该电路的漏-源电压为

$$v_{DS} = V_I - V_m\cos\omega_o t + V_{m2}\cos 2\omega_o t - V_{m4}\cos 4\omega_o t \qquad (8.353)$$

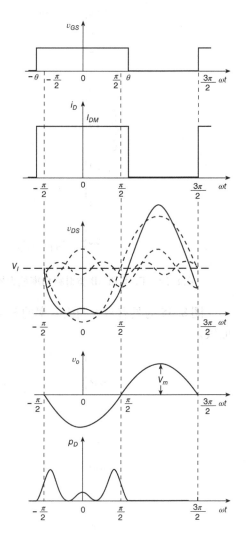

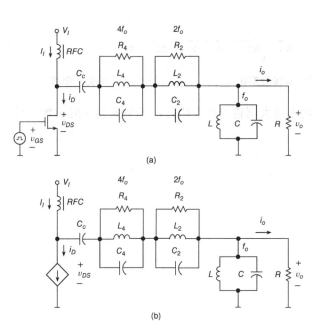

图 8.36　含有二次和四次谐波的 F_{24} 类功率放大器

（a）电路原理图；（b）等效电路

图 8.37　含有二次和四次谐波的 F_{24} 类
射频功率放大器的波形

　　二次谐波电压波形与基波电压波形存在 $180°$ 的相位差,四次谐波电压波形与基波电压波形同相。因此,由图 8.26 得到 F_{24} 类放大器的漏极电流导通角范围为

$$90° \leqslant \theta \leqslant 135° \tag{8.354}$$

求漏-源电压的各阶导数,得到

$$\frac{dv_{DS}}{d(\omega_o t)} = V_m \sin \omega_o t - 2V_{m2} \sin 2\omega_o t + 4V_{m4} \sin 4\omega_o t \tag{8.355}$$

$$\frac{d^2 v_{DS}}{d(\omega_o t)^2} = V_m \cos \omega_o t - 4V_{m2} \cos 2\omega_o t + 16V_{m4} \cos 4\omega_o t \tag{8.356}$$

$$\frac{d^3 v_{DS}}{d(\omega_o t)^3} = -V_m \sin \omega_o t + 8V_{m2} \sin 2\omega_o t - 64V_{m4} \sin 4\omega_o t \tag{8.357}$$

$$\frac{d^4 v_{DS}}{d(\omega_o t)^4} = -V_m \cos \omega_o t + 16V_{m2} \cos 2\omega_o t - 256V_{m4} \cos 4\omega_o t \tag{8.358}$$

可见,一阶和三阶导数在 $\omega_o t = 0$ 处为零,根据二阶和四阶导数,可以得到

$$\frac{d^2 v_{DS}}{d(\omega_o t)^2}\bigg|_{\omega_o t=0} = V_m - 4V_{m2} + 16V_{m4} = 0 \tag{8.359}$$

$$\frac{d^4 v_{DS}}{d(\omega_o t)^4}\bigg|_{\omega_o t=0} = V_m - 16V_{m2} + 256V_{m4} = 0 \tag{8.360}$$

求式(8.359)和式(8.360)组成的方程组的解,得到

$$V_{m2} = \frac{5}{16}V_m \tag{8.361}$$

$$V_{m4} = \frac{1}{64}V_m \tag{8.362}$$

$$V_{m2} = 20V_{m4} \tag{8.363}$$

因此有

$$\frac{V_{m2}}{V_m} = \frac{I_{m2}R_2}{I_m R} = \frac{|\alpha_2|R_2}{\alpha_1 R} = \frac{R_2}{R}\cos\theta = \frac{5}{16} \tag{8.364}$$

$$\frac{V_{m4}}{V_m} = \frac{I_{m4}R_4}{I_m R} = \frac{|\alpha_4|R_2}{\alpha_1 R} = \frac{R_4}{R}\cos\theta\cos2\theta = \frac{1}{64} \tag{8.365}$$

进一步得到两个电阻的比值如下

$$\frac{R_2}{R} = \frac{5\alpha_1}{16|\alpha_2|} = \frac{5}{16\cos\theta} \tag{8.366}$$

$$\frac{R_4}{R} = \frac{\alpha_1}{64\alpha_4} = \frac{1}{64\cos\theta\cos2\theta} \tag{8.367}$$

由于式(8.368)恒成立

$$v_{DS}(0) = V_I - V_m + V_{m2} - V_{m4} = V_I - V_m + \frac{5}{16}V_m - \frac{1}{64}V_m = V_I - \frac{45}{64}V_m = 0 \tag{8.368}$$

因此得到

$$V_m = \frac{64}{45}V_I \tag{8.369}$$

又

$$v_{DS}(0) = V_I - V_m + V_{m2} - V_{m4} = V_I - \frac{16}{5}V_{m2} + V_{m2} - \frac{1}{20}V_{m2} = V_I - \frac{9}{4}V_{m2} = 0 \tag{8.370}$$

得到

$$V_{m2} = \frac{4}{9}V_I \tag{8.371}$$

还可以有

$$v_{DS}(0) = V_I - V_m + V_{m2} - V_{m4} = V_I - 64V_{m4} + 20V_{m4} - V_{m4} = 0 \tag{8.372}$$

得到

$$V_{m4} = \frac{1}{45}V_I \tag{8.373}$$

最大漏-源电压为

$$\begin{aligned} V_{DSM} = v_{DS}(\pi) &= V_I + V_m + V_{m2} - V_{m4} \\ &= V_I + \frac{64}{45}V_I + \frac{4}{9}V_I - \frac{1}{45}V_I \\ &= \frac{128}{45}V_I \approx 2.844V_I \end{aligned} \tag{8.374}$$

归一化最大平坦度电压 v_{DS}/V_I 表示为

$$\frac{v_{DS}}{V_I} = 1 - \frac{V_m}{V_I}\cos\omega_o t + \frac{V_{m2}}{V_I}\cos 2\omega_o t - \frac{V_{m4}}{V_I}\cos 4\omega_o t$$

$$= 1 - \frac{64}{45}\cos\omega_o t + \frac{4}{9}\cos 2\omega_o t - \frac{1}{45}\cos 4\omega_o t \qquad (8.375)$$

其波形如图 8.38 所示。表 8.5 给出了含有偶数谐波最大平坦度的 F_2 类和 F_{24} 类放大器的归一化电压幅度。

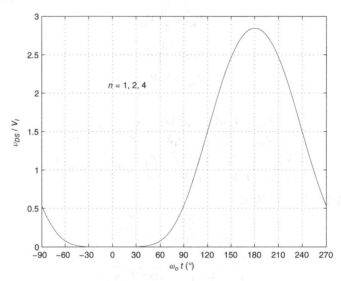

图 8.38　含有二次和四次谐波的 F_{24} 类射频功率放大器漏-源电压
v_{DS}/V_I 最大平坦度波形

表 8.5　含有偶数谐波最大平坦度的 F_2 类和 F_{24} 类功率放大器电压幅度

类别	$\dfrac{V_{m1}}{V_I}$	$\dfrac{V_{m2}}{V_I}$	$\dfrac{V_{m4}}{V_I}$	$\dfrac{V_{m2}}{V_m}$	$\dfrac{V_{m4}}{V_m}$
F_2	$\dfrac{4}{3}$	$\dfrac{1}{3}=0.333$	0	$\dfrac{1}{4}=0.25$	0
F_{24}	$\dfrac{64}{45}$	$\dfrac{4}{9}=0.4444$	$\dfrac{1}{45}=0.02222$	$\dfrac{5}{16}=0.3125$	$\dfrac{1}{64}=0.01563$

漏极电流基波分量的幅度为

$$I_m = \frac{V_m}{R} = \frac{64}{45}\frac{V_I}{R} \qquad (8.376)$$

或

$$I_m = \alpha_1 I_{DM} \qquad (8.377)$$

因此有

$$I_{DM} = \frac{I_m}{\alpha_1} = \frac{64}{45}\frac{V_I}{\alpha_1 R} \qquad (8.378)$$

直流输入电流为

$$I_I = \alpha_0 I_{DM} = \frac{I_m}{\gamma_1} = \frac{64}{45}\frac{V_I}{\gamma_1 R} \qquad (8.379)$$

直流输入功率

$$P_I = I_I V_I = \frac{64}{45} \frac{V_I^2}{\gamma_1 R} \tag{8.380}$$

输出功率

$$P_O = \frac{V_m^2}{2R} = \frac{2048}{2025} \frac{V_I^2}{R} \tag{8.381}$$

放大器的漏极效率为

$$\eta_D = \frac{P_O}{P_I} = \frac{32\gamma_1}{45} = \frac{64\sin\theta}{45\theta} \tag{8.382}$$

该漏极效率 η_D 与导通角 θ 的函数关系曲线如图 8.39 所示。

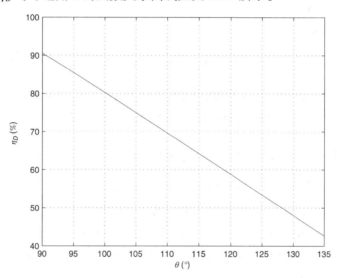

图 8.39　具有最大平坦度电压的 F_{24} 类射频功率放大器漏极
效率 η_D 与导通角 θ 的关系曲线

最大漏-源电压为

$$
\begin{aligned}
V_{DSM} &= v_{DS}(\pi)V_I + V_m + V_{m2} - V_{m4} = V_I \left(1 + \frac{64}{45} + \frac{4}{9} - \frac{1}{45}\right) \\
&= \frac{128}{45} V_I \approx 2.844 V_I
\end{aligned}
\tag{8.383}
$$

输出功率能力为

$$
\begin{aligned}
c_p &= \frac{P_O}{V_{DSM}I_{DM}} = \frac{\eta_D P_I}{V_{DSM}I_{DM}} = \eta_D \left(\frac{I_I}{I_{DM}}\right)\left(\frac{V_I}{V_{DSM}}\right) = \left(\frac{32\gamma_1}{45}\right)(\alpha_0)\left(\frac{45}{128}\right) \\
&= \frac{\alpha_1}{4} = \frac{\sin\theta}{2\pi}
\end{aligned}
\tag{8.384}
$$

该输出功率能力 c_p 与导通角 θ 的函数关系曲线如图 8.40 所示。
直流输入电阻为

$$R_{DC} = \frac{V_I}{I_I} = \frac{45\gamma_1}{64}R = \frac{45\sin\theta}{32\theta}R \tag{8.385}$$

8.7.2　放大器 F_{24} 的最大漏极效率

为了获得漏-源电压 v_{DS} 的极值,求其导数并令导数值为零,即

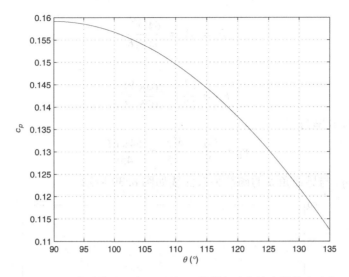

图 8.40 具有最大平坦度电压的 F_{24} 类射频功率放大器输出功率
能力 c_p 与导通角 θ 的关系曲线

$$
\begin{aligned}
\frac{dv_{DS}}{d(\omega t)} &= V_m \sin\omega_o t - 2V_{m2}\sin 2\omega_o t + 4V_{m4}\sin 4\omega_o t \\
&= V_m \sin\omega_o t - 4V_{m2}\sin\omega_o t\cos\omega_o t + 8V_{m4}\sin 2\omega_o t\cos 2\omega t \\
&= V_m \sin\omega_o t - 4V_{m2}\sin\omega_o t\cos\omega_o t + 16V_{m4}\sin\omega_o t\cos\omega_o t\cos 2\omega t \\
&= \sin\omega_o t(V_m - 4V_{m2}\cos\omega_o t + 16V_{m4}\cos\omega_o t\cos 2\omega_o t) = 0 \\
&= \sin\omega_o t[V_m - 4V_{m2}\cos\omega_o t + 16V_{m4}\cos\omega_o t(2\cos^2\omega_o t - 1)] = 0
\end{aligned} \tag{8.386}
$$

式(8.386)的一个解为

$$
\sin\omega_o t_m = 0 \tag{8.387}
$$

因此解得

$$
\omega_o t_m = 0 \tag{8.388}
$$

$$
\omega_o t_m = \pi \tag{8.389}
$$

式(8.386)的另一个解为

$$
32V_{m4}\cos 3\omega_o t - (4V_{m2} + 16V_{m4})\cos\omega_o t + V_m = 0 \tag{8.390}
$$

将式(8.390)重新整理为

$$
32\frac{V_{m4}}{V_m}\cos^3\omega_o t - \left(4\frac{V_{m2}}{V_m} + 16\frac{V_{m4}}{V_m}\right)\cos\omega_o t + 1 = 0 \tag{8.391}
$$

该方程有数值解。为了获得最大漏极效率,将漏-源电压 v_{DS} 展开后的傅里叶系数为[23]

$$
\frac{V_m}{V_I} = 1.5 \tag{8.392}
$$

$$
\frac{V_{m2}}{V_I} = 0.5835 \tag{8.393}
$$

$$
\frac{V_{m4}}{V_I} = 0.0834 \tag{8.394}
$$

$$
\frac{V_{m2}}{V_m} = 0.389 \tag{8.395}
$$

$$
\frac{V_{m4}}{V_m} = 0.0556 \tag{8.396}
$$

表 8.6 给出了具有最大漏极效率的 F_2 类和 F_{24} 类放大器归一化电压振幅 V_{mn}/V_I 和 V_{mn}/V_m。

表 8.6 含有偶数谐波的 F 类功率放大器具有最大漏极效率时的电压幅度

类别	$\dfrac{V_m}{V_I}$	$\dfrac{V_{m2}}{V_I}$	$\dfrac{V_{m4}}{V_I}$	$\dfrac{V_{m2}}{V_m}$	$\dfrac{V_{m4}}{V_m}$
F_2	$\sqrt{2} = 1.4142$	$\dfrac{1}{2} = 0.5$	0	$\dfrac{1}{2}\sqrt{2} = 0.3536$	0
F_{24}	1.5	0.5835	0.0834	0.389	0.0556

归一化的 v_{DS}/V_I 波形为

$$\frac{v_{DS}}{V_I} = 1 - \frac{V_m}{V_I}\cos\omega_o t + \frac{V_{m2}}{V_I}\cos 2\omega_o t - \frac{V_{m4}}{V_I}\cos 4\omega_o t \tag{8.397}$$

$$= 1 - 1.5\cos\omega_o t + 0.5835\cos 2\omega_o t - 0.0834\cos 4\omega_o t$$

具有最大漏极效率的 v_{DS}/V_I 波形如图 8.41 所示。

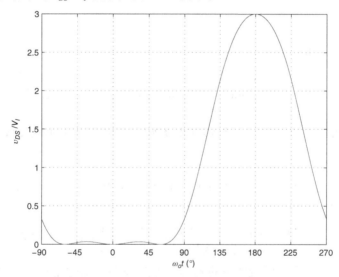

图 8.41 具有最大漏极效率的 F_{24} 类射频功率放大器归一化漏-源电压 v_{DS}/V_I 波形

漏极电流基波分量的幅度为

$$I_m = \frac{V_m}{R} = \frac{1.5V_I}{R} \tag{8.398}$$

最大漏极电流为

$$I_{DM} = \frac{I_m}{\alpha_1} = 1.5 \times \frac{V_I}{\alpha_1 R} \tag{8.399}$$

直流电源的电流为

$$I_I = \frac{I_m}{\gamma_1} = 1.5 \times \frac{V_I}{\gamma_1 R} \tag{8.400}$$

直流输入功率为

$$P_I = I_I V_I = 1.5 \frac{V_I^2}{\gamma_1 R} \tag{8.401}$$

输出功率为

$$P_O = \frac{V_m^2}{2R} = \frac{(1.5V_I)^2}{2R} = 1.125 \frac{V_I^2}{R} \tag{8.402}$$

漏极效率为

$$\eta_D = \frac{P_O}{P_I} = 0.75\gamma_1 = \frac{3\sin\theta}{2\theta} \tag{8.403}$$

图 8.42 给出了具有最大漏极效率的 F_{24} 类射频功率放大器漏极效率 η_D 与导通角 θ 的函数关系曲线。

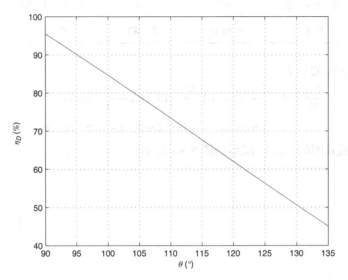

图 8.42 F_{24} 类射频功率放大器漏极效率 η_D 与导通角 θ 的关系曲线

最大漏-源电压为

$$V_{DSM} = v_{DS}(\pi) = V_I(1 + 1.5 + 0.5835 - 0.0834) = 3V_I = 2V_m \tag{8.404}$$

输出功率能力为

$$c_p = \frac{P_O}{P_I} = \frac{1}{2}\left(\frac{I_m}{I_{DM}}\right)\left(\frac{V_m}{V_{DSM}}\right) = \frac{1}{2}(\alpha_1)\left(\frac{1}{2}\right) = \frac{\alpha_1}{4} = \frac{\sin\theta}{2\pi} \tag{8.405}$$

图 8.43 给出了具有最大漏极效率的 F_{24} 类射频功率放大器输出功率能力 c_p 与导通角 θ 的函数关系曲线。

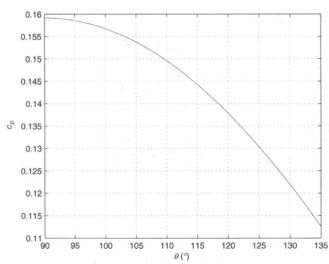

图 8.43 具有最大漏极效率的 F_{24} 类射频功率放大器输出功率能力 c_p 与导通角 θ 的关系曲线

直流输入电阻为

$$R_{DC} = \frac{V_I}{I_I} = \frac{2\gamma_1}{3}R = \frac{4\sin\theta}{3\theta}R \tag{8.406}$$

8.8   含有二次、四次和六次谐波的射频功率放大器 $\mathbf{F}_{246}$

对于具有最大平坦度的 F_{246} 类放大器,有

$$V_{m2} = \frac{175}{512}V_m \tag{8.407}$$

$$V_{m4} = \frac{7}{256}V_m \tag{8.408}$$

$$V_{m6} = \frac{1}{512}V_m \tag{8.409}$$

$$V_{m1} = \frac{64}{45}V_I \tag{8.410}$$

$$V_{m2} = \frac{4}{9}V_I \tag{8.411}$$

$$V_{m4} = \frac{1}{45}V_I \tag{8.412}$$

8.9   带有串联谐振电路和1/4波长传输线的射频功率放大器 $\mathbf{F}_K$

文献[8]介绍了一种带有串联谐振电路和四分之一波长传输线的 F 类射频功率放大器,其电路如图 8.44(a)所示。该电路也称为 $\mathbf{F}_K$ **类放大器**或 **F 类逆放大器**。四分之一波长传输线相当于一个无穷阶的串联谐振电路,其对奇次谐波表现为短路,对偶次谐波表现为开路。放大器的等效电路如图 8.44(b)所示,电压、电流波形如图 8.45 所示。F_K 类放大器的漏极电流为方波,漏-源电压为半个正弦波。该电路和它的波形与带有并联谐振电路的 F_T 类放大器对偶,即漏极电流和漏-源电压波形进行了互换。

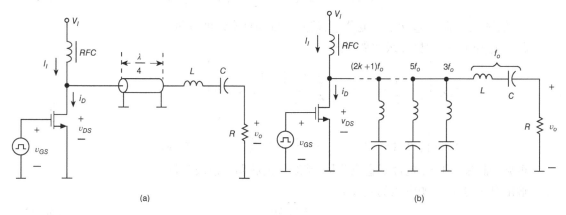

(a)   (b)

图 8.44   带有串联谐振电路和四分之一波长传输线的 F_K 类放大器,其中 $n = 2k + 1, k = 0, 1, 2, \cdots$

（a）电路原理图；（b）$Z_o = R$ 时的等效电路

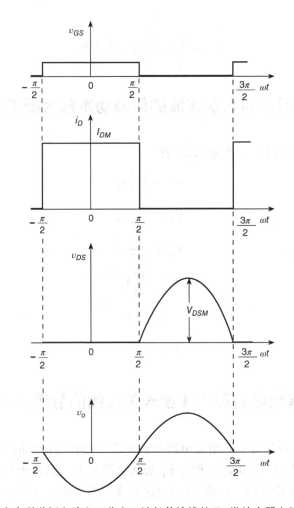

图 8.45 带有串联谐振电路和四分之一波长传输线的 F_K 类放大器电压和电流波形

具有方波波形的漏极电流可以展开为傅里叶级数

$$i_D = I_{DM} \left\{ \frac{1}{2} + \frac{2}{\pi} \left[\cos \omega_o t - \frac{1}{3} \cos 3\omega_o t + \frac{1}{5} \cos 5\omega_o t - \frac{1}{7} \cos 7\omega_o t + \cdots \right] \right\} \qquad (8.413)$$

可见,漏极电流 i_D 包含了直流分量、基波分量和奇次谐波分量。

漏-源电压 v_{DS} 的傅里叶级数展开式为

$$v_{DS} = V_{DSM} \left[\frac{1}{\pi} + \frac{1}{2} \cos \omega_o t + \frac{2}{\pi} \sum_{n=2}^{\infty} \frac{\cos \left(\frac{n\pi}{2} \right)}{1 - n^2} \cos n\omega_o t \right] \qquad (8.414)$$

$$= V_{DSM} \left[\frac{1}{\pi} + \frac{1}{2} \cos \omega_o t + \frac{2}{3\pi} \cos 2\omega_o t - \frac{2}{15\pi} \cos 4\omega_o t + \frac{2}{35\pi} \cos 6\omega_o t + \cdots \right]$$

可见,漏-源电压 v_{DS} 包含了直流分量、基波分量和偶次谐波分量。

输出电压等于漏-源电压的基波分量

$$v_o = V_m \cos \omega_o t \qquad (8.415)$$

其中

$$V_m = \frac{V_{DSM}}{2} = \frac{\pi}{2} V_I \qquad (8.416)$$

输出电流与漏极电流的基波分量相等

$$i_o = i_{d1} = I_m \cos \omega_o t \tag{8.417}$$

其中

$$I_m = \frac{2}{\pi} I_{DM} = \frac{4}{\pi} I_I \tag{8.418}$$

或

$$I_m = \frac{V_m}{R} = \frac{\pi V_I}{2R} \tag{8.419}$$

直流电源的电流与漏极电流的直流分量相等,即

$$I_I = \frac{I_{DM}}{2} = \frac{\pi}{4} I_m = \frac{\pi^2 V_I}{8R} \tag{8.420}$$

直流电源电压为

$$V_I = \frac{V_{DSM}}{\pi} \tag{8.421}$$

因此,直流电源的功率为

$$P_I = I_I V_I = \frac{I_{DM} V_I}{2} = \frac{I_{DM} V_{DSM}}{2\pi} \tag{8.422}$$

输出功率为

$$P_O = \frac{1}{2} I_m V_m = \frac{1}{2} \times \frac{2}{\pi} \times I_{DM} \frac{V_{DSM}}{2} = \frac{1}{2\pi} I_{DM} V_{DSM} \tag{8.423}$$

或

$$P_O = \frac{V_m^2}{2R} = \frac{\pi^2 V_I^2}{8R} \tag{8.424}$$

放大器的效率为

$$\eta = \frac{P_O}{P_I} = 1 \tag{8.425}$$

输出功率能力为

$$c_p = \frac{P_O}{I_{DM} V_{DSM}} = \frac{1}{2\pi} = 0.159 \tag{8.426}$$

直流电阻为

$$R_{DC} = \frac{V_I}{I_I} = \frac{8}{\pi^2} R \approx 0.811R \tag{8.427}$$

基频 f_o 时,从漏源端看到的负载网络输入阻抗为

$$Z(f_o) = \frac{V_m}{I_m} = R_i = \frac{Z_o^2}{R} \tag{8.428}$$

偶次谐波下的输入阻抗为

$$Z(nf_o) = Z(2kf_o) = \frac{V_{m(n)}}{I_{m(n)}} = \frac{\text{有限值}}{0} = \infty \qquad (n = 2, 4, 6, \cdots) \tag{8.429}$$

奇次谐波下的输入阻抗为

$$Z(nf_o) = Z[(2k+1)f_o] = \frac{V_{m(n)}}{I_{m(n)}} = \frac{0}{\text{有限值}} = 0 \qquad (n = 3, 5, 7, \cdots) \tag{8.430}$$

其中,$k = 1, 2, 3, \cdots$。

漏极电流的均方根值为

$$I_{DSrms} = \sqrt{\frac{1}{2\pi} \int_{\pi/2}^{\pi/2} I_{DM}^2 \, d(\omega_o t)} = \frac{I_{DM}}{\sqrt{2}} \tag{8.431}$$

如果晶体管工作在开关状态,由 MOSFET 的导通电阻 r_{DS} 引起的传导损耗为

$$P_{rDS} = r_{DS} I_{DSrms}^2 = \frac{r_{DS} I_m^2}{2} = \frac{\pi^2}{8} r_{DS} I_m^2 \tag{8.432}$$

输出功率为

$$P_O = \frac{r_{DS} I_m^2}{2} \tag{8.433}$$

因此,漏极效率为

$$\eta_D = \frac{P_O}{P_I} = \frac{P_O}{P_O + P_{rDS}} = \frac{1}{1 + \frac{P_{rDS}}{P_O}} = \frac{1}{1 + \frac{\pi^2}{4} \frac{r_{DS}}{R_i}} \tag{8.434}$$

例8.6 设计一个含有四分之一波长传输线的 F_K 类功率放大器,当 $f_c = 5\text{GHz}$ 时,输出功率为 10W,带宽 $BW = 500\text{MHz}$,直流电源电压为 28V,$v_{DSmin} = 1\text{V}$,负载电阻 $R = 50\Omega$,MOSFET 管的导通电阻 $r_{DS} = 0.2\Omega$。

解:漏源电压基波分量的最大幅度为

$$V_m = \frac{\pi}{2}(V_I - v_{DSmin}) = \frac{\pi}{2}(28 - 1) = 42.41 \text{ (V)} \tag{8.435}$$

负载电路的输入电阻为

$$R_i = \frac{V_m^2}{2P_O} = \frac{42.41^2}{2 \times 10} = 89.93 \text{ (}\Omega\text{)} \tag{8.436}$$

最大漏-源电压为

$$v_{DSmax} = \pi V_I = \pi \times 28 = 87.965 \text{ (V)} \tag{8.437}$$

漏极电流基波分量的幅度为

$$I_m = \frac{V_m}{R_i} = \frac{42.41}{89.93} = 0.472 \text{ (A)} \tag{8.438}$$

最大漏极电流为

$$I_{DM} = \frac{\pi}{2} I_m = \frac{\pi}{2} \times 0.472 = 0.7414 \text{ (A)} \tag{8.439}$$

直流电源的电流为

$$I_I = \frac{I_{DM}}{2} = \frac{0.7414}{2} = 0.37 \text{ (A)} \tag{8.440}$$

直流电源的功率为

$$P_I = I_I V_I = 0.37 \times 28 = 10.36 \text{ (W)} \tag{8.441}$$

晶体管的漏极功率损耗为

$$P_D = P_I - P_O = 10.36 - 10 = 0.36 \text{ (W)} \tag{8.442}$$

漏极效率为

$$\eta_D = \frac{P_O}{P_I} = \frac{10}{10.36} = 96.525\% \tag{8.443}$$

放大器对直流电源呈现出的直流电阻为

$$R_{DC} = \frac{8}{\pi^2} = 0.81 \times 89.93 = 72.84 \text{ (}\Omega\text{)} \tag{8.444}$$

传输线的特性阻抗为

$$Z_o = \sqrt{R_i R} = \sqrt{89.93 \times 50} = 67 \text{ (}\Omega\text{)} \tag{8.445}$$

假设构成传输线材料的介电常数 $\varepsilon_r = 2.1$,则传输线的波长为

$$\lambda = \frac{c}{\sqrt{\varepsilon_r} f_c} = \frac{3 \times 10^8}{\sqrt{2.1} \times 5 \times 10^9} = 4.14 \text{ (cm)} \tag{8.446}$$

因此,传输线的长度为

$$l_{TL} = \frac{\lambda}{4} = \frac{4.14}{4} = 1.035 \,(\text{cm}) \tag{8.447}$$

负载品质因数为

$$Q_L = \frac{f_c}{BW} = \frac{5 \times 10^9}{500 \times 10^6} = 10 \tag{8.448}$$

串联谐振电路的负载品质因数定义为

$$Q_L = \frac{\omega_c L}{R} = \omega_c C R_L \tag{8.449}$$

因此,谐振在基波上的谐振电路的电感为

$$L = \frac{Q_L R}{\omega_c} = \frac{10 \times 50}{2\pi \times 5 \times 10^9} = 15.915 \,(\text{nH}) \tag{8.450}$$

谐振在基波上的谐振电路的电容为

$$C = \frac{1}{\omega_c Q_L R} = \frac{1}{2\pi \times 5 \times 10^9 \times 10 \times 50} = 0.06366 \,(\text{pF}) \tag{8.451}$$

漏极效率为

$$\eta_D = \frac{1}{1 + \frac{\pi^2}{4} \frac{r_{DS}}{R_i}} = \frac{1}{1 + \frac{\pi^2}{4} \frac{0.2}{89.93}} = 99.45\% \tag{8.452}$$

8.10 本章小结

- 在 F 类射频功率放大器中,晶体管相当于一个受控电流源。
- F 类射频功率放大器是由一个晶体管、一个谐振在基频处的并联谐振电路或者串联谐振电路以及一些谐振在各次谐波处的谐振电路组成。
- F 类功率放大器的电路图比较复杂。
- 在漏-源电压 v_{DS} 中加入额外适当的幅度和相位能使其波形平坦化,减少功率损耗,提高效率。
- 带有一个并联谐振电路和一个四分之一波长传输线的 F 类功率放大器中,漏-源压 v_{DS} 的波形为方波和电流 i_D 的波形为半正弦波。
- 带有一个串联谐振电路和一个四分之一波长传输线的 F 类功率放大器中,漏极电流 i_D 的波形为方波和漏-源电压 v_{DS} 的波形为半正弦波。
- 在 F 类功率放大器中,传输线用来产生高次谐波。
- F 类放大器设计存在电路复杂度和效率的折中。
- 在 F 类功率放大器中,晶体管输出电容决定了输出网络的总阻抗,阻碍了在各次谐波处形成具有高阻抗的理想输出网络。

8.11 复习思考题

8.1 试述 F 类射频功率放大器的工作原理。

8.2 试述 F_3 类功率放大器的拓扑结构。

8.3 F 类功率放大器的拓扑结构是简单还是复杂?

8.4 F 类功率放大器中晶体管的工作区域是什么?

8.5 含有最大平坦度电压的 F 类放大器是哪些?

8.6 含有最大漏极效率的 F 类放大器是哪些?

8.7 F 类功率放大器的效率有多高?

8.8 具有最大平坦度漏-源电压的 F_3 类放大器中,三次谐波电压的幅度和相位是多少?

8.9 具有最大漏极效率的 F_3 类放大器中,三次谐波电压的幅度和相位是多少?

8.10 F_3 类放大器漏极电流导通角的范围是多少?

8.11 具有最大平坦度漏-源电压的 F_{35} 类放大器中,三次、五次谐波电压的幅度和相位分别是多少?

8.12 具有最大漏极效率的 F_{35} 类放大器中,三次、五次谐波电压的幅度和相位分别是多少?

8.13 F_{35} 类放大器漏极电流导通角的范围是多少?

8.14 F 类功率放大器中,传输线是如何用来实现对各次谐波处的阻抗控制?

8.15 在 F_2 类放大器中,漏极电流导通角的范围是多少?

8.16 在 F_{24} 类放大器中,漏极电流导通角的范围是多少?

8.17 F 类射频功率放大器有哪些应用领域?

8.18 晶体管的输出电容是否会影响 F 类射频功率放大器工作?

8.19 列出 F 类射频功率放大器的应用领域。

8.12 习题

8.1 设计一个含有三次谐波并具有最大平坦度漏-源电压的 F 类功率放大器。当 $f = 2.4\text{MHz}$ 时,输出功率为 100W,直流电源电压为 120V,$v_{DSmin} = 1\text{V}$。

8.2 设计一个含有三次谐波并具有最大漏极效率的 F 类功率放大器。当 $f = 2.4\text{MHz}$ 时,输出功率为 100W。直流电源电压为 120V,$v_{DSmin} = 1\text{V}$。

8.3 设计一个含有二次谐波并具有最大平坦度漏-源电压的 F 类功率放大器。当 $f = 2.4\text{MHz}$ 时,功率为 1W。直流电源电压为 5V,$v_{DSmin} = 0.3\text{V}$。

8.4 设计一个满足以下条件的 F_3 类射频功率放大器:$V_I = 48\text{V}$,$v_{DSmin} = 2\text{V}$,$P_o = 100\text{W}$,$R_L = 50\Omega$,$\theta = 60°$,$f_c = 88\text{MHz}$,$BW = 10\text{MHz}$。

8.5 设计一个带有四分之一波长传输线和方波漏极电流的 F 类射频功率放大器,并使其满足以下条件:$P_o = 50\text{W}$,$V_I = 100\text{V}$,$v_{DSmin} = 2\text{V}$,$R_L = 50\Omega$,$f = 250\text{kHz}$。

参考文献

[1] V. J. Tyler, "A new high-efficiency high-power amplifier," *Marconi Review*, vol. 21, no. 130, pp. 96–109, 1958.

[2] L. B. Hallman, "A Fourier analysis of radio-frequency power amplifier waveforms," *Proceedings of the IRE*, vol. 20, no. 10, pp. 1640–1659, 1932.

[3] D. M. Snider, "A theoretical analysis and experimental confirmation of the optimally loaded and over-driven RF power amplifier," *IEEE Transactions on Electron Devices*, vol. 14, pp. 851–857, 1967.

[4] V. O. Stocks, *Radio Transmitters: RF Power Amplification*. London, England: Van Nostrand, 1970, pp. 38–48.

[5] N. S. Fuzik, "Biharmonic modes of tuned power amplifier," *Telecommunications and Radio Engineering, Part 2*, vol. 25, pp. 117–124, 1970.

[6] S. R. Mazumber, A. Azizi, and F. E. Gardiol, "Improvement of a Class C transistor power amplifiers by second-harmonic tuning," *IEEE Transactions on Microwave Theory and Technique*, vol. 27, no, 5, pp. 430–433, 1979.

[7] H. L. Krauss, C. V. Bostian, and F. H. Raab, *Solid State Radio Engineering*. New York, NY: John Wiley & Sons, 1980.

[8] M. K. Kazimierczuk, "A new concept of Class F tuned power amplifier," *Proceedings of the 27th Midwest Symposium on Circuits and Systems*, Morgantown, WV, June 11-12, 1984, pp. 425–428.

[9] Z. Zivkovic and A. Markovic, "Third harmonic injection increasing the efficiency of high power RF amplifiers," *IEEE Transactions on Broadcasting*, vol. 31, no. 2, pp. 34–39, 1985.

[10] Z. Zivkovic and A. Markovic, "Increasing the efficiency of high power triode RF amplifier. Why not with the second harmonic?," *IEEE Transactions on Broadcasting*, vol. 32, no. 1, pp. 5–10, 1986.

[11] X. Lu, "An alternative approach to improving the efficiency of the high power radio frequency amplifiers," *IEEE Transactions on Broadcasting*, vol. 38, pp. 85–89, 1992.

[12] F. H. Raab, "An introduction to Class-F power amplifiers," *RF Design*, vol. 19, no. 5, pp. 79–84, 1996.

[13] F. H. Raab, "Class-F power amplifiers with maximally flat waveforms," *IEEE Transactions on Microwave Theory and Technique*, vol. 45, no. 11, pp. 2007–2012, 1997.

[14] B. Tugruber, W. Pritzl, D. Smely, M. Wachutka, and G. Margiel, "High-efficiency harmonic control amplifier," *IEEE Transactions on Microwave Theory and Technique*, vol. 46, no. 6, pp. 857–862, 1998.

[15] F. H. Raab, "Class-F power amplifiers with reduced conduction angle," *IEEE Transactions on Broadcasting*, vol. 44, no. 4, pp. 455–459, 1998.

[16] C. Trask, "Class-F amplifier loading networks: a unified design approach," IEEE MTT-S International Microwave Symposium Digest, vol. 1, pp. 351–354, 1999.

[17] S. C. Cripps, *RF Power Amplifiers for Wireless Communications*, Norwood, MA: Artech House, 1999.

[18] P. Colantonio, F. Giannini, G. Leuzzi, and E. Limiti, "On the class-F power amplifier design," *RF Microwave Computer-Aided Engineering*, vol. 32, no. 2, pp. 129–149, 1999.

[19] A. N. Rudiakova, V. G. Krizhanovski, and M. K. Kazimierczuk, "Phase tuning approach to polyharmonic power amplifiers," Proc. European Microwave Week Conference, London, UK, September 10-14, 2001, pp. 105–107.

[20] F. Fortes and M. J. Rosario, "A second harmonic Class-F power amplifier in standard CMOS technology," *IEEE Transactions on Microwave Theory and Technique*, vol. 49, no. 6, pp. 1216–1220, 2001.

[21] M. Weiss, F. H. Raab, and Z. Popovic "Linearity of X-band Class F power amplifiers in high-mode transmitters," *IEEE Microwave Theory and Techniques*, vol. 49, no. 6, pp. 1174–1179, 2001.

[22] F. H. Raab, "Class-E, Class-C, and Class-F power amplifiers based upon a finite number of harmonics," *IEEE Transactions on Microwave Theory and Technique*, vol. 49, no. 8, pp. 1462–1468, 2001.

[23] F. H. Raab, "Maximum efficiency and output of Class-F power amplifiers," *IEEE Transactions on Microwave Theory and Technique*, vol. 49, no. 6, pp. 1162–1166, 2001.

[24] F. Lepine, A. Adahl, and H. Zirath, "L-band LDMOS power amplifier based on an inverse Class F architecture," *IEEE Transactions on Microwave Theory and Technique*, vol. 53, no. 6, pp. 2007–2012, 2005.

[25] A. Grebennikov, *RF and Microwave Power Amplifier Design*. New York, NY: McGraw-Hill, 2005.

[26] A. N. Rudiakova and V. G. Krizhanovski, *Advanced Design Techniques for RF Power Amplifiers*. Berlin, Springer, 2006.

[27] M. Roberg and Z. Popović, "Analysis of high-efficiency power amplifiers with arbitrary output harmonic terminations," *IEEE Transactions on Microwave Theory and Technique*, vol. 59, no. 5, pp. 2037–2048, 2011.

[28] M. K. Kazimierczuk and R. Wojda, "Maximum drain efficiency Class F_3 RF power amplifier," *IEEE International Symposium on Circuits and Systems*, Rio de Janeiro, Brazil, May 18-21, pp. 2785–2788, 2011.

第9章 射频功率放大器的线性化和效率提高技术

9.1 引言

高效率和高线性度的功率放大器在无线通信系统中是非常重要的[1~85]。无线通信系统传递着声音、视频和高速率的数据。高效率是实现低的能量消耗、超长的电池工作寿命和热管理的保证；线性化则是放大信号失真小的要求。射频（RF）功率放大器要求互调（IM）性能达到 -60dB。本章主要讨论无线发射机中射频功率放大器的线性度和效率提高技术。

现代数字无线传输系统中的信号具有时变包络（振幅调制；AM）和时变相角（相位调制；PM），其一般表达式为

$$v_{AM/PM} = V_m(t)\cos[\omega_c t + \phi(t)] \tag{9.1}$$

非恒定包络的信号需要发射机有一个线性的功率放大器。CDMA2000 和 WCDMA 系统中发射机的输出功率在 80dB 的动态范围内变化；平均输出功率通常比峰值低 15 ～ 25dB；发射机必须按最大输出功率要求来设计。高的峰值-平均值功率比（PAR）会使许多功率放大器达到饱和，引起信号失真并产生带外干扰。A 类、AB 类和 B 类等线性功率放大器的最高效率往往出现在最大输出功率时。A 类线性功率放大器的平均功率一般设置为比峰值功率小 10 ～ 12dB，因此其平均效率非常低。在这种情况下，漏源电压 V_m 的最大幅度几乎等于电源电压 V_I，这相当于 AM 调制系数等于 1。然而，当漏源电压 V_m 的幅度比电源电压 V_I 小得多的时候，AM 的平均调制系数范围为 0.2 ～ 0.3。因此，统计结果表明：具有 AM 调制的线性功率放大器的平均效率要比它们的最大效率小得多。无线通信系统中的发射机主要有两种：基站用发射机和手持设备用发射机。

功率放大器的理想特性如图 9.1 所示。图 9.1(a) 表示在很宽的输出功率范围内，效率 η 始终保持在较高水平；图 9.1(b) 表示输出电压 v_o 与输入电压 v_i 呈线性关系。这种情况下，放大器的电压增益 $A_v = v_o/v_i$ 在很宽的输入电压范围内都是常数。

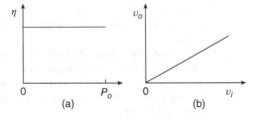

图 9.1 功率放大器的理想特性

(a) 效率 η 与输出功率的函数关系；

(b) 输出电压 v_o 和输入电压 v_i 的函数关系

现代数字无线通信的射频发射机都需要功率控制。例如，CDMA 中的基站和手持发射机都需要功率控制技术。基站发射机需要大的功率以便将信号传递到每个蜂窝的边缘；手持发射机的输出功率必须是可变的，以使其到达基站时的信号功率水平与其他所有用户到达基站的功率水平几乎相同。

本章主要阐述近年来提出的射频功率放大器的线性化和效率提高技术。其中一些技术仅

仅仅是提高了线性度或者是提高了效率,另一些技术则同时提高了线性度和效率。

9.2 预失真技术

功率放大器输出信号的非线性失真是由于传递函数 $v_o = f(v_i)$ 的斜率变化造成的。这些变化又是因为功率放大器中晶体管(MOSFETs 或 BJTs)的非线性引起的。传递函数斜率的变化引起不同输入电压或功率时电路的增益不同。减少非线性失真的方法有多种。

预失真是一种通过合理调整功率放大器输入信号 v_i 的幅度和相位来使其实现线性化的技术[1~3]。预失真技术包括模拟预失真技术和数字预失真技术。一个带有预失真的功率放大

图9.2 具有预失真系统的功率放大器框图

器系统框图如图 9.2 所示。信号路径上的非线性模块用来补偿功率放大器的非线性。该模块就叫做**预失真器**或者**预失真线性化单元**。预失真可以在射频也可以在基带实现。由于数字信号处理(DSP)的强大功能,基带的预失真技术较受欢迎,

这种预失真也叫做**数字预失真**。DSP 芯片能够用来实现数字预失真功能,并且是一个稳定的开环系统。该系统的不足之处在于产生确保整个系统传输函数是线性的预失真传输函数比较困难。

例 9.1 一个功率放大器的电压传输函数如图 9.3(a)所示,其小信号增益 $A_1 = 100$,大信号增益 $A_2 = 50$。求使得整个系统传输函数是线性的预失真函数。

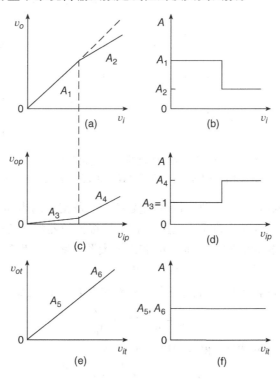

图9.3 采用预失真技术的功率放大器传输函数

(a)功率放大器的非线性传输函数 $v_o = f(v_i)$;(b)预失真器 A 的传输函数;(c)预失真器的传输函数 $v_{op} = f(v_{ip})$;

(d)预失真放大器 A_p 的传输函数;(e)整个放大器的传输函数 $v_{ot} = f(v_{it})$;(f)整个系统 A 的线性传输函数

解：假设预失真器的小信号增益 $A_3 = 1$，功率放大器的两个增益比为

$$\frac{A_1}{A_2} = \frac{100}{50} = 2 \tag{9.2}$$

因此，预失真器的大信号增益是

$$A_4 = 2 \tag{9.3}$$

整个系统的小信号增益是

$$A_5 = A_1 A_3 = 100 \times 1 = 100 \tag{9.4}$$

整个系统的大信号增益是

$$A_6 = A_2 A_4 = 50 \times 2 = 100 \tag{9.5}$$

可见，$A_6 = A_5$，因此整个输入信号范围内的系统传递函数都是线性的。图 9.3 说明了采用预失真技术的功率放大器线性化过程。

9.3 前馈线性化技术

图 9.4 给出了采用前馈线性化技术的功率放大器基本框图[4~9]。前馈线性化技术的主要思想是首先产生一个适当的误差电压，然后再从非线性功率放大器的失真输出电压中扣除，从而实现消除失真信号的目的。

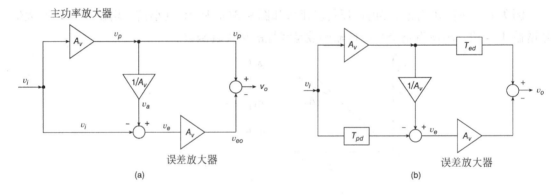

图 9.4 具有前馈线性化的功率放大器原理框图

(a) 前馈放大器的基本形式；(b) 带有延迟单元的前馈放大器基本形式

如图 9.4 所示，输入电压 v_i 分别经过两条支路。一条支路的电压经过增益为 A_v 的主功率放大器进行放大；另一路以原始输入电压 v_i 作为后级比较器的参考电压。主功率放大器的输出电压包括不失真的放大的输入电压 $A_v v_i$ 和由放大器非线性产生的失真电压 v_d，即

$$v_p = A_v v_i + v_d \tag{9.6}$$

主功率放大器的全部输出电压经过一个传输函数为 $1/A_v$ 的电路衰减后得到

$$v_a = \frac{v_p}{A_v} = v_i + \frac{v_d}{A_v} \tag{9.7}$$

衰减电压与原始电压 v_i 相减，得到误差电压 v_e 为

$$v_e = v_a - v_i = v_i + \frac{v_d}{A_v} - v_i = \frac{v_d}{A_v} \tag{9.8}$$

误差电压 v_e 被电压增益为 A_v 的误差放大器放大，得到

$$v_{eo} = A_v v_e = A_v \frac{v_d}{A_v} = v_d \tag{9.9}$$

主功率放大器的输出电压 v_p 和误差放大器的输出电压 v_{eo} 相减,得到整个系统的输出电压为

$$v_o = v_p - v_{eo} = A_v v_i + v_d - v_d = A_v v_i \tag{9.10}$$

可见,失真信号 v_d 经过两个减法器后被很好地抵消了。除了消除非线性成分之外,主功率放大器加到信号中的噪声也得到了很好的抑制。第一个回路叫做信号对消环,第二个回路叫做误差消除环。

前馈线性化系统提供了一个宽的带宽,并且降低了噪声;尽管由于在输入端没有引入输出信号使得 RF 工作时存在大的相移,但系统是稳定的。对于无线基站类的多载波无线通信而言,宽频段工作是非常有益的。

前馈线性化技术的不足之处在于:信号通道中的增益失配和相位(延迟)失配。线性化程度取决于每个减法器的幅度和相位匹配程度。如果第一个环路中从输入电压 v_i 到减法器的相对增益失配为 $\Delta A/A$ 和相位失配为 $\Delta \phi$,则输出电压中 IM 项的幅度衰减为[5~7]

$$A_{IM} = \sqrt{1 - 2\left(1 + \frac{\Delta A}{A}\right)\cos\Delta\phi + \left(1 + \frac{\Delta A}{A}\right)^2} \tag{9.11}$$

为了提高信号质量,增加了延迟单元的前馈放大器,如图9.4(b)所示。其中,在下面的信号通路上增加延迟单元 T_{pd} 来补偿主功率放大器和衰减器引起的延时。另一个延迟单元 T_{ed} 被添加在上面的路径上来补偿误差放大器带来的延迟。延迟单元可以用无源的集总元件网络或传输线来实现。然而,这些延迟单元会消耗功率,从而降低了放大器的效率。另外,宽带延时单元的设计也比较困难。

9.4　负反馈线性化技术

一般来说,负反馈会减小非线性[12~13]。图9.5给出了具有负反馈的功率放大器原理框图。功率放大器的传递函数 $v_o = f(v_s)$ 通过负反馈的作用能够有效地线性化,减少非线性失真。大的开环增益变化只会引起闭环增益小的变化。

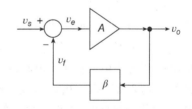

图9.5　具有负反馈的功率放大器原理框图

假设没有负反馈的功率放大器含有失真分量(谐波中的交调项)的输出电压为

$$v_d = V_d \sin\omega_d t \tag{9.12}$$

具有负反馈的功率放大器输出电压失真分量为

$$v_{df} = V_{df} \sin\omega_d t \tag{9.13}$$

我们希望找到 v_d 和 v_{df} 之间的关系。反馈电压为

$$v_f = \beta v_{df} \tag{9.14}$$

失真分量的参考电压是零。因此,功率放大器的输入电压为

$$v_e = -v_f = -\beta v_{df} \tag{9.15}$$

功率放大器输出的失真分量为

$$v_{od} = A v_e = -A v_f = -\beta A v_{df} \tag{9.16}$$

可见,输出电压包含两项:一项是由功率放大器 v_d 产生的固有失真分量;另一项是由负反馈带来的 v_{od}。因此,总的输出电压为

$$v_{df} = v_d - v_{od} = v_d - \beta A v_{df} \tag{9.17}$$

即

$$v_{df} = \frac{v_d}{1 + \beta A} = \frac{v_d}{1 + T} \tag{9.18}$$

由于 A 是频率的函数,失真分量的幅度也必须在其工作频率 $f_d = \omega_d / (2\pi)$ 处计算。

由式(9.18)可见,环路增益 $T = \beta A$ 越大,非线性失真减小得越多。然而,射频功率放大器的电压增益比较低,因此,射频工作时的环路增益 T 也低。此外,环路的稳定性与各种寄生元件产生的大量极点有着极大的关系。高阶的功率放大器会产生过度的相移,引起振荡。当环路增益 $T = \beta A$ 较大时

$$A_f \approx \frac{1}{\beta} \tag{9.19}$$

式(9.19)表明增益主要取决于线性反馈网络系数 β。因此,功率放大器的输出电压可以表示为

$$v_o = A_f v_s \approx \frac{v_i}{\beta} \tag{9.20}$$

可见,传输函数近似为线性。然而,为了产生没有反馈时的相同的输出,反馈放大器需要很大的输入电压。

图 9.6 给出了具有负反馈和频率传递的功率放大器原理框图。前向通道包含了一个低频高增益的误差放大器、一个上变频的混频器和一个功率放大器。混频器将输入信号的频率 f_i 转变成 RF 频率 $f_{RF} = f_i + f_{LO}$,其中 f_{LO} 是本地振荡器的频率。反馈路径包括了一个下变频的混频器和一个低通滤波器(LPF)。混频器把 RF 信号的频率 f_{RF} 转换成输入频率 $f_i = f_{RF} - f_{LO}$。该系统低频时具有高的环路增益 T。因此,负反馈对降低非线性失真非常有效。由误差放大器、混频器和功率放大器引起的的前向路径的总相移超过 $180°$。因此,通过增加本地振荡器的相移来保证环路的稳定性。

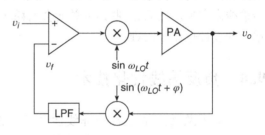

图 9.6 具有负反馈和频率传递的功率放大器原理框图

例 9.2 开环功率放大器的小信号增益 $A_1 = 100$,大信号增益 $A_2 = 50$,反馈网络传输函数的 $\beta = 0.1$。求解负反馈功率放大器的闭环增益。

解: 开环增益比为

$$\frac{A_1}{A_2} = \frac{100}{50} = 2 \tag{9.21}$$

功率放大器开环增益的相对变化为

$$\frac{A_1 - A_2}{A_1} = \frac{100 - 50}{100} = 50\% \tag{9.22}$$

小信号环路增益为

$$T_1 = \beta A_1 = 0.1 \times 100 = 10 \tag{9.23}$$

小信号闭环增益为

$$A_{f1} = \frac{A_1}{1+T_1} = \frac{100}{1+10} = 9.091 \tag{9.24}$$

大信号环路增益为

$$T_2 = \beta A_2 = 0.1 \times 50 = 5 \tag{9.25}$$

大信号闭环增益为

$$A_{f2} = \frac{A_2}{1+T_2} = \frac{50}{1+5} = 8.333 \tag{9.26}$$

闭环增益比为

$$\frac{A_{f1}}{A_{f2}} = \frac{9.091}{8.333} = 1.091 \tag{9.27}$$

闭环功率放大器的增益相对变化为

$$\frac{A_{f1}-A_{f2}}{A_{f1}} = \frac{9.091-8.333}{9.091} = 8.333\% \tag{9.28}$$

可见,开环增益变化了 2 倍,闭环增益改变了 1.091 倍。图 9.7 给出了采用负反馈技术的功率放大器线性化过程示意图。

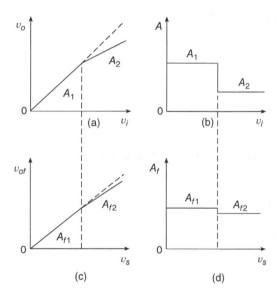

图 9.7 不具有负反馈和具有负反馈的功率放大器传输函数

(a) 无反馈的放大器输入输出电压特性曲线;(b) 无反馈的放大器电压增益曲线;

(c) 具有反馈的放大器输入输出特性曲线;(d) 具有反馈的放大器电压增益曲线

例 9.3 功率放大器的输入电压 v_e 和输出电压 v_o 之间的关系为

$$v_o = A v_e^2 \tag{9.29}$$

求具有负反馈的 RF 放大器输入电压 v_s 和输出电压 v_o 之间的关系。画出 $A = 100$、$\beta = 1/10$ 时 $v_o = f(v_e)$ 及 $v_o = f(v_s)$ 的曲线。

解:误差电压为

$$v_e = v_s - \beta v_o \tag{9.30}$$

因此,负反馈的输出电压为

$$v_o = A(v_s - \beta v_o)^2 \tag{9.31}$$

求得 v_s 为

$$v_s = \beta v_o + \sqrt{\frac{v_o}{A}} \tag{9.32}$$

或

$$v_o = \frac{v_s}{\beta} - \frac{1}{\beta}\sqrt{\frac{v_o}{A}} \tag{9.33}$$

图9.8 和图9.9 给出了采用负反馈技术的功率放大器线性化说明示意图。由图9.9 可见,采用负反馈的放大器比图9.8 不采用负反馈的放大器线性度高。

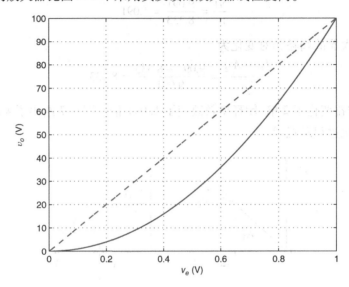

图9.8 无反馈的功率放大器输出电压 v_o 与输入电压的关系曲线

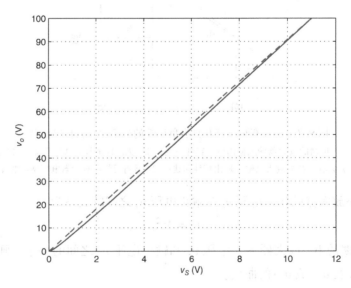

图9.9 具有反馈的功率放大器输出电压 v_o 与输入电压的关系曲线

9.5　包络消除及恢复技术

带有包络消除及恢复(Envelop Eliminate and Restoration,EER)系统的功率放大器原理框图如图9.10所示。EER的概念由Kahn首先提出[14],它主要是用来提高无线发射机的线性度和效率[14~23]。EER系统的一条路径由RF限幅器和非线性高效率的开关型RF功率放大器组成;另一条路径由包络检测器和AM调制的低频功率放大器组成。

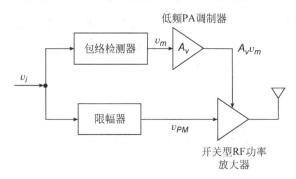

图9.10　带有EER的功率放大器原理框图

放大器带有AM和PM调制的输入电压可以表示为

$$v_i = V(t)\cos[\omega_c t + \theta(t)] \tag{9.34}$$

该电压分别输入RF限幅器和包络检测器中。RF限幅器的输出电压是恒定包络的相位调制(CEPM)电压

$$v_{PM} = V_c \cos[\omega_c t + \theta(t)] \tag{9.35}$$

RF限幅器设计中需要减小调幅到调相的转换。包络检测器的输出电压为

$$v_m(t) = V(t) \tag{9.36}$$

包络检测器提取输入电压的包络,通常用二极管AM检测器来获得AM电压$v_m(t)$。

然后,该AM电压被增益为A_v的低频功率放大器放大,产生调制电压$A_v v_m(t)$。限幅器消除了AM-PM电压的包络。PM电压v_{PM}和AM调制电压同时被RF功率放大器放大到输入信号v_i原有的幅度和相位。PM电压v_{PM}作用于RF功率放大器晶体管的栅级,调制电压v_m用来调制RF功率放大器的电源电压,即$v_{DD} = v_m(t)A_v V_{DD}$。在开关模式的RF功率放大器中,输出电压的幅度与电源电压V_{DD}呈正比。EER系统的最大优势在于不需要线性的RF功率放大器。线性的RF功率放大器效率非常低,而且会随着AM调制系数的降低而降低。平均的AM调制范围为0.2～0.3。EER系统可以采用高效率的非线性RF功率放大器。D类、E类、DE类和F类等开关模式的RF功率放大器都具有高达90%的效率。它们的效率几乎与AM调制系数无关。文献[24]给出了具有AM的高效率E类功率放大器相关研究。

EER系统也存在一些缺点。首先,两条路径上的总相移(延迟)和增益不匹配。由于低频路径的相移比高频路径的相移大,因此,两者匹配是非常困难的工作。Raab[16]给出了由相位不匹配引起的互调失真(IM)为

$$IDM \approx 2\pi BW_{RF}^2 \Delta\tau^2 \tag{9.37}$$

其中,BW_{RF}是RF信号的带宽,$\Delta\tau$是失配的延迟。

其次,限幅器引起相位失真。由非线性器件构成的限幅器在高频时具有相当大的 AM-PM 转换,破坏了 PM 信号 υ_{PM} 的相位 $\theta(t)$。最后,由于 RF 功率放大器的电源电压含有 AM 调制,晶体管的非线性电容会引起相位失真。

9.6 包络跟踪技术

包络跟踪(ET)技术的主要目的是在大的输出功率 P_o 范围内保持高效率。具有 ET 技术的 RF 放大器框图如图 9.11 所示[29~48]。该系统也叫做**带有动态电源(DPS)的**功率放大器、具有可变电源电压的功率放大器、具有自适应偏置的功率放大器、电源电压动态可制的功率放大器或者动态漏极偏置可控的功率放大器。

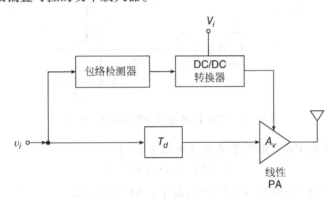

图 9.11　采用 ET 技术的 RF 放大器框图

在 RF 功率放大器中使用 DPS 有两个原因:

(1)为了提高线性 RF 功率放大器的效率。

(2)为了使非线性开关模式的 RF 功率放大器实现 AM 调制。

由于晶体管的非线性和大信号工作,导致所有的功率放大器都是非线性的。而 AM 信号的放大需要线性的放大器。一些功率放大器是近似线性的(比如 A 类功率放大器),并被称为线性功率放大器。然而,线性 RF 功率放大器的效率非常低,尤其当 V_m/V_I 的值较小时。在这类放大器中,晶体管相当于一个受控的电流源,并且在理想情况下,漏-源电压交流分量的幅度 V_m 与电源电压 V_I 无关。事实上,由于沟道长度调制和有限的 MOSFET 输出电阻,使得晶体管不可能是一个理想的受控电流源。A 类 RF 功率放大器是最普遍使用的线性放大器,其漏极效率计算公式如下,当电源电压 V_I 固定时,该效率比较低。

$$\eta_D = \frac{P_{DS}}{P_I} = \frac{1}{2}\left(\frac{V_m}{V_I}\right)^2 \tag{9.38}$$

由式(9.38)可见,当 V_m/V_I 的值较低时,漏极效率 η_D 也较低。当电源电压 V_I 和直流电流的值固定时,比如在 A 类 RF 功率放大器中,电源功率 $P_I = I_I V_I$ 也是固定的,并且与输出功率 P_o 无关。在 AM 系统中,漏源电压交流分量的幅度是时间的函数 $V_m(t)$。在固定的电源电压 V_I 下,A 类 RF 功率放大器放大 AM 信号的瞬时漏极效率表示为

$$\eta_D(t) = \frac{P_{DS}(t)}{P_I} = \frac{1}{2}\left(\frac{V_m(t)}{V_I}\right)^2 \tag{9.39}$$

漏极电压幅度 V_m 的平均值一般比电源电压 V_I 低。因此,A 类放大器漏极效率的长时间平均值非常低,例如 5% 。

当 V_m/V_I 的比接近 1 时,A 类 RF 功率放大器的效率很高,接近 50% 。当电源电压为 $V_I(t) = f[V_m(t)]$ 的可变电压时,A 类 RF 功率放大器的瞬时漏极效率为

$$\eta_D(t) = \frac{P_{DS}(t)}{P_I(t)} = \frac{1}{2}\left(\frac{V_m(t)}{V_I(t)}\right)^2 \tag{9.40}$$

如果电源电压 V_I 根据包络电压追踪 $V_m(t)$ 的幅度,使得 $V_m(t)/V_I(t)$ 的比接近于 1,则在较大的输出功率范围内,瞬时漏极效率都很高,例如 45% 。因此,漏极效率的长时间平均值也很高。RF 输入信号的包络电压可以通过包络检测器或者基带 I/Q 信号波形得到。然后,DPS 的输出电压 $V_I(t)$ 用来给 RF 功率放大器(RF 发射机的输出级)供电。

在非线性放大器中,晶体管像开关一样工作。由于晶体管的电流较高时其电压较低,或者当晶体管电压较高时其电流为 0,因此,开关模式的放大器效率较高,比如 D 类、E 类和 DE 类等非线性放大器。在这些放大器中,输出电压 V_m 的幅度与电源电压 V_I 成正比,即

$$V_m = kV_I \tag{9.41}$$

其中,k 是常数。因此,输出电压的幅度调制可以通过改变电源电压 V_I 来实现

$$V_m(t) = kV_I(t) \tag{9.42}$$

DPS 和 AM 具有相同的结构。ET 系统包含两条路径,一条路径包括一个线性功率放大器和延迟模块 T_d,另一条路径包括包络检测器和一个 DC-DC 开关式功率转换器。ET 系统与 EER 系统相似,但 ET 系统使用了线性功率放大器而不是 EER 系统中使用的 RF 限幅器。ET 系统不是调制 RF 功率放大器,而是通过调整电源电压使得 V_m/V_I 的值接近于 1,从而产生有效的线性放大。

随着漏-源电压 V_m 幅度的减小,电流模式功率放大器的漏极效率也减小。在 A 类、B 类和 AB 类等电流模式的功率放大器中,晶体管用做受控电流源,漏-源电压的幅度 V_m 与输入电压的幅度 V_{im} 成反比。谐振频率下功率放大器的漏极效率为

$$\eta_D = \frac{P_{DS}}{P_I} = \frac{1}{2}\left(\frac{I_m}{I_I}\right)\left(\frac{V_m}{V_I}\right) \tag{9.43}$$

由式(9.43)可见,漏极效率 η_D 与比 V_m/V_I 的比成正比。当电源电压 V_I 是一个固定值时,随着 V_{im} 的增大,V_m 减小,V_m/V_I 减小,漏极效率也减小。如果电源电压 V_I 与输入电压 V_{im} 的幅度成比例增加,那么 V_m/V_I 的比将保持为接近为 1 的固定值,使得任意 V_m 幅度时都有高的效率。当电流模式的放大器输入电压 V_{im} 变化时,漏极电流导通角保持不变,I_m/I_I 也保持不变。例如,对于 B 类放大器而言,$I_m/I_I = \pi/2$ 。这种情况下,效率是提高了,但 RF 线性功率放大器的低失真被保留了。

9.7 Doherty 放大器

Doherty 功率放大器在 1936 年首次被提出[52]。该系统的主要目的是为了使含有 AM 信号的线性功率放大器在较大的输入电压范围内保持高的效率[52~62]。由于 AM 调制系数的平均值较低,一般为 $0.2 \sim 0.3$,含有 AM 的线性功率放大器平均效率也非常低。Doherty 架构的功

率放大器对于峰均功率比(Peak to Average Power Ratio,PAPR)在 6 ~ 10dB 之间的输入信号都有较高的效率。该系统可用于实现基站发射机的高效率。WCDMA、CDMA2000 和 OFDM 等现有的和新兴的无线系统都会产生高峰均比(PAR)的信号。例如,输出功率回退了 3dB(即减少为最大功率的 50%),B 类功率放大器的效率降低到 $\pi/4 = 39\%$。所有功耗中,发射机占比较高,因此,提高效率不仅降低了电池成本,而且将设备冷却需求最小化。

Doherty 功率放大器的原理框图如图 9.12 所示。它由一个主功率放大器和一个辅助功率放大器组成。主功率放大器叫做**载波放大器**,辅助功率放大器叫做**调峰放大器**。主功率放大器一般是 B 类(或 AB 类)功率放大器,而辅助功率放大器通常是 C 类功率放大器。主功率放大器输出端连接有 1/4 波长的传输线。为了补偿主放大器输出端传输线引起的 90° 相移,辅助放大器的输入端同样连接了一段 1/4 波长传输线。两个放大器中的晶体管都作为受控电流源工作。当输入功率较高时,主功率放大器饱和,电压增益降低。此时,辅助功率放大器工作。因此,高功率输入下整个系统的线性化得到提高,并且在功率回退情况下,系统能够保持高的效率。对于移动发射机的功率放大器而言,输出功率从峰值功率回退 10 ~ 40dB 是很普遍的。

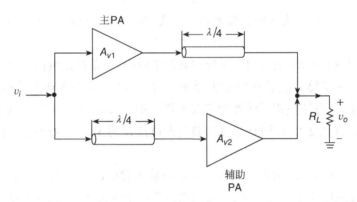

图 9.12　Doherty 功率放大器的原理框图

9.7.1　大功率变化范围的高效率条件

工作在谐振频率下的功率放大器效率是

$$\eta_D = \frac{P_{DS}}{P_I} = \frac{1}{2}\left(\frac{I_m}{I_I}\right)\left(\frac{V_m}{V_I}\right) = \frac{1}{2}\left(\frac{I_m}{I_I}\right)\left(\frac{RI_m}{V_I}\right) \tag{9.44}$$

对于电流模式的功率放大器而言(例如 B 类和 C 类放大器),当输入信号 V_{im} 变化时,漏极电流的峰值与 V_{im} 成比例,漏极电流导通角基本保持不变,因此,I_m/I_I 的比也保持不变。为了在任意的输出电压幅度下获得高效率,应当使 V_m/V_I 的值保持近似为 1(例如,等于 0.9)。将 $V_m/V_I = RI_m/V_I$ 的值保持在近似为 1 的固定值是可以实现的,当电源电压 V_I 确定时,必须满足

$$V_m = RI_m = Const \tag{9.45}$$

其中,R 是负载电阻。如果 I_m 减小,R 必须增加以使得 RI_m 的乘积保持不变。这一思想在 Doherty 放大器中得以部分实现,因为其载波功率放大器具有负载阻抗调制、动态负载变化、取决于驱动的负载电阻或负载牵引效应,使得在较大的输入功率范围内系统具有高的效率和恒定的电压增益。Doherty 功率放大器的主要缺点是其糟糕的线性度。然而,数字和模拟预失真

以及前馈技术的进步能够有效降低非线性失真。

9.7.2 阻抗调制

电流源的负载阻抗能够通过另一个电流源的电流来进行调制。如图 9.13 所示电路中,电流源 I_1 代表了在一个功率放大器中作为电流源工作的晶体管。同样地,电流源 I_2 代表了在另一个功率放大器中作为电流源工作的晶体管。

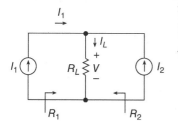

图 9.13 负载阻抗调制示意图

根据 KCL

$$I_L = I_1 + I_2 \tag{9.46}$$

根据欧姆定律

$$R_L = \frac{V_L}{I_L} \tag{9.47}$$

由电流源 I_1 看到的负载阻抗为

$$R_1 = \frac{V}{I_1} = \frac{V}{I_L - I_2} = \frac{V}{I_L\left(1 - \dfrac{I_2}{I_L}\right)} = \frac{V_L}{I_L\left(1 - \dfrac{I_2}{I_1 + I_2}\right)} = R_L\left(1 + \frac{I_2}{I_1}\right) \tag{9.48}$$

可见,电流源 I_1 看到的负载阻抗与电流 I_2 有关。如果电流 I_1 和 I_2 同相,负载电压 V 增加,所以电流源 I_1 看到一个较大的负载电阻。当 $I_2 = I_1$ 时

$$R_1 = 2R_L \tag{9.49}$$

当 $I_2 = 0$ 时

$$R_1 = R_L \tag{9.50}$$

如图 9.13 所示的电路中,负载电阻 R_1 的变化与功率放大器的要求不兼容,因为随着 I_2/I_1 值的减小,R_1 的值也减小。

同样地,电流源 I_2 的负载电阻可表示为

$$R_2 = \frac{V}{I_2} = R_L\left(1 + \frac{I_1}{I_2}\right) \tag{9.51}$$

9.7.3 Doherty 放大器的等效电路

总输出功率最大时,主功率放大器和辅助放大器都传输最大功率。当总功率减小时,每个放大器的功率也减小。在 A 类、AB 类、B 类和 C 类放大器中,漏极电流的峰值与栅-源电压的峰值成正比。最大输出功率 $P_{O(max)}$ 出现在漏极电流基波分量的最大值 I_{1max} 处,此时,漏-源电压的基波分量的幅度也达到最大值 $V_{m(mmax)}$,并且在该工作频率下,漏-源端看到的负载电阻为

$$R_1 = R_{1(opt)} = \frac{V_{m(max)}}{I_{1max}} \tag{9.52}$$

当驱动功率减小时,输出功率减小,漏极电流的基波分量减小。当 I_{d1m} 减小时,为了保持漏-源电压 V_m 的基波分量恒定,必须增大负载电阻 R_1。因此,负载电阻 R_L 和电流源 I_1 之间需要一个阻抗变换器,如图 9.14 所示,1/4 波长的传输线被用做该阻抗变换器

$$R_1 = \frac{Z_o^2}{R_3} \tag{9.53}$$

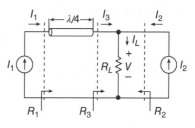

图 9.14 Doherty 功率放大器等效电路图

其中，Z_0 是传输线的特征阻抗；当 R_3 增大时，R_1 减小。

集总元件构成的阻抗变换器如图 9.15 所示，其元件参数关系为

$$\omega L = \frac{1}{\omega C} = Z_o \tag{9.54}$$

如图 9.15(a) 所示阻抗变换的相移为 $-90°$，如图 9.15(b) 所示阻抗变换的相移为 $90°$。

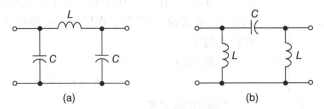

图 9.15　集总元件构成的阻抗变换器

(a) 两个电容一个电感的 π 型阻抗变换器；(b) 两个电感一个电容的 π 型阻抗变换器

Doherty 功率放大器最基本的等效电路形式如图 9.14 所示。1/4 波长传输线的负载电阻可以表示为

$$R_3 = \frac{V}{I_3} = \frac{V}{I_L - I_2} = \frac{V}{I_L\left(1 - \dfrac{I_2}{I_L}\right)} = R_L \frac{1}{\dfrac{I_3}{I_2 + I_3}} = R_L\left(1 + \frac{I_2}{I_3}\right) \tag{9.55}$$

电流源 I_1 的负载电阻为

$$R_1 = \frac{Z_o^2}{R_3} = \frac{Z_o^2}{R_L\left(1 + \dfrac{I_2}{I_3}\right)} \tag{9.56}$$

当 I_2 减小时，R_1 增大。因此，当 I_1 减少时，V_m 保持不变。当 $I_2 = I_3$ 时

$$R_1 = \frac{Z_o^2}{2R_L} \tag{9.57}$$

当 $I_2 = 0$ 时

$$R_1 = \frac{Z_o^2}{R_L} \tag{9.58}$$

当 I_2 从最大值减小到 0 时，电流源 I_1 的负载电阻从 $Z_0^2/(2R_L)$ 增加到 Z_0^2/R_L。

电流源 I_2 的负载电阻为

$$R_2 = R_L\left(1 + \frac{I_3}{I_2}\right) \tag{9.59}$$

9.7.4　Doherty 放大器的功率和效率

输出功率在具有 AM 单频信号的主功率放大器调制频率周期内的平均值为

$$P_M = \left(1 - \frac{m}{\pi} + \frac{m^2}{4}\right)P_C \tag{9.60}$$

其中，P_C 是载波功率，m 是调制系数。辅助放大器的平均输出功率是

$$P_A = \left(\frac{m}{\pi} + \frac{m^2}{4}\right)P_C \tag{9.61}$$

当 $m = 1$ 时

$$P_M = \left(1 - \frac{1}{\pi} + \frac{1}{4}\right) = 0.9317 P_C \tag{9.62}$$

$$P_A = \left(\frac{1}{\pi} + \frac{1}{4}\right) = 0.5683 P_C \tag{9.63}$$

总的平均输出功率为

$$P_T = P_M + P_A = 1.5 P_C \tag{9.64}$$

当 $m = 0$ 时

$$P_T = P_M = P_C \tag{9.65}$$

$$P_A = 0 \tag{9.66}$$

漏极效率在具有 AM 单频信号的主功率放大器调制频率周期内的平均值为

$$\eta_M = \left(1 - \frac{m}{\pi} + \frac{m^2}{4}\right) \eta_C \tag{9.67}$$

其中，η_C 是仅有载波时的漏极效率($m = 0$)。辅助放大器的平均漏极效率为

$$\eta_A = 1.15 \left(\frac{1}{2} + \frac{\pi}{8} m\right) \eta_C \tag{9.68}$$

整个放大器的平均漏极效率为

$$\eta = \frac{1 + \dfrac{m^2}{2}}{1 + 1.15 \dfrac{2}{\pi} m} \eta_C \tag{9.69}$$

总的平均效率可以用输入电压的幅度 V_i 相对于最大值 V_{imax} 的归一化来表示

$$\eta = \frac{\pi}{2} \left(\frac{V_i}{V_{imax}}\right) \qquad \left(0 \leqslant V_i \leqslant \frac{V_{imax}}{2}\right) \tag{9.70}$$

$$\eta = \frac{\pi}{2} \frac{\left(\dfrac{V_i}{V_{im}}\right)^2}{3\left(\dfrac{V_i}{V_{imax}}\right) - 1} \qquad \left(\frac{V_{imax}}{2} \leqslant V_i \leqslant V_{imax}\right) \tag{9.71}$$

图 9.16 给出了 Doherty 功率放大器总效率与归一化输入电压幅度 V_i/V_{imax} 的函数关系曲线。图 9.17 给出了主功率放大器(M)和辅助放大器(A)的归一化电压和电流的幅度与归一化的输入电压幅度 V_i/V_{imax} 的函数关系曲线。

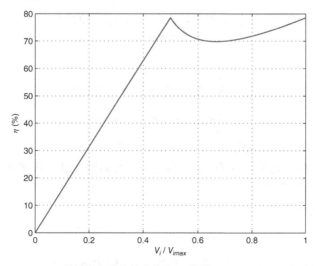

图 9.16　Doherty 功率放大器的效率与归一化输入电压 V_i/V_{imax} 的关系曲线

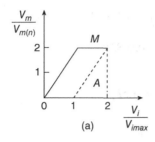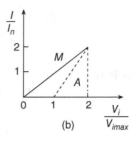

图 9.17　Doherty 系统中主功率放大器(M)和辅助放大器(A)的归一化电压和
电流的幅度与 V_i/V_{imax} 的关系曲线

(a) $V_m/V_{m(n)}$ 与 V_i/V_{imax} 的关系曲线; (b) I/I_n 与 V_i/V_{imax} 的关系曲线

9.8　异相功率放大器

　　Chireix 提出的异相功率放大器结构是为了提高含有 AM 信号的功率放大器的线性度和效率[64~79]。如图 9.18 所示,该电路结构包含了一个信号成分分离器(SCS)和相位调制器(PM)、两个相同的非线性高效率功率放大器和一个射频功率合成器。功率放大器可以是 D 类、E 类或 DE 类等开关模式的恒包络放大器。信号分离器和相位调制器是一个复杂的单元。文献[65 ~ 82]给出了异相功率放大器的相关研究。下面分析非线性元件(LINC)实现线性放大的可能性。

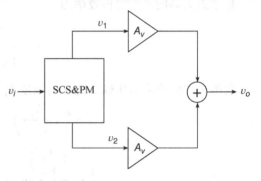

图 9.18　异相功率放大器的结构框图

　　含有 AM 和 PM 的带通信号可以表示为

$$v_i = V(t)\cos[\omega_c t + \phi(t)] = \cos[\omega_c t + \phi(t)]\cos[\arccos V(t)] \tag{9.72}$$

根据三角积化和差公式

$$\cos\alpha\cos\beta = \frac{1}{2}\cos(\alpha+\beta) + \frac{1}{2}\cos(\alpha-\beta) \tag{9.73}$$

　　AM 信号可以表示为两个恒包络相位调制(CEPM)信号的和

$$v_i = v_1 + v_2 \tag{9.74}$$

其中

$$v_1 = \frac{1}{2}\cos[\omega_c t + \phi(t) + \arccos V(t)] \tag{9.75}$$

$$v_2 = \frac{1}{2}\cos[\omega_c t + \phi(t) - \arccos V(t)] \tag{9.76}$$

　　原始输入信号 v_i 的幅度和相位信息包含在 PM 信号 v_1 和 v_2 中。电压 v_1 和 v_2 的波形具有恒定的幅度。恒定包络的信号 v_1 和 v_2 能够被非线性高效率开关模式的功率放大器放大,比如 D 类、E 类和 DE 类电路等。

　　根据三角和差化积公式

$$\cos\alpha + \cos\beta = 2\cos\frac{\alpha+\beta}{2}\cos\frac{\alpha-\beta}{2} \tag{9.77}$$

两个被相同电压增益 A_v 放大了的信号相加,得到输出电压波形

$$v_o = A_v(v_1 + v_2) = A_v \left\{ \frac{1}{2} \cos[\omega_c t + \phi(t) + \arccos V(t)] + \frac{1}{2} \cos[\omega_c t + \phi(t) - \arccos V(t)] \right\}$$

$$= A_v \cos \frac{\omega_c t + \phi(t) + \arccos V(t) + \omega_c t + \phi(t) - \arccos V(t)}{2}$$

$$\times \cos \frac{\omega_c t + \phi(t) + \arccos V(t) - \omega_c t - \phi(t) + \arccos V(t)}{2} \tag{9.78}$$

$$= A_v \cos[\omega_c t + \phi(t)] \cos[\arccos V(t)] = A_v V(t) \cos[\omega_c t + \phi(t)]$$

$$= V_{om}(t) \cos[\omega_c t + \phi(t)]$$

其中输出电压的幅度是

$$V_{om}(t) = A_v V(t) \tag{9.79}$$

输出信号 v_o 包含了和 v_i 相同的 AM 和 PM 信息。

实际中，异相功率放大器的实现是非常困难的。SCS 电路的设计和构建就不容易。电压 v_1 和 v_2 的相位必须通过高度非线性函数 $\pm \arccos V(t)$ 来进行调制。

下面给出一种输入信号的分离方法。若输入信号为

$$v_i = V(t) \cos[\omega_c t + \phi(t)] = \cos[\omega_c t + \phi(t)] \sin[\arcsin V(t)] \tag{9.80}$$

根据三角关系

$$\cos \alpha \sin \beta = \frac{1}{2} \sin(\alpha + \beta) - \frac{1}{2} \sin(\alpha - \beta) \tag{9.81}$$

得到两个恒定幅度的 PM 电压为

$$v_1 = \frac{1}{2} \sin[\omega_c t + \phi(t) + \arcsin V(t)] \tag{9.82}$$

$$v_2 = -\frac{1}{2} \sin[\omega_c t + \phi(t) - \arcsin V(t)] \tag{9.83}$$

根据三角关系

$$\sin \alpha - \sin \beta = 2 \cos \frac{\alpha + \beta}{2} \sin \frac{\alpha - \beta}{2} \tag{9.84}$$

可以得到输出电压的波形为

$$v_o = A_v(v_1 + v_2) = \cos[\omega_c t + \phi(t)] \sin[\arcsin V(t)] = A_v V(t) \cos[\omega_c t + \phi(t)] \tag{9.85}$$

可见，分离与合成的信号是另外两种形式。

输入信号的复数表示形式为

$$v_i(t) = A(t) e^{j\phi(t)} \quad 0 \leqslant A(t) \leqslant A_{max} \tag{9.86}$$

该信号可以分为如下两个分量

$$v_1(t) = v_i(t) - v(t) \tag{9.87}$$

$$v_2(t) = v_i(t) + v(t) \tag{9.88}$$

其中，正交电压 $v(t)$ 可表示为

$$v(t) = j v_i(t) \sqrt{\frac{A_{max}^2}{A^2(t)} - 1} \tag{9.89}$$

9.9 本章小结

- 预失真线性化技术通过适当调整功率放大器输入信号的幅度和相位使得整个系统的传输函数为线性。
- 前馈线性化工作原理是消除由功率放大器的非线性引起的失真信号。

- 具有前馈线性化系统的功率放大器具有宽带、低噪声和稳定的特点。
- 具有前馈线性化系统的功率放大器存在两条路径的增益和相位失配的问题。
- 负反馈将非线性失真减小了原来的 $1 + T$。
- EER 系统提高了具有 AM 和 PM 的 RF 功率发射机的线性度和效率。
- 在 EER 系统中,AM-PM 信号首先被限幅器分解为 CEPM 信号和被包络检测器分解为包络信号。然后,两个信号通过具有 AM 的 RF 功率放大器进行重组后恢复到原始信号的幅度和相位。
- 高度非线性的 RF 功率放大器能够在 EER 系统中使用,比如 D 类、E 类、DE 类和 F 类放大器。
- EER 系统的缺点是两条信号路径上相移和增益的失配。
- 限幅器产生相位失真和晶体管输出电容的非线性也是 EER 系统的缺点。
- ET 技术通过调整功率放大器的电源电压使得 $V_m/V_i \approx 1$,使得线性功率放大器有高的效率。
- 功率放大器的负载阻抗能够被另一个电流源功率放大器驱动的负载来调制。
- 当 Doherty 功率放大器的输出功率减小时,需要一个阻抗变换来增大其负载电阻。因此,当 I_1 减小时,漏-源电压的幅度 $V_m = R_1 I_1$ 保持不变。
- 异相功率放大器将 AM 输入信号分离为两个恒定包络信号,然后通过高效率的非线性放大器放大,最后把放大的信号合并成输出信号。
- 异相功率放大器能够同时实现宽带、高线性度和高效率。

9.10 复习思考题

9.1 试述预失真技术减小非线性失真的原理。

9.2 试述功率放大器的前馈线性化系统工作原理。

9.3 列举带有前馈线性化系统的功率放大器的优点。

9.4 列举带有前馈线性化系统的功率放大器的缺点。

9.5 采用负反馈技术能减小多少非线性失真?

9.6 试述 EER 系统的工作原理。

9.7 EER 系统的优点有哪些?

9.8 EER 系统的缺点有哪些?

9.9 试述包络跟踪技术的工作原理。

9.10 EER 系统与包络跟踪技术的区别是什么?

9.11 使用 Doherty 功率放大器的主要目的是什么?

9.12 Doherty 功率放大器为什么需要阻抗变换器?

9.13 Doherty 放大器线是否有较好的线性度?

9.14 试述异相功率放大器的工作原理。

9.11 习题

9.1 某 RF 功率放大器,当 v_s 在 0 ~ 1V 之间时,电压增益 $A_1 = 180$; 当 v_s 在 1 ~ 2V 之间时,电压增益 $A_2 = 60$。求预失真的电压传输函数,使得放大器的整个传递函数为线性。

9.2 某 RF 功率放大器,当 v_s 在 $0 \sim 1V$ 之间时,电压增益 $A_1 = 900$;当 v_s 在 $1 \sim 2V$ 之间时,电压增益 $A_2 = 600$;当 v_s 在 $2 \sim 3V$ 之间时,电压增益 $A_3 = 300$。采用负反馈系数 $\beta = 0.1$ 的负反馈环来使放大器线性化。求带有负反馈的放大器的增益。

9.3 RF 放大器功率级的输入电压 v_e 和输出电压 v_o 的关系是: $v_o = A v_e^2$。求解采用负反馈技术的放大器的输入电压 v_s 与输出电压 v_o 的关系。画出 $A = 50$ 和 $\beta = 1/5$ 时的 $v_o = f(v_e)$ 和 $v_o = f(v_s)$ 的曲线,并比较两条曲线的非线性。

9.4 RF 放大器功率级的输入电压 v_e 和输出电压 v_o 的关系是: $v_o = 100(v_e + v_e^2/2)$。求解采用负反馈技术的放大器的输入电压 v_s 与输出电压 v_o 的关系。画出在 $\beta = 1/20$ 时的 $v_o = f(v_e)$ 和 $v_o = f(v_s)$ 的曲线,并比较两条曲线的非线性。

参考文献

[1] C. Haskins, T. Winslow, and S. Raman, "FET diode linearizer optimization for amplifier predistortion in digital radios," *IEEE Microwave Guided Wave Letters*, vol. 10, no. 1, pp. 21–23, 2000.

[2] J. Yi, Y. Yang, M. Park, W. Kong, and B. Kim, "Analog predistortion linearizer for high-power RF amplifiers," *IEEE Transactions on Microwave Theory and Techniques*, vol. 48, no. 12, pp. 2709–2713, 2000.

[3] S. Y. Lee, Y. S. Lee, K. I. Jeon, and Y. H. Jeong, "High linear predistortion power amplifiers with phase-controlled error generator," *IEEE Microwave and Wireless Components Letters*, vol. 16, no. 12, pp. 690–692, 2006.

[4] H. Seidel, "A microwave feedforward experiments," *Bell System Technical Journal*, vol 50, pp. 2879–2916, 1994.

[5] R. G. Mayer, R. Eschenbach, and W. M. Edgerley, "A wideband feedforward amplifier," *IEEE Journal of Solid-State Circuits*, vol. 9, pp. 422–488, 1974.

[6] D. P. Myer, "A multicarrier feedforward amplifier design," *Microwave Journal*, pp. 78–88, 1994.

[7] E. E. Eid, F. M. Ghannouchi, and F. Beauregard, "A wideband feedforward linearization system design," *Microwave Journal*, pp. 78–86, 1995.

[8] N. Pothecary, *Feedforward Linear Power Amplifiers*. Norwood, MA: Artech House, 1999.

[9] A. Shrinivani and B. A. Wooley, *Design and Control of RF Power Amplifiers*. Norwell, MA: Kluwer, 2003.

[10] S. C. Cripps, *Advanced Techniques in RF Power Amplifiers Design*. Norwell, MA: Kluwer, 2002.

[11] S. C. Cripps, *RF Power Amplifiers for Wireless Communications*, 2nd Ed. Norwell, MA: Kluwer, 2006.

[12] M. Johnson and T. Mattson, "Transmitter linearization using Cartesian feedback for linear TDMA modulation," *Proceedings IEEE Transactions on Vehicular Technology Conference*, pp.439–444, May 1991.

[13] J. L. Dawson and T. H. Lee, *Feedback Linearization of RF Power Amplifiers*. Norwell, MA: Kluwer, 2004.

[14] L. R. Kahn, "Single-sideband transmission by envelope elimination and restoration," *Proceedings of the IRE*, vol. 40, pp. 803–806, 1952.

[15] H. L. Krauss, C. W. Bostian, and F. H. Raab, *Solid State Radio Engineering*. New York, NY: John Wiley & Sons, 1980.

[16] F. H. Raab, "Envelope elimination and restoration system requirements," *Proceedings RF Technology Expo*, February 1988, pp. 499–512.

[17] F. H. Raab and D. Rupp, "High-efficiency single-sideband HF/VHF transmitter based upon envelope elimination and restoration," *Proceedings of International Conference on HF systems and Techniques*, July 1994, pp. 21–25.

[18] F. H. Raab. B. E. Sigmon, R. G. Myers, and R. M. Jackson, "L-bend transmitter using Kahn EER technique," *IEEE Transactions on Microwave Theory and Techniques*, vol. 44, pp. 2220–2225, 1996.

[19] F. H. Raab, "Intermodulation distortion in Kahn-technique transmitters," *IEEE Transactions on Microwave Theory and Techniques*, vol. 44, no. 12, pp. 2273–2278, 1996.

[20] D. K. Su and W. McFarland, "An IC for linearizing RF power amplifier using envelope elimination and restoration," *IEEE Journal of Solid-State Circuits*, vo. 33, pp. 2252–2258, 1998.

[21] H. Rabb, B. E. Sigmon, R. G. Meyer, and R. M. Jackson, "L-band transmitter using Khan EER technique," *IEEE Transactions on Microwave Theory and Techniques*, vol. 46, no. 12, pp. 2273–2278, 1998.

[22] I. Kim, J. Kim, J. Moon, and B. kim, "Optimized envelope shaping for hybrid EER transmitter of mobile WiMAX optimized ET operation," *IEEE Microwave Wireless Component Letters*, vol. 14, no. 8, pp. 389–391, 2004.

[23] I. Kim, Y. Woo, J. Kim, J. Woo, J. Kim, and B. Kim, "High-efficiency hybrid transmitter using optimized power amplifier," *IEEE Transactions on Microwave Theory and Techniques*, vol. 56, no. 11, pp. 2582–2593, 2008.

[24] M. Kazimierczuk, "Collector amplitude modulation of Class E tuned power amplifier," *IEEE Transactions on Circuits and Systems*, vol. 31, pp. 543–549, 1984.

[25] F. Wang, D. F. Kimball, J. D. Popp, A. H. Yang, D. Y. C. Lie, P. M. Asbeck, and L. E. Larsen, "An improved power-aided efficiency 19-dBm hybrid envelope elimination and restoration power amplifier for 802.11g WLAN applications<" *IEEE Transactions on Microwave Theory and Technique*, vol. 54, no. 12, pp. 4086–4099, 2006.

[26] J Groe, "Polar transmitters for wireless communications," *IEEE Communications Magazine*, vol. 45, no. 9, pp. 58–63, 2007.

[27] I. Kim, Y. Y. Woo, J. Kim, J. Moon, J. Kimi, and B. Kim, "High-efficiency EER transmitter using optimized power amplifier," *IEEE Transactions on Microwave Theory and Technique*, vol. 56, no. 11, pp. 3848–3856, 2008.

[28] A. A. M. Saleh and D. C. Cox, "Improving the power-added efficiency of FET amplifiers with operating with varying envelope signals," *IEEE Transactions on Microwave Theory and Techniques*, vol. 31, no. 1, pp. 51–55, 1983.

[29] G. Hannington, P.-F. Chen, V. Radisic, T. Itoch, and P. M. Asbeck, "Microwave power amplifier efficiency improvement with a 10 MHz HBT dc-dc converter," *1998 IEEE MTT-S Microwave Symposium Digest*, pp. 313–316, 1998.

[30] G. Hannington, P.-F. Chen, P. M. Asbeck, and L. E. Larson, "High-efficiency power amplifier using dynamic power supply voltage for CDMA applications," *IEEE Transactions on Microwave Theory and Techniques*, vol. 47, no. 8, pp. 1471–1476, 1999.

[31] Y.-S. Joen, J. Cha, and S. Nam, "High-efficiency power amplifier using novel dynamic bias switching," *IEEE Transactions on Microwave Theory and Techniques*, vol. 55, no. 4, pp. 690–696, 2000.

[32] M. Ranjan, K. H. Koo, G. Hannington, C. Fallesen, and P. M. Asbeck, "Microwave power amplifier with digitally-controlled power supply voltage for high efficiency and high linearity," *2000 IEEE MTT-S Microwave Symposium Digest*, vol. 1, pp. 493–496, 2000.

[33] J. Straudinger, B. Glisdorf, D. Neumen, G. Sadowniczak, and R. Sherman, "High-efficiency CDMA RF power amplifier using dynamic envelope-tracking technique," *2000 IEEE MTT-S Microwave Symposium Digest*, vol. 2, pp. 873–876, 2000.

[34] P. Midya, K. Haddad, L. Connel, S. Bergstedt, and B. Roekner, "Tracking power converter for supply modulation of RF power amplifiers," *IEEE Power Electronics Specialists Conference*, vol. 3, pp. 1540–1545, 2001.

[35] S. Abedinpour, I. Deligoz, J. Desai, M. Figel, and S. Kiaei, "Monolithic supply modulated RF power amplifier and dc-dc power converter IC," 2003 IEEE MTT-S Microwave Symposium Digest, vol. 1, pp. 89–92, 2003.

[36] F. H. Raab, P. Asbeck, S. Cripps, P. B. Kenington, A. B. Popović, N. Pothecary, J. F. Sevic, and N. O. Sokal, "Power amplifiers and transmitters for RF and microwave," *IEEE Transactions on Microwave Theory and Techniques*, vol. 50, no. 3, pp. 814–826, 2003.

[37] A. Sato, J. A. Oliver, J. A. Cobos, J. Cerzon, and F. Arevalo, "Power supply for a radio transmitter with modulated supply voltage," *IEEE Applied Power Electronics Conference*, vol. 1, pp. 392–398, 2004.

[38] V. Yousefzadeh, E. Alarcon, D. Maksimović, "Efficiency optimization in linear assisted switching power converters for envelope tracking in RF power amplifiers," IEEE International Symposium on Circuits and Systems, vol. 2, pp. 1302–1305, 2005.

[39] E. McCune, "High-efficiency, multi-mode, multi-band terminal power amplifiers," *IEEE Microwave Magazine*, vol. 6, no, 1, pp. 44–55, 2005.

[40] M. C. W. Hoyerby and M. A. E. Anderson, "Envelope tracking power supply with 4-th order filter," *IEEE Applied Power Electronic Conference*, March 2006.

[41] V. Yousefzadeh, E. Alarcon, D. Maksimović, "Three-level buck converter foe envelope tracking in RF power amplifiers," *IEEE Transactions on Power Electronics*, vol. 21 no. 2, pp. 549–552, March 2006.

[42] D. F. Kimball, J. Jeong, C. Hsia, P. Draxler, S. Lanfranco, W. Nagy, K. Linthicum, L. E. Larson, and P. M. Asbeck, "Envelope tracking W-CDMA base-station amplifier using GaN HFETs," *IEEE Transactions on Microwave Theory and Techniques*, vol. 54, no. 11, pp. 3848–3856, 2006.

[43] V. Vasić, O. Garcia, J. A. Oliver, P. Alou, D. Diaz, and J. A. Cobos, "Power supply for high efficiency RF amplifier," IEEE Applied Power Electronic Conference, February 2009.

[44] J. Choi, D. Kang, D. Kim, and B. Kim, "A polar transmitter with CMOS programmable hysteretic-controlled hybrid- switching supply modulator for multistandard applications," *IEEE Transactions on Microwave Theory and Techniques*, vol. 57, no. 7, pp. 1675–1686, 2009.

[45] M. McCunne, "Envelope tracking or polar - Which is it?," *IEEE Microwave Magazine*, pp. 54–56, 2012.

[46] J. KIm J. Son, J. Jee, S. KIm, and B. Kim, "Optimization of envelope tracking power amplifier for base-station applications," *IEEE Transactions on Microwave Theory and Techniques*, vol. 61, no. 4, pp. 1620–1627, 2013.

[47] A. Ayachit and M. K. Kazimierczuk, "Two-phase buck converter as a dynamic power supply for RF power amplifier applications," *IEEE Midwest Symposium on Circuits and Systems*, Columbus, OH, pp. 493–496. August 3-7, 2013.

[48] T. R. Salvatierra and M. K. Kazimierczuk, "Inductor design for PWM buck converter operated as dynamic supply or amplitude modulator for RF transmitters," IEEE *Midwest Symposium on Circuits and Systems*, Columbus, OH, pp. 37–40. August 3-7, 2013.

[49] O. Garcia, M. Vlasić, J. A. Oliver, P. Alou, and J. A. Cobos, "An overview of fast dc-dc converters for envelope amplifier in RF transmitters," *IEEE Transactions on Power Electronics*, vol. 28, no. 10, pp. 4712–4720, 2014.

[50] M. Vlasić, O. Garcia, J. A. Oliver, P. Alou, and J. A. Cobos, "Theoretical limits of a serial and parallel linear-assisted switching converter as an envelope amplifier," *IEEE Transactions on Power Electronics*, vol. 29 no. 2, pp. 719–728, 2014.

[51] P. F. Miaja, J. Sebastián, R. Marante, and J. A. Garcia, "A linear assisted switched envelope amplifier for a UHF polar transmitter," *IEEE Transactions on Power Electronics*, vol. 29 no. 4, pp. 1850–1861, 2014.

[52] W. H. Doherty, "A new high-efficiency power amplifier for modulated waves," *Proceedings of the IRE*, vol. 24, pp. 1163–1182, 1936.

[53] F. H. Raab, "Efficiency of Doherty RF power amplifier systems," *IEEE Transactions on Broadcasting*, vol. 33, no. 9, pp. 77–83, 1987.

[54] N. Srirattana, A. Raghavan, D. Heo, P. E. Allen, and J. Laskar, "Analysis and design of a high-efficiency multistage Doherty power amplifier for wireless communications," *IEEE Transactions on Microwave Theory and Techniques*, vol. 22, pp. 852–860, 2005.

[55] P. B. Kenington, *High-Linearity RF Amplifier Design*. Norwood, MA: Artech House, 2000.

[56] C. P. Campball, "A fully integrated Ku-band Doherty amplifier MMIC," *IEEE Microwave and Guided Letters*, vol. 9, no. 3, pp. 114–116, 1999.

[57] C. P. Carrol, G. D. Alley, S. Yates, and R. Matreci, "A 20 GHz Doherty power amplifier MMIC with high efficiency and low distortion designed for broad band digital communications," *2000 IEEE MTT-S International Microwave Symposium Digest*, vol. 1, pp. 537–540, 2000.

[58] B. Kim, J. Kim, I Kim, and J. Cha, "Efficiency enhancement of linear power amplifier using load modulation techniques," IEEE International Microwave and Optical Technology Symposium Digest, pp. 505–508, June 2001.

[59] Y. Yang, J. Yi, Y. Y. Woo, and B. Kim, "Optimum design for linearity and efficiency of microwave Doherty amplifier using a new load matching technique," *Microwave Journal*, vol. 44, no. 12, pp 20–36, 2001.

[60] B. Kim, J. Kim, I. Kim, and J. Cha, "The Doherty power amplifier," *IEEE Microwave Magazine*, vol. 7, no. 5, pp. 42–50, 2006.

[61] M. Pelk, W. Neo, J. Gajadharsing, R. Pengelly, and L de Vreede, "A high-efficiency 100-W GaN three-way Doherty amplifier for base-station applications," *IEEE Transactions on Microwave Theory and Techniques*, vol. 56, no. 7, pp. 1582–1591, 2008.

[62] C. Burns, A. Chang, and D. Runton, "A 900 MHz, 500 W Doherty power amplifier using optimized output matched SiIDMOS power transistors," IEEE International Microwave and Optical Technology Symposium Digest, pp. 1577–1591, July 2008.

[63] J. Choi, D. Kong, D. Kim, and B. Kim, "Optimized envelope tracking operation of Doherty power amplifier for high efficiency over an extended dynamic range," *IEEE Transactions on Microwave Theory and Techniques*, vol. 57, no. 6, pp. 1508–1515, 2009.

[64] H. Chireix, "High-power outphasing modulation," *Proceedings of the IRE*, vol. 23, pp. 1370–1392, 1935.

[65] D. C. Cox, "Linear amplification with nonlinear components," *IEEE Transactions on Communications*, vol. 22, pp. 1942–1945, 1974.

[66] D. C. Cox and R. P. Leck, "Component signal separation and recombination for linear amplification with nonlinear components," *IEEE Transactions on Communications*, vol. 23, pp. 1281–1287, 1975.

[67] D. C. Cox and R. P. Leck, "A VHF implementation of a LINC amplifier," *IEEE Transactions on Communications*, vol. 23, pp. 1018–1022, 1976.

[68] F. H. Raab, "Average efficiency of outphasing power-amplifier systems," *IEEE Transactions on Communications*, vol. 33, no. 9, pp. 1094–1099, 1985.

[69] S. Tomatso, K. Chiba, and K. Murota, "Phase error free LINC modulator," *Electronics Letters*, vol. 25, pp. 576–577, 1989.

[70] F. J. Casedevall, "The LINC transmitter," *RF Design*, pp. 41–48, February 1990.

[71] S. A. Hetzel, A. Bateman, and J. P. McGeehan, "LINC transmitter," *Electronics Letters*, vol. 27. no. 10. pp. 844–846, 1991.

[72] X. Zhang and L. E. Larson, "Gain and phase error-free LINC transmitter," *IEEE Transaction on Vehicular Technology*, vol. 49, no. 5, pp. 1986–1994, 2000.

[73] X. Zhang, L. E. Larson, and P.M. Asbeck, *Design of Linear RF Outphasing Power Amplifiers*. Norwood, MA: Artech House, 2003.

[74] A. Birafane and A. B. Kouki, "On the linearity and efficiency of outphasing microwave amplifier," *IEEE Transactions on Microwave Theory and Techniques*, vol. 52, no. 7, pp. 1702–1708, 2004.

[75] A. Birafane and A. B. Kouki, "Phase-only predistortion for LINC amplifiers with Chireix-outphasing combiners," *IEEE Transactions on Microwave Theory and Techniques*, vol. 53, no. 6, pp. 2240–2250, 2005.

[76] M. K. Kazimierczuk, "Synthesis of phase-modulated dc/ac inverters and dc/dc converters," *IEE Proceedings, Part B, Electric Power Applications*, vol. 139, pp. 387–394, 1992.

[77] R. Langrindge, T. Thorton, P. M. Asbeck, and L. E. Larson, "Average efficiency of outphasing power re-use technique for improved efficiency of outphasing microwave power amplifiers," *IEEE Transactions on Microwave Theory and Techniques*, vol. 47, pp. 1467–1470, 2001.

[78] X. Zhang, L. E. Larson, P. M. Asbeck, and P. Nanawa, "Gain/phase imbalance minimization techniques for LINC transmitters," *IEEE Transactions on Microwave Theory and Techniques*, vol. 49, no. 12, pp. 2507–2515, 2001.

[79] M. P. van der Heijden, M. Axer, J. S. Vromans, and D. A. Calvillo-Corts, "A 19 W high-efficiency wide-bandCMOS-gan Class-E Chireix RF outphasing power amplifier," IEEE MTT-S International Microwave Symposium Digest (MTT), June 2011, pp. 1–4.

[80] A. S. Tripathi and C. L. Delano, "Method and apparatus for oversampled, nois-shaping, mixed signal processing," US Patent 5, 777, 512, July 7, 1998.

[81] M. Weiss, F. Raab, and Z. Popović, "Linerity of X-band Class-F power amplifiers in high-efficiency transmitters," *IEEE Transactions on Microwave Theory and Techniques*, vol. 49, no. 6, pp. 1174–1179, 2001.

[82] S. Hamedi-High and C. A. T. Salama, "Wideband CMOS integrated RF combiner for LINC transmitters," 2003 IEEE MTT-S Microwave Symposium Digest, vol. 1, pp. 41–43, 2003.

[83] B. Kim. J. Moon, and I. Kim. "Efficiently amplified," *IEEE Microwave Magazine*, pp. 87–100, August 2010.

[84] J. Kim, J. Kim, J. Son, I. Kim, and B. Kim,"Saturated power amplifier optimized for efficiency using self-generated harmonic current and voltages," *IEEE Transactions on Microwave Theory and Techniques*, vol. 59, no. 8, pp. 2049–2058, 2011.

[85] I. Aoki, S. Kee, D. Rutledge, and A. Hajimiri, "Fully integrated CMOS power amplifier design using the distributed active-transformer architecture," *IEEE Journal of Solid-State Circuits*, vol. 37, pp. 371–383, 2002.

第 10 章　集 成 电 感

10.1　引言

高品质因数的片上集成电感具有很大需求。在 CMOS 工艺技术中,利用多晶硅层很容易实现集成电容,而且单位面积的电容值很高。因此,实现单片全集成电路的最大挑战之一是制作高性能的集成电感[1~56]。在很多实际应用中,缺少高性能的集成电感是标准集成电路(IC)工艺的最大短板。射频(RF)集成电路前端需要集成电感来构成谐振电路、功率放大器、阻抗匹配网络、带通滤波器、低通滤波器以及高阻抗扼流圈。射频集成电感也是无线通信电路模块所必需的元件,例如低噪声放大器(LNA)、混频器、中频滤波器(IFFS)以及用于蜂窝电话发射机的压控振荡器(VCO)等。单片电感还用于射频放大器的偏置、射频振荡器、调谐变容二极管、PIN 二极管、晶体管以及单片集成电路等。基于标准 CMOS 和 BiCMOS 工艺的平面螺旋电感制作成本也是单片集成需要考虑的主要因素之一。射频集成电感的应用包括手机、无线局域网络(WLN)、TV 调谐器和雷达。射频电路中有片上和片外电感,集成射频电感主要有四种类型:平面螺旋电感、弯折电感、键合线电感和微机电系统(MEMS)电感。本章主要讨论上述集成电感。

10.2　趋肤效应

低频时,导体内部的电流密度 J 是均匀的。这种情况下,导体的交流电阻 R_{ac} 和直流电阻 R_{dc} 相等,如果 $I_{rms} = I_{dc}$,则直流和交流的传导功率损耗也相等。然而,高频时由于涡流电流的存在,导体的电流密度不再是均匀的。受时变磁场的影响,任何一种导电材料都存在涡流电流。趋肤效应是指高频电流有贴近导体表面流动的趋势,这种趋势将导致导体的有效交流电阻 R_{ac} 大于其直流电阻 R_{dc},从而增加了传导功率损耗和发热。

假设有一个沿着 $z \geqslant 0$ 方向的半无限大平板导体,如图 10.1(a)所示,导体的电导率 $\sigma = 1/\rho$,其中 ρ 是导体的电阻率。入射到该导体中的谐波电场分量为

$$E_x(z) = E_{xo}e^{-\frac{z}{\delta}} \tag{10.1}$$

其中 E_{xo} 是导体表面的电场幅度,趋肤深度为

$$\delta = \frac{1}{\sqrt{\pi\mu\sigma f}} = \sqrt{\frac{\rho}{\pi\mu f}} \tag{10.2}$$

导体电流密度为

$$J_x(z) = \sigma E_x(z) = \frac{E_x(z)}{\rho} = J_{xo}e^{-\frac{z}{\delta}} \tag{10.3}$$

其中,$J_{xo} = \sigma E_{xo} = E_{xo}/\rho$ 是导体表面电流密度的幅度。由图 10.1(b)给出的导体电流密度分布曲线可见,电流密度 J_x 与导体深度 z 呈指数衰减。

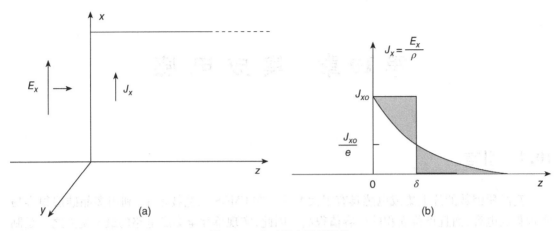

图 10.1 半无限大平板导体

(a)导体示例;(b)电流密度分布

在 x 方向,电流从表面延伸到 z 方向,范围从 $z=0$ 到 $z=\infty$。若该表面在 y 方向上的宽度为 w,可以得到总电流为

$$I = \int_{z=0}^{z=\infty} \int_{y=0}^{w} J_{xo} e^{-\frac{z}{\delta}} \, dy \, dz = J_{xo} w \delta \tag{10.4}$$

假设从导体表面到趋肤深度 δ 处,电流密度 J_x 为常数且等于 J_{xo};当 $z>\delta$ 时,电流密度为零,可以获得等效电流。由式(10.4)可见,以 J_{xo} 和 δ 为边长的矩形面积等于指数曲线覆盖的面积,95%的总电流在 3δ 厚度范围内流过;99.3%的总电流在 5δ 厚度范围内流过。

在 x 方向上,距离为 l 的导体压降为

$$V = E_{xo} l = \rho J_{xo} l \tag{10.5}$$

因此,宽度为 w,长度为 l 的半无限大平板,从 $z=0$ 到 $z=\infty$ 的交流电阻为

$$R_{ac} = \frac{V}{I} = \frac{\rho}{\delta}\left(\frac{l}{w}\right) = \frac{1}{\sigma\delta}\left(\frac{l}{w}\right) = \left(\frac{l}{w}\right)\sqrt{\pi\rho\mu f} \tag{10.6}$$

随着工作频率的升高,趋肤深度减小,交流电阻增大。

例 10.1 当 $f=10\text{GHz}$ 时,计算以下几种导体材料的趋肤深度:(a)铜;(b)铝;(c)银;(d)金。

解:

(a) 温度 $T=20\text{℃}$ 时,铜的电阻率 $\rho_{Cu}=1.724\times10^{-8}\Omega\text{m}$,当 $f=10\text{GHz}$ 时,铜的趋肤深度为

$$\delta_{Cu} = \sqrt{\frac{\rho_{Cu}}{\pi\mu_0 f}} = \sqrt{\frac{1.724\times10^{-8}}{\pi\times4\pi\times10^{-7}\times10\times10^9}} = 0.6608\,(\mu\text{m}) \tag{10.7}$$

(b) 温度 $T=20\text{℃}$ 时,铝的电阻率 $\rho_{Al}=2.65\times10^{-8}\Omega\text{m}$,当 $f=10\text{GHz}$ 时,铝的趋肤深度为

$$\delta_{Al} = \sqrt{\frac{\rho_{Al}}{\pi\mu_0 f}} = \sqrt{\frac{2.65\times10^{-8}}{\pi\times4\pi\times10^{-7}\times10\times10^9}} = 0.819\,(\mu\text{m}) \tag{10.8}$$

(c) 温度 $T=20\text{℃}$ 时,银的电阻率 $\rho_{Ag}=1.59\times10^{-8}\Omega\text{m}$,当 $f=10\text{GHz}$ 时,银的趋肤深度为

$$\delta_{Ag} = \sqrt{\frac{\rho_{Ag}}{\pi\mu_0 f}} = \sqrt{\frac{1.59\times10^{-8}}{\pi\times4\pi\times10^{-7}\times10\times10^9}} = 0.6346\,(\mu\text{m}) \tag{10.9}$$

(d) 温度 $T=20\text{℃}$ 时,金的电阻率 $\rho_{Au}=2.44\times10^{-8}\Omega\text{m}$,当 $f=10\text{GHz}$ 时,金的趋肤深度为

$$\delta_{Au} = \sqrt{\frac{\rho_{Au}}{\pi\mu_0 f}} = \sqrt{\frac{2.44\times10^{-8}}{\pi\times4\pi\times10^{-7}\times10\times10^9}} = 0.786\,(\mu\text{m}) \tag{10.10}$$

10.3　矩形直线导体的电阻

如图 10.2(a)所示,一个厚度 h,长度 l,宽度 w 的矩形直线导体,其直流电阻为

$$R_{dc} = \rho \frac{l}{wh} \tag{10.11}$$

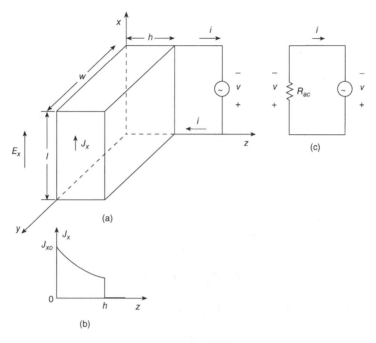

图 10.2　矩形导体

(a)矩形导体;(b)电流密度分布;(c)等效电路

入射到该导体的谐波电场为

$$E_x(z) = E_{xo} e^{-\frac{z}{\delta}} \tag{10.12}$$

高频时电流密度为

$$J_x = J_{xo} e^{-\frac{z}{\delta}} \quad (0 \leqslant z \leqslant h) \tag{10.13}$$

$$J_x = 0 \quad (z > h) \tag{10.14}$$

图 10.2(b)给出了该导体的电流密度分布曲线。因此,流经导体的总电流为

$$I = \int_{z=0}^{h} \int_{y=0}^{w} J_{xo} e^{-\frac{z}{\delta}} \, dy \, dz = w\delta J_{xo} \left(1 - e^{-\frac{h}{\delta}}\right) \tag{10.15}$$

由于 $E_{xo} = \rho J_{xo}$,在电流流动的 x 方向上,$z = 0$ 处的压降为

$$V = E_{xo} l = \frac{J_{xo}}{\sigma} l = \rho J_{xo} l \tag{10.16}$$

导体的交流电阻为

$$R_{ac} = \frac{V}{I} = \frac{\rho l}{w\delta(1 - e^{-h/\delta})} = \frac{l}{w(1 - e^{-h/\delta})} \sqrt{\pi \rho \mu f} \quad (\delta < h) \tag{10.17}$$

高频时,金属导体的交流电阻 R_{ac} 会因为趋肤效应的存在而增加,衬底一侧金属导体的电流密度增加,金属导体高频时的等效电路如图 10.2(c)所示。

交流与直流电阻的比为

$$F_R = \frac{R_{ac}}{R_{dc}} = \frac{h}{\delta(1 - e^{-\frac{h}{\delta}})} \qquad (10.18)$$

该比值 R_{ac}/R_{dc} 与 h/δ 的函数关系曲线如图 10.3 所示。可见,随着频率的增加,比值 h/δ 增大,R_{ac}/R_{dc} 也增大。

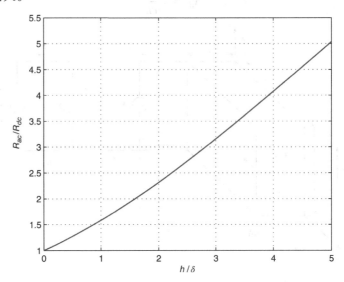

图 10.3 R_{ac}/R_{dc} 与 h/δ 的函数关系曲线

当工作频率非常高时,式(10.18)可近似表示为

$$F_R \approx \frac{h}{\delta} = h\sqrt{\frac{\pi\mu f}{\rho}} \qquad \left(\delta < \frac{h}{5}\right) \qquad (10.19)$$

如果流过该导体的电流是幅度为 I_m 的正弦波,则其功率损耗为

$$P_{Rac} = \frac{1}{2}R_{ac}I_m^2 \qquad (10.20)$$

例 10.2 计算铜条的直流电阻,其中长度 $l = 50\mu m$,宽度 $w = 1\mu m$,厚度 $h = 1\mu m$。并且给出频率为 10GHz 时的交流电阻,并计算 F_R。

解:温度 $T = 20℃$ 时,铜的电阻率 $\rho_{Cu} = 1.724 \times 10^{-8} \Omega m$,因此,铜条的直流电阻为

$$R_{dc} = \rho_{Cu}\frac{l}{wh} = \frac{1.724 \times 10^{-8} \times 50 \times 10^{-6}}{1 \times 10^{-6} \times 1 \times 10^{-6}} = 0.862\ (\Omega) \qquad (10.21)$$

频率 $f = 10GHz$ 时,铜的趋肤深度为

$$\delta_{Cu} = \sqrt{\frac{\rho_{Cu}}{\pi\mu_0 f}} = \sqrt{\frac{1.724 \times 10^{-8}}{\pi \times 4\pi \times 10^{-7} \times 10 \times 10^9}} = 0.6608\ (\mu m) \qquad (10.22)$$

铜条的交流电阻为

$$R_{ac} = \frac{\rho l}{w\delta(1 - e^{-h/\delta})} = \frac{1.724 \times 10^{-8} \times 50 \times 10^{-6}}{1 \times 10^{-6} \times 0.6608 \times 10^{-6}\left(1 - e^{-\frac{1}{0.6608}}\right)} = 1.672\ (\Omega) \qquad (10.23)$$

交流电阻与直流电阻的比值为

$$F_R = \frac{R_{ac}}{R_{dc}} = \frac{1.672}{0.862} = 1.93 \qquad (10.24)$$

10.4 矩形直线导体的电感

如图 10.4 所示为一个矩形直线电感,当工作频率较低时,其电流密度是均匀的,且趋肤效应可忽略不计,此时,该结构的自感由 Grovor 公式[8]给出

$$L = \frac{\mu_0 l}{2\pi}\left[\ln\left(\frac{2l}{w+h}\right) + \frac{w+h}{3l} + 0.50049\right] (\text{H}) \qquad (w \leqslant 2l, h \leqslant 2l) \qquad (10.25)$$

其中,l、w 和 h 分别为导体的长度、宽度和厚度,单位为米。

因为 $\mu_0 = 4\pi \times 10^{-7}\text{H/m}$,因此,式(10.25)可以写为

$$L = 2 \times 10^{-7} l\left[\ln\left(\frac{2l}{w+h}\right) + \frac{w+h}{3l} + 0.50049\right] (\text{H}) \qquad (w \leqslant 2l, h \leqslant 2l) \qquad (10.26)$$

其中,所有尺寸都以米为单位。

Grovor 公式还可以表示为

$$L = 0.0002 l\left[\ln\left(\frac{2l}{w+h}\right) + \frac{w+h}{3l} + 0.50049\right] (\text{nH}) \qquad (w \leqslant 2l, h \leqslant 2l) \qquad (10.27)$$

其中,l、w 和 h 分别为导体的长度、宽度和厚度,单位为微米。

图 10.5 ~ 图 10.7 分别给出了电感 L 随 w、h 和 l 的变化曲线。由图可见,矩形直线导体的电感 L 随着长度 l 的增加而增加,随着宽度 w 和厚度 h 的增加而减小。矩形直线电感是结构更复杂的集成平面电感的一部分,例如方形集成平面电感。它们也可用做集成电路的互连线。

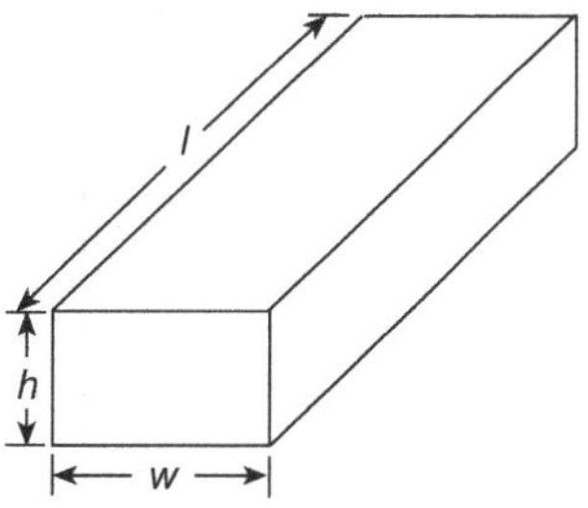

图 10.4 矩形直线电感

在频率 $f = \omega/(2\pi)$ 时,矩形直线电感的品质因数可以定义为

$$Q = 2\pi\frac{L \text{中存储的磁能峰值}}{\text{每圈的耗能}} = \frac{\omega L}{R_{ac}} \qquad (10.28)$$

该品质因数还可以定义为

$$Q = 2\pi\frac{\text{磁能峰值-电能峰值}}{\text{每周的耗能}} \qquad (10.29)$$

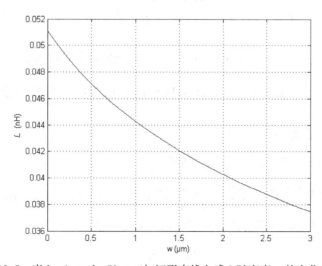

图 10.5 当 $h = 1\mu\text{m}$,$l = 50\mu\text{m}$ 时,矩形直线电感 L 随宽度 w 的变化曲线

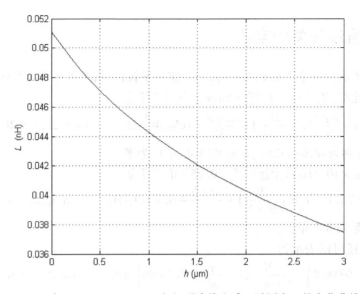

图 10.6　当 $w = 1\mu m, l = 50\mu m$ 时,矩形直线电感 L 随厚度 h 的变化曲线

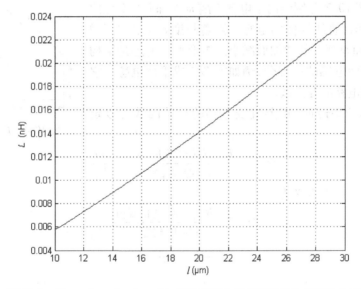

图 10.7　当 $w = 1\mu m, h = 1\mu m$ 时,矩形直线电感 L 随长度 l 的变化曲线

例 10.3　计算 $l = 50\mu m, w = 1\mu m, h = 1\mu m$ 的矩形直线电感的感值,同时计算频率为 10GHz 时的品质因数 Q。

解: 矩形直线电感的感值为

$$
\begin{aligned}
L &= \frac{\mu_0 l}{2\pi}\left[\ln\left(\frac{2l}{w+h}\right) + \frac{w+h}{3l} + 0.50049\right] \\
&= \frac{4\pi \times 10^{-7} \times 50 \times 10^{-6}}{2\pi}\left[\ln\left(\frac{2 \times 50}{1+1}\right) + \frac{1+1}{3 \times 50} + 0.50049\right] = 0.04426\,(\text{nH})
\end{aligned}
\tag{10.30}
$$

由例 10.2 得到 $R_{ac} = 1.672\Omega$,因此,该电感的品质因数为

$$
Q = \frac{\omega L}{R_{ac}} = \frac{2\pi \times 10 \times 10^9 \times 0.04426 \times 10^{-9}}{1.672} = 1.7092
\tag{10.31}
$$

10.5 折线电感

一个简单的折线电感示意图如图 10.8 所示,从结构上来看,它使用一层金属就足够了,因为两端的金属接触都在同一层金属上。这样就简化了工艺,避免了两层光刻。这种类型的电感具有单位面积电感量小、交流电阻大且品质因数低的特点,这是因为导线的长度较长导致直流电阻很大的缘故。折线电感可以分成多段直线电感,每段直线电感的自感可以由式(10.27)计算得到,总的自感就等于所有直线段自感之和,Stojanovic 等人给出的总电感计算公式为[52]

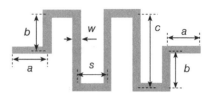

图 10.8　折线电感示意图

$$L_{self} = 2L_a + 2L_b + NL_c + (N+1)L_s \tag{10.32}$$

其中

$$L_a = \frac{\mu_0 a}{2\pi}\left[\ln\left(\frac{2a}{w+c}\right) + \frac{w+c}{3a} + 0.50049\right] \ (\text{H}) \tag{10.33}$$

$$L_b = \frac{\mu_0 b}{2\pi}\left[\ln\left(\frac{2b}{w+c}\right) + \frac{w+c}{3b} + 0.50049\right] \ (\text{H}) \tag{10.34}$$

$$L_c = \frac{\mu_0 c}{2\pi}\left[\ln\left(\frac{2c}{w+c}\right) + \frac{w+c}{3c} + 0.50049\right] \ (\text{H}) \tag{10.35}$$

$$L_s = \frac{\mu_0 s}{2\pi}\left[\ln\left(\frac{2s}{w+c}\right) + \frac{w+c}{3s} + 0.50049\right] \ (\text{H}) \tag{10.36}$$

N 是长度为 c 的直线段的个数,L_a、L_b、L_c 和 L_s 是各线段的自感,所有尺寸都以米为单位。

文献[8]中,Grovor 给出了如图 10.9 所示的两个相等的平行导体(线段)之间的互感计算公式

$$M = \pm\frac{\mu_0 l}{2\pi}\left\{\ln\left[\frac{l}{s} + \sqrt{1 + \left(\frac{l}{s}\right)^2}\right] - \sqrt{1 + \left(\frac{s}{l}\right)^2} + \frac{s}{l}\right\} \ (\text{H}) \tag{10.37}$$

图 10.9　两个相等的平行直矩形条状电感

其中,l 是平行导体的长度,s 是两个导体中心到中心的距离,所有尺寸都以米为单位。如果电流流经两个平行导体的方向相同,那么互感为正;如果电流流经两个平行导体的方向相反,那么互感为负。若两个导体互相垂直,互感为零。

由上述分析可见,各线圈电感为 L 且电流方向相同的变压器的输入电感为

$$L_i = L + M \tag{10.38}$$

各线圈电感为 L 且电流方向相反的变压器的输入电感为

$$L_i = L - M \tag{10.39}$$

折线电感的总电感值等于各直线段的自感以及正负互感之和。

Stojanovic 等人给出了折线电感的总电感值幂函数公式为[52]

$$L = 0.00266 a^{0.0603} c^{0.4429} N^{0.954} s^{0.606} w^{-0.173} \ (\text{nH}) \tag{10.40}$$

其中,$b = c/2$,所有尺寸都以米为单位。该公式的精确度在 12% 之上。图 10.10～图 10.14 分别给出了折线电感的感值 L 随着 w、s、c、a 和 N 的变化关系曲线。

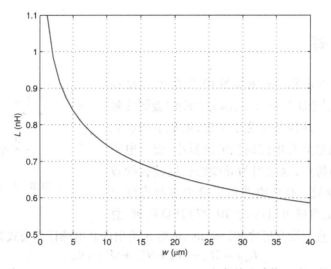

图 10.10　当 $N=5, a=40\mu m, s=20\mu m, c=100\mu m$ 时，折线电感值 L 随 w 的变化曲线

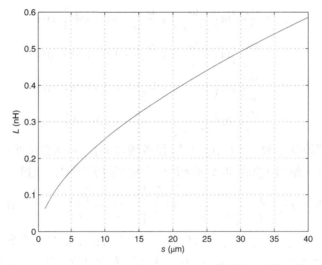

图 10.11　当 $N=5, a=40\mu m, w=40\mu m, c=100\mu m$ 时，折线电感值 L 随 s 的变化曲线

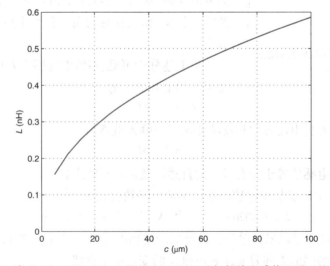

图 10.12　当 $N=5, s=40\mu m, w=40\mu m, a=40\mu m$ 时，折线电感值 L 随 c 的变化曲线

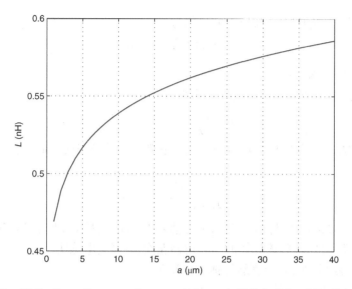

图 10.13　当 $N=5, s=40\mu m, w=40\mu m, c=100\mu m$ 时,折线电感值 L 随 a 的变化曲线

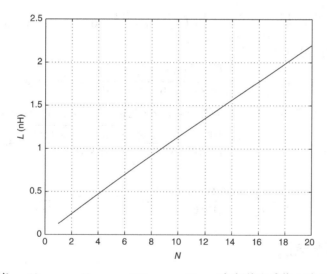

图 10.14　当 $s=40\mu m, w=40\mu m, c=100\mu m, a=40\mu m$ 时,折线电感值 L 随 N 的变化曲线

例 10.4　计算某折线电感的电感量,其中 $N=5$, $w=40\mu m$, $s=40\mu m$, $a=40\mu m$, $c=100\mu m$, $\mu_r=1$。

解：该电感为

$$L = 0.00266a^{0.0603}c^{0.4429}N^{0.954}s^{0.606}w^{-0.173}$$
$$= 0.00266 \times 40^{0.0603}100^{0.4429}5^{0.954}40^{0.606}40^{-0.173} = 0.585 \, (\text{nH}) \tag{10.41}$$

10.6　圆形直线导体的电感

Grovor[8]给出的当附近导体(包括返回电流)的影响与趋肤效应忽略不计时,长度为 l、半径为 a 的圆形直线导体的电感计算公式为

$$L = \frac{\mu_0 l}{2\pi}\left[\ln\left(\frac{2l}{a}\right) + \frac{a}{l} - \frac{3}{4}\right] \, (\text{H}) \tag{10.42}$$

其中,所有尺寸都以米为单位。该公式可简化为

$$L = 0.0002l \left[\ln \left(\frac{2l}{a} \right) + \frac{a}{l} - 0.75 \right] \text{ (nH)} \tag{10.43}$$

其中,所有尺寸都以微米为单位。

另一种计算圆形直线导体的电感值公式为

$$L = \frac{\mu l}{8\pi} \qquad (\delta > a) \tag{10.44}$$

高频下,电感随着频率的增加而减小。当趋肤效应无法忽略时,圆形直线导体的高频电感计算公式为

$$L_{HF} = \frac{l}{4\pi a} \sqrt{\frac{\mu \rho}{\pi f}} \qquad (\delta < a) \tag{10.45}$$

例 10.5 计算 $\delta > a$ 时,材料为铜的圆形直线导体的电感量,其中 $l = 2\text{mm}$,$a = 0.1\text{mm}$,$\mu_r = 1$,并计算频率为 1GHz 时该导体的高频电感及交流-直流电感比。

解:当 $\delta > a$(低频)时,圆形直线导体的电感为

$$
\begin{aligned}
L &= \frac{\mu_0 l}{2\pi} \left[\ln \left(\frac{2l}{a} \right) + \frac{a}{l} - 0.75 \right] \text{ (H)} \\
&= \frac{4\pi \times 10^{-7} \times 2 \times 10^{-3}}{2\pi} \left[\ln \left(\frac{2 \times 2}{0.1} \right) + \frac{0.1}{2} - 0.75 \right] = 1.1956 \text{ (nH)}
\end{aligned}
\tag{10.46}
$$

频率为 1GHz 时,铜的趋肤深度为

$$\delta = \sqrt{\frac{\rho}{\pi \mu_0 f}} = \sqrt{\frac{1.724 \times 10^{-8}}{\pi \times 4\pi \times 10^{-7} \times 1 \times 10^9}} = 2.089 \, (\mu\text{m}) \tag{10.47}$$

由于 $a = 0.1\text{mm} = 100\mu\text{m}$,$\delta \ll a$,因此,$f = 1\text{GHz}$ 为高频工作,此时铜圆形直线导体的电感为

$$L_{HF} = \frac{l}{4\pi a} \sqrt{\frac{\mu_0 \rho}{\pi f}} = \frac{2 \times 10^{-3}}{4\pi \times 0.1 \times 10^{-3}} \sqrt{\frac{4\pi \times 10^{-7} \times 1.724 \times 10^{-8}}{\pi \times 1 \times 10^9}} = 4.179 \text{ (pH)} \tag{10.48}$$

因此有

$$F_L = \frac{L_{HF}}{L_{LF}} = \frac{4.179 \times 10^{-12}}{1.1956 \times 10^{-9}} = 3.493 \times 10^{-3} = \frac{1}{286} \tag{10.49}$$

10.7 环形绕线电感

圆环半径为 r,导线半径为 a 的圆环电感为[8]

$$L = \mu_0 a \left[\ln \left(\frac{8r}{a} \right) - 1.75 \right] \text{ (H)} \tag{10.50}$$

所有尺寸均以米为单位。

一个圆形导线方形环的电感为

$$L = \frac{\mu_0 l}{2\pi} \left[\ln \left(\frac{l}{4a} \right) - 0.52401 \right] \text{ (H)} \tag{10.51}$$

其中,l 是方形环的长度,a 为圆型导线的半径。所有尺寸均以米为单位。

10.8 两个平行线圈的电感

当流过两个平行导体的电流大小相等、方向相反时,它们形成的线圈电感计算公式为[8]

$$L = \frac{\mu_0 l}{\pi} \left[\ln \left(\frac{s}{r} \right) - \frac{s}{l} + 0.25 \right] \text{ (H)} \tag{10.52}$$

其中,l 为导体长度,r 为线圈半径,s 为两个导体之间的间距,并且有 $l \gg s$。

10.9　矩形绕线的电感

若半径为 r 的圆导线围成长宽分别为 x 和 y 的矩形,Grover 给出其电感量计算公式为[8]

$$L = \frac{\mu_0}{\pi}\left[x ln\left(\frac{2x}{a}\right) + y ln\left(\frac{2y}{a}\right) + 2\sqrt{x^2 + y^2} - x\,arcsinh\left(\frac{x}{y}\right) - y\,arcsinh\left(\frac{y}{x}\right) - 1.75(x + y)\right] \quad (10.53)$$

10.10　多边形绕线的电感

单圈多边形的电感可以近似表示为[8]

$$L \approx \frac{\mu p}{2\pi}\left[\ln\left(\frac{2p}{a}\right) - \ln\left(\frac{p^2}{A}\right) + 0.25\right] \quad (\text{H}) \quad (10.54)$$

其中,p 是线圈的周长,A 是线圈所包围的面积,a 为圆型导线的半径。所有尺寸的量纲以米为单位。可见,电感和线圈的长度关系很强,而与面积和圆型导线的半径关系较弱。形状相似且周长相同的电感,其电感值近乎相等。

三角形电感的电感值计算公式为[8]

$$L = \frac{\mu_0 l}{2\pi}\left[\ln\left(\frac{l}{3a}\right) - 1.15546\right] \quad (\text{H}) \quad (10.55)$$

其中,a 为圆型导线的半径。

正方形电感的电感值计算公式为

$$L = \frac{\mu_0 l}{2\pi}\left[\ln\left(\frac{l}{4a}\right) - 0.52401\right] \quad (\text{H}) \quad (10.56)$$

五边形电感的电感值计算公式为

$$L = \frac{\mu_0 l}{2\pi}\left[\ln\left(\frac{l}{5a}\right) - 0.15914\right] \quad (\text{H}) \quad (10.57)$$

六边形电感的电感值计算公式为

$$L = \frac{\mu_0 l}{2\pi}\left[\ln\left(\frac{l}{6a}\right) + 0.09848\right] \quad (\text{H}) \quad (10.58)$$

八边形电感的电感值计算公式为

$$L = \frac{\mu_0 l}{2\pi}\left[\ln\left(\frac{l}{8a}\right) + 0.46198\right] \quad (\text{H}) \quad (10.59)$$

以上尺寸的量纲均以米为单位。

10.11　键合线电感

键合线电感常用于射频集成电路设计中,图 10.15 是一个键合线电感的示意图,它可以看做是圆环的一部分。键合线常用于芯片连接,键合线电感最大的优点在于串联电阻很小。标准键合线的直径相对比较大,约为 $25\mu m$,可以在低损耗的情况下承受较大的电流。它们可以很好

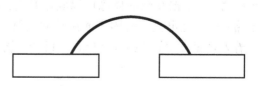

图 10.15　键合引线电感示意图

地放置在任意导电平面上,以减少寄生电容,提高自谐振频率(SRF)f_r。键合线电感的电感值通常在 $2 \sim 5\mathrm{nH}$ 的范围内。

因为键合线电感的横截面积比平面螺旋电感要大得多,所以其电阻更低,因而品质因数 Q_{Lo} 更高。通常情况下,在 $1\mathrm{GHz}$ 频率处的 Q_{Lo} 在 $20 \sim 50$ 之间。键合线电感的低频电感量计算公式为

$$L \approx \frac{\mu_0 l}{2\pi} \left[\ln\left(\frac{2l}{a}\right) - 0.75 \right] \ (\mathrm{H}) \tag{10.60}$$

其中,l 是键合线的长度,a 为其半径。通常,长 $l = 1\mathrm{mm}$ 的标准键合线电感 $L = 1\mathrm{nH}$,即 $1\mathrm{nH/mm}$,键合线电阻的计算公式为

$$R = \frac{l}{2\pi a \delta \sigma} \tag{10.61}$$

其中,σ 是电导率,δ 是趋肤深度。对于金属铝而言,$\sigma = 4 \times 10^7 \mathrm{S/m}$,$1\mathrm{GHz}$ 时趋肤深度 $\delta_{Al} = 2.5\mu\mathrm{m}$,$2\mathrm{GHz}$ 时,单位长度的电阻为 $R_{Al}/l \approx 0.2\Omega/\mathrm{m}$。

键合线通常用于集成电路间的互连和封装引线,相互距离很近的大量键合线都是平行连接的,相邻两个平行的键合线之间的互感为

$$M = \frac{\mu_0 l}{2\pi} \left(\ln\frac{2l}{s} + \frac{s}{l} - 1 \right) \tag{10.62}$$

其中,s 是两个键合引线之间的距离。通常情况下,$s = 0.2\mathrm{mm}$ 时,$M = 0.3\mathrm{nH/mm}$。耦合系数 k 的典型值为 0.3。

键合线电感最主要的缺点是可预测性比较低,这是因为其长度和间距可能变化的缘故。键合线的电感量取决于其自身的几何形状和相邻的键合引线,这使得准确预测键合线的电感值比较困难。然而,一旦特定电感的结构给定,那么键合线电感的可重复性还是很好的。电路性能对键合线电感及其互感变化的敏感度还需要验证。常见的键合引线金属包括金和铝等,当然金会更好,因为其导电性和柔韧性更好,这使得在给定芯片高度的情况下,键合引线的长度较短,电感品质因数 Q_{Lo} 会更高。

例 10.6 计算圆形键合引线电感的电感值,已知 $\delta > a$ 时,$l = 2\mathrm{mm}$,$a = 0.2\mathrm{mm}$,$\mu_r = 1$。

解:当 $\delta > a$ 时,键合线电感的电感值为

$$L \approx \frac{\mu_0 l}{2\pi} \left[\ln\left(\frac{2l}{a}\right) - 0.75 \right] = \frac{4\pi \times 10^{-7} \times 2 \times 10^{-3}}{2\pi} \left[\ln\left(\frac{2 \times 2}{0.2}\right) - 0.75 \right] = 0.8982\,(\mathrm{nH}) \tag{10.63}$$

10.12 单圈平面电感

自感是互感的一种特殊情况,因此,根据互感的概念可以推导出电感的自感表达式,下面以如图 10.16 所示的单圈平面电感为例,推导其自感的表达式。

图 10.16 中,单圈平面电感的宽度为 w,内半径为 b,外半径为 a。根据互感的概念可以确定其自感,考虑两个子电路:一个是电流沿着内表面流动的电路,另一个是电流沿着外表面流动的电路,由电路 2 引起的磁能矢量为

$$\frac{\mu dl_2}{4\pi h} \mathbf{A}_2 = I_2 \oint_{C_2} \tag{10.64}$$

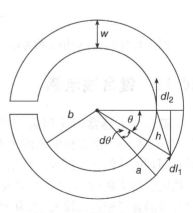

图 10.16 单圈平面电感

沿着电路 1，对由电路 2 中的电流 I_2 引起的磁能矢量 A_2 进行积分，可以得到这两个电路之间的互感为

$$M = \frac{1}{I_2} \oint_{C_1} A_2 \, dl_1 \tag{10.65}$$

将式（10.64）代入式（10.65），得到两个导体之间的互感为

$$M = \frac{\mu}{4\pi} \oint_{C_1} \oint_{C_2} \frac{dl_1 dl_2}{h} \tag{10.66}$$

考虑几何关系以及如下关系式

$$\theta = \pi - 2\phi \tag{10.67}$$

可以得出

$$dl_1 = |dl_1| = ad\theta = -2ad\phi \tag{10.68}$$

进一步有

$$dl_1 dl_2 = dl_1 \, dl_2 \cos\theta = 2a\cos 2\phi dl_2 \, d\phi \tag{10.69}$$

$$h = \sqrt{(a\cos\theta - b)^2 + (a\sin\theta)^2} = \sqrt{a^2 + b^2 - 2ab\cos\theta} = \sqrt{a^2 + b^2 + 2ab\cos 2\phi}$$
$$= \sqrt{a^2 + b^2 + 2ab(1 - 2\sin^2\phi)} = \sqrt{(a+b)^2 - 4ab\sin^2\phi} = (a+b)\sqrt{1 - k^2\sin^2\phi} \tag{10.70}$$

其中

$$k^2 = \frac{4ab}{(a+b)^2} = 1 - \frac{(a-b)^2}{(a+b)^2} \tag{10.71}$$

又

$$\oint dl_2 = 2\pi b \tag{10.72}$$

因此，互感为

$$M = \frac{\mu}{4\pi} \oint dl_2 \int_0^{2\pi} \frac{a\cos\theta \, d\theta}{\sqrt{a^2 + b^2 - 2ab\cos\theta}} = \frac{2\mu ab}{a+b} \int_0^{\pi/2} \frac{(2\sin^2\phi - 1)d\phi}{\sqrt{1 - k^2\sin^2\phi}}$$
$$= \mu\sqrt{ab}k \int_0^{\pi/2} \frac{(2\sin^2\phi - 1)d\phi}{\sqrt{1 - k^2\sin^2\phi}} = \mu\sqrt{ab}\left[\left(\frac{2}{k} - k\right)K(k) - \frac{2}{k}E(k)\right] \tag{10.73}$$

其中，完整的椭圆积分为

$$E(k) = \int_0^{\pi/2} \sqrt{1 - k^2, \sin^2\phi} \, d\phi \tag{10.74}$$

$$K(k) = \int_0^{\pi/2} \frac{d\phi}{\sqrt{1 - k^2\sin^2\phi}} \tag{10.75}$$

因为导体条的宽度为

$$w = a - b \tag{10.76}$$

因此，有

$$a + b = 2a - w \tag{10.77}$$

$$ab = a(a - w) = a^2\left(1 - \frac{w}{a}\right) \tag{10.78}$$

$$k^2 = 1 - \frac{w^2}{(2a - w)^2} \tag{10.79}$$

如果 $w/a \ll 1$，$k \approx 1$，$E(k) \approx 1$

$$k^2 = 1 - \frac{w^2}{4a^2\left(1 - \frac{w}{2a}\right)^2} \approx 1 - \frac{w^2}{4a^2} \tag{10.80}$$

$$K(k) \approx \ln\frac{4}{\sqrt{1-k^2}} \approx \ln\left[\frac{4}{\sqrt{1-\left(1-\frac{w^2}{4a^2}\right)}}\right] = \ln\left(\frac{8a}{w}\right) \tag{10.81}$$

因此,单圈电感的自感量计算公式为

$$L \approx \mu a\left[\ln\left(\frac{8a}{w}\right) - 2\right] = \frac{\mu l}{2\pi}\left[\ln\left(\frac{8a}{w}\right) - 2\right] \qquad (a \gg w) \tag{10.82}$$

其中,$l = 2\pi a$。

例 10.7 计算单匝平面电感的电感值,已知 $\delta > a$ 时,$a = 100\mu m, w = 1\mu m, \mu_r = 1$。

解:当 $\delta > a$ 时,单匝平面电感的电感值为

$$L \approx \mu a\left[\ln\left(\frac{8a}{w}\right) - 2\right] = 4\pi \times 10^{-7} \times 100 \times 10^{-6}\left[\ln\left(\frac{8 \times 100}{1}\right) - 2\right] = 0.58868\,\text{nH} \tag{10.83}$$

10.13 平面方形环电感

由宽度为 w,长度 $l \gg w$ 的矩形导线构成的方形线圈的自感为

$$L \approx \frac{\mu_0 l}{\pi}\left[arcsinh\left(\frac{l}{2w}\right) - 1\right] \quad (\text{H}) \tag{10.84}$$

式中,l 和 w 都以米为单位。

10.14 平面螺旋电感

10.14.1 平面螺旋电感的几何形状

平面螺旋电感是射频集成电感中使用最广泛的,图 10.17 给出了方形、六边形、八边形和圆形的平面螺旋电感结构示意图。一个平面螺旋电感由低电阻率的金属线(铝、铜、金或银)、厚度为 t_{ox} 的二氧化硅(SiO_2)以及硅衬底组成,如图 10.18 所示。嵌在二氧化硅材料中的金属层用于形成金属环线,最顶部金属层通常是最厚的,因而也是导电性最好的。此外,顶部金属层到衬底的距离较大,以减小寄生电容 $C = \varepsilon A_m/t_{ox}$($A_m$ 是金属导线的面积),提高自谐振频率(SRF)$f_r = 1/(2\pi\sqrt{LC})$。衬底是厚度为 $500 \sim 700\mu m$ 的硅(Si)、砷化镓(GaAs)或硅锗(SiGe)。厚度为 $0.4 \sim 3\mu m$ 的薄二氧化硅层用来隔离电感金属条和硅衬底。螺旋电感的外端直接和端口连接,电感最内圈是通过另一层金属形成下层通道或空气桥和端口连接的。整个螺旋电感结构连接到焊盘,并且被一个接地平面所包围。螺旋电感的常用形状是正方形、长方形、六边形、八边形以及圆形。与方形螺旋电感相比,六边形和八边形螺旋电感每圈的电感值通常比较小,串联电阻也较小。由于六边和八边形结构会占据更大的芯片面积,所以它们很少被使用。

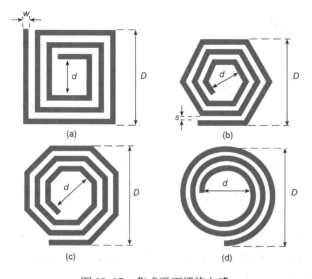

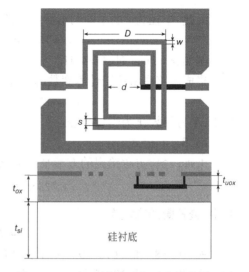

图 10.17 集成平面螺旋电感

(a) 方形电感;(b) 六边形电感;(c) 八边形电感;(d) 圆形电感

图 10.18 平面射频集成电路电感的剖面图

由于平面螺旋式集成电感的内圈端口与外电路连接时,必须使用不同于线圈的金属层,因此,制作这种形式的电感需要具有两层或多层金属的工艺。方形电感与集成电路的版图工具有良好的兼容性,使用曼哈顿风格的物理版图工具,例如 MAGIC,很容易设计出来。但六角形、八角形以及更多边形的螺旋电感比方形螺旋电感具有更高的品质因数 Q_{Lo}。

集成电感最受关心的参数包括电感量 L_s、品质因数 Q_{Lo} 和自谐振频率 f_r。通常电感值为 $1\sim30\mathrm{nH}$,品质因数为 $5\sim20$,自谐振频率为 $2\sim20\mathrm{GHz}$。电感的几何参数包括圈数 N,金属线宽度 w,金属线厚度 h,每圈之间的间距 s,最内圈的直径 d,最外圈的直径 D,硅衬底厚度 t_{Si},氧化层厚度 t_{ox},以及金属导线与下层通道之间氧化物的厚度 t_{uox}。通常,金属线的宽度为 $30\mu\mathrm{m}$,每圈之间的间距为 $20\mu\mathrm{m}$,金属线薄层方块电阻 $R_{sheet}=\rho/h=0.03\sim0.1\Omega$ 每方块。由于集成电感所占用的芯片面积很大,因此实际设计的集成电路电感较小,通常 $L\leqslant10\mathrm{nH}$,但它们也可以高达 $30\mathrm{nH}$。典型的电感尺寸为 $130\mu\mathrm{m}\times130\mu\mathrm{m}$ 到 $1000\mu\mathrm{m}\times1000\mu\mathrm{m}$,电感面积 $A=D^2$。顶层金属层通常用于制作集成电感,因为它最厚、电阻最小。此外,顶层金属到衬底的距离也最大,降低了寄生电容。

集成电感所用的金属最好是电阻率低的惰性金属,比如金。其他低电阻率的金属,例如银和铜,它们无法像金一样可以阻挡大气中的硫和水分。另一种贵金属铂比金贵两倍,电阻率更高。金属的厚度 h 应该大于 2δ,这里的两个趋肤深度:一个是金属导线上表面的趋肤深度,一个是下表面的趋肤深度。磁通量方向垂直于衬底,磁场进入衬底产生涡流,导电性高的衬底会降低电感的品质因数 Q_{Lo}。优化螺旋电感的形状和金属线的宽度可以减小金属线的欧姆电阻和衬底的电容。为了减少衬底的功率损耗,可用高电阻率的硅氧化物作衬底,例如绝缘体上硅(SOI),厚的介质层,厚的或多层导线。

10.14.2 方形平面电感的电感值

目前已经有几个用来估算射频螺旋平面电感的电感量公式。一般情况下,平面电感 L 的电感值会随着电感圈数 N 和电感面积 A 的增加而增加。

面积为 A 的任意形状(例如方形、矩形、六边形、八边形和圆形)的单圈电感的电感值计算公式为

$$L \approx \mu_0 \sqrt{\pi A} \tag{10.85}$$

因此,半径为 r 的单圈圆形导线电感的电感值为

$$L \approx \pi \mu_0 r = 4\pi^2 \times 10^{-7} r = 4 \times 10^{-6} r \ (\text{H}) \tag{10.86}$$

例如,$r = 1\text{mm}$ 时,$L = 4\text{nH}$。

集成电路中常用于计算圈数为 N 的任意形状的平面螺旋电感的电感值公式为

$$L \approx \pi \mu_0 r N^2 = 4\pi^2 \times 10^{-7} r N^2 = 4 \times 10^{-6} r N^2 \ (\text{H}) \tag{10.87}$$

其中,N 为圈数,r 为螺旋半径。

1) Bryan 公式

Bryan 经验方程给出的方形平面电感的电感值计算公式为[8]

$$L = 6.025 \times 10^{-7} (D + d) N^{\frac{5}{3}} \ln \left[4 \left(\frac{D+d}{D-d} \right) \right] \ (\text{H}) \tag{10.88}$$

其中,最外圈的直径为

$$D = d + 2Nw + 2(N-1)s \tag{10.89}$$

式(10.88)和式(10.89)中,N 为圈数,D 和 d 分别是电感最外圈和最内圈的直径,单位为米。图 10.19 ~ 图 10.22 画出了根据不同作者研究的电感计算公式得到的 L 与 d、w、s、a 和 N 的变化关系曲线。

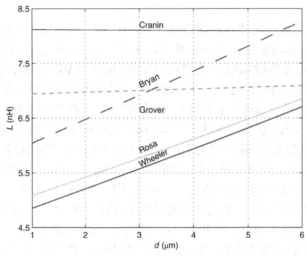

图 10.19 当 $N = 5$, $w = 30\mu\text{m}$, $s = 20\mu\text{m}$, $h = 3\mu\text{m}$ 时,方形平面电感的 L 随 d 的变化曲线

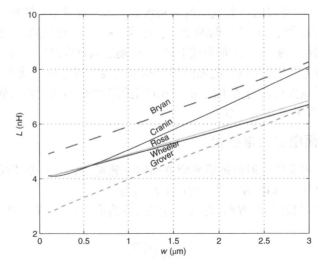

图 10.20 当 $N = 5$, $d = 60\mu\text{m}$, $s = 20\mu\text{m}$, $h = 3\mu\text{m}$ 时,方形平面电感的 L 随 w 的变化曲线

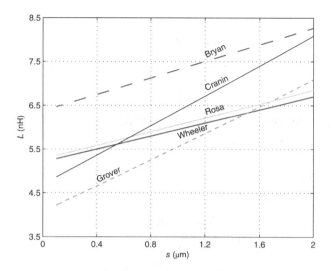

图 10.21 当 $N=5, d=60\mu\mathrm{m}, w=30\mu\mathrm{m}, h=3\mu\mathrm{m}$ 时,方形平面电感的 L 随 s 的变化曲线

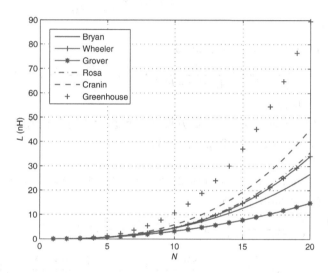

图 10.22 当 $d=60\mu\mathrm{m}, w=30\mu\mathrm{m}, s=20\mu\mathrm{m}, h=3\mu\mathrm{m}$ 时,方形平面电感的 L 随 N 的变化曲线

例 10.8 请根据 Bryan 公式,计算方形平面螺旋电感的电感量,已知当 $\delta>h$ 时,$N=5$, $d=60\mu\mathrm{m}, w=30\mu\mathrm{m}, s=20\mu\mathrm{m}, \mu_r=1$。

解:最外层直径为

$$D = d + 2Nw + 2(N-1)s = 60 + 2 \times 5 \times 30 + 2 \times (5-1) \times 20 = 520\ (\mu\mathrm{m}) \qquad (10.90)$$

当 $\delta>h$ 时,平面电感的电感量为

$$
\begin{aligned}
L &= 6.025 \times 10^{-7}(D+d)N^{\frac{5}{3}}\ln\left[4\left(\frac{D+d}{D-d}\right)\right]\ (\mathrm{H}) \\
&= 6.025 \times 10^{-7} \times (520+60) \times 10^{-6} \times 5^{\frac{5}{3}}\ln\left[4\left(\frac{520+60}{520-60}\right)\right] = 8.266\ (\mathrm{nH})
\end{aligned}
\qquad (10.91)
$$

2)Wheeler 公式

改进的 Wheeler 方形平面电感的电感量计算公式为[4, 33]

$$L = 1.17\mu_0 N^2 \frac{D+d}{1+2.75\frac{D-d}{D+d}}\ (\mathrm{H}) \qquad (10.92)$$

其中

$$D = d + 2Nw + 2(N-1)s \tag{10.93}$$

所有尺寸都以米为单位。进一步得到电感与 N、w 和 s 的关系式为

$$L = \frac{2.34\mu_0 N^2}{3.75N(w+s) - 3.75s + d} \text{ (H)} \tag{10.94}$$

例 10.9 请根据 Wheeler 公式,计算方形平面螺旋电感的电感值,已知当 $\delta > h$ 时,$N = 5$,$d = 60\,\mu\text{m}$,$w = 30\,\mu\text{m}$,$s = 20\,\mu\text{m}$,$\mu_r = 1$。

解:最外层直径为

$$D = d + 2Nw + 2(N-1)s = 60 + 2 \times 5 \times 30 + 2 \times (5-1) \times 20 = 520 \,(\mu\text{m}) \tag{10.95}$$

当 $\delta > h$ 时,平面电感的电感量为

$$L = 1.17\mu_0 N^2 \frac{D+d}{1 + 2.75\dfrac{D-d}{D+d}} \text{ (H)} \tag{10.96}$$

$$= 1.17 \times 4\pi \times 10^{-7} \times 5^2 \times \frac{(520+60) \times 10^{-6}}{1 + 2.75 \times \dfrac{520-60}{520+60}} = 6.7 \,(\text{nH})$$

3)Greenhouse 公式

方形平面电感的 Greenhouser 计算公式为[14]

$$L = 10^{-9}DN^2 \left\{ 180 \left[\log\left(\frac{D}{4.75(w+h)}\right) + 5 \right] + \frac{1.76(w+h)}{D} + 7.312 \right\} \text{ (nH)} \tag{10.97}$$

式中所有尺寸都以米为单位。

例 10.10 根据 Greenhouse 公式,计算方形平面螺旋电感的电感值,已知当 $\delta > h$ 时,$N = 5$,$d = 60\,\mu\text{m}$,$w = 30\,\mu\text{m}$,$s = 20\,\mu\text{m}$,$h = 20\,\mu\text{m}$,$\mu_r = 1$。

解:最外层直径为

$$D = d + 2Nw + 2(N-1)s = 60 + 2 \times 5 \times 30 + 2 \times (5-1) \times 20 = 520 \,(\mu\text{m}) \tag{10.98}$$

当 $\delta > h$ 时,平面电感的电感值为

$$L = 10^{-9}DN^2 \left\{ 180 \left[\log\left(\frac{D}{4.75(w+h)}\right) + 5 \right] + \frac{1.76(w+h)}{D} + 7.312 \right\} \text{ (nH)}$$

$$= 10^{-9} \times 520 \times 10^{-6} \times 5^2 \left\{ 180 \left[\log\left(\frac{520}{4.75(30+20)}\right) + 5 \right] + \frac{1.76(30+20)}{520} + 7.312 \right\} \tag{10.99}$$

$$= 12.59 \,\text{nH}$$

4)Grover 公式

金属线横截面为矩形的方形或矩形平面螺旋电感的电感值计算公式为[8, 31]

$$L = \frac{\mu_0 l}{2\pi} \left[\ln\left(\frac{2l}{w+h}\right) + \frac{w+h}{3l} + 0.50049 \right] \text{ (H)} \tag{10.100}$$

其中,金属导线的长度为

$$l = 2(D+w) + 2N(2N-1)(w+s) \tag{10.101}$$

外圈直径为

$$D = d + 2Nw + 2(N-1)s \tag{10.102}$$

其中,h 是金属导线的厚度。l,w,s 和 h 的单位都为米。这个方程类似于金属直线电感的公式,它仅仅考虑了自感而忽略了金属导线之间的互感。

例 10.11 请根据 Grover 公式,计算方形平面螺旋电感的电感值,已知当 $\delta > h$ 时,$N = 5$,$d = 60\,\mu\text{m}$,$w = 30\,\mu\text{m}$,$s = 20\,\mu\text{m}$,$h = 20\,\mu\text{m}$,$\mu_r = 1$。

解:外圈直径为

$$D = d + 2Nw + 2(N-1)s = 60 + 2 \times 5 \times 30 + 2 \times (5-1) \times 20 = 520\,(\mu m) \qquad (10.103)$$

金属导线长度为

$$l = 2(D+w) + 2N(2N-1)(w+s) = 2(520+30) + 2 \times 5(2 \times 5 - 1)(30+20) = 5600\,(\mu m) \qquad (10.104)$$

当 $\delta > h$ 时,方形平面螺旋电感的电感值为

$$L = \frac{\mu_0 l}{2\pi}\left[\ln\left(\frac{2l}{w+h}\right) + \frac{w+h}{3l} + 0.50049\right] \ \ (\text{H})$$

$$= \frac{4\pi \times 10^{-7} \times 5600 \times 10^{-6}}{2\pi}\left[\ln\left(\frac{2 \times 5600}{30+20}\right) + \frac{30+20}{3 \times 5600} + 0.50049\right] \qquad (10.105)$$

$$= 6.608\,\text{nH}$$

5) Rosa 公式

方形平面螺旋电感的电感值计算公式为[1,9,33]

$$L = 0.3175\mu N^2(D+d)\left\{\ln\left[\frac{2.07(D+d)}{D-d}\right] + \frac{0.18(D-d)}{D+d} + 0.13\left(\frac{D-d}{D+d}\right)^2\right\} \ \ (\text{H}) \qquad (10.106)$$

式中所有尺寸以米为单位。

例 10.12 请根据 Rosa 公式,计算方形平面螺旋电感的电感值,已知当 $\delta > h$ 时,$N = 5$,$d = 60\,\mu m$,$w = 30\,\mu m$,$s = 20\,\mu m$,$h = 20\,\mu m$,$\mu_r = 1$。

解:外圈直径为

$$D = d + 2Nw + 2(N-1)s = 60 + 2 \times 5 \times 30 + 2 \times (5-1) \times 20 = 520\,(\mu m) \qquad (10.107)$$

当 $\delta > h$ 时,平面电感的电感值为

$$L = 0.3175\mu_0 N^2(D+d)\left\{\ln\left[\frac{2.07(D+d)}{D-d}\right] + \frac{0.18(D-d)}{D+d} + 0.13\left(\frac{D-d}{D+d}\right)^2\right\}$$

$$= 0.3175 \times 4\pi \times 10^{-7} \times 5^2 \times (520+60) \times 10^{-6}$$

$$\times \left\{\ln\left[\frac{2.07(520+60)}{520-60}\right] + \frac{0.18 \times (520-60)}{520+60} + 0.13\left(\frac{520-60}{520+60}\right)^2\right\} \qquad (10.108)$$

$$= 6.849\ \text{nH}$$

6) Cranin 公式

Craninckx 和 Steyeart 给出了平面螺旋电感的电感值计算经验公式即式(10.109)[22],当电感值在 $5 \sim 50\text{nH}$ 时,该公式的误差小于 10%。

$$L \approx 1.3 \times 10^{-7}\frac{A_m^{5/3}}{A_{tot}^{1/6} w^{1.75}(w+s)^{0.25}} \ \ (\text{nH}) \qquad (10.109)$$

其中,A_m 是金属面积,A_{tot} 是总的电感面积,w 是金属导线的宽度,s 是金属导线之间的间距。所有尺寸以米为单位。

例 10.13 请根据 Cranin 公式,计算方形平面螺旋电感的电感值,已知当 $\delta > h$ 时,$N = 5$,$d = 60\,\mu m$,$w = 30\,\mu m$,$s = 20\,\mu m$,$h = 20\,\mu m$,$\mu_r = 1$。

解:外层直径为

$$D = d + 2Nw + 2(N-1)s = 60 + 2 \times 5 \times 30 + 2 \times (5-1) \times 20 = 520\,(\mu m) \qquad (10.110)$$

金属导线的长度为

$$l = 2(D+w) + 2N(2N-1)(w+s) = 2(520+30) + 2 \times 5(2 \times 5 - 1)(30+20) = 5600\,(\mu m) \qquad (10.111)$$

因此,电感的总面积为

$$A_{tot} = D^2 = (520 \times 10^{-6})^2 = 0.2704 \times 10^{-6}\,\text{m}^2 \qquad (10.112)$$

金属面积为

$$A_m = wl = 30 \times 10^{-6} \times 5600 \times 10^{-6} = 0.168 \times 10^{-6}\,\text{m}^2 \qquad (10.113)$$

当 $\delta > h$ 时,方形平面螺旋电感的电感值为

$$L \approx 1.3 \times 10^{-7} \frac{A_m^{5/3}}{A_{tot}^{1/6} w^{1.75} (w+s)^{0.25}} \text{ (H)} \tag{10.114}$$

$$= 1.3 \times 10^{-7} \frac{(0.168 \times 10^{-6})^{5/3}}{(0.2704 \times 10^{-6})^{1/6}(30 \times 10^{-6})^{1.75}[(30+20) \times 10^{-6}]^{0.25}} = 8.0864 \text{ (nH)}$$

7) Monomial 公式

方形螺旋电感的数据拟合经验公式为[33]

$$L = 0.00162 D^{-1.21} w^{-0.147} \left(\frac{D+d}{2}\right)^{2.4} N^{1.78} s^{-0.03} \text{ (nH)} \tag{10.115}$$

所有尺寸以微米为单位。

例 10.14　请根据 Monomial 公式,计算方形平面螺旋电感的电感值,已知当 $\delta > h$ 时,$N = 5$,$d = 60\mu m$,$w = 30\mu m$,$s = 20\mu m$,$h = 20\mu m$,$\mu_r = 1$。

解：外圈直径为

$$D = d + 2Nw + 2(N-1)s = 60 + 2 \times 5 \times 30 + 2 \times (5-1) \times 20 = 520 \text{ (}\mu m\text{)} \tag{10.116}$$

当 $\delta > h$ 时,方形平面螺旋电感的电感值为

$$L = 0.00162 D^{-1.21} w^{-0.147} \left(\frac{D+d}{2}\right)^{2.4} N^{1.78} s^{-0.03} \text{ (nH)} \tag{10.117}$$

$$= 0.00162 \times (520)^{-1.21} 30^{-0.147} \left(\frac{520+60}{2}\right)^{2.4} 5^{1.78} 20^{-0.03} = 6.6207 \text{ (nH)}$$

8) Jenei 公式

总的电感是由自感 L_{self},总的正互感 M^+ 和总的负互感 M^- 组成的,文献[37]推导了总电感的计算公式。首先,每个直线段的自感为[8]

$$L_{self1} = \frac{\mu_0 l_{seg}}{2\pi} \left[\ln\left(\frac{2l_{seg}}{w+h}\right) + 0.5\right] \tag{10.118}$$

其中,l_{seg} 是每段的长度,w 是金属导线的宽度,h 是金属导线的厚度。

导体的总长度为

$$l = (4N+1)d + (4N_i+1)N_i(w+s) \tag{10.119}$$

其中,N 是圈数,N_i 是 N 的整数部分,s 是线段之间的间距。方形平面螺旋电感的总自感等于 $4N$ 个直线段自感之和,即

$$L_{self} = 4NL_{self1} = \frac{\mu_0 l}{2\pi} \left[\ln\left(\frac{2l}{N(w+h)}\right) - 0.2\right] \tag{10.120}$$

电流流向相反的平行线段产生负的互感 M^-,所有相互作用之和近乎等于线段取平均长度且线段间的距离为平均距离时,线段间平均相互作用的 $4N^2$ 倍,即负的互感为

$$M^- = \frac{0.47\mu_0 Nl}{2\pi} \tag{10.121}$$

正的互感是由方形同一边的平行线段间的相互作用而引起的。平均距离为

$$b = (w+s)\frac{(3N-2N_i-1)(N_i+1)}{3(2N-N_i-1)} \tag{10.122}$$

当 $N_i = N$ 时

$$b = \frac{(w+s)(N+1)}{3} \tag{10.123}$$

总的正互感为

$$M^+ = \frac{\mu_0 l(N-1)}{2\pi} \left\{\ln\left[\sqrt{1 + \left(\frac{l}{4Nb}\right)^2} + \frac{l}{4Nb}\right] - \sqrt{1 + \left(\frac{4Nb}{l}\right)^2} + \frac{4Nb}{l}\right\} \tag{10.124}$$

方形平面电感的电感值为

$$L = L_{self} + M^- + M^+ = \frac{\mu_0 l}{2\pi} \left\langle \ln \left[\frac{l}{N(w+h)} \right] - 0.2 - 0.47N \right.$$

$$+ (N-1) \left\{ \ln \left[\sqrt{1 + \left(\frac{l}{4Nb} \right)^2} + \frac{l}{4Nb} \right] - \sqrt{1 + \left(\frac{4Nb}{l} \right)^2} + \frac{4Nb}{l} \right\} \right\rangle \quad (10.125)$$

以上所有尺寸以米为单位。

例 10.15 请根据 Jenei 公式,计算方形平面螺旋电感的电感值,已知当 $\delta > h$ 时,$N = N_i = 5, d = 60\mu m, w = 30\mu m, s = 20\mu m, h = 20\mu m, \mu_r = 1$。

解: 导体总长度为

$$l = (4N+1)d + (4N_i+1)N_i(w+s) = (4 \times 5 + 1) \times 60 \times 10^{-6} + (4 \times 5 + 1)5(30+20) \times 10^{-6} \quad (10.126)$$

$$= 6500\mu m$$

平均距离为

$$b = (w+s)\frac{(3N-2N_i-1)(N_i+1)}{3(2N-N_i-1)} \quad (10.127)$$

$$= (30+20) \times 10^{-6} \frac{(3 \times 5 - 2 \times 5 - 1)(5+1)}{3(2 \times 5 - 5 - 1)} = 100\mu m$$

当 $\delta > h$ 时,平面电感的电感量为

$$L = \frac{\mu_0 l}{2\pi} \left\langle \ln \left[\frac{l}{N(w+h)} \right] - 0.2 - 0.47N \right.$$

$$+ (N-1) \left\{ \ln \left[\sqrt{1 + \left(\frac{l}{4Nb} \right)^2} + \frac{l}{4Nb} \right] - \sqrt{1 + \left(\frac{4Nb}{l} \right)^2} + \frac{4Nb}{l} \right\} \right\rangle$$

$$= \frac{4\pi \times 10^{-7} \times 6500 \times 10^{-6}}{2\pi} \left\langle \ln \left[\frac{6500}{5(30+20)} \right] - 0.2 - 0.47 \times 5 + (5-1) \right. \quad (10.128)$$

$$\times \left\{ \ln \left[\sqrt{1 + \left(\frac{6500}{4 \times 5 \times 100} \right)^2} + \frac{6500}{4 \times 5 \times 100} \right] \right.$$

$$\left. \left. - \sqrt{1 + \left(\frac{4 \times 5 \times 100}{6500} \right)^2} + \frac{4 \times 5 \times 100}{6500} \right\} \right\rangle$$

$$= 6.95 \text{ nH}$$

9) Dill 公式

方形平面电感的电感值为[10]

$$L = 8.5 \times 10^{-10} N^{5/3} \text{ (H)} \quad (10.129)$$

当 $N = 5$ 时,$L = 12.427$nH。

10) Terman 公式

单圈方形平面螺旋电感的电感值为

$$L = 18.4173 \times 10^{-4} D \left[\log \left(\frac{0.7874 \times 10^{-4} D^2}{w+h} \right) - \log(0.95048 \times 10^{-4} D) \right] \quad (10.130)$$

$$+ 10^{-4} \times [7.3137D + 1.788(w+h)] \text{ (nH)}.$$

所有尺寸以微米为单位。

多圈方形平面螺旋电感的电感值为

$$L = 18.4173 \times 10^{-4} DN^2 \left[\log \left(\frac{0.7874 \times 10^{-4} D^2}{w+h} \right) - \log(0.95048 \times 10^{-4} D) \right] \quad (10.131)$$

$$+ 8 \times 10^{-4} N^2 [0.914D + 0.2235(w+h)] \text{ (nH)}$$

其中,外圈直径为

$$D = d + 2Nw + 2(N-1)s \tag{10.132}$$

所有尺寸以微米为单位。

例 10.16 请根据 Terman 公式,计算方形平面螺旋电感的电感值,已知当 $\delta > h$ 时,$N = 5$,$D = 520\mu m$,$w = 30\mu m$,$h = 20\mu m$,$\mu_r = 1$。

解:多圈方形平面螺旋电感值为

$$L = 18.4173 \times 10^{-4} DN^2 \left[\log\left(\frac{0.7874 \times 10^{-4} D^2}{w+h}\right) - \log(0.95048 \times 10^{-4} D) \right]$$

$$+ 8 \times 10^{-4} N^2 [0.914D + 0.2235(w+h)] \ \text{(nH)}$$

$$= 18.4173 \times 10^{-4} \times 520 \times 5^2 \tag{10.133}$$

$$\times \left[\log\left(\frac{0.7874 \times 10^{-4} \times 520^2}{30+20}\right) - \log(0.95048 \times 10^{-4} \times 520) \right]$$

$$+ 8 \times 10^{-4} 5^2 [0.914 \times 520 + 0.2235(30+20)] = 32.123 \ \text{(nH)}$$

由以上分析和例题可见,根据 Rosa、Wheeler、Grover、Bryan、Jenei 和 Monomial 公式计算出的电感值相近,而 Greenhouse、Cranin 及 Terman 公式计算出的电感值比之前一组公式计算出的要大。

10.14.3 六边形螺旋电感的电感值

1)Wheeler 公式

六边形螺旋电感的修正 Wheeler 电感值计算公式为[4,33]

$$L = 1.165\mu_0 N^2 \frac{D+d}{1 + 3.82\dfrac{D-d}{D+d}} \ \text{(H)} \tag{10.134}$$

其中

$$D = d + 2Nw + 2(N-1)s \tag{10.135}$$

所有尺寸以米为单位。

2)Rosa 公式

六边形螺旋电感的电感值计算公式为[1,9,33]

$$L = 0.2725\mu N^2 (D+d)\left\{ \ln\left[\frac{2.23(D+d)}{D-d}\right] + 0.17\left(\frac{D-d}{D+d}\right)^2 \right\} \ \text{(H)} \tag{10.136}$$

所有尺寸以米为单位。

例 10.17 请根据 Rosa 公式,计算六边形平面螺旋电感的电感值,已知当 $\delta > h$ 时,$N = 5$,$d = 60\mu m$,$w = 30\mu m$,$s = 20\mu m$,$h = 20\mu m$,$\mu_r = 1$。

解:外圈直径为

$$D = d + 2Nw + 2(N-1)s = 60 + 2 \times 5 \times 30 + 2 \times (5-1) \times 20 = 520 \ (\mu m) \tag{10.137}$$

当 $\delta > h$ 时,六边形平面螺旋电感的电感值为

$$L = 0.2725\mu N^2 (D+d)\left\{ \ln\left[\frac{2.23(D+d)}{D-d}\right] + 0.17\left(\frac{D-d}{D+d}\right)^2 \right\} \ \text{(H)}$$

$$= 0.2725 \times 4\pi \times 10^{-7} \times 5^2 (520+60) \times 10^{-6} \tag{10.138}$$

$$\times \left\{ \ln\left[\frac{2.23(520+60)}{520-60}\right] + 0.17\left(\frac{520-60}{520+60}\right)^2 \right\}$$

$$= 5.6641 \ \text{(nH)}$$

3）Grover 公式

六边形平面电感的电感值计算公式为[8]

$$L = \frac{2\mu l}{\pi}\left[\left(\frac{l}{6r}\right) + 0.09848\right] \quad (\text{H}) \tag{10.139}$$

所有尺寸以微米为单位。

4）Monomial 公式

六边形螺旋电感的数据拟合经验公式为[33]

$$L = 0.00128 D^{-1.24} w^{-0.174}\left(\frac{D+d}{2}\right)^{2.47} N^{1.77} s^{-0.049} \quad (\text{nH}) \tag{10.140}$$

所有尺寸以微米为单位。

10.14.4　八边形螺旋电感的电感值

1）Wheeler 公式

八边形螺旋电感的修正 Wheeler 电感值计算公式为[4,33]

$$L = 1.125\mu_0 N^2 \frac{D+d}{1 + 3.55\dfrac{D-d}{D+d}} \quad (\text{H}) \tag{10.141}$$

其中

$$D = d + 2Nw + 2(N-1)s \tag{10.142}$$

所有尺寸以米为单位。

2）Rosa 公式

八边形螺旋电感的电感值计算公式为[1,9,33]

$$L = 0.2675\mu N^2 (D+d)\left\{\ln\left[\frac{2.29(D+d)}{D-d}\right] + 0.19\left(\frac{D-d}{D+d}\right)^2\right\} \quad (\text{H}) \tag{10.143}$$

所有尺寸以米为单位。

3）Grover 公式

八边形平面电感的电感值计算公式为[8]

$$L = \frac{2\mu l}{\pi}\left[\left(\frac{l}{8r}\right) - 0.03802\right] \quad (\text{H}) \tag{10.144}$$

所有尺寸以米为单位。

4）Monomial 公式

八边形螺旋电感的数据拟合经验公式为[33]

$$L = 0.00132 D^{-1.21} w^{-0.163}\left(\frac{D+d}{2}\right)^{2.43} N^{1.75} s^{-0.049} \quad (\text{nH}) \tag{10.145}$$

所有尺寸以微米为单位。

八边形电感的电感值与六边形电感的数值几乎相等。

10.14.5　圆形螺旋电感的电感值

1）Rosa 公式

圆形平面螺旋电感的电感值计算公式为[1,9,33]

$$L = 0.25\mu N^2 (D+d)\left\{\ln\left[\frac{2.46(D+d)}{D-d}\right] + 0.19\left(\frac{D-d}{D+d}\right)^2\right\} \quad (\text{H}) \tag{10.146}$$

所有尺寸以米为单位。

例 10.18　请根据 Rosa 公式，计算圆形平面螺旋电感的电感值，已知当 $\delta > h$ 时，$N = 5$，$d = 60\mu\text{m}$，$w = 30\mu\text{m}$，$s = 20\mu\text{m}$，$\mu_r = 1$。

解: 外圈直径为

$$D = d + 2Nw + 2(N-1)s = 60 + 2 \times 5 \times 30 + 2 \times (5-1) \times 20 = 520\,(\mu m) \quad (10.147)$$

当 $\delta > h$ 时, 圆形平面螺旋电感的电感值为

$$L = 0.25\mu N^2 (D+d) \left\{ \ln\left[\frac{2.46(D+d)}{D-d}\right] + 0.19\left(\frac{D-d}{D+d}\right)^2 \right\} \;(\mathrm{H})$$

$$= 0.25 \times 4\pi \times 10^{-7} \times 5^2 (520+60) \times 10^{-6} \tag{10.148}$$

$$\times \left\{ \ln\left[\frac{2.46(520+60)}{520-60}\right] + 0.19\left(\frac{520-60}{520+60}\right)^2 \right\}$$

$$= 5.7 \;\mathrm{nH}$$

2) Wheeler 公式

圆形平面电感的电感值计算公式为[3]

$$L = 31.33\mu N^2 \frac{a^2}{8a+11h} \;(\mathrm{H}) \tag{10.149}$$

所有尺寸以米为单位。

3) Schieber 公式

圆形平面电感的电感值计算公式为[16]

$$L = 0.874\pi \times 10^{-5} DN^2 \;(\mathrm{H}) \tag{10.150}$$

所有尺寸以米为单位。

集成螺旋电感的寄生电阻和并联寄生电容都比较大, 因此, 品质因数 Q_{Lo} 和自谐振频率 f_r 都比较低。由于衬底和金属的损耗, 平面电感的品质因数很难大于 10, 自谐振频率很难超过几个 GHz。射频 MEMS 技术具有提高射频集成电感性能的潜能, 其利用顶层刻蚀技术去除平面螺旋电感下方的衬底, 消除衬底特性对射频集成电感性能的影响。

10.15 多层金属螺旋电感

多层金属的平面螺旋电感(称为叠层式电感)也被用来实现紧凑的高电感量的磁性器件, 两层金属的螺旋电感可以通过使用金属层 1 和金属层 2 来实现, 如图 10.23 所示[46,47]。图 10.24 给出了两层金属电感的等效电路。

两层金属形成的电感的阻抗为

$$Z = j\omega(L_1 + L_2 + 2M) = j\omega(L_1 + L_2 + 2k\sqrt{L_1 L_2}) \approx j\omega(L_1 + L_2 + 2\sqrt{L_1 L_2}) \tag{10.151}$$

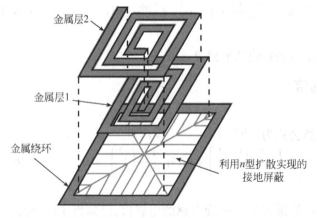

图 10.23 利用金属层 1 和金属层 2 实现的多层金属螺旋电感

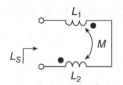

图 10.24 两层金属电感的等效电路

其中,耦合系数 $k=1$。如果两层金属形成的两个电感是相同的,则有

$$Z \approx j\omega(L + L + 2L) = j\omega(4L) = j\omega L_s \tag{10.152}$$

可见,由于互感的存在,两层金属电感的总电感值 L_s 增加了近 4 倍。对于一个 m 层的金属电感,总电感值相比于单层螺旋电感的自感增加了 m^2 倍。现代 CMOS 工艺可以提供五层以上的金属层,这样,在很小的芯片面积上可以得到具有很大电感值的堆叠电感或变压器。

接地屏蔽可以减小涡流。许多射频集成电路设计中,同一个芯片上需要放置几个电感。由于这些结构的物理尺寸很大,衬底耦合会产生严重的问题,如反馈和振荡等。

螺旋电感有以下缺点:第一,在具有相同圈数 N 的情况下,尺寸要比其他类型的电感大;第二,螺旋电感需要一根导体引线将线圈内端连接到外部,这会在电感导体和引线导体之间产生一个电容,该电容是整体寄生电容的主要组成部分;第三,磁通量的方向垂直于衬底,会干扰其下方的电路。第四,品质因数非常低。第五,自谐振频率低。

10.16 平面变压器

在许多射频电路设计中都需要单片变压器。平面变压器的原理与横向磁耦合有关,它们可以用做窄带或宽带变压器。一个交叉结构的平面螺旋变压器如图 10.25 所示,这些变压器的耦合系数 $k \approx 0.7$。图 10.26 为一个圈数比 $n = N_p : N_s$ 不为 1 的平面螺旋变压器,这种变压器的耦合系数 k 较低,通常为 0.4。叠层式变压器需要采用多个金属层。

图 10.25 交叉结构的平面螺旋变压器

图 10.26 圈数比 $n = N_p : N_s$ 不为 1 的平面螺旋变压器

10.17 MEMS 电感

MEMS 技术可以改善集成电感的性能。MEMS 电感通常是利用表面微机械加工技术和多层聚合物/金属工艺技术制造的螺旋管电感,图 10.27 为一个集成螺旋管电感的示意图[30]。这种电感带有空气芯或电镀镍-铁合金芯,线圈是由电镀铜构成,金属线圈和基板之间存在空气间隙。这种几何结构使得电感尺寸小,杂散电容 C_s 低,自谐振频率 f_r 高,功率损耗小且品质因数高。然而,它需要 2D 的设计方法。

螺线管内部的磁场强度是均匀的,可表示为

$$B = \frac{\mu NI}{l_c} \qquad (10.153)$$

其中, l_c 是中芯的长度, N 是圈数。

磁通量为

$$\phi = A_c B = \frac{\mu NIA_c}{l_c} \qquad (10.154)$$

其中, A_c 是中芯的横截面积。

磁链为

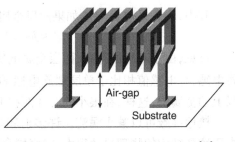

图 10.27 集成的 MEMS 螺旋管电感[30]

$$\lambda = N\phi = \frac{\mu N^2 IA_c}{l_c} \qquad (10.155)$$

无限长的 MEMS 螺线管电感的电感量为

$$L = \frac{\lambda}{I} = \frac{\mu N^2 A_c}{l_c} \qquad (10.156)$$

短螺线管的电感量比无限长螺线管的电感量要低,Wheeler 给出了半径为 r 和长度为 l_c 的圆螺线管的电感量计算公式为[3]:

$$L = \frac{L_\infty}{1 + 0.9\frac{r}{l_c}} = \frac{\mu A_c N^2}{l_c \left(1 + 0.9\frac{r}{l_c}\right)} \qquad (10.157)$$

对于方形螺线管而言,其等效横截面的面积为

$$A = h^2 = \pi r^2 \qquad (10.158)$$

因此得到

$$r = \frac{h}{\sqrt{\pi}} \qquad (10.159)$$

图 10.28 给出了比值 L/L_∞ 与 r/l_c 的函数关系曲线。

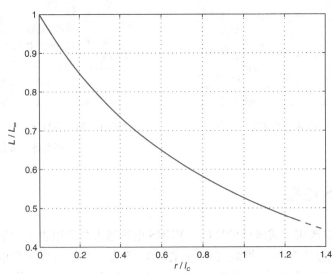

图 10.28 比值 L/L_∞ 与 r/l_c 的函数关系

例 10.19 计算 MEMS 螺线管的电感量,已知圈数 $N=10$,方形导线的厚度 $h=8\,\mu m$,每圈之间的间距 $s=8\,\mu m$,螺线管的形状为边长 $w=50\,\mu m$ 的正方形。

解:MEMS 螺线管的横截面面积为

$$A_c = w^2 = (50 \times 10^{-6})^2 = 25 \times 10^{-10}\,\text{m}^2 \tag{10.160}$$

螺线管长度为

$$l_c = (N-1)(h+s) = (10-1)(8+8) \times 10^{-6} = 144 \times 10^{-6}\,\text{m} = 144\,(\mu m) \tag{10.161}$$

螺线管电感值为

$$L = \frac{\mu N^2 A_c}{l_c} = \frac{4\pi \times 10^{-7} \times 10^2 \times 25 \times 10^{-10}}{144 \times 10^{-6}} = 2.182\,(\text{nH}) \tag{10.162}$$

Brooks 电感:当导线长度给定的情况下,若 $a/c = 3/2$ 且 $b=c$ 时,可以获得最大电感量,其中,a 是线圈平均半径,b 是线圈轴向厚度,c 是线圈径向厚度。此时,电感值的计算公式为[17,18]

$$L = 1.353\mu a N^2 \tag{10.163}$$

10.18 同轴电缆的电感

同轴电缆的电感值为

$$L = \frac{\mu l}{2\pi} \ln\left(\frac{b}{a}\right) \tag{10.164}$$

其中,a 是介质层的内半径,b 是介质层的外半径,l 是同轴电缆的长度。

10.19 双传输线的电感

由两根并行导线构成的传输线电感为

$$L = \frac{\mu l}{\pi} \left[\ln\left(\frac{d}{2a}\right) + \sqrt{\left(\frac{d}{2a}\right)^2 - 1} \right] \tag{10.165}$$

其中,a 是传输线的半径,d 是两根导线的中心距离,l 是传输线的长度。

10.20 集成电感中的涡流

平面螺旋电感的性能下降是由以下效应引起的:

(1)由于电导率的有限性($\sigma < \infty$)引起的金属导线电阻。

(2)由于磁场向衬底以及相邻导线的渗透,产生了涡流损耗。

(3)衬底的欧姆损耗。

(4)由金属导线、氧化硅和衬底形成的电容。电容可以传导位移电流,流过衬底和金属导线。

当一个时变电压加在电感的两个端子之间时,沿电感导体会流过一个随时间变化的电流,并产生磁场。该磁场垂直穿透金属线环,在金属线环内产生涡流电流,这些电流集中在金属导线的边缘。在金属导线边缘的外侧,从电感外部电流中要减去涡流电流;在金属导线边缘的内侧靠近螺旋中心处,需要加上涡流电流。因此,金属导体内部的电流密度是不均匀的,内侧边缘高,外侧边缘低,增加了金属导线的有效电阻。磁场也会在螺旋金属导线下方的半导体衬底中产生涡流。在 CMOS 工艺中,衬底的电阻率较低,通常 $\rho_{sub}=0.015\Omega cm$。因此,涡流损耗在所有损耗中占主要部分。电感品质因数 Q 通常在 $3\sim4$ 之间。在 BiCMOS 工艺中,衬底的电阻率较高,通常为 $10\sim30\Omega cm$,因此,涡流损耗小到可以忽略不计,电感品质因数 Q 通常在 $5\sim10$ 之间。金属线圈到衬底之间的电容传导位移电流,引起功率损失,这些功率损失可以通过以下措施来降低:加接地屏蔽;刻蚀掉螺旋金属导线下方的半导体材料;通过厚氧化物层来增加金属导线和衬底的隔离;使用高电阻率的衬底;或者使用蓝宝石等绝缘衬底。当工作频率较高时,金属导线的有效电阻会因为趋肤效应和临近效应而增加,并导致电流拥挤现象。

通常使用一个由 n^+ 或 p^+ 扩散区形成的非闭合接地环包围在电感线圈周围,其目的是为了给衬底感应出的电流提供一个低阻抗的到地的路径,从而降低衬底损耗,提高电感的品质因数。

另一种减少衬底损耗的方法是在螺旋电感和衬底之间插入高电导率的接地保护环,该保护环带有多个开槽结构以减少涡流的路径。

如果在氧化层的下面制作一个 n 阱,那么 p 型衬底和 n 阱会形成一个 pn 结。如果此结被反向偏置,它可以用一个电容 C_J 表示。氧化层电容 C_{ox} 和结电容 C_J 串联,减少了总电容。从

图 10.29 导线宽度变化的射频
集成电路电感

而减少了从金属导线到衬底的电流,降低了衬底损耗,提高了品质因数。

很多种结构可以用来遏制涡流。涡流绕着螺旋电感的轴向流动,可以通过在垂直于涡流流动方向上插入窄的 n^+ 扩散条形成 pn 结阻挡区。

磁场在螺旋电感的轴线附近达到最大值,外层线圈的电流密度比内层线圈的要高。因此,如果外圈比内圈的金属导线宽,可以减小串联电阻,降低功率损耗,如图 10.29 所示。此外,相邻线圈之间的间距也可以从螺旋电感中心向外圈逐渐增加。

10.21 射频集成电感的模型

射频集成电路平面螺旋电感的二端口 π 型模型如图 10.30 所示,元件 L_S、R_S 和 C_S 分别代表金属导线的电感、电阻和电容,电容 C_{OX} 表示金属-氧化物-衬底电容,元件 R_{Si} 和 C_{Si} 分别表示衬底的电阻和电容。由第 10.15 节给出的公式可以计算出电感 L_S 的值,交流电阻可由式(10.17)计算得到。

螺旋电感线圈与作为下层通道的导线形成并联杂散电容,其计算公式为

$$C_S = \epsilon_{ox}\frac{Nw^2}{t_{ox}} \qquad (10.166)$$

尽管螺旋电感线圈与线圈之间的间距 s 很小,它们之间的电容 C_u 也很小,这是因为金属导线的厚度 h 很小,使得垂直面积很小。线圈与线圈之间形成的横向电容串联连接,因此等效的线圈间电容 C_u/N 很小。相邻线圈之间存在一个非常小的电压

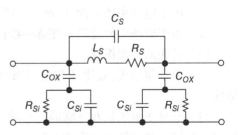

图 10.30 射频集成电路螺旋电感的
集总参数物理模型

差,存储在线圈之间电容内的电能与电压的平方成正比。另外,流过线圈与线圈之间电容的位

移电流 $i_C = C_u \mathrm{d}v/\mathrm{d}t \approx C_u \Delta v/\delta t$ 非常小,因此,线圈与线圈之间电容的影响可以忽略不计。由于下层通道的导线和螺旋电感线圈之间的电位差较大,因此交叠电容的影响更为明显。杂散电容使得电流可以从输入端口直接流到输出端口而不经过电感,电流还可以通过电容 C_{ox} 和 C_{Si} 在一端和衬底之间流动。

金属导线和硅衬底之间的电容为

$$C_{ox} = \epsilon_{ox} \frac{A}{2t_{ox}} = wl \frac{\epsilon_{ox}}{2t_{ox}} \tag{10.167}$$

其中,w 是金属导线的宽度,l 是金属导线的长度,$A = wl$ 是金属导线的面积,t_{ox} 是二氧化硅（SiO_2）的厚度,$\epsilon_{ox} = 3.9\varepsilon_0$ 是二氧化硅的介电常数。通常 t_{ox} 的值为 $1.8 \times 10^{-8} m$。

衬底电容为

$$C_{Si} \approx \frac{wlC_{sub}}{2} \tag{10.168}$$

其中,C_{sub} 在 $10^{-3} \sim 10^{-2} fF/\mu m^2$ 之间。

表示衬底介质损耗的电阻为

$$R_{Si} = \frac{2}{wlG_{sub}} \tag{10.169}$$

其中,G_{sub} 是单位面积的衬底电导,通常 $G_{sub} = 10^{-7}S/\mu m^2$。

10.22 PCB 电感

图 10.31 给出了一种制作在印刷电路板（PCB）上的变压器。平面电感和变压器包括一个扁平的蚀刻在印刷电路板上的铜导线和两片扁平的铁氧体磁芯。其中,一片铁氧体磁芯在线圈下方,另一片在线圈上方。通常在印刷电路板的两面蚀刻绕组,E 型磁芯,PQ 磁芯和短脚 RM 磁芯常用于 PCB 电感和变压器,并且磁芯通常比较宽。平面磁性元件技术适用于圈数较少的情况,随着工作频率的增加,圈数会减少。高频情况下,往往只需要几圈。薄铜箔线的涡流损耗比圆形铜线的要低,因为它更容易满足 $h < 2\delta_w$ 的条件。大多数平面电感器和变压器是间隙式铁氧体器件。通过降低电流密度来减少线圈损耗,提高传统的绕线磁性元件的磁通量密度来增加磁芯损耗,上述方法可以使总功率损耗最小。平面变压器的典型泄漏电感为初级线圈电感的 $0.1\% \sim 1\%$。平面磁芯线圈窗口面积小,覆盖面积大。平面电感的电磁干扰/射频干扰（EMI/RFI）比圆形磁芯电感更高。图 10.32 给出了多层 PCB 电感的结构示意图,其中在印刷电路板的每一层都蚀刻有线圈,平面电感和变压器非常适合用于大批量生产。

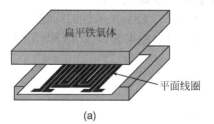

图 10.31 PCB 变压器

（a）顶视图；（b）侧视图

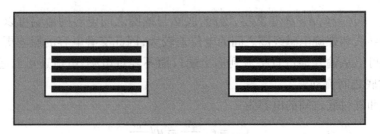

图 10.32　多层 PCB 电感

可用于 PCB 技术的电感类型如下：

- 无芯电感
- 带有平面线圈和磁板的电感
- 闭合芯结构

PCB 电感可做成单面板、双面板及多层板的结构，可使用用于 PCB 的光刻工艺，制作 PCB 电感时需要光掩膜板。

PCB 电感最简单的结构是无芯平面线圈，在每个 PCB 层刻蚀最大数目的线圈圈数可实现最大电感。通常情况下，PCB 有 6 层。无芯 PCB 电感的最大功率输出受最高温度的限制。

平面电感还可以在电路板的顶部和底部安装磁心，磁板在平面线圈结构的任一侧上，可增加电感量。磁板的厚度增加时，电感也会增加。带有磁板的 PCB 电感的 EMI 性能比无芯电感更好。因为没有了占空间的筒管，PCB 电感具有很大的功率密度。

闭合芯结构的 PCB 电感是由磁孔提供的芯体区域构成，电感随着内芯半径和缠绕圈数的增加而增加。

平面电感和变压器的优点如下：

- 外形轮廓小
- 体积小
- 功率密度大
- 封装小
- 性能的重复性和一致性好
- 磁耦合高
- 漏电感低
- 机械完整性好
- 由于金属导线的厚度小，导致趋肤效应和邻近效应引起的功率损耗低
- 降低了线圈交流电阻和功率损耗
- 成本低
- 因为单位体积的表面积大，导热性好

10.23　本章小结

- 电感是无线电发射机和其他无线通信电路的重要组成部分。
- 实现高品质因数(低损耗)的集成片上电感是一个极具挑战性的问题。
- 集成电感包括平面螺旋电感、平面折线电感、键合线电感以及 MEMS 电感。
- 平面电感包括螺旋电感和折线电感。
- 平面电感与集成电路工艺兼容。
- 集成电感的范围为 0.1～20nH。
- 集成电感占据了很大的芯片面积。
- 集成电感的品质因数很低。
- 射频 IC 平面螺旋电感的应用很广泛。
- 折线电感只需要一层金属。

- 折线电感的电感量与表面面积比低。
- 平面螺旋电感通常需要两层金属。
- 平面螺旋电感单位面积的电感量很高。
- 磁通的方向垂直于衬底,因此会干扰电路。
- 方形平面电感的总自感等于所有直线段的自感之和。
- 方形平面电感的互感仅存在于平行线段之间。
- 如果平行导体中电流流动方向一致,则平行线段之间的互感为正。
- 如果平行导体中电流流动方向相反,则平行线段之间的互感为负。
- 平面电感的电感值几乎与金属导线的长度 l 成正比。
- 随着导体宽度 w 和导体间间距 s 的增加,总电感量和电阻减小。
- 导体厚度不影响电感值,但显著降低了电阻。
- 射频 IC 电感的磁通量渗透到衬底,产生高损耗的涡流。
- 接地屏蔽可用于降低涡流损耗。
- 制作 MEMS 螺线管电感比平面螺旋电感更复杂。
- MEMS 电感具有比平面集成电感更高的品质因数。
- 键合线电感的可预测性低。
- 用最顶层金属实现集成平面螺旋电感可以使寄生电容最小,提高自谐振频率。

10.24 复习思考题

10.1 列出集成电感的类型。

10.2 集成电感的应用范围有哪些?

10.3 性能良好的集成电感容易实现吗?

10.4 什么样类型的集成电感使用最广泛?

10.5 平面集成电感的主要缺点是什么?

10.6 在 RF IC 平面电感设计中通常使用多少层金属?

10.7 什么是螺旋平面电感的下层通道?

10.8 什么是集成电感的空气桥?

10.9 什么情况下两导体之间的互感为零?

10.10 什么情况下两导体之间的互感为正? 什么时候为负?

10.11 集成电感的品质因数高吗?

10.12 什么是电感的自谐振频率?

10.13 键合线电感的主要缺点是什么?

10.14 平面电感器的优缺点是什么?

10.15 MEMS 电感的优缺点是什么?

10.16 如何减小涡流损耗?

10.17 平面螺旋电感的模型包括哪些元件?

10.25 习题

10.1 当频率 $f=1\text{GHz}$ 时,计算下列几种材料的趋肤深度: (a)铜; (b)铝; (c)银; (d)金。

10.2 计算铝条的直流电阻,已知 $l=50\mu\text{m}, w=1\mu\text{m}, h=1\mu\text{m}$。计算 10GHz 时的交流电

阻,并给出 F_R。

10.3 计算矩形直线导体的电感量,已知 $l = 100\mu m, w = 1\mu m, h = 1\mu m, \mu_r = 1$。

10.4 计算折线电感的电感量,已知 $N = 10, w = 40\mu m, s = 40\mu m, a = 40\mu m, h = 100\mu m$, $\mu_r = 1$。

10.5 计算圆形直线导体的电感量,已知 $\delta \gg h$ 时,$l = 2mm, \mu_r = 1, a = 20\mu m$。并计算频率 $f = 2.4GHz$ 时,铜圆形直线导体的电感量。

10.6 计算键合线电感的电感量,已知 $l = 1mm, a = 1\mu m$。

10.7 计算平面螺旋电感的电感量,已知 $N = 10, r = 100\mu m$。

10.8 根据 Bryan 公式,计算方形平面螺旋电感的电感量,已知 $N = 10, s = 20\mu m, w = 30\mu m, d = 40\mu m$。

10.9 根据 Wheeler 公式,计算方形平面螺旋电感的电感量,已知 $N = 10, s = 20\mu m, w = 30\mu m, d = 40\mu m$。

10.10 根据 Greenhouse 公式,计算方形平面螺旋电感的电感量,已知 $N = 15, s = 20\mu m$, $w = 30\mu m, h = 20\mu m, d = 40\mu m$。

10.11 根据 Rosa 公式,计算方形平面螺旋电感的电感量,已知 $N = 10, s = 20\mu m, w = 30\mu m, h = 20\mu m, d = 40\mu m$。

10.12 根据 Cranin 公式,计算方形平面螺旋电感的电感量,已知 $N = 10, s = 20\mu m, w = 30\mu m, h = 20\mu m, d = 40\mu m$。

10.13 根据 monomial 公式,计算方形平面螺旋电感的电感量,已知 $N = 10, s = 20\mu m, w = 30\mu m, h = 20\mu m, d = 40\mu m$。

10.14 根据 Jenei 公式,计算方形平面螺旋电感的电感量,已知 $N = N_i = 10, s = 20\mu m$, $w = 30\mu m, h = 20\mu m, d = 40\mu m$。

10.15 根据 Terman 公式,计算方形平面螺旋电感的电感量,已知 $N = 10, w = 30\mu m, h = 20\mu m, D = 1000\mu m$。

10.16 根据 Rosa 公式,计算六边形平面螺旋电感的电感量,已知 $N = 10, s = 20\mu m, w = 30\mu m, h = 20\mu m, d = 40\mu m$。

10.17 根据 Rosa 公式,计算八边形平面螺旋电感的电感量,已知 $N = 5, s = 20\mu m, w = 30\mu m, h = 20\mu m, d = 60\mu m$。

10.18 根据 Rosa 公式,计算圆形平面螺旋电感的电感量,已知 $N = 10, d = 40\mu m, w = 30\mu m, s = 20\mu m$。

10.19 计算 MEMS 螺线管的电感量,已知圈数 $N = 20$,方形导线的厚度 $h = 10\mu m$,各线圈之间的间距 $s = 10\mu m$,正方形螺线管的边长 $w = 100\mu m$。

参考文献

[1] E. B. Rosa, "Calculation of the self-inductance of single-layer coils," *Bulletin of the Bureau of Standards*, vol. 2, no. 2, pp. 161–187, 1906.

[2] E. B. Rosa, "The the self and mutual inductances of linear conductors," *Bulletin of the Bureau of Standards*, vol. 4, no. 2, pp. 302–344, 1907.

[3] H. A. Wheeler, "Simple inductance formulas for radio coils," *Proceedings of the IRE*, vol. 16, no. 10, pp. 1398–1400, 1928.

[4] H. Λ. Wheeler, "Formulas for the skin effect," *Proceedings of the IRE*, vol. 30, pp. 412–424, 1942.

[5] F. E. Terman, *Radio Engineers' Handbook*. New York, NY: McGraw-Hill, 1943.

[6] R. G. Medhurst, "HF resistance and self-capacitance of single-layer solenoids," *Wireless Engineers*, pp. 35–43, 1947, and pp. 80–92, 1947.

[7] H. E. Bryan, "Printed inductors and capacitors," *Tele-Tech and Electronic Industries*, vol. 14, no. 12, p. 68, 1955.

[8] F. W. Grover, *Inductance Calculations: Working Formulas and Tables*, Princeton, NJ: Van Nostrand, 1946; reprinted by Dover Publications, New York, NY, 1962.

[9] J. C. Maxwell, *A Treatise of Electricity and Magnetism, Parts III and IV*, 1st Ed., 1873, 3rd Ed, 1891; reprinted by Dover Publishing, New York, NY, 1954 and 1997.

[10] H. Dill, "Designing inductors for thin-film applications," *Electronic Design*, pp. 52–59, 1964.

[11] D. Daly, S. Knight, M. Caulton, and R. Ekholdt, "Lumped elements in microwave integrated circuits," *IEEE Transactions on Microwave Theory and Techniques*, vol. 15, no. 12, pp. 713–721, 1967.

[12] J. Ebert, "Four terminal parameters of HF inductors," *Bulletin de l'Academie Polonaise des. Sciences, Serie des Sciences Techniques, Bulletin de l'Academie Polonaise de Science*, No. 5, 1968.

[13] R. A. Pucel, D. J. Massé, and C. P. Hartwig, "Losses in microstrops," *IEEE Transactions on Microwave Theory and Techniques*, vol. 16, no. 6, pp. 342–250, 1968.

[14] H. M. Greenhouse, "Design of planar rectangular microelectronic inductors," *IEEE Transactions on Parts, Hybrids, and Packaging*, vol. PHP-10, no. 2, pp. 101–109, 1974.

[15] N. Saleh, "Variable microelectronic inductors," *IEEE Transactions on Components, Hybrids, and Manufacturing Technology*, vol. 1, no. 1, pp. 118–124, 1978.

[16] D. Schieber, "On the inductance of printed spiral coils," *Archiv fur Elektrotechnik*, vol. 68, pp. 155–159, 1985.

[17] B. Brooks, "Design of standards on inductance, and the proposed use of model reactors in the design of air-core and iron-core reactors," *Bureau Standard Journal Research*, vol. 7, pp. 289–328, 1931.

[18] P. Murgatroyd, "The Brooks inductor: a study of optimal solenoid cross-sections," *IEE Proceedings, Part B, Electric Power Applications*, vol. 133, no. 5, pp. 309–314, 1986.

[19] L. Weimer and R. H. Jansen, "Determination of coupling capacitance of underpasses, air bridges and crossings in MICs and MMICS," *Electronic Letters*, vol. 23, no. 7, pp. 344–346, 1987.

[20] N. M. Nguyen and R. G. Mayer, "Si IC-compatible inductors and LC passive filter," *IEEE Journal of Solid-State Circuits*, vol. 27, no. 10, pp. 1028–1031, 1990.

[21] P. R. Gray and R. G. Mayer, "Future directions in silicon IC's for RF personal communications," *Proceedings IEEE 1995 Custom Integrated Circuits Conference*, May 1995, pp. 83–90.

[22] J. Craninckx and M. S. J. Steyeart, "A 1.8 GHz CMOS low noise voltage-controlled oscillator with prescalar," *IEEE Journal of Solid-State Circuits*, vol. 30, pp. 1474–1482, 1995.

[23] J. R. Long and M. A. Copeland, "The modeling, characterization, and design of monolithic inductors for silicon RF IC's," *IEEE Journal of Solid-State Circuits*, vol. 32, no. 3, pp. 357–369, 1997.

[24] J. N. Burghartz, M. Soyuer, and K. Jenkins, "Microwave inductors and capacitors in standard multilevel interconnect silicon technology," *IEEE Transactions on Microwave Theory and Technique*, vol. 44, no. 1, pp. 100–103, 1996.

[25] K. B. Ashby, I. A. Koullias, W. C. Finley, J. J. Bastek, and S. Moinian, "High Q inductors for wireless applications in a complementary silicon bipolar process," *IEEE Journal of Solid-State Circuits*, vol. 31, no. 1, pp. 4–9, 1996.

[26] C. P. Yue, C. Ryu, J. Lau, T. H. Lee, and S. S. Wong, "A physical model for planar spiral inductors in silicon," *International Electron Devices Meeting Technical Digest*, December 1996, pp. 155–158.

[27] C. P. Yue and S. S. Wang, "On-chip spiral inductors with patterned ground shields for Si-bases RF ICs," *IEEE Journal of Solid-State Circuits*, vol. 33, no. 5, pp. 743–752, 1998.

[28] F. Mernyei, F. Darrer, M. Pardeon, and A. Sibrai, "Reducing the substrate losses of RF integrated inductors," *IEEE Microwave and Guided Wave Letters*, vol. 8. no. 9, pp. 300–301, 1998.

[29] A. M. Niknejad and R. G. Mayer, "Analysis, design, and optimization of spiral inductors and transformers for Si RF IC's," *IEEE Journal of Solid-State Circuits*, vol. 33. no. 10, pp. 1470–1481,

1998.

[30] Y.-J. Kim and M. G. Allen, "Integrated solenoid-type inductors for high frequency applications and their characteristics," *1998 Electronic Components and Technology Conference*, 1998, pp. 1249–1252.

[31] C. P. Yue and S. S. Wong, "Design strategy of on-chip inductors highly integrated RF systems," *Proceedings of the 36th Design Automation Conference*, 1999, pp. 982–987.

[32] M. T. Thomson, "Inductance calculation techniques – Part II: approximations and handbook methods," *Power Control and Intelligent Motion*, pp. 1–11, 1999.

[33] S. S. Mohan, M. Hershenson. S. P. Boyd, and T. H. Lee, " Simple accurate expressions for planar spiral inductors," *IEEE Journal of Solid-State Circuits*, vol. 34, no. 10, pp. 1419–1424, 1999.

[34] Y. K. Koutsoyannopoulos and Y. Papananos, "Systematic analysis and modeling of integrated inductors and transformers in RF IC design" *IEEE Transactions on Circuits and Systems-II, Analog and Digital Signal Processing*, vol. 47, no. 8, pp. 699–713, 2000.

[35] W. B. Kuhn and N. M. Ibrahim, "Analysis of current crowding effects in multiturn spiral inductors," *IEEE Transactions on Microwave Theory and Techniques*, vol. 49, no. 1, pp. 31–38, 2001.

[36] A. Zolfaghati, A. Chan, and B. Razavi, "Stacked inductors and transformers in CMOS technology", *IEEE Journal of Solid-State Circuits*, vol. 36, no. 4, pp. 620–628, 2001.

[37] S. Jenei, B. K. J. Nauwelaers, and S. Decoutere, "Physics-based closed-form inductance expressions for compact modeling of integrated spiral inductors," *IEEE Journal of Solid-State Circuits*, vol. 37, no. 1, pp. 77–80, 2002.

[38] T.-S. Horng. K.-C. Peng, J.-K. Jau, and Y.-S. Tsai, "S-parameters formulation of quality factor for a spiral inductor in generalized tow-port configuration," *IEEE Transactions on Microwave Theory and Technique*, vol. 51, no. 11, pp. 2197–2202, 2002.

[39] Yu. Cao, R. A. Groves, X. Huang, N. D. Zamder, J.-O. Plouchart, R. A. Wachnik, T.-J. King, and C. Hu, "Frequency-independent equivalent-circuit model for on-chip spira; inductors, " *IEEE Journal of Solid-State Circuits*, vol. 38, no. 3, pp. 419–426, 2003.

[40] J. N. Burghartz and B. Rejaei, "On the design of RF spiral inductors on silicon," *IEEE Transactions on Electron Devices*, vol. 50, no. 3, pp. 718–729, 2003.

[41] J. Aguilera and R. Berenguer, *Design and Test of Integrated Inductors for RF Applications*. Boston, MA: Kluwer Academic Publishers, 2003.

[42] W. Y. Lin, J. Suryanarayan, J. Nath, S. Mohamed, L. P. B. Katehi, and M. B. Steer, "Toroidal inductors for radio-frequency integrated circuits," *IEEE Transactions on MIcrowave Circuits and Techniques*, vol. 52, no. 2, pp. 646–651, 2004.

[43] N. Wong, H. Hauser, T. O'Donnel, M. Brunet, P. McCloskey, and S. C. O'Mathuna, "Modeling of high-frequency micro-transformers," *IEEE Transactions on Magnetics*, vol. 40, pp. 2014–2016, 2004.

[44] M. Yamagouci, K. Yamada, and K. H. Kim, "Slit design consideration on the ferromagnetic RF integrated inductors," *IEEE Transactions on Magnetics*, vol. 42, pp. 3341–3343, 2006.

[45] S. Muroga, Y. Endo, W. Kodale, Y. Sasaki, K. Yoshikawa, Y. Sasaki, M. Nagata, and N. Masahiro, "Evaluation of thin film noise suupressor applied to noise emulator chip implemented in 65 nm CMOS technology," *IEEE Transactions on Magnetics*, vol. 48, pp. 4485–4488, 2011.

[46] T. Suetsugu and M. K. Kazimierczuk, "Integration of Class DE inverter for dc-dc converter on-chip power supplies," *IEEE International Symposium on Circuits and Systems*, Kos, Greece, May 21-24, 2006, pp. 3133–3136.

[47] T. Suetsugu and M. K. Kazimierczuk, "Integration of Class DE synchronized dc-dc converter on-chip power supplies," *IEEE Power Electronics Specialists Conference*, Jeju, South Korea, June 21-24, 2006.

[48] W.-Z. Chen, W.-H. Chen, and K.-C. Hsu, "Three-dimensional fully symmetrical inductors, transformers, and balun in CMOS technology," *IEEE Transactions on Circuits and Systems I*, vol. 54, no. 7, pp. 1413–1423, 2007.

[49] J. Wibben and R. Harjani, "A high-efficiency DC-DC converter using 2 nH integrated inductors," *IEEE Journal of Solid-State Circuits*, vol 43, no. 4, pp. 844–854, 2008.

[50] A. Massarini and M. K. Kazimierczuk, "Self-capacitance of inductors," *IEEE Transactions on Power Electronics*, vol. 12, no. 4, pp. 671–676, 1997.

[51] G. Grandi, M. K. Kazimierczuk, A. Massarini, and U. Reggiani, "Stray capacitance of single-layer solenoid air-core inductors," *IEEE Transactions on Industry Applications*, vol. 35,

no. 5, pp. 1162–1168, 1999.

[52] G. Stojanovic, L. Zivanov, and M. Damjanovic, "Compact form of expressions for inductance calculation of meander inductors," *Serbian Journal of Electrical Engineering*, vol. 1, no. 3, pp. 57–68, 2004.

[53] J.-T. Kuo, K.-Y. Su, T.-Y. Liu, H.-H. Chen and S.-J. Chung, "Analytical calculations for dc inductances of rectangular spiral inductors with finite metal thickness in the PEEC formulation," *IEEE Microwave and Wireless Components Letters*, vol. 16, no. 2, pp. 69–71, February, 2006.

[54] A. Estrov, "Planar magnetics for power converters," *IEEE Transactions on Power Electronics*, vol. 4, pp. 46–53, 1989.

[55] D. van der Linde, C. A. M. Boon, and J. B. Klaasens, "Design of a high-frequency planar power transformer in the multilayer technology," *IEEE Transactions on Power Electronics*, vol. 38, no. 2, pp. 135–141, August 1991.

[56] M. T. Quire, J. J Barrett, and M. Hayes, "Planar magnetic component technology − A review," *IEEE Transactions on Components, Hybrides, and Manufacturing Technology*, vol. 15, no. 5, pp. 884–892, August 1992.

第 11 章 带有动态电源的射频功率放大器

11.1 引言

本章主要讨论无线发射机中用做动态电源或振幅调制器的脉宽调制降压型开关模式的变换器。这里,变换器的输出电压是变化的,而直流输入电压通常是恒定的[1~61]。该电路也叫做 S 类放大器。本章将给出连续导通模式(CCM 模式)降压型变换器和同步降压型变换器的分析,推导变换器所有元件的电流、电压波形以及 CCM 模式下直流电压的函数,给出元件电压和电流的应力,确定 CCM 模式和非连续导通模式(DCM)的边界,推导输出电压纹波的表达式,估算所有元件的功率损耗、晶体管的栅极驱动功率以及变换器的所有效率,并给出设计实例。

11.2 动态电源

RF 功率放大器中的晶体管或用做受控电流源,或用做开关。当晶体管用做受控电流源时,RF 功率放大器的漏极效率表达式为

$$\eta_D = k\left(\frac{V_m}{V_I}\right)^n \tag{11.1}$$

其中 n 和 k 是取决于放大器类型的常数。对 A 类 RF 功率放大器而言,$n = 2$;对 AB 类、B 类和 C 类 RF 功率放大器而言,$n = 1$;对 A 类 RF 功率放大器而言,$k = 1/2$;对 B 类 RF 功率放大器而言,$k = \pi/4$。

由式(11.1)可见,V_m/V_I 的比值越大,则漏极效率 η_D 越高。当直流电源电压 V_I 不变时,漏极效率 η_D 随着 V_m 的减小而变低;当 V_m 接近 V_I 时,效率变高。为了提高输出电压幅度 V_m(如 AM)变化的 RF 功率放大器的漏极效率 η_D,电源电压也可以设计成与输出电压幅度 V_m 相关,使得 V_m/V_I 的比值接近 1。此时,漏极效率表达式变为

$$\eta_D = k\left[\frac{V_m(t)}{v_I(t)}\right]^n \tag{11.2}$$

一个动态电源能够跟踪 V_m 的幅度,这个方法就叫做提高 RF 功率放大器漏极效率的包络追踪法。输出电压 $v_o(t)$ 的波形直接与栅源电压 $v_{gs}(t)$ 的交流分量成正比,即

$$v_o(t) = A_v v_{gs}(t) \tag{11.3}$$

其中,A_v 是功率放大器的电压增益,该电压增益是与输出电压幅度无关的常数。

当电源电压 V_I 与 v_o 很接近时,放大器开始饱和,导致输出电压失真。因此,输出电压必须与 v_I 无关,也就是说,电源抑制比(PSRR)应当为 0。输出电压 $v_o(t)$ 的波形仅由栅-源电压 $v_{gs}(t)$ 控制,动态电源输出电压 $v_I(t)$ 应当与栅-源电压 $v_{gs}(t)$ 的交流分量成正比

$$v_I(t) = a v_{gs}(t) \tag{11.4}$$

进一步有

$$v_I(t) = v_o(t) + \Delta V \tag{11.5}$$

通常 ΔV 约为2V。具有动态电源的高效 RF 功率放大器原理框图如图 11.1 所示。

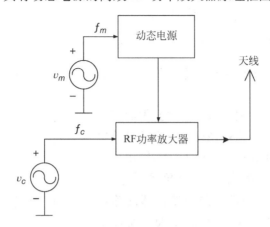

图 11.1 具有动态电源的高效 RF 功率放大器原理框图

11.3 幅度调制

在 D 类、E 类等晶体管工作在开关状态的 RF 功率放大器中，通过改变放大器的电源电压 V_I 来实现 AM 调制。对于这种类型的 RF 功率放大器，输出电压的幅度 V_m 直接与直流电源电压 V_I 成正比

$$V_m = M_{vo} V_I \tag{11.6}$$

其中，系数 M_{vo} 是取决于放大器类型的常数。为了实现 AM 调制，调制信号电压源与直流电压源 V_I 串联连接。对于 E 类 RF 功率放大器而言，占空比 $D = 0.5$ 时，$M_{vo} = \left(\sqrt{\pi^2 + 4} \right) \approx 1.074$；对于 D 类半桥功率放大器而言，$M_{vo} = 2/\pi$；对于 D 类全桥功率放大器而言，$M_{vo} = 4/\pi$。当然，匹配电路可能会改变这些系数值。

11.4 工作在 CCM 模式下的 PWM 降压型变换器直流分析

11.4.1 电路结构

开关模式的电源（SMPS）可以用做动态电源。PWM 降压型 DC-DC 变换器的电路如图 11.2(a)所示，它包含四个部分：用作可控开关 S[①] 的功率 MOSFET、整流二极管 D_1、电感 L 和滤波电容 C。电阻 R_L 表示直流负载。功率 MOSFET 由于其高速特性而普遍用做 DC-DC 变换器的可控开关。1979 年，国际整流器公司（InternationaL Rectifier）获得了第一个可实现的商用功率 MOSFET 专利产品——HEXFET。此外，其他的功率开关有双极结型晶体管（BJTs）、绝缘栅双极晶体管（IGBTs）和 MOS 控制的晶闸管（MCTs）等。二极管 D_1 称做续流二极管、飞轮二极管或环流二极管。

晶体管和二极管组成一个单刀双掷开关，控制着从信号源到负载的能量流。电容和电感的作用是进行能量的存储和转移。由晶体管和二极管组成的开关网络斩断了直流输入电压

---

① 本书尊重英文原版图书写作方式，将开关 S 和二极管 D 都用斜体表示。——编辑注

V_I,减小了平均电压,因此变换器通常又称做"斩波器"。开关 S 受脉冲宽度调制器控制,并以开关频率 $f_s = 1/T$ 进行开关。开关的占空比 D 被定义为

$$D = \frac{t_{on}}{T} = \frac{t_{on}}{t_{on} + t_{off}} = f_s t_{on} \quad (11.7)$$

其中 t_{on} 是开关 S 导通的时间间隔, t_{off} 是开关 S 断开的时间间隔。

    由于驱动电压 v_{gs} 的占空比 D 是变化的,因此其他波形的占空比也随之变化。这就使得在固定的直流电源电压 V_I 和负载电阻 R_L(或负载电流 I_o)下,输出电压也会变化。电路 L-C-R_L 相当于一个角频率 $f_0 = 1/(2\pi\sqrt{LC})$ 的二阶低通滤波器。降压变换器的输出电压 V_O 总是比输入电压 V_I 要低,因此,它是一种向下的变换器。降压变换器将电压降到一个较低的水平。由于 MOSFET 栅极的参考点不是地,使得驱动晶体管比较困难。变换器需要一个浮动的栅极驱动。

    根据电感电流的波形不同,降压型变换器可以工作于 CCM 模式或者 DCM 模式。CCM 模式下,整个周期电感都有电流流过;DCM 模式下,电感电流只流过整个周期的一部分。DCM 模式下,电感电流会降为 0,并会保持一段时间,然后再从 0 开始增加。工作在 CCM 和 DCM 边界的模式叫做临界模式(CRM)。

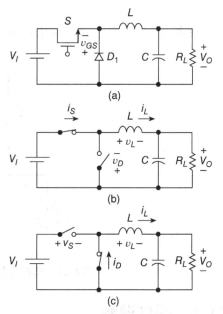

图 11.2   PWM 降压变换器及其 CCM
模式下的等效电路
(a) 电路原理图;
(b) 开关导通、二极管截止时的等效电路;
(c) 开关断开、二极管导通时的等效电路

    下面讨论 CCM 模式下降压型变换器的工作情况。图 11.2(b)、(c)分别给出了 CCM 模式下开关 S 导通、二极管 D_1 截止和开关 S 断开、二极管 D_1 导通时的降压型变换器等效电路。如图 11.3 所示理想情况下的电流和电压波形说明了变换器的工作原理。$t = 0$ 时刻,开关在驱动作用下导通,二极管两端的电压 $v_D = -V_I$,二极管处于反向偏置状态。电感 L 两端的电压 $v_L = V_I - V_O$,因此,电感电流以 $(V_I - V_O)/L$ 的斜率线性增加。对于 CCM 模式来说,$i_L(0) > 0$,电感电流 i_L 流过开关,使得 $i_S = i_L$。在这段时间区间内,来自直流输入电压源的能量被传输到电感、电容和负载。$t = DT$ 时刻,开关在驱动器作用下断开。

    当开关断开时,电感电流非零。由于电感电流波形是连续的时间函数,开关断开后,电感电流继续以相同的方向流动。此时,电感 L 相当于一个电流源,它迫使二极管导通。开关两端的电压为 V_I,电感两端的电压为 $-V_O$。因此,电感电流以斜率 $(V_I - V_O)/L$ 线性减小。在这段时间区间,输入电压源 V_I 不和电路连接在一起,不能将能量传输到负载和 LC 电路。开关断开时,电感 L 和电容 C 形成的能量库维持了负载电压和电流。在 $t = T$ 时刻,开关再次导通,电感电流增加,能量也增长。由于开关电压波形是矩形波,晶体管在高压时导通,因此,PWM 变换器是硬开关工作的。

    功率开关 S 和二极管 D_1 在 L-C-R_L 电路的输入处将直流输入电压 V_I 转换成方波。换句话说,直流输入电压 V_I 被晶体管-二极管开关网络斩波了。L-C-R_L 电路相当于一个二阶低通滤波器,把方波转换成低纹波的直流输出电压。由于稳态时电感 L 两端的平均电压为 0,输出电压 V_O 的均值就等于方波的平均电压。方波的宽度等于开关 S 导通的时间,可以通过改变

MOSFET 栅极驱动电压的占空比 D 来控制。方波是一个 PWM 电压波形。PWM 电压波形的平均值为 $V_O = DV_I$，该平均值取决于占空比 D，与 CCM 模式工作的负载几乎无关。理论上来说，占空比 D 的变化范围可以是 $0\% \sim 100\%$，这意味着输出电压 V_O 的变化范围可以为 $0 \sim V_I$。降压电路是一种减缓的变换器。因此，从输入电压源 V_I 传递到负载的总能量可以通过改变开关导通占空比 D 来控制。如果输出电压 V_O 和负载电阻 R_L（或者负载电流 I_O）是恒定的，输出功率也是恒定的。受 PWM 信号控制的占空比 D 由于控制分辨率的原因，其实际范围通常为 $5\% \sim 95\%$。

　　电感电流包含了与 CCM 模式下直流负载电流无关的交流分量和与直流负载电流 I_O 相等直流分量。当直流输出电流 I_O 流过电感 L 时，带铁心的电感磁化曲线（B-H）只有一半被利用。因此，设计电感时，可以使用带有空气间隙的铁心或增加铁心的体积来避免铁心饱和。

11.4.2　假设

　　分析如图 11.2(a)所示的降压型 PWM 变换器之前，首先作如下假设：

　　(1) 功率 MOSFET 和二极管都是理想开关。

　　(2) 晶体管输出电容、二极管电容和引线电感都为 0，忽略开关损耗。

　　(3) 无源元件都是线性、时不变并且与频率无关的。

　　(4) 输入电压源 V_I 的阻抗对直流和交流而言都是 0。

　　(5) 变换器工作在稳定状态下。

　　(6) 开关周期 $T = 1/f_s$ 比电抗元件的时间常数要小得多。

　　(7) 直流输入电压 V_I 和负载电阻 R_L 是恒定的，但直流输出电压 V_O 是变化的。

　　(8) 变换器无损耗。

11.4.3　时间区间：$0 < t \leqslant DT$

　　在 $0 < t \leqslant DT$ 时间区间内，开关 S 导通、二极管 D_1 截止。此时，理想的等效电路如图 11.2(b)

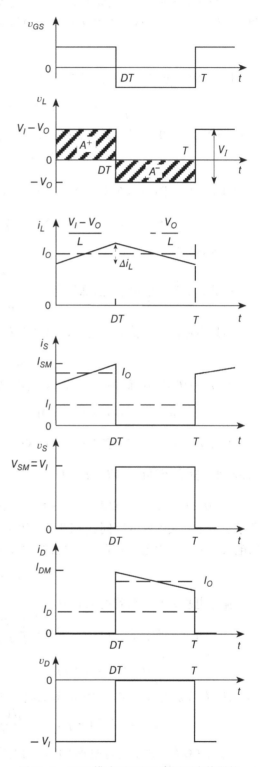

图 11.3　CCM 模式下 PWM 降压型变换器的理想电压和电流的波形

所示。当开关导通时,二极管两端的电压 v_D 约等于 $-V_I$,使得二极管反偏。开关两端的电压 v_s 和二极管的电流都为 0。电感 L 两端的电压为

$$v_L = V_I - V_O = L\frac{di_L}{dt} \tag{11.8}$$

因此,流过电感 L 和开关 S 的电流为

$$i_S = i_L = \frac{1}{L}\int_0^t v_L dt + i_L(0) = \frac{V_I - V_O}{L}\int_0^t dt + i_L(0) = \frac{V_I - V_O}{L}t + i_L(0) \tag{11.9}$$

其中 $i_L(0)$ 为 $t = 0$ 时刻电感 L 的初始电流。电感的峰值电流为

$$i_L(DT) = \frac{(V_I - V_O)DT}{L} + i_L(0) = \frac{(V_I - V_O)D}{f_s L} + i_L(0) \tag{11.10}$$

对于无损的降压型变换化器有: $M_{VDC} = V_O/V_I = D$。因此,电感 L 电流的峰-峰值为

$$\Delta i_L = i_L(DT) - i_L(0) = \frac{(V_I - V_O)DT}{L} = \frac{(V_I - V_O)D}{f_s L} = \frac{V_I D(1-D)}{f_s L} \tag{11.11}$$

二极管电压为

$$v_D = -V_I \tag{11.12}$$

因此,二极管反偏电压的峰值为

$$V_{DM} = V_I \tag{11.13}$$

电感电流的平均值等于直流输出电流 I_O。因此,开关电流的峰值为

$$I_{SM} = I_O + \frac{\Delta i_L}{2} \tag{11.14}$$

在 $0 \sim DT$ 时间区间内,电感 L 内存储的磁能增加值为

$$\Delta W_{L(in)} = \frac{1}{2}L\left[i_L^2(DT) - i_L^2(0)\right] = \frac{1}{2}L\left\{\frac{V_I D(1-D)}{f_s L}\left[\frac{V_I D(1-D)}{f_s L} + 2i_L(0)\right]\right\} \tag{11.15}$$

当开关在驱动作用下断开时,时间区间 $0 \sim DT$ 结束。

11.4.4 时间区间: $DT < t \leqslant T$

在 $DT < t \leqslant T$ 时间区间内,开关 S 断开、二极管 D_1 导通。此时,理想的等效电路如图 11.2(c) 所示。由于开关 S 断开瞬间,$i_L(DT)$ 不为零,电感相当于一个电流源并使得二极管导通。开关电流 i_s 和二极管电压 v_D 都为 0,电感 L 两端的电压为

$$v_L = -V_O = L\frac{di_L}{dt} \tag{11.16}$$

流过电感 L 和二极管的电流为

$$i_D = i_L = \frac{1}{L}\int_{DT}^t v_L dt + i_L(DT) = \frac{1}{L}\int_{DT}^t (-V_O)dt + i_L(DT) = -\frac{V_O}{L}\int_{DT}^t dt + i_L(DT)$$
$$= -\frac{V_O}{L}(t - DT) + i_L(DT) \tag{11.17}$$

其中,$i_L(DT)$ 是电感 L 在 $t = DT$ 时刻的电流值。电感 L 电流的峰-峰值为

$$\Delta i_L = i_L(DT) - i_L(T) = \frac{V_O T(1-D)}{L} = \frac{V_O(1-D)}{f_s L} = \frac{V_I D(1-D)}{f_s L} \tag{11.18}$$

可见,CCM 模式下流过电感 L 的波动电流 Δi_L 峰-峰值与负载电流 I_o 无关,与直流输入电压 V_I 和占空比 D 有关。若电压 V_I 不变,当 $D = 0.5$ 时,电感波动电流有最大值

$$\Delta i_{Lmax} = \frac{V_I D(1-D)}{f_s L} = \frac{V_I \times 0.5 \times (1-0.5)}{f_s L} = \frac{V_I}{4f_s L} \tag{11.19}$$

开关电压 v_S 和峰值开关电压 V_{SM} 分别为

$$v_S = V_{SM} = V_I \tag{11.20}$$

二极管和开关的峰值电流为

$$I_{DM} = I_{SM} = I_O + \frac{\Delta i_L}{2} \tag{11.21}$$

当开关在驱动作用下导通时,该时间区间在 $t = T$ 时结束。

在 $DT < t \leqslant T$ 时间区间内,储存在电感 L 内的磁能减少量为

$$\Delta W_{L(out)} = \frac{1}{2} L \left[i_L^2(DT) - i_L^2(T) \right] = \frac{1}{2} L \left[i_L^2(DT) - i_L^2(0) \right] = \Delta W_{L(in)} \tag{11.22}$$

可见,稳定工作状态下,磁能的增加量 $\Delta W_{L(in)}$ 等于其减少量 $\Delta W_{L(out)}$。

商业元件构成的变换器瞬态和稳态的电压、电流波形可以通过附录 B 所示的计算机仿真程序 SPICE 获得。

11.4.5 CCM 模式下的器件应力

CCM 模式下稳定工作状态时,开关和二极管承受的最大电压和电流应力分别为

$$V_{SMmax} = V_{DMmax} = V_{Imax} \tag{11.23}$$

$$I_{SMmax} = I_{DMmax} = I_{Omax} + \frac{\Delta i_{Lmax}}{2} = I_{Omax} + \frac{(V_{Imax} - V_O)D_{min}}{2f_s L}$$

$$= I_{Omax} + \frac{V_O(1 - D_{min})}{2f_s L} \tag{11.24}$$

11.4.6 CCM 模式下的直流电压传递函数

下面讨论无损降压型变换器的电压传递函数。根据法拉第定律,线性电感电压和电流关系的微分表达式为

$$v_L = L \frac{di_L}{dt} \tag{11.25}$$

稳定工作状态下,满足边界条件

$$i_L(0) = i_L(T) \tag{11.26}$$

重新整理式(11.25)得

$$\frac{1}{L} v_L \, dt = di_L \tag{11.27}$$

方程两边同时积分,得

$$\frac{1}{L} \int_0^T v_L \, dt = \int_0^T di_L = i_L(T) - i_L(0) = 0 \tag{11.28}$$

稳态下,电感元件的法拉第定律积分形式为

$$\int_0^T v_L \, dt = 0 \tag{11.29}$$

稳态下,电感两端电压的平均值为0。因此,

$$V_{L(AV)} = \frac{1}{T} \int_0^T v_L \, dt = 0 \tag{11.30}$$

该方程也叫做电感的**伏秒平衡方程**(Volt-Second Balance),意味着储存的"伏秒"等于释放的"伏秒"。

对于 CCM 模式工作的 PWM 变换器,有

$$\int_0^{DT} v_L \, dt + \int_{DT}^{T} v_L \, dt = 0 \tag{11.31}$$

即

$$\int_0^{DT} v_L \, dt = - \int_{DT}^{T} v_L \, dt \tag{11.32}$$

这意味着电感电压波形正半部分包围的区域 A^+ 等于电感电压波形负半部分包围的区域 A^-。即

$$A^+ = A^- \tag{11.33}$$

其中

$$A^+ = \int_0^{DT} v_L \, dt \tag{11.34}$$

$$A^- = - \int_{DT}^{T} v_L \, dt \tag{11.35}$$

参考图 11.3,得

$$(V_I - V_O)DT = V_O(1 - D)T \tag{11.36}$$

进一步化简为

$$V_O = DV_I \tag{11.37}$$

对于无耗变换器而言,$V_I I_I = V_O I_O$。因此,由式(11.37)可得,无耗降压型变换器的直流电压传递函数(或者电压转换比)为

$$M_{VDC} \equiv \frac{V_O}{V_I} = \frac{I_I}{I_O} = D \tag{11.38}$$

M_{VDC} 的范围是

$$0 \leqslant M_{VDC} \leqslant 1 \tag{11.39}$$

注意到输出电压 V_O 与负载 R_L 无关,仅仅取决于直流输入电压 V_I 和占空比 D,输出电压相对于占空比的灵敏度为

$$S \equiv \frac{dV_O}{dD} = V_I \tag{11.40}$$

大多数实际情形下,$V_O = DV_I$ 是一个常数,也就意味着如果 V_I 增加,D 必须在控制电路的作用下减小以保证 V_O 是常数,反之亦然。

直流电流的传递函数为

$$M_{IDC} \equiv \frac{I_O}{I_I} = \frac{1}{D} \tag{11.41}$$

当 D 从 0 增加到 1 时,直流电流传递函数的值从 ∞ 减小到 1。

由式(11.41)、式(11.20)和式(11.38)可得,降压型变换器中开关和二极管的使用率可以通过输出功率能力来表征

$$c_p \equiv \frac{P_O}{V_{SM} I_{SM}} = \frac{V_O I_O}{V_{SM} I_{SM}} \approx \frac{V_O}{V_{SM}} = \frac{V_O}{V_I} = D \tag{11.42}$$

可见,当 D 从 0 增加到 1 时,c_P 同步变化。

11.4.7 无耗降压型变换器 CCM 模式和 DCM 模式的边界条件

图 11.4 给出了确定的直流输入电压 V_I 下,直流输出电压 V_O 取三个不同的值,即对应三个

不同的占空比 D 时,电感电流的波形。由图可见,$D = D_{min}$ 时,转换器处于 CCM 模式和 DCM 模式的边界。随着占空比 D 的增加,电感电流的变化量 Δi_L 先增加,并在 $D = 0.5$ 时达到最大值,然后再减小。电感电流的平均值也随着 D 的增加而增加。图 11.5 给出了 CCM 模式和 DCM 模式边界处的电感电流波形,其中 $i_L(0) = 0$,该波形表示为

$$i_L = \frac{V_I - V_O}{L}t \ (0 < t \leqslant DT) \tag{11.43}$$

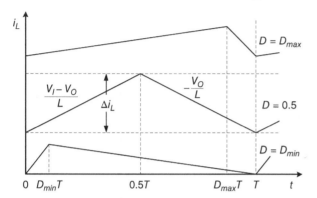

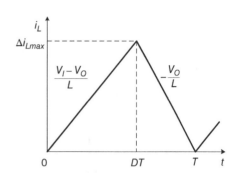

图 11.4　当直流输入电压 V_I 固定不变、直流输出电压 V_O 可变时,不同占空比下的电感电流波形

图 11.5　CCM 模式和 DCM 模式边界处的电感电流波形

由于无耗降压型变换器的效率 $\eta = 1$,$M_{VDC} = V_O/V_I = D$,$V_O = M_{VDC}V_I = DV_I$,因此,电感电流的峰值为

$$\Delta i_L = i_L(DT) = \frac{(V_I - V_O)DT}{L} = \frac{(V_I - V_O)D}{f_sL} = \frac{V_ID(1 - D)}{f_sL} \tag{11.44}$$

当降压型变换器的输入电压 V_I 固定不变,输出电压 V_O 可变时,CCM 模式和 DCM 模式边界处归一化的电感波动电流 $\Delta i_L/(V_I/f_sL)$ 与占空比 D 的函数关系曲线如图 11.6 所示。

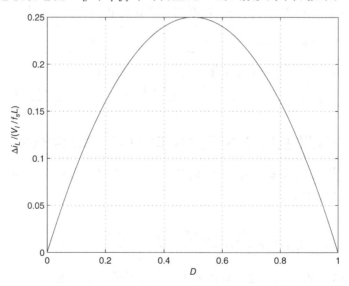

图 11.6　当 V_I 固定不变、V_O 可变时,CCM 和 DCM 边界处归一化的电感波动电流与占空比 D 的关系曲线

CCM 模式和 DCM 模式边界处的负载电流为

$$I_{OB} = \frac{\Delta i_L}{2} = \frac{(V_I - V_O)D}{2f_sL} = \frac{V_ID(1-D)}{2f_sL} \tag{11.45}$$

图 11.7 给出了 V_I、f_s 和 L 固定不变,V_O 变化时,CCM 模式和 DCM 模式边界处归一化的负载电流 $I_{OB}/(V_I/f_sL) = D(1-D)/2$ 与占空比 D 的函数关系曲线。

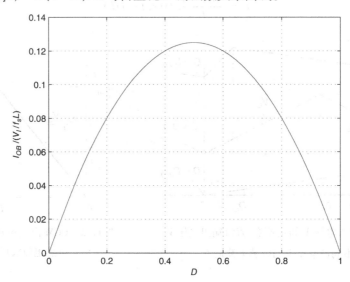

图 11.7 当 V_I、f_s 和 L 不变,V_O 变化时,CCM 和 DCM 边界处归一化的负载电流与占空比 D 的关系曲线

工作在 CCM 模式和 DCM 模式边界处的降压型变换器所需要的电感为

$$L = \frac{(V_I - V_O)D}{2f_sI_{OB}} \tag{11.46}$$

最小占空比 D_{min} 下,CCM 模式和 DCM 模式边界处的最小负载电流为

$$I_{Omin} = I_{OBmin} = \frac{(V_I - V_{Omin})D_{min}}{2f_sL} = \frac{V_ID_{min}(1 - D_{min})}{2f_sL} \tag{11.47}$$

因此,CCM 模式下降压型变换器工作所需的最小电感为

$$L_{min} = \frac{V_ID_{min}(1 - D_{min})}{2f_sI_{OBmin}} = \frac{V_ID_{min}(1 - D_{min})}{2f_sI_{Omin}} = \frac{V_ID_{min}(1 - D_{min})R_L}{2f_sV_{Omin}} \tag{11.48}$$

11.4.8 有耗降压型变换器 CCM 模式和 DCM 模式的边界条件

有耗降压型变换器的效率 η 小于 1,因此,$M_{VDC} = V_O/V_I = \eta D$,进一步有 $V_O = M_{VDC}V_I = \eta DV_I$。电感电流的峰-峰值为

$$\Delta i_L = i_L(DT) = \frac{(V_I - V_O)DT}{L} = \frac{(V_I - V_O)D}{f_sL} = \frac{V_ID\left(\dfrac{1}{\eta} - D\right)}{f_sL} \tag{11.49}$$

CCM 模式和 DCM 模式边界处的有耗降压型变换器的负载电流为

$$I_{OB} = \frac{\Delta i_L}{2} = \frac{(V_I - V_O)D}{2f_sL} = \frac{V_ID\left(\dfrac{1}{\eta} - D\right)}{2f_sL} \tag{11.50}$$

转换器的效率 η 随着 D 的变化而变化。最大效率 η_{max} 出现在最大的占空比 D_{max} 处,最小效率 η_{min} 出现在最小的占空比 D_{min} 处。最小占空比 D_{min} 下,CCM 模式和 DCM 模式边界处有耗降压型变换器的最小负载电流为

$$I_{Omin} = I_{OBmin} = \frac{(V_I - V_{Omin})D_{min}}{2f_s L} = \frac{V_I D_{min}\left(\dfrac{1}{\eta_{min}} - D_{min}\right)}{2f_s L} \tag{11.51}$$

因此,使有耗降压型变换器工作于 CCM 模式的最小电感为

$$L_{min} = \frac{V_I D_{min}\left(\dfrac{1}{\eta_{min}} - D_{min}\right)}{2f_s I_{OBmin}} = \frac{V_I D_{min}\left(\dfrac{1}{\eta_{min}} - D_{min}\right)}{2f_s I_{Omin}} = \frac{V_I D_{min}\left(\dfrac{1}{\eta_{min}} - D_{min}\right)R_L}{2f_s V_{Omin}} \tag{11.52}$$

11.4.9　电路中的电容元件

根据导体间的介电材料来分,用于开关模式电源电路的电容有如下几种类型:

- 铝电解液电容
- 钽电解液电容
- 固体电解电容
- 陶瓷电容

金属铝或者钽都可以用来制作电解液电容。这类电容由两个铝箔制成,浸泡在电解液中的纸将两片铝箔分开。其中一片铝箔涂抹了绝缘的氧化铝层,形成电容的介电材料。涂抹氧化铝的铝箔作为电容的阳极,液体的电解质和第二片铝箔作为电容的阴极。把带有连接线的两片铝箔和浸泡过电解液的纸一起卷在圆柱形铝柱上,就制成了铝电解电容。

钽电解液电容的制作方法与铝电解电容相似,只是介电材料是氧化钽。

固体电解电容的结构与电解液电容相似,只是用固体介电材料替代了液体介电材料。这类电容的电容量适中,但具有更高的额定纹波电流。由于单位体积的容值较高而成本又较低,电解质电容器在功率电子领域被普遍使用。

陶瓷电容采用陶瓷介电材料来分离两个导电平板。陶瓷介电材料由二氧化钛(I类)或钛酸钡(II类)构成。陶瓷电容主要有盘式电容和多层电容(MLC)两种,其中盘式电容单位体积的电容量比较小。导电材料放置在陶瓷介质材料上形成叉指结构。与电解电容相比,陶瓷电容的容值要小得多,通常在 $1\mu F$ 以下。陶瓷电容的等效串联电阻(ESR)比较小,因此有助于减小电压纹波、降低功率损耗。

电容的重要参数包括电容量 C、等效串联电阻(ESR)r_C、等效串联电感(ESL)L_s、自谐振频率 f_r 和击穿电压 V_{BD}。其中,电容量计算公式为

$$C = \frac{\epsilon_r \epsilon_0 A}{d} \tag{11.53}$$

式(11.53)中,A 是每个导体的面积,d 是介电材料的厚度,ϵ_r 是介电材料的相对介电常数,真空中的介电常数 $\epsilon_0 = 10^{-9}/36\pi = 8385 \times 10^{-12}$ F/m。ESR 是引线电阻、接触电阻与平板导体电阻之和。ESL 是引线电感。自谐振频率为

$$f_r = \frac{1}{2\pi\sqrt{CL_s}} \tag{11.54}$$

电容的损耗因子为

$$DF = \omega C r_C \tag{11.55}$$

在 $f = \omega/(2\pi)$ 处,电容的品质因数为

$$Q_C = \frac{1}{\omega C r_C} = \frac{1}{DF} \tag{11.56}$$

击穿电压和电流纹波的最大均方根值也被用来评价电容的性能。电流纹波的最大均方根值是允许通过的交流电流的极限值,与电容流过电流的温度和频率有关。纹波电流流过 ESR,产生功率损耗 $P_C = r_C I_{ac(rms)}^2$,从而在电容内产生热。钽电解电容的 ESR 值最高,陶瓷电容的 ESR 最低。

电解电容的性能主要受工作环境的影响,例如频率、交流电流、直流电压和温度。ESR 与频率有关,当频率变大时,ESR 首先减小,通常在自谐振频率处达到最小值,然后增加。电解电容的 ESR 不仅随着直流电压的增加而减小,还随着交流纹波电压的增加而减小。制造厂商一般在电容自谐振频率处测量 ESR。电容的 ESR 控制着输出纹波电压的峰-峰值。电容的 ESR 越大,由不断通过 ESR 的电流产生的热量就越大,从而减小了变换器的效率和预期寿命。老化过程中,电容内部的电解液逐渐蒸发,导致 ESR 变大。

当在电容两端导体及其电解质之间施加电压时,介电材料内产生电场,并在电场中存储电能。介质材料允许的电场强度最大为 $E_{BD} = V_{BD}/d$,其中 V_{BD} 为电容击穿电压。

11.4.10　CCM 模式下降压型变换器的电压纹波

滤波电容模型由电容 C、等效串联电阻 r_C 和等效串联电感 L_{ESL} 组成,该模型的阻抗为

$$Z_C = r_C + j\left(\omega L_{ESL} - \frac{1}{\omega C}\right) = r_C\left[1 + jQ_{Co}\left(\frac{\omega}{\omega_r} - \frac{\omega_r}{\omega}\right)\right] = |Z_C| e^{\phi_C} \tag{11.57}$$

其中,滤波电容的自谐振频率为

$$f_r = \frac{1}{2\pi\sqrt{CL_{ESL}}} \tag{11.58}$$

该电容在自谐振频率下的品质因数为

$$Q_{Co} = \frac{1}{\omega_r C r_C} \tag{11.59}$$

图 11.8 和图 11.9 给出了 $C = 1\mu F$、$r_C = 50m\Omega$、$L_{ESL} = 15nH$ 时,电容阻抗的模 $|Z_C|$ 和相位 φ_C 随频率的变化关系曲线。可见,小于自谐振频率时,滤波电容的阻抗呈容性;大于自谐振频率时呈感性。

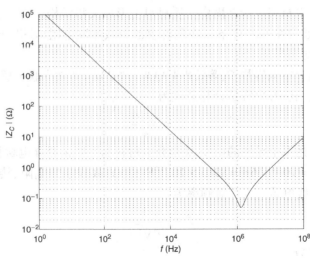

图 11.8　电容阻抗的模 $|Z_C|$ 与频率关系曲线

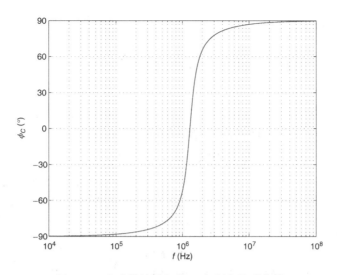

图 11.9 电容阻抗的相位 φ_C 与频率关系曲线

二阶低通 LCR 输出滤波器的输入电压是最大值为 V_I 和占空比为 D 的矩形。该电压的傅里叶级数展开式为

$$v = DV_I \left[1 + 2 \sum_{n=1}^{\infty} \frac{\sin(n\pi D)}{n\pi D} \cos n\omega_s t \right]$$

$$= DV_I + 2DV_I \left[\frac{\sin \pi D}{\pi D} \cos \omega_s t + \frac{\sin 2\pi D}{2\pi D} \cos 2\omega_s t + \frac{\sin 3\pi D}{3\pi D} \cos 3\omega_s t + \cdots \right] \tag{11.60}$$

该级数的各个分量经过输出滤波器传输到负载。根据输出电压的傅里叶级数很难确定输出电压纹波 V_r 的峰-峰值,因此,需要用其他方法来推导 V_r 的表达式。

下面介绍一种简单的推导方法[46]。当工作频率低于电容自谐振频率($f < f_r$)时,降压型变换器输出部分的模型如图 11.10 所示,图中,滤波电容等效为电容 C 和 r_C 组成的串联电路。图 11.11 给出了变换器输出电路电压和电流的波形。电感电流的直流分量流过负载电阻 R_L,而交流分量由电容 C 和负载电阻 R_L 分流。因此,负载纹波电流非常小,可以忽略。通过电容的电流约等于电感电流中的交流分量,即 $i_C \approx i_L - i_o$。

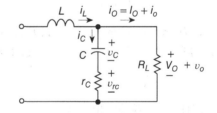

图 11.10 工作频率低于电容自谐振频率时的降压型变换器输出电路模型

在 $0 < t \leqslant DT$ 的时间区间内,开关导通、二极管截止时,电容电流的表达式为

$$i_C = \frac{\Delta i_L t}{DT} - \frac{\Delta i_L}{2} \tag{11.61}$$

因此,ESR 两端电压的交流分量为

$$v_{rc} = r_C i_C = r_C \Delta i_L \left(\frac{t}{DT} - \frac{1}{2} \right) \tag{11.62}$$

滤波电容两端的电压 v_C 包括直流电压 V_C 和交流电压 v_c,即 $v_C = V_C + v_c$。其中,只有交流电压分量 v_c 对输出纹波电压有影响。滤波电容两端电压的交流分量为

$$v_c = \frac{1}{C} \int_0^t i_C\, dt + v_c(0)$$

$$= \frac{\Delta i_L}{C} \int_0^t \left(\frac{t}{DT} - \frac{1}{2} \right) dt + v_c(0) \qquad (11.63)$$

$$= \frac{\Delta i_L}{2C} \left(\frac{t^2}{DT} - t \right) + v_c(0)$$

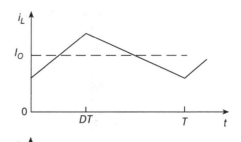

稳态时 $v_c(DT) = v_c(0)$。电容 C 两端的电压波形为抛物线。输出电压的交流分量是串联等效电阻 r_C 和电容 C 两端的电压之和,即

$$v_o = v_{rc} + v_c$$

$$= \Delta i_L \left[\frac{t^2}{2CDT} + \left(\frac{r_C}{DT} - \frac{1}{2C} \right) t - \frac{r_C}{2} \right] + v_c(0)$$

$$(11.64)$$

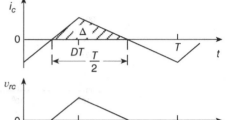

下面求解电压 v_o 的最小值,电压 v_o 对时间的导数为

$$\frac{dv_o}{dt} = \Delta i_L \left(\frac{t}{CDT} + \frac{r_C}{DT} - \frac{1}{2C} \right) \quad (11.65)$$

令该导数为 0,得到电压 v_o 最小值出现的时刻为

$$t_{min} = \frac{DT}{2} - r_C C \qquad (11.66)$$

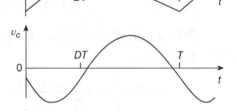

若 $t_{min} = 0$,则 v_o 的最小值等于 v_{rc} 的最小值。此时,必有如式(11.67)所示的最小电容

$$C_{min(on)} = \frac{D_{max}}{2 f_s r_{Cmax}} \qquad (11.67)$$

在 $DT < t \leqslant T$ 的时间区间内,开关 S 断开、二极管 D_1 导通。根据图 11.11 可知,流过电容的电流为

$$i_C = -\frac{\Delta i_L (t - DT)}{(1-D)T} + \frac{\Delta i_L}{2} \qquad (11.68)$$

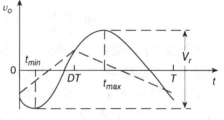

图 11.11 PWM 降压型变换器的电流和电压波形

因此,ESR 两端的电压为

$$v_{rc} = r_C i_C = r_C \Delta i_L \left[-\frac{t - DT}{(1-D)T} + \frac{1}{2} \right] \qquad (11.69)$$

电容两端的电压为

$$v_c = \frac{1}{C} \int_{DT}^t i_C\, dt + v_c(DT) = \frac{\Delta i_L}{C} \int_{DT}^t \left[-\frac{t - DT}{(1-D)T} + \frac{1}{2} \right] dt + v_c(DT)$$

$$(11.70)$$

$$= \frac{\Delta i_L}{2C} \left[-\frac{t^2 - 2DTt + (DT)^2}{(1-D)T} + t - DT \right] + v_c(DT)$$

式(11.69)与式(11.70)相加,得到输出电压的交流分量为

$$v_o = r_c \Delta i_L \left[-\frac{t - DT}{(1-D)T} + \frac{1}{2} \right] + \frac{\Delta i_L}{2C} \left[-\frac{t^2 - 2DTt + (DT)^2}{T(1-D)} + t - DT \right] + v_c(DT) \quad (11.71)$$

v_o 关于时间的导数为

$$\frac{dv_o}{dt} = -\frac{r_C \Delta i_L}{(1-D)T} + \frac{\Delta i_L}{C} \left[-\frac{t - DT}{(1-D)T} + \frac{1}{2} \right] \qquad (11.72)$$

令该导数为 0，得到 v_o 最大值出现的时刻为

$$t_{max} = \frac{(1+D)T}{2} - r_C C \tag{11.73}$$

当 $t_{max} = DT$ 时，v_o 的最大值等于 v_{rC} 的最大值。此时，必有如式（11.74）所示的最小电容

$$C_{min(off)} = \frac{1 - D_{min}}{2f_s r_{Cmax}} \tag{11.74}$$

如果满足如式（11.75）所示条件时，纹波电压的峰-峰值与滤波电容 C 两端的电压无关，仅仅取决于 ESR 两端的纹波电压。

$$C \geqslant C_{min} = max\{C_{min(on)}, C_{min(off)}\} = \frac{max\{D_{max}, 1 - D_{min}\}}{2f_s r_C} \tag{11.75}$$

其中

$$C_{min} = \frac{D_{max}}{2f_s r_C} \qquad (D_{min} + D_{max} > 1) \tag{11.76}$$

$$C_{min} = \frac{1 - D_{min}}{2f_s r_C} \qquad (D_{min} + D_{max} < 1) \tag{11.77}$$

上述条件的最坏情况是 $D_{min} = 0$ 或 $D_{max} = 1$。因此，如果满足式（11.78）的条件时，不管 D 取何值上述条件都满足。

$$C \geqslant C_{min} = \frac{1}{2r_C f_s} \tag{11.78}$$

对于输出电压可变的降压型变换器而言，最大的电感纹波电流出现在 $D = 0.5$ 时。因此，滤波电容的最小容值为

$$C_{min} = \frac{1}{4r_C f_s} \tag{11.79}$$

如果满足条件式（11.75），那么当 $D = 0.5$ 时降压型变换器纹波电压的最大峰-峰值为

$$V_r = r_C \Delta i_{Lmax} = \frac{r_C V_I D(1-D)}{f_s L} = \frac{r_C V_I}{4f_s L} \tag{11.80}$$

稳态时，电容电压 v_C 交流分量的平均值为 0，即

$$\frac{1}{T} \int_0^T v_c \, dt = 0 \tag{11.81}$$

因此有

$$v_c(0) = \frac{\Delta i_L(2D - 1)}{12f_s C} \tag{11.82}$$

图 11.12 给出了滤波电容 C 取三个不同值时的 v_{rC}、v_c 和 v_o 的波形。图 11.12（a）中，由于 $C < C_{min}$，v_o 的峰-峰值比 v_{rC} 的峰-峰值大；图 11.12（b）、（c）分别给出了 $C = C_{min}$ 和 $C > C_{min}$ 时的波形。这两种情况下，电压 v_o 和 v_{rc} 的峰峰值相同。对于铝电解电容而言，$Cr_C \approx 65 \times 10^{-6}$ s。

如果不满足条件式（11.75），滤波电容 C 两端的压降和 ESR 两端的压降都会影响输出电压纹波。当电容内存储电荷的交流分量为正时，滤波电容两端电压的交流分量增加。存储的正电荷等于电容电流波形曲线中 $i_C > 0$ 下方的面积。电容电流在时间区间 $T/2$ 内为正，每个周期 T 内，滤波电容存储的电荷最大增加值为

$$\Delta Q = \frac{\frac{T}{2} \cdot \frac{\Delta i_{Lmax}}{2}}{2} = \frac{T\Delta i_{Lmax}}{8} = \frac{\Delta i_{Lmax}}{8f_s} \tag{11.83}$$

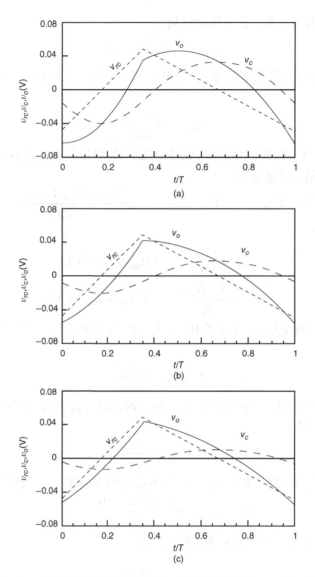

图 11.12 CCM 模式下滤波电容 C 取三个不同值时的 v_{rC}、v_C 和 v_O 波形

（a）$C < C_{min}$；（b）$C = C_{min}$；（c）$C > C_{min}$

因此，根据式（11.44），在 $D = 0.5$ 时电容 C 两端的电压纹波为

$$V_{Cpp} = \frac{\Delta Q}{C} = \frac{\Delta i_L}{8 f_s C} = \frac{V_O(1-D)}{8 f_s^2 LC} = \frac{V_I D(1-D)}{8 f_s^2 LC} = \frac{V_I}{32 f_s^2 LC} \tag{11.84}$$

其中，$f_s = 1/(2\pi\sqrt{LC})$ 是输出滤波的角频率。为了将纹波电压的峰-峰值降低到指定的 V_{Cpp} 水平之下，所需的最小滤波电容为

$$C_{min} = \frac{\Delta i_L}{8 f_s V_{Cpp}} = \frac{D(1-D)V_I}{8 f_s^2 L V_{Cpp}} = \frac{V_I}{32 f_s^2 L V_{Cpp}} \tag{11.85}$$

可见，C_{min} 与 f_s^2 成反比。因此，为了减小滤波电容的尺寸，就需要提高开关频率。

根据式（11.44），ESR 两端电压纹波的峰-峰值为

$$V_{rcpp} = r_C \Delta i_L = \frac{r_C V_I D(1-D)}{f_s L} = \frac{r_C V_I (1-D)}{4 f_s L} \tag{11.86}$$

因此,整个电压纹波的保守估计值为

$$V_r \approx V_{Cpp} + V_{rcpp} = \frac{V_O(1-D)}{8f_s^2 LC} + \frac{r_C V_I D(1-D)}{f_s L} \tag{11.87}$$

当 $D = 0.5$ 时

$$V_r = \frac{V_I}{32f_s^2 LC} + \frac{r_C V_I}{32f_s L} \tag{11.88}$$

11.4.11 带有线性 MOSFET 输出电容的开关损耗

假设 MOSFET 输出电容 C_o 是线性的。首先考虑晶体管的断开过程。在这段时间内,晶体管是断开的,漏-源电压 v_{ds} 从几乎为 0 的值增加到 V_I,晶体管输出电容被充电。由于 $dQ = C_o dv_{ds}$,断开过程中从输入电压源 V_I 转移到晶体管输出电容 C_o 的电荷为

$$Q = \int_0^T i_I \, dt = \int_0^{V_I} dQ = C_o \int_0^{V_I} dv_{DS} = C_o V_I \tag{11.89}$$

因此,晶体管断开过程中从输入电压源 V_I 传到变换器的能量为

$$W_{V_I} = \int_0^T p(t) dt = \int_0^T v_I i_I \, dt = V_I \int_0^T i_I \, dt = V_I Q = C_o V_I^2 \tag{11.90}$$

另一种推导从直流电压源 V_I 传输到串联 RC_o 电路的能量的方法如下。输入电流为

$$i_I = \frac{V_I}{R} e^{-\frac{t}{\tau}} \tag{11.91}$$

其中,时间常数 $\tau = RC_o$。因此

$$W_{V_I} = \int_0^\infty v_I i_I \, dt = V_I \int_0^\infty i_I \, dt = \frac{V_I^2}{R} \int_0^\infty e^{-\frac{t}{\tau}} dt = \frac{V_I^2 \tau}{R} = C_o V_I^2 \tag{11.92}$$

根据 $dW_s = Q dv_{DS}/2$,在晶体管断开过程结束 $v_{DS} = V_I$ 时,储存在晶体管输出电容 C_o 中的能量为

$$W_s = \int_0^{V_I} dW_s = \frac{1}{2} Q \int_0^{V_I} dv_{DS} = \frac{1}{2} Q V_I = \frac{1}{2} C_o V_I^2 \tag{11.93}$$

因此,损失在电容充电路径中寄生电阻上的能量,也就是断开开关的能量损耗为

$$W_{turn-off} = W_{V_I} - W_s = C_o V_I^2 - \frac{1}{2} C_o V_I^2 = \frac{1}{2} C_o V_I^2 \tag{11.94}$$

该能量损耗导致在充电路径上电阻引起的断开开关的功率损耗为

$$P_{turn-off} = \frac{W_{turn-off}}{T} = f_s W_{turn-off} = \frac{1}{2} f_s C_o V_I^2 \tag{11.95}$$

开关断开之后,晶体管在一段时间内保持断开状态,电荷能量 W_s 储存在输出电容 C_o 内。从直流电压源给线性电容充电的效率是 50%。

下面考虑晶体管的导通过程。当晶体管导通时,其输出电容 C_o 被导通电阻 r_{DS} 短路,储存在 C_o 中的电荷减少,漏-源电压从 V_I 减小到几乎接近于 0。结果,储存在晶体管输出电容内的所有能量被晶体管导通电阻 r_{DS} 以热的形式耗散。因此,开关导通的能量损耗为

$$W_{turn-on} = W_s = \frac{1}{2} C_o V_I^2 \tag{11.96}$$

进一步得到 MOSFET 开关导通的功率损耗为

$$P_{turn-on} = P_{sw(FET)} = \frac{W_{turn-on}}{T} = f_s W_{turn-on} = \frac{1}{2} f_s C_o V_I^2 \tag{11.97}$$

只要在晶体管开关断开过程开始之前,晶体管输出电容被完全放电,那么开关的导通损耗与晶体管输出电阻r_{DS}无关。

在输出电容先充电再放电的每个开关频率周期内,总的开关能量损耗为

$$W_{sw} = W_{turn-off} + W_{turn-on} = W_{V_I} = C_o V_I^2 \qquad (11.98)$$

变换器总的开关损耗为

$$P_{sw} = \frac{W_{sw}}{T} = f_s W_{sw} = f_s C_o V_I^2 \qquad (11.99)$$

对于线性电容而言,开关功率一半损耗在 MOSFET 中,另一半的损耗在晶体管输出电容充电路径的电阻上,也就是说,$P_{turn-on} = P_{turn-off} = P_{sw}/2$。

由于二极管不能通过它的正偏电阻对并联的电容放电,因此其工作情况与晶体管不一样。这就是为什么二极管只能在它的电压降达到阈值电压时才能导通的原因。然而,结型二极管在断开时会遇到反向恢复问题。

11.4.12 CCM 模式下降压型变换器的功率损耗和效率

带有寄生电阻的降压型变换器的等效电路如图 11.13 所示。图中,r_{DS}是 MOSFET 的导通电阻,R_F是二极管的正偏电阻,V_F是二极管的阈值电压,r_L是电感 L 的 ESR,r_C是滤波电容 C 的 ESR。在欧姆区,$I_D - V_{DS}$曲线的斜率等于 MOSFET 导通电阻的倒数即$1/r_{DS}$。由于当温度 T 在$100 \sim 400K$ 的范围内时,电子迁移率$u_n \approx K_1/T^{2.5}$(其中K_1是常数)随着温度的升高而减小,因此,MOSFET 的导通电阻r_{DS}随着温度的升高而增大。通常,温度每升高 100℃,r_{DS}增大 2 倍。

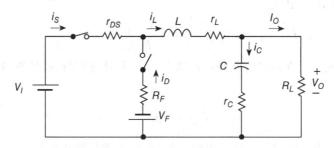

图 11.13 具有寄生电阻和偏移电压的变换器的等效电路

二极管的大信号模型由一个电池 V_F 串联一个正偏电阻 R_F 组成。导通二极管两端的电压$V_D = V_F + R_F I_D$。如果沿着 $I_D - V_D$ 曲线(或者 $\text{Log}(I_D) - V_D$ 曲线)的线性大电流部分画一条直线,延长到坐标轴 V_D,在 V_D 坐标轴上的截距就是 V_F,斜率就是$1/R_F$。对于硅 pn 结二极管而言,阈值电压V_F的典型值为 0.7V;对于碳化硅 pn 结二极管,V_F一般是 2.8V;肖特基硅二极管的阈值电压 $V_F = 0.3 \sim 0.4V$;碳化硅肖特基二极管的 $V_F = 2V$。硅二极管的阈值电压V_F随着温度的升高以 2mV/℃的变化率减小。pn 结二极管的串联电阻 R_F 随着温度的升高而减小,肖特基二极管的串联电阻 R_F 则随着温度的升高而增大。

假设电感电流i_L没有纹波,并且等于直流输出电流I_O,估算传导损耗。此时,开关电流约为

$$i_S = \begin{cases} I_O & (0 < t \leqslant DT) \\ 0 & (DT < t \leqslant T) \end{cases} \qquad (11.100)$$

其均方根(rms)值为

$$I_{Srms} = \sqrt{\frac{1}{T}\int_0^T i_S^2 \, dt} = \sqrt{\frac{1}{T}\int_0^{DT} I_O^2 \, dt} = I_O\sqrt{D} \tag{11.101}$$

MOSFET 的导通损耗为

$$P_{rDS} = r_{DS}I_{Srms}^2 = Dr_{DS}I_O^2 = \frac{Dr_{DS}}{R_L}P_O = \frac{r_{DS}}{R_L}\frac{V_O}{V_I}P_O \tag{11.102}$$

可见,当负载电流 I_O 不变时,晶体管的导通损耗 P_{rDS} 与占空比 D 成比例。当 $D = 0$ 时,开关在整个周期内都是断开的,因此,导通损耗为 0。当 $D = 1$ 时,开关在整个周期内都是导通的,因此导通损耗最大。

假设晶体管输出电容 C_o 是线性的,开关损耗表示为

$$P_{sw} = f_s C_o V_I^2 = \frac{f_s C_o V_O^2}{M_{VDC}^2} = \frac{f_s C_o R_L}{M_{VDC}^2}P_O = \frac{f_s C_o R_L}{\left(\dfrac{V_O}{V_I}\right)^2}P_O \tag{11.103}$$

不考虑 MOSFET 的栅极驱动功率,MOSFET 的全部功率消耗为

$$P_{FET} = P_{rDS} + \frac{P_{sw}}{2} = Dr_{DS}I_O^2 + \frac{1}{2}f_s C_o V_I^2 = \left(\frac{Dr_{DS}}{R_L} + \frac{f_s C_o R_L}{2M_{VDC}^2}\right)P_O$$

$$= \left[\frac{r_{DS}}{R_L}\frac{V_O}{V_I} + \frac{f_s C_o R_L}{2\left(\dfrac{V_O}{V_I}\right)^2}\right]P_O \tag{11.104}$$

同样地,二极管的电流约为

$$i_D = \begin{cases} 0 & (0 < t \leqslant DT) \\ I_O & (DT < t \leqslant T) \end{cases} \tag{11.105}$$

其 rms 值为

$$I_{Drms} = \sqrt{\frac{1}{T}\int_0^T i_D^2 \, dt} = \sqrt{\frac{1}{T}\int_{DT}^T I_O^2 \, dt} = I_O\sqrt{1-D} \tag{11.106}$$

电阻 R_F 消耗的功率为

$$P_{RF} = R_F I_{Drms}^2 = (1-D)R_F I_O^2 = \frac{(1-D)R_F}{R_L}P_O = \frac{\left(1 - \dfrac{V_O}{V_I}\right)R_F}{R_L}P_O \tag{11.107}$$

二极管电流的平均值为

$$I_D = \frac{1}{T}\int_0^T i_D \, dt = \frac{1}{T}\int_{DT}^T I_O \, dt = (1-D)I_O \tag{11.108}$$

与电压 V_F 相关的功率损耗为

$$P_{VF} = V_F I_D = (1-D)V_F I_O = \frac{(1-D)V_F}{V_O}P_O = \left(1 - \frac{V_O}{V_I}\right)\frac{V_F}{V_O}P_O \tag{11.109}$$

因此,二级管的所有导通损耗为

$$P_D = P_{VF} + P_{RF} = (1-D)V_F I_O + (1-D)R_F I_O^2 = \left(1 - \frac{V_O}{V_I}\right)\left(\frac{V_F}{V_O} + \frac{R_F}{R_L}\right)P_O \tag{11.110}$$

当负载电流 I_O 不变时,二极管的导通损耗 P_D 随着占空比 D 的增大而减小。当 $D = 0$ 时,二极管在整个周期内导通,因此导通损耗最大。当 $D = 1$ 时,二极管在整个周期内是截止的,

因此导通损耗为 0。

通常,电感铁心的功率损耗可以被忽略,只需要考虑电感铜绕线的损耗。电感电流约为

$$i_L \approx I_O \tag{11.111}$$

其 *rms* 值是为

$$I_{Lrms} = I_O \tag{11.112}$$

因此,电感的导通损耗为

$$P_{rL} = r_L I_{Lrms}^2 = r_L I_O^2 = \frac{r_L}{R_L} P_O \tag{11.113}$$

电感的最大功率损耗为

$$P_{rLmax} = r_L I_{Omax}^2 = \frac{r_L}{R_{Lmin}} P_{Omax} \tag{11.114}$$

根据式(11.18)、式(11.61)和式(11.68),流过滤波电容的 rms 电流为

$$I_{Crms} = \sqrt{\frac{1}{T} \int_0^T i_C^2 \, dt} = \frac{\Delta i_L}{\sqrt{12}} = \frac{V_O(1-D)}{\sqrt{12} f_s L} \tag{11.115}$$

滤波电容的功率损耗为

$$P_{rC} = r_C I_{Crms}^2 = \frac{r_C \Delta i_L^2}{12} = \frac{r_C V_O^2 (1-D)^2}{12 f_s^2 L^2} = \frac{r_C R_L \left(1 - \dfrac{V_O}{V_I}\right)^2}{12 f_s^2 L^2} P_O \tag{11.116}$$

电容的最大功率损耗为

$$P_{rCmax} = \frac{r_C \Delta i_{Lmax}^2}{12} = \frac{r_C V_O^2 (1-D_{min})^2}{12 f_s^2 L^2} \approx \frac{r_C R_L \left(1 - \dfrac{V_O}{V_{Imax}}\right)^2}{12 f_s^2 L^2} P_{Omax} \tag{11.117}$$

电路所有的功率损耗为

$$P_{LS} = P_{rDS} + P_{sw} + P_D + P_{rL} + P_{rC}$$

$$= D r_{DS} I_O^2 + f_s C_o V_I^2 + (1-D)(V_F I_O + R_F I_O^2) + r_L I_O^2 + \frac{r_C \Delta i_L^2}{12}$$

$$= \left[\frac{r_{DS}}{R_L} \frac{V_O}{V_I} + \frac{f_s C_o R_L}{\left(\dfrac{V_O}{V_I}\right)^2} + \left(1 - \frac{V_O}{V_I}\right)\left(\frac{V_F}{V_O} + \frac{R_F}{R_L}\right) + \frac{r_L}{R_L} + \frac{r_C R_L \left(1 - \dfrac{V_O}{V_I}\right)^2}{12 f_s^2 L^2} \right] P_O \tag{11.118}$$

因此,CCM 模式下降压型变换器的效率为

$$\eta = \frac{P_O}{P_I} = \frac{P_O}{P_O + P_{LS}} = \frac{1}{1 + \dfrac{P_{LS}}{P_O}}$$

$$= \frac{1}{1 + \dfrac{r_{DS}}{R_L} \dfrac{V_O}{V_I} + \dfrac{f_s C_o R_L}{\left(\dfrac{V_O}{V_I}\right)^2} + \left(1 - \dfrac{V_O}{V_I}\right)\left(\dfrac{V_F}{V_O} + \dfrac{R_F}{R_L}\right) + \dfrac{r_L}{R_L} + \dfrac{r_C R_L}{12 f_s^2 L^2}\left(1 - \dfrac{V_O}{V_I}\right)^2} \tag{11.119}$$

当 $D = 0$ 时,开关断开、二极管导通,变换器的效率为

$$\eta = \frac{1}{1 + \dfrac{R_F + r_L}{R_L} + \dfrac{V_F}{V_O} + \dfrac{f_s C_o R_L}{M_{VDC}^2} + \dfrac{r_C R_L}{12 f_s^2 L^2}} \tag{11.120}$$

当 $D=1$ 时，开关导通、二极管断开，变换器的效率为

$$\eta = \frac{1}{1 + \dfrac{r_{DS} + r_L}{R_L} + f_s C_o R_L} \tag{11.121}$$

如果考虑到电感电流纹波的峰-峰值 $\Delta i_L = V_O(1-D)/(f_s L) = D(1-D)V_I/(f_s L)$，开关电流的 rms 值为

$$I_{Srms} = \sqrt{\frac{D}{3}(I_{Smin}^2 + I_{Smin}I_{Smax} + I_{Smax}^2)} = I_O\sqrt{D}\sqrt{1 + \frac{1}{12}\left(\frac{\Delta i_L}{I_O}\right)^2} \tag{11.122}$$

其中，$I_{Smin} = I_O - \Delta i_L/2$，$I_{Smax} = I_O + \Delta i_L/2$。

同样地，二极管电流的 rms 值为

$$I_{Drms} = \sqrt{\frac{1-D}{3}(I_{Dmin}^2 + I_{Dmin}I_{Dmax} + I_{Dmax}^2)} = I_O\sqrt{1-D}\sqrt{1 + \frac{1}{12}\left(\frac{\Delta i_L}{I_O}\right)^2} \tag{11.123}$$

其中，$I_{Dmin} = I_O - \Delta i_L/2$，$I_{Dmax} = I_O + \Delta i_L/2$。

电感电流的 *rms* 值为

$$I_{Lrms} = \sqrt{\frac{1}{3}(I_{Lmin}^2 + I_{Lmin}I_{Lmax} + I_{Lmax}^2)} = I_O\sqrt{1 + \frac{1}{12}\left(\frac{\Delta i_L}{I_O}\right)^2} \tag{11.124}$$

例如，当 $\Delta i_L/I_O = 0.1$ 时，$I_{Lrms} = 1.0017 I_O$；当 $\Delta i_L/I_O = 0.5$ 时，$I_{Lrms} = 1.0408 I_O$。

假设电阻 r_L、r_{DS} 和 R_F 是与频率无关的常数，MOSFET 的传导功率损耗为

$$P_{rDS} = r_{DS}I_{Srms}^2 = r_{DS}DI_O^2\left[1 + \frac{1}{12}\left(\frac{\Delta i_L}{I_O}\right)^2\right] = \frac{r_{DS}D}{R_L}\left[1 + \frac{1}{12}\left(\frac{\Delta i_L}{I_O}\right)^2\right]P_O \tag{11.125}$$

二极管正偏电阻引起的传导功率损耗为

$$P_{RF} = R_F I_{Drms}^2 = R_F(1-D)I_O^2\left[1 + \frac{1}{12}\left(\frac{\Delta i_L}{I_O}\right)^2\right]$$
$$= \frac{R_F(1-D)}{R_L}\left[1 + \frac{1}{12}\left(\frac{\Delta i_L}{I_O}\right)^2\right]P_O \tag{11.126}$$

假设电感电阻 r_L 与频率无关，由电感绕线引起的功率损耗为

$$P_{rL} = r_L I_{Lrms}^2 = r_L I_O^2\left[1 + \frac{1}{12}\left(\frac{\Delta i_L}{I_O}\right)^2\right] = \frac{r_L}{R_L}\left[1 + \frac{1}{12}\left(\frac{\Delta i_L}{I_O}\right)^2\right]P_O \tag{11.127}$$

所有的功率损耗为

$$P_{LS} = \left\{ \frac{Dr_{DS} + (1-D)R_F + r_L}{R_L}\left[1 + \frac{1}{12}\left(\frac{\Delta i_L}{I_O}\right)^2\right] + \frac{f_s C_o R_L}{M_{VDC}^2} + \frac{(1-D)V_F}{V_O} \right.$$
$$\left. + \frac{r_C R_L(1-D)^2}{12 f_s^2 L^2}P_O \right\} \tag{11.128}$$

因此，转换器的效率为

$$\eta = \frac{1}{1 + \dfrac{Dr_{DS} + (1-D)R_F + r_L}{R_L}\left[1 + \dfrac{1}{12}\left(\dfrac{\Delta i_L}{I_O}\right)^2\right] + \dfrac{(1-D)V_F}{V_O} + \dfrac{f_s C_o R_L}{M_{VDC}^2} + \dfrac{r_C R_L(1-D)^2}{12 f_s^2 L^2}}$$
$$= \frac{1}{1 + \dfrac{Dr_{DS} + (1-D)R_F + r_L}{R_L}\left[1 + \dfrac{1}{12}\left(\dfrac{\Delta i_L R_L}{DV_I}\right)^2\right] + \dfrac{(1-D)V_F}{DV_I} + \dfrac{f_s C_o R_L}{D^2} + \dfrac{r_C R_L(1-D)^2}{12 f_s^2 L^2}}. \tag{11.129}$$

例如,当 $\Delta i_L/I_O = 0.1$ 时

$$P_{rL} = r_L I_{Lrms}^2 = r_L I_O^2 \left[1 + \frac{1}{12}\left(\frac{1}{10}\right)^2 \right] = r_L I_O^2 \left(1 + \frac{1}{1200}\right) = 1.0008333 r_L I_O^2 \quad (11.130)$$

当 $\Delta i_L/I_O = 0.2$ 时

$$P_{rL} = r_L I_{Lrms}^2 = r_L I_O^2 \left[1 + \frac{1}{12}\left(\frac{1}{5}\right)^2 \right] = r_L I_O^2 \left(1 + \frac{1}{300}\right) = 1.00333 r_L I_O^2 \quad (11.131)$$

降压型变换器中,直流输入功率一部分直接传输到输出端,转换成交流功率,然后再转换回直流功率。可见,转换为交流的总功率为

$$P_{AC} = (1 - D)P_O \quad (11.132)$$

直接传输到输出端的直流功率为

$$P_{DC} = DP_O \quad (11.133)$$

11.4.13 CCM 模式下有耗变换器的直流电压传递函数

输入电流的直流分量为

$$I_I = \frac{1}{T}\int_0^T i_S \, dt = \frac{1}{T}\int_0^{DT} I_O \, dt = DI_O \quad (11.134)$$

因此,降压型变换器直流电流的传递函数为

$$M_{IDC} \equiv \frac{I_O}{I_I} = \frac{1}{D} \quad (11.135)$$

该方程对无损和有耗变换器都是适用的。变换器的效率位

$$\eta = \frac{P_O}{P_I} = \frac{V_O I_O}{V_I I_I} = M_{VDC} M_{IDC} = \frac{M_{VDC}}{D} \quad (11.136)$$

因此,有耗降压型变换器的电压传递函数位

$$M_{VDC} = \frac{\eta}{M_{IDC}} = \eta D$$

$$= \frac{D}{1 + \dfrac{D r_{DS}}{R_L} + \dfrac{f_s C_o R_L}{M_{VDC}^2} + (1-D)\left(\dfrac{V_F}{V_O} + \dfrac{R_F}{R_L}\right) + \dfrac{r_L}{R_L} + \dfrac{r_C R_L (1-D)^2}{12 f_s^2 L^2}}$$

$$= \frac{D}{1 + \dfrac{r_{DS}}{R_L}\dfrac{V_O}{V_I} + \dfrac{f_s C_o R_L}{\left(\dfrac{V_O}{V_I}\right)^2} + \left(1 - \dfrac{V_O}{V_I}\right)\left(\dfrac{V_F}{V_O} + \dfrac{R_F}{R_L}\right) + \dfrac{r_L}{R_L} + \dfrac{r_C R_L}{12 f_s^2 L^2}\left(1 - \dfrac{V_O}{V_I}\right)^2} \quad (11.137)$$

当 $D = 1$ 时,$M_{VDC} = \eta < 1$。

由式(11.137)可知,导通占空比为

$$D = \frac{M_{VDC}}{\eta} = \frac{V_O}{\eta V_I} \quad (11.138)$$

对于给定的直流电压传递函数,有耗变换器的占空比 D 比无耗的要高。这是因为有耗变换器开关 S 导通的时间要长些,以便为需要的输出能量和变换器的损耗提供足够多的能量。

将式(11.138)代入式(11.119),得到变换器的效率为

$$\eta = \frac{N_\eta}{D_\eta} \quad (11.139)$$

其中

$$N_\eta = 1 + M_{VDC}\left(\frac{V_F}{V_O} + \frac{r_C R_L}{6f_s^2 L^2} - \frac{r_{DS} - R_F}{R_L}\right)$$

$$+ \left\{\left[1 + M_{VDC}\left(\frac{V_F}{V_O} + \frac{r_C R_L}{6f_s^2 L^2} - \frac{r_{DS} - R_F}{R_L}\right)\right]^2 \right. \tag{11.140}$$

$$\left. - \frac{M_{VDC}^2 r_C R_L}{3f_s^2 L^2}\left(1 + \frac{R_F + r_L}{R_L} + \frac{V_F}{V_O} + \frac{f_s C_o R_L}{M_{VDC}^2} + \frac{r_C R_L}{12 f_s^2 L^2}\right)\right\}^{\frac{1}{2}}$$

$$D_\eta = 2\left(1 + \frac{R_F + r_L}{R_L} + \frac{V_F}{V_O} + \frac{f_s C_o R_L}{M_{VDC}^2} + \frac{r_C R_L}{12 f_s^2 L^2}\right) \tag{11.141}$$

11.4.14　MOSFET 的栅极驱动功率

对于方波电压源驱动的晶体管而言,当栅-源电压增加时,MOSFET 的栅极驱动功率与晶体管输入电容的充电有关;当栅-源电压减小时,MOSFET 的栅极驱动功率与晶体管输入电容的放电有关。然而,功率 MOSFET 的输入电容是高度非线性的,因此,通过晶体管输入电容难以确定栅极驱动功率。在数据手册中通常给出了确定的栅-源电压 V_{GS}(通常,$V_{GS} = 10\text{V}$)和漏-源电压 V_{DS}(通常,V_{DS} 等于最大额定电压的 0.8 倍)下,存储在栅-源电容和栅-漏电容内的所有栅极电荷 Q_g。采用方波电压源来驱动 MOSFET 的栅极,从栅极驱动源传输到晶体管的能量为

$$W_G = Q_g V_{GSpp} \tag{11.142}$$

该能量在开关频率 $f_s = 1/T$ 的一个周期 T 内被 MOSFET 输入电容的充电和放电所消耗。因此,MOSFET 栅极动功率为

$$P_G = \frac{W_G}{T} = f_s W_G = f_s Q_g V_{GSpp} \tag{11.143}$$

可见,栅极驱动功率 P_G 与开关频率 f_s 成正比。

功率增益定义为

$$k_p = \frac{P_O}{P_G} \tag{11.144}$$

功率附加效率(PAE)采用从输出功率 P_O 中减去栅极驱动功率 P_G 的定义,即

$$\eta_{PAE} = \frac{P_O - P_G}{P_I} \tag{11.145}$$

如果功率增益 k_p 较高,那么 $\eta_{PAE} \approx \eta$;如果功率增益 $k_p < 1$,则 $\eta_{PAE} < 0$。

总效率定义为

$$\eta_t = \frac{P_O}{P_I + P_G} \tag{11.146}$$

平均效率定义为

$$\eta_{AVG} = \frac{P_{OAVG}}{P_{IAVG}} \tag{11.147}$$

为了确定平均效率,需要知道平均输入和输出功率的概率密度函数。

11.4.15　用做幅度调制器的 CCM 模式降压型变换器设计

设计一个 CCM 模式下 AM 调制的 PWM 降压型变换器,使其满足以下性能要求:$V_I = 25\text{V}$,$V_O = 3 \sim 23\text{V}$,$P_{O\max} = 7\text{W}$,$f_s = 20\text{MHz}$,当 $D = 0.5$ 时 $V_r/V_O \leqslant 1\%$。

解：这里，输出电压的最小值、平均值和最大值分别为 $V_{Omin} = 3\text{V}$，$V_{Onom} = 13\text{V}$ 和 $V_{Omax} = 23\text{V}$。负载电阻为

$$R_L = \frac{V_{Omax}^2}{P_{Omax}} = \frac{23^2}{7} = 75.571\,(\Omega) \tag{11.148}$$

取 $R_L = 75\Omega$，则最大的负载电流为

$$I_{Omax} = \sqrt{\frac{P_{Omax}}{R_L}} = \sqrt{\frac{7}{75}} = 0.305\,(\text{A}) \tag{11.149}$$

因此，$V_O = 13\text{V}$ 时的输出功率为

$$P_{Onom} = \frac{V_{Onom}^2}{R_L} = \frac{13^2}{75} = 2.25\,(\text{W}) \tag{11.150}$$

平均负载电流为

$$I_{Onom} = \sqrt{\frac{P_{Onom}}{R_L}} = \sqrt{\frac{2.25}{75}} = 0.1732\,(\text{A}) \tag{11.151}$$

$V_O = 3\text{V}$ 时的输出功率为

$$P_{Omin} = \frac{V_{Omin}^2}{R_L} = \frac{3^2}{75} = 0.12\,(\text{W}) \tag{11.152}$$

最小的负载电流为

$$I_{Omin} = \sqrt{\frac{P_{Omin}}{R_L}} = \sqrt{\frac{0.12}{75}} = 0.04\,(\text{A}) \tag{11.153}$$

直流电压传递函数的最小值、平均值和最大值分别为

$$M_{VDCmin} = \frac{V_{Omin}}{V_I} = \frac{3}{25} = 0.12 \tag{11.154}$$

$$M_{VDCnom} = \frac{V_{Onom}}{V_I} = \frac{13}{25} = 0.52 \tag{11.155}$$

$$M_{VDCmax} = \frac{V_{Omax}}{V_I} = \frac{23}{25} = 0.92 \tag{11.156}$$

假设 $V_O = 23\text{V}$ 时，变换器的效率 $\eta = 95\%$；$V_O = 13\text{V}$ 时，变换器的效率 $\eta = 0.85\%$。那么占空比的最大值和平均值分别为

$$D_{max} = \frac{M_{VDCmax}}{\eta} = \frac{0.92}{0.95} = 0.9684 \tag{11.157}$$

$$D_{nom} = \frac{M_{VDCnom}}{\eta} = \frac{0.52}{0.85} = 0.6118 \tag{11.158}$$

假设 $V_O = 3\text{V}$ 时，变换器的效率 $\eta = 30\%$，则占空比的最小值为

$$D_{min} = \frac{M_{VDCmin}}{\eta} = \frac{0.12}{0.3} = 0.4 \tag{11.159}$$

假设开关频率 $f_s = 20\text{MHz}$，保持变换器工作在 CCM 模式的最小电感为

$$L_{min} = \frac{V_I D_{min}\left(\dfrac{1}{\eta} - D_{min}\right) R_L}{2 f_s V_{Omin}} = \frac{25 \times 0.3 \times \left(\dfrac{1}{0.3} - 0.4\right) \times 75}{2 \times 20 \times 10^6 \times 3} = 13.75\,(\mu\text{H}) \tag{11.160}$$

取 $L = 15\mu\text{H}$，$H/r_L = 0.2\Omega$，则电感纹波电流的最大值为

$$\Delta i_{Lmax} = \frac{V_I}{4 f_s L} = \frac{25}{4 \times 20 \times 10^6 \times 15 \times 10^{-6}} = 0.0208\,(\text{mA}) \tag{11.161}$$

纹波电压为

$$V_r = \frac{V_O}{100} = \frac{13}{100} = 130 \text{ (mV)} \tag{11.162}$$

如果滤波器电容足够大，$V_r = r_{Cmax} \Delta i_{Lmax}$，则滤波电容 ESR 的最大值为

$$r_{Cmax} = \frac{V_r}{\Delta i_{Lmax}} = \frac{130 \times 10^{-3}}{0.0208} = 6.31 \text{ (}\Omega\text{)} \tag{11.163}$$

取 $r_C = 500 \text{m}\Omega$。此时，由滤波电容 ESR 两端的纹波电压确定的滤波电容的最小值为

$$C_{min} = \frac{1}{4 f_s r_C} = \frac{1}{4 \times 2 \times 10^7 \times 0.5} = 25 \text{ (nF)} \tag{11.164}$$

取 $V_I = 25 \text{V}, r_C = 500 \text{m}\Omega$ 时的 $C = 27 \text{nF}$。

输出低通滤波器的角频率为

$$f_o = \frac{1}{2\pi \sqrt{LC}} = \frac{1}{2\pi \sqrt{15 \times 10^{-6} \times 27 \times 10^{-9}}} = 25 \text{ (kHz)} \tag{11.165}$$

因此，$f_s / f_o = 20 \times 10^6 / (25 \times 10^3) = 800$。

功率 MOSFET 和二极管的电压和电流应力分别为

$$V_{SM} = V_{DM} = V_I = 25 \text{ (V)} \tag{11.166}$$

$$I_{SM} = I_{DM} = I_{Omax} + \frac{\Delta i_{Lmax}}{2} = 0.305 + \frac{0.1736}{2} = 0.3918 \text{ (A)} \tag{11.167}$$

增强型 MOSFET 的漏极电流为

$$I_D = \frac{1}{2} \mu_{n0} C_{ox} \left(\frac{W}{L}\right) (v_{GS} - V_t)^2 = \frac{1}{2} K_n \left(\frac{W}{L}\right) (v_{GS} - V_t)^2 \tag{11.168}$$

其中，$K_n = \mu_{no} C_{ox}$。设 $V_{GS} = V_{GS(on)}, I_{Dmax} = a I_{SM}$，MOSFET 的宽长比为

$$\frac{W}{L} = \frac{2 I_{Dmax}}{\mu_{n0} C_{ox} (V_{GS(ON)} - V_t)^2} = \frac{2 a I_{DM} K_n}{(V_{GS(ON)} - V_t)^2} \tag{11.169}$$

假设 $V_t = 1 \text{V}, V_{GS(on)} = 5 \text{V}, K_n = \mu_{no} C_{ox} = 0.142 \times 10^{-3} A/V^2, a = 2$，得到

$$\frac{W}{L} = \frac{2 a I_{DM} K_n}{(V_{GS(ON)} - V_t)^2} = \frac{2 \times 2 \times 0.3918}{0.142 \times 10^{-3} (5-1)^2} = 690 \tag{11.170}$$

假设沟道长度 $L = 0.18 \mu\text{m}$，则沟道宽度为

$$W = \left(\frac{W}{L}\right) L = 690 \times 0.18 = 142.2 \text{ (}\mu\text{m)} \tag{11.171}$$

选择具有以下参数的开关元件。MOSFET：$V_{DSS} = 40 \text{V}, I_{SM} = 0.4 \text{A}, r_{DS} = 5 \text{m}\Omega, C_o = 25 \text{pF}, Q_g = 11 \text{nC}$；肖特基势垒二极管：$I_{DM} = 0.4 \text{A}, V_{DM} = 40 \text{V}, V_F = 0.4 \text{V}, R_F = 25 \text{m}\Omega$。

假设栅-源电压的峰-峰值 $V_{GSpp} = 4 \text{V}$，则 MOSFET 的栅极驱动功率为

$$P_G = f_s Q_g V_{GSpp} = 20 \times 10^6 \times 11 \times 10^{-9} \times 4 = 0.88 \text{ (W)} \tag{11.172}$$

1）最大输出电压时的效率

下面计算直流输出电压最大时，即 $V_{Omax} = 23 \text{V}$，电路的功率损耗和效率。此时，相应的最大占空比 $D_{max} = 0.9684$。MOSFET 的传导功率损耗为

$$P_{rDS} = D_{max} r_{DS} I_{Omax}^2 = 0.9684 \times 0.005 \times 0.305^2 = 0.45 \text{ (mW)} \tag{11.173}$$

开关损耗为

$$P_{sw} = f_s C_o V_I^2 = 20 \times 10^6 \times 25 \times 10^{-12} \times 25^2 = 313 \text{ (mW)} \tag{11.174}$$

因此，MOSFET 总的最大功率损耗为

$$P_{FETmax} = P_{rDS} + \frac{P_{sw}}{2} = 0.45 + \frac{313}{2} = 156.95 \text{ (mW)} \tag{11.175}$$

由 V_F 产生的二极管损耗为

$$P_{VF} = (1 - D_{max})V_F I_{Omax} = (1 - 0.9684) \times 0.4 \times 0.305 = 3.855 \, (\text{mW}) \tag{11.176}$$

由 R_F 产生的二极管损耗为

$$P_{RF} = (1 - D_{max})R_F I_{Omax}^2 = (1 - 0.9684) \times 0.025 \times 0.305^2 = 0.0735 \, (\text{mW}) \tag{11.177}$$

二极管总的导通损耗为

$$P_D = P_{VF} + P_{RF} = 3.855 + 0.0735 = 3.929 \, (\text{mW}) \tag{11.178}$$

等效串联电阻 $r_L = 0.2\Omega$ 的电感产生的功率损耗为

$$P_{rL} = r_L I_{Omax}^2 = 0.2 \times 0.305^2 = 18.605 \, (\text{mW}) \tag{11.179}$$

当 $D_{\max} = 0.9684$ 时,电感电流纹波的峰-峰值为

$$\Delta i_L = \frac{V_{Omax}(1 - D_{max})}{f_s L} = \frac{23 \times (1 - 0.9684)}{20 \times 10^6 \times 1.8 \times 10^{-6}} = 0.0202 \, (\text{A}) \tag{11.180}$$

电容 ESR 产生的功率损耗为

$$P_{rC} = \frac{r_C (\Delta i_L)^2}{12} = \frac{0.5 \times 0.0202^2}{12} = 0.017 \, (\text{mW}) \tag{11.181}$$

电路总的功率损耗为

$$P_{LS} = P_{rDS} + P_{sw} + P_D + P_{rL} + P_{rC} = 0.45 + 313 + 3.929 + 18.605 + 0.017 = 336 \, (\text{mW}) \tag{11.182}$$

满载时变换器的效率为

$$\eta = \frac{P_O}{P_O + P_{LS}} = \frac{7}{7 + 0.336} = 95.4\% \tag{11.183}$$

可见,该效率与之前假设的效率几乎一样。如果假设的效率与式(11.183)计算的效率差别很大,则需要重新假设变换器的效率来重新计算。

图 11.14 ～图 11.16 给出了各寄生元件产生的功率损耗曲线。图 11.17 给出了 $R_L = 75\Omega$, $r_{DS} = 5\text{m}\Omega$, $R_F = 25\text{m}\Omega$, $V_F = 0.4\text{V}$, $r_L = 0.2\Omega$, $r_C = 500\text{m}\Omega$, $C_o = 25\text{pF}$, $L = 1.8\mu\text{H}$, $f_S = 20\text{MHz}$ 时,降压型幅度调制的变换器效率与输出电压的函数关系曲线。

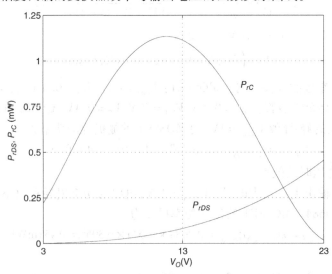

图 11.14 当 $V_I = 25\text{V}$, $r_{DS} = 5\text{m}\Omega$, $r_C = 500\text{m}\Omega$, $f_S = 20\text{MHz}$ 时,CCM 模式下降压型变换器 MOSFET 导通电阻的功率损耗 P_{rDS} 和电容 ESR 电阻的功率损耗 P_{rC} 与 V_O 的关系曲线

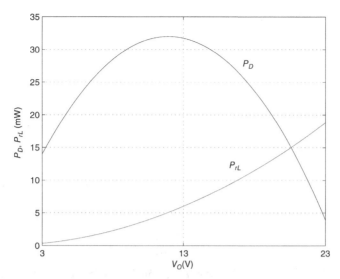

图 11.15 当 $V_I = 25\mathrm{V}, R_F = 25\mathrm{m}\Omega, V_F = 0.4\mathrm{V}, r_L = 0.2\Omega, f_s = 20\mathrm{MHz}$ 时, CCM 模式下降压型变换器的二极管传导功率损耗 P_D 和电感 ESR 电阻的功率损耗 P_{rL} 与 V_O 的关系曲线

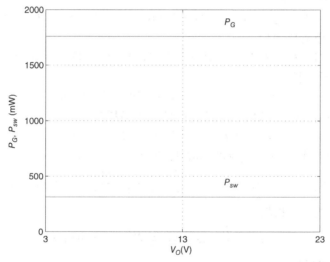

图 11.16 当 $Q_g = 11\mathrm{nC}, V_{GSpp} = 4\mathrm{V}, V_I = 25\mathrm{V}, C_o = 25\mathrm{pF}, f_s = 20\mathrm{MHz}$ 时, CCM 模式下降压型变换器的栅极开关损耗 P_G 和漏极开关损耗 P_{SW} 与 V_O 的关系曲线

2）平均输出电压时的效率

下面计算直流输出电压为平均值时，即 $V_{Onom} = 13\mathrm{V}$，电路的功率损耗和效率。此时，相应的占空比 $D_{nom} = 0.6118$。MOSFET 的传导功率损耗为

$$P_{rDS} = D_{nom}r_{DS}I_{Onom}^2 = 0.6118 \times 0.005 \times 0.1732^2 = 0.09176 \,(\mathrm{mW}) \tag{11.184}$$

开关损耗为

$$P_{sw} = f_sC_oV_I^2 = 20 \times 10^6 \times 25 \times 10^{-12} \times 25^2 = 313 \,(\mathrm{mW}) \tag{11.185}$$

因此，MOSFET 总的功率损耗为

$$P_{FET} = P_{rDS} + \frac{P_{sw}}{2} = 0.09176 \times + \frac{313}{2} = 156.592 \,(\mathrm{mW}) \tag{11.186}$$

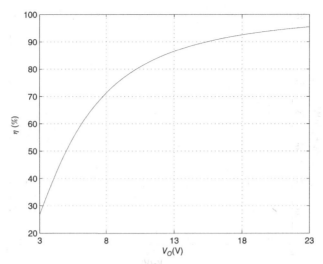

图 11.17 当 $V_I = 25V, R_L = 75m\Omega, r_{DS} = 5m\Omega, R_F = 25m\Omega, V_F = 0.4V, r_L = 0.2\Omega, r_C = 500m\Omega, C_o = 25pF, L = 1.8\mu H, f_s = 20MHz$ 时, CCM 模式下降压型变换器的效率 η 与 V_O 的关系曲线

由 V_F 产生的二极管损耗为

$$P_{VF} = (1 - D_{nom})V_F I_{Onom} = (1 - 0.6118) \times 0.4 \times 0.1732 = 26.89 \, (\text{mW}) \qquad (11.187)$$

由 R_F 产生的二极管损耗为

$$P_{RF} = (1 - D_{nom})R_F I_{Onom}^2 = (1 - 0.6118) \times 0.025 \times 0.1732^2 = 0.291 \, (\text{mW}) \qquad (11.188)$$

二极管总的传导损耗为

$$P_D = P_{VF} + P_{RF} = 26.89 + 0.291 = 27.187 \, (\text{mW}) \qquad (11.189)$$

直流等效串联电阻 $r_L = 0.2\Omega$ 的电感产生的功率损耗为

$$P_{rL} = r_L I_{Onom}^2 = 0.2 \times 0.1732^2 = 6 \, (\text{mW}) \qquad (11.190)$$

当 $D_{nom} = 0.6118$ 时,电感电流纹波的峰-峰值为

$$\Delta i_L = \frac{V_{Onom}(1 - D_{nom})}{f_s L} = \frac{13 \times (1 - 0.6118)}{20 \times 10^6 \times 1.8 \times 10^{-6}} = 0.1402 \, (\text{A}) \qquad (11.191)$$

电容 ESR 产生的功率损耗为

$$P_{rC} = \frac{r_C (\Delta i_L)^2}{12} = \frac{0.5 \times 0.1402^2}{12} = 0.819 \, (\text{mW}) \qquad (11.192)$$

电路总的功率损耗为

$$P_{LS} = P_{rDS} + P_{sw} + P_D + P_{rL} + P_{rC} \qquad (11.193)$$
$$= 0.9176 + 313 + 27.187 + 6 + 0.819 = 347.294 \, (\text{mW})$$

满载时变换器的效率为

$$\eta = \frac{P_O}{P_O + P_{LS}} = \frac{2.25}{2.25 + 0.347924} = 86.61\% \qquad (11.194)$$

3）最小输出电压时的效率

下面计算直流输出电压最小时,即 $V_{Omin} = 3V$,电路的功率损耗和效率。此时,相应的占空比 $D_{min} = 0.4$。MOSFET 的传导功率损耗为

$$P_{rDS} = D_{min} r_{DS} I_{Omin}^2 = 0.4 \times 0.005 \times 0.04^2 = 0.0032 \, (\text{mW}) \qquad (11.195)$$

开关损耗为

$$P_{sw} = f_s C_o V_I^2 = 20 \times 10^6 \times 25 \times 10^{-12} \times 25^2 = 313 \, (\text{mW}) \qquad (11.196)$$

因此,MOSFET 总的功率损耗为

$$P_{FET} = P_{rDS} + \frac{P_{sw}}{2} = 0.0032 + \frac{313}{2} = 156.5032 \, (\text{mW}) \tag{11.197}$$

由 V_F 产生的二极管损耗为

$$P_{VF} = (1 - D_{min})V_F I_{Omin} = (1 - 0.4) \times 0.4 \times 0.04 = 9.6 \, (\text{mW}) \tag{11.198}$$

由 R_F 产生的二极管损耗为

$$P_{RF} = (1 - D_{min})R_F I_{Omin}^2 = (1 - 0.4) \times 0.025 \times 0.04^2 = 0.024 \, (\text{mW}) \tag{11.199}$$

二极管总的传导损耗为

$$P_D = P_{VF} + P_{RF} = 9.6 + 0.024 = 9.624 \, (\text{mW}) \tag{11.200}$$

直流等效串联电阻 $r_L = 0.2\Omega$ 的电感产生的功率损耗为

$$P_{rL} = r_L I_{Omin}^2 = 0.2 \times 0.04^2 = 0.32 \, (\text{mW}) \tag{11.201}$$

当 $D_{min} = 0.4$ 时,电感电流纹波的峰-峰值为

$$\Delta i_L = \frac{V_{Omin}(1 - D_{min})}{f_s L} = \frac{3 \times (1 - 0.4)}{20 \times 10^6 \times 1.8 \times 10^{-6}} = 0.006 \, (\text{A}) \tag{11.202}$$

电容 ESR 产生的功率损耗为

$$P_{rC} = \frac{r_C(\Delta i_L)^2}{12} = \frac{0.5 \times 0.006^2}{12} = 0.0015 \, (\text{mW}) \tag{11.203}$$

电路总的功率损耗为

$$\begin{aligned} P_{LS} &= P_{rDS} + P_{sw} + P_D + P_{rL} + P_{rC} \\ &= 0.0032 + 313 + 9.624 + 0.32 + 0.0015 = 322.556 \, (\text{mW}) \end{aligned} \tag{11.204}$$

满载时变换器的效率为

$$\eta = \frac{P_O}{P_O + P_{LS}} = \frac{0.12}{0.12 + 0.3273556} = 27.09\% \tag{11.205}$$

图 11.18 给出了直流电压传递函数 M_{VDC} 与直流输出电压 V_O 的函数关系曲线。图 11.19 和 11.20 给出了传导损耗与占空比 D 的函数关系曲线。图 11.21 给出了直流输入电压 V_I 不变时,降压型变换器的效率 η 与占空比 D 的函数关系曲线。图 11.22 给出了降压型变换器的直流电压传递函数 $M_{VDC} = \eta D$ 与占空比 D 的函数关系曲线。

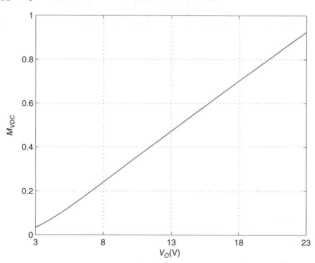

图 11.18 当 $V_I = 25\text{V}, R_L = 75\Omega, r_{DS} = 5\text{m}\Omega, R_F = 25\text{m}\Omega, V_F = 0.4\text{V}, r_L = 0.2\Omega, r_C = 500\text{m}\Omega, C_o = 25\text{pF}, L = 1.8\mu\text{H}, f_s = 20\text{MHz}$ 时,降压型变换器的直流电压传递函数 $M_{VDC} = \eta D$ 与 V_o 的关系曲线

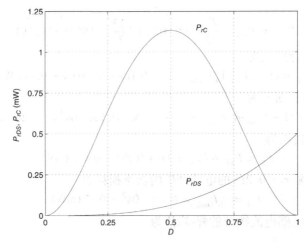

图 11.19　当 $V_I = 25\text{V}, r_{DS} = 5\text{m}\Omega, r_C = 500\text{m}\Omega, f_s = 20\text{MHz}$ 时,CCM 模式下降压型变换器 MOSFET 导通电阻的功率损耗 P_{rDs} 和滤波电容 ESR 电阻的功率损耗 P_{rC} 与占空比 D 的关系曲线

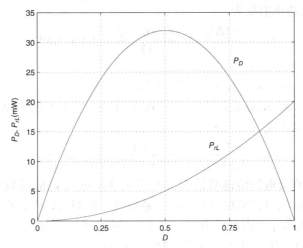

图 11.20　当 $V_I = 25\text{V}, R_F = 25\text{m}\Omega, V_F = 0.4\text{V}, r_L = 0.2\Omega, f_s = 20\text{MHz}$ 时,CCM 模式下降压型变换器的二极管传导功率损耗 P_D 和电感 ESR 电阻的功率损耗 P_{rL} 与占空比 D 的关系曲线

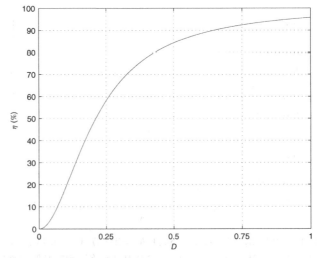

图 11.21　当 $V_I = 25\text{V}, R_L = 75\Omega, r_{DS} = 5\text{m}\Omega, R_F = 25\text{m}\Omega, V_F = 0.4\text{V}, r_L = 0.2\Omega, r_C = 500\text{m}\Omega, C_o = 25\text{pF},$ $L = 1.8\mu\text{H}, f_s = 20\text{MHz}$ 时,CCM 模式下降压型变换器的效率 η 与占空比 D 的关系曲线

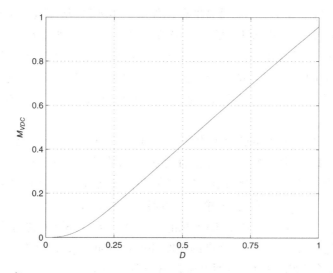

图 11.22　当 $V_I = 25V, R_L = 75\Omega, r_{DS} = 5m\Omega, R_F = 25m\Omega, V_F = 0.4V, r_L = 0.2\Omega, r_C = 500m\Omega, C_o = 25pF, L = 1.8\mu H, f_s = 20MHz$ 时, CCM 模式下降压型变换器的直流电压传递函数 $M_{VDC} = \eta D$ 与占空比 D 的关系曲线

11.5　用做幅度调制器的同步降压型变换器

　　具有同步整流器的降压型变换器拓扑结构如图 11.23(a) 所示, 该电路用 n 沟道的 MOSFET 替换了二极管。一般说来, 二极管具有偏置电压 V_F, 低压应用时该电压值与输出电压相当。相比之下, MOSFET 不具有这样的偏置电压。如果 MOSFET 的导通电阻较小, 那么其两端的正向电压压降也非常低, 减少了传递损耗, 提高了效率。一些击穿电压较低的 MOSFET 的导通电阻 r_{DS} 只有 6mΩ。此外, 由于晶体管能在两个方向传导电流, 因此能够避免 DCM 工作模式。同步降压型变换器能够从 0 负载到满载都工作在 CCM 模式下。

　　两个 MOSFET 以互补方式驱动。由于电流一般从源极流向漏极, 因此电路下方取代肖特基二极管的 n 沟道 MOSFET 工作在第三象限。当两个晶体管都是 n 沟道 MOSFET 时, 由于它们的栅极和源极都连接到"热"点, 使得驱动上面的 MOSFET 比较困难。一种解决办法是使用具有一个初级线圈和两个次级线圈的变压器。初级线圈连接到驱动器, 例如, 一个驱动集成电路; 变压器的一个输出是同相的, 而另一个输出是反相的。同步降压型变换器受到交叉导通(或直通)的影响, 使得两个晶体管都具有高的电流尖峰, 从而产

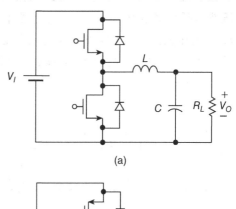

(a)

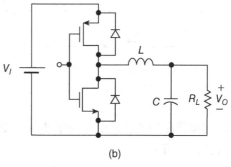

(b)

图 11.23　带有同步整流器的降压型变换器
(a) 具有两个 n 型沟道 MOSFETs 的电路结构;
(b) CMOS 降压型变换器

生高的损耗,同时降低了效率。不相重叠的驱动能够产生死区,从而减少交叉导通损耗。在死区期间,电感电流流过下方 MOSFET 的体二极管。这个体二极管具有非常慢的反向恢复特性,对变换器的效率产生不利影响。为了防止该体二极管对变换器性能的影响,可以外加一个肖特基二极管与下方的 MOSFET 并联。与带有二极管的传统非同步降压型变换器相比,额外增加的肖特基二极管可以有更低的电流等级,因为当两个 MOSFET 都断开时,它只在较短的死区时间内导通。

如果上面的 MOSFET 是 PMOS,下面的 MOSFET 是 NMOS,那么该电路与数字 CMOS 反相器相似,如图 11.23(b)所示。此时,两个晶体管由相同的栅-源电压驱动。栅-源电压的峰-峰值接近或等于直流输入电压 V_I。因此,CMOS 结构的同步降压型变换器适用于直流电压 V_I 较低的应用场合。除了滤波电容 C 之外,整个变换器能够被集成。

当电压 V_I 较高时,较高的栅-源电压峰-峰值可能会击穿 MOSFET 的栅极。相同的栅-源电压会导致两个晶体管的交叉导通,产生高的尖峰并明显降低变换器的效率。死区有助于减小电流尖峰,但需要两个不相重叠的栅-源电压来驱动 MOSFETs。

当输出电压较低(例如,$V_O = 3.3\text{V}$ 或 $V_O = 1.8\text{V}$)和/或负载变化范围很大(包括从空载到满载工作)时,同步降压型变换器尤其具有吸引力。它主要的优势就是比传统降压型变换器的效率要高。同步降压型变换器还可以用做双向的变换器。

图 11.24 给出了带有变压器驱动的同步降压型变换器电路原理图。如果两个 MOSFET 都是 n 沟道器件,那么变压器次边上面的输出应当是同相的,下面的输出则是反相的。如果上面的晶体管是 PMOS,下面的晶体管是 NMOS,那么变压器的两个输出应该都是同相的或者都是反相的。

图 11.25 给出了具有镜像电压源驱动的同步降压型变换器。镜像电压源驱动器对于交流电压波形而言就相当于一个电压转化器,使得 n 沟道 MOSFET 的栅-源电压与 p 沟道 MOSFET 的源-栅电压相同。与 CMOS 同步降压型变换器相反,栅-源电压的峰-峰值比直流输入电压 V_I 要低。因此,该驱动器适用于 V_I 值较大的情况。

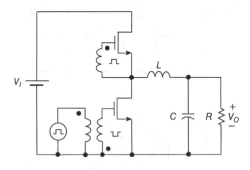

图 11.24 带有变压器驱动的同步降压型
变换器电路原理图

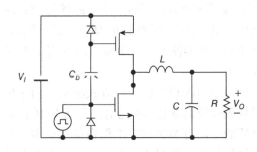

图 11.25 具有镜像电压源驱动的
同步降压型变换器

同步降压型变换器的最小电感仅仅受到电感电流的限制。对于 CCM 模式而言,电感电流纹波的最大值为

$$\Delta i_{Lmax} = \frac{V_O(1-D_{0.5})}{f_s L_{min}} = \frac{V_I D_{0.5}(1-D_{0.5})}{f_s L_{min}} = \frac{V_I}{4f_s L_{min}} \tag{11.206}$$

因此,最小的电感为

$$L_{min} = \frac{V_I}{4 f_s L_{min}} \tag{11.207}$$

设 $V_F = 0$ 和 $R_F = r_{DS2}$，根据式（11.119）得到同步降压型变换器的效率为

$$\eta = \frac{P_O}{P_I} = \cfrac{1}{1 + \cfrac{Dr_{DS1} + (1-D)r_{DS2} + r_L}{R_L}\left[1 + \cfrac{1}{12}\left(\cfrac{\Delta i_L}{I_O}\right)^2\right] + \cfrac{f_s C_o R_L}{M_{VDC}^2} + \cfrac{r_C R_L (1-D)^2}{12 f_s^2 L^2}} \tag{11.208}$$

其中，$\Delta i_L = V_O (1-D)/(f_s L) = D(1-D)V_I/(f_s L)$。

如果 $r_{DS1} = r_{DS2}$，则变换器的效率为

$$\eta = \cfrac{1}{1 + \cfrac{r_{DS} + r_L}{R_L}\left[1 + \cfrac{1}{12}\left(\cfrac{\Delta i_L}{I_O}\right)^2\right] + \cfrac{f_s C_o R_L}{M_{VDC}^2} + \cfrac{r_C R_L (1-D)^2}{12 f_s^2 L^2}}$$

$$= \cfrac{1}{1 + \cfrac{r_{DS} + r_L}{R_L}\left[1 + \cfrac{1}{12}\left(\cfrac{\Delta i_L R_L}{V_O}\right)^2\right] + \cfrac{f_s C_o R_L}{(V_O/V_I)^2} + \cfrac{r_C R_L}{12 f_s^2 L^2}\left(1 - \cfrac{V_O}{V_I}\right)^2} \tag{11.209}$$

图11.26给出了同步整流降压型变换器的效率 η 与直流输出电压 V_o 的函数关系曲线。

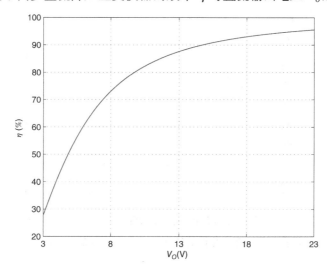

图11.26 当 $V_I = 25\text{V}$，$R_L = 75\Omega$，$r_{DS} = 5\text{m}\Omega$，$r_L = 0.2\Omega$，$r_C = 0.5\Omega$，$C_o = 25\text{pF}$，$L = 1.8\mu\text{H}$，$f_s = 20\text{MHz}$
时，同步整流降压型变换器的效率 η 和直流输出电压 V_o 的关系曲线

将 $V_F = 0$，$R_F = r_{DS2}$ 代入式（11.137），得到同步降压型变换器的直流电压传递函数为

$$M_{VDC} = \frac{V_O}{V_I} = \eta D = \cfrac{D}{1 + \cfrac{r_{DS} + r_L}{R_L}\left[1 + \cfrac{1}{12}\left(\cfrac{\Delta i_L}{I_O}\right)^2\right] + \cfrac{f_s C_o R_L}{M_{VDC}^2} + \cfrac{r_C R_L (1-D)^2}{12 f_s^2 L^2}}$$

$$= \cfrac{D}{1 + \cfrac{r_{DS} + r_L}{R_L}\left[1 + \cfrac{1}{12}\left(\cfrac{\Delta i_L R_L}{V_O}\right)^2\right] + \cfrac{f_s C_o R_L}{(V_O/V_I)^2} + \cfrac{r_C R_L}{12 f_s^2 L^2}\left(1 - \cfrac{V_O}{V_I}\right)^2} \tag{11.210}$$

当电源电压 $V_I = 25\text{V}$ 时，同步降压型变换器的直流电压传递函数 M_{VDC} 与直流输出电压 V_o 的函数关系曲线如图11.27所示，效率 η 与占空比 D 的函数关系曲线如图11.28所示，直流电压传递函数 M_{VDC} 与占空比 D 的函数关系曲线如图11.29所示。

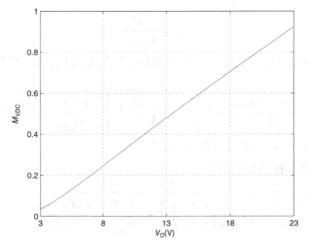

图 11.27　当 $V_I = 25\text{V}, R_L = 75\Omega, r_{DS} = 5\text{m}\Omega, r_L = 0.2\Omega, r_C = 0.5\Omega, C_o = 25\text{pF}, L = 1.8\mu\text{H}, f_S = 20\text{MHz}$ 时,同步降压型变换器的直流电压传递函数 M_{VDC} 与直流输出电压 V_o 的关系曲线

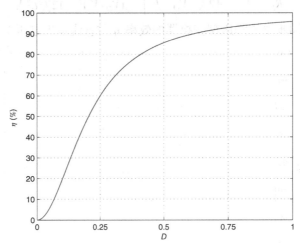

图 11.28　当 $V_I = 25\text{V}, R_L = 75\Omega, r_{DS} = 5\text{m}\Omega, r_L = 0.2\Omega, r_C = 0.5\Omega, C_o = 25\text{pF}, L = 1.8\mu\text{H}, f_S = 20\text{MHz}$ 时,同步降压型变换化器的效率 η 与占空比 D 的关系曲线

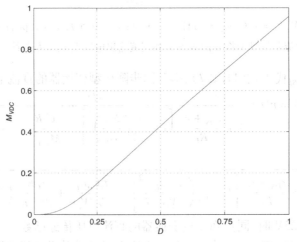

图 11.29　当 $V_I = 25\text{V}, R_L = 75\Omega, r_{DS} = 5\text{m}\Omega, r_L = 0.2\Omega, r_C = 0.5\Omega, C_o = 25\text{pF}, L = 1.8\mu\text{H}, f_S = 20\text{MHz}$ 时,同步降压型变换器的直流电压传递函数 M_{VDC} 与占空比 D 的关系曲线

11.6　多相降压型变换器

前面章节讨论的降压型变换器都是单相位的,这种类型降压变换器需要相对较大的滤波电容以减小输出电压纹波。AM 调制的 RF 发射机需要的带宽非常宽。多相降压型变换器需要的滤波电容较小,因此带宽较宽。

在多相降压型变换器中,两个或更多个单相变换器并行作用于相同的滤波电容和负载电阻,抵消了纹波。一个两相的降压型变换器如图 11.30 所示,其工作电流和电压的波形如图 11.31 所示。通常,在两相降压型变换器中同步整流器被用做二极管;驱动信号 v_{GS1} 和 v_{GS2} 相位差为 180°。当变换器的各个相位互补切换时,由于纹波抵消使得输出电压纹波减小。当 $D = 0.5$ 时,$i_{L1} + i_{L2}$ 是常数,产生的交流分量为 0。因此,流过滤波电容的电流的交流分量也是 0,从而纹波电压为 0。然而,$D \neq 0.5$ 时仅有部分纹波被抵消。

如果有 n 相并行工作,那么输出电压纹波的频率是每个单相变换器开关频率的 n 倍,即 $f_r = nf_S$。当 $D = 1/n$ 时,纹波相互抵消。由于输出电压纹波幅度的减小和频率的增加,需要的滤波电容显著减小,这也提高了电源的瞬态响应。

图 11.32 给出了输入端两个大电容 C_1 和 C_2 的两相降压型变换器。该变换器的开关电压应力减少了,直流电压传递函数为

$$M_{VDC} = \frac{V_O}{V_I} = \frac{D}{2} \quad (11.211)$$

11.7　版图设计

从电磁干扰(EMI)和功率损耗的角度来看,变换器中各元件的版图非常重要。

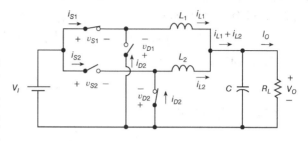

图 11.30　两相降压型变换器电路结构示意图

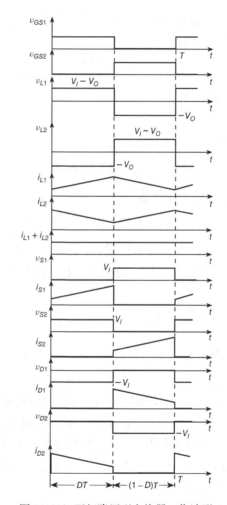

图 11.31　两相降压型变换器工作波形

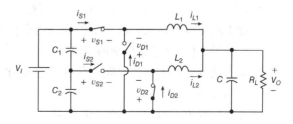

图 11.32　具有两个输入电容的两相降压型变换器

每个环路中直流电流的分布要尽量减小围绕环路的直流电压的压降,从而减小直流传输损耗。交流电流的分布要尽量减小各次谐波电流存储在磁场中的能量,从而使交流电流流过电感最小的路径。元件间的互连线意味着阻抗。对于电阻率为 ρ、长 L、宽 w 以及厚度为 h 的铜导线而言,其直流和低频电阻为

$$R_{dc} = \frac{\rho l}{A} = \frac{\rho l}{wh} \tag{11.212}$$

该导线的高频电阻为

$$R_{HF} = \frac{\rho l}{2(w+h)\delta} = \frac{l}{2(w+l)}\sqrt{\pi\mu_r\mu_0\rho f} \tag{11.213}$$

其中, $\delta_w = \sqrt{\rho/\pi\mu_r\mu_0 f}$ 是趋肤深度。因此,元件间的走线应当尽可能宽和短。当 $w \leqslant 2L$ 时,矩形走线的电感为

$$L = \frac{\mu l}{2\pi}\left[\ln\left(\frac{2l}{w+h}\right) + \frac{w+h}{3l} + 0.500\,49\right] \quad \text{(H)} \tag{11.214}$$

导线的阻抗为

$$Z = R + j\omega L \tag{11.215}$$

高频时,该阻抗为

$$Z_{HF} = R_{HF} + j\omega L = \frac{l}{2(w+l)}\sqrt{\pi\mu_r\mu_0\rho f} + jf\mu l\left[\ln\left(\frac{2l}{w+h}\right) + \frac{w+h}{3l} + 0.500\,49\right] \quad (\Omega) \tag{11.216}$$

双层板的寄生电容为

$$C = \epsilon_r\epsilon_0\frac{A}{t} = \epsilon_r\epsilon_0\frac{wl}{t} \tag{11.217}$$

其中, t 是板材介质层的厚度, ε_r 是板材的介质常数,真空介电常数 $\epsilon_0 = 10^{-9}/36\pi = 8.85 \times 10^{-12}\,\text{F/m}$。对于双层板,还要考虑走线宽度引起的寄生电容效应。

11.8　本章小结

- PWM 降压型变换器是一个向下的变换器($V_o < V_I$)。
- 降压型变换器是非隔离的变换器,它不具有隔直功能。
- 它有两种工作模式:CCM 模式或 DCM 模式。
- 如果忽略损耗,CCM 模式下降压型变换器的直流电压传递函数为 $M_{VDC} = V_o/V_I = D$ 。它与负载电阻 R_L (或者负载电流 I_o)无关,仅仅与开关的占空比 D 有关。因此,输出电压 $V_o = DV_I$ 与负载电阻 R_L 无关,只与直流输入电压 V_I 有关。
- 变换器有传导损耗和开关损耗。
- 对于有耗变换器而言,CCM 模式下的直流电压传递函数为 $M_{VDC} = V_o/V_I = \eta D$ 。
- 相同的直流电压传递函数 M_{VDC} 下,有耗变换器的占空比 D 比无耗变换器的要大。
- 对于固定直流输入电压 V_I 下的动态电源变换器,随着占空比从 0 增加到 1,效率从 0 增加到最大值,通常达到 90% 以上。
- 降压型变换器大部分时间工作在低占空比下,例如 $D = 0.3$,功率效率非常低。因此,长期的效率也很低。
- 开关损耗 P_{sw} 和栅极驱动功耗 P_G 在任意输出电压下保持不变。高频时,它们决定了整个损耗。

- 流过滤波电容 C 的电流峰-峰值等于电感纹波电流的峰-峰值 Δi_L。
- 如果滤波电容的值足够高,输出纹波电压仅取决于滤波电容的 ESR,而与滤波电容的容值无关。为了减小输出纹波电压,必须选用低 ESR 的滤波电容。
- 电感的最小值取决于 CCM 模式和 DCM 模式的边界条件、纹波电压或者电感和滤波电容的交流损耗。
- 有耗变换器工作在 CCM 模式需要的电感 L 比 CCM 模式下无耗变换器的要大。
- 降压型变换器的不足在于:输入电流是脉冲式的。然而,可以在变换器的输入端增加 LC 滤波器来得到非脉冲式的输入电流波形。
- 输出滤波器的角频率 $f_o = 1/\left(2\pi\sqrt{LC}\right)$ 与负载电阻无关。
- 由于源极和栅极都不是对地的参考,驱动晶体管相对困难。因此,驱动电路中需要增加变压器、耦合器或者电荷泵。
- 降压型变换器需要低 ESR 的滤波电容来实现低纹波电压。
- 由于直流电流流过电感 L,降压型变换器中电感铁心只有一半的 B-H 曲线被使用。

11.9 复习思考题

11.1 给出变换器 CCM 模式和 DCM 模式的定义。

11.2 降压型变换器是否为隔离变换器?

11.3 基本降压型变换器的输入电流是否为脉冲式的?

11.4 为了获得非脉冲式输入电流,降压型变换器的电路需要怎样修改?

11.5 降压型变换器中晶体管的驱动参考点是地吗?

11.6 CCM 模式下无耗变换器的直流电压传递函数与占空比 D 有什么关系?

11.7 CCM 模式下,对于给定的 M_{VDC} 值,有耗降压型变换器的占空比 D 比无耗降压型变换器的占空比高还是低?

11.8 降压型变换器的直流电压传递函数是否取决于负载电阻?

11.9 CCM 模式下,降压型变换器的纹波电压取决于什么?

11.10 降压型变换器输出滤波器的角频率是否取决于负载电阻?

11.11 CCM 模式下降压型变换器的效率在重载还是轻载的情况下比较高?

11.12 降压型变换器电感铁心的 B-H 曲线是否都被利用?

11.13 CCM 模式下降压型变换器在下列两种情况下的最小电感表达式是否一样?情况一:直流输入电压固定、直流输出电压可变;情况二:直流输出电压固定、直流输入电压可变。

11.10 习题

11.1 利用二极管电压波形推导 CCM 模式下无耗降压型变换器的直流电压传递函数表达式。

11.2 设计一个输出电压可变的降压型变换器,并使其满足以下条件:$V_I = 12\text{V}, V_O = 2 \sim 10\text{V}, P_{Omax} = 4\text{W}, f = 20\text{MHz}, V_r/V_O \leqslant 1\%$。

参考文献

[1] C. Buoli, A. Abbiati, and D. Riccardi, "Microwave power amplifier with "envelope controlled" drain power supply," *European Microwave Conference*, 1995, pp. 31–35.

[2] M. K. Kazimierczuk, *Pulse-Width Modulated DC-DC Power Converters*, 2nd Ed. New York, NY: John Wiley & Sons, 2012.

[3] G. Hanington, P. M. Asbeck, and L. E. Larsen, "High-efficiency power amplifier using dynamic power-supply voltage for CDMA applications," *IEEE Transactions on Microwave Theory and Techniques*, vol. 48, no. 8, pp. 1471–1476, 1999.

[4] B. Sahu and G. A. Rincon-Mora, "A high-efficiency linear RF power amplifier with a power-tracking dynamically adoptive buck-boost supply," *IEEE Transactions on Microwave Theory and Techniques*, vol. 52, no. 1, pp. 112–120, 2004.

[5] N. Wang. V. Yousefzadehi, D. Maksimović, S. Paijć, and Z. B. Popović, "60% efficient 10-MHz power amplifier with dynamic drain bias control," *IEEE Transactions on Microwave Theory and Techniques*, vol. 52, no. 3, pp. 1077–1081, 2004.

[6] Y. Eo and K. Lee, "High-efficiency 5 GHz CMOS power amplifier with adoptive bias control circuit," *IEEE RFIC Symposium Digest*, June 2004, pp. 575–578.

[7] I.-H. Chen, K. U. Yen, and J. S. Kenney, "An envelope elimination and restoration power amplifier using a CMOS dynamic power supply circuit," *IEEE MTT-S International Microwave Symposium Digest*, vol. 3, June 2004, pp. 1519–1522.

[8] N. Schlumpf, M. Declercq, and C. Dehollain, "A fast modulator for dynamic supply linear RF power amplifier," *IEEE Journal of Solid-State Circuits*, vol. 39, no. 8, pp. 1015–1025, 2004.

[9] P. Hazucha, G. Schrom, J. Hahn, B. A. Bloechel, P. Hack, G. E. Dermer, S. Narendra, D. Gardner, T. Karnik, V, De, and S. Borker, "A 233-MHz 80%-87% efficiency four-phase dc-dc converter utilizing air-core inductors on package," *IEEE Journal of Solid-State Circuits*, vol. 40, no. 4, pp. 838–845, 2005.

[10] W.-Y. Chu, P. M. Bakkaloglu, and S. Kiaei, "A 10 MHz bandwidth, 2 mV ripple PA for CDMA transmitter," *IEEE Journal of Solid-State Circuits*, vol. 43, no 12, pp. 2809–2819, 2008.

[11] V. Pinon, F. Hasbani, A. Giry. D. Pache, and C. Garnier, "A single-chip WCDMA envelope reconstruction LDMOS PA with 130 MHz switched-mode power supply," *International Solid-State Circuits Conference*, 2008, pp. 564–636.

[12] J. Wibben and R. Harjani, "A high-efficiency dc/dc converter using 2 nH integrated inductor," *IEEE Journal of Solid-State Circuits*, vol. 43, no. 4, pp. 844–854, 2008.

[13] J. Sun, D. Giuliano, S. Deverajan, J.-Q. Lu, T. P. Chow, and R. J. Gutmann, "Fully monolithic cellular buck converter design for 3-G power delivery," *IEEE Transactions on Very Large Scale Integration (VLSI) Systems*, vol. 17, no. 3, pp. 447–451, 2009.

[14] R. Shrestham, R. van der Zee, A. de Graauw, and B. Nauta, "A wideband supply modulator for 20 MHz RF bandwidth polar PAs in 65 nm CMOS," *IEEE Journal of Solid-State Circuits*, vol. 44, no. 4, pp. 1272–1280, 2009.

[15] J. Jeong, D. F. Kimball, P. Draxler, and P. M. Asbeck, "Wideband envelope tracking power amplifier with reduced bandwidth power supply waveforms and adoptive digital predistortion technique," *IEEE Transactions on Microwave Theory and Techniques*, vol. 57, no. 12, pp. 3307–3314, 2009.

[16] R. D. Middlebrook and S. Ćuk, *Advances in Switched-Mode Power Conversion*, vols. I, II, and III. Pasadena, CA: TESLAco, 1981.

[17] O. A. Kossov, "Comparative analysis of chopper voltage regulators with *LC* filter," *IEEE Transactions on Magnetics*, vol. MAG-4, no. 4, pp. 712–715, 1968.

[18] *The Power Transistor and Its Environment*. Thomson-CSF, SESCOSEM Semiconductor Division, 1978.

[19] E. R. Hnatek, *Design of Solid-State Power Supplies*, 2nd Ed. New York, NY: Van Nostrand, 1981.

[20] K. K. Sum, *Switching Power Conversion*. New York, NY: Marcel Dekker, 1984.

[21] G. Chryssis, *High-Frequency Power Supplies: Theory and Design*. New York, NY: McGraw-Hill, 1984.

[22] R. P. Severns and G. Bloom, *Modern DC-to-DC Switchmode Power Converter Circuits*. New York, NY: Van Nostrand, 1985.

[23] O. Kilgenstein, *Switching-Mode Power Supplies in Practice*. New York, NY: John Wiley & Sons, 1986.

[24] D. M. Mitchell, *Switching Regulator Analysis*. New York, NY: McGraw-Hill, 1988.

[25] K. Billings, *Switchmode Power Supply Handbook*. New York, NY: McGraw-Hill, 1989.

[26] M. H. Rashid, *Power Electronics, Circuits, Devices, and Applications*, 3rd Ed. Upper Saddle River, NJ: Prentice Hall, 2004.

[27] N. Mohan, T. M. Undeland, and W. P. Robbins, *Power Electronics: Converters, Applications and Design*, 3rd Ed. New York, NY: John Wiley & Sons, 2004.

[28] J. G. Kassakian, M. F. Schlecht, and G. C. Verghese, *Principles of Power Electronics*. Reading, MA: Addison-Wesley, 1991.

[29] A. Kislovski, R. Redl, and N. O. Sokal, *Analysis of Switching-Mode DC/DC Converters*. New York, NY: Van Nostrand, 1991.

[30] A. I. Pressman, *Switching Power Supply Design*. New York, NY: McGraw-Hill, 1991.

[31] M. J. Fisher, *Power Electronics*. Boston, MA: PWS-Kent, 1991.

[32] B. M. Bird, K. G. King, and D. A. G. Pedder, *An Introduction to Power Electronics*. New York, NY: John Wiley & Sons, 1993.

[33] D. W. Hart, *Introduction to Power Electronics*. Upper Saddle River, NJ: Prentice Hall, 1997.

[34] R. W. Erickson and D. Maksimović, *Fundamentals of Power Electronics*. Norwell, MA: Kluwer Academic Publisher, 2001.

[35] I. Batarseh, *Power Electronic Circuits*. New York, NY: John Wiley & Sons, 2004.

[36] A. Aminian and M. K. Kazimierczuk, *Electronic Devices: A Design Approach*. Upper Saddle River, NJ: Prentice Hall, 2004.

[37] M. K. Kazimierczuk and D. Czarkowski, *Resonant Power Converters*, 2nd Ed. New York, NY: John Wiley & Sons, 2011,

[38] A. Reatti, "Steady-state analysis including parasitic components and switching losses of buck and boost dc-dc converter," *International Journal of Electronics*, vol. 77, no. 5, pp. 679–702, 1994.

[39] M. K. Kazimierczuk, "Reverse recovery of power *pn* junction diodes," *International Journal of Circuits, Systems, and Computers*, vol. 5, no. 4, pp. 747–755, 1995.

[40] D. Maksimović and S. Ćuk, "Switching converters with wide dc conversion range," *IEEE Transactions on Power Electronics*, vol. 6, no. 1, pp. 151–157, 1991.

[41] D. A. Grant and Y. Darraman, "Watkins-Johnson converter completes tapped inductor converter matrix," *Electronic Letters*, vol. 39, no. 3, pp. 271–272, 2003.

[42] T. H. Kim, J. H. Park, and B. H. Cho, "Small-signal modeling of the tapped-inductor converter under variable frequency control," *IEEE Power Electronics Specialists Conference*, pp. 1648–1652, 2004.

[43] K. Yao, M. Ye, M. Xu, and F. C. Lee, "Tapped-inductor buck converter for high-step-down dc-dc conversion," *IEEE Transactions on Power Electronics*, vol. 20, no. 4, pp. 775–780, 2005.

[44] B. Axelord, Y. Berbovich, and A. Ioinovici, "Switched-capacitor/switched-inductor structure for getting transformerless hybrid dc-dc PWM converters," *IEEE Transactions on Circuits and Systems*, vol. 55, no. 2, pp. 687–696, 2008.

[45] Y. Darroman and A. Ferré, "42-V/3-V Watkins-Johnson converter for automotive use," *IEEE Transactions on Power Electronics*, vol. 21, no. 3, pp. 592–602, 2006.

[46] D. Czarkowski and M. K. Kazimierczuk, "Static- and dynamic-circuit models of PWM buck-derived converters," *IEE Proceedings, Part G, Devices, Circuits and Systems*, vol. 139, no. 6, pp. 669–679, 1992.

[47] P. A. Dal Fabbro, C. Meinen, M. Kayal, K. Kobayashi, and Y. Watanabe, "A dynamic supply CMOS RF power amplifier for 2.4 GHz and 5.2 GHz frequency bands," *Proceedings of IEEE Radio Frequency Integrated Circuits (RFIC) Symposium*, 2006, pp. 144–148.

[48] T.-W. Kwak, M.-C. Lee, and G.-H. Cho, "A 2 WCMOS hybrid switching amplitude modulator for edge polar transmitters," *IEEE Journal of Solid-State Circuits*, vol. 42, no 12, pp. 2666–2676, 2007.

[49] M. C. W. Hoyerb and M. A. E. Anderesn, "Ultrafast tracking power supply with fourth-order output filter and fixed-frequency hysteretic control," *IEEE Transactions on Power Electronics*, vol. 23, no. 5, pp. 2387–2398, 2008.

[50] M. Vlasić, O. Garcia, J. A. Oliver, P. Alou, D. Diaz, and J. A. Cobos, "Multilevel power supply for high-efficiency RF amplifiers," *IEEE Transactions on Power Electronics*, vol. 25, no. 4, pp. 1078–1089, 2010.

[51] P.Y. Wu and P. K. T. Mok, "A two-phase switching hybrid supply modulator for RF power amplifier with 9% efficiency improvement," *IEEE Journal of Solid-State Circuits*, vol. 45. no. 12, pp. 2543–2556, 2010.

[52] B. Kim, J. Moon, and I. Kim, "Efficiently amplified," *IEEE Microwave Magazine*, pp. 87–100, August 2010.

[53] C. Hsia, A. Zhu, J. J. Yan, P. Draxel, D. Kimball, S. Lanfranco, and P. A. Asbeck, "Digitally assisted dual-switch high-efficiency envelope amplifier," *IEEE Transactions on Microwave Theory and Technique*, vol. 59, no. 11, pp. 2943–2952, 2011.

[54] M. Bathily, B. Allard, F. Hasbani, V. Pinon, and J. Vedier, "Design flow for high switching frequency and large-bandwidth analog dc/dc step-down converters for a polar transmitter," *IEEE Transactions on Power Electronics*, vol. 27, no. 2, pp. 838–847, 2012.

[55] E. McCune, "Envelope tracking or polar - Which is it?," *IEEE Microwave Magazine*, pp. 54–56, 2012.

[56] S. Shinjo, Y.-P. Hong, H. Gheidi, D. F. Kimball, and P. A. Asbeck, "High speed, high analog bandwidth buck converter using GaN HEMTs for envelope tracking power amplifier applications," *IEEE Topical Conference on Wireless Sensors and Sensor Networks (WiSNet)*, 2013, pp. 13–15.

[57] T. Salvatierra and M. K. Kazimierczuk, "Inductor design for PWM buck converter operated as dynamic supply or amplitude modulator for RF transmitters," *56th IEEE Midwest Symposium on Circuits and Systems*, Columbus, OH, August 3-7, 2013, pp. 37–40.

[58] A. Ayachit and M. K. Kazimierczuk, "Two-phase buck converter as a dynamic power supply for RF power amplifiers applications," *56th IEEE Midwest Symposium on Circuits and Systems*, Columbus, OH, August 3-7, 2013, pp. 493–480.

[59] O. Garcia, M. Vlasić, P. Alou, J. A. Oliver, and J. A. Cobos, "An overview of fast dc-dc converters for envelope amplifiers in RF amplifiers," *IEEE Transactions on Power Electronics*, vol. 28, no. 10, pp. 4712–4720, 2013.

[60] M. Vasić, O. Garcia, J. A. Oliver, P. Alau, and J. A. Cobos, "Theoretical efficiency limits of a serial and parallel linear-assisted switching converter as an envelope amplifier," *IEEE Transactions on Power Electronics*, vol. 29, no. 2, pp. 719–728, 2014.

[61] P. F. Miaja, J. Sebastián, R. Marante, and J. A. Garcia, "A linear assisted switching envelope amplifier for a UHF polar transmitters," *IEEE Transactions on Power Electronics*, vol. 29, no. 4, pp. 1850–1858, 2014.

第 12 章　振　荡　器

12.1　引言

　　振荡器是一个不需要任何交流输入信号而能产生周期性输出信号的单元电路。LC 正弦调谐式谐振振荡器[1~58]广泛用做仪表和测试设备的函数信号发生器、振幅调制（AM）和频率调制（FM）电路的本振信号产生器，以及应用于宽频工作的无线接收设备和发送设备中。在射频系统中，正弦波振荡器产生发射机载波频率，并驱动混频器将信号从一个频率变换到另一个频率。LC 振荡器也作为压控振荡器（VCOs）的构成部分应用于通信和数字系统中。LC 功率振荡器也有广范的应用，例如射频发射机、雷达和电子镇流器等。当需要更加精确和稳定的振荡频率时，可以使用晶体振荡器。在这类振荡器中，振荡频率受到石英晶体振动的精确控制。晶体是一个机械式的谐振器，电子钟和其他严格的定时应用都会使用晶体振荡器，因为它们能提供一个精确的时钟频率。LC 调谐式振荡器也被用做功率振荡器，因为其电抗元件的功率损耗低，能获得高的效率。电子振荡器是一个至少含有两个储能元件的非线性电路。一个谐振电路是 LC 振荡器的基本组成模块，因为它既起到带通滤波器的作用，同时还决定了振荡器的频率。在很多电路中，它也是负反馈网络或者放大器的一部分，也可能两者兼有。振荡器的工作原理主要有以下两种：

- 正反馈
- 负阻

正反馈型的振荡器由一个前向二端口网络和一个正反馈二端口网络构成。通常，振荡器可以分为以下三类：

- 只在正反馈二端口网络中含有储能器件
- 只在前向二端口网络中含有储能器件
- 前向二端口网络和正反馈二端口网络都含有储能器件

振荡器的主要性能参数有：

- 振荡频率f。
- 频率稳定性
- 输出电压的频谱纯度（包含的谐波）
- 输出电压、电流或者功率的幅度
- 输出电压的稳定性
- 在 VCO 中的频率范围

本章主要讨论带有正反馈和带有负阻的 LC 调谐式振荡器的工作原理，介绍使用运算放大器和单个晶体管放大器构成的多种结构的振荡器。

12.2 振荡器分类

振荡器可以大致分为以下几类：

- 正弦振荡器
- 方波振荡器
- 三角波振荡器
- 固定频率振荡器
- 变频振荡器
- 压控振荡器
- LC 振荡器
- RC 振荡器
- 单稳态和非稳态多谐振荡器
- 晶体振荡器
- 环形振荡器
- 信号振荡器
- 功率振荡器

12.3 振荡器设计基础

12.3.1 振荡器传递函数

带有正反馈的振荡器原理框图如图 12.1 所示，可见，该振荡器由一个放大器和一个反馈网络组成。振荡器中的反馈网络 β 会产生一个输入电压 v_f 给放大器 A，放大器反过来产生一个输入电压 v_o 给反馈网络。放大器的输入电压(误差电压)是

$$v_e = v_s + v_f \tag{12.1}$$

放大器的电压增益，或者前向增益，定义为

$$A = \frac{v_o}{v_e} = |A|e^{j\phi_A} \tag{12.2}$$

反馈网络的电压传递函数，称之为反馈系数，定义为

$$\beta = \frac{v_f}{v_o} = |\beta|e^{j\phi_\beta} \tag{12.3}$$

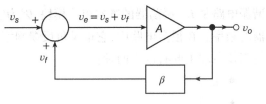

图 12.1 带有正反馈网络的振荡器方框图

振荡器的输出电压为

$$v_o = Av_e = A(v_s + v_f) = Av_s + \beta Av_o \tag{12.4}$$

即

$$v_o(1 - \beta A) = Av_s \tag{12.5}$$

因此，振荡器的闭环增益为

$$A_f = \frac{v_o}{v_s} = \frac{A}{1 - \beta A} = \frac{A}{1 - T} \tag{12.6}$$

其中，$1 - T$ 称为反馈量。

振荡器的环路增益定义为

$$T = \frac{v_o}{v_s} = \frac{v_o}{v_f}\frac{v_f}{v_s} = \beta A = |T|e^{j\phi_T} \tag{12.7}$$

在振荡器中，没有施加输入电压 v_s 时，就存在一个有限且非零的输出电压 v_o，即 $v_s = 0$ 时，$v_o \neq 0$。因此，稳定振荡状态所需要的反馈量为

$$1 - T(s) = 1 - \beta(s)A(s) = 0 \qquad (12.8)$$

得到

$$T(s) = \beta(s)A(s) = 1 \qquad (12.9)$$

对于输出电压幅度恒定的稳定振荡状态，$s = j\omega_o$。因此

$$1 - T(j\omega_o) = 1 - \beta(j\omega_o)A(j\omega_o) = 0 \qquad (12.10)$$

环路增益 T 在振荡频率 f_o 时必须为 1，才能保证稳定振荡状态具有恒定的输出电压幅值。

$$T(j\omega_o) = \beta(j\omega_o)A(j\omega_o) = 1 \qquad (12.11)$$

这一关系就是持续振荡的**巴克豪森准则**。振荡的起振条件是

$$T(\omega_o) = \beta(j\omega_o)A(j\omega_o) > 1 \qquad (12.12)$$

电阻和晶体管中的自由电子经历频繁的碰撞在振荡器电路内产生噪声。噪声电压经由振荡器中的放大器放大。当振荡器的电源导通时，产生瞬态信号；此时如果环路增益大于 1，热噪声电压会自发地开始振荡。晶体管的非线性限制了振荡的幅度，输出电压趋于一个恒定的值。振荡器是非线性电路，线性的分析方法可以预估振荡频率 f_o 和起振条件，但是不能预估振荡器输出电压的幅值。

12.3.2 振荡的极坐标条件

在振荡频率 f_o 处的稳态振荡条件为

$$T(f_o) = \beta(f_o)A(f_o) = |T(f_o)|e^{\phi_T(f_o)} = 1 = 1e^{j0} \qquad (12.13)$$

振荡频率 f_o 处，能够稳定振荡的巴克豪森幅值判据为

$$|T(f_o)| = 1 \qquad (12.14)$$

能够持续稳定振荡的巴克豪森相位判据为

$$\phi_T(f_o) = \phi_A + \phi_\beta = 0° \pm 360°n \qquad (f \neq 0, \ n = 1, 2, 3, \cdots) \qquad (12.15)$$

振荡频率 f_o 处，环路增益的幅值必须为 1，并且环路的相移（延时）必须为 0 或者是 360° 的整数倍。单一频率的解决方案用以获得一个较纯的频率。巴克豪森准则仅仅是振荡的必要条件而不是充分条件。

12.3.3 振荡的直角坐标条件

稳态振荡的环路增益可以表示为：

$$T(f_o) = \beta(f_o)A(f_o) = |T(f_o)|e^{\phi_T(f_o)} = Re\{T(f_o)\} + jIm\{T(f_o)\} = 1 + j0 \qquad (12.16)$$

振荡的环路增益实部判据为

$$Re\{T(f_o)\} = 1 \qquad (12.17)$$

其虚部判据为

$$Im\{T(f_o)\} = 0 \qquad (12.18)$$

振荡频率 f_o 处，环路增益的实部必须为 1，并且虚部必须为 0。其中一个条件决定了振荡频率，另一个决定了振荡器的输出电压幅值。起振的必要条件是环路增益 T 要比 1 大。热噪声使振荡器起振。

根据图 12.1，有

$$v_f = \beta v_o \qquad (12.19)$$

$$v_o = Av_f = \beta Av_o \qquad (12.20)$$

因此，持续振荡的条件是

$$T = \beta A = 1 \tag{12.21}$$

12.3.4 振荡器的闭环增益

放大器的增益可以表示为

$$A(s) = \frac{N_A(s)}{D_A(s)} \tag{12.22}$$

反馈网络的传递函数可以表示为

$$\beta(s) = \frac{N_\beta(s)}{D_\beta(s)} \tag{12.23}$$

环路增益为

$$T(s) = \beta(s)A(s) = \frac{N_\beta(s)N_A(s)}{D_\beta(s)D_A(s)} = \frac{N_T(s)}{D_T(s)} \tag{12.24}$$

振荡器的闭环传递函数为

$$A_f(s) = \frac{A(s)}{1 - T(s)} = \frac{A(s)}{1 - \beta(s)A(s)} = \frac{\dfrac{N_A(s)}{D_A(s)}}{1 - \left[\dfrac{N_\beta(s)}{D_\beta(s)}\right]\left[\dfrac{N_A(s)}{D_A(s)}\right]} = \frac{\dfrac{N_A(s)}{D_A(s)}}{\dfrac{D_\beta(s)D_A(s) - N_\beta(s)N_A(s)}{D_\beta(s)D_A(s)}} \tag{12.25}$$

$$= \frac{N_A(s)D_\beta(s)}{D_\beta(s)D_A(s) - N_\beta(s)N_A(s)} = \frac{D_T(s)}{D_T(s) - N_T(s)} = \frac{N_{Af}(s)}{D_{Af}(s)}$$

式中，$N_{Af}(s) = D_\beta(s)N_A(s)$，$D_{Af}(s) = D_T(s) - N_T(s)$。如果闭环增益 $A_f(s)$ 在右半平面(RHP)有极点，则振荡电路不稳定并能够起振。环路增益 $T(s)$ 的极点和 $1 - T(s)$ 相同。如果 $T(s)$ 在右半平面有极点，那么 $1 - T(s)$ 在右半平面也有极点。如果 $1 - T(s)$ 在右半平面有零点，振荡器不稳定(即 $A_f(s)$ 在右半面有极点)。

12.3.5 振荡器的特征方程

设振荡器闭环传递函数的分母多项式为零，得到其特征方程，即 $D_{Af}(s) = 0$。因此，特征方程的根就是振荡器闭环传递函数 $A_f(s)$ 的极点。特征方程的根决定了闭环系统的时域响应特性。环路增益可以用分子 $N_T(s)$ 和分母 $D_T(s)$ 来表示

$$1 - T(s) - 1 - \frac{N_T(s)}{D_T(s)} = \frac{D_T(s) - N_T(s)}{D_T(s)} = \frac{D_\beta(s)D_A(s) - N_\beta(s)iN_A(s)}{D_\beta(s)D_A(s)} = 0 \tag{12.26}$$

由式(12.26)可见，$1 - T(s)$ 的极点与环路增益 $T(s)$ 的极点相同，因为它们都是由 $D_T(s) = D_\beta(s)D_A(s) = 0$ 来决定的。所以，如果 $T(s)$ 在右半平面没有极点，那么 $1 - T(s)$ 在右半平面也没有极点。

振荡器的特征方程为

$$D_{Af}(s) = D_T(s) - N_T(s) = 0 \tag{12.27}$$

该方程可以扩展为以下形式

$$D_{Af}(s) = D_\beta(s)D_A(s) - N_\beta(s)N_A(s) = D_T(s) - N_T(s) = 0 \tag{12.28}$$

振荡器特征方程的根和闭环增益 $A_f(s)$ 的极点相等。如果右半平面没有极点和零点的对消，那么闭环增益 $A_f(s)$ 的稳定性则由 $1 - T(s)$ 的根(极点)决定。

当振荡器输出电压幅值 v_o 增大时，σ 减小并且一对共轭复数极点从右半平面向虚轴移动。

对于稳定的振荡，$\sigma = 0, s = j\omega_o$。因此有

$$D_{Af}(j\omega_o) = D_T(j\omega_o) - N_T(j\omega_o) = Re\{D_f(\omega_o)\} + jIm\{D_f(\omega_o)\} = 0 = 0 + j0 \tag{12.29}$$

得到

$$Re\{D_f(\omega_o)\} = 0 \tag{12.30}$$

$$Im\{D_f(\omega_o)\} = 0 \tag{12.31}$$

求解式（12.31）可得到稳定振荡频率 f_o 的表达式，求解式（12.30）并将 $\omega = \omega_o$ 代入求解结果可得到稳定振荡的振幅条件表达式 $|T(f_o)| = 1$。

特征方程也可以根据振荡器的小信号等效电路得到。根据 KCL 和 KVL，振荡器的模型可以用一系列方程表示。由于振荡电路没有外部激励，用矩阵行列式表示的方程组为 $\Delta(s) = D_f(s) = 0$。

12.3.6　振荡器的不稳定性

振荡器必须不稳定才可以起振，并能处于临界稳定来维持振荡。为了能使振荡开始并达到一个所需要的水平，对于很小幅度的输出电压 v_o，首先它必须在右半平面有极点。稳定的正弦振荡器的必要充分条件是在虚轴上有一对共轭复数的极点，同时在右半域没有极点。下面的方法可以用来研究振荡器的不稳定性。

- 环路增益 $T(s)$ 的波特图。
- 环路增益 $T(j\omega)$ 的奈奎斯特图。
- 闭环增益 $A_f(s)$ 特征方程的根轨迹。
- 使用特征方程 $D_{Af}(s)$ 的劳斯-霍尔维茨稳定性判据。

12.3.7　闭环增益的根轨迹

闭环系统的根轨迹是一系列特征方程的根随着系统参数改变在复频域 s 面上形成的轨迹。通过根轨迹，可以观察到闭环增益 $A_f(s)$ 的极点在复频域 s 上与放大增益的函数关系。振荡器的闭环传递函数为

$$A_f(s) = \frac{A(s)}{1 + T(s)} = \frac{A(s)}{1 + KP(s)} = \frac{N_{Af}(s)}{D_{Af}(s)} \tag{12.32}$$

式（12.32）中 $P(s)$ 不是 K 的函数，K 也不是 s 的函数。闭环传递函数的分母，也就是特征方程，可以表示为

$$D_{Af}(s) = 1 + T(s) = 1 + KP(s) = 1 + K\frac{N_P(s)}{D_P(s)} = \frac{D_P(s) + KN_P(s)}{D_P(s)} \tag{12.33}$$

因此，特征方程的极点就是下列方程的根

$$D_P(s) + KP(s) = (s - p_1)(s - p_2)(s - p_3)\cdots = 0 \tag{12.34}$$

当 K 变化时，极点的位置也随着变化。这些极点的轨迹构成了闭环传递函数 $A_f(s)$ 特征方程极点的根轨迹。

为了开始并维持振荡，电路必须是不稳定的。这就意味着闭环传递函数 $A_f(s)$ 必须有一对在右半平面的共轭复数极点，如图 12.2 所示。振荡器闭环增益 $A_f(s)$ 的稳定性由 $A_f(s)$ 分母的极点所在位置决定，等价于 $1 - \beta(s)A(s) = 1 - T(s)$。$1 - T(s)$ 的极点和 $T(s)$ 的极点相同。

振荡电路单元的动态响应可以用这两个参数描述：衰减因子 ζ 和自然无衰减频率 ω_o。这

两个参数可以导出另外两个参数

（a）衰减系数

$$\sigma = -\zeta\omega_o \qquad (12.35)$$

（b）自然衰减频率

$$\omega_d = \omega_o\sqrt{1-\zeta^2} \qquad (12.36)$$

振荡的过程包含三个阶段：起振，瞬态和稳态。

振荡器的起振。图 12.2 给出了振荡器起振阶段振幅增大时极点的变化轨迹。在这种情况下，闭环传递函数一定含有下式

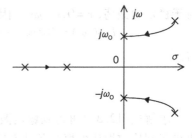

图 12.2　振荡器振动幅度增大时的极点轨迹

$$\frac{\omega_d}{(s-\sigma)^2+\omega_d^2} = \frac{\omega_d}{(s+\zeta\omega_o)^2+\omega_d^2} = \frac{\omega_d}{s^2+2\zeta\omega_o s+(\zeta\omega_o)^2+\omega_o^2(1-\zeta^2)}$$

$$= \frac{\omega_d}{(s-p_1)(s-p_2)} = \frac{\omega_d}{[s-(\sigma+j\omega_d)][s-(\sigma-j\omega_d)]} \qquad (12.37)$$

$$= \frac{\omega_d}{[s-(-\zeta\omega_o+j\omega_d)][s-(-\zeta\omega_o-j\omega_d)]}.$$

为了能够起振，衰减因子必须为负数，即

$$\zeta < 0 \qquad (12.38)$$

因此，衰减系数为正，即

$$\sigma = -\zeta\omega_o > 0 \qquad (12.39)$$

在这些条件下，闭环传递函数 $A_f(s)$ 的分母必然在右半面包含至少一对共轭复数极点，即

$$p_1,p_2 = \sigma \pm j\omega_o = -\zeta\omega_o \pm j\omega_o\sqrt{1-\zeta^2} \qquad (12.40)$$

对这种形式的闭环传递函数而言，振荡电路元件(晶体管和电阻)内部的固有噪声被环路放大，导致输出电压的幅度增大。此外，当直流电源开关导通时，电路进入瞬态振荡。之后振荡开始增强，输出电压包含下列分量

$$\mathcal{L}^{-1}\left\{\frac{\omega_d}{(s-\sigma)^2+\omega_d^2}\right\} = e^{\sigma t}\sin(\omega_d t) = e^{-\zeta\omega_o t}\sin(\omega_o\sqrt{1-\zeta^2}t) \qquad (t \geqslant 0) \qquad (12.41)$$

对于一个带有并联 LCR 谐振电路的振荡器而言，振荡频率和自然衰减频率相等，即

$$\omega_d = \sqrt{\frac{1}{LC}-\frac{1}{4R^2C^2}} = \sqrt{\frac{1}{LC}\left(1-\frac{L}{4R^2C}\right)} = \sqrt{\frac{1}{LC}\left(1-\frac{Z_o^2}{4R^2}\right)} = \sqrt{\frac{1}{LC}\left(1-\frac{1}{4Q_L^2}\right)}$$

$$= \omega_o\sqrt{1-\frac{1}{4Q_L^2}} = \omega_o\sqrt{1-\zeta^2} \qquad (12.42)$$

式(12.42)中自然无衰减频率为

$$\omega_o = \frac{1}{\sqrt{LC}} \qquad (12.43)$$

并联谐振电路的负载品质因数为

$$Q_L = \frac{R}{\omega_o L} = \omega_o CR = \frac{R}{Z_o} \qquad (12.44)$$

特征方程为

$$Z_o = \sqrt{\sqrt{\frac{L}{C}}} \qquad (12.45)$$

瞬态振荡。振荡器起振后，ζ 和 σ 减小到 0，振荡频率 ω_d 趋向 ω_o，一对共轭复数极点向虚数 $j\omega$ 移动，从而使得振荡器的输出电压幅度增大。瞬态时间期间，描述振荡器动态特性的参数是输出电压幅度 V_m 的函数，也就是 $\zeta = f(V_m)$，$\sigma = f(V_m)$ 和 $\omega = f(V_m)$。这些参数都趋向于 0，即

$$\zeta(V_m) \to 0 \qquad (12.46)$$

$$\sigma(V_m) \to 0 \qquad (12.47)$$

$$\omega(V_m) \to 0 \qquad (12.48)$$

稳态振荡。图 12.3 给出了振荡器稳定振荡时的极点分布。此时，输出电压 v_0 的幅度恒定。对于稳态（持续的）振荡，有

$$\zeta = 0, \qquad (12.49)$$

进一步有

$$\sigma = -\zeta\omega_o = 0 \qquad (12.50)$$

$$\omega_d = \omega_o \qquad (12.51)$$

因此，输出电压幅度恒定。在这种情况下，传递函数 $A_f(s)$ 包含下式

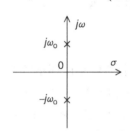

图 12.3　振荡器稳定振荡的极点分布（即当电路临界稳定时）

$$\frac{\omega_o}{s^2 + \omega_o^2} = \frac{\omega_o}{(s - p_1)(s - p_2)} = \frac{\omega_o}{(s - j\omega_o)(s + j\omega_o)} \quad (12.52)$$

可见，振荡器的特征方程有一对位于虚轴上的共轭复数根

$$p_1, p_2 = \pm j\omega_o \qquad (12.53)$$

输出电压包含下式

$$\mathcal{L}^{-1}\left\{\frac{\omega_o}{s^2 + \omega_o^2}\right\} = \sin(\omega_o t) \qquad (t \geqslant 0) \qquad (12.54)$$

12.3.8　振荡器的奈奎斯特图

振荡器的奈奎斯特图是当 $\sigma = 0$，$s = j\omega$ 时，环路增益 $T(j\omega)$ 在极坐标上随着频率从 $-\infty$ 到 ∞ 变化的曲线。这是 s 平面向 $Re\{T(j\omega)\} - Im\{T(j\omega)\}$ 平面的映射或变换。环路增益可以表示为

$$T(j\omega) = |T(\omega)|e^{\phi_T(\omega)} = |T(\omega)|\cos\phi_T(\omega) + j|T(\omega)|\sin\phi_T(\omega) = Re\{T(j\omega)\} + jIm\{T(j\omega)\}$$

$$(12.55)$$

奈奎斯特图描绘的是 $Im\{T(j\omega)\}$ 作为 $Re\{T(j\omega)\}$ 函数关系。1932 年，奈奎斯特提出稳定性判据。频率从 $-\infty$ 变化到 0 的奈奎斯特图是频率从 0 到 ∞ 关于实轴的镜像对称。因此，通常只需要画出频率从 0 到 ∞ 的奈奎斯特图。奈奎斯特图的这种对称性是基于 $T(-j\omega) = T*(j\omega)$。这是因为 $T(s)$ 有取决于振荡器元件参数的实系数。奈奎斯特图可以用来检测电路的稳定性。根据复变函数中的幅角原理，可知环路增益 $T(j\omega)$ 极点和零点的关系由闭合的周线和环绕原点的次数决定。如果环路增益 $T(j\omega)$ 的曲线以顺时针方向包围点 $-1 + j0$，那么振荡器在右半平面有极点，振荡器不稳定，能够起振。如果曲线经过点 $-1 + j0$，

那么电路临界稳定并产生稳定振荡。如果环路增益 $T(s)$ 的奈奎斯特图绕过点 $-1+j0$,那么特征方程 $1-T(s)$ 的零点也就是闭环增益 $A_f(s)$ 的极点会落在虚轴 $j\omega$ 上。此时,振荡器能够产生稳定的振荡。

如果环路增益 $T(j\omega)$ 的奈奎斯特图包围点 $-1+j0$,那么特征方程 $1-T(s)$ 的零点,也就是闭环增益 $A_f(s)$ 的极点就会落在右半平面,电路能够起振。

12.3.9 振荡频率的稳定性

温度、电源电压、负载阻抗、晶体管参数,寄生电容和电感以及元件值随时间的变化将导致振荡频率 f_o 发生改变。振荡频率还受环路增益 ϕ_T 相位的控制。测量振荡频率稳定性或者精确度的方法就是看斜率

$$\left.\frac{\Delta\phi_T}{\Delta f_o}\right|_{\phi_T=0} = a \tag{12.56}$$

振荡频率由环路增益 T 的相位 ϕ_T 唯一确定。振荡频率发生在环路增益相位为 0 时,也就是 $\phi(f_o)=0$。当振荡频率 f_o 有微小变化时,环路增益相移很明显。图 12.4 给出了环路增益的相位 ϕ_T 改变与频率 Δf 改变的关系。

振荡频率的变化关系式为

$$\Delta f_o = \frac{\Delta\phi_T}{a} \tag{12.57}$$

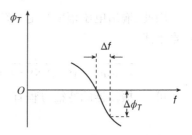

在 $\phi_T=0$ 处,斜率 $\mathrm{d}\phi_T/\mathrm{d}f$ 趋于 ∞,Δf_o 趋于 0。当 $\phi=0$ 处的相位变化率 $\mathrm{d}\phi_T/\mathrm{d}f$ 越大,振荡频率的改变 $\mathrm{d}f$ 越小。换句话说,相位 ϕ_T 变化的曲线越垂直,振荡频率 f_o 就越稳定。当斜率 a 趋于无穷大时,振荡频率的变化 Δf 趋向于 0。在 LC 振荡器中,谐振电路负载品质因数 Q_L 值大,环路增益相位 ϕ_T 在 $f=f_o$ 处的斜率也大,振荡频率的稳定性好。即 Q_L 越

图 12.4 环路增益的相移 $\Delta\phi_T$ 与频率变化 Δf 的关系

大,环路增益相位 ϕ_T 的斜率就越大,振荡频率 f_o 就越稳定。振荡频率等于谐振频率很重要,因为环路增益的相位在谐振频率处有最大斜率。使用晶体振荡器的原因就是它们具有较高的品质因数 Q_L。

12.3.10 振荡幅度的稳定性

振荡器输出信号的幅度受环路增益 $|T=\beta A|$ 幅度的控制。小信号等效电路和线性理论不能预测振荡器稳定状态输出的电压幅值。按照线性理论,振荡器的输出电压幅值是任意的。实际上,放大器的输入输出特性 $v_0=f(v_f)$ 是非线性的。稳态时振荡器的输出电压幅值由方程 $\beta A=1$ 的解决定。当振荡器输出电压幅度增大时,放大器的非线性特性就会使放大的增益降到足够低,以使一对共轭复数极点从右半平面向左移动,直到永久停驻在虚轴上。此时,环路增益 $T(\omega_o)=|A(\omega_o)||\beta(\omega_o)|$ 为 1,输出电压幅值保持不变。限制放大器的增益从而限制输出电压的幅值可以通常在振荡器外部增加一些电路实现,例如,二极管。尽管放大器的非线性会引起漏电流的畸变,其中包含了奇次谐波。但谐振电路起到一个带通滤波器的作用,减小了谐波的幅度。这样,如果谐振电路的负载品质因数 Q_L 足够高,输出电压 v_0 就是一个具有较

高频谱纯度的正弦曲线。

放大器的电压传递函数为

$$v_o = A v_f \tag{12.58}$$

反馈网路的电压传递函数为

$$v_f = \beta v_o \tag{12.59}$$

式(12.59)又可以写成

$$v_o = \frac{1}{\beta} v_f \tag{12.60}$$

图 12.5 给出了式(12.58)和式(12.59)描述的曲线。反馈网络是一个由电容和/或电感组成的分压器,因此,反馈网络的传递函数 β 是线性的。放大器包含一个非线性有源器件(MOSFET, MESFET 或者 BJT),所以放大器的电压增益 $A = A(v_f) = A(t)$ 是非线性的,并取决于反馈电压 v_f 的振幅。在给定的反馈电压 v_f 下,放大器的小信号增益等于 $v_0 = f(v_f)$ 的曲线斜率,即

$$A = \frac{dv_o}{dv_f} \tag{12.61}$$

该增益可以小于或者大于 $1/\beta$。

当 v_f 在 0 到 $v_f(Q)$ 时

$$A > \frac{1}{\beta} \tag{12.62}$$

因此

$$T = \beta A > 1 \tag{12.63}$$

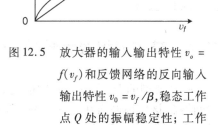

图 12.5 放大器的输入输出特性 $v_o = f(v_f)$ 和反馈网络的反向输入输出特性 $v_0 = v_f / \beta$,稳态工作点 Q 处的振幅稳定性;工作点在原点为满足起振条件的不稳定状态

此时,输出电压的幅度不断增大直到 $v_0 = v_0(Q)$,使得 $\beta A = 1$,达到稳定振荡状态。

反之,当 $v_f > v_f(Q)$ 时

$$A < \frac{1}{\beta} \tag{12.64}$$

可得

$$T = \beta A < 1 \tag{12.65}$$

此时,输出电压的幅度不断减小,直到 $v_0 = v_0(Q)$,使得 $\beta A = 1$,达到稳定振荡状态。因此,工作点 Q 是一个稳定点,振荡器在这点可以获得一个幅度恒定的输出电压。

在工作点 Q 获得稳定振荡幅度的条件是

$$A = \frac{dv_o}{dv_f}\bigg|_{v_f \to v_f^-(Q)} > \frac{1}{\beta} \tag{12.66}$$

$$A = \frac{dv_o}{dv_f}\bigg|_{v_f \to v_f^+(Q)} < \frac{1}{\beta} \tag{12.67}$$

起振时,工作点在原点处必须是不稳定的,因此,能够起振的条件是

$$A = \frac{dv_o}{dv_f}\bigg|_{v_f \to 0} > \frac{1}{\beta} \tag{12.68}$$

即

$$T = \beta A > 1 \qquad (12.69)$$

该条件满足如图 12.5 所示情况。

图 12.6 画出了 A 和 $1/\beta$ 的曲线,其中,在原点的工作点是稳定的。图中

$$A = \frac{dv_o}{dv_f}\Big|_{v_f \to 0} < \frac{1}{\beta} \qquad (12.70)$$

即

$$T = \beta A < 1 \qquad (12.71)$$

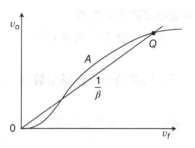

图 12.6 放大器的输入输出特性 $A = v_0/v_f$ 和反馈网络的反向输入输出特性 $1/\beta = v_0/v_f$,第一个交叉点是不稳定的,第二交叉点 Q 是稳态工作点,工作点在原点是稳定的但不满足起振条件

因此,不满足起振条件。当 v_f 从 0 到第一个交叉点时,振荡器的输出电压将减小到 0;当 v_f 大于第一个交叉点的值时,振荡的幅度会增大直到达到工作点 Q 这一稳定点。为了能够起振,初始电压必须大于第一个交叉点的电压值。

12.4 带有反相放大器的 LC 振荡器拓扑结构

一个典型的 LC 振荡器结构框图如图 12.7 所示。它包含一个反向放大器 A 和一个反向反馈网络 β,该反馈网络在振荡频率 f_o 处反向。放大器的负载是一个由电抗 X_1、X_2 和 X_3 组成的并联谐振电路,该并联谐振电路相当于一个选频带通滤波器。因此,振荡频率 f_o 取决于 LC 谐振电路的谐振频率。由于放大器是反向的,反馈网络在 f_o 处必须反向。电抗 X_1 和 X_2 构成反馈网络的电抗 X_1 和 X_2,同时还构成了一个电压分配器。反馈网络 β 产生一个与放大器的输入电压具有相同相位的反馈电压 v_f。反馈系数 $|\beta|$ 的幅度由 C_1/C_2 或 L_1/L_2 的比决定。反馈电压 v_f 加在放大器上,产生一个 $-180°$ 的相移;放大器的输出电压加在反馈网络的输入端,也产生一个 $-180°$ 的相移。结果,电压经过整个环路后的相位变化了 $-360°$。$-360°$ 的相位变化相当于相移为 $0°$。这里的反向放大器可以是反向运算放大器、共源放大器或共射极放大器。

带有如图 12.7(b) 所示反馈网络的振荡器称为 Colpitts(考毕兹)振荡器。带有如图 12.7(c) 所示反馈网络的振荡器称为 Hartley(哈特利)振荡器。带有如图 12.7(d) 所示反馈网络的振荡器称为 Clapp(克拉波)振荡器,它在 Colpitts 振荡器中加入了一个与电感 L 串联的电容 C_3。带有如图 12.7(e) 所示反馈网络的振荡器称为 Armstrong(阿姆斯特朗)振荡器,它的反馈网络包含了一个反向变压器和一个与该变压器并联的谐振电容,变压器的磁化电感 L_m 和电容构成一个并联谐振电路,决定了振荡频率 f_o。

反向放大器的增益为

$$A = |A|e^{j\phi_A} = \frac{v_o}{v_f} = -g_m(r_o\|R_L\|Z) < 0 \qquad (12.72)$$

式中,r_o 是晶体管的输出电阻,R_L 是振荡器的负载电阻,Z 是反馈网络的输入阻抗并且有

$$Z = \frac{Z_3(Z_1 + Z_2)}{Z_1 + Z_2 + Z_3} \approx \frac{jX_3(jX_1 + jX_2)}{jX_1 + jX_2 + jX_3} \qquad (12.73)$$

理想情况下,$Z(f_o) = \infty$,且

$$A = -g_m(r_o\|R_L) \qquad (12.74)$$

$$|A| = g_m(r_o\|R_L) \qquad (12.75)$$

$$\phi_A = -180° \qquad (12.76)$$

假设反馈网络的阻抗为纯电抗,即

$$Z_1 = jX_1 \qquad (12.77)$$

$$Z_2 = jX_2 \qquad (12.78)$$

$$Z_3 = jX_3 \qquad (12.79)$$

其中,电感和电容的电抗分别为

$$X = \omega L \qquad (12.80)$$

$$X = -\frac{1}{\omega C} \qquad (12.81)$$

反馈网络的电压传输函数为

$$\beta = |\beta|^{j\phi_\beta} = \frac{v_f}{v_o} = \frac{Z_1}{Z_1 + Z_3} = \frac{jX_1}{jX_1 + jX_3} = \frac{X_1}{X_1 + X_3} < 0$$

$$(12.82)$$

式中

$$\phi_\beta = -180° \qquad (12.83)$$

振荡频率 f_o 处的环路增益为

$$T(f_o) = \beta(f_o)A(f_o) = 1 \qquad (12.84)$$

因为 $T(f_o) = \beta(f_o)A(f_o) = 1$ 且 $A(f_o) < 0$，$\beta(f_o) = 1/A(f_o) < 0$。谐振时有

$$X_1 + X_2 + X_3 = 0 \qquad (12.85)$$

进一步得到

$$X_3 = -(X_1 + X_2) \qquad (12.86)$$

又

$$\beta = \frac{X_1}{X_1 + X_3} = \frac{X_1}{X_1 - X_1 - X_2} = -\frac{X_1}{X_2} < 0$$

$$(12.87)$$

所以

$$\frac{X_1}{X_2} > 0 \qquad (12.88)$$

因此,X_1 和 X_2 必须正负相同(即,都为正或者都为负);X_3 和 $(X_1 + X_2)$ 的符号必须相反。根据这些条件可以得到两种 LC 振荡器的拓扑结构

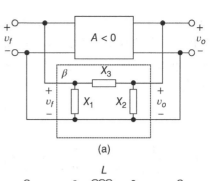

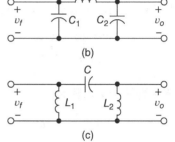

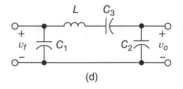

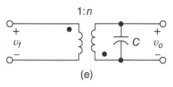

图 12.7 带有反向放大器($A < 0$)和反向反馈网络($\beta < 0$)的典型 LC 振荡器原理框图

(a) 带有 $A < 0$ 的 LC 振荡器框图;
(b) Colpitts 振荡器反馈网络;
(c) Hartley 振荡器反馈网络;
(d) Clapp 振荡器反馈网络;
(e) Armstrong 振荡器反馈网络(带有反向变压器)

$$X_3 > 0, \ X_1 < 0, \ X_2 < 0 \qquad (12.89)$$

或者

$$X_3 < 0, \ X_1 > 0, \ X_2 > 0 \qquad (12.90)$$

如果 X_3 是一个电感,X_1 和 X_2 就是电容,得到 Colpitts 振荡器。如果 X_3 是一个电容,则 X_1 和 X_2 就是电感,得到 Hartley 振荡器。

12.5 带有运算放大器的 Colpitts 振荡器

满足式(12.89)的反馈网路结构如图 12.7(b)所示,抽头电容用来构成反馈网络。振荡器中的前向增益放大器 A 可以是一个运算放大器或者是单个晶体管放大器。在 LC 振荡

中,运算放大器用于射频频率较低时,而单个晶体管放大器被用做高频时的有源器件。图 12.8 是一个带有运算放大器的 Colpitts 振荡器,该电路是 1915 年西部电气公司的 Edwin Henry Colpitts(埃德温·亨利考毕兹)发明的。

振荡频率 f_o 处

$$X_L = X_{C1} + X_{C2} \qquad (12.91)$$

得出

$$\omega_o L = \frac{1}{\omega_o C_1} + \frac{1}{\omega_o C_2} = \frac{C_1 + C_2}{\omega_o C_1 C_2} \qquad (12.92)$$

因此,Colpitts 振荡器的振荡频率为

$$f_o = \frac{1}{2\pi\sqrt{L\dfrac{C_1 C_2}{C_1 + C_2}}} \qquad (12.93)$$

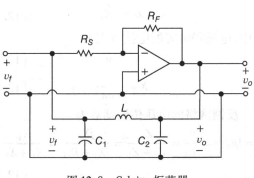

图 12.8 Colpitts 振荡器

反馈网络的传递函数为

$$\beta = \frac{v_f}{v_o} = |\beta|e^{j\phi_\beta} = \frac{j\omega L}{j\omega L - \dfrac{j}{\omega C_1}} = \frac{\omega L}{\omega L - \dfrac{1}{\omega C_1}} = \frac{1}{1 - \dfrac{1}{\omega^2 C_1 L}} \qquad (12.94)$$

振荡频率 f_o 处反馈网络传递函数为

$$\beta(f_o) = -\frac{X_{C1}}{X_{C2}} = -\frac{C_2}{C_1} = \frac{C_2}{C_1}e^{(-180°)} \qquad (12.95)$$

其中

$$|\beta| = \frac{C_2}{C_1} \qquad (12.96)$$

$$\phi_\beta = -180° \qquad (12.97)$$

电容 C_1 和 C_2 两端的电压相位相差 $180°$,所以反馈电压 v_f 与输出电压 v_o 的相位差为 $180°$。

图 12.8 给出的采用反向运算放大器的 Colpitts 振荡器实际电路中,放大器的电压增益为

$$A = \frac{v_o}{v_f} = |A|e^{j\phi_A} = -\frac{R_F}{R_S} = \frac{R_F}{R_S}e^{j(-180°)} \qquad (12.98)$$

其中

$$|A| = \frac{R_F}{R_S} \qquad (12.99)$$

$$\phi_A = -180° \qquad (12.100)$$

振荡频率 f_o 处振荡器稳态时的环路增益为

$$T(f_o) = |T(f_o)|e^{j\phi_T(f_o)} = \beta(f_o)A(f_o) = \left(-\frac{C_2}{C_1}\right)\left(-\frac{R_F}{R_S}\right) = \left(\frac{C_2}{C_1}\right)\left(\frac{R_F}{R_S}\right) = 1 \qquad (12.101)$$

其中

$$|T(f_o)| = \left(\frac{C_2}{C_1}\right)\left(\frac{R_F}{R_S}\right) = 1 \qquad (12.102)$$

$$\phi_T(f_o) = \phi_A(f_o) + \phi_\beta(f_o) = -180° + (-180°) = -360° \qquad (12.103)$$

因此

$$\frac{R_F}{R_S} = \frac{C_1}{C_2} \tag{12.104}$$

振荡器的起振条件是

$$\frac{R_F}{R_S} > \frac{C_1}{C_2} \tag{12.105}$$

振荡频率的最大振荡频率受到较低的运算放大器压摆率 SR 的限制

$$f_{omax} = \frac{SR}{2\pi V_{omax}} \tag{12.106}$$

其中，V_{omax} 是振荡器输出电压的最大幅度。

例 12.1 设计一个带有运算放大器的 Colpitts 振荡器，该振荡器振荡频率 $f_o = 1\,\mathrm{MHz}$。

解：设 $C_1 = C_2 = 10\,\mathrm{nF}$。因此，电感为

$$L = \frac{1}{4\pi^2 f_o^2 C_1 C_2/(C_1 + C_2)} = \frac{1}{4\pi^2 \times (10^6)^2 \times 5 \times 10^{-9}} = 5.066\,\mathrm{mH} \tag{12.107}$$

由于 $C_1/C_2 = 1$，我们得到 $R_F/R_S = 1$。$R_F = R_S = 10\mathrm{k}\Omega/0.25\mathrm{W}/1\%$。

12.6 仅含单个晶体管的 Colpitts 振荡器

图 12.9 给出了仅含单个共源组态（Common Source, CS）晶体管的典型振荡器交流电路的多种形式，其中，共源组态是一个反向放大器。图 12.10 给出的由单晶体管共源组态放大器（或者共射极放大器）构成的 LC 振荡器电路既有直流偏置也有交流分量。Colpitts 振荡器交流电路的三种典型形式如图 12.11 所示。

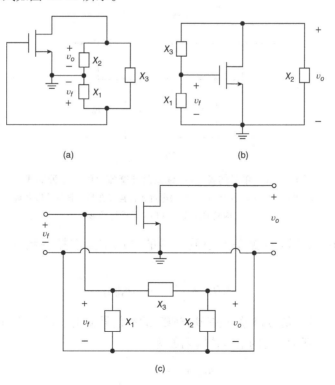

图 12.9 带有由单个 CS 晶体管构成的反向放大器的典型振荡器交流电路一般形式

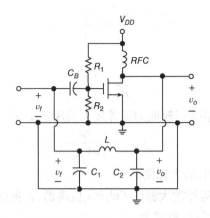

图 12.10　含有共源放大器的 Colpitts 振荡器电路原理图

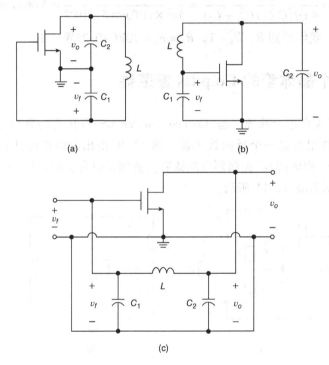

图 12.11　单晶体管 Colpitts 振荡器交流电路的三种形式

（a）谐振电路在输出端；（b）谐振电抗元件连接在晶体管各端口之间；

（c）构成前向放大器和反馈网络的形式

稳定振荡状态下，Colpitts 振荡器中放大器的电压增益在振荡频率 f_o 处和谐振频率相等，即

$$A_v(f_o) = \frac{v_o}{v_f} = -g_m(r_o \| R_L) \tag{12.108}$$

式中，g_m 是 MOSFET 的小信号跨导，r_o 是 MOSFET 的小信号输出电阻，R_L 是负载电阻。

反馈网络在振荡频率 f_o 处的电压传输函数为

$$\beta(f_o) = \frac{v_f}{v_o} = -\frac{C_2}{C_1} \tag{12.109}$$

稳定振荡状态的环路增益为

$$T(f_o) = \beta(f_o)A_v(f_o) = [-g_m(r\|R_L)]\left(-\frac{C_2}{C_1}\right) = [g_m(r\|R_L)]\left(\frac{C_2}{C_1}\right) = 1 \qquad (12.110)$$

因此,稳定振荡状态所需要的电容比值为

$$g_m(r_o\|R_L) = \frac{C_1}{C_2} \qquad (12.111)$$

振荡器的起振条件为

$$g_m(r_o\|R_L) > \frac{C_1}{C_2} \qquad (12.112)$$

图 12.12 给出了晶体管工作在三种组态下的 Colpitts 振荡器交流电路,其中,图 12.12 为共源组态(CS);图 12.12(b)为共栅组态(CG);图 12.12(c)为共漏组态(CD)。

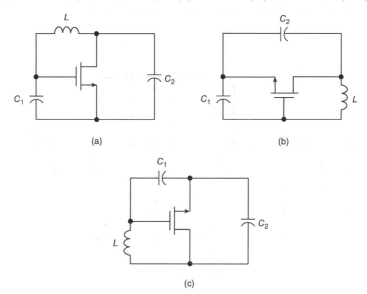

图 12.12　三种组态晶体管的 Colpitts 振荡器交流电路

(a) MOSFET 工作在共源组态；(b) MOSFET 工作在共栅组态；(c) MOSFET 工作在共漏组态

12.7　共源型 Colpitts 振荡器

共源型 Colpitts 振荡器的交流电路如图 12.13(a)所示,该电路被称为 CS Colpitts 振荡器。负载电阻 R_L 连接在漏极和源极之间,与电容 C_2 并联。该电路的小信号等效电路如图 12.13(b)所示。图 12.13(c)是反馈网络作为放大器负载的小信号等效电路。栅源电容 C_{gs} 包含在电容 C_1 中；源漏电容 C_{ds} 包含在 C_2 中；栅漏电容 C_{gd} 忽略不计；栅源电压 v_{gs} 和反馈电压 v_f 相等,即 $v_{gs} = v_f$。

12.7.1　共源型 Colpitts 振荡器反馈网络传递函数

共源型 Colpitts 振荡器的反馈网络如图 12.14 所示,该反馈网络的电压传输函数为

$$\beta(s) = \frac{v_f}{v_o} = \frac{\dfrac{1}{sC_1}}{sL + \dfrac{1}{sC_1}} = \frac{1}{1 + s^2LC_1} \qquad (12.113)$$

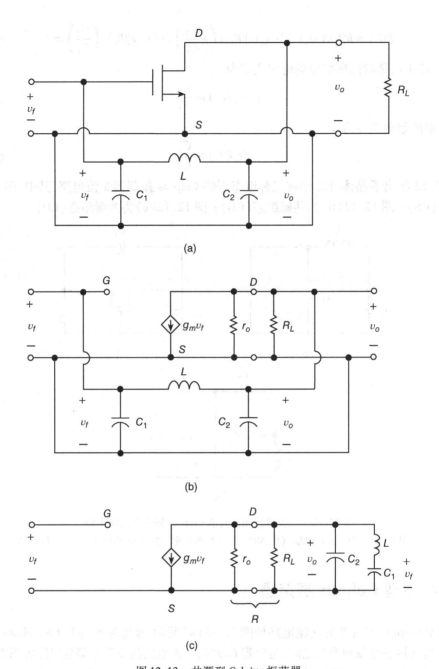

(a)

(b)

(c)

图 12.13　共源型 Colpitts 振荡器

（a）交流电路；（b）小信号等效电路；（c）计算放大器电压增益的小信号等效电路

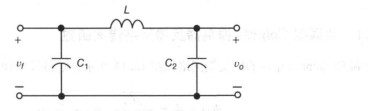

图 12.14　CS Colpitts 振荡器的反馈网络

共源型 Colpitts 振荡器的反馈网络是一个二阶的低通滤波器。图 12.15 和图 12.16 分别给出了 $L=50\mu H$,$C_1=10\mu F$ 时,反馈系数的幅值$|\beta|$和相位 ϕ_β 与频率f的函数关系曲线。

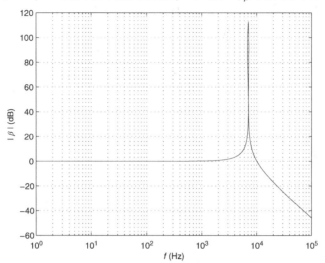

图 12.15 CS Colpitts 振荡器反馈系数的幅频关系曲线

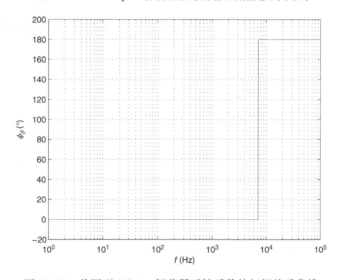

图 12.16 共源型 Colpitts 振荡器反馈系数的相频关系曲线

12.7.2 共源型 Colpitts 振荡器的放大器电压增益

根据图 12.13(c)给出的反馈网络为负载的共源型 Colpitts 振荡器小信号等效电路,得到总的电阻为

$$R = r_o\|R_L = \frac{r_o R_L}{r_o + R_L} \tag{12.114}$$

MOSFET 漏极的负载阻抗为

$$Z_L = \left(R\|\frac{1}{sC_2}\right)\|\left(sL + \frac{1}{sC_1}\right) = \frac{R(1 + s^2LC_1)}{s^3LC_1C_2R + s^2LC_1 + sR(C_1 + C_2) + 1} \tag{12.115}$$

反馈网络作负载的放大器电压增益为

$$A(s) = \frac{v_o}{v_f} = -g_m Z_L = -\frac{g_m R(1 + s^2 LC_1)}{s^3 LC_1 C_2 R + s^2 LC_1 + sR(C_1 + C_2) + 1} \tag{12.116}$$

图 12.17 和图 12.18 给出了 $L = 50\mu H$，$C_1 = C_2 = 10\mu F$，$R_L = 1k\Omega$，$r_o = 100k\Omega$，$g_m = 1.01mA/V$ 时，放大器电压增益 A 的波特图。

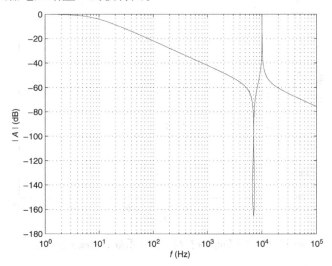

图 12.17 共源型 Colpitts 振荡器的放大器电压增益 A 的幅频关系曲线

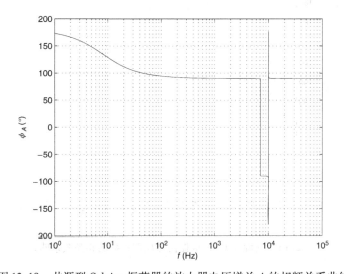

图 12.18 共源型 Colpitts 振荡器的放大器电压增益 A 的相频关系曲线

12.7.3 共源型 Colpitts 振荡器的环路增益

环路增益为

$$T(s) = \beta(s)A(s) = -\frac{g_m R}{s^3 LC_1 C_2 R + s^2 LC_1 + sR(C_1 + C_2) + 1}$$

$$= -\frac{\dfrac{g_m R}{LC_1 C_2}}{s^3 + s^2 \dfrac{1}{C_2 R} + s\dfrac{(C_1 + C_2)}{LC_1 C_2} + \dfrac{1}{LC_1 C_2 R}} \tag{12.117}$$

图 12.19 和图 12.20 是 $L = 50\mu H$，$C_1 = C_2 = 10\mu F$，$R_L = 1k\Omega$，$r_o = 100k\Omega$，$g_m = 1.01mA/V$ 时，环路增益 T 的波特图。环路增益是一个三阶的电压传递函数，它包含一个单极点和一对共轭复数极点。当 g_m 增大时，单极点向左移动，两个复数极点由右半平面（RHP）向左半平面（LHP）移动。

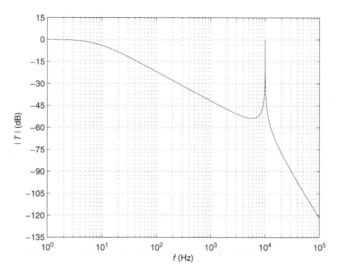

图 12.19 共源型 Colpitts 振荡器的环路增益 T 的幅频关系曲线

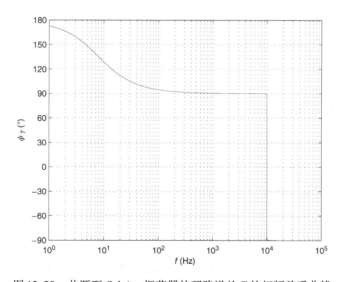

图 12.20 共源型 Colpitts 振荡器的环路增益 T 的相频关系曲线

12.7.4 共源型 Colpitts 振荡器的闭环增益

共源型 Colpitts 振荡器的闭环增益为

$$A_f(s) = \frac{A(s)}{1 - T(s)}$$

$$= -\frac{g_m R(1 + s^2 LC_1)}{s^3 LC_1 C_2 R + s^2 LC_1(1 + g_m R) + sR(C_1 + C_2) + g_m R + 1}$$

(12.118)

图 12.21 和图 12.22 给出了 $L = 50\mu H$, $C_1 = C_2 = 10\mu F$, $R_L = 1k\Omega$, $r_o = 100k\Omega$, $g_m = 1.01mA/V$ 时,闭环增益 A_f 的波特图。

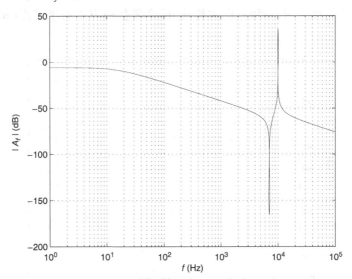

图 12.21 共源型 Colpitts 振荡器的闭环增益 A_f 的幅频关系曲线

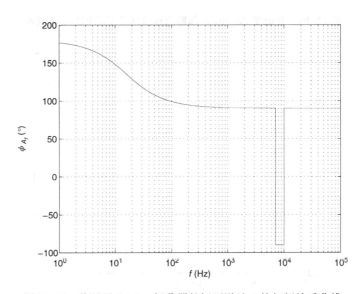

图 12.22 共源型 Colpitts 振荡器的闭环增益 A_f 的相频关系曲线

令 $s = j\omega$,得到反馈系数为

$$\beta(\omega) = \frac{1}{1 - \omega^2 LC} \tag{12.119}$$

放大器的电压增益为

$$A(j\omega) = \frac{g_m R(1 - \omega^2 LC_1)}{1 - \omega^2 LC_1 + j\omega R(C_1 + C_2 - \omega^2 LC_1 C_2)} \tag{12.120}$$

环路增益为

$$T(j\omega) = \beta(j\omega)A(j\omega) = -\frac{g_m R}{(1 - \omega^2 LC_1) + j\omega R[(C_1 + C_2) - \omega^2 LC_1 C_2]} \tag{12.121}$$

令 $T(j\omega)$ 分母的虚部等于 0,得到振荡频率为

$$\omega_o = \frac{1}{\sqrt{L\left(\dfrac{C_1C_2}{C_1+C_2}\right)}} \qquad (12.122)$$

取 $L = 50\mu\text{H}$,$C_1 = C_2 = 1\mu\text{F}$,则 $f_o = 10\text{kHz}$。振荡频率 f_o 处的反馈系数为

$$\beta(\omega_o) = \frac{1}{1 - \omega_o^2 L C_1} = -\frac{C_2}{C_1} \qquad (12.123)$$

振荡频率处的电压增益为

$$A(\omega_o) = -g_m R \qquad (12.124)$$

振荡频率处的环路增益为

$$T(\omega_o) = g_m R \frac{C_2}{C_1} \qquad (12.125)$$

若 $C_1 = C_2 = 10\mu\text{F}$,$\beta(\omega_o) = -C_1/C_2 = -1/1 = -1$。
令 $T(\omega_o) = 1$,得到稳定振荡的幅值条件为

$$g_m R = \frac{C_1}{C_2} \qquad (12.126)$$

振荡器的起振条件为

$$g_m R > \frac{C_1}{C_2} \qquad (12.127)$$

12.7.5 共源型 Colpitts 振荡器的奈奎斯特图

图 12.23 给出了共源型 Colpitts 振荡器稳定振荡时环路增益 $T(j\omega)$ 的奈奎斯特图。由图可见,当 $g_m = 1.01\text{mA/V}$ 时,奈奎斯特曲线经过点 $-1 + j0$;当 $g_m > 1.01\text{mA/V}$ 时,奈奎斯特曲线包围了点 $-1 + j0$。

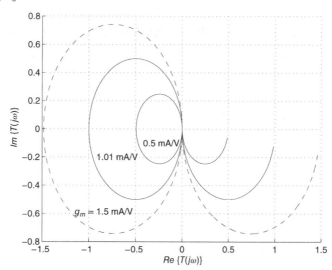

图 12.23 共源型 Colpitts 振荡器环路增益 $T(j\omega)$ 的三条奈奎斯特曲线,其中 $g_m =$ 0.5mA/V(值太小不能振荡),$g_m = 1.01\text{mA/V}$(稳定振荡),$g_m = 1.5\text{mA/V}$(值大到足以起振)

12.7.6 共源型 Colpitts 振荡器的根轨迹

将闭环增益 A_f 分母所表示的特征方程除以下式(12.128)

$$s^3LC_1C_2R + s^2LC_1 + sR(C_1 + C_2) + 1 \tag{12.128}$$

可以得到

$$1 + g_m \frac{R(1 + s^2LC_1)}{s^3LC_1C_2R + s^2LC_1 + sR(C_1 + C_2) + 1} \tag{12.129}$$

图 12.24 给出了共源型 Colpitts 振荡器的根轨迹,其比例放大后的曲线如图 12.25 所示。由图可见,当 $g_m = 0$ 时,开环极点 p_1,p_2 为 $-25.25 \pm j63\,245.55\mathrm{rad/s}$,$p_3 = -50.505\mathrm{rad/s}$,所有极点都在左半平面;当 $g_m = 1.01\mathrm{mA/V}$ 时,极点 p_1,p_2 为 $\pm j63\,245\mathrm{rad/s}$,$p_3 = -101\mathrm{rad/s}$,电路产生稳定的振荡,一对共轭复数极点在虚轴上,一个实数极点在左半平面;当 $g_m = 10\mathrm{A/V}$ 时,极点 p_1、p_2 为 $57\,683.98 \pm j118\,300.37\mathrm{rad/s}$,$p_3 = -115\,468.97\mathrm{rad/s}$,电路能够起振,一对共轭复数极点在右半平面,实数极点在左半平面。

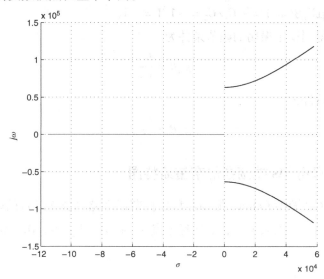

图 12.24 当 g_m 从 0 变化到 $10\mathrm{A/V}$ 时,共源型 Colpitts 振荡器闭环增益 $A_f(s)$ 的根轨迹

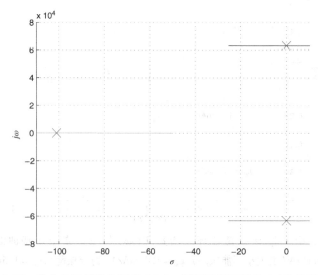

图 12.25 放大坐标后的共源型 Colpitts 振荡器闭环增益 $A_f(s)$ 的根轨迹

12.8　共栅型 Colpitts 振荡器

共栅型 Colpitts 振荡器如图 12.26 所示。对于集成电路设计而言,晶体管通常由一个与源极或者漏极串联的电流镜提供偏置。图 12.26 中的电流源 I 表示镜像电流,它与振荡器晶体管的源极串联。栅源电容 C_{gs} 包含在电容 C_1 中,漏源电容 C_{ds} 包含在电容 C_2 中,栅漏电容 C_{gd} 不包含在 Colpitts 振荡器的基本拓扑结构中,为方便起见,后续分析通常忽略不计。

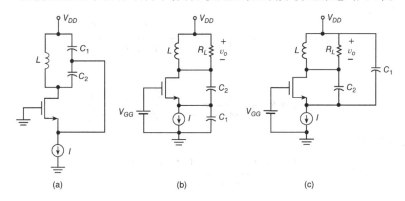

图 12.26　晶体管共栅连接并带有适合集成电路的偏置电流源 I 的 Colpitts 振荡器

（a）电容 C_1 接电源 V_{DD};（b）电容 C_1 接地;（c）电容 C_1 与直流电源相连

共栅型 Colpitts 振荡器的小信号等效电路如图 12.27(a)所示,负载电阻 R_L 连接在漏极和栅极之间并且与谐振电感 L 并联。该小信号等效电路通过在 MOSFET 的漏端和源端之间用压控电流源 $g_m v_f$ 和 MOSFET 的输出电阻 r_o 替换 MOSFET 得到。这里 $v_f = v_{gs}$,g_m 是 MOSFET 的跨导。根据分流原理,连接在漏极和源极之间的压控电流源 $g_m v_f$ 可以分成两个压控电流源 $g_m v_f$,一个连接在源极和栅极之间的独立源,以及一个连接在漏极和栅极之间的独立源,如图 12.27(b)所示。图 12.27(c)中,连接在源极和栅极间的压控电流源 $g_m v_f$ 受它自身的电压

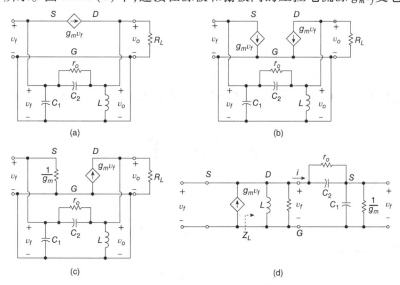

图 12.27　共栅型 Colpitts 振荡器小信号等效电路

（a）小信号等效电路;（b）分流定理;（c）源吸收定理;（d）晶体管放大器增益的小信号计算模型

v_f控制,根据电流源吸收定理,可以用等效电阻$1/g_m$代替。图12.27(d)是反馈网络为放大器负载时的小信号等效电路,反馈网络的负载为电阻$1/g_m$。

12.8.1 共栅型 Colpitts 振荡器的负载品质因子

负载品质因数Q_L是LC振荡器的一个重要参数,Q_L越大,带通滤波器的频率选择性越好,环路增益的相位越陡,并且振荡频率越稳定。假定$r_o = \infty$,另$R_{gm} = 1/g_m$,由图12.27(d)得到谐振电路总的阻抗为

$$Z(s) = \left(R_{gm} \parallel \frac{1}{sC_1} \right) + \frac{1}{sC_2} = \frac{1 + sR_{gm}(C_1 + C_2)}{s^2 R_{gm} C_1 C_2 + sC_2} \tag{12.130}$$

设$s = j\omega$

$$Z(j\omega) = R_{eq} + \frac{1}{j\omega C_{eq}} = \frac{1 + j\omega R_{gm}(C_1 + C_2)}{-\omega^2 R_{gm} C_1 C_2 + j\omega C_2} \tag{12.131}$$

因此,谐振电路的导纳为

$$Y = \frac{1}{Z} = \frac{\omega^2 R_{gm} C_2^2 + j\omega C_2 - j\omega^3 R_{gm}^2 C_1 C_2 (C_1 + C_2)}{1 + \omega^2 R_{gm}^2 (C_1 + C_2)^2}$$

$$= \frac{\omega^2 R_{gm} C_2^2}{1 + \omega^2 R_{gm}^2 (C_1 + C_2)^2} + j \frac{\omega C_2 - \omega^3 R_{gm}^2 C_1 C_2 (C_1 + C_2)}{1 + \omega^2 R_{gm}^2 (C_1 + C_2)^2} = G + jB \tag{12.132}$$

进一步得到振荡频率$\omega_o = 1/\sqrt{L C_1 C_2 / (C_1 + C_2)}$处的等效电阻为

$$R_{eq} = \frac{1}{G} = \frac{1 + \omega^2 R_{gm}^2 (C_1 + C_2)^2}{\omega^2 R_{gm} C_2^2} = R_{gm} \left[\frac{\dfrac{1}{\omega^2 R_{gm}^2} + (C_1 + C_2)^2}{C_2^2} \right]$$

$$= \frac{1}{g_m} \left[\frac{\dfrac{C_1^2}{q_{C1}^2} + (C_1 + C_2)^2}{C_2^2} \right] \tag{12.133}$$

式中,$q_{C1} = R_{gm} C_1$是电容C_1和电阻$1/g_m$并联组合电路的电抗因数。若$C_1/q \ll C_1 + C_2$,等效电阻约为

$$R_{eq} \approx \frac{1}{g_m} \left(1 + \frac{C_1}{C_2} \right)^2 \tag{12.134}$$

与电感L并联后的总电阻为

$$R_p = R_L \parallel R_{eq} = R_L \parallel \frac{1}{g_m} \left(1 + \frac{C_1}{C_2} \right)^2 \tag{12.135}$$

等效电容的电抗为

$$X_{Ceq} = \frac{1}{B} = \frac{1 + \omega^2 R_{gm}^2 (C_1 + C_2)^2}{\omega [C_2 - \omega^2 R_{gm}^2 C_1 C_2 (C_1 + C_2)]} = -\frac{1}{\omega C_{eq}} \tag{12.136}$$

因此有

$$C_{eq} = \frac{\omega^2 R_{gm}^2 C_1 C_2 (C_1 + C_2) - C_2}{1 + \omega^2 R_{gm}^2 (C_1 + C_2)^2} = \frac{C_1 C_2 (C_1 + C_2) - \dfrac{C_1^2 C_2}{q_{C1}^2}}{(C_1 + C_2) + \dfrac{C_1^2}{q_{C1}^2}} \tag{12.137}$$

若 $(C_1/q)^2 \ll (C_1 + C_2)^2$, 等效电容约为

$$C_{eq} \approx \frac{C_1 C_2}{C_1 + C_2} \tag{12.138}$$

振荡频率 f_o 处谐振电路的负载品质因数为

$$Q_L = \frac{R_p}{\omega_o L} = \frac{R_L \| \left[\dfrac{1}{g_m}\left(1 + \dfrac{C_1}{C_2}\right)^2 \right]}{\omega_o L} = \omega_o R_{eq} C_{eq} \tag{12.139}$$

12.8.2 共栅型 Colpitts 振荡器的反馈系数

在图 12.27(c) 的 S 端, 根据 KCL 可以得到

$$i_{C1} + i_{C2} + i_{ro} + g_m v_f = 0 \tag{12.140}$$

即

$$sC_1 v_f + sC_2(v_f - v_o) + \frac{v_f - v_o}{r_o} + g_m v_f = 0 \tag{12.141}$$

式 (12.141) 重新整理为

$$v_o = v_f \frac{sr_o(C_1 + C_2) + g_m r_o + 1}{sr_o C_2 + 1} \tag{12.142}$$

因此, 电阻 $1/g_m$ 为负载时的反馈系数为

$$\beta(s) = \frac{v_f}{v_o} = \frac{sC_2 r_o + 1}{sr_o(C_1 + C_2) + g_m r_o + 1} = \frac{C_2}{C_1 + C_2} \frac{\left(s + \dfrac{1}{r_o C_2}\right)}{\left[s + \dfrac{g_m r_o + 1}{r_o(C_1 + C_2)}\right]} = \frac{C_2}{C_1 + C_2} \frac{s + \omega_{z\beta}}{s + \omega_{p\beta}} \tag{12.143}$$

式中, 零点的频率为

$$\omega_{z\beta} = \frac{1}{r_o C_2} \tag{12.144}$$

极点所在频率, 即为高通滤波器在 3dB 时的角频率, 为

$$\omega_{p\beta} = \omega_L = \frac{g_m r_o + 1}{r_o(C_1 + C_2)} \approx \frac{g_m}{C_1 + C_2} \tag{12.145}$$

若 $s = 0$

$$\beta(0) = \frac{1}{g_m r_o + 1} \tag{12.146}$$

高频时

$$\beta_o = \beta(\infty) \approx \frac{C_2}{C_1 + C_2} \tag{12.147}$$

反馈网络相当于一个一阶的高通滤波器。当 $L = 4.75\text{mH}$, $C_1 = C_2 = 1\mu\text{F}$, $R_L = 1\text{k}\Omega$, $r_o = 100\text{k}\Omega$, $g_m = 4.09\text{mA/V}$ 时, 共栅型 Colpitts 振荡器反馈系数 β 的波特图如图 12.28 和图 12.29

所示。根据电路元器件参数,可以得到 $\beta(0) = 1/(g_m r_o + 1) = 1/(402 \times 100 + 1) = 1/403 = -52.08\text{dB}$, $\beta_0 = \beta(\infty) = C_2/(C_1 + C_2) = 1/(1 + 1) = 0.5 = -6\text{dB}$, $f_{z\beta} = 1/(2\pi r_o C_1) = 1/(2\pi 100 \times 10^3 \times 10^{-6}) = 1.59\text{Hz}$, $f_{p\beta} = g_m/[2\pi(C_1 + C_2)] = 4.09 \times 10^{-3}/[2\pi(1 + 1) \times 10^{-6}] = 325.47\text{Hz}$。

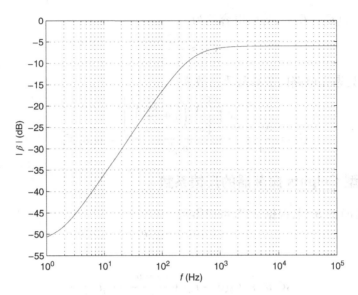

图 12.28 共栅型 Colpitts 振荡器反馈系数 β 的幅频特性曲线

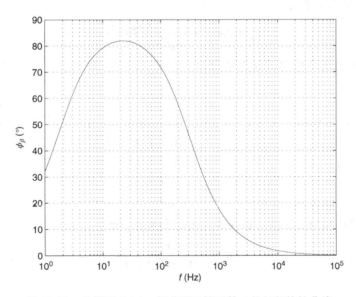

图 12.29 共栅型 Colpitts 振荡器反馈系数 β 的相频特性曲线

12.8.3 共栅型 Colpitts 振荡器的特征方程

在图 12.27(c)中的 D 端,根据 KCL 可以得到

$$i_{C2} + i_{ro} + g_m v_f = i_{RL} + i_L \tag{12.148}$$

即

$$sC_2(v_f - v_o) + \frac{v_f - v_o}{r_o} + g_m v_f = \frac{v_o}{R_L} + \frac{v_o}{sL} \tag{12.149}$$

将式(12.149)重新整理为

$$v_f\left(\frac{sC_2 r_o + g_m}{r_o} + g_m\right) = v_o\left(\frac{sL + R_L}{sLR_L} + \frac{sC_2 r_o + 1}{r_o}\right) \tag{12.150}$$

将式(12.142)代入式(12.150),可得

$$v_f\left(\frac{sC_2 r_o + g_m}{r_o} + g_m\right) - v_f\left[\frac{sr_o(C_1 + C_2) + g_m r_o + 1}{sr_o C_2 + 1}\right]\left(\frac{sL + R_L}{sLR_L} + \frac{sC_2 r_o + 1}{r_o}\right) = 0 \tag{12.151}$$

当振荡开始时,v_f不为0,式(12.151)两边同除以v_f,得到

$$\left(\frac{sC_2 r_o + g_m}{r_o} + g_m\right) - \left[\frac{sr_o(C_1 + C_2) + g_m r_o + 1}{sr_o C_2 + 1}\right]\left(\frac{sL + R_L}{sLR_L} + \frac{sC_2 r_o + 1}{r_o}\right) = 0 \tag{12.152}$$

因此,共栅型 Colpitts 振荡器闭环增益 A_f 的特征方程为

$$s^3 LC_1 C_2 R_L r_o + s^2[Lr_o(C_1 + C_2) + LC_1 R_L] + s[R_L r_o(C_1 + C_2) + L(g_m r_o + 1)] + R_L(g_m r_o + 1) = 0 \tag{12.153}$$

该特征方程是一个三阶函数。

稳定振荡时,$s = j\omega_o$,把该式代入式(12.153),并写成实部和虚部的形式,得到

$$R_L(g_m r_o + 1) - \omega_o^2[Lr_o(C_1 + C_2) + LC_1 R_L] + j\{\omega_o[R_L r_o(C_1 + C_2) + L(g_m r_o + 1)] - \omega_o^3(LC_1 C_2 R_L r_o)\} = 0 = 0 + j0 \tag{12.154}$$

由于总的特征方程等于0,所以实部和虚部都应该为0。

令式(12.154)的虚部等于0,得到振荡频率为

$$\omega_o = \sqrt{\frac{C_1 + C_2}{LC_1 C_2} + \frac{g_m}{C_1 C_2 R_L} + \frac{1}{C_1 C_2 R_L r_o}} = \sqrt{\frac{C_1 + C_2}{LC_1 C_2} + \frac{1}{C_1 C_2 R_L}\left(g_m + \frac{1}{r_o}\right)} \tag{12.155}$$

若 $C_1 C_2 R_L \gg g_m$ 且 $C_1 C_2 R_L r_o \gg 1$,式(12.155)可以简化为

$$\omega_o \approx \frac{1}{\sqrt{\dfrac{LC_1 C_2}{C_1 + C_2}}} \tag{12.156}$$

取 $L = 4.75\text{mH}, C_1 = C_2 = 1\mu\text{F}$,则 $f_o = 3.26\text{kHz}$。

令式(12.154)的实部为0,得到稳定振荡的条件为

$$g_m R = \frac{C_1}{C_2} + \frac{r_o}{R_L + r_o}\left(\frac{C_2}{C_1} + 2\right) \tag{12.157}$$

式中 $R = R_L r_o/(R_L + r_o)$。若 $R_L \ll r_o$,式(12.157)近似为

$$g_m R \approx 2 + \frac{C_1}{C_2} + \frac{C_2}{C_1} \tag{12.158}$$

例如,若 $C_1 = C_2$,得到 $g_m R = 2 + 1 + 1 = 4$。图 12.30 给出了 $2 + C_1/C_2 + C_2/C_1$ 关于 C_1/C_2 的函数关系曲线。

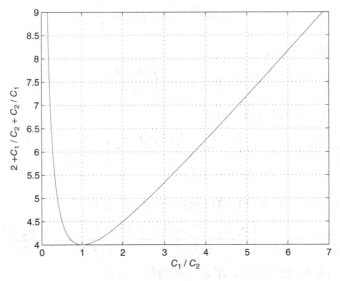

图 12.30 函数 $2 + C_1/C_2 + C_2/C_1$ 与函数 C_1/C_2 的关系曲线

为了能够开始并建立振荡,振荡频率 f_o 处的环路增益幅值必须大于 1,也就是 $|T(f_o)| > 1$。振荡器的起振条件为

$$g_m R > \frac{C_1}{C_2} + \frac{r_o}{R_L + r_o}\left(\frac{C_2}{C_1} + 2\right) \approx 2 + \frac{C_1}{C_2} + \frac{C_2}{C_1} \tag{12.159}$$

12.8.4 共栅型 Colpitts 振荡器的放大器电压增益

图 12.27(d)是反馈网络为放大器 A 负载时的小信号等效电路,从 MOSFET 漏极看过去的总阻抗为

$$\begin{aligned} Z_L &= (sL\|R_L)\|\left[\left(r_o\|\frac{1}{sC_2}\right) + \left(\frac{1}{g_m}\|\frac{1}{sC_1}\right)\right] \\ &= \frac{sLR_L[sr_o(C_1 + C_2) + g_m r_o + 1]}{s^3 LC_1 C_2 R_L r_o + s^2[Lr_o(C_1 + C_2) + LR_L(C_1 + C_2 g_m r_o)]} \\ &\quad + s[Lg_m R_L + R_L r_o(C_1 + C_2) + L(g_m r_o + 1)] + R_L(g_m r_o + 1) \end{aligned} \tag{12.160}$$

反馈网络为负载的放大器电压增益为

$$\begin{aligned} A(s) &= \frac{v_o}{v_f} = g_m Z_L \\ &= \frac{sLg_m R_L[sr_o(C_1 + C_2) + g_m r_o + 1]}{s^3 LC_1 C_2 R_L r_o + s^2[Lr_o(C_1 + C_2) + LR_L(C_1 + C_2 g_m r_o)]} \\ &\quad + s[Lg_m R_L + R_L r_o(C_1 + C_2) + L(g_m r_o + 1)] + R_L(g_m r_o + 1) \end{aligned} \tag{12.161}$$

当 $L = 4.75\text{mH}, C_1 = C_2 = 1\mu\text{F}, R_L = 1\text{k}\Omega, r_o = 100\text{k}\Omega, g_m = 4.09\text{mA/V}$ 时,共栅型 Colpitts 振荡器的放大电路电压增益 A 的波特图如图 12.31 和图 12.32 所示。振荡频率处该放大器的增益 $|A(\omega_o)| = 2 = 6\text{dB}$。

12.8.5 共栅型 Colpitts 振荡器的环路增益

根据式(12.143)和式(12.161),可得共栅型 Colpitts 振荡器的环路增益为

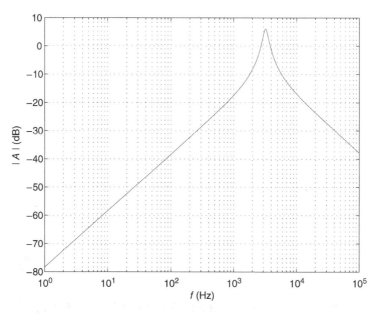

图 12.31 共栅型 Colpitts 振荡器的放大器电压增益 A 的幅频特性曲线

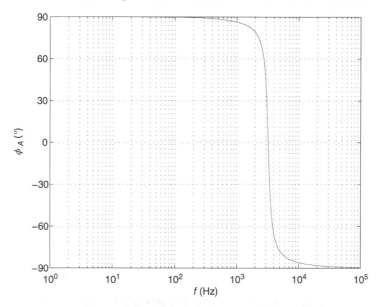

图 12.32 共栅型 Colpitts 振荡器的放大器电压增益 A 的相频特性曲线

$$T(s) = \beta A = \frac{sLg_mR_L(sr_oC_2 + 1)}{s^3LC_1C_2R_Lr_o + s^2[Lr_o(C_1 + C_2) + LR_L(C_1 + C_2g_mr_o)] + s[Lg_mR_L + R_Lr_o(C_1 + C_2) + L(g_mr_o + 1)] + R_L(g_mr_o + 1)} \quad (12.162)$$

该环路增益是一个三阶的传递函数，它有两个有限的实零点和三个极点。一个零点在原点，即 $z_1 = 0$；另一个零点 $z_2 = -1/(r_oC_2)$；一个极点是实数；另外两个极点或者都是实数或者是一对共轭复数。当环路增益 T 增大时，复数极点的实部和虚部也都增大，从而使它们的衰减系数减小，频率增大。当 $L = 4.75\text{mH}$，$C_1 = C_2 = 1\mu\text{F}$，$R_L = 1\text{k}\Omega$，$r_o = 100\text{k}\Omega$，$g_m = 4.09\text{mA/V}$ 时，共栅型 Colpitts 振荡器环路增益 T 的波特图如图 12.33 和图 12.34 所示。振荡频率处的环路增益 $T(\omega_o)| = 1 = 0\text{dB}$。

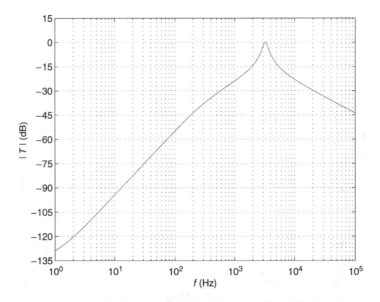

图 12.33 共栅型 Colpitts 振荡器环路增益 T 的幅频特性曲线

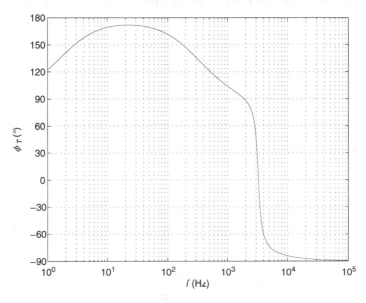

图 12.34 共栅型 Colpitts 振荡器环路增益 T 的相频特性曲线

12.8.6 共栅型 Colpitts 振荡器的闭环增益

共栅型 Colpitts 振荡器的闭环电压传递函数为

$$A_f(s) = \frac{A(s)}{1 - T(s)} = \frac{sLg_mR_L[sr_o(C_1 + C_2) + g_mr_o + 1]}{\begin{array}{c} s^3LC_1C_2R_Lr_o + s^2L[r_o(C_1 + C_2) + C_1R_L] \\ + s[R_Lr_o(C_1 + C_2) + L(g_mr_o + 1)] + R_L(g_mr_o + 1) \end{array}} \tag{12.163}$$

这是一个有两个有限实数零点和三个极点的三阶系统,其中一个零点在原点,即 $z_1 = 0$,另一个零点为

$$z_3 = -\frac{1 + g_mr_o}{r_o(C_1 + C_2)} \tag{12.164}$$

当 $L = 4.75\text{mH}, C_1 = C_2 = 1\mu\text{F}, R_L = 1\text{k}\Omega, r_o = 100\text{k}\Omega, g_m = 4.09\text{mA/V}$ 时, 共栅型 Colpitts 振荡器闭环增益 A_f 的波特图如图 12.35 和图 12.36 所示。

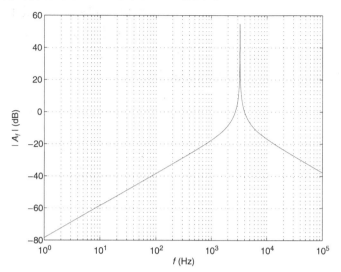

图 12.35　共栅型 Colpitts 振荡器闭环增益 A_f 的幅频特性曲线

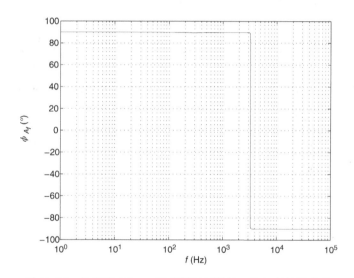

图 12.36　共栅型 Colpitts 振荡器闭环增益 A_f 的相频特性曲线

12.8.7　共栅型 Colpitts 振荡器的根轨迹

为了画出闭环传递函数 A_f 的根轨迹与 MOSFET 跨导 g_m 的函数关系曲线, 用下式(12.165)去除特征方程

$$s^3 LC_1 C_2 R_L r_o + s^2 L[r_o(C_1 + C_2) + C_1 R_L] + s[R_L r_o(C_1 + C_2) + L] + R_L \quad (12.165)$$

可得

$$1 + g_m \frac{r_o(sL + R_L)}{s^3 LC_1 C_2 R_L r_o + s^2 L[r_o(C_1 + C_2) + C_1 R_L] + s[R_L r_o(C_1 + C_2) + L] + R_L} = 0 \quad (12.166)$$

图 12.37 是 g_m 从 0 变化到 10A/V 时,共栅型 Colpitts 振荡器的根轨迹。图 12.38 是稳定振荡的根轨迹,此时 $g_m = 4.09$mA/V。若 $g_m = 0$,开环极点 p_1、$p_2 = -1012.65 \pm j20\,598.063$rad/s,$p_3 = -2030.23$rad/s,所有的极点都在左半平面,因此,环路增益太低不能起振。若 $g_m = 4.09$mA/V,极点 p_1、$p_2 = \pm j20\,723$rad/s,$p_3 = -5$rad/s,电路可以产生稳定的振荡,一对共轭复数极点在虚轴上。若 $g_m = 1$A/V,极点 p_1、$p_2 = 25\,139.11 \pm j58\,595.41$rad/s,$p_3 = -52\,308.58$rad/s,此时,一对共轭复数极点在右半平面,电路能够起振。

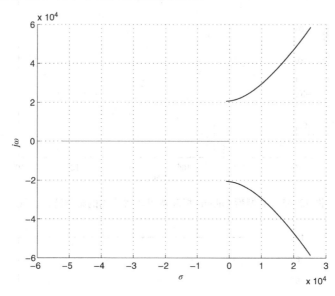

图 12.37　当 g_m 从 0 变化到 10A/V 时,共栅型 Colpitts 振荡器闭环增益 $A_f(s)$ 的根轨迹

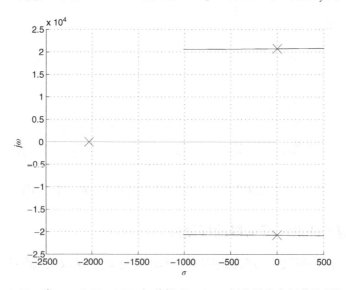

图 12.38　当 $g_m = 4.09$mA/V 时,共栅型 Colpitts 振荡器稳定振荡的根轨迹

12.8.8　共栅型 Colpitts 振荡器的奈奎斯特图

图 12.39 是共栅型 Colpitts 振荡器在 $L = 4.75$mH,$C_1 = C_2 = 1\mu$F,$R_L = 1$kΩ,$r_o = 100$kΩ,g_m 分别为 2mA/V、4.09mA/V 和 10mA/V 时的奈奎斯特图。由图可见,$g_m = 10$mA/V 的奈奎斯特曲线

包围了点 $-1+j0$，振荡器能够起振。起振后，随着振荡器电压幅值的增大，晶体管的非线性特性会降低放大器的增益。因此，奈奎斯特曲线会变化，直到穿过稳定振荡时的关键点 $-1+j0$。

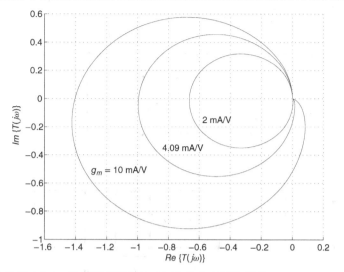

图 12.39　共栅型 Colpitts 振荡器环路增益 $T(j\omega)$ 的奈奎斯特曲线，$g_m=2\text{mA/V}$ 时（值太低不能振荡），$g_m=4.09\text{mA/V}$（稳定的振荡），$g_m=10\text{mA/V}$ 时（值足够大可以起振）

12.9　共漏型 Colpitts 振荡器

图 12.40 给出了共漏型 Colpitts 振荡器的电路图、其直流通路和交流通路。图 12.41（a）是带有一个工作在共漏组态晶体管的 Colpitts 振荡器的交流电路，负载电阻 R_L 连接在源极和漏极之间，并且与电容 C_2 并联。图 12.41（b）是共漏型 Colpitts 振荡器的小信号等效电路，应当注意 $v_{gs}=v_f-v_o$。图 12.41（c）是反馈网络做负载的放大器小信号等效电路。

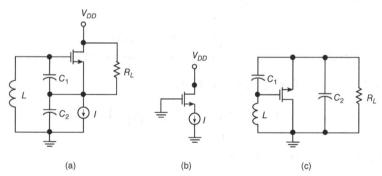

图 12.40　共漏型 Colpitts 振荡器
（a）电路图；（b）直流电路；（c）小信号等效电路

12.9.1　共漏型 Colpitts 振荡器的反馈系数

根据 KCL 定理，由如图 12.41（b）所示的共漏型 Colpitts 振荡器小信号等效电路可以得到流过电感 L 的电流为

$$i=\frac{v_f}{sL}$$

(12.167)

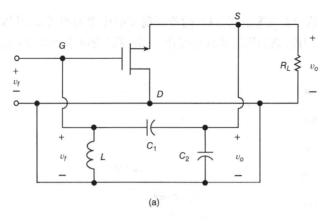

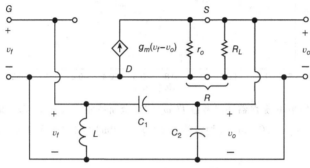

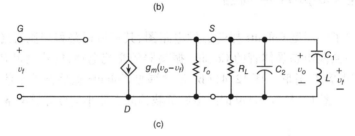

图 12.41 共漏型 Colpitts 振荡器

(a) 交流电路；(b)小信号等效电路；(c)反馈网络做负载时的放大器小信号等效电路

流过电感 L 和电容 C_1 串联组合电路的电流为

$$i = \frac{v_o}{sL + \dfrac{1}{sC_1}} = v_o \left(\frac{sC_1}{1 + s^2 LC_1} \right) \tag{12.168}$$

由式(12.167)和式(12.168)，可以得到

$$v_o = v_f \left(\frac{s^2 LC_1 + 1}{s^2 LC_1} \right) \tag{12.169}$$

因此，反馈网络的电压传输函数为

$$\beta(s) = \frac{v_f}{v_o} = \frac{s^2 LC_1}{s^2 LC_1 + 1} \tag{12.170}$$

反馈网络的电压传递函数还可以表示为

$$\beta(s) = \frac{v_f}{v_o} = \frac{sL}{sL + \dfrac{1}{sC_1}} = \frac{s^2 LC_1}{s^2 LC_1 + 1} \tag{12.171}$$

共漏型 Colpitts 振荡器的反馈网络是一个二阶的高通滤波器。图 12.42 和图 12.43 给出了其幅值$|\beta|$和相位 ϕ_β关于频率f的函数关系曲线。

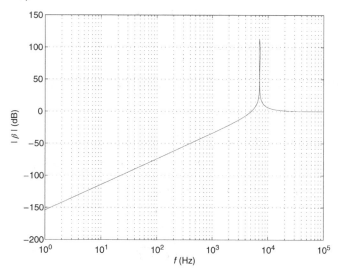

图 12.42 共漏型 Colpitts 振荡器反馈系数 β 的幅频特性曲线

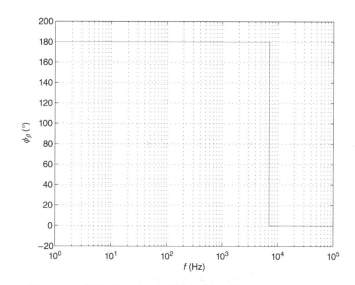

图 12.43 共漏型 Colpitts 振荡器反馈系数 β 的相频特性曲线

12.9.2 共漏型 Colpitts 振荡器的特征方程

在图 12.41(b)中源极 S 端,根据 KCL 定理可得

$$v_o\left(\frac{sC_1}{s^2LC_1+1}\right) + v_o\left(\frac{sC_2R+1}{R}\right) + g_m(v_o - v_f) = 0 \tag{12.172}$$

即

$$v_o\left(\frac{sC_1}{s^2LC_1+1} + \frac{sC_2R+1}{R} + g_m\right) - g_m v_f = 0 \tag{12.173}$$

将式(12.169)代入式(12.173)有

$$v_f \left(\frac{s^2 LC_1 + 1}{s^2 LC_1} \right) \left(\frac{sC_1}{s^2 LC_1 + 1} + \frac{sC_2 R + 1}{R} + g_m \right) - g_m v_f = 0 \qquad (12.174)$$

当振荡器振荡时,$v_f \neq 0$,因此,式(12.174)两边除以 v_f,得到

$$\left(\frac{s^2 LC_1 + 1}{s^2 LC_1} \right) \left(\frac{sC_1}{s^2 LC_1 + 1} + \frac{sC_2 R + 1}{R} + g_m \right) - g_m = 0 \qquad (12.175)$$

重新整理式(12.175),得到共漏型 Colpitts 振荡器的特征方程为

$$s^3 LC_1 C_2 R + s^2 LC_1 + sR(C_1 + C_2) + g_m R + 1 = 0 \qquad (12.176)$$

稳定振荡状态下,$s = j\omega_o$,因此,合并同类相得到

$$1 + g_m R - \omega_o^2 LC_1 + j\omega_o R(C_1 + C_2 - \omega_o^2 LC_1 C_2) = 0 = 0 + j0 \qquad (12.177)$$

令式(12.177)的虚部为 0,得到振荡频率的表达式为

$$\omega_o = \frac{1}{\sqrt{\dfrac{LC_1 C_2}{C_1 + C_2}}} \qquad (12.178)$$

令式(12.177)的实部为 0,并代入 ω_o,得到稳定振荡的条件为

$$g_m R = \frac{C_1}{C_2} \qquad (12.179)$$

振荡器的起振条件为

$$g_m R > \frac{C_1}{C_2} \qquad (12.180)$$

12.9.3 共漏型 Colpitts 振荡器的放大器增益

根据如图 12.41(c)所示的反馈网络做负载的放大器小信号等效电路,CD 型 Colpitts 振荡器的放大器输出电压为

$$v_o = -g_m (v_o - v_f) Z_L \qquad (12.181)$$

进一步有

$$v_o (1 + g_m Z_L) = v_f g_m Z_L \qquad (12.182)$$

因此,放大器的电压增益为

$$A(s) = \frac{v_o}{v_f} = \frac{g_m Z_L}{1 + g_m Z_L} = \frac{1}{1 + \dfrac{1}{g_m Z_L}} \qquad (12.183)$$

放大器的负载阻抗为

$$Z_L = \left(R \| \frac{1}{sC_2} \right) \| \left(sL + \frac{1}{sC_1} \right) = \frac{R(1 + s^2 LC_1)}{s^3 LC_1 C_2 R + s^2 LC_1 + sR(C_1 + C_2) + 1} \qquad (12.184)$$

式中,$R = R_L r_o / (R_L + r_o)$。

反馈网络做负载时放大器的电压传输函数为

$$A = \frac{v_o}{v_f} = \frac{g_m R(1 + s^2 LC_1)}{s^3 LC_1 C_2 R + s^2 LC_1(1 + g_m R) + sR(C_1 + C_2) + g_m R + 1}. \tag{12.185}$$

图 12.44 和图 12.45 给出了放大器电压增益的波特图。

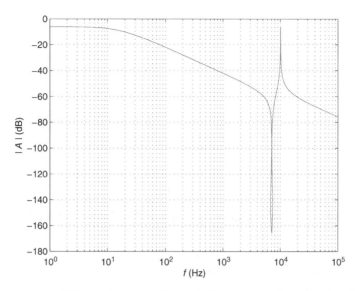

图 12.44　共漏型 Colpitts 振荡器的放大器电压增益 A 的幅频特性曲线

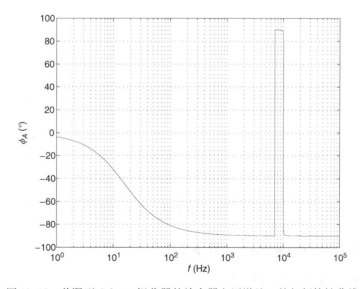

图 12.45　共漏型 Colpitts 振荡器的放大器电压增益 A 的相频特性曲线

12.9.4　共漏型 Colpitts 振荡器的环路增益

共漏型 Colpitts 振荡器的环路增益为

$$T(s) = \beta A = \frac{s^2 g_m R L C_1}{s^3 LC_1 C_2 R + s^2 LC_1(1 + g_m R) + sR(C_1 + C_2) + g_m R + 1} \tag{12.186}$$

该环路增益 T 是一个三阶的函数,图 12.46 和图 12.47 给出了它的波特图。

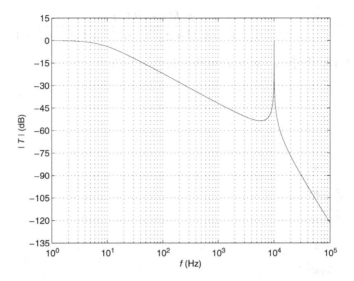

图 12.46 共漏型 Colpitts 振荡器环路增益 T 的幅频特性曲线

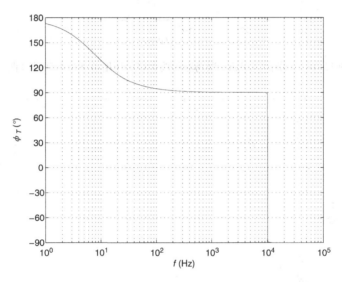

图 12.47 共漏型 Colpitts 振荡器环路增益 T 的相频特性曲线

12.9.5 共漏型 Colpitts 振荡器的闭环增益

共漏型 Colpitts 振荡器的闭环增益为

$$A_f(s) = \frac{A(s)}{1 - T(s)}$$

$$= -\frac{g_m R(1 + s^2 LC_1)}{s^3 LC_1C_2R + s^2 LC_1(1 + g_m R) + sR(C_1 + C_2) + 2g_m R + 1} \quad (12.187)$$

图 12.48 和图 12.49 是闭环增益 A_f 的波特图。

令 $s = j\omega$, 有

$$\beta(\omega) = \frac{\omega^2 LC_1}{\omega^2 LC_1 - 1} \quad (12.188)$$

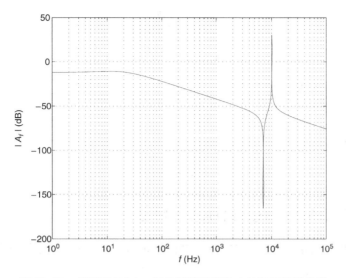

图 12.48 共漏型 Colpitts 振荡器闭环增益 A_f 的幅频特性曲线

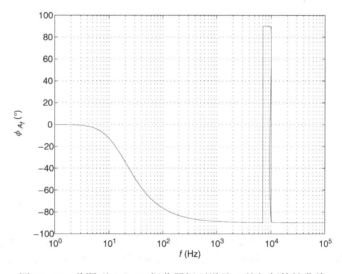

图 12.49 共漏型 Colpitts 振荡器闭环增益 A_f 的相频特性曲线

$$A(j\omega) = \frac{g_mR(1 - \omega^2 LC_1)}{(1 - \omega^2 LC_1)(1 + g_mR) + j[\omega R(C_1 + C_2) - \omega^3 LC_1C_2R]} \quad (12.189)$$

$$T(j\omega) = \frac{-g_mR}{(1 - \omega^2 LC_1)(1 + g_mR) + j\omega R[(C_1 + C_2) - \omega^2 LC_1C_2]} \quad (12.190)$$

稳定振荡时, T 分母的虚部为 0。因此,振荡频率为

$$\omega_o = \frac{1}{\sqrt{L\dfrac{C_1C_2}{C_1 + C_2}}} \quad (12.191)$$

令 $\omega = \omega_o$

$$\beta(\omega_o) = \frac{\omega_o^2 LC_1}{\omega_o^2 LC_1 - 1} = 1 + \frac{C_2}{C_1} \quad (12.192)$$

$$A(\omega_o) = \frac{g_m R}{1 + g_m R} \tag{12.193}$$

$$T(\omega_o) = \beta(\omega_o)A(\omega_o) = \frac{g_m R}{1 + g_m R}\left(1 + \frac{C_2}{C_1}\right) = 1 \tag{12.194}$$

因此,稳定振荡的幅值条件为

$$g_m R = 1 + \frac{C_1}{C_2} \tag{12.195}$$

振荡器的起振条件为

$$g_m R > 1 + \frac{C_1}{C_2} \tag{12.196}$$

12.9.6 共漏型 Colpitts 振荡器的奈奎斯特图

图 12.50 给出了 g_m 取三个不同值时的共漏型 Colpitts 振荡器的奈奎斯特图。

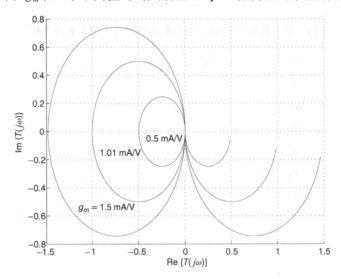

图 12.50 共漏型 Colpitts 振荡器环路增益 $T(j\omega)$ 的奈奎斯特曲线,其中 $g_m = 0.5\text{mA}/\text{V}$ 时值太低
不能振荡; $g_m = 1.01\text{mA}/\text{V}$ 稳定振荡; $g_m = 1.5\text{mA}/\text{V}$ 时值充分大可以起振。

12.9.7 共漏型 Colpitts 振荡器的根轨迹

将第 12.9.2 节给出的共漏型 Colpitts 振荡器特征方程式(12.176)除以下式

$$s^3 LC_1 C_2 R + s^2 LC_1 + sR(C_1 + C_2) + 1 \tag{12.197}$$

可得

$$1 + \frac{g_m R}{s^3 LC_1 C_2 R + s^2 LC_1 + sR(C_1 + C_2) + 1} = 0 \tag{12.198}$$

图 12.51 给出了 g_m 从 0 变化到 $10\text{A}/\text{V}$ 时共漏型 Colpitts 振荡器的根轨迹。图 12.52 为 $g_m = 1.01\text{mA}/\text{V}$ 时稳定振荡的根轨迹。当 $g_m = 0$ 时的极点 p_1、$p_2 = -25.25 \pm \text{j}199\,999.99\text{rad}/\text{s}$, $p_3 = -50.5\text{rad}/\text{s}$; 当 $g_m = 1.01\text{mA}/\text{V}$ 时,极点 p_1、$p_2 = \pm \text{j}199\,999.99\text{rad}/\text{s}$,$p_3 = -101.005\text{rad}/\text{s}$; 当 $g_m = 10\text{A}/\text{V}$ 时,极点 p_1、$p_2 = 111\,442.82 \pm \text{j}277\,994\text{rad}/\text{s}$,$p_3 = -222\,986.65\text{rad}/\text{s}$。

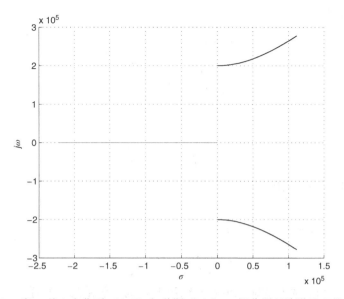

图 12.51　当 g_m 从 0 变化到 $10A/V$ 时,共漏型 Colpitts 振荡器环路增益 T 的根轨迹

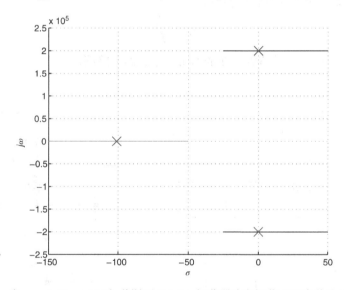

图 12.52　当 $g_m = 1.01mA/V$ 时,共漏型 Colpitts 振荡器稳定振荡下环路增益 T 的根轨迹

12.10　Clapp 振荡器

Clapp 振荡器电路如图 12.53 所示,该振荡器是 Colpitts 振荡器的改进形式,其电感 L 支路增加了一个串联电容 C_3。如果 Colpitts 振荡器中的电感 L 变得非常小,那么品质因数 Q 也很小,导致振荡频率稳定性差。增加一个与电感 L 串联的电容 C_3 可以在保证有效电感电抗相同的情况下,增大电感 L 和品质因数 Q。放大器的输入电容 C_i 计入电容 C_1 中,放大器的输出电容 C_o 计入电容 C_2 中。在谐振频率 f_o 处,有

$$\omega_o L = \frac{1}{\omega_o C_1} + \frac{1}{\omega_o C_2} + \frac{1}{\omega_o C_3} \tag{12.199}$$

得到振荡频率为

$$f_o = \cfrac{1}{2\pi\sqrt{L\cfrac{1}{\cfrac{1}{C_1}+\cfrac{1}{C_2}+\cfrac{1}{C_3}}}} = \frac{1}{2\pi\sqrt{LC}} \tag{12.200}$$

总的电容为

$$C = \cfrac{1}{\cfrac{1}{C_1}+\cfrac{1}{C_2}+\cfrac{1}{C_3}} \tag{12.201}$$

若 $C_3 \ll C_2$ 且 $C_3 \ll C_2$,则

$$C \approx C_3 \tag{12.202}$$

振荡频率几乎与电容 C_1 和 C_2 无关

$$f_o = \frac{1}{2\pi\sqrt{LC}} \approx \frac{1}{2\pi\sqrt{LC_3}} \tag{12.203}$$

因此,振荡频率与放大器的输入电容和输出电容也几乎无关。电容 C_3 和电感 L 确定了振荡频率 f_o,并且有如下所示的电容比例关系

$$\frac{C_1}{C_2} = \frac{R_F}{R_S} \tag{12.204}$$

图 12.54 给出了由单个晶体管构成的 Clapp 振荡器电路图。

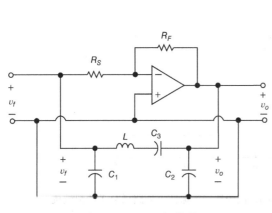

图 12.53　Clapp 振荡器

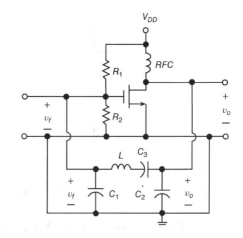

图 12.54　单晶体管 Clapp 振荡电路

12.11　晶体振荡器

自然界中的一些晶体呈现出压电效应。压电现象是由 Jacques 和 Pierre Curie 发现的一种机械能向电能或者电能向机械能的转换。石英晶体是由二氧化硅(SiO_2)材料构成,该材料还被用做 MOSFET 的栅极绝缘层。石英晶体的天然形状是六角棱形,并在末端成锥形。制造商将天然晶体切割成矩形薄片,一片薄的石英晶体被放在两个导电板之间,就像平行板电容那样。当在某一表面上施加机械应力时,沿着晶体的轴将发生机械形变,在晶体的相对面会产生不同的电势。晶体变形会分离电荷并产生电压;反之,在晶体表面施加电压会导致晶体的形

变。当在晶体表面施加交流电压时,便会产生一个和交流电压频率相同的机械振动。晶体具有机电共振,并具有多种机械模式的振动。最低谐振频率的模式被称做**基模**,高阶模被称做**倍频峰**。当晶体振动时,它就像一个调谐电路,可以用一个电学等效电路来表示。振动的频率由几千赫兹到几百兆赫兹。振动的频率和品质因数由石英晶体的物理尺寸决定。这些尺寸受到温度的影响。振荡的基频由下式给出

$$f_o \approx \frac{1670}{t} \qquad (12.205)$$

式中,t 是晶体的厚度。可见,基频和晶体的厚度成反比,因此最大基频是有限的。当晶体越薄,振动时就越容易损坏。石英晶体稳定工作的基频能达到 10MHz。为了获得更高的频率,晶体可以振动在倍频峰模式(基频的谐波),倍频峰可以工作到 100MHz。

随着时间的变化,晶体振荡频率相当的稳定。石英晶体可以用做晶体控制振荡器(Crystal-Controlled Oscillator,CCO)。这些振荡器有着非常稳定的振荡频率。石英晶体的电学等效电路如图 12.55 所示,图中 C 是晶体的等效串联电容,L 是等效的串联电感,R 是等效的串联电阻,C_p 表示晶体作为一种介质时电极间的静电电容。电感 L、电容 C 和电阻 R 分别为质量、柔韧性和内部摩擦损耗的电学等效。并联电容 C_p 代表用于形成电接触的石英金属板产生的静态电容。晶体等效电路的阻抗为

$$Z(s) = \frac{\dfrac{1}{sC_p}\left(s^2 + \dfrac{1}{sC} + R\right)}{\dfrac{1}{sC_p} + sL + \dfrac{1}{sC} + R} = \frac{1}{sC_p}\frac{s^2 + s\dfrac{R}{L} + \dfrac{1}{LC}}{s^2 + s\dfrac{R}{L} + \dfrac{1}{\dfrac{LCC_p}{C + C_p}}} \approx \frac{1}{sC_p}\frac{s^2 + \dfrac{1}{LC}}{s^2 + \dfrac{1}{\dfrac{LCC_p}{C + C_p}}} = \frac{1}{sC_p}\frac{s^2 + \omega_s^2}{s^2 + \omega_p^2} \qquad (12.206)$$

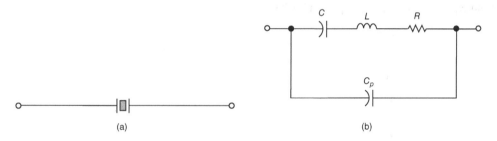

(a)   (b)

图 12.55　石英晶体等效电路

图 12.56 给出了晶体阻抗的幅频和相频关系曲线。

忽略电阻 R,晶体的阻抗可以近似为电抗

$$Z \approx jX = \frac{j}{\omega C_p}\frac{\omega^2 - \omega_s^2}{\omega^2 - \omega_p^2} \qquad (12.207)$$

图 12.57 给出了石英晶体电抗与频率的函数关系曲线。低频时,晶体的阻抗主要取决于电抗较大的 C 和 C_P。晶体阻抗的串联谐振频率为

$$f_s = \frac{1}{2\pi\sqrt{LC}} \qquad (12.208)$$

并联谐振频率为

$$f_p = \frac{1}{2\pi\sqrt{L\dfrac{CC_p}{C + C_p}}} = f_s\sqrt{1 - \frac{C}{C_p}} \qquad (12.209)$$

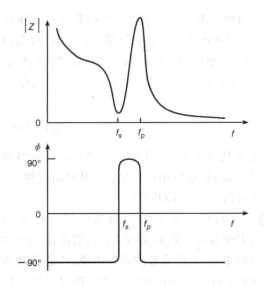

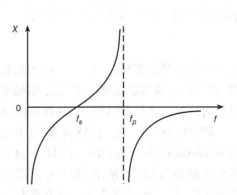

图 12.56 石英晶体阻抗与频率的函数关系曲线   图 12.57 石英晶体电抗与频率的函数关系曲线

由于 $C_p \gg C$，$f_p \approx f_s$。通常，f_p 比 f_s 高约 0.1% 到 1%，这两个谐振频率之差为

$$\Delta f = f_p - f_s = f_s \left(1 - \sqrt{1 + \frac{C}{C_p}} \right) \tag{12.210}$$

一个石英晶体的具体实例如下：$L = 31.8\mathrm{mH}$，$C = 31.8\mathrm{fF}$，$R = 50\Omega$，$C_p = 5\mathrm{pF}$，$Q = 20\,000$，$f_s = 5\mathrm{MHz}$，$f_p = 5.02\mathrm{MHz}$，$f_p/f_s = 1.004$。两个谐振频率之间有 0.4% 的差距。图 12.58 和图 12.59 给出了该石英晶体阻抗 Z 的波特图。

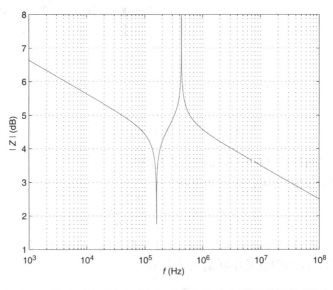

图 12.58 当 $L = 31.8\mathrm{mH}$，$C = 31.8\mathrm{fF}$，$R = 50\Omega$，$C_p = 5\mathrm{pF}$ 时，石英晶体阻抗 $|Z|$ 的幅频特性曲线

另一个例子如下：$f_o = 1\mathrm{MHz}$，$L = 8\mathrm{H}$，$C = 3.2\mathrm{fF}$。在串联谐振频率 f_s 处，晶体的电抗几乎减小到 0，阻抗和电阻 R 相等；当频率超过 f_s 时，网络的阻抗迅速增加。与此同时，电容 C_p 和电感 L 的组合趋于谐振。在并联谐振频率 f_p 处，晶体的阻抗趋于无穷大；当频率超过 f_p 时，电容 C_p 的电抗会导致晶体电抗减小。通常，f_p 比 f_s 大 $0.2\% \sim 0.4\%$。当 $f_s < f < f_p$ 时，电抗 X 呈感

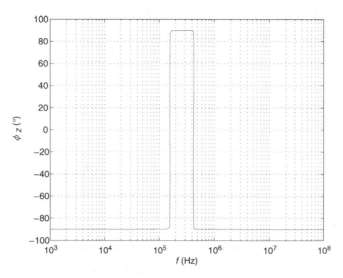

图 12.59 当 $L = 31.8\text{mH}, C = 31.8\text{fF}, R = 50\Omega, C_p = 5\text{pF}$ 时,石英晶体阻抗 $|Z|$ 的相频特性曲线

性,在这个范围之外则呈容性。因此,晶体可以用来替代 Colpitts 振荡器中的电感 L,获得一个在 f_s 和 f_p 之间的一个窄的频率带宽。晶体振荡器的振荡频率为

$$f_o = \frac{1}{\sqrt{LC_{eq}}} \tag{12.211}$$

式中,振荡器谐振电路的等效电容为

$$C_{eq} = \frac{C\left(C_p + \dfrac{C_1 C_2}{C_1 + C_2}\right)}{C + C_p + \dfrac{C_1 C_2}{C_1 + C_2}} \tag{12.212}$$

因为

$$C \ll C_p + \frac{C_1 C_2}{C_1 + C_2} \tag{12.213}$$

晶体振荡器的振荡频率可以近似表示为

$$f_o = \frac{1}{\sqrt{LC}} \tag{12.214}$$

串联电感 L 非常大,串联电容 C 非常小,所以品质因数很高,典型范围为 $10^4 \sim 10^6$。谐振频率为

$$f_o = \frac{1}{2\pi\sqrt{LC}} \frac{1}{\sqrt{1 + \dfrac{1}{Q^2}}} \tag{12.215}$$

当 Q 趋于无穷大时, f_r 接近 f_s。
振荡频率与电阻 R 的关系为

$$f_o \approx \frac{5 \times 10^8}{R} \tag{12.216}$$

频率的稳定性是测量振荡器经过一段特定时间维持在相同频率的能力。一个石英晶体控制的振荡器如图 12.60 所示。这是一个 Colpitts 或者 Clapp 振荡器。晶体作为一个电感与电容 C_1 和 C_2 谐振,振荡频率 f_o 在 f_s 和 f_r 之间。晶体在频率 f_s 到 f_p 之间会呈现一个迅速的振动。阻

抗的高速率变化稳定了振荡频率f_o,因为工作频率的任何改变都导致反馈网络相位有一个大的改变,从而阻止振荡频率的改变。降低杂散电容的影响可以提高频率的稳定性。这可以通过降低放大器输入和输出电容、寄生电容以及老化和温度的影响来实现。

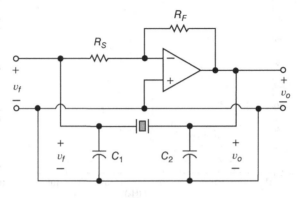

图12.60　晶体控制振荡器(CCO)

若晶体管的输入和输出电容被用做C_1、C_2,这个电路就称做 Pierce 晶体振荡器。晶体控制的振荡器频率是固定的。晶体振荡器的振荡频率稳定性十分高,因为其品质因数相当高,并且晶体阻抗的相位对频率变化十分敏感。因此,振荡频率非常稳定。反馈网络θ的相移对频率的导数为

$$\frac{d\theta}{d\omega} = -\frac{\omega_0}{2Q}\ (\omega = \omega_o) \tag{12.217}$$

当Q趋于无穷大时,$d\theta/d\omega$趋于0。晶体振荡器的时间和温度稳定性为$\pm 0.001\%$ = $\pm 10/10^6 = \pm 10\text{ppm}$(Parts Per Million)。恒温下一年的频率稳定性为1ppm。f_o的温度系数范围为$1 \sim 2\text{ppm/℃}$。振荡频率f_o随时间的漂移十分小,典型情况为每天低于10^6分之一。在这样漂移的时钟下,0.76 年才会减小或增加 1 秒。与集总LC谐振电路相比,晶体振荡器具有显著优势,广泛用做电子手表的基本的记时装置,并采用振动扭转模型使它能够在很小的尺寸下振荡在 32.768kHz 的低频。这些振荡器被用在通信系统的发送设备和接收设备中。对高于 20MHz 的高频而言,制作工作在基模的晶体成本是昂贵的,所以通常会使用倍频峰。

压电效应也被用于能量采集。由于压电效应受振荡控制,质量引起压电层的拉伸。这样,压电层就能产生电能,并足以驱动一个小的负载。

12.12　CMOS 振荡器

图12.61 给出了一个 CMOS 晶体振荡器的电路图。图中,电阻R_F接在反向器的输入端和输出端之间,用来设定 CMOS 反相器在高增益区和截止区的工作点Q,也就是说,使得MOSFETs 既不完全导通也不完全关断。反向器的输入和输出电容分别计算在电容C_1和C_2中。这是一个由 Colpitts 振荡器衍生得到的 Pierce 振荡器。反向放大器输入和输出之间的相移为$-180°$,电容C_1和C_2提供的相移也为$-180°$,所以整个环路的相移为$-360°$。石英晶体提供一个感性的电抗,和电容C_1、C_2构成一个带通滤波器。电路的振荡频率由晶体决定。

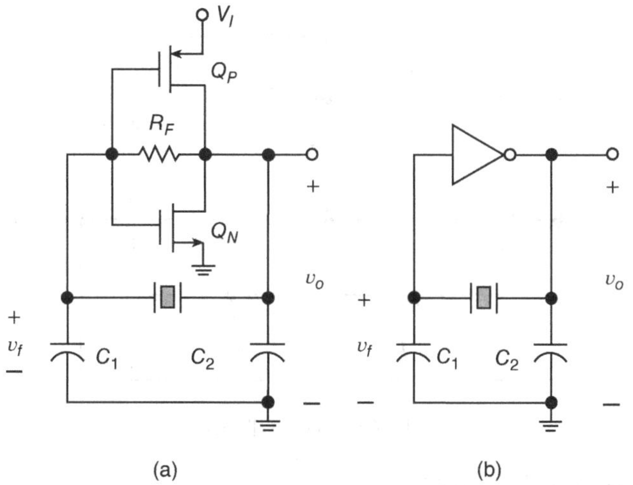

图 12.61 CMOS Pierce 晶体控制振荡器

由谐波引起的振荡频率偏移

振荡频率受到流过谐振电路的电流谐波的影响[4]。对于 Colpitts 振荡器而言,振荡频率的相对减少量 Δf 与谐振频率 f_o 的关系如下所示

$$\frac{\Delta f}{f_o} = -\frac{1}{2Q_L^2} \sum_{n=2}^{\infty} \frac{1}{n^2-1} \left(\frac{I_n}{I_1}\right)^2 \tag{12.218}$$

式中,Q_L 是谐振频率 f_o 处的负载品质因数,n 是谐波的次数,I_n 是流过谐振电路第 n 次谐波电流的幅度,I_1 是流过谐振电路的电流基频分量的幅度。例如,若 $Q_L = 10$,$n = 2$,$I_2/I_1 = 0.1$,可以得到 $\Delta f/f_o = -1/6000$。

对于差分的 LC 振荡器而言,振荡频率与谐振频率的相对偏移为

$$\frac{\Delta f}{f_o} = -\frac{1}{2Q_L^2} \sum_{n=2}^{\infty} \frac{n^2}{n^2-1} \left(\frac{I_n}{I_1}\right)^2 \tag{12.219}$$

12.13 Hartley 振荡器

12.13.1 运算放大器的构成 Hartley 振荡器

满足式(12.90)条件的反馈网络如图 12.7(c)所示。图 12.62 给出了一个带有运算放大器的 Hartley 振荡器,抽头电感用来形成反馈网络。1915 年 2 月 10 日,Ralph Vinton Lyon Hartley 发明了这一电路。

在振荡频率 f_o 处

$$X_C = X_{L1} + X_{L2} \tag{12.220}$$

进一步得到

$$\frac{1}{\omega_o C} = \omega_o L_1 + \omega_o L_2 = \omega_o(L_1 + L_2) \tag{12.221}$$

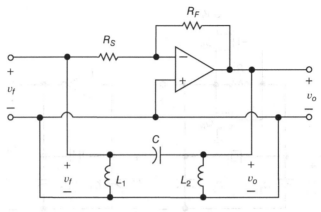

图 12.62　Hartley 振荡器

因此,Hartley 振荡器的振荡频率为

$$f_o = \frac{1}{2\pi\sqrt{C(L_1 + L_2)}} \qquad (12.222)$$

反馈网络的传递函数为

$$\beta = \frac{j\omega L_1}{j\omega L_1 - \dfrac{j}{\omega C}} = \frac{\omega L_1}{\omega L_1 - \dfrac{1}{\omega C}} = \frac{1}{1 - \dfrac{1}{\omega C L_1}} \qquad (12.223)$$

反馈网络在振荡频率 f_o 处的传递函数为

$$\beta(f_o) = -\frac{X_{L1}}{X_{L2}} = -\frac{L_1}{L_2} \qquad (12.224)$$

电感 L_1 和 L_2 两端的电压有 180° 的相位差,所以反馈电压 v_f 与输出电压 v_o 也有 180° 的相位差。

图 12.62 是使用反向运算放大器实现的 Hartley 振荡器电路。在振荡频率 f_o 处稳定振荡的环路增益为

$$T(f_o) = \beta(f_o)A(f_o) = \left(-\frac{L_1}{L_2}\right)\left(-\frac{R_F}{R_S}\right) = \left(\frac{L_1}{L_2}\right)\left(\frac{R_F}{R_S}\right) = 1 \qquad (12.225)$$

进一步得到

$$\frac{R_F}{R_S} = \frac{L_2}{L_1} \qquad (12.226)$$

振荡的起振条件为

$$\frac{R_F}{R_S} = \frac{L_2}{L_1} \qquad (12.227)$$

例 12.2　设计一个用运算放大器实现的 Hartley 振荡器,其频率为 $f_o = 100\text{kHz}$。

解:设 $L_1 = L_2 = 120\mu\text{H}$。因此,电容为

$$C = \frac{1}{4\pi^2 f_o^2 (L_1 + L_2)} = \frac{1}{4\pi^2 \times (10^5)^2 \times (120 + 120) \times 10^{-6}} = 10.55\,(\text{nF}) \qquad (12.228)$$

因为 $L_1/L_2 = 1$,得到 $R_F/R_S = 1$。取 $R_F = R_S = 100\text{k}\Omega/0.25\text{W}/1\%$。

12.13.2　单晶体管构成的 Hartley 振荡器

由单个晶体管构成的 Hartley 振荡器电路如图 12.63 所示,其交流电路如图 12.64 所示。

图 12.65 给出了共源、共栅和共漏结构的 Hartley 振荡电路。漏栅电容计入电容 C，但 Hartley 振荡电路不包含栅源电容 C_{gs} 和漏源电容 C_{ds}。

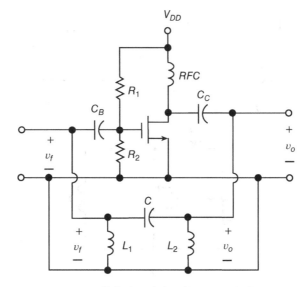

图 12.63 带有共源放大器的 Hartley 振荡器

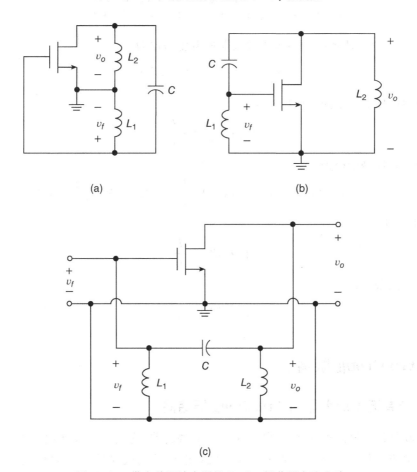

(c)

图 12.64 带有共源放大器的 Hartley 振荡器交流电路

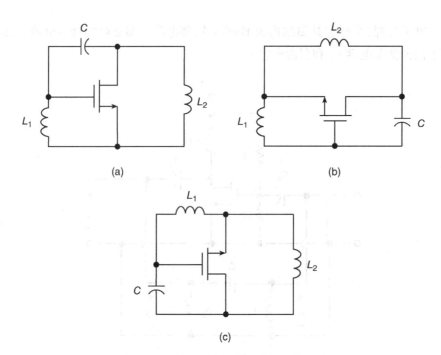

图 12.65 三种晶体管结构的 Hartley 振荡器交流电路

(a) 共源结构(CS); (b) 共栅结构(CG); (c) 共漏结构(CD)

在振荡频率f_o处,Hartley 振荡器中放大器的电压增益为

$$A_v(f_o) = \frac{v_o}{v_f} = -g_m(r_o \| R_L) \qquad (12.229)$$

谐振频率处反馈网络的电压增益为

$$\beta(f_o) = \frac{v_f}{v_o} = -\frac{C_1}{C_2} \qquad (12.230)$$

谐振频率处环路增益为

$$T(f_o) = \beta(f_o)A_v(f_o) = [-g_m(r \| R_L)]\left(-\frac{L_1}{L_2}\right) = [g_m(r \| R_L)]\left(\frac{L_1}{L_2}\right) = 1 \qquad (12.231)$$

因此,电感比为

$$g_m(r_o \| R_L) = \frac{L_2}{L_1} \qquad (12.232)$$

振荡的起振条件为

$$g_m(r_o \| R_L) > \frac{L_2}{L_1} \qquad (12.233)$$

12.14 Armstrong 振荡器

12.14.1 带有运算放大器的 Armstrong 振荡器

图 12.66 是带有反向运算放大器的 Armstrong 振荡器,它由一个反向放大器、一个反向变压器和一个电容 C 构成。变压器的磁化电感 L_m 和电容 C 构成并联谐振电路,起到带通滤波器的作用。

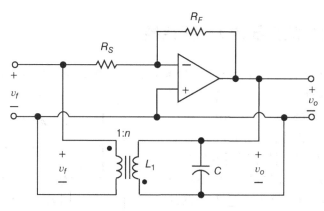

图 12.66 Armstrong 振荡器

该振荡器的振荡频率为

$$f_o = \frac{1}{\sqrt{L_m C}} \tag{12.234}$$

反馈网络的电压传输函数为

$$\beta = \frac{v_f}{v_o} = -n \tag{12.235}$$

式中，n 是变压器的匝数比。

谐振频率处，环路增益为

$$T(f_o) = \beta(f_o)A(f_o) = (-n)\left(-\frac{R_F}{R_S}\right) = (n)\left(\frac{R_F}{R_S}\right) = 1 \tag{12.236}$$

因此，有

$$\frac{R_F}{R_S} = \frac{1}{n} \tag{12.237}$$

12.14.2 单晶体管构成的 Armstrong 振荡器

图 12.67 是由单个共源型晶体管构成的 Armstrong 振荡电路。振荡频率处，Armstrong 振荡器中放大器的电压增益为

$$A_v(f_o) = \frac{v_o}{v_f} = -g_m(r_o \| R_L) \tag{12.238}$$

反馈网络的电压增益为

$$\beta = \frac{v_f}{v_o} = -n \tag{12.239}$$

谐振频率处，Armstrong 振荡器稳定振荡时环路增益为

$$T(f_o) = \beta A_v(f_o) = [-g_m(r_o \| R_L)](-n) = [g_m(r_o \| R_L)](n) = 1 \tag{12.240}$$

因此，变压器的匝数比为

$$n = \frac{1}{g_m(r_o \| R_L)} \tag{12.241}$$

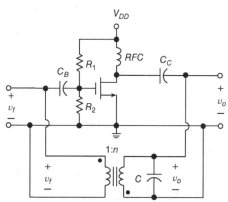

图 12.67 带有共源放大器的 Armstrong 振荡器

12.15 带有同向放大器的 *LC* 振荡器

图 12.68 给出了带有同向放大器($A>0$)和同向反馈网络($\beta>0$)的 *LC* 振荡器原理框图。该振荡器由一个同向放大器 A 和一个同向反馈网络 β 组成。图 12.68(b)是一个由 C_1 和 C_2 构成容性分压器的反馈网络；图 12.68(c)是一个由电感 L_1 和 L_2 构成感性分压器的反馈网络；图 12.68(d)所示反馈网络是图 12.68(c)反馈网络的改进,增加了一个与电感 L_2 串联的电容 C_2。图 12.68(e)所示的反馈网络由一个同向变压器和一个电容 C 组成。

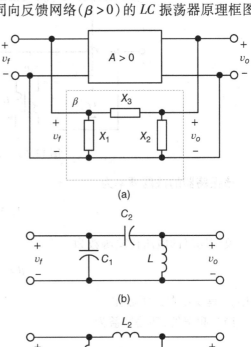

(a)

放大器的电压增益定义为

$$A = |A|e^{j\phi_A} = \frac{v_o}{v_f} > 0 \qquad (12.242)$$

式中

$$\phi_A = 0 \qquad (12.243)$$

反馈网络由电抗 X_1、X_2 和 X_3 构成,其中 $X = j\omega L$ 或者 $-j/\omega C$。反馈网络是一个带通滤波器。振荡频率 f_o 近似于反馈网络的谐振频率。因此

$$X_1 + X_2 + X_3 = 0 \qquad (12.244)$$

进一步得到

$$X_3 = -(X_1 + X_2) \qquad (12.245)$$

由于 $|T(f_o)| = 1$ 且 $A>0$,所以 $\beta>0$。振荡频率 f_o 处,反馈网络的电压传递函数为

$$\beta = |\beta|e^{j\phi_\beta} = \frac{v_f}{v_o} = \frac{X_1}{X_1 + X_2} = -\frac{X_1}{X_3} > 0$$

$$(12.246)$$

式中

$$\phi_\beta = 0 \qquad (12.247)$$

因此

$$\frac{X_1}{X_3} < 0 \qquad (12.248)$$

根据式(12.244),可得

$$X_2 = -(X_1 + X_3) \qquad (12.249)$$

这可以推出下面一系列反馈网络元件的条件关系式

$$X_1 > 0, \ X_2 > 0, \ X_3 < 0 \qquad (12.250)$$

或

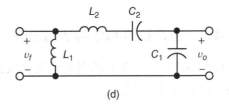

(b)

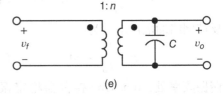

(c)

图 12.68 带用同向放大器 $A>0$ 和同向反馈网络 $\beta>0$ 的 *LC* 振荡器
(a) 带有同向放大器的 *LC* 振荡器框图;
(b) 带有抽头电容输出的反馈网络;
(c) 带有抽头电感输出的反馈网络;
(d) 带有抽头电感和抽头电容输出的反馈网络;
(e) 带有同向变压器的反馈网络

$$X_1 < 0, \; X_2 < 0, \quad X_3 > 0 \tag{12.251}$$

或

$$X_1 > 0, \; X_2 < 0, \; X_3 < 0, \quad X_1 > -X_2 \tag{12.252}$$

或

$$X_1 < 0, \; X_2 > 0, \; X_3 > 0, \quad X_1 < -X_2 \tag{12.253}$$

条件式(12.250)可以由如图12.68(b)所示的同向反馈网络实现。式(12.251)可以由如图12.68(c)所示的同向反馈网络实现。对于如图12.68(b)所示的带有抽头电容的反馈网络,电压传递函数为

$$\beta = \frac{v_f}{v_o} = \frac{X_1}{X_1 + X_2} = \frac{\dfrac{-j}{\omega C_1}}{\dfrac{-j}{\omega C_1} + \dfrac{-j}{\omega C_2}} = \frac{C_2}{C_1 + C_2} = \frac{1}{1 + \dfrac{C_1}{C_2}} \tag{12.254}$$

对于如图12.68(c)所示的带有抽头电感的反馈网络,电压传递函数为

$$\beta = \frac{v_f}{v_o} = \frac{X_1}{X_1 + X_2} = \frac{\omega L_1}{\omega L_1 + \omega L_2} = \frac{L_1}{L_1 + L_2} = \frac{1}{1 + \dfrac{L_2}{L_1}} \tag{12.255}$$

12.15.1 带有同向放大器的单晶体管 *LC* 振荡器

图12.69是一个带有共栅型放大器的振荡器电路图,其中如图12.69(a)所示振荡器的环路增益为

$$T = \beta A = \frac{1}{1 + \dfrac{C_1}{C_2}} = 1 \tag{12.256}$$

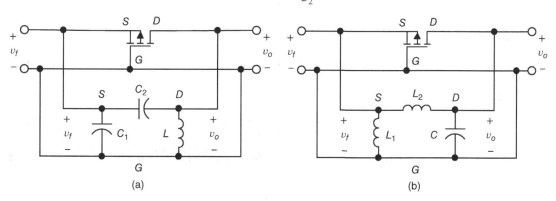

图 12.69 带有共栅型放大器的 *LC* 振荡器
(a) 抽头电容输出;(b) 抽头电感输出

进一步得到

$$\frac{C_1}{C_2} = \frac{1}{A} - 1 \tag{12.257}$$

对于如图12.69(b)所示振荡器,其环路增益为

$$T = \beta A = \frac{1}{1 + \dfrac{L_2}{L_1}} A = 1 \tag{12.258}$$

进一步得到

$$\frac{L_2}{L_1} = \frac{1}{A} - 1 \tag{12.259}$$

12.15.2 带有同向运算放大器的 *LC* 振荡器

图 12.70 给出了两种由同向运算放大器构成的振荡器电路,其中如图 12.70(a)所示电路的同向运算放大器增益为

$$A = \frac{v_o}{v_f} = 1 + \frac{R_F}{R_S} \tag{12.260}$$

如图 12.70(a)所示电路在振荡频率 f_o 处的环路增益为

$$T = \beta A = \frac{1}{1 + \dfrac{C_1}{C_2}}\left(1 + \frac{R_F}{R_S}\right) = 1 \tag{12.261}$$

因此得到

$$\frac{R_F}{R_S} = \frac{C_1}{C_2} \tag{12.262}$$

振荡器的振荡频率为

$$f_o = \frac{1}{2\pi\sqrt{\dfrac{LC_1C_2}{C_1 + C_2}}} \tag{12.263}$$

如图 12.70(b)所示电路在振荡频率 f_o 处的环路增益为

$$T = \beta A = \frac{1}{1 + \dfrac{L_2}{L_1}}\left(1 + \frac{R_F}{R_S}\right) = 1 \tag{12.264}$$

因此得到

$$\frac{R_F}{R_S} = \frac{L_2}{L_1} \tag{12.265}$$

振荡器的振荡频率为

$$f_o = \frac{1}{2\pi\sqrt{C(L_1 + L_2)}} \tag{12.266}$$

图 12.71 是一个带有同向放大电路 *A* 和一个 *LLCC* 反馈网络的振荡器。该振荡器的振荡频率为

$$f_o = \frac{1}{2\pi\sqrt{(L_1 + L_2)\dfrac{C_1C_2}{C_1 + C_2}}} \tag{12.267}$$

图 12.72 是一个带有同向放大电路 *A* 和一个由变压器构成反馈网络的振荡器,图中,电感 L_1 表示变压器的磁化电感,电感 L_2 表示变压器磁化电感的漏电感,并且 L_2 可能全部由变压器的漏电感构成或者部分由其构成。该电路的振荡频率为

$$f_o = \frac{1}{2\pi\sqrt{(L_m + L_2)C}} \tag{12.268}$$

图 12.73 和图 12.74 为晶体控制的振荡器,图 12.75 和图 12.76 为单个共栅型晶体管构成的 *LC* 振荡器。

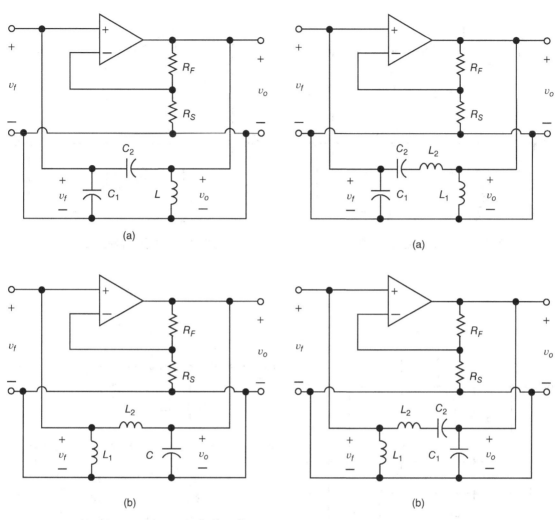

图 12.70 由同向运算放大器构成的振荡器
(a) 抽头电容输出; (b) 抽头电感输出

图 12.71 振荡器
(a) Alpha 振荡器; (b) Beta 振荡器

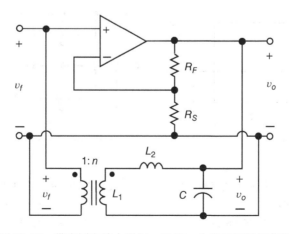

图 12.72 带有同向放大器$(A>0)$和一个变压器的振荡器

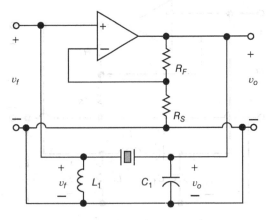

图 12.73 晶体控制的振荡器 1

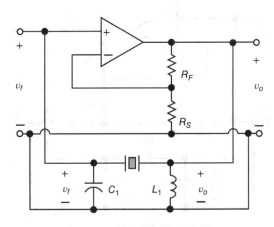

图 12.74 晶体控制的振荡器 2

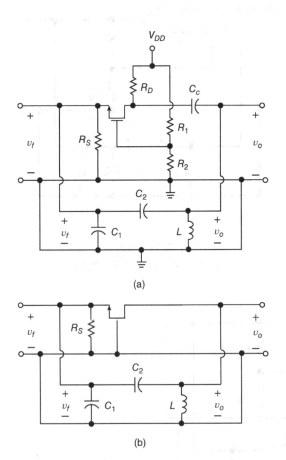

(a)

(b)

图 12.75 由一个共栅放大器、两个电容和一个
电感构成的振荡器

(a)完整电路图;(b)交流等效电路

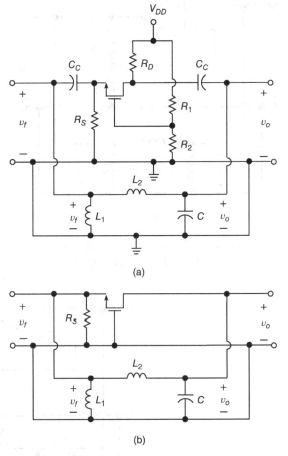

(a)

(b)

图 12.76 由一个共栅放大器、两个电感和
一个电容构成的振荡器

(a)完整电路图;(b)交流等效电路

12.16 交叉耦合型 *LC* 振荡器

在闭环中使用多级放大器可以达到振荡的条件。根据这种理念实现的例子之一就是交叉耦合 *LC* 振荡器,也可以称做差分 *LC* 振荡器。如图 12.77 所示,它由两个共源型 *LC* 谐振放大器连成一个闭环,这样,其中一个晶体管的漏源电压 v_{ds} 就等于另一个晶体管的栅源电压 v_{gs}。两个晶体管的连接成一个闩锁结构,因此第一个晶体管驱动第二个晶体管,反之亦然。共源型放大器是一个反向电路,理论上,其漏极和栅极之间产生的相移为 $-180°$。因此,两个级联的共源放大器产生一个 $-360°$ 的相移(延迟),这就满足了振荡的相位条件。每个晶体管的负载是一个并联的谐振电路,因此它们都起到带通滤波器的作用,可以用来选择振荡频率。每个 MOSFET 的漏源电容 C_{ds} 和栅源电容 C_{gs} 都计算到谐振电路的电容里。

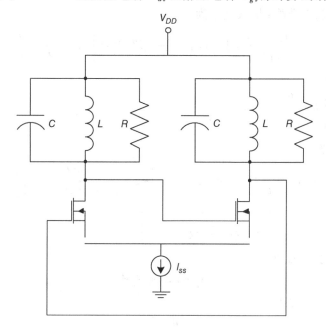

图 12.77 交叉耦合的 *LC* 振荡器

图 12.77 中,并联谐振电路的阻抗为

$$Z(s) = (R\|r_o)\|(sL)\|\left(\frac{1}{sC}\right) = \frac{sLR_L}{LCR_Ls^2 + sL + R_L} = \frac{1}{C}\frac{s}{s^2 + \frac{s}{CR_L} + \frac{1}{LC}}$$

$$= \frac{R_L\omega_o}{Q_L}\frac{s}{s^2 + \frac{\omega_o}{Q_L}s + \omega_o^2} \tag{12.269}$$

式中,r_o 是 MOSFET 的输出电阻,$R_L = R \| r_o$ 是每个晶体管的有效负载电阻,$\omega_o = 1/\sqrt{LC}$,$Q_L = \omega_o CR_L = R_L/(\omega_o L)$ 是并联谐振电路的负载品质因数。

令 $s = j\omega$,得到并联谐振电路阻抗的频域表达式为

$$Z(j\omega) = \frac{j\omega LR_L}{R_L(1 - \omega^2 LC) + j\omega L} = \frac{j\omega LR_L}{R_L\left[1 - \left(\frac{\omega}{\omega_o}\right)^2\right]^2 + j\omega L} \tag{12.270}$$

在谐振频率 $\omega_o = 1/\sqrt{LC}$ 处,有

$$Z(j\omega_o) = R_L \tag{12.271}$$

每个放大器的电压增益 s 域表达式为

$$A_{v1}(s) = \frac{v_{ds1}}{v_{gs1}} = -g_m Z(s) = -g_m \frac{sLR_L}{LCR_L s^2 + sL + R_L} = -g_m \frac{1}{C} \frac{s}{s^2 + \frac{s}{CR_L} + \frac{1}{LC}}$$

$$= -g_m R_L \frac{\omega_o}{Q_L} \frac{s}{s^2 + \frac{\omega_o}{Q_L}s + \omega_o^2} \tag{12.272}$$

该增益的频域表达式为

$$A_{v1}(j\omega) = \frac{v_{ds1}}{v_{gs1}} = -g_m Z(j\omega) = -g_m \frac{j\omega LR_L}{R_L(1 - \omega^2 LC) + j\omega L} \tag{12.273}$$

两个放大器的电压增益 s 域表达式为

$$A_v(s) = \frac{v_{ds2}}{v_{gs1}} = \frac{v_{ds1}}{v_{gs1}} \frac{v_{ds2}}{v_{gs2}} = [A_{v1}(s)]^2 = [-g_m Z(s)]^2 = \left[-g_m \frac{sLR_L}{LCR_L s^2 + sL + R_L} \right]^2$$

$$= \left[g_m R_L \frac{\omega_o}{Q_L} \frac{s}{s^2 + \frac{\omega_o}{Q_L}s + \omega_o^2} \right]^2 \tag{12.274}$$

其频域表达式为

$$A_v(j\omega) = \frac{v_{ds2}}{v_{gs1}} = [-g_m Z(j\omega)]^2 = \left[-g_m \frac{j\omega LR_L}{R_L(1 - \omega^2 LC) + j\omega L} \right]^2$$

$$= \left[g_m \frac{\omega LR_L}{R_L(1 - \omega^2 LC) + j\omega L} \right]^2 \tag{12.275}$$

谐振频率 $\omega_o = 1/\sqrt{LC}$ 处

$$A_v(f_o) = (g_m R_L)^2 \tag{12.276}$$

反馈网络的电压增益为

$$\beta = 1 \tag{12.277}$$

环路增益为

$$T = \beta A_v = A_v = A_{v1}^2 = \left[g_m R_L \frac{\omega_o}{Q_L} \frac{s}{s^2 + \frac{\omega_o}{Q_L}s + \omega_o^2} \right]^2 \tag{12.278}$$

谐振频率 $\omega_o = 1/\sqrt{LC}$ 处,环路增益为

$$T(f_o) = \beta A_v(f_o) = [A_v(f_o)]^2 = (g_m R_L)^2 \tag{12.279}$$

为了能够起振,需满足条件 $g_m R_L > 1$;稳定振荡的条件为 $g_m R_L = 1$。振荡器常作为一个集成电路广泛用于高频系统,例如无线通信系统的射频收发机。

两个晶体管形成一个负的电阻

$$R_N = -\frac{2}{g_m} \tag{12.280}$$

式中,每个 MOSFET 的跨导为

$$g_m = g_{m1} = g_{m2} = \sqrt{\mu_n C_{ox}(W/L)I_{SS}} \tag{12.281}$$

若振荡器稳定振荡,必须满足下述条件

$$-R_N = R \qquad (12.282)$$

因此得到总的并联电阻为

$$R_T = \frac{-R_N R}{-R_N + R} = \infty \qquad (12.283)$$

所以, $LCRR_N$ 电路的衰减系数 $\zeta = 0$,并且两个极点落在虚轴上。

一个简单的交叉耦合振荡器如图 12.78 所示。对交流信号而言,两个并联的谐振电路串联在一起等效为一个并联谐振电路。总的电感和电阻很大,总的电容是两个并联谐振电路电容的 1/2。负载电阻由电感的寄生电阻 r_L 组成,等效并联电阻为 $R = r_L(1 + Q_{Lo})^2$ 。

差分振荡器的优点有:

- 拓扑结构简单。
- 理想的对称电路偶次谐波为零。
- 电路适合工作在非常高的频率,广泛用于射频模拟集成电路。

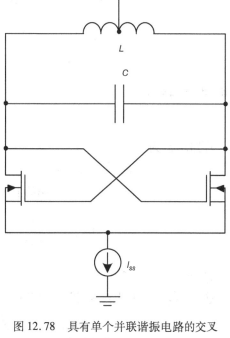

图 12.78 具有单个并联谐振电路的交叉耦合振荡器

这类振荡器的缺点为:

- 需要两个匹配的电感。
- 集成电感的品质因数 Q_{Lo} 非常低,能量损耗大。
- 很难获得一个高的负载品质因数 Q_L ,所以很难获得一个较低水平的相位噪声。

12.17 文氏桥 RC 振荡器

12.17.1 环路增益

图 12.79 给出了一个文氏桥振荡器的电路原理图。其中,运算放大器的低频电压增益为

$$A_o = \frac{v_o}{v_f} = 1 + \frac{R_F}{R_S} \qquad (12.284)$$

电阻和电容串联支路的阻抗 Z_s 为

$$Z_s = R + \frac{1}{sC} = \frac{sRC + 1}{sRC} \qquad (12.285)$$

电阻和电容并联支路的阻抗 Z_p 为

$$Z_p = \frac{R\dfrac{1}{sC}}{R + \dfrac{1}{sC}} = \frac{R}{sRC + 1} \qquad (12.286)$$

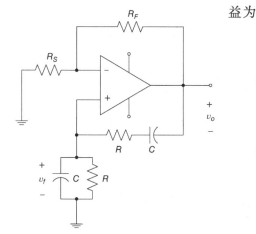

图 12.79 文氏桥振荡器

因此,反馈网络的电压传递函数为

$$\beta(s) = \frac{v_f(s)}{v_o(s)} = \frac{Z_p}{Z_s + Z_p} = \frac{sRC}{(RC)^2 s^2 + 3RCs + 1} = \frac{s}{RC\left[s^2 + \dfrac{3s}{RC} + \dfrac{1}{(RC)^2}\right]}$$

$$= \frac{\omega_o s}{s^2 + 3\omega_o s + \omega_o^2} = \frac{1}{3 + RCs + \dfrac{1}{sRC}} = \frac{1}{3 + \dfrac{s}{\omega_o} + \dfrac{\omega_o}{s}} \tag{12.287}$$

式中,振荡频率为

$$\omega_o = \frac{1}{RC} \tag{12.288}$$

环路增益为

$$T(s) = A_o \beta(s) = \frac{s}{(RC)\left[s^2 + \dfrac{3s}{RC} + \dfrac{1}{(RC)^2}\right]} = A_o \frac{\omega_o s}{s^2 + 3\omega_o s + \omega_o^2}$$

$$= A_o \frac{\omega_o s}{s^2 + 2\zeta_T \omega_o s + \omega_o^2} = \frac{A_o}{3 + RCs + \dfrac{1}{sRC}} = \frac{A_o}{3 + \dfrac{s}{\omega_o} + \dfrac{\omega_o}{s}} \tag{12.289}$$

式中,$\zeta_T = 1.5 = RC/2$。

$Q = 1/(2\zeta) = 1/3$,$\beta(s)$ 和 $T(s)$ 的极点为

$$p_1, p_2 = \frac{-3 \pm \sqrt{5}}{2}\omega_o = -2.618\omega_o \quad -0.382\omega_o \tag{12.290}$$

令 $s = j\omega$

$$T(j\omega) = \frac{A_o}{3 + j\left(\dfrac{\omega}{\omega_o} - \dfrac{\omega_o}{\omega}\right)} \tag{12.291}$$

图 12.80 给出了 $A_o = 2$、3 和 5 时,文氏桥振荡器的环路增益 $T(j\omega)$ 的奈奎斯特图。当 $A_o = 3$ 时,奈奎斯曲线过点(-1,0)能够维持稳定的振荡; 当 $A_o = 2$ 时,电路不能起振; 当 $A_o = 5$ 时,电路能够开始一个增长的振荡。

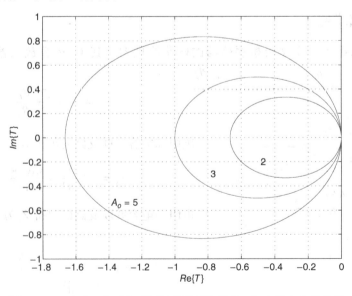

图 12.80 不同 A_o 值时文氏桥振荡器环路增益 $T(j\omega)$ 的奈奎斯特图

令 $s = j\omega$，环路增益为

$$T(j\omega) = \frac{A_o}{3 + j\left(\omega RC - \dfrac{1}{\omega RC}\right)} \tag{12.292}$$

由于 $T(j\omega_o)$ 在振荡频率 f_o 处必须为实数，$T(j\omega)$ 分母的虚部必须为 0，即

$$\omega_o RC - \frac{1}{\omega_o RC} = 0 \tag{12.293}$$

振荡频率 $\omega_o = 1/(RC)$，振荡频率处的环路增益为

$$T(j\omega_o) = \frac{A_o}{3} = 1 \tag{12.294}$$

因此，稳定振荡时的放大器增益为

$$A_o = 3 \tag{12.295}$$

为了能够自发地开始振荡，必须有 $A_o > 3$。

反馈网络的传递函数为

$$\beta(j\omega) = \frac{1}{3 + j\left(\dfrac{\omega}{\omega_o} - \dfrac{\omega_o}{\omega}\right)} \tag{12.296}$$

环路增益为

$$T(j\omega) = \frac{3}{3 + j\left(\dfrac{\omega}{\omega_o} - \dfrac{\omega_o}{\omega}\right)} = \frac{1}{1 + j\dfrac{1}{3}\left(\dfrac{\omega}{\omega_o} - \dfrac{\omega_o}{\omega}\right)} \tag{12.297}$$

当 $A_o = 3$，$f_o = 1\text{kHz}$ 时，文氏桥振荡器环路增益 T 的波特图如图 12.81 和图 12.82 所示，此时，$2\zeta = 3$，$\zeta = 1.5$，$Q = 1/(2\zeta) = 1/3$。

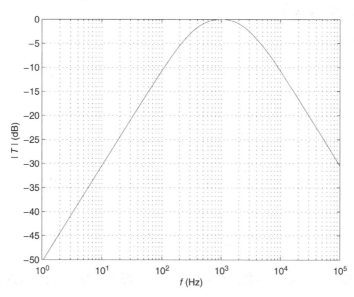

图 12.81 当 $A_o = 3$，$f_o = 1\text{kHz}$ 时，文氏桥振荡器环路增益 T 的幅频特性曲线

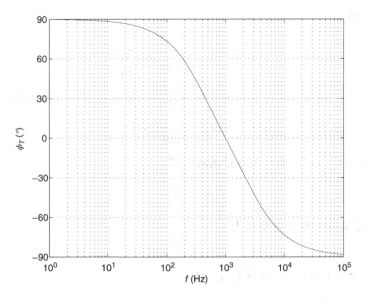

图 12.82　当 $A_o = 3$, $f_o = 1\text{kHz}$ 时,文氏桥振荡器环路增益 T 的相频特性曲线

12.17.2　闭环增益

闭环增益为

$$A_f(s) = \frac{A_o}{1 - T(s)} = \frac{A_o(s^2 + 3\omega_o s + \omega_o^2)}{s^2 + (3 - A_o)\omega_o s + \omega_o^2} \tag{12.298}$$

因为 $2\zeta = 3 - A_o$,所以 $\zeta = (3 - A_o)/2$, $Q = 1/(2\zeta) = 1/(3 - A_o)$。当 A_o 增大时, ζ 减小, Q 增大。若 $A_o < 3$, $\zeta > 0$, $Q > 0$,振荡器不能建立振荡;当 $A_o = 3$, $\zeta = 0$, $Q = \infty$ 时,电路能够产生恒定幅度的稳定振荡;若 $A_o > 3$, $\zeta < 0$, $Q < 0$,振荡的幅值增大。

闭环增益 $A_f(s)$ 的极点为

$$\begin{aligned}
p_1, p_2 &= -\frac{(3 - A_o)\omega_o}{2} \pm \frac{1}{2}\sqrt{(3 - A_o)^2\omega_o^2 - 4\omega_o^2} \\
&= -\frac{(3 - A_o)\omega_o}{2} \pm \frac{\omega_o}{2}\sqrt{(3 - A_o)^2 - 4} \quad (0 \leqslant A_o \leqslant 1, \ A_o \geqslant 5)
\end{aligned} \tag{12.299}$$

或者

$$\begin{aligned}
p_1, p_2 &= -\frac{(3 - A_o)\omega_o}{2} \pm j\frac{1}{2}\sqrt{4\omega_o^2 - (3 - A_o)^2\omega_o^2} \\
&= -\frac{(3 - A_o)\omega_o}{2} \pm j\frac{\omega_o}{2}\sqrt{4 - (3 - A_o)^2} \quad (1 < A_o < 5)
\end{aligned} \tag{12.300}$$

若 $A_o = 0$

$$p_1, p_2 = \frac{-3 \pm \sqrt{5}}{2}\omega_o \tag{12.301}$$

当 A_o 从 0 增加到 1,极点为实数并相向移动。当虚部为 0 时,这两个极点为相等的实数。

$$(3 - A_o)^2 = 4 \tag{12.302}$$

得到

$$A_o = 1 \tag{12.303}$$

或者

$$A_o = 5 \tag{12.304}$$

极点为

$$p_1 = p_2 = -\omega_o \tag{12.305}$$

当 A_o 从 1 增加到 3，极点是落在左半平面的一对共轭复数。若 $A_o = 3$，极点为

$$p_1, p_2 = \pm j\omega_o \tag{12.306}$$

此时，振荡电路临界稳定并能在频率 ω_o 处产生稳定的振荡。当 A_o 由 3 增加到 5 时，极点是在右半平面内的一对共轭复数。在这种情况下，振荡电路能够开始振荡并逐渐增长直到稳定状态。若 $A_o = 5$，极点是右半平面内两个相等的实数。若 $A_o > 5$，极点就是落在右半平面内的实数。

图 12.83 和图 12.84 是 $A_o = 3$，$f_o = 1\text{kHz}$ 时闭环增益 $A_f(s)$ 的波特图。图 12.85 是 A_o 由 0 变化到 ∞ 时文氏桥振荡器闭环增益 $A_f(s)$ 的根轨迹。$A_o = 0$ 时，较小负值的实数极点 p_1 从点 $(-3 + \sqrt{5})\omega_o/2$ 向左移动；当 $A_o = 1$ 时在点 $-\omega_o$ 处与更负的极点 p_2 相等，然后变成带有负的虚部的复数，在 $A_o = 3$ 时到达点 $-j\omega_o$；再次变为实数，并且 $A_o = 5$ 时在点 ω_o 处和 p_2 相等，然后向无穷大移动。$A_o = 0$ 时，更负的实数极点 p_2 从点 $(-3 - \sqrt{5})\omega_o/2$ 向右移动；当 $A_o = 1$ 时在点 $-\omega_o$ 处与负值较小的极点 p_1 相等，然后变成带有正的虚部的复数，在 $A_o = 3$ 时经过点 $j\omega_o$；再次变为实数，并且在 $A_o = 5$ 时在点 ω_o 处和 p_1 相等，然后向原点移动。

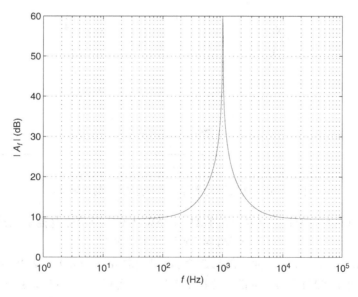

图 12.83 当 $A_o = 3$，$f_o = 1\text{kHz}$ 时，文氏桥振荡器闭环增益 A_f 的幅频特性曲线

例 12.3 设计一个工作频率 $f_o = 100\text{kHz}$ 的文氏桥振荡器。

解：设 $C = 100\text{pF}$。因此，电阻为

$$R = \frac{1}{2f_o\pi C} = \frac{1}{2\pi100 \times 10^3 \times 100 \times 10^{-12}} = 15.9(\text{k}\Omega) \tag{12.307}$$

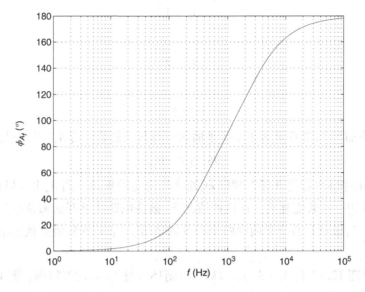

图 12.84　当 $A_o = 3$，$f_o = 1\text{kHz}$ 时，文氏桥振荡器闭环增益 A_f 的相频特性曲线

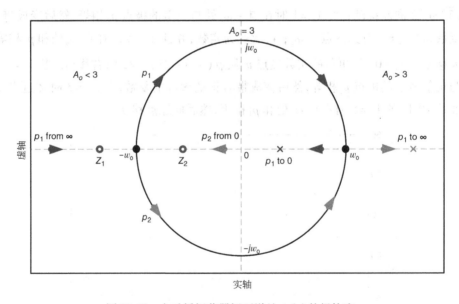

图 12.85　文氏桥振荡器闭环增益 $A_f(s)$ 的根轨迹

取 $R = 16\text{k}\Omega/0.25\text{W}/1\%$。令 $R_s = 5.1\text{k}\Omega/0.25\text{W}/1\%$。稳定振荡需要的反馈电阻为

$$R_F = 2R_S = 2 \times 5.1 = 10.2(\text{k}\Omega) \tag{12.308}$$

取 $R_F = 11\text{k}\Omega/0.25\text{W}/1\%$。为了能够起振，可以选取 $R_F = 16\text{k}\Omega/0.25\text{W}/1\%$，并用两个背靠背的齐纳二极管 1N5231 和 R_F 并联。选择 741 运算放大器，并且 $\pm V = \pm 12\text{V}$。

12.18　负阻振荡器

图 12.86 是带有负阻的振荡器电路，它包含一个串联谐振电路和一个非线性的电流控制的受控电压源。该电路可用微分方程描述为

$$L\frac{di^2}{dt^2} + R\frac{di}{dt} + \frac{i}{C} = -\frac{dv}{dt} \quad (12.309)$$

非线性电压源可以描述为

$$v = v(i) = v_o + R_1 i + R_2 i^2 + R_3 i^3 + \cdots \quad (12.310)$$

只考虑前面两项，可以得出工作点 Q 处的小信号电阻（即该传函的斜率）为

$$R_1 = \frac{dv}{di}\Big|_Q \quad (12.311)$$

该小信号电阻可能变成负的。

非线性器件的静态电阻永远是正的，因此，器件总是吸收直流功率。与此相反，在二极管的工作 Q 点处施加一个交流小信号，会发现小信号电阻 R_1 为负，并且可能产生振荡。如果流过串联谐振电路的均方根电流为 I，具有相反增量电阻 R_1 的器件输出功率为 $I^2|R_1|$，负载吸收功率为 I^2R，则振荡器工作在稳定状态；如果输出的功率比吸收的功率大，振荡的幅度就会增大，这会增加工作点两边交流信号的摆幅。当振荡的幅度变得非常大时，非线性器件的瞬时增量电阻在每个周期的部分阶段会变成正的，这会降低 $|R_1|$ 和输出的功率，直到建立平衡。因此

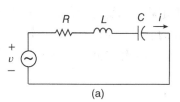
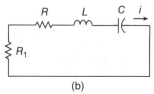

图 12.86 负阻式振荡器
(a) 用独立电压源的等效电路；
(b) 负阻等效电路

$$L\frac{di^2}{dt^2} + R\frac{di}{dt} + \frac{i}{C} = -R_1\frac{di}{dt} \quad (12.312)$$

式(12.312)可以简化为

$$L\frac{di^2}{dt^2} + (R+R_1)\frac{di}{dt} + \frac{i}{C} = 0 \quad (12.313)$$

将其变换到 s 域为

$$s^2 I(s) + s\frac{R+R_1}{L}I(s) + \frac{I(s)}{LC} = 0 \quad (12.314)$$

即

$$s^2 + s\frac{R+R_1}{L} + \frac{1}{LC} = 0 \quad (12.315)$$

或

$$\left(s + \frac{R+R_1}{2L}\right)^2 + \frac{1}{LC} - \left(\frac{R+R_1}{2L}\right)^2 = 0 \quad (12.316)$$

该式也可以写成

$$(s+\alpha)^2 + \omega_d^2 = 0 \quad (12.317)$$

其中

$$\alpha = \frac{R+R_1}{2L} \quad (12.318)$$

$$\omega_d = \sqrt{\frac{1}{LC} - \left(\frac{R+R_1}{2L}\right)^2} \quad (12.319)$$

该方程的极点为

$$p_1, p_2 = \alpha \pm j\omega_o = -\frac{R+R_1}{2L} \pm j\sqrt{\frac{1}{LC} - \left(\frac{R+R_1}{2L}\right)^2} \quad (12.320)$$

若 $\alpha < 0$，极点都落在 s 域的左半平面，为衰减振荡；若 $\alpha = 0$，极点落在虚轴上，具有一个

恒定幅度的稳定振荡;若 $a>0$,极点都落在右半平面,振荡的幅度会增加,直到由于半导体器件的非线性使极点移向虚轴,达到稳定的工作状态。

为了建立并开始振荡,串联谐振电路的总电阻必须为负,即

$$R_T = R + R_1 < 0 \tag{12.321}$$

或者

$$R_1 < -R \tag{12.322}$$

此时,$\alpha>0$,极点位于右半平面,产生增幅振荡。

稳定振荡的条件为

$$R + R_1 = 0 \tag{12.323}$$

或

$$R_1 = -R \tag{12.324}$$

在这种情况下,每个周期电阻 R 的能量损耗由有源器件提供,所以整个电路无损耗,其描述方程为

$$\frac{di^2}{dt^2} + \frac{i}{LC} = 0 \tag{12.325}$$

该方程的 s 域形式为

$$s^2 I(s) + \frac{I(s)}{LC} = 0 \tag{12.326}$$

进一步简化为

$$s^2 + \frac{1}{LC} = 0 \tag{12.327}$$

也可以写为

$$(s + \omega_o)^2 = 0 \tag{12.328}$$

因此,电路产生稳定的振荡。此时,传递函数有一对落在虚轴上的共轭复数极点

$$p_1, p_2 = \pm j\omega_o = \pm j\frac{1}{\sqrt{LC}} \tag{12.329}$$

负阻式振荡器也可以用一个并联的 LCR 谐振电路与一个具有负阻 R_1 的非线性器件相连来等效,如图 12.87 所示。

建立振荡的条件是 $|-R_1|<R$。

$$R_T = \frac{R_1 R}{R_1 + R} < 0 \tag{12.330}$$

若 $R>|-R_1|$,则 $R_T<0$,$\alpha<0$,能够建立振荡并不断加强;若 $R<|-R_1|$,$R_T>0$,$\alpha>0$,振荡就会衰减;稳定振荡的条件为 $R=|-R_1|$,相当于一个无耗的谐振电路,此时

$$R_T = \frac{R_1 R}{R_1 + R} = \infty \tag{12.331}$$

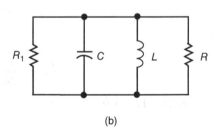

图 12.87 带有并联谐振电路的负阻式振荡器
(a) 电路图;(b) 等效电路

若 $R=|-R_1|$,则 R_T 为无穷大,电路将产生稳定的正弦电压。

半导体二极管可以作为一个具有负的动态电阻的器件,例如耿氏二极管、隧道二极管、碰撞电离雪崩渡越时间(Impact Ionization Avalanche Transit Time,IMPATT)二极管和俘获等离子

雪崩触发渡越(Trapped Plasma Avalanche Triggered Transit,TRAPATT)二极管等。图 12.88 和图 12.89 分别给出了耿氏二极管和隧道二极管的 I-V 曲线。由图可见,某段电压范围内特性曲线的斜率为负。如果工作点 Q 选在这个范围内,那么动态电阻 R_1 也是负的。

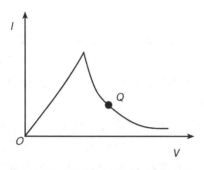

图 12.88　耿氏二极管 I-V 特性曲线

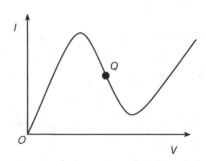

图 12.89　隧道二极管 I-V 特性曲线

　　耿氏二极管也称做转移电子器件(Transfer Electron Device,TED)或者限制空间电荷累积器件(Limited Space-charge Accumulation,LSA)。用 n 型砷化镓晶体制成的这种二极管器件,工作频率可从 $1 \sim 35\text{GHz}$,输出功率在连续工作时可达 4W,脉冲工作时可达 1000W。用磷化铟晶体制成的这种二极管工作频率在 $35 \sim 140\text{GHz}$ 之间,输出功率为 0.5W。变容二级管可用于实现频率调制,最大的频率偏差为 $\Delta f = 0.04 f_c$。

　　工作在雪崩击穿区域的 IMPATT pn 结二级管可以在 10GHz 的工作频率上产生 10W 的输出功率,并且工作频率可以高达 300GHz。

12.19　压控振荡器

　　压控振荡器(Voltage Controlled Oscillator, VCO)或者流控振荡器(Current Controlled Oscillator,ICO)是瞬时振荡频率 f_o 分别受电压或者电流控制的电路。VCOs 广泛用于各种场合,包括无线收发机中的频率调制(FM)、频移键控(FSK)、相位调制(PM)和锁相环(PLLs)等。在 LC 正弦 VCO 中,谐振频率 f_o 通常受电压控制,这是通过控制谐振电路 $RLC(v_C)$ 中受电压控制的电容来实现的,其振荡频率为

$$f_o(t) = K_o v_C(t) \tag{12.332}$$

式中,K_o 是常数,其单位为 Hz/V。

　　反向偏置的 pn 结二级管结电容可作为一个可变电容,其表达式为

$$C_j = \frac{C_{j0}}{\left(1 - \dfrac{v_D}{V_{bi}}\right)^m} \tag{12.333}$$

这种类型的二极管也称为**变容二极管**。含有变容二极管时的振荡频率为

$$f_o = \frac{1}{2\pi\sqrt{LC(v_D)}} = \frac{1}{2\pi}\sqrt{\frac{\left(1 - \dfrac{v_D}{V_{bi}}\right)^m}{LC_{j0}}} \tag{12.334}$$

Copitts、Clapp 和交叉耦合振荡器是普遍使用的 VCO 电路。

12.20 振荡器的噪声

12.20.1 热噪声

电子系统中的噪声主要包括:热噪声、散粒噪声、闪烁噪声(1/f噪声)、突发噪声和雪崩噪声等。金属电阻 $R = 1/G$ 是热噪声的来源,散粒噪声则是由半导体器件中载流子的随机波动造成的。图12.90给出了两个等效的热噪声源:电压源和电流源。热噪声具有均匀的功率谱,与如图12.91所示的白噪声功率谱特性相同,因此也称做白噪声。当环境温度 $T > 0K$ 时,电阻中包含的自由电子以不同速度向不同方向随机运动并产生碰撞。热噪声(也称做 Johnson 噪声[2]、Nyquist 噪声[3] 或者 Johnson-Nyquist 噪声)是电阻中的载流子由于热扰动而产生的随机运动引起的,与动能相关,因此与温度 T 成正比。这种运动叫做**自由电子的布朗运动**。随机统计的电子波动导致电阻两端的瞬态电子密度不同,并进一步引起电阻两端电压差的波动。因此,电路中存在小的随机电压和电流的波动。随着绝对温度 T 和电阻 R 的增大,载流子的热运动速度增加,噪声淹没了有用信号。噪声是一个随机的信号。电子噪声可以看做一个电压波形 v_n 或者一个电流波形 i_n,可以用概率密度函数来定义。

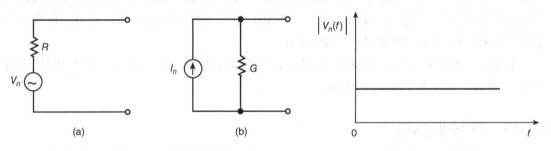

图 12.90 电阻中热(白)噪声的等效电路　　　　图 12.91 白噪声谱
(a)噪声电压源;(b)噪声电流源

从量子学角度,普朗克黑体辐射定律描述了热噪声的功率密度为

$$P(f) = \frac{4hf}{e^{\left(\frac{hf}{kT}\right)} - 1} df \tag{12.335}$$

式中,普朗克常量 $h = 6.626\ 17 \times 10^{-34} J \cdot s$,波尔兹曼常数 $k = 1.38 \times 10^{-23} J/K$,$T$ 是绝对温度。根据 $x \ll 1$ 时,$e^x \approx 1 + x$,可以得到热噪声功率密度的 Rayleigh-Joans 近似于

$$P(f) = \frac{4hf\ df}{\left(\frac{hf}{kT}\right) + \frac{1}{2!}\left(\frac{hf}{kT}\right)^2 + \frac{1}{3!}\left(\frac{hf}{kT}\right)^3 + \cdots} \approx kT\ df \qquad (hf/kT \ll 1) \tag{12.336}$$

归一化的热噪声功率密度可以表示为

$$\frac{P(f)}{4kTdf} = \frac{hf}{kT\ df\left[e^{\left(\frac{hf}{kT}\right)} - 1\right]} \tag{12.337}$$

当 $T = 300K$ 时,归一化的热噪声功率密度与频率的函数关系曲线如图12.92所示。由图可见,当频率为 $0 \sim 10^{11} Hz$ 时,归一化的热噪声功率密度是平坦的并且等于 kT;当频率高于 100GHz 时开始下降。

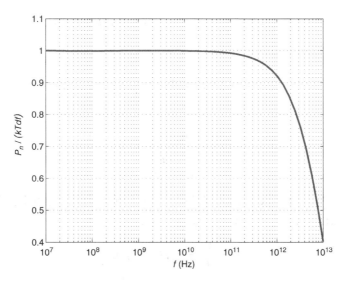

图 12.92　$T=330$K 时归一化的热噪声功率密度 $P(f)/(4kT\mathrm{d}f)$ 与频率 f 的关系曲线

热噪声也叫做白噪声,因为频率在 $0 \sim 10^{11}$ Hz 区间时,它有一个均匀的功率谱密度,也就是每段增加的频率间隔 $\mathrm{d}f$ 有相等的功率,与如图 12.91 所示的白噪声功率谱特性相同。图 12.90(a)、(b) 分别用带有内阻的电压源和电流源表示了电阻热噪声等效电路,即在 10^{11} Hz 以下的频率范围内,每个实际电阻产生的电压和电流相当于一个无噪声的电阻 R 串联一个小信号电压源 V_n 或者一个无噪声的电阻 R 并联一个小信号电流源 I_n。带有电流源的电路是带有电压源电路的诺顿等效。热噪声的功率谱密度是 1-Ω 电阻在 1Hz 带宽内的噪声功率;其计算公式为 $N_0 = kT$。噪声电压和噪声电流的均方根值分别为

$$V_n = \sqrt{4kTRB} \tag{12.338}$$

$$I_n = \frac{V_n}{R} = \sqrt{4kTGB} = \sqrt{\frac{4kTB}{R}} \tag{12.339}$$

以上两个公式中,$k = 1.38 * 10^{-23}$ J/K 是波尔兹曼常数;T 是电阻 R 的绝对温度,单位为 K;B 是被测噪声的带宽。温度 T 越高,热扰动和热噪声就越大。均方根噪声电压与温度 T、带宽 B 和电阻 R 成正比。噪声电压源的极性和噪声电流源的方向并不重要。若 $R = 1\mathrm{k}\Omega$ 的电阻在温度 $T = 300$K 时,噪声电压为 $V_n = 4$nA/$\sqrt{\mathrm{Hz}}$。

短路电阻 R 消耗的噪声功率为

$$P_{nR} = \frac{V_n^2}{R} = 4kTB \tag{12.340}$$

以 dBm 表示的电阻噪声功率 P_n 为(相对 1mW 的分贝值)

$$P_n = 10 \log \left(\frac{kTB}{10^{-3}} \right) \text{ (dBm)} \tag{12.341}$$

在室内温度 $T = 300$K 下,有

$$P_n = 10 \log \left(\frac{V_n^2}{10^{-3}R} \right) = 10 \log (1000 \times 4kTB) = -174 + \log (B) \text{ (dBm)} \tag{12.342}$$

1Ω 电阻产生的归一化平均时间噪声功率为

$$P_n = \frac{V_n^2}{R} = \frac{V_n^2}{1\,\Omega} = V_n^2 = \frac{1}{T}\int_0^T v_n^2(t)dt = 4kTB \tag{12.343}$$

或

$$P_n = I_n^2 R = I_n^2 \times 1\,\Omega = I_n^2 = \frac{1}{T}\int_0^T i_n^2(t)dt = 4kTB \tag{12.344}$$

因此

$$V_n^2 = RP_n \tag{12.345}$$

$$I_n^2 = \frac{P_n}{R} \tag{12.346}$$

噪声电压和电流在频率区间内连续分布。由于噪声电压的时间平均值为 0,功率谱 $V_n^2(f)$ 是指每个频率区间 df 内的。噪声功率谱密度为

$$S_v = \frac{V_n^2}{B} = 4kTR \ (\mathrm{V}^2/\mathrm{Hz}) \tag{12.347}$$

和

$$S_i = \frac{P_n}{B} = 4kTG = \frac{4kT}{R} \ (\mathrm{A}^2/\,\mathrm{Hz}) \tag{12.348}$$

因此

$$V_n^2 = \int_0^\infty S_v(f)df \tag{12.349}$$

和

$$I_n^2 = \int_0^\infty S_i(f)df \tag{12.350}$$

V_n^2 和 I_n^2 都与频率 f 无关。

噪声电压的均值与包含电阻和电抗元件网络输出的热噪声均方根值相等,即

$$V_n^2 = 4kT\int_B R(f)df = \frac{4kT}{2\pi}\int_B R(\omega)d\omega = \frac{2kT}{\pi}\int_B R(\omega)d\omega \tag{12.351}$$

式中,$R(f) = Re\{Z(f)\}$ 是频率 f 处输入阻抗的实部,积分范围为带宽 B。

信噪比(Signal to Noise Ratio,SNR)定义为

$$SNR - \frac{S}{N} - \frac{P_s}{P_n} - \frac{V_{s(rms)}^2}{V_n^2} = 10\log\left(\frac{P_s}{P_n}\right) \ (\mathrm{dB}) \tag{12.352}$$

式中,P_s 是信号的时间平均功率,$V_{s(rms)}$ 是电源电压的均方根。信噪比 SNR 用于衡量存在噪声时信号的可测性。信噪比越大,信号受噪声的影响就越小。

从热学和统计力学角度看,平均能量和处于热平衡系统的自由度有关

$$E_{av} = \frac{1}{2}kT \tag{12.353}$$

存储在一个与电阻 R 并联的电容 C 中的平均电能为

$$\frac{1}{2}CV_{n(rms)}^2 = \frac{1}{2}kT \tag{12.354}$$

因此得到

$$V_{n(rms)}^2 = \frac{kT}{C} \tag{12.355}$$

同理,温度 T 时存储在一个与电阻 R 串联的电感中的平均磁能为

$$\frac{1}{2}LI_{n(rms)}^2 = \frac{1}{2}kT \tag{12.356}$$

因此得到

$$I_{n(rms)}^2 = \frac{kT}{L} \tag{12.357}$$

当白噪声通过一个传递函数为 $A_v = |A_v|\mathrm{e}^{\Psi Av}$ 的网络(例如,滤波器)后,输出的噪声不再是白噪声,因为它被电路网络衰减了。输出噪声的功率谱密度由网络的传递函数和输入端的噪声功率谱密度决定。对于一个具有电压传递函数的网络而言,输入输出的频谱关系为

$$S_{v(out)}(f) = |A_v(f)|^2 S_{v(in)}(f) \tag{12.358}$$

输出噪声的功率为

$$P_{n(out)} = \int_0^\infty S_{v(out)} df = S_{v(in)} \int_0^\infty |H(f)|^2 \, df \tag{12.359}$$

由频率响应 A_v 表示的网络有效噪声带宽为

$$B_n = \frac{\int_0^\infty |A_v(f)|^2 \, df}{|A_m|^2} \tag{12.360}$$

式中,A_m 是 $|A_v(f)|$ 的最大值。积分代表曲线 $|A_v|^2$ 下的所有面积。许多滤波器的有效噪声带宽 B_n 与 3-dB 带宽 BW 的关系为

$$B_n = \frac{\pi}{2} \times BW \tag{12.361}$$

总的来说,噪声等效带宽 B_n 大于 3-dB 带宽 BW。

例 12.4 计算 $1M\Omega$ 电阻在 $1MHz$ 带宽内,温度 $T = 20℃$ 时,噪声电压 V_n 和噪声电流 I_n 的均方根值,以及噪声功率 P_{nR} 的大小。

解:噪声电压的均方根值为

$$V_n = \sqrt{4kTRB} = \sqrt{4 \times 1.38 \times 10^{-23} \times 300 \times 10^6 \times 10^6} = 128.7\,(\mu V\ rms) \tag{12.362}$$

噪声电流的均方根值为

$$I_n = \sqrt{\frac{4kTB}{R}} = \sqrt{\frac{4 \times 1.38 \times 10^{-23} \times 300 \times 10^6}{10^6}} = 12.87\,(\mu A\ rms) \tag{12.363}$$

电阻 R 产生的噪声功率为

$$P_{nR} = 4kTB = 4 \times 1.38 \times 10^{-23} \times 300 \times 10^6 = 0.01658\,(pW) \tag{12.364}$$

以 dBm 为单位的噪声功率为

$$P_{nR} = 10\log(1000 \times 4kTB) = 10\log(1.656 \times 10^{-14} \times 10^3) = -114\,(dBm) \tag{12.365}$$

12.20.2 相位噪声

噪声对振荡器的性能影响很大。通信系统中,噪声决定了可以被接收机可靠地检测出来的信号的最小阈值。含有很多噪声的本振会导致很多不需要的信号被上变频或下变频。从噪声的角度来看,振荡器有两个特性参数:

- 相位噪声
- 振荡器输出端的 SNR

对于一个理想的无噪声振荡器,输出电压是具有如下表达式的单频正弦曲线

$$v_o(t) = V_m \cos(\omega_o t + \phi) \tag{12.366}$$

纯净正弦信号的频谱是单频谱线$|V_o| = V_c \delta(f_o)$。在任何实际的振荡器中,除了有用的信号外,还存在不需要的随机信号和干扰信号。振荡器中存在的噪声会影响振荡器输出信号$v_o(t)$的幅值和频率。由于有源器件的非线性会导致输出饱和,因此噪声对输出信号幅值的影响通常可以忽略。然而,噪声对振荡器输出信号的频率f_o影响很大。实际振荡电路的相位$\phi_n(t)$是与时间相关的。一个小的随机的多余相位代表了振荡周期的变化。相位噪声引起随机的角度调制。振荡器输出信号出现一个短暂的频率波动。任何接收机和发送机都需要一个低相位噪声的振荡器。实际振荡器的输出电压为

$$v_o(t) = V_m(t) \cos[\omega_o t + \phi_n(t)] = [V_m + \epsilon(t)][\cos \omega_o t \cos \phi_n(t) - \sin \omega_o t \sin \phi_n(t)] \tag{12.367}$$

式中,$\phi_n(t)$与时间相关,且$\omega_o t + \phi_n(t)$是总的相位。一个瞬间的相位变化很难从振荡频率的变化来区分。振荡器中有源器件非线性特性引起的饱和减小了 AM 噪声。只有相位的波动扩大了振荡器输出电压的频谱。因为$\phi_n(t) \ll 1, \cos\phi_n(t) \approx 1, \sin\phi_n(t) \approx \phi_n(t)$,所以

$$v_o(t) \approx V_m(t)[\cos \omega_o t - \phi(t) \sin \omega_o t] \tag{12.368}$$

如果相位表示为

$$\phi_n(t) = m \cos \omega_m t \tag{12.369}$$

实际振荡器的输出电压变为

$$v_o(t) = V_m(t) \cos(\omega_o t + m \cos \omega_m t)$$
$$= V_m(t)[\cos(\omega_o t) \cos(m \cos \omega_m t) - \sin(\omega_o t) \sin(m \cos \omega_m t)] \tag{12.370}$$

这是一个模拟的角度调制信号。它可以用 Bessel 函数精确描述。然而,若 $m \ll 1 \text{rad}$,则$\cos(m\cos\omega_m t) \approx 1, \sin(m\cos\omega_m t) \approx m\cos\omega_m t$。因此

$$v_o(t) \approx V_m(t)[\cos \omega_o t - m \sin \omega_o t \cos \omega_m t]$$
$$= V_m(t) \cos \omega_o t - \frac{mV_m(t)}{2} \sin[(\omega_o + \omega_m)t] - \frac{mV_m(t)}{2} \sin[(\omega_o - \omega_m)t] \tag{12.371}$$

该方程表示一个 PM 信号。对于单频调制噪声,振荡器的相位噪声定义为频率$f_o + f_m$或者$f_o - f_m$处的信号边带噪声功率与载波功率的比值,即

$$\mathcal{L}(f_m) = \frac{P_n}{P_c} = \frac{\dfrac{1}{2R_L}\left(\dfrac{mV_m}{2}\right)^2}{\dfrac{V_{om}^2}{2R_L}} = \frac{m^2}{4}\left(\frac{V_m}{V_{om}}\right)^2 \tag{12.372}$$

式中,$P_c = V_{om}^2/2R_L$是载波功率。

总的来看,振荡器的相位噪声可定义为

$$\text{相位噪声} = 10 \log \left(\frac{\text{频偏}\Delta f \text{为1Hz时的功率损耗}}{\text{载波功率}} \right) \left(\frac{\text{dBc}}{\text{Hz}} \right) \tag{12.373}$$

或

$$\mathcal{L}(\Delta f) = 10 \log \left[\frac{\text{带宽为1MHz时} P_{sideband}(f_o + \Delta f)}{P_{carrier}} \right] \left(\frac{\text{dBc}}{\text{Hz}} \right) \tag{12.374}$$

图 12.93 是振荡器理想输出电压和实际电压的频谱。例如,GSM 系统要求在频偏$\Delta f = 1\text{MHz}$ 时的相位噪声为 -138dBc/Hz。

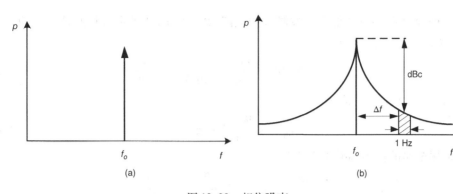

图 12.93 相位噪声

（a）理想振荡器输出电压的频谱；（b）实际振荡器输出电压的频谱

发射机中,如果振荡器的相位噪声较大,将会在邻道引起失真；接收机中,振荡器的相位噪声会在下变频时出现问题,本振的频谱参与下变频,使得需要的信号和不需要的信号都被变频了。

图 12.94 是由电阻产生热噪声的并联谐振电路的等效电路图。电阻的等效模型是一个电流源 I_n 和一个低噪声电阻 R。理想的并联谐振电路 RLC 的阻抗为

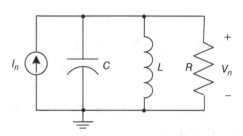

图 12.94　确定带有并联谐振电路的振荡器输出端热（白）噪声的等效电路

$$Z(j\omega) = \frac{V_{on}}{I_{in}} = \frac{1}{\frac{1}{R} + j\omega C + \frac{1}{j\omega L}}$$

$$= \frac{R}{1 + jQ_L\left(\frac{\omega}{\omega_o} - \frac{\omega_o}{\omega}\right)} \quad (12.375)$$

$$= R\frac{1 - jQ_L\left(\frac{\omega}{\omega_o} - \frac{\omega_o}{\omega}\right)}{1 + Q_L^2\left(\frac{\omega}{\omega_o} - \frac{\omega_o}{\omega}\right)^2}$$

$$= R_s(f) - jX_s(f)$$

式中, $Q_L = R/\omega_o L = \omega_o CR = R\sqrt{C/L}$ 是负载品质因数。并联谐振电路的阻抗模值为

$$|Z(\omega)| = \frac{R}{\sqrt{1 + Q_L^2\left(\frac{\omega}{\omega_o} - \frac{\omega_o}{\omega}\right)^2}} \quad (12.376)$$

并联谐振电路 RLC 的噪声等效带宽为

$$B_n = \int_0^\infty \left|\frac{Z(\omega)}{R}\right|^2 df$$

$$= \int_0^\infty \frac{1}{1 + Q_L^2\left(\frac{\omega}{\omega_o} - \frac{\omega_o}{\omega}\right)^2} df \quad (12.377)$$

$$= \frac{1}{4RC}$$

另外一种确定 B_n 的方法如下。并联谐振电路 RLC 的 3-dB 带宽 BW 为 $BW = f_o/Q_L$。并联谐振电路 RLC 的噪声等效带宽为

$$B_n = \frac{\pi}{2} \times BW = \frac{\pi f_o}{2Q_L} = \frac{\pi f_o}{4\pi f_o RC} = \frac{1}{4RC} \tag{12.378}$$

并联谐振电路的输入端噪声电流为

$$I_{n(in)}^2 = \frac{4kTB_n}{R} = \frac{kT}{R^2 C} \tag{12.379}$$

并联谐振电路的输出端噪声电压为

$$V_{n(out)}^2 = I_{n(in)}^2 |Z(f_o)|^2 = I_{n(in)}^2 R^2 = \frac{4kTB_n}{R} \times R^2 = \frac{kT}{R^2 C} \times R^2 = \frac{kT}{C} \tag{12.380}$$

有用信号在振荡器输出端的功率为

$$P_s = \frac{V_{o(rms)}^2}{R} = \frac{V_m^2}{2R} \tag{12.381}$$

因此,振荡器输出 SNR 为

$$SNR = \frac{S}{N} = \frac{V_{o(rms)}^2}{V_{n(out)}^2} = \frac{V_m^2 C}{2RkT} = \frac{P_s Q_L}{kT\omega_o} = \frac{P_s}{2\pi kT(BW)} \tag{12.382}$$

当信号功率 P_s 和负载品质因数 Q_L 都升高时,或者信号功率 P_s 升高和振荡器信号带宽 BW 减小时,SNR 升高。

相位噪声的表达式也可以衍生出下面形式[32]。流过并联谐振电路 RLC 的电压波形为

$$v_C = V_m \cos \omega t = \sqrt{2} V_{rms} \cos \omega t \tag{12.383}$$

在谐振频率时存储在并联谐振电路 RLC 中的最大信号能量为

$$W = \frac{1}{2} C V_m^2 = C V_{rms}^2 \tag{12.384}$$

得到

$$V_{rms}^2 = \frac{W}{C} \tag{12.385}$$

并联谐振电路 RLC 在频偏 $\omega_o + \Delta\omega$ 时的阻抗为

$$Z[j(\omega_o + \Delta\omega)] = \frac{R}{1 + jQ_L\left(\dfrac{\omega_o + \Delta\omega}{\omega_o} - \dfrac{1}{\dfrac{\omega_o + \Delta\omega}{\omega_o}}\right)} = \frac{R}{1 + jQ_L\left(1 + \dfrac{\Delta\omega}{\omega_o} - \dfrac{1}{1 + \dfrac{\Delta\omega}{\omega_o}}\right)} \tag{12.386}$$

因为 $1/(1+x) \approx 1 - x$ 在 $x \ll 1$ 时,并联谐振电路 RLC 可近似表示为

$$Z[j(\omega_o + \Delta\omega)] \approx \frac{R}{1 + jQ_L\left(1 + \dfrac{\Delta\omega}{\omega_o} - 1 + \dfrac{\Delta\omega}{\omega_o}\right)} \approx \frac{R}{1 + j2Q_L \dfrac{\Delta\omega}{\omega_o}} \approx \frac{R}{j2Q_L \dfrac{\Delta\omega}{\omega_o}} \tag{12.387}$$

并联谐振电路 RLC 在频偏 $\omega_o + \Delta\omega$ 时的阻抗模值为

$$|Z(\omega_o + \Delta\omega)| = \frac{R}{\sqrt{1 + Q_L^2\left(1 + \dfrac{\Delta\omega}{\omega_o} - \dfrac{1}{1 + \dfrac{\Delta\omega}{\omega_o}}\right)^2}} \approx \frac{R}{\sqrt{1 + 4Q_L^2\left(\dfrac{\Delta\omega}{\omega_o}\right)^2}} \approx \frac{R}{2Q_L\Delta\omega/\omega_o} \tag{12.388}$$

因此

$$V^2_{n(out)} = I^2_{n(in)} |Z(\omega_o + \Delta\omega)|^2 = \frac{4kT}{R} \times \frac{R^2\omega_o^2}{4Q_L^2\Delta\omega^2} = \frac{kTRf_o^2}{Q_L^2\Delta f^2} \qquad (12.389)$$

输出噪声电压的频谱功率密度为

$$S_v = \frac{V^2_{n(out)}}{B_n} = \frac{4kT}{R} |Z(\omega_o + \Delta\omega_o)|^2 = \frac{kT}{R}\left(\frac{Rf_o}{Q_L\Delta f}\right)^2 = kTR\left(\frac{f_o}{Q_L\Delta f}\right)^2 \qquad (12.390)$$

振荡器输出噪声电压的频谱功率密度规范到均方信号为

$$\frac{S_v}{V^2_{o(rms)}} = \frac{V^2_{n(out)}/B_n}{V^2_{o(rms)}} = \frac{2kT}{V_m^2R}\left(\frac{Rf_o}{Q_L\Delta f}\right)^2 = \frac{kT}{P_s}\left(\frac{f_o}{Q_L\Delta f}\right)^2 \qquad (12.391)$$

振荡器相位噪声为

$$\mathcal{L}(\Delta f) = \log\left[\frac{V^2_{n(out)}/B_n}{V^2_{o(rms)}}\right] = \log\left[\frac{kT}{V_m^2R}\left(\frac{Rf_o}{Q_L\Delta f}\right)^2\right] = \log\left[\frac{kT}{2P_s}\left(\frac{f_o}{Q_L\Delta f}\right)^2\right]\left(\frac{\text{dBc}}{\text{Hz}}\right) \qquad (12.392)$$

振荡器输出总噪声可以被分成相位噪声和幅值噪声,例如,分别占 70% 和 30%。

根据 Leson's 模型[18],振荡器的相位噪声为

$$\mathcal{L}(\Delta f) = 10\log\left\{\frac{2FkT}{P_s}\left[1 + \left(\frac{f_o}{2Q_L\Delta f}\right)^2\right]\left(1 + \frac{f_1}{|\Delta f|}\right)\right\}\left(\frac{\text{dBc}}{\text{Hz}}\right) \qquad (12.393)$$

式中,F 是将由有源器件和电阻 R 产生的噪声都算在内的噪声系数,f_1 是有源器件的闪烁角频率,P_s 是振荡器的信号功率。通常,$1 \le F \le 2$。

12.21　本章小结

- 有两种 LC 调谐振荡器:正反馈振荡器和负阻振荡器。
- 热噪声或者打开电源时产生的瞬态冲击可能引起振荡。
- 为了能够起振并建立振荡,振荡器输出电压幅值很小时必须有位于右半平面内的极点。
- 稳定正弦振荡的充要条件是在虚轴上有一对共轭复数极点,同时没有极点在右半平面。
- 为了能够起振,环路增益 $T(j\omega)$ 的奈奎斯特曲线必须包围点 $-1 + j0$。
- 稳定振荡时,环路增益 $T(j\omega)$ 的奈奎斯特曲线在振荡频率处穿过点 $-1 + j0$。
- 稳定振荡时,一对共轭复数极点必须落在复频率 s 平面的虚轴上。
- 带有正反馈的 LC 振荡器应该有一个反向的或者同向的放大器。
- 振荡器环路网络相当于一个带通滤波器,决定了振荡频率。该环路网络或者是一个反馈网络或者是一个反馈网络为负载的放大器。
- 经典的 LC 振荡器结构有 Colpitts,Hartley,Clapp 和 Armstrong。
- Colpitts 振荡器可以用一个三阶的特征方程描述。
- Clapp 振荡器是 Colpitts 振荡器的改进,通过增加一个与电感串联的电容得到。
- 与 Colpitts 振荡器相比,Clapp 振荡器的频率对放大器的输入和输出电容不敏感。这是因为它的振荡频率由电感和它的串联电容决定。
- Clapp 振荡器谐振电路的品质因数 Q 比 Colpitts 振荡器的要高,因此振荡频率更稳定。

- 由于品质因数非常高,晶体控制的振荡器产生的振荡频率非常精确和稳定。
- Pierce 振荡器是 Colpitts 振荡器的改进。
- 振荡频率 f_o 仅仅取决于反馈环路的相位特性,环路振荡在整个环路总相移为 0 的频率处。
- 在振荡频率 f_o 处,环路增益的幅度必须等于或大于 1。
- 在晶体振荡器中,振荡频率精确地受石英晶体的振动控制。
- 在串联谐振的基频频率以上和并联谐振的基频频率以下,晶体相当于一个电感。晶体振荡器的振荡频率很精确。
- 为了限制振荡的幅度,振荡器中需要一个非线性电路来控制增益。
- 如果串联谐振电路中负串联电阻的模值比正串联电阻的大,那么电路将起振。
- 电阻产生噪声。
- 热噪声的频谱很宽。
- 功率谱密度是指单位频率内的噪声功率,白噪声的功率谱密度与频率无关。

12.22 复习思考题

12.1 试述振荡器稳定振荡的条件。

12.2 没有输入电压时,正弦波振荡器是如何产生输出电压的?

12.3 试述振荡器的起振条件。

12.4 如果没有输入电压,振荡器是如何起振的?

12.5 振荡器的特征方程式是什么?

12.6 振荡器的根轨迹是什么?

12.7 振荡器的奈奎斯特曲线是什么?

12.8 振荡器开始振荡时,闭环增益的极点位置在哪里?

12.9 振荡器稳定振荡时,闭环增益的极点位置在哪里?

12.10 起振时的奈奎斯特曲线有什么特点?

12.11 稳定振荡时的奈奎斯特曲线有什么特点?

12.12 给出 LC 振荡器的分类。

12.13 列出 LC 振荡器的应用。

12.14 画出带有反向放大器的 LC 振荡器的拓扑结构图。

12.15 Clappe 振荡器的优点有哪些?

12.16 哪种振荡器被用来获得精确的振荡频率?

12.17 晶体控制的振荡器有什么优点?

12.18 振荡环路总的相移是多少?

12.19 负阻式振荡器的工作原理是什么?

12.23 习题

12.1 设计一个 $f_o = 1\text{MHz}$ 的 Colpitts 振荡器。

12.2 一种晶体振荡器,若 $L = 130\text{mH}$, $C = 3\text{fF}$, $C_p = 5\text{pF}$, $R = 120\Omega$,求 f_s, f_p, Q 和 f_o。

12. 3　一种晶体振荡器,若 $L = 58.48\mathrm{mH}$, $C = 54\mathrm{fF}$, $R = 15\Omega$。计算 f_s, f_p 和 $\Delta f = f_p - f_s$。

12. 4　设计一个 $f_o = 800\mathrm{kHz}$ 的 Hartley 振荡器。

12. 5　设计一个 $f_o = 1.5\mathrm{MHz}$ 的 Clapp 振荡器。

12. 6　设计一个 $f_o = 500\mathrm{kHz}$ 的文式桥振荡器。

参考文献

[1] H. Barkhausen, *Lehrbuch der Elektronen-Rohre*, 3 Band. Rückkopplung: Verlag S. Hirzwl, 1935.

[2] J. B. Johnson, "Thermal agitation of electricity in conductors," *American Physics Society*, vol. 32, no. 1, pp. 97–109, 1928.

[3] H. Nyquist, "Thermal agitation of electric charge in conductors," *Physical Review*, vol. 32, no. 1, pp. 110–113, 1928.

[4] J. Groszkowski, "The interdependence of frequency variation and harmonic content, and the problem of the constant-frequency oscillators," *Proceedings of the IRE*, vol. 27, no. 7, pp. 958–981, 1933.

[5] J. Groszkowski, *Frequency of Self-Oscillations*. New York, NY: Pergamon Press, Macmillan, 1964.

[6] J. K. Clapp, "An inductance capacitance oscillator of unusual frequency stability," *Proceedings of the IRE*, vol. 36, p. 356–, 1948.

[7] D. T. Hess and K. K. Clark, *Communications Circuits: Analysis and Design*, Reading, MA: Addison-Wesley, 1971.

[8] R. W. Rhea, *Oscillator Design and Computer Simulations*, 2nd Ed. New York, NY: McGraw-Hill, 1997.

[9] J. R. Westra, C. J. M. Verhoeven, and A. H. M. van Roermund, *Oscillations and Oscillator Systems – Classification, Analysis and Synthesis*. Boston, MA: Kluwer Academic Publishers, 1999.

[10] A. S. Sedra and K. C. Smith, *Microelectronic Circuits*, 6th Ed. New York, NY: Oxford University Press, 2010.

[11] R C. Jaeger and T. N. Blalock, *Microelectronic Circuits Design*, 3rd Ed. New York, NY: McGraw-Hill, 2006.

[12] A. Aminian and M. K. Kazimierczuk, *Electronic Devices: A Design Approach*. Upper Saddle River, NJ: Prentice-Hall, 2004.

[13] T. H. Lee, *The Design of Radio Frequency Integrated Circuits*, 2nd Ed. New York, NY: Cambridge University Press, 2004.

[14] E. Rubiola, *Phase Noise and Frequency Stability in Oscillators*, New York, NY: Cambridge University Press, 2008.

[15] J. R. Pierce, "Physical source of noise," *Proceedings of the IEEE*, vol. 44, pp. 601–608, 1956.

[16] W. R. Bennett, "Methods of solving noise problems," *Proceedings of the IRE*, vol. 44, pp. 609–637, 1956.

[17] W. A. Edson, "Noise in oscillators," *Proceedings of the IRE*, vol. 48, pp. 1454–1466, 1960.

[18] D. B. Leeson, "A simple method for feedback oscillator noise spectrum," *Proceedings of the IEEE*, vol. 54, no. 2, pp. 329–330, 1966.

[19] E. Hafner, "The effects of noise in oscillators," *Proceedings of the IEEE*, vol. 54, no. 2, pp. 179–198, 1966.

[20] M. Lux, "Classical noise. Noise in self-sustained oscillators," *Physical Review*, vol. 160, pp. 290–307, 1967.

[21] J. Ebert and M. Kazimierczuk, "Class E high-efficiency tuned power oscillator," *IEEE Journal of Solid-State Circuits*, vol. 16, no. 1, pp. 62–66, 1981.

[22] M. Kazimierczuk, "A new approach to the design of tuned power oscillators," *IEEE Transactions on Circuits and Systems*, vol. 29, no. 4, pp. 261–267, 1982.

[23] F. R. Karner, "Analysis of white and $f^{-\infty}$ noise in oscillators," *International Journal of Circuits Theory and Applications*, vol. 18, pp. 485–519, 1990.

[24] N. M. Nguyen and R. G. Mayer, "A 1.8 GHz monolithic *LC* voltage-controlled oscillator," *IEEE Journal of Solid-State Circuits*, vol. 27, no. 3, pp. 444–450, 1992.

[25] E. Bryetorn, W. Shiroma, and Z. B. Popović, "A 5-GHz high-efficiency Class-E oscillator," *IEEE Microwave and Guided Wave Letters*, vol. 6, no. 12, pp. 441–443, 1996.

[26] A. Hajimiri and T. H. Lee, "A general theory of phase noise in electrical oscillators," *IEEE Journal of Solid-State Circuits*, vol. 33, no. 2, pp. 179–194, 1998.

[27] A. Hajimiri, S. Limotyrakis, and T. H. Lee, "Jitter and phase noise in ring oscillators," *IEEE Journal of Solid-State Circuits*, vol. 34, no. 6, pp. 790–804, 1999.

[28] G. M. Magio, O. D. Feo, and M. P. Kennedy, "Nonlinear analysis of the Colpitts oscillator and applications to design," *IEEE Transactions on Circuits and Systems, Part I, Fundamental Theory and Applications*, vol. 46, no. 9, pp. 1118–1129, 1982.

[29] S. Pasupathy, "Equivalence of *LC* and *RC* oscillators," *International Journal of Electronics*, vol. 34, no. 6, pp. 855–857, 1973.

[30] B. Linares-Barranco, A. Rodrigez-Vázquez, R. Sánchez-Sinencio, and J. L. Huertas, "CMOS OTA-C high-frequency sinusoidal oscillator," *IEEE Journal of Solid-State Circuits*, vol. 26, no. 2, pp. 160–165, 1991.

[31] A. M. Niknejad and R. Mayer, *Design, Simulations and Applications of Inductors and Transformers for Si RF ICs*. New York, NY: Kluwer, 2000.

[32] T. H. Lee and A. Hajimiri, "Oscillator phase noise, a tutorial," *IEEE Journal of Solid-State Circuits*, vol. 35, no. 3, pp. 326–336, 2000.

[33] A. Hajimiri and T. H. Lee, *The Design of Low Noise Oscillators*. New York, NY: Kluwer, 2003.

[34] K. Mayaram, "Output voltage analysis for MOS Colpitts oscillator," *IEEE Transactions on Circuits and Systems, Part I, Fundamental Theory and Applications*, vol. 47, no. 2, pp. 260–262, 2000.

[35] A. Demir, A. Mehrotra, and J. Roychowdhury, "Phase noise in oscillators: a unifying theory and numerical methods for characterization," *IEEE Transactions on Circuits and Systems, Part I, Regular Papers*, vol. 47 no. 5, pp. 655–6674, 2000.

[36] A. Buonomo, M. Pennisi, and S. Pennisi, "Analyzing the dynamic behavior of RF oscillators," *IEEE Transactions on Circuits and Systems I: Regular Papers*, vol. 49, no. 11, pp. 1525–1533, 2002.

[37] M. K. Kazimierczuk, V. G. Krizhanovski, J. V. Rossokhina, and D. V. Chernov, "Class-E MOSFET tuned power oscillator design procedure," *IEEE Transactions on Circuits and Systems I: Regular Papers*, vol. 52, no. 6, pp. 1138–1147, 2005.

[38] M. K. Kazimierczuk, V. G. Krizhanovski, J. V. Rossokhina, and D. V. Chernov, "Injected-locked Class-E oscillator," *IEEE Transactions on Circuits and Systems I: Regular Papers*, vol. 53, no. 6, pp. 1214–1222, 2006.

[39] X. Li, S. Shekhar, and D. J. Allstot, "Gm-boosted common-gate LNA and differential Colpitts VCO/QVCO in 0.18 μm CMOS," *IEEE Journal of Solid-State Circuits*, vol. 40, no. 12, pp. 2609–2619, 2005.

[40] I. M. Filanovsky and C. J. M. Verhoeven, "On stability of synchronized van der Pol oscillators," *Proceedings ICECS'06*, Nice, France, 2006, pp. 1252–1255.

[41] N. T. Tchamov, S. S. Broussev, I. S. Uzunov, and K. K. Rantala, "Dual-band *LC* VCO architecture with a fourth-order resonator," *IEEE Transactions on Circuits and Systems II: Express Briefs*, vol. 54, no. 3, pp. 277–281, 2007.

[42] F. Tzang, D. Pi, A. Safarian, and P. Heydari, "Theoretical analysis of novel multi-order *LC* oscillators," *IEEE Transactions on Circuits and Systems II: Express Briefs*, vol. 54, no. 3, pp. 287–291, 2007.

[43] I. M. Filanovsky, C. J. M. Verhoeven, and M. Reja, "Remarks on analysis, design and amplitude stability of MOS Colpitts oscillator," *IEEE Transactions on Circuits and Systems II: Express Briefs*, vol. 54, no. 9, pp. 800–804, 2006.

[44] V. G. Krizhanovski, D. V. Chernov, and M. K. Kazimierczuk, "Low-voltage electronic ballast based on Class E oscillator," *IEEE Transactions on Power Electronics*, vol. 22, no. 3, pp. 863–870, 2007.

[45] R. Devine and M.-R. Tofichi, "Class E Colpitts oscillator for low power wireless applications," *IET Electronic Letters*, vol. 44, no. 21, pp. 549–551, 2008.

[46] W. Tangsrirat, D. Prasertsom, T. Piyatat, and W. Surakompontorn, "Single-resistance-controlled quadrature oscillators using current differencing buffered amplifiers," *International Journal of Electronics*, vol. 95, no. 11, pp. 1119–1126, 2008.

[47] G. Palumbo, M. Pennesi, and S. Pennesi, "Approach to analysis and design of nearly sinusoidal oscillators," *IET Circuits, Devices and Systems*, vol. 3, no. 4, pp. 204–221, 2009.

[48] J. Roger and C. Plett, *Radio Frequency Integrated Circuit Design*, 2nd Ed. Norwood, MA: Artech House, 2010.

[49] G. Weiss, "Network theorem for transistor circuits," *IEEE Transactions of Education*, vol. 37, no. 1, pp. 36–41, 1994.

[50] M. K. Kazimierczuk and D. Murthy-Bellur, "Loop gain of the common-drain Colpitts oscillator," *International Journal of Electronics and Telecommunications*, vol. 56, no. 4, pp. 423–426, 2010.

[51] M. K. Kazimierczuk and D. Murthy-Bellur, "Loop gain of the common-gate Colpitts oscillator," *IET Circuits, Devices and Systems*, vol. 5, no. 4, pp. 275–284, 2011.

[52] P. Andreani and X. Wang, "On the phase-noise and phase-error performances of multiphase *LC* CMOS VCOs," *IEEE Journal of Solid-State Circuits*, vol. 39, no. 11, pp. 1883–1893, 2004.

[53] P. Andreani, X. Wang, L. Vandi, and A. Fard, "A study of phase noise in Colpitts and *LC*-tank CMOS oscillators," *IEEE Journal of Solid-State Circuits*, vol. 40, no. 5, pp. 1107–1118, 2005.

[54] P. Andreani and A Fard, "More on the $1/f^2$ phase noise performance of CMOS differential-pair *LC*-tank oscillators," *IEEE Journal of Solid-State Circuits*, vol. 41, no. 12, pp. 2703–2712, 2006.

[55] P. Andreani and A Fard, "An analysis of $1/f^2$ phase noise in bipolar Colpitts oscillators (with degression on bipolar differential-pair *LC* oscillators)," *IEEE Journal of Solid-State Circuits*, vol. 42, no. 2, pp. 374–384, 2007.

[56] A. Mazzanti and P. Andreani, "Class-C harmonic CMOS VCOs with a general result on phase noise," *IEEE Journal of Solid-State Circuits*, vol. 43, no. 12, pp. 2716–2729, 2008.

[57] A. Bevilaqua and P. Andreani, "On the bias noise to phase noise conversion in harmonic oscillators using Groszkowski theory," *IEEE International Symposium on Circuits and Systems*, 2011, pp. 217–220.

[58] M. K. Kazimierczuk and D. Murthy-Bellur, "Synthesis of *LC* oscillators," *International Journal of Engineering Education*, pp. 26–41, 2012.

附　　录

A　功率 MOSFET 的 SPICE 模型

n 沟道增强型 MOSFET 的一种 SPICE 大信号模型如图 A.1 所示,这是一个集成 MOSFET 的模型,可用于功率 MOSFET 器件。n 沟道增强型 MOSFET 大信号模型的 SPICE 参数如表 A.1 所示。

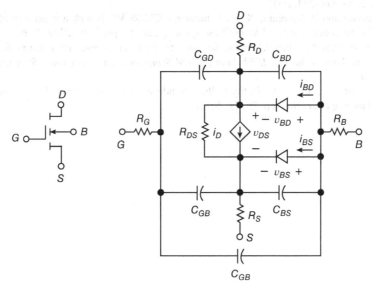

图 A.1　n 沟道 MOSFET 的 SPICE 大信号模型

表 A.1　一级 SPICE 模型下 NMOS 器件的大信号模型参数

符　　号	SPICE S.	模 型 参 数	默 认 值	典 型 值
V_{to}	VTO	零偏阈值电压	0 V	0.3–3 V
μC_{ox}	KP	工艺常数	2×10^{-5} A/V^2	20–346 μA/V^2
λ	Lambda	沟道长度调制系数	0 V^{-1}	0.5–10^{-5} V^{-1}
γ	Gamma	体效应系数	0 V$^{\frac{1}{2}}$	0.35 V$^{\frac{1}{2}}$
$2\phi_F$	PHI	表面势	0.6 V	0.7 V
R_D	RD	漏极串联电阻	0 Ω	0.2 Ω
R_S	RS	源极串联电阻	0 Ω	0.1 Ω
R_G	RG	栅极串联电阻	0 Ω	1 Ω
R_B	RB	体串联电阻	0 Ω	1 Ω
R_{DS}	RDS	漏源并联电阻	∞	1 MΩ
R_{SH}	RSH	漏源扩散电阻	0	20 Ω/Sq.

符　　号	SPICE S.	模 型 参 数	默　认　值	典　型　值
I_S	IS	饱和电流	10^{-14} A	10^{-9} A
M_j	MJ	梯度因子	0.5	0.36
C_{j0}	CJ	单位面积的零偏压结电容	0 F/m^2	1 nF/m^2
V_{bi}	PB	结内建电势	1 V	0.72 V
M_{jsw}	MJSW	梯度因子	0.333	0.12
C_{j0sw}	CJSW	单位长度侧壁结电容	0 F/m	380 pF/m
V_{BSW}	PBSW	侧壁结电势	1 V	0.42 V
C_{GDO}	CGDO	栅漏交叠电容	0 F/m	220 pF/m
C_{GSO}	CGSO	栅源交叠电容	0 F/m	220 pF/m
C_{GBO}	CGBO	栅衬底交叠电容	0 F/m	700 pF/m
F_C	FC	正向偏置的 CJ 系数	0.5	0.5
t_{ox}	TOX	栅氧层厚度	∞	4.1–100 nm
μ_{ns}	UO	表面迁移率	600 cm^2/Vs	600 cm^2/Vs
n_{sub}	NSUB	衬底掺杂浓度	0 cm^{-3}/Vs	0 cm^{-3}/Vs

图 A.1 中,二极管的电流分别为

$$i_{BD} = IS\left(e^{\frac{v_{BD}}{V_T}} - 1\right) \tag{A.1}$$

$$i_{BS} = IS\left(e^{\frac{v_{BS}}{V_T}} - 1\right) \tag{A.2}$$

电压接近于零时的结电容为

$$C_{BD} = \frac{(CJ)(AD)}{\left(1 - \dfrac{v_{BD}}{PB}\right)^{MJ}} \qquad (v_{BD} \leqslant (FC)(PB)) \tag{A.3}$$

$$C_{BS} = \frac{(CJ)(AS)}{\left(1 - \dfrac{v_{BS}}{PB}\right)^{MJ}} \qquad (v_{BS} \leqslant (FC)(PB)) \tag{A.4}$$

上式中 CJ 是单位面积的零偏压结电容, AD 是漏区的面积, AS 是源区的面积, PB 是内建电势, MJ 是梯度因子。

电压远大于零时的结电容为

$$C_{BD} = \frac{(CJ)(AD)}{(1 - FC)^{1+MJ}}\left[1 - (1 + MJ)FC + MJ\frac{v_{BD}}{PB}\right] \qquad (v_{BD} \geqslant (FC)(PB)) \tag{A.5}$$

$$C_{BS} = \frac{(CJ)(AS)}{(1 - FC)^{1+MJ}}\left[1 - (1 + MJ)FC + MJ\frac{v_{BD}}{PB}\right] \qquad (v_{BS} \geqslant (FC)(PB)) \tag{A.6}$$

该器件模型的典型值如下

$$C_{ox} = 3.45 \times 10^{-5} \, (\text{pF}/\mu\text{m})$$

$$t_{ox} = 4.1 \times 10^{-3} \, (\mu\text{m})$$

$$\varepsilon_{ox(SiO2)} = 3.9 \, \varepsilon_0$$

$$C_{jo} = 2 \times 10^{-4} \, (\text{F}/\text{m}^2)$$

$$C_{jsw} = 10^{-9} \, (\text{F}/\text{m})$$

$$C_{GBO} = 2 \times 10^{-10} \, (\text{F}/\text{m})$$

$$C_{GDO} = C_{GSO} = 4 \times 10^{-11} \, (\text{F}/\text{m})$$

描述 NMOS 的 SPICE 语法:

Mxxxx D G S B MOS-model-name L = xxx W = yyy

例:

M1 2 1 0 0 M1-FET L = 0.18um W = 1800um

描述 NMOS 模型的 SPICE 语法:

. model model-name NMOS (parameter = value …)

例:

. model M1-FET NMOS (Vto = 1 V Kp = E-4)

描述 PMOS 模型的 SPICE 语法:

. model model-name PMOS (parameter = value …)

描述子电路模型的 SPICE 语法:

xname N1 N2 N3 model-name

例:

x1 2 1 0 IRF840

上例中表示拷贝、粘贴已有的 IRF840 器件模型,该模型由以下子电路定义:

. SUBCKT IRF840 1 2 3

模型参数

B SPICE 简介

SPICE,即 Simulation Program for Integrated Circuit Emphasis,是集成电路仿真程序的缩写。PSPICE 是 SPICE 的 PC 版,该程序被工业界和学术界广泛用于验证模拟和数字电子电路的设计,可以用来预测电路行为。

无源元件: 电阻、电容和电感

Rname N + N − Value [IC = TC1]

Lname N + N − Value [IC = Initial Voltage Condition]

Cname N + N − Value [IC = Initial Current Condition]

例:

R1 1 2 10K

L2 2 3 2M

C3 3 4 100P

变压器:

Lp Np + Np − Lpvalue

Ls Ns + Ns − Lsvalue

Kname Lp Ls Kvalue

例:

Lp 1 0 1mH

Ls 2 4 100uH

Kt Lp Ls 0.999

温度：

. TEMP　list of temperatures

例：

. TEMP　27　100　150

独立直流源：

Vname　N+　N−　DC　Value

Iname　N+　N−　DC　Value

例：

Vin　1　0　DC　10

Is　1　0　DC　2

直流扫描分析：

. DC　Vsource-name　Vstart　Vstop　Vstep

例：

. DC　VD　0　0.75　1m

用于瞬态分析的独立脉冲源：

Vname　N+　N−　PULSE（VL VH td tr tf PW T）

例：

VGS 1 0PULSE(0 10 0 0 0 10E-6 100e-6)

瞬态分析：

. TRAN　time-step　time-stop

例：

. TRAN　0.1ms　100ms　0ms　0.2ms

用于频率响应分析的独立交流电源：

Vname　N+　N−　AC　Vm　Phase

Iname　N+　N−　AC　Im　Phase

例：

Vs　2　3　AC　2　30

Is　2　3　AC　0.5　30

用于瞬态分析的独立正弦交流电源：

Vname　N+　N−　SIN（Voffset Vm f T-delay Damping-Factor Phase-delay）

Iname　N+　N−　SIN（Ioffset Im f T-delay Damping-Factor Phase-delay）

例：

Vin　1　0　SIN（0 170 60 0 −120）

Is　1　0　SIN（0 2 120 0 45）

交流频率分析：

. AC　DEC　points-per-decade　fstart fstop

例：

. AC　DEC　100　20　20k……

工作点分析

. OP

启动 SPICE 程序过程:

(1) 打开 PSpice A/D Lite 窗口(Start > Programs > Orcad9.2 Lite Edition > PSpice AD Lite)。

(2) 创建一个新的任务文件(File > New > Text File)。

(3) 输入实例代码。

(4) 将文件保存为 fn.cir 格式(例如,Lab1.cir),文件类型:所有文件,点击仿真图标。

(5) 为了获得商业器件模型的 Spice 代码,可以访问相关网址,例如:http://www.irf.com,http:www.onsemi.com,或者 http://www.cree.com。例如,IRF 器件,点击(Design > Support > Models > Spice Library)。

程序示例:

Diode I-V Characteristics

* Joe Smith

VD   1   0   DC   0.75

D1N4001   1   0   Power-Diode

. model   Power-Diode   D(Is = 195p n = 1.5)

. DC   VD   0   0.75   1m

. TEMP   27   50   100   150

. probe

. end

C   MATLAB 简介

MATLAB 是 MATrix LABoratory 的简称,意为矩阵实验室。它是一个非常强大的数学工具,用于执行使用矩阵和向量的数值计算并获得二维和三维图。MATLAB 还可以用来执行复杂的数学分析。

开始:

(1) 依次单击 Start > Programs > MATLAB > R2006a > MATLABR2006a,打开 MATLAB。

(2) 依次单击 File > New > M-File,打开一个新的 M 文件。

(3) 在 M 文件中输入代码。

(4) 以 *.m 格式保存文件(例如:Lab1.m)。

(5) 通过以下方法之一执行代码仿真:

- 单击 Debug > Run。
- 按 F5 键。
- 单击工具栏上的 Run 图标。

按 F1 键可使用帮助功能。

注释语句以%开始。

产生一个 x 轴数据:

x = 初始值: 步长: 终值;

例:

x = 1: 0.001: 5;

或

x = [所有数值列表]；

例：

x = [1, 2, 3, 5, 7, 10]；

或

x = linspace(初始值,终值,点数)；

例：

x = linspace(0, 2 * pi, 90)；

或

x = logspace(初始值,终值,点数)；

例：

x = logspace(1, 5, 1000)；

半对数坐标：

semilogx(x-variable, y-variable)；

semilogy(x-variable, y-variable)；

grid on

对数-对数坐标：

loglog(x, y)；

grid on

产生一个 *y* 轴数据：

y = f(x)；

例：

y = cos(x)；

z = sin(x)；

乘法和除法：

在矩阵乘法和除法运算前应该使用一个"."。

c = a. * b；

或

c = a. /b；

符号和单位：

数学符号应该使用斜体,数学运算符号(如( ), = , + 等)和单位则应该使用正体,符号和单位之间留一个空格。

_x_ 轴和 _y_ 轴标签：

xlabel(' { \it x } (unit) ')

ylabel(' { \it y } (unit) ')

例：

xlabel(' { \it v_{GS} } (V)')

ylabel(' { \it i_{DS} } (A)')

x 轴和 y 轴边界：

set(gca, 'xlim', [xmin, xmax])

set(gca, 'xtick', [xmin, step, xmax])

set(gca, 'xtick', [x1, x2, x3, x4, x5])

例：

set(gca, 'xlim', [1, 10])

set(gca, 'xtick', [0：2：10])

set(gca, 'xtick', [−90　−60　−30　0　30　60　90])

希腊字符：

类型：\alpha,\beta,\Omega,\omega,\pi,\phi,\psi,\gamma,\theta,\circ

对应于：$\alpha,\beta,\Omega,\omega,\pi,\square,\psi,\gamma,\theta,°$。

绘图命令：

plot (x, y, '. −', x, z, '− −')

set(gca, 'xlim', [x1, x2]);

set(gca, 'ylim', [y1, y2]);

set(gca, 'xtick', [x1：scale-increment：x2]);

text(x, y, '{ \it symbol } = 25 V');

plot (x, y), axis equal

例：

set(gca, 'xlim', [4, 10]);

set(gca, 'ylim', [1, 8]);

set(gca, 'xtick', [4：1：10]);

text(x, y, '{ \it V } = 25 V');

三维绘图命令：

[X1, Y1] = meshgrid(x1,x2);

mesh(X1, Y1, z1);

例：

t = linspace(0, 9 * pi);

xlabel('sin(t)')

ylabel('cos(t)')

zlabel('t')

plot(sin(t), cos(t), t)

绘图波特图：

f = logspace(start-power, stop-power, number-of-points)

NumF = [a1　a2　a3] ; % Define the numerator of polynomial ins-domain.

DenF = [a1　a2　a3] ; % Define the denominator of polynomial ins-domain.

[MagF, PhaseF] = bode(NumF, DenF, (2 * pi * f));

figure(1)

```
semilogx(f, 20 * log10(MagF))
F = tf(NumF, DenF) % Converts the polynomial into transfer function.
[NumF, DenF] = tfdata(F) % Converter transfer function into polynomial.
```

阶跃响应：

```
NumFS = D * NumF;
t = [0: 0.000001: 0.05];
[x, y] = step(NumFS, DenF, t);
figure(2)
plot(t, Initial-Value + y);
```

保存图片：

在文件菜单栏,单击"另存为",转到 EPS 文件选项,输入文件名并单击"保存"。

程序示例：

```
clear all
clc
x = linspace(0, 2 * pi, 90);
y = sin(x);
z = cos(x);
grid on
xlabel('{\it x}')
ylabel('{\it y}, {\it z}')
plot(x, y, '-.', x, z, '--')
```

多项式曲线拟合：

```
x = [0  0.5  1.0  1.5  2.0  2.5  3.0];
y = [10  12  16  24  30  37  51];
p = polyfit(x, y, 2)
yc = polyval(p, x);
plot(x, y, 'x', x, yc)
xlabel('x')
ylabel('y'), grid
legend('Actual data', 'Fitted polynomial')
```

贝塞尔函数：

```
J0 = besselj(0, x);
```

修正的贝塞尔函数：

```
I0 = besseli(0, x);
```

例：

```
model = [1  2  3];
rro = -1: 0.00001: 1;
kr = (1 + j) * (rodel)' * (rro);
JrJ0 = besseli(0, kr); figure, plot(rro, abs(JrJ0)) figure, plot(rro, angle(JrJ0) * 180/pi)
```

D 三角函数式傅里叶级数

周期函数 $f(t)$ 满足条件

$$f(t) = f(t \pm nT) \tag{D.1}$$

或者

$$f(\omega t) = f(\omega t \pm 2\pi n) \tag{D.2}$$

这里 $f = 1/T$ 是函数 $f(t)$ 的基频，$T = 1/f$ 是函数 $f(t)$ 的周期，整数 $n = 1, 2, 3, \cdots$，$\omega = 2\pi f = 2\pi/T$。

任何非正弦周期函数可以表示为无限个正弦和余弦函数的和。一个周期函数 $f(t)$ 的三角函数式傅里叶级数表示为

$$f(t) = a_0 + \sum_{n=1}^{\infty}(a_n \cos n\omega t + b_n \sin n\omega t) \tag{D.3}$$

$$= a_0 + a_1 \cos \omega t + b_1 \sin \omega t + a_2 \cos 2\omega t + b_2 \sin 2\omega t + a_3 \cos 3\omega t + b_3 \sin 3\omega t + \cdots$$

其中，傅里叶系数分别为：

$$a_0 = \frac{1}{T}\int_0^T f(t)dt = \frac{1}{2\pi}\int_0^{2\pi} f(\omega t)d(\omega t) \tag{D.4}$$

$$a_n = \frac{2}{T}\int_0^T f(t)\cos n\omega t \, dt = \frac{1}{\pi}\int_0^{2\pi} f(\omega t)\cos n\omega t \, d(\omega t) \tag{D.5}$$

$$b_n = \frac{2}{T}\int_0^T f(t)\sin n\omega t \, dt = \frac{1}{\pi}\int_0^{2\pi} f(\omega t)\sin n\omega t \, d(\omega t) \tag{D.6}$$

式中，a_0 是函数 $f(t)$ 的直流分量或者是函数 $f(t)$ 的时间平均值，a_n 和 b_n 分别是余弦和正弦的幅度。

三角函数形式的傅里叶级数也可以表示为幅度-相位形式

$$f(t) = a_0 + \sum_{n=1}^{\infty}(c_n \cos n\omega t \cos \phi_n - \sin n\omega t \sin \phi_n)$$

$$= a_0 + \sum_{n=1}^{\infty}(c_n \cos \phi_n)\cos n\omega t - (c_n \sin \phi_n)\sin n\omega t \tag{D.7}$$

$$= a_0 + \sum_{n=1}^{\infty} c_n \cos(n\omega t + \phi_n)$$

其中，基频分量或者 n 次谐波分量的幅度为

$$c_n = \sqrt{a_n^2 + b_n^2} \tag{D.8}$$

基频分量或者 n 次谐波分量的相位为

$$\phi_n = -\arctan\left(\frac{b_n}{a_n}\right) \tag{D.9}$$

式 $(D.8)$ 和 $(D.9)$ 中

$$a_n = c_n \cos \phi_n \tag{D.10}$$
$$b_n = -c_n \sin \phi_n \tag{D.11}$$

因此，幅度的复数形式为

$$c_n e^{\phi_n} = a_n - jb_n \tag{D.12}$$

三角函数的傅里叶级数幅度-相位形式的另一种表达式为

$$f(t) = a_0 + \sum_{n=1}^{\infty} c_n(\sin n\omega t \cos \phi_n + \cos n\omega t \sin \phi_n)$$

$$= a_0 + \sum_{n=1}^{\infty} (c_n \cos \phi_n) \cos n\omega t + (c_n \sin \phi_n) \sin n\omega t \tag{D.13}$$

$$= a_0 + \sum_{n=1}^{\infty} c_n \sin(n\omega t + \phi_n)$$

其中

$$c_n = \sqrt{a_n^2 + b_n^2} \tag{D.14}$$

$$\phi_n = \arctan \left(\frac{a_n}{b_n} \right) \tag{D.15}$$

$$a_n = c_n \sin \phi_n \tag{D.16}$$

$$b_n = c_n \cos \phi_n \tag{D.17}$$

幅度 c_n 与各次频率 nf 构成的图形就是函数 $f(t)$ 的幅度谱图,相位 ϕ_n 与各次频率 nf 构成的图形就是函数 $f(t)$ 的相位谱图,振幅 c_n 和相位 ϕ_n 与各次频率 nf 构成的图形就是函数 $f(t)$ 的频谱图。

D.1　偶对称

如果图形关于纵轴对称,则函数 $f(t)$ 是偶函数。偶对称的函数 $f(t)$ 满足下列条件

$$f(t) = f(-t) \tag{D.18}$$

函数 $f(t)$ 的余弦级数为

$$f(t) = a_0 + \sum_{n=1}^{\infty} a_n \cos n\omega t \tag{D.19}$$

其中

$$a_0 = \frac{2}{T} \int_0^{T/2} f(t) dt = \frac{1}{\pi} \int_0^{2\pi} f(\omega) d(\omega t) \tag{D.20}$$

$$a_n = \frac{4}{T} \int_0^{T/2} f(t) \cos n\omega t \, dt = \frac{1}{\pi} \int_0^{\pi} f(\omega t) \cos n\omega t \, d(\omega t) \tag{D.21}$$

$$b_n = 0 \tag{D.22}$$

D.2　奇对称

如果图形关于纵轴反对称,则函数 $f(t)$ 是奇函数。奇对称的函数 $f(t)$ 满足下列条件

$$f(-t) = -f(t) \tag{D.23}$$

函数 $f(t)$ 的正弦级数为

$$f(t) = \sum_{n=1}^{\infty} b_n \sin n\omega t \tag{D.24}$$

其中

$$a_0 = a_n = 0 \tag{D.25}$$

$$b_n = \frac{4}{T} \int_0^{T/2} f(t) \sin n\omega t \, dt = \frac{2}{\pi} \int_0^{\pi} f(\omega t) \sin n\omega t \, d(\omega t) \tag{D.26}$$

直流分量 a_0 为零的函数通常是奇函数,因此有

$$f(t) - a_0 = \sum_{n=1}^{\infty} b_n \sin n\omega t \tag{D.27}$$

D.3 广义的三角函数式傅里叶级数

一个周期函数的典型三角函数式傅立叶级数给出了各次谐波的正弦分量和余弦分量,其中每一个分量的相位都是 0。当各次谐波的每个分量的相位为 ϕ 时,则周期函数 $f(t)$ 的广义三角函数式傅里叶级数可以表示为

$$f(t) = a_0 + \sum_{n=1}^{\infty} [a_n \cos(n\omega t + \phi) + b_n \sin(n\omega t + \phi)] \tag{D.28}$$

其中傅里叶系数分别为

$$a_0 = \frac{1}{T} \int_0^T f(t) dt = \frac{1}{2\pi} \int_0^{2\pi} f(\omega t) d(\omega t) \tag{D.29}$$

$$a_n = \frac{2}{T} \int_0^T f(t) \cos(n\omega t + \phi) dt = \frac{1}{\pi} \int_0^{2\pi} f(\omega t) \cos(n\omega t + \phi) d(\omega t) \tag{D.30}$$

$$b_n = \frac{2}{T} \int_0^T f(t) \sin(n\omega t + \phi) dt = \frac{1}{\pi} \int_0^{2\pi} f(\omega t) \sin(n\omega t + \phi) d(\omega t) \tag{D.31}$$

E 电路定律

E.1 广义的欧姆定律

广义欧姆定律示意图如图 E.1 所示,其中,图 E.1(a)是用电阻 $R = V/I$ 来描述的典型欧姆定律。当电阻 R 用一个电压控制的电流源(Voltage Controlled Current Source, VCCS)替代时,并且该 VCCS 的控制电压就是其自身电压,则流过它的电流 $I = GV = V/R$,如图 E.1(b)所示。电阻 R 还可以用电流控制的电压源(Current Controlled Voltage Source, CCVS)来替代,并且该 CCVS 的控制电流就是其自身电流,则其两端的电压 $V = RI$,如图 E.1(c)所示。

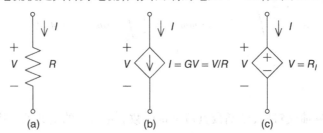

图 E.1 广义欧姆定律或电阻吸收定律

E.2 电流源吸收定律

电源吸收定律允许用一个电阻或阻抗来代替受控的电流或电压源。电流源吸收定律如图 E.2 所示,由于电压控制的电流源是受其自身电压控制的,所以它可以用一个电阻代替

$$R = \frac{V}{I} = \frac{V}{g_m V} = \frac{1}{g_m} \tag{E.1}$$

E.3 电压源吸收定律

电压源吸收定律如图 E.3 所示,由于该电压源是受它自身的电流 I 控制的,所以它可以用一个等效的电阻 r_m 来代替

$$R = \frac{V}{I} = \frac{r_m I}{I} = r_m \tag{E.2}$$

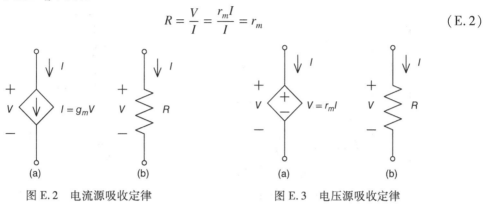

图 E.2　电流源吸收定律　　　　图 E.3　电压源吸收定律

E.4 电流源分割定律

一个连接在 N_1 和 N_2 两个网络之间的理想电流源如图 E.4(a)所示,该电流源可以是独立的,也可以是受控的。带有单个理想电流源的支路可以用任意多个相同的理想电流源 I 串联而成,图 E.4(b)给出了由两个相同电流源串联而成的电流支路。这是一种最简单的情况,即,一个理想的电流源用两个相同的理想电流源串联来代替。这两个电流源的中间点可以连接到电路中任何其他的点,流过这两个点之间导线的电流为零,如图 E.4(c)所示。单根导线可以用两根导线来代替,如图 E.4(d)。底部的导线可以剪切,并从电路中移除,如图 E.4(e)所示。

E.5 电压源分割定律

一个连接在网络 N 两个不同的点处的理想电压源 V 如图 E.5(a)所示。图 E.5(b)中,单根导线被两根导线所代替。单个理想的电压源 V 可以用任意多个并联连接的相同理想电压源 V 来代替,如图 E.5(c)所示。流过两个理想电压源之间导线的电流为零,因此,连接两个电压源的导线可以从电路中去除,如图 E.5(d)所示。

F　SABER 电路仿真器

电路仿真软件 SABER 可以用来进行电路分析、电路原理图设计、混合电路的仿真、波形分析并生成报告等。

1) 启动 SABER

(1) 在开始菜单中,找到并单击"XWin32 2011"。以同样的方式,找到"Secure Shell",并单击"Secure Shell Client",将出现一个终端控制窗口。按下回车键,输入主机名称,例如"thor. cs. wright. edu",UNIX 登录用户名,单击 OK 按钮。当出现密码提示时输入密码,这样就完成了远程连接。

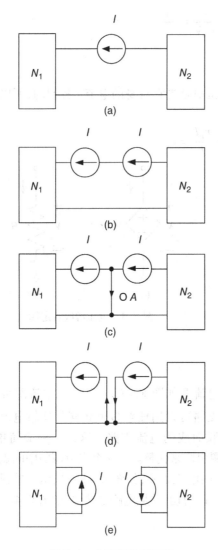

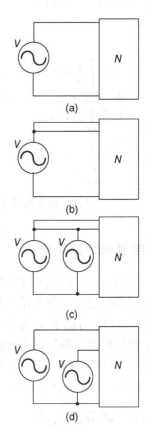

图 E.4　电流源分割定律

（a）网络 N_1 和 N_2 之间带有电流源的电路示意图；（b）带有两个串联连接的相同电流源的电路；（c）带有一根无电流流过且连接到底端导线的导线和两个相同电流源的电路；（d）带有两个连接到底端的相同电流源的电路；（e）带有两个相同电流源的等效电路

图 E.5　电压源分割定律

（a）一个电压源电路；（b）一个电压源和两个并联导线电路；（c）一个电压源被两个相同的电压源并联所代替；（d）两个电压源等效电路

（2）在控制终端中输入"sketch"，SABER 会自动启动。

2）在 SABER 中构建电路

（1）在生成网表和仿真时，SABER 会生成许多文件。为了保持整洁，在根目录下创建一个新的文件夹"Saber"（或者 Lab1 等）。使用 SSH 的安全文件传输的客户端，或在根目录命令提示符下键入"mkdir Saber"。

（2）在 SABER 电路设计窗口中，使用元件窗口的单元创建一个给定的电路模块或者电路原理图。通过屏幕底部的"Select and place parts"图标可以找到需要的元件，也可以通过搜索来找到各个元件。在终端中单击来进行电路连接。建议使用一个合适的文件名定期保存工作,并确保所有工作都保存在指定的工作文件目录下,因为电路仿真需要 SABER 生成的网表。

（3）给原理图中所有元件提供适当的值并对连接这些元件的连线命名,例如 Vout,Vin,iL 等等。可以通过单击右键选择线,然后选择它的属性来完成。

3）用 SABER 进行电路的瞬态仿真

（1）选择显示/隐藏 Saber 向导图标栏查看仿真工具条。

（2）选择工作点/瞬态分析来运行瞬态仿真。

（a）单击 Basic Bab 按钮。

（b）设置仿真结束时间。不同的实验这个时间的设置不同,其设置依据是系统达到稳态运行的大约时间。设置时间步长为 $0.01\mu s$,如果结束时间相对较长,可以增加这个步长,以加快仿真运行速度。

（c）设置 Monitor Progress = 100,Plot after Analysis = Yes Open Only

（d）单击并选择 input/output 选项,选择 All Signals for the Signal List

（e）选择 Across and through variables 来保存电压和电流信息。

（f）选择 OK 运行仿真。运行时间需要 1～2 分钟,如果想查看仿真状态,单击顶部的 Simulation Transcript 和 Command Line button 图标。

（g）当分析完成后,软件自动打开 Cosmos Scope 来查看仿真结果。

4）用 SABER 绘图

（1）Cosmos Scope 会弹出两个以上的对话框,在 Signal Manager 窗口里,绘图文件下方,显示了包含瞬态仿真结果的所有文件。

（2）可以绘制所有类型的波形和并对它们执行各种数学运算。在元件对应的下拉选项中可以找到所需的的波形。

（3）每个实验对波形绘制设置都不相同。

5）用 SABER 打印

（1）所有的原理图和绘制的波形图的背景为白色。

（2）总是选择 russ3 作为设置或默认打印机。

（3）如有可能创建一个 word 文件,粘贴所有需要的图和原理图,并保存为单个文件。

（4）所有的波形图和原理图都可以按照一定的格式导出或保存。导出选项在 File 菜单下。所保存的文件将出现在 Secured Shell File Transfer 窗口里。

部分习题解答

第 1 章

1.1 $THD = 1\%$.

1.2 $h_a = 1.5625$ cm.

1.3 $P_{AM} = 11.25$ kW.

1.4 (a) $V_m = 12.5$ V.
(b) $P_{AM} = 7.031125$ W.

1.5 (a) $f_{max} = 555$ kHz.
(b) $f_{min} = 545$ kHz.
(c) $BW = 10$ kHz.

1.6 (a) $k_{IMP} = 5$.
(b) $k_{IMP} = 5$.

1.7 $h_a = 3.125$ cm.

1.8 $P_{AV} = 100$ W.

1.9 $P_{AM} = 15$ W.

1.11 $P_{LSB} = P_{USB} = 22.5$ W.

1.12 $BW = 10$ kHz.

1.13 $P_O = 10$ kW.

1.14 $m_f = 2$.

1.15 $BW = 90$ kHz.

1.16 $BW = 20$ kHz.

第 2 章

2.1 $L_{max} = 33$ nm.

2.2 (a) $\eta_D = 12.5\%$. (b) $\eta_D = 40.5\%$.

2.3 $P_I = 10$ W.

2.4 $L = 0.0224$ nH, $C = 196.2$ pF, $L_f = 2.24$ nH, $I_m = 0.3846$ A, $I_{DM} = 0.7692$ A, $V_{DSM} = 2.8$ V, $P_{LS} = 1.2048$ W, $\eta = 15.05\%$, $\eta = 18.7\%$, $W/L = 13061$, $W = 4.5713$ mm, $W_1 = 45.713$ mm, and $P_{Q1} = 5.769$ mW.

2.5 $C_1 = 6.631$ pF, $C_2 = 4.872$ pF, $L = 1.4117$ nH.

2.6 (a) $\eta_D = 32\%$ and $P_D = 6.8$ W.
(b) $\eta_D = 8\%$ and $P_D = 18.4$ W.

2.7 (a) $\eta_D = 40.5\%$.
(b) $\eta_D = 12.5\%$.
(c) $\eta_D = 0.5\%$.

第 3 章

3.1 $R = 4.805\ \Omega$, $V_m = 3.1$ V, $I_m = 0.66$ A, $I_I = 0.42$ A, $I_{DM} = 1.32$ A, $P_D = 0.386$ W, $P_I = 1.386$ W, $\eta_D = 72.15\%$, $L = 0.03117$ nH, and $C = 141$ pF.

3.2 $R = 50\ \Omega$, $V_m = 47$ V, $I_m = 0.94$ A, $I_I = 0.7116$ A, $I_{DM} = 1.7527$ A, $P_I = 34.1568$ W, $P_D = 12.1568$ W, $\eta_D = 64.4\%$, $L = 0.8841$ nH, and $C = 35.36$ pF.

3.3 $R = 19.22\ \Omega$, $V_m = 3.1$ V, $I_m = 0.161$ A, $I_I = 0.08976$ A, $I_{DM} = 0.4117$ A, $P_D = 0.0462$ W, $P_I = 0.2962$ W, $\eta_D = 84.4\%$, $L = 0.1274$ nH, and $C = 34.5$ pF.

3.4 $R = 10\ \Omega$, $V_m = 11$ V, $I_m = 1.1$ A, $I_I = 0.5849$ A, $I_{DM} = 3.546$ A, $P_D = 1.0188$ W, $P_I = 7.0188$ W, $\eta_D = 85.48\%$, $Q_L = 10$, $L = 0.0663$ nH, and $C = 66.31$ pF.

第 4 章

4.1 $L = 2.215$ nH, $C = 11.437$ pF, $I_m = 1.057$ A, $V_{Cm} = V_{Lm} = 14.71$ V, $\eta = 90.7\%$.

4.2 $f_0 = 1$ MHz, $Z_o = 529.2\ \Omega$, $Q_L = 2.627$, $Q_o = 365$, $Q_{Lo} = 378$, $Q_{Co} = 10583$.

4.3 $Q = 65.2$ VA, $P_O = 24.8$ W.

4.4 $V_{Cm} = V_{Lm} = 262.7$ V, $I_m = 0.4964$ A, $Q = 65$ VA, and $f_o = 1$ MHz.

4.5 $\eta_r = 99.28\%$.

4.7 $V_{SM} = 400$ V.

4.8 $f_{Cm} = 230.44$ kHz, $f_{Lm} = 233.87$ kHz.

4.9 $R = 162.9\ \Omega$, $L = 675$ μH, $C = 938$ pF, $I_I = 0.174$ A, $I_m = 0.607$ A, $f_o = 200$ kHz, $V_{Cm} = V_{Lm} = 573$ V.

4.10 $P_I = 88.89$ W, $R = 82.07\ \Omega$, $L = 145.13$ μH, $C = 698.14$ pF.

第 5 章

5.1 $R = 6.281\ \Omega$, $C_1 = 4.65$ pF, $L = 5$ nH, $C = 6.586$ pF, $L_f = 43.56$ nH, $V_{SM} = 11.755$ V, $I_{SM} = 0.867$ A, $V_{Cm} = 13.629$ V, $V_{Lm} = 17.719$ V, $V_{Lfm} = 8.455$ V, $\eta = 97.09\%$.

5.2 $R = 6.281\ \Omega$, $L = 5$ nH, $C_1 = 4.65$ pF/12 V, $C_2 = 20.99$ pF/10 V, $C_3 = 8.4$ pF/10 V.

5.3 $R = 10.63\ \Omega$, $I_{SM} = 7.44$ A, $V_{SM} = 170.976$ V, $L = 4.23$ μH, $C_1 = 1.375$ nF, $L_f = 36.9$ μH.

5.4 $V_{SM} = 665$ V.

5.5 $V_{SM} = 1274.5$ V.

5.7 $f_{max} = 0.95$ MHz.

5.8 $R = 8.306\ \Omega$, $C_1 = 1.466$ pF, $L = 5.51$ nH, $V_{SM} = 42.744$ V, $I_{SM} = 2.384$ A, $L_f = 24$ nH, $C = 0.9024$ pF, $V_{Cm} = 114$ V, $V_{Lm} = 128.79$ V, and $\eta = 96.39\%$.

5.9 $R = 8.306\ \Omega$, $C_1 = 1.466$ pF, $L = 5.51$ nH, $C_2 = 1.21$ pF, $C_3 = 2.97$ pF, and $V_{C2m} = 85.07$ V.

第 6 章

6.1 $R = 1.3149\ \Omega$, $L_1 = 1.2665$ nH, $C = 16.8$ pF, $L = 0.862$ nH, $V_{SM} = 42.931$ V, $I_I = 0.66$ A, $I_{SM} = 2.351$ A, $I_m = 3.9$ A, $R_{DC} = 22.72\ \Omega$, $f_{o1} = 1.32$ GHz. $f_{o2} = 841.64$ MHz.

6.2 $V_{SM} = 973.1$ V.

6.3 $R = 7.57\ \Omega$, $L = 4.25\ \mu H$, $L_1 = 32.8\ \mu H$, $C = 21\ nF$, $I_{SM} = 4.95\ A$. $V_{SM} = 515.2\ V$.

6.4 $R = 9.23\ \Omega$, $V_I = 125.7\ V$, $V_{SM} = 359.7\ V$.

6.5 $R = 11.7\ \Omega$, $L_1 = 10.1\ \mu H$, $C = 3.02\ nF$, $L = 0.383\ \mu H$, $V_{SM} = 286.2\ V$, $I_I = 0.5\ A$, $I_{SM} = 1.78\ A$, $I_m = 2.92\ A$, $R_{DC} = 200\ \Omega$.

第 7 章

7.1 $R = 1.266\ \Omega$, $C_1 = 5\ pF$, $C = 3.73\ pF$, $L = 0.504\ nH$, $f_o = 3.67\ GHz$, $P_I = 1.0638\ W$, $I_I = 0.212\ A$, $V_m = 1.591\ V$, $I_{SMmax} = 1.257\ A$, $V_{SM} = 5\ V$, and $V_{Cmax} = 13.4\ V$.

7.2 $C_s = 10\ pF$. $C_{s(ext)} = 8\ pF$.

第 8 章

8.1 $V_m = 133.875\ V$, $V_{m3} = 14.875\ V$, $R = 89.613\ \Omega$, $V_{DSmax} = 240\ V$, $I_m = 1.494\ A$, $I_{DM} = 2.988\ A$, $I_I = 0.951\ A$, $P_I = 114.12\ W$, $P_D = 14.12\ W$, $\eta_D = 87.63\%$, and $R_{DC} = 125.12\ \Omega$.

8.2 $V_m = 137.409\ V$, $V_{m3} = 22.902\ V$, $R = 94.406\ \Omega$, $V_{DSmax} = 240\ V$, $I_m = 1.4555\ A$, $I_{DM} = 2.911\ A$, $I_I = 0.9266\ A$, $P_I = 111.192\ W$, $P_D = 11.192\ W$, $\eta_D = 89.93\%$, and $R_{DC} = 128.3921\ \Omega$.

8.3 $V_m = 6.26\ V$, $V_{m2} = 1.565\ V$, $R = 19.59\ \Omega$, $V_{DSmax} = 13.33\ V$, $I_m = 0.319\ A$, $I_{DM} = 0.501\ A$, $I_I = 0.25\ A$, $P_I = 1.25\ W$, $P_D = 0.25\ W$, $\eta_D = 80\%$, and $R_{DC} = 18.7\ \Omega$.

第 9 章

9.1 当 $0 \leqslant v_s \leqslant 1$ V 时, $A_{p1} = 1$; 当 1 V$< v_s \leqslant 2$ V 时, $A_{p2} = 3$.

9.2 $A_{f1} = 9.89$. $A_{f2} = 9.836$. $A_{f3} = 9.6774$.

9.3 $v_o = \dfrac{v_s}{\beta} - \dfrac{1}{\beta}\sqrt{\dfrac{v_o}{A}}$.

9.4 $v_o = 100\left[v_s - \beta v_o + \dfrac{(v_s - \beta v_O)^2}{2}\right]$.

第 10 章

10.1 $\delta_{Cu} = 2.0897\ \mu m$, $\delta_{Al} = 2.59\ \mu m$, $\delta_{Ag} = 2.0069\ \mu m$, $\delta_{Au} = 2.486\ \mu m$.

10.2 $R_{dc} = 1.325\ \Omega$, $R_{ac} = 2.29\ \Omega$, $\delta_{Al} = 0.819\ \mu m$, $F_R = 1.728$.

10.3 $L = 0.1022\ nH$.

10.4 $L = 1.135\ nH$.

10.5 $L = 0.1\ nH$, $\delta = 1.348\ \mu m$, $L_{HF} = 0.0134\ nH$.

10.6 $L = 1.37\ nH$.

10.7 $L = 39.47\ nH$.

10.8 $D = 1000\ \mu m$, $L = 42.64\ nH$.

10.9 $D = 1000\ \mu m$, $L = 43.21\ nH$.

10.10 $D = 1500\ \mu m$, $L = 354.8\ nH$.

10.11 $D = 1000\ \mu m$, $L = 45\ nH$.

10.12 $D = 1000\ \mu m$, $l = 21060\ \mu m$, $L = 59.13\ nH$.

10.13 $D = 1000$ μm, $L - 41.856$ nH.

10.14 $l = 22140$ μm, $b = 183.33$ μm, $L = 39.015$ nH.

10.15 $L = 496.066$ nH.

10.16 $D = 1000$ μm, $L = 36.571$ nH.

10.17 $D = 520$ μm, $L = 5.75$ nH.

10.18 $D = 1000$ μm, $L = 122.38$ nH.

10.19 $l_c = 380$ μm, $L = 13.228$ nH.

索　引

Thermal noise 热噪声

Third harmonic 三次谐波

Third-harmonic peaking 三次谐波的峰值

Time-average power 时间平均功率

Time-division multiplexing 时分多路复用技术

Time-division multiple access (TDMA) 时分多址 (TDMA)

Total-harmonic distortion(THD) 总谐波失真(THD)

Tracking envelope 跟踪包络

Transmitter 发射机

Transceiver 收发信机

Transconductance(g_m) 跨导(g_m)

Transfer function 传递函数

Transformer-coupled amplifier 变压器耦合放大器

    Class AB AB 类

    Class B B 类

    Class C C 类

    Class D D 类

Transmission line 传输线

Transmission-line transformer 传输线变压器

Transistor 晶体管

Two-terminal network 二端口网络

Two-tone test 双音测试

U

Unity gain frequency(f_T) 单位增益频率(f_T)

Up-conversion 向上转换

V

Variable-envelope signals 可变包络信号

Voltage-controlled oscillator 电压控制振荡器

W

Waveforms 波形

Wavelength(λ) 波长(λ)

Wide band gap(WBG)semiconductors 宽带隙(WBG)半导体

Wien-bridge oscillator 文氏电桥振荡器

Wireless communications 无线通讯

Z

Zero-current switching(ZCS) 零电流开关(ZCS)

Zero-derivative switching(ZDS) 零导数开关(ZDS)

Zero-voltage switching(ZVS) 零电压开关(ZVS)